New Concept Analog Circuits (II)

新概念模拟电路（中）

频率特性和滤波器

杨建国 著　臧海波 审

人民邮电出版社
北京

图书在版编目（CIP）数据

新概念模拟电路. 中，频率特性和滤波器 / 杨建国著. -- 北京 : 人民邮电出版社，2023.6
ISBN 978-7-115-60487-3

Ⅰ. ①新… Ⅱ. ①杨… Ⅲ. ①模拟电路②频率特性③滤波器 Ⅳ. ①TN710.4

中国版本图书馆CIP数据核字(2022)第219453号

内 容 提 要

本系列图书共分 3 册：《新概念模拟电路（上）——晶体管、运放和负反馈》《新概念模拟电路（中）——频率特性和滤波器》《新概念模拟电路（下）——信号处理和源电路》。《新概念模拟电路》系列图书在读者具备电路基本知识的基础上，以模拟电路应用为目标，详细讲解了基本放大电路、滤波器、信号处理电路、信号源和电源电路等内容，包括基础理论分析、应用设计举例和大量的仿真实例。

本系列图书大致分为 6 部分：第 1 部分介绍晶体管放大的基本原理，并对典型晶体管电路进行细致分析；第 2 部分为晶体管提高内容；第 3 部分以运算放大器和负反馈为主线，介绍大量以运算放大器为核心的常用电路；第 4 部分为运算放大电路的频率特性和滤波器，包括无源滤波器和有源滤波器；第 5 部分为信号处理电路；第 6 部分为源电路，包括信号源和电源。本书为第 4 部分内容，即运算放大电路的频率特性和滤波器。

本系列图书适合大学阶段、研究生阶段学习模拟电路的学生使用，也适合电子和自动化领域的工程师使用，并可作为模拟电路教师的参考书。参加电子竞赛的学生也能通过阅读本系列图书而有所收获，书中有大量实用电路，对实际设计非常有用。

◆ 著　　　　杨建国
审　　　　臧海波
责任编辑　哈　爽
责任印制　马振武

◆ 人民邮电出版社出版发行　　北京市丰台区成寿寺路 11 号
邮编　100164　　电子邮件　315@ptpress.com.cn
网址　https://www.ptpress.com.cn
北京捷迅佳彩印刷有限公司印刷

◆ 开本：787×1092　1/16
印张：18.5　　　　2023 年 6 月第 1 版
字数：547 千字　　2025 年 7 月北京第 8 次印刷

定价：159.80 元

读者服务热线：(010)53913866　印装质量热线：(010)81055316
反盗版热线：(010)81055315

出版说明

这是一套什么样的书呢？我也在问自己。

先说名字。本书命名为《新概念模拟电路》，仅仅是为了起个名字，听起来好听些的名字，就像多年前我们学过的新概念英语一样。谈及本书有多少新概念，确实不多，但读者会有评价，它与传统教材或者专著还是不同的。

再说内容。原本是想写成模电教材的，将每一个主题写成一个小节。但写着写着，就变味了，变成了多达148个小节的、包罗万象的知识汇总。

但，本书绝不会如此不堪：欺世盗名的名字，包罗万象的大杂烩。本书具备的几个特点，让我有足够的信心将其呈现在读者面前。

内容讲究。本书的内容选择完全以模拟电子技术应涵盖的内容为准，且包容了大量新知识。不该涵盖的，绝不囊括。比如，模数和数模转换器，虽然其内容更多与模电相关，但历史将其归到了数电，我就没有在本书中过多提及。新的且成熟的内容，必须纳入。比如全差分运放、信号源中的DDS、无源椭圆滤波器等，本书就花费大量篇幅介绍。

描写和推导细致。对于知识点的来龙去脉、理论基础，甚至细到如何解题，本书不吝篇幅，连推导的过程都不舍弃。如此之细，只为一个目的：读书就要读懂。

类比精妙。类比是双刃剑：一个绝妙的类比，强似万语千言；而一个蹩脚的类比，将毁灭读者的思维。书中极为慎重地给出了一些精妙的类比，不是抄的，全是我自己想出来的。这源自我对知识的爱——爱则想，想则豁然开朗。晶体管中的洗澡器、反馈中的发球规则、魔鬼实验、小蚂蚁实现的蓄积翻转方波发生器、水池子形成的开关电容滤波器等，不知已经让多少读者受益。

有些新颖。反馈中的MF法、滤波器中基于特征频率的全套分析方法、中途受限现象，都是我深思熟虑后提出的。这些观点或者方法，也许在历史文献中可以查到，也许是我独创的，我不想深究这个，唯一能够保证的是，它们都是我独立想出来的。

电路实用。书中除功放和LC型振荡器外，其余电路均是我仿真或者实物实验过的，是可行的电路。说得天花乱坠，一用就漏洞百出，这事我不干。

有了这几条，读者就应该明白，本书是给谁写的了。

第一，以此为业的工程师或者青年教师，请通读此书。一页一页读，一行一行推导，花上3年时间彻读此书，必有大收益。

第二，学习《模拟电路技术》的学生，可以选读书中相关章节。本书可以保证你读懂知识点，会演算习题，也许能够知其然，知其所以然。

第三，参加电子竞赛的学生，可以阅读运放和负反馈、信号处理电路部分。书中包含大量实用电路，对实施设计是有用的。

此书从开始写到现在，我能保证自己是认真的，但无法保证书中没有错误。

读者所有修改建议，可以发邮件到我的电子邮箱：yjg@xjtu.edu.cn。

书中出现的LT公司本是一家独立的、在模拟领域颇具特色的公司，其高质量电源、线性产品具有非常好的口碑，在我写书的过程中，在2016年LT公司被ADI公司收购，这是一项战略合并。书中涉及的LT产品，本应修改为ADI产品。但考虑到写书时间，ADI公司同意本书不做修改。特此声明。

杨建国

前言

PREFACE

《新概念模拟电路》系列图书分为 3 册，由浅入深，从理论到实践，不断引导读者爱模电、懂模电、用模电。书中有大量的细致推导，是作者一步一步推导出来的；有大量的实用电路，是作者一个一个实验过的，这确保了本书内容扎实。

这套书经 3 年撰写，于 2017 年年底成稿，2018 年由亚德诺半导体（ADI）公司在网上发布，得到了读者的广泛支持；受人民邮电出版社厚爱，再经部分增补、删减、修改，得以出版成书。

本系列图书第一册主题是“晶体管、运放和负反馈”。内容有 4 章，分别为模拟电子技术概述、晶体管基础、晶体管提高，以及负反馈和运算放大器基础。这部分内容与传统模电教材内容较为吻合，作者力图将这些基础理论讲透，以供初学者阅读，因此部分章节后会有一些思考题。

本系列图书第二册主题是“频率特性和滤波器”。内容包括运放电路的频率特性，与滤波器相关的基础知识，运放组成的低通、高通、带通、带阻、全通滤波器，以及有源 / 无源椭圆滤波器、开关电容滤波器等。这部分内容在注重理论的同时，兼顾了实用性，适合专注于滤波器的读者，也适合参加大学生电子竞赛的选手阅读。

本系列图书第三册主题是“信号处理和源电路”，这是内容最为庞杂且最为实用的一册，很多读者关心的电路方法在此册出现。其中，信号处理部分包括峰值检测和精密整流、功能放大器、比较器、高速放大电路、模拟数字转换器（ADC）驱动电路，以及最后的杂项（比如复合放大电路、电荷放大器、锁定放大等）；源电路部分则包括信号源和电源。这些内容中，直接数字频率合成器（DDS）是重点介绍内容。本册适合所有喜爱模拟电路的读者。

阅读这套书，有两种方法。第一种方法是备查式阅读。用到什么内容就查阅对应电路。由于本书有大量实用电路，且所有电路都经过仿真实验，不出意外拿来就能用，因此将本书作为工具书是可以的。第二种方法是品味式阅读，就把它当成小说一般阅读，一边读，一边分析，顺带做做实验。在过程中品味理论的魅力，学习中可能会稍遇困难，但很有趣，就像吃牛肉干一样，虽然难嚼，味道却很好。

无论用哪种方法，只要您阅读了此书，我相信您是不会后悔的。

杨建国

CONTENTS 目录

第一章 运放电路的频率特性（001）

1.1 从开环到闭环【001】
1.2 负反馈放大电路的稳定性分析【008】
1.3 频率失真【017】
1.4 频率特性的分析方法【019】

第二章 滤波器概述（021）

2.1 滤波器的一些常识【021】
2.2 从运放组成的一阶滤波器入手【026】
2.3 思考【035】
2.4 二阶滤波器分析——低通和高通【042】
2.5 二阶滤波器分析——带通、带阻和全通【048】
2.6 群时延——Group Delay【052】

第三章 运放组成的低通滤波器（058）

3.1 四元件二阶 SK 型低通滤波器【058】
3.2 六元件二阶 SK 型低通滤波器【062】
3.3 易用型二阶 SK 型低通滤波器【066】
3.4 MFB 型低通滤波器【071】
3.5 高阶低通滤波器【074】
3.6 单电源低通滤波器【079】
3.7 滤波器设计中的注意事项【087】

第四章 运放组成的高通滤波器（090）

4.1 四元件二阶 SK 型高通滤波器【090】
4.2 六元件二阶 SK 型高通滤波器【092】
4.3 易用型二阶 SK 型高通滤波器【096】
4.4 MFB 型高通滤波器【102】
4.5 高阶高通滤波器【108】
4.6 单电源高通滤波器【111】

第五章 运放组成的带通滤波器（117）

5.1 双频点带通滤波器——宽带通【117】
5.2 单频点选频放大器——窄带通【117】

第六章 运放组成的陷波器（145）

6.1 双频点带阻滤波器——宽带阻【145】
6.2 陷波器——窄带阻滤波器【146】

第七章 运放组成的全通滤波器（174）

第八章 其他类型的模拟滤波器（183）

8.1 状态可变型滤波器分析【183】
8.2 Biquad 滤波器分析【194】
8.3 Fleischer-Tow 滤波器【205】
8.4 有源椭圆滤波器【217】
8.5 无源椭圆滤波器【246】

第九章 开关电容滤波器（279）

第一章 运放电路的频率特性

所谓的频率特性，是指一个放大电路对不同频率的输入信号，表现出不同的性能。显然，任何放大电路内部或者外部，都不可避免地存在人为放置的实体电感、电容，或者固有的杂散电感、电容，它们有的并联于部件，有的串联于回路之中，当输入信号频率发生改变时，它们的感抗、容抗会发生变化，进而对电路性能产生影响。

放大电路的频率特性，是电路性能随频率变化的规律，是电子技术特别是模拟电子技术中一个极为重要的环节。本节主要针对运算放大器（以下简称运放）组成的放大电路，研究其频率特性。

滤波器是利用这些规律制作的一个放大电路。其电路性能随频率变化的规律是人为设计的，目的是达到我们的期望，比如滤除低频量、保留高频量等。

1.1 从开环到闭环

◎开环增益的简化表达式

实际的开环增益

运放的开环增益，是随频率变化而变化的，一般情况下是随着频率的升高而降低的，如图 1.1 所示。在横轴绝大多数区域，这根线是以 -20dB/10 倍频下降的，在对数图中近似一根直线。但是，我们能够看出，在图 1.1（a）1MHz 以后，图 1.1（b）10MHz 以后，即图 1.1 中的红色区域内，这根线变得不直了，这通常发生在开环增益低于 20dB 的区域。

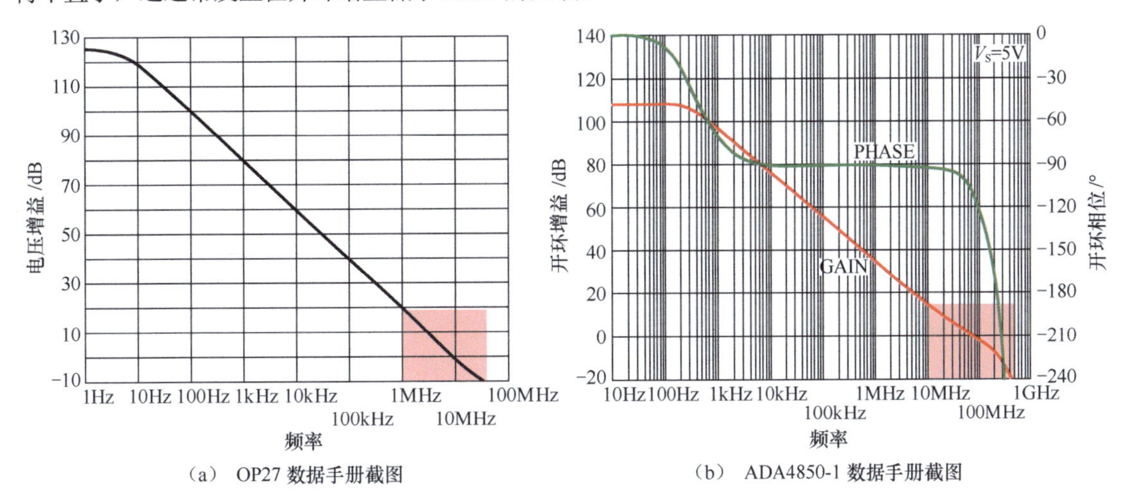

（a） OP27 数据手册截图　　　（b） ADA4850-1 数据手册截图

图 1.1 实际运放的开环增益曲线

对开环增益的初步简化

如果忽视这一段的异常，运放的开环特性可以用如下简化式表达：

$$\dot{A}_{uo}(f)=A_{uom}\times\frac{1}{1+j\frac{f}{f_H}} \tag{1-1}$$

这是一个复数表达式，包含模和幅角。模是开环增益的大小，用 A_{uo} 表示。幅角代表相移，用 φ_{uo} 表示，负值代表滞后相移，这两者都与频率相关：

$$A_{uo}(f)=A_{uom}\times\frac{1}{\sqrt{1+\left(\frac{f}{f_H}\right)^2}} \tag{1-2}$$

$$\varphi_{uo}(f)=-\arctan\left(\frac{f}{f_H}\right) \tag{1-3}$$

根据式（1-2）得到的幅频特性曲线（增益的模随频率变化的曲线）与实际运放增益曲线非常相似：在 f 远小于 f_H 的超低频率段，有一段平直区域，其值为 A_{uom}，在图 1.1（a）中为 125dB，在图 1.1（b）中为 107dB，这被称为开环低频增益；在截止频率附近，开环增益圆滑下降；在 f 远大于 f_H 阶段，开环增益开始以 −20dB/10 倍频的速率直线下降。

根据开环和闭环增益的关系，发现进一步简化的可能

图 1.2 所示是根据式（1-2）绘制的两个运放的开环增益曲线，分别为图中橙色线、蓝色线，运放 1 的 $A_{uom1}=10^7$，f_{H1}=1Hz；运放 2 的 $A_{uom2}=10^6$，f_{H2}=10Hz。写成频率表达式为：

$$\dot{A}_{uo1}(f)=A_{uom1}\times\frac{1}{1+j\frac{f}{f_{H1}}}=10^7\times\frac{1}{1+j\frac{f}{1}}$$

$$\dot{A}_{uo2}(f)=A_{uom2}\times\frac{1}{1+j\frac{f}{f_{H2}}}=10^6\times\frac{1}{1+j\frac{f}{10}}$$

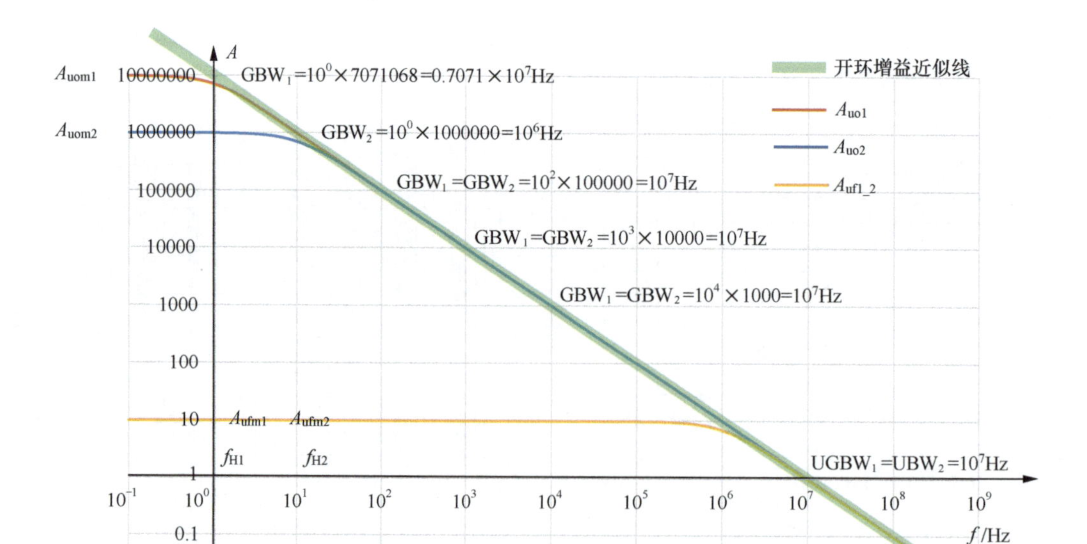

图 1.2 开环增益的进一步简化

可以看出，两者的主要差别发生在低频段。随着频率的上升，到 100Hz 处，它们的开环增益已经完全重合，至少肉眼已经无法分辨它们的区别。同时，这两个运放具有相同的单位增益带宽积

（GBW）——开环增益下降到 1 倍时的频率，频率均为 10MHz，即 10^7Hz。

用两个运放分别制作 10 倍同相比例器，产生的闭环增益的模用 $A_{uf1}(f)$ 和 $A_{uf2}(f)$ 表示，它们是随频率变化的，如图 1.3 黄色曲线所示，我们发现，两根线是完全重合的——即便在开环增益存在巨大差别的低频段。

它们在低频段保持闭环增益等于 10 倍，这个值被称为闭环中频（低频）增益，用 $A_{ufm1}=A_{ufm2}=10$ 表示。随着频率上升，两个运放的开环增益不断下降，但是由它们形成的闭环增益一直是 10，且一直重合。这个事实一直坚持到大约 10^5Hz=100kHz 时，肉眼能够看出它开始下降了，在 1MHz 处，已经能够看出来明显的下降，闭环增益变为大约 7.07 倍（当然，肉眼是看不出 7.07 的，我们知道，是因为计算过）。这就是闭环上限截止频率，即闭环增益下降为闭环中频增益 A_{ufm} 的 0.707 倍所对应的频率，也称为闭环带宽，用 f_{Hf} 表示。

这个事实告诉我们，运放组成的放大电路，其闭环增益曲线与开环低频增益 A_{uom} 无关，也与开环上限截止频率 f_H 无关，而仅与它们的增益带宽积有关。

对开环增益的进一步简化

一个反馈系数为 F、衰减系数为 M 的闭环放大电路，其闭环增益与运放开环增益之间的关系为：

$$\dot{A}_{uf}(f)=\frac{\dot{u}_O}{u_I}=\frac{M\times\dot{A}_{uo}(f)}{1+F\times\dot{A}_{uo}(f)} \tag{1-4}$$

仔细研究式（1-4），当$\left|F\times\dot{A}_{uo}(f)\right|$远大于 1 时，分母的 1 可以忽略，造成闭环增益等于 M/F，与 $\dot{A}_{uo}(f)$无关。事实和理论分析都能告诉我们，在低频段开环增益的不同，对闭环增益曲线的带宽 f_{Hf} 几乎没有影响。这为我们提出一个新的开环增益简化模型奠定了基础，我们希望用一个更为简单的计算式描述开环增益曲线：

$$\dot{A}_{uo}(f)=A_{uom}\times\frac{1}{0+j\dfrac{f}{f_H}}=-j\times A_{uom}\times\frac{f_H}{f} \tag{1-5}$$

此简化开环增益的模，称为开环增益近似线，如图 1.2 中绿色曲线，实际上它是一条直线。在 100Hz 以后，用它来描述运放 1 的橙色线、运放 2 的蓝色线，已经完全吻合。对于低频段的不吻合，我们完全不用在意。

生产厂商在运放的数据手册中，一般不强调 A_{uom} 和 f_H，而重点强调 GBW。因此，用 A_{uom} 和 f_H 表达的式（1-5）不实用，我们需要利用 GBW 对其进行变形。

为此，我们需要重温基本概念。

GBW：增益带宽积。在运放的开环增益曲线上，指定频率处增益值与频率值的乘积。理论上，GBW 是随频率不同而有所不同的，但是在一个很宽的范围内，比如图 1.2 中 10Hz ～ 10MHz 范围内，它们是一个固定值（10^7Hz）。生产厂商给出的这个值，是在满足上述条件下选定一个频率测得的。

式（1-5），也就是绿色的开环增益近似线，也具有 GBW，即它的模为 1 的频率：

$$\left|\dot{A}_{uo}(\text{GBW})\right|=1=A_{uom}\times\frac{f_H}{\text{GBW}}$$

$$\text{GBW}=A_{uom}f_H$$

据此，可以将式（1-5）变形为式（1-6），以便与生产厂商的数据手册参数对应起来：

$$\dot{A}_{uo}(f)=-j\times A_{uom}\times\frac{f_H}{f}=-j\times\frac{\text{GBW}}{f} \tag{1-6}$$

这样，就完成了对运放开环增益的最终简化，且使用数据手册提供的 GBW 表示。

◎闭环增益带宽

一个放大电路的幅频特性，像一个梯形，有上限截止频率，也有下限截止频率，还有中频增益。

因此，严格说，我们应该研究在两个频率变化方向上的增益变化规律——频率越来越高的上限截止频率，以及频率越来越低的下限截止频率。但是，我们知道，运放是一个直接耦合高增益放大器，它对低频或者直流是具有高增益的，不具备下限截止频率。因此，本节只研究频率越来越高引起的增益下降规律。

很显然，开环增益随频率下降的规律，将影响闭环增益随频率改变的规律。为研究闭环增益变化与开环增益变化之间的规律，需要以下定义。

闭环增益带宽：它是针对一个放大电路定义的，一般指 -3dB 带宽，是指随频率升高，闭环增益下降到 A_{ufm} 的 0.707 倍时对应的频率，用 f_{Hf} 表示，也可用 $f_{Hf\text{-}3dB}$ 表示。

闭环增益 ydB 平坦带宽：随着频率的上升，闭环增益与闭环中频（低频）增益 A_{ufm} 的 dB 差值超过 ydB 所对应的频率值，称为 ydB 平坦带宽，用 $f_{Hf\pm ydB}$ 表示。

闭环增益 ydB 平坦带宽，是对 -3dB 带宽的一个普适性补充。比如某个放大电路，其中频增益为 10 倍，-3dB 带宽为 1MHz，是指当输入信号频率为 1MHz 时，其闭环增益刚好是中频增益的 0.707 倍。同时又指出，它的 0.5dB 平坦带宽上限为 100kHz，则说明在输入信号频率小于 100kHz 时，闭环增益和闭环中频增益的差值的绝对值，不会超过 0.5dB，即在此频率范围内，闭环增益具有 0.5dB 的平坦度，即：

$$\left|A_{uf}(\mathrm{dB})-A_{ufm}(\mathrm{dB})\right|<0.5\mathrm{dB};\ f_{in}<100\mathrm{kHz}$$

具体到此例，有：

$$19.5\mathrm{dB}<A_{uf}(\mathrm{dB})<20.5\mathrm{dB};\ f_{in}<100\mathrm{kHz}$$

或者用倍数表达，0.5dB 代表 1.059 倍，-0.5dB 代表 0.944 倍：

$$0.944<\frac{A_{uf}}{A_{ufm}}<1.059;\ 或者9.44<A_{uf}<10.59;\ f_{in}<100\mathrm{kHz}$$

图 1.3 所示是对闭环带宽的示意。图 1.3 中开环增益如橙色线所示，而蓝色线是其近似线。黄色线是利用这个运放组成的 10 倍同相比例器的闭环增益，绿色线是 10 倍的闭环增益。其 -3dB 带宽分别为 f_{Hf1}=1MHz，f_{Hf2}= 0.1MHz。

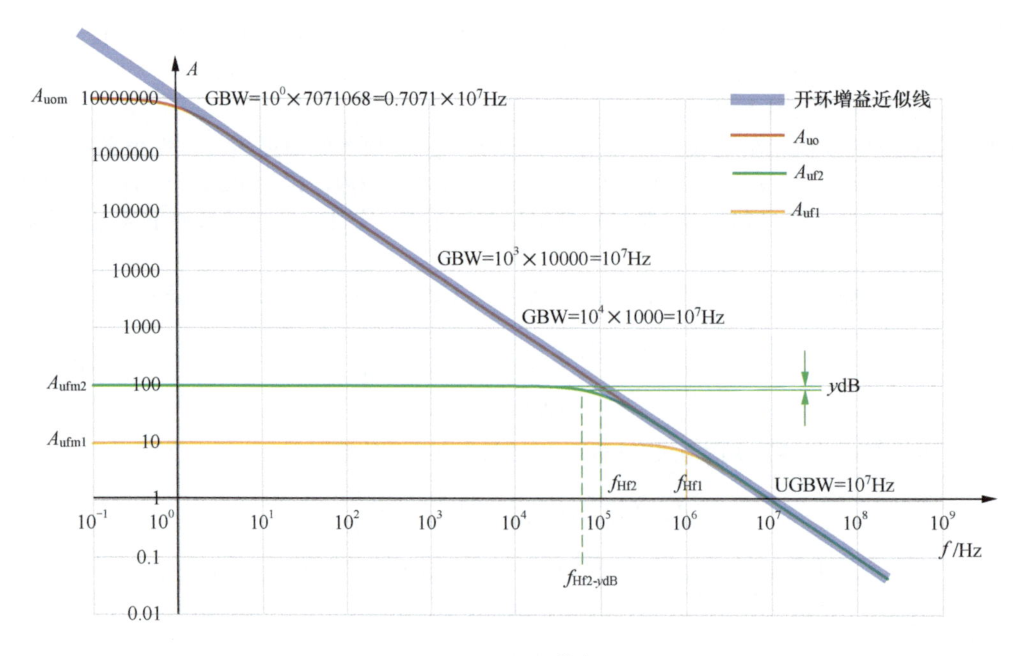

图 1.3　闭环带宽

◎ y 问题

在此基础上，我们提出“y 问题”如下：一个运放的 GBW 已知，用它组成一个放大电路，其反馈系数为 F，衰减系数为 M。求该放大电路的 $-y$dB 平坦带宽上限 $f_{\mathrm{Hf-}y\mathrm{dB}}$，为书写方便，定义：$x=f_{\mathrm{Hf-}y\mathrm{dB}}$。

此问题有普适性，在运算放大电路（以下简称运放电路）中会频繁遇到。其具体物理含义，如图 1.3 所示。

解：首先，根据给出的问题，可以得出如下约束：

$$A_{\mathrm{uf}}(x)(\mathrm{dB})=A_{\mathrm{ufm}}(\mathrm{dB})-y\mathrm{dB}$$

或者写成倍数关系为：

$$20\times\lg\left(\frac{A_{\mathrm{uf}}(x)}{A_{\mathrm{ufm}}}\right)=-y$$

即：

$$\frac{A_{\mathrm{uf}}(x)}{A_{\mathrm{ufm}}}=10^{-\frac{y}{20}}=k$$

$$A_{\mathrm{uf}}(x)=k\times A_{\mathrm{ufm}} \tag{1-7}$$

其中，$k=10^{-\frac{y}{20}}$由题目已知条件计算获得。

其次，根据方框图法，参见式（1-4）：

$$\dot{A}_{\mathrm{uf}}(f)=\frac{\dot{u}_{\mathrm{O}}}{u_{\mathrm{I}}}=\frac{M\times\dot{A}_{\mathrm{uo}}(f)}{1+F\times\dot{A}_{\mathrm{uo}}(f)}$$

并将开环增益随频率变化的简化式（1-6）代入式（1-4），得到：

$$\dot{A}_{\mathrm{uf}}(f)=\frac{M\times\dot{A}_{\mathrm{uo}}(f)}{1+F\times\dot{A}_{\mathrm{uo}}(f)}=\frac{M\times\left(-\mathrm{j}\times\frac{\mathrm{GBW}}{f}\right)}{1+F\times\left(-\mathrm{j}\times\frac{\mathrm{GBW}}{f}\right)}=\frac{M}{F}\times\frac{1}{1+\mathrm{j}\frac{f}{F\times\mathrm{GBW}}} \tag{1-8}$$

其模为随频率变化的实数：

$$A_{\mathrm{uf}}(f)=\left|\dot{A}_{\mathrm{uf}}(f)\right|=\frac{M}{F}\times\frac{1}{\sqrt{1+\left(\frac{f}{F\times\mathrm{GBW}}\right)^2}} \tag{1-9}$$

其相移为随频率变化的实数：

$$\varphi_{\mathrm{uf}}(f)=-\arctan\left(\frac{f}{F\times\mathrm{GBW}}\right) \tag{1-10}$$

这两个表达式的含义很清晰，对于增益的模来说，当f=0 时，闭环增益的模具有最大值，即 M/F，随着频率 f 的逐渐增大，分母越来越大，即闭环增益的模逐渐变小，在一个关键频率 $F\times$GBW 处，闭环增益的模变为闭环中频增益的 0.707 倍。因此有：

$$f_{\mathrm{Hf-3dB}}=f_{\mathrm{Hf}}=F\times\mathrm{GBW} \tag{1-11}$$

由于 −3dB 的特殊性，一般简写为 f_{Hf}。

在相移上，随着频率的上升，闭环电路开始出现微弱的相移，到 $0.1f_{\mathrm{Hf}}$ 时，相移大约为 −5.7°，到 f_{Hf} 时，相移是 −45°。

注意这两个表达式在 f 超过 f_{Hf} 后，最好不要再使用。原因是图 1.1 所示实际运放曲线中，在接近 GBW 时，已经不再是直线，不能用前述简化模型表达。

根据约束条件式（1-7），结合式（1-9），用 x 代表待求解频率，得：

$$A_{uf}(x) = k \times A_{ufm} = \frac{M}{F} \times \frac{1}{\sqrt{1+\left(\frac{x}{F \times \text{GBW}}\right)^2}}$$

很显然，A_{ufm} 是中频闭环增益，就是 M/F，代入得：

$$k = \frac{1}{\sqrt{1+\left(\frac{x}{F \times \text{GBW}}\right)^2}} \tag{1-12}$$

式（1-12）已经给出了已知的 k 与待求解的 x 的关系，解之：

$$\frac{1}{(F \times \text{GBW})^2}x^2 + 1 - \frac{1}{k^2} = 0$$

此为 $ax^2+bx+c=0$ 的一元二次方程标准式，按照中学数学结论即可解得：

$$x = \frac{(F \times \text{GBW})^2}{2} \times \sqrt{4 \times \frac{1-k^2}{(F \times \text{GBW})^2 \times k^2}} = F \times \text{GBW} \times \frac{\sqrt{1-k^2}}{k} \tag{1-13}$$

结合前述关于 x 的定义，可得式（1-14）：

$$f_{\text{Hf}-y\text{dB}} = F \times \text{GBW} \times \frac{\sqrt{1-k^2}}{k}, \quad k = 10^{-\frac{y}{20}} \tag{1-14}$$

这个表达式就是 y 问题的答案：一个运放的 GBW 已知，用它组成一个放大电路，其反馈系数为 F，衰减系数为 M，则该放大电路的 $-y$dB 平坦带宽上限 $f_{\text{Hf-}y\text{dB}}$ 如式（1-14）。

据式（1-14），也可以得到 y 问题的逆问题及其答案：一个放大电路，其反馈系数为 F，衰减系数为 M，要求其 $-y$dB 平坦带宽上限为 $f_{\text{Hf-}y\text{dB}}$，求运放的 GBW。

$$\text{GBW} = \frac{f_{\text{Hf}-y\text{dB}}}{F} \times \frac{k}{\sqrt{1-k^2}}, \quad k = 10^{-\frac{y}{20}} \tag{1-15}$$

注意，这两个计算式在求解过程中利用了运放开环增益的简化模型，与实际运放的主要差异表现在高频段，就是图 1.1 中红色区域，实际运放在这里已经不是直线，且相移不再是 −90°。如果关键频率结论发生在这个区域，那么计算就会出现较大差异。因此，闭环增益越大，这个计算式越准确。

举例 1

电路如图 1.4 所示，为 10 倍同相比例器。已知运放为 AD8675，求该电路的 −1dB 带宽。

解：第一，求解基本系数。

从电路可以看出，反馈系数和衰减系数分别为：

$$F = \frac{R_g}{R_f + R_g} = 0.1; \quad M = 1 \tag{1-16}$$

根据虚短虚断法，或者方框图法，均可求得 A_{ufm}=10=20dB。

第二，查找运放关键参数。

从图 1.5 增益频率曲线和数据表格中，可以查到 GBW 约为 10MHz。

第三，计算。

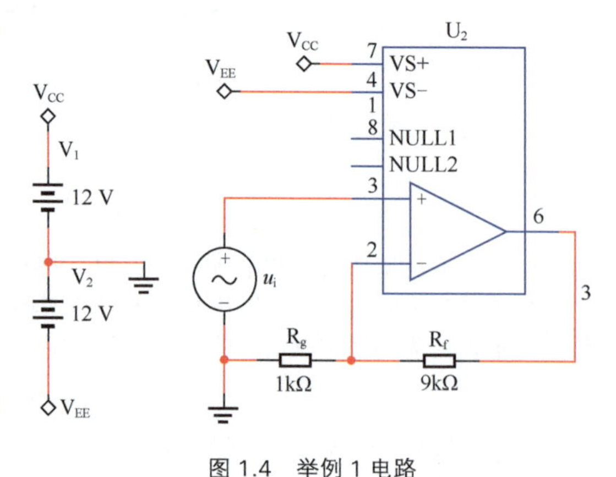

图 1.4　举例 1 电路

y=1dB，则 $k = 10^{-\frac{y}{20}} = 0.89125$，代入式（1-14）得：

$$f_{\text{Hf}-1\text{dB}} = F \times \text{GBW} \times \frac{\sqrt{1-k^2}}{k} = 508.8\text{kHz} \tag{1-17}$$

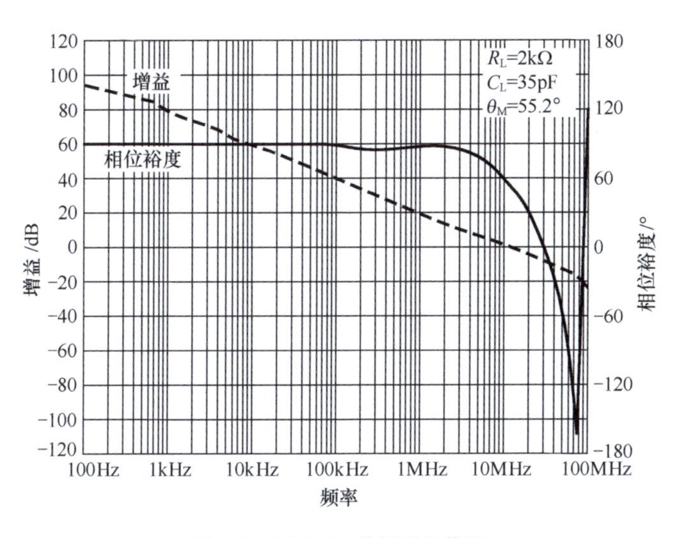

图 1.5　AD8675 数据手册截图

上述放大电路，在输入频率小于 508.8kHz 时，可以保证闭环增益不会比中频增益小，即增益不会小于 19dB，或者说，电压增益不会小于 8.9125 倍。

举例 2

电路如图 1.6 所示，为 -10 倍反相比例器。已知运放为 AD8675，求该电路的 -1dB 带宽。

解：第一，求解基本系数。

从电路可以看出，反馈系数和衰减系数分别为：

$$F=\frac{R_g}{R_f+R_g}=\frac{1}{11};\ \ M=-\frac{R_f}{R_f+R_g}=-\frac{10}{11} \tag{1-18}$$

根据虚短虚断法，或者方框图法，均可求得 A_{ufm}=-10=20dB。

第二，确定运放关键参数，GBW=10MHz，见举例 1。

第三，计算。

y=1dB，则$k=10^{-\frac{y}{20}}=0.89125$，代入式（1-14）得：

$$f_{Hf-1dB}=F\times \text{GBW}\times\frac{\sqrt{1-k^2}}{k}=462.6\text{kHz} \tag{1-19}$$

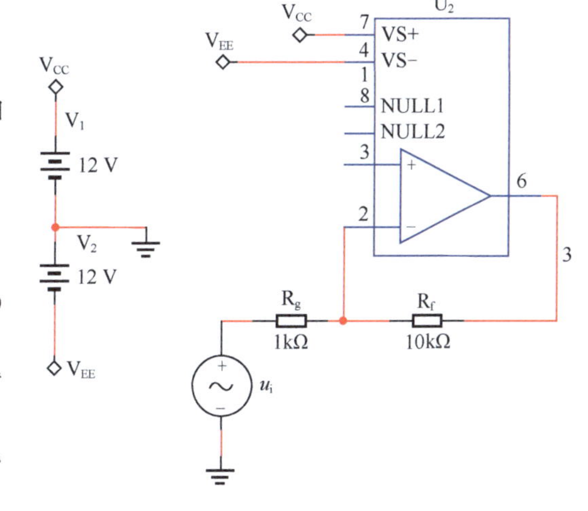

图 1.6　举例 2 电路

即上述放大电路，在输入频率小于 462.6kHz 时，可以保证闭环增益为 -10 ～ -8.9125 倍。

我们发现，反相放大电路和同相放大电路都能够实现 10 倍电压增益，但是同相放大电路的带宽要高于反相放大电路。这缘自两个电路的反馈系数不同。

举例 3

电路如图 1.7 所示，为 50 倍同相比例器。要求电路的 -0.2dB 带宽大于 20kHz，选择合适的运放实现，并用仿真软件实测。

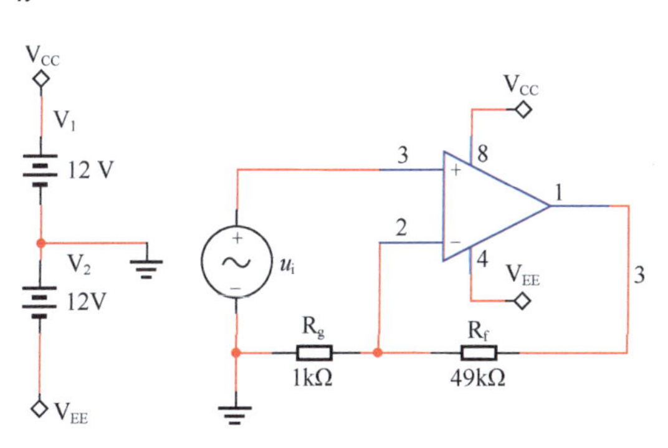

图 1.7　举例 3 电路

解：根据题目，得 F=0.02，y=0.2dB，$k=10^{-\frac{0.2}{20}}=0.97724$，$f_{\mathrm{Hf-ydB}}=20\mathrm{kHz}$

据式（1-15）得：

$$\mathrm{GBW}=\frac{f_{\mathrm{Hf-ydB}}}{F}\times\frac{k}{\sqrt{1-k^2}}=4.60\mathrm{MHz} \tag{1-20}$$

按此结论，应选 GBW>4.6MHz 的运放，且供电电压可以为 ±12V。

ADI 公司的 ADTL082，具有 5MHz 带宽，可 ±15V 供电，且价格不高，是一个良好的选择。仿真实验各频率处的增益和相移如表 1.1 所示。

表 1.1 仿真实验各频率处的增益和相移

f	10Hz	20.14kHz	24.16kHz	100.25kHz	108.9kHz	112.3kHz
A_{uf}/dB	33.98	33.84	33.78	31.43	31.098	30.97
φ_{uf}/°	-0.0052	-10.34	-12.35	-42.62	-45.08	-45.97

可知，中频增益为 33.98dB，为 50.003 倍。在题目要求的 20kHz 附近（仿真测试点为 20.14kHz），只有 0.14dB 衰减，优于题目要求的 0.2dB，而 -0.2dB 带宽发生在 24.16kHz 处，这缘于 ADTL082 的带宽为 5MHz，优于解题结论 4.6MHz。据式（1-11）可得本电路的闭环上限截止频率 f_{Hf} 为 100kHz，实际测得 -3.01dB 频率发生在 112.3kHz，-45° 相移点发生在 108.9kHz。这两者不相等，恰巧说明我们的简化模型在此处是有误差的。

学习任务和思考题

1. 由集成运放 ADA4528-1 组成的同相比例器电路如图 1.8 所示，求解电路的中频增益、-3dB 带宽和 -0.5dB 带宽。

2. 由集成运放 ADA4528-1 组成的反相比例器电路如图 1.9 所示，求解电路的中频增益、-3dB 带宽和 -0.5dB 带宽。

3. 由集成运放 ADA4528-1 组成的 T 形反馈反相比例器电路如图 1.10 所示，求解电路的中频增益、-3dB 带宽和 -0.5dB 带宽。

4. 由图 1.8 所示的电路结构，选择合适的运放和电阻值，使得电路的中频增益为 10 倍，-0.5dB 带宽大于 1MHz。

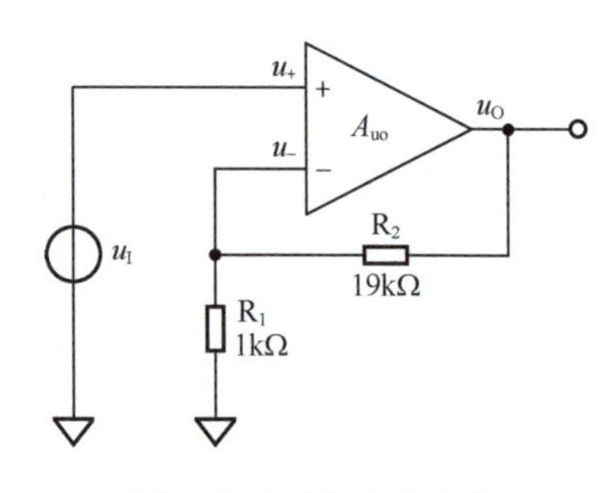

图 1.8 同相比例器电路

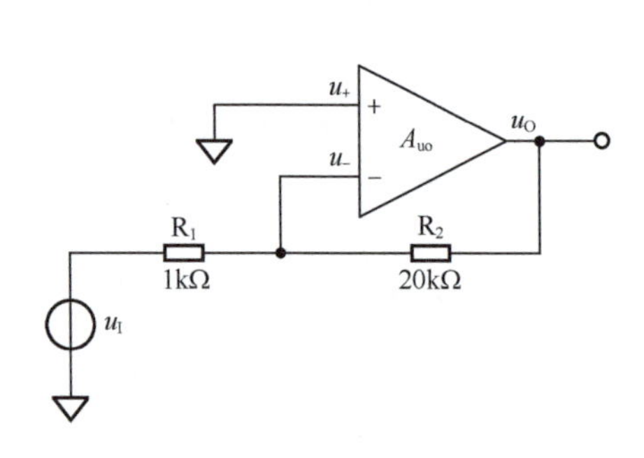

图 1.9 反相比例器电路

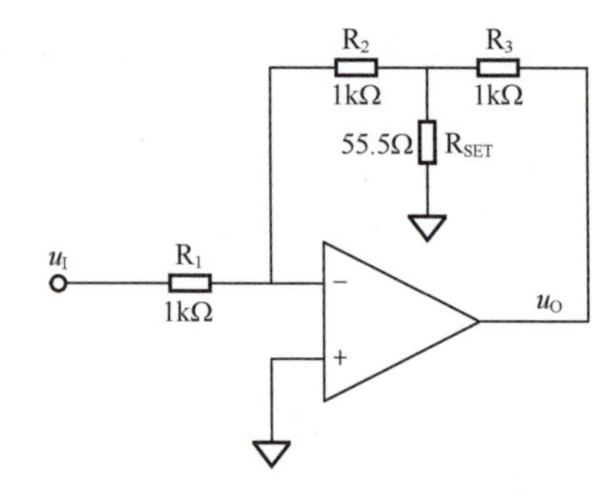

图 1.10 T 形反馈反相比例器电路

1.2 负反馈放大电路的稳定性分析

◎从日常生活中体会自激振荡

在歌厅中，我们会见到这样一种现象：当话筒位置不合适或者音量过大时，扬声器中会出现一种非常难听的啸叫，捂住话筒、赶紧降低功放音量或者将话筒转个方向，都是我们常用的解决方法。这个难听的啸叫，其实就是放大器的自激振荡。

所谓的自激振荡，是指放大器在没有输入信号的情况下，由于环路满足某些条件，其输出端能够产生某一确定频率的输出信号。一个放大电路如果发生自激振荡，则振荡输出信号将淹没输入信号，使得放大器失效。某些情况下，强烈的自激振荡还会损坏放大电路。

以歌厅中的自激振荡为例，如图 1.11 所示。红嘴小人发出的声音信号为 SA（声波），经过话筒拾音，转变成电信号 A，然后经过前置放大器、音量和音调调节放大器，以及功率放大器，最后形成信号 D，驱动扬声器发生声音信号 SE。很显然，扬声器发出的声音信号 SE 一定强于小人嘴中的声音 SA，否则要扩音机干什么。

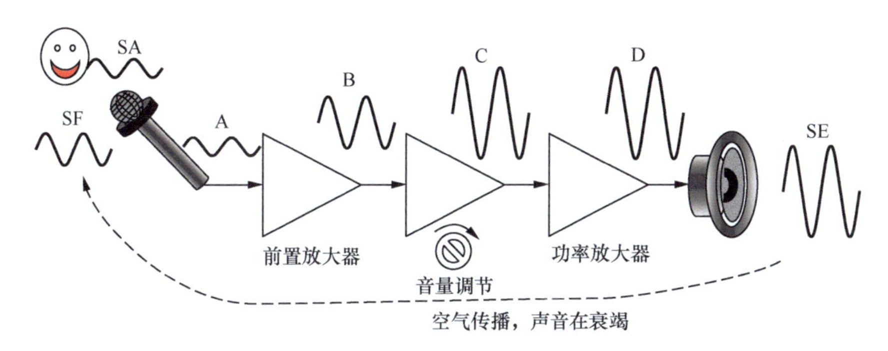

图 1.11　歌厅的啸叫——自激振荡

但是，SE 信号来自墙上的扬声器，经过空气传播后，也会到达话筒处，即 SF 信号，此信号就是人嘴里唱出的歌曲，问，SF 强度大还是 SA 强度大？

结论是，如果歌厅中的整套系统正常工作，不啸叫，那么 SF 强度一定比 SA 小；反之，在啸叫的时候，SF 强度一定比 SA 大——任何一个微小的声音，从话筒进去，再回到话筒就比刚才大了，这个声音就会在环路中不断兜圈，越来越大，于是就产生了自激振荡。

消除啸叫的方法有很多，只要能够让 SF 强度比 SA 小就可以。比如捂住话筒，同样的 SF 产生的 A 信号就变小了，扭转话筒方向也是一个道理；再如调节放大器增益，SE 信号就小了。或者让话筒远离扬声器。

◎负反馈放大电路产生自激振荡的条件

一个运放组成的负反馈放大电路，当开环增益 A_{uo} 环节和反馈网络本身的相移为 0° 时，整个环路永远是负反馈。如图 1.12（a）所示，利用环路极性法沿着绿色环路兜一圈，确实是负反馈。图 1.12 中将正输入端的输入信号接地，以模拟输入为 0 的自激振荡情况。

但实际情况远非如此简单。负反馈环路由开环运放加反馈网络组成，这两部分中都可能存在附加的滞后相移环节，假设运放的附加相移为 φ_A，反馈网络的附加相移为 φ_F，那么情况就会变得复杂，模块的输出和输入之间，就不再能用简单的同相、反相表示，也就无法准确回答到底是正反馈还是负反馈，如图 1.11（b）所示。

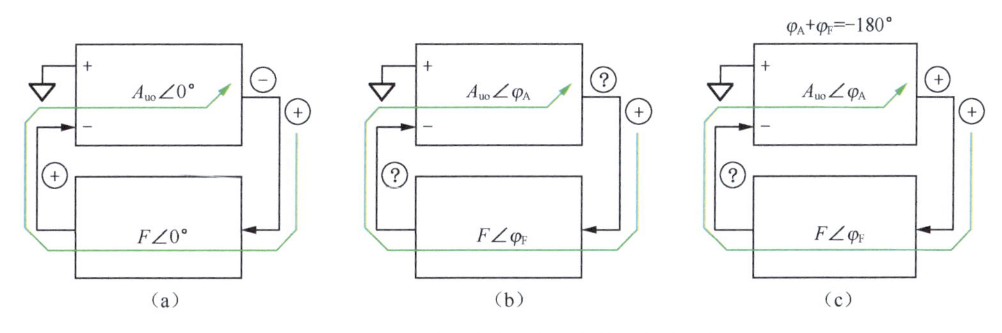

图 1.12　负反馈环路产生自激振荡的相位条件

当环路整个的附加相移$\varphi_A+\varphi_F=-180°$时，可以肯定，原本的负反馈，就会演变成正反馈。如图1.12(c)所示。这就满足了负反馈电路产生自激振荡的相位条件：

$$\varphi_A+\varphi_F=-180^\circ \tag{1-21}$$

要让负反馈电路产生自激振荡，除了相位条件，还必须具备幅度条件，即整个环路增益必须大于1，才能使得很微小的信号一旦在环路中产生，就会越来越大。即：

$$A_{uo}F>1 \tag{1-22}$$

◎从实际运放的幅频、相频特性看自激振荡的可能性

以一个实际运放ADA4899-1为例，其开环幅频特性、相频特性如图1.13所示。为了分析简化，我们假设运放组成了一个电压跟随器，即图1.12的反馈系数$F=1$，$\varphi_F=0°$。根据前述自激振荡的两个条件，有两种方法来衡量是否可能自激振荡。

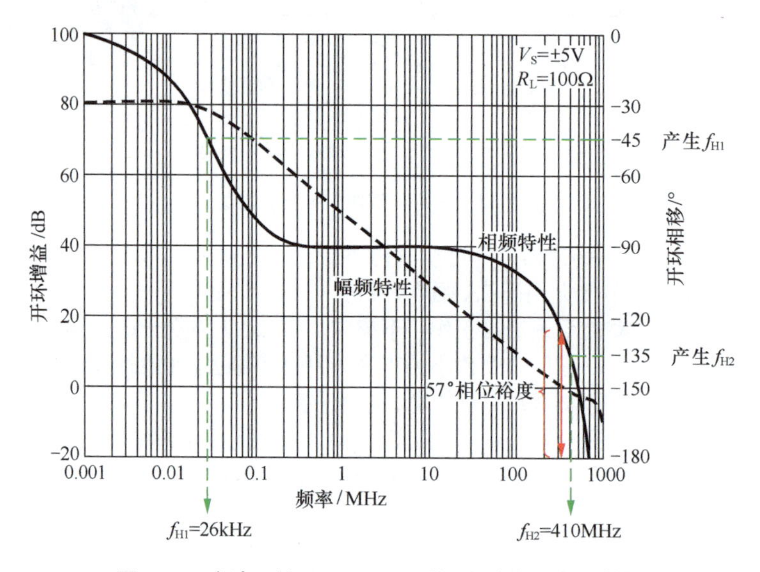

图1.13　高速运放ADA4899-1的开环幅频、相频特性

方法一，既然$\varphi_F=0°$，那么要想自激振荡，φ_A就必须为$-180°$。在运放的相频特性曲线上找到$\varphi_A=-180°$的点，频率为700MHz，观察此频率对应的幅频特性曲线，增益约为−3dB，说明此时有：

$$A_{uo}F=-3\text{dB} \tag{1-23}$$

即，对于此频率来说，虽然满足相位条件，但是环路增益小于1，不满足幅度条件。因此不会产生自激振荡。

相频特性中$\varphi_F=-180°$的频率处，开环增益比0dB小的值，就是增益裕度，此值越大，频率越稳定。

方法二，在运放开环幅频特性曲线上，找到0dB点对应的频率为310MHz，此时的相移为−123°。此相移与−180°处的距离，称为相位裕度，值为57°。根据相移的规律可知，此点左侧均为满足幅度条件的频率，其相移绝对值均小于123°，因此不可能产生自激振荡。

这里说明一点，ADA48990-1被设计成跟随器，且电路布线合乎规则时，是不会发生自激振荡的。

◎将跟随器改为比例器，是否振荡？

如果把跟随器改为图1.14所示的2倍同相比例器，且输入接地，一般情况下，这个电路的稳定性会更强，即跟随器如果不振荡，则比例器一定不会振荡。说明如下。

引入比例器的分压电阻后，我们发现φ_F仍为0°，而F由1变为0.5，即环路的相移曲线没有变化，环路增益$A_{uo}F$在纵轴上变为原来的0.5倍，即下降了6dB。那么，利用第一种方法，在不变化的

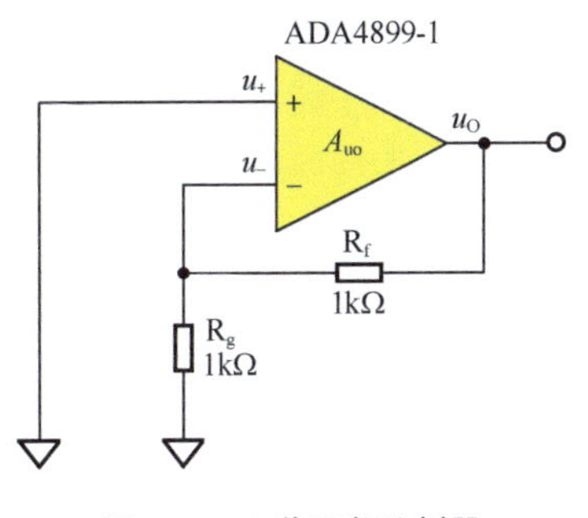

图 1.14　2 倍同相比例器

相移曲线上，找到 700MHz 为 -180° 频点，此频点处的运放开环增益为 -3dB，而环路增益 $A_{uo}F$ 则为 -9dB，即增益裕度更大了。

也有异常的情况。当跟随器使用 0Ω 电阻作 R_f，改为比例器时，则必须使用非 0 的 R_g，这时，如果运放输入端等效电容 C_{IN} 较大，与 R_f 和 R_g 就组成了一个含衰减的低通环节，会产生一定的滞后相移，特别是电阻增大到某个范围，其低通特征频率落入运放带宽之内，很有可能满足运放自激振荡条件。

因为运放输入端电容一般为 pF 级，如果电阻为 1kΩ 级，此低通特征频率一般在 100MHz 以上，因此在低速放大器中不会发生此事。而高速运放，一般来说，外部电阻都小于 1kΩ，也难以发生此事。但是，事有凑巧，物有偶然。记住"如果 0Ω 跟随器不振荡，改为 2 倍放大器，有时候也是会振荡的"，而根源可能就在这个反馈环中的低通网络。

◎每一种运放都是这样吗？

从上述分析看，ADA4899-1 在正常的负反馈电路中，无论 1 倍的跟随器，还是大于 1 倍的比例器，都不可能发生自激振荡。并且，闭环增益越大，反馈系数越小，环路增益越小，导致增益裕度越大，负反馈电路越稳定。

不是所有运放都能设计成跟随器使用。有些运放，为了保证稳定性，它们只能设计成闭环增益大于某个值。比如 ADA4637、OPA847 等。这类运放有一个共同点，就是在数据手册中都规定了最小稳定闭环增益（也称噪声增益，即 $1/F$），如图 1.14 所示，其中的红色框，就是在说这个。是否能够设计成跟随器，与运放的相位裕度、增益裕度有关。

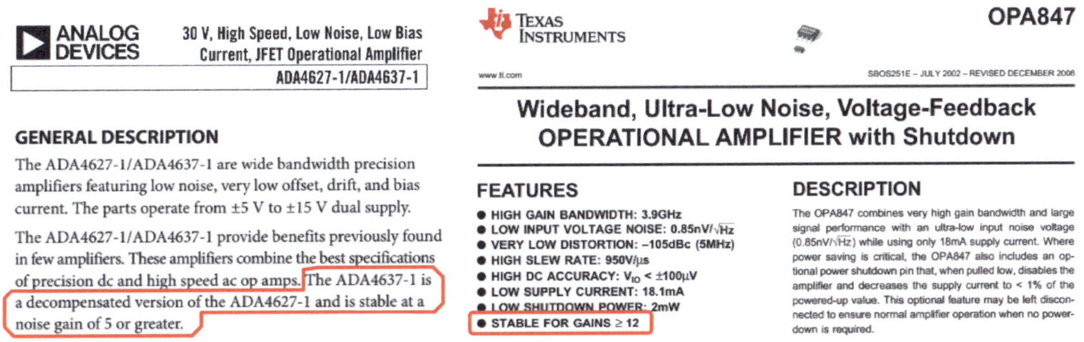

30 V, High Speed, Low Noise, Low Bias Current, JFET Operational Amplifier

ADA4627-1/ADA4637-1

GENERAL DESCRIPTION

The ADA4627-1/ADA4637-1 are wide bandwidth precision amplifiers featuring low noise, very low offset, drift, and bias current. The parts operate from ±5 V to ±15 V dual supply.

The ADA4627-1/ADA4637-1 provide benefits previously found in few amplifiers. These amplifiers combine the best specifications of precision dc and high speed ac op amps. The ADA4637-1 is a decompensated version of the ADA4627-1 and is stable at a noise gain of 5 or greater.

TEXAS INSTRUMENTS　　OPA847

www.ti.com　　SBOS251E – JULY 2002 – REVISED DECEMBER 2008

Wideband, Ultra-Low Noise, Voltage-Feedback OPERATIONAL AMPLIFIER with Shutdown

FEATURES

- HIGH GAIN BANDWIDTH: 3.9GHz
- LOW INPUT VOLTAGE NOISE: 0.85nV/√Hz
- VERY LOW DISTORTION: –105dBc (5MHz)
- HIGH SLEW RATE: 950V/μs
- HIGH DC ACCURACY: V_{IO} < ±100μV
- LOW SUPPLY CURRENT: 18.1mA
- LOW SHUTDOWN POWER: 2mW
- STABLE FOR GAINS ≥ 12

DESCRIPTION

The OPA847 combines very high gain bandwidth and large signal performance with an ultra-low input noise voltage (0.85nV/√Hz) while using only 18mA supply current. Where power saving is critical, the OPA847 also includes an optional power shutdown pin that, when pulled low, disables the amplifier and decreases the supply current to < 1% of the powered-up value. This optional feature may be left disconnected to ensure normal amplifier operation when no power-down is required.

图 1.15　ADA4637-1 和 OPA847 的数据手册首页部分截图

图 1.16 是 ADA4637-1 的开环频率特性，可以看出，左侧纵轴标注，既是增益 dB 值，也是相位裕度值，而右侧我标注的才是真正的相移值 φ_A。

按照第二种方法，增益为 0dB 的频率为 74MHz 左右，即图中红色实心圆，可以读出其相位裕度为 -90°（其相移值为 -270°，即图中红色空心圆），这是极不稳定的。但是如果让反馈系数 F 不是 1，而变为 1/5，即 -14dB，那么就可以将图中增益曲线下移 14dB，如图中绿色虚线。此时再看，就会发现 0dB 频率变为 14MHz 左右，即图中绿色实心圆，对应的相移变为 -107°，如图中绿色空心圆，其相位裕度相应变为 73°，这就稳定了。

器件中规定闭环稳定增益大于 5，一般是保守的，它不会让相位裕度刚好大于 0°。原因后续讲。

同样地，OPA847 也不能用于跟随器，其开环特性如图 1.17 所示。从图 1.17 中可以看出，在相移达到 -180° 时，其开环增益仍有大约 20dB（即增益裕度为 -20dB。裕度是宽裕的意思，当裕度为负值时，不仅不宽裕，还"欠着债"呢）。显然，将其接为跟随器是不稳定的。

但是如果将其闭环增益设为 12 倍以上，则环路增益变为开环增益的 1/12 以下，如图 1.17 中将闭环增益曲线下移 21.58dB（即为原先的 1/12），为绿色虚线，则其在 -180° 是具有小于 0dB 的环路增益。

但似乎看起来不太清晰。为了更加清晰地说明问题，也可以采用另一种方法，在绿色虚线与 0dB 的交叉点，如图中绿色实心圆点，找到对应相频曲线的绿色虚心圆点，此处相位裕度为 30° 左右。两种方法都能说明，当 OPA847 接成 12 倍以上的闭环增益时，电路是稳定的。

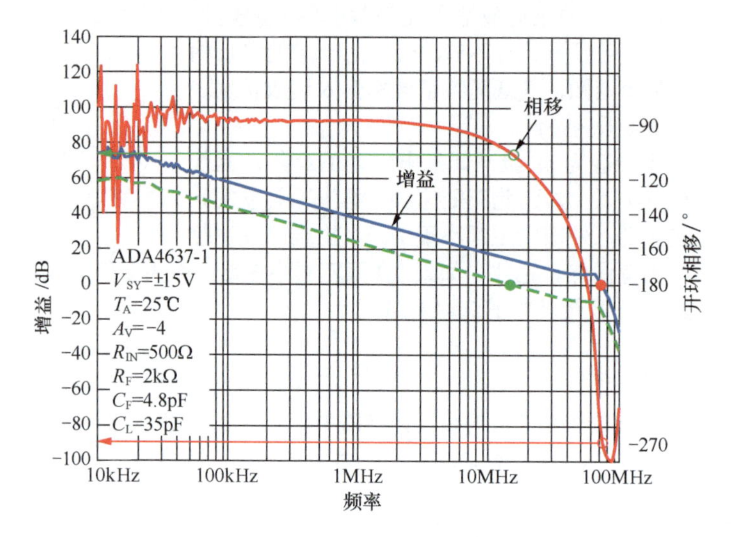

图 1.16　ADA4637 的开环特性

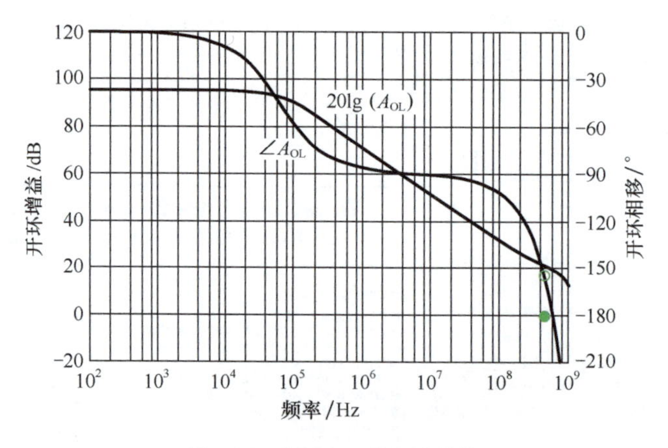

图 1.17　OPA847 的开环特性

◎为什么负反馈放大电路的输出端不能接大电容负载？

一个由运放组成的同相比例器（包含运放内部结构）如图 1.18 所示，在它的输出端对地接了一个大电容 C_L，这是一个极其危险的电路，一般会引起电路工作不稳定，特别是输入方波时会引起过大的过冲和振铃现象，有时候还会发生自激振荡。

为了解释这种现象，在图 1.18 中我们画出了运放内部的简化等效结构：图 1.18 中小运放都是理想的，入端开始是一个理想的开环运放，然后是两级低通网络，产生两个上限截止频率，其中，f_{H1} 非常小，是运放设计者为了增强运放电路稳定性而在运放内部刻意制造的，对于低速运放，此值为 0.1 ～ 10Hz 量级；对于高速运放，此值可达 10kHz 甚至更高。而 f_{H2} 要大得多，它不是刻意制造的，而是集成电路生产中固有的，比如 PN 结之间的杂散电容引起的。实际的 f_{H2} 不是一个简单的一阶低通滤波器产生的，可能是多个复杂网络形成的。在本图中，为了简化，我们将其描述成一个电阻和电容形成一阶低通滤波器。但读者必须清楚，理论上两级一阶低通滤波器，只能产生最大 180° 的滞后相移，而这两级的简化模型，可以产生超过 180° 的滞后相移。

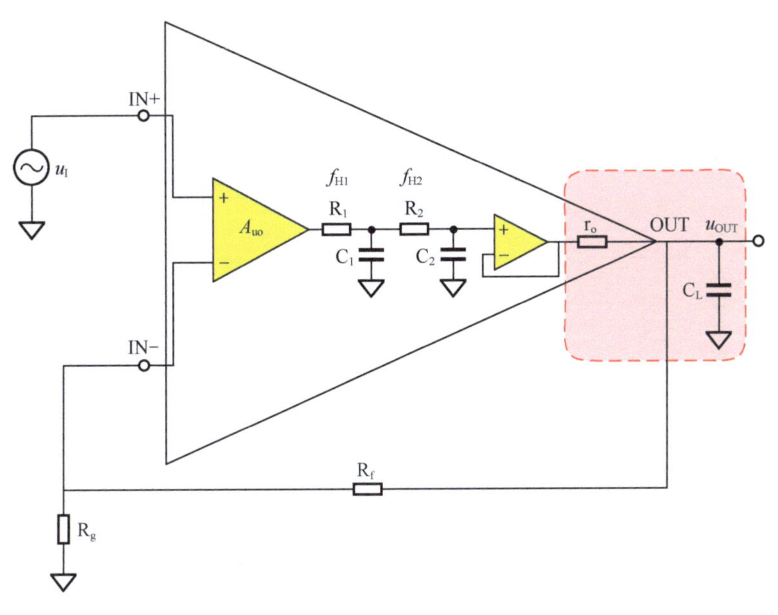

图 1.18　运放输出端接负载电容

此后是一个跟随器隔离阻容网络与输出端的阻抗联系，然后每一个运放都有一个输出电阻 r_o，为 0.01 ～ 100Ω，取决于不同的运放，以及不同的信号频率。

这个模型，已经可以大致描述出实际运放的开环幅频、相频特性。

当运放电路的输出没有电容时，环路只包含运放和反馈电阻。因此，其是否稳定，可以利用前述方法判断——需要特别注意的是，此时的运放输出电阻 r_o，在分析中起不到什么作用，毕竟它和 R_f 相比，还是太小了。但是，一旦在此电路的输出端对地端接一个负载电容 C_L，那么输出电阻 r_o 就与 C_L 组成了一阶低通滤波器，它在产生增益衰竭的同时，也会产生最大 -90° 的相移，这样环路增益曲线会加速下降，有利于稳定；而环路相移曲线也会加速下降，不利于稳定。这就要看谁的作用大了。

一个一阶低通滤波器的引入，在带来 -3dB 的环路增益下降的同时，会引起 -45° 的额外相移；-6dB 增益下降，则会引起 -60° 的额外相移，这差不多将相位裕度消耗完了。总体看，相移的影响更大一些，或者说，这个一阶低通滤波器的引入，大多数情况下会使系统更加不稳定。

这个过程特别好玩。有些人会片面地认为，在环路中增加一阶低通滤波器会引起系统不稳定，因为这会引入额外的相移，降低相位裕度。这是完全错误的。实际上，一阶低通滤波器的引入，就如大千世界一分为二的万物一般——有其好的方面，就有其坏的方面，而好与坏，又以不同的方式呈现，看你怎么用它。

一阶低通滤波器被引入后，增益降低（有利于稳定）是缓慢的，却是永远持续的，因为一阶低通滤波器的增益会随着频率的增大而无限降低，趋近于 0。而相移的增加（不利于稳定）是快速的，却是有极限的，即便频率趋于无穷大，相移也只能到 -90° 。

这有点像沙漠中的骆驼。渴，缺水会死亡；累，也会死亡。背上水，有好处，但也增加了负荷。背水还是不背水？这得看什么时候。

眼看就要到终点了，也是累到极限的时候，即便多背一壶生命必须的水，也会压垮这头可怜的骆驼。而刚开始旅行的时候，则必须背上足够的水。水，是好还是坏？它可以长久供应骆驼的需求，但是又在瞬间增加了骆驼的负荷。

道理几乎相同。科学家在设计运放时就考虑到了这点。他们人为地在低频段引入了一个低通滤波器，如图 1.13 所示，26kHz 处的一阶低通滤波器是人为刻意增加的，这有助于增加运放电路的稳定性。而在高频处，则告诫用户，避免出现低通网络。

因此，对于运放组成的负反馈放大电路，不要在其输出端接大电容负载。否则，其稳定性一般会下降。轻者，出现方波输入时的输出过冲，如图 1.19 所示。重者，则会引起自激振荡。

图 1.19 中的过冲，是指当矩形波输入时，输出出现了先冲上去，再降下来，来回折腾几次方波才

稳定下来的现象。对于一个良好的放大器来说，过冲越小越好。

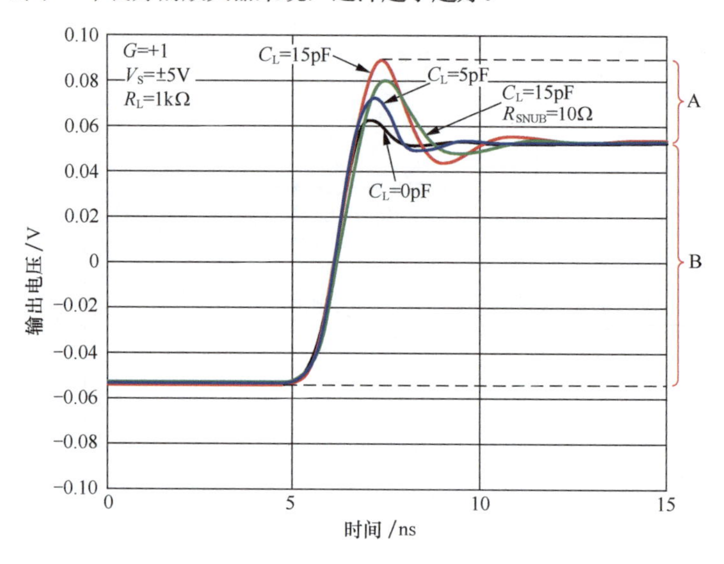

图 1.19　运放 ADA4899−1 的输出过冲现象

过冲大小用百分比表示，即图 1.19 中的 A/B。当输出端接不同的输出负载电容时，ADA4899−1 的过冲也不同，C_L 为 15pF 时，过冲是最大的。

◎为什么理论上不会振荡的电路，做成实际电路板却发生了振荡?

对于理论上不会振荡的放大电路（比如将 ADA4899−1 设计成 10 倍闭环增益，或者 OPA847 设计成 20 倍闭环增益），当我们画好电路板图，制成印制电路板（PCB），将元器件焊接完毕，却发现它出现了自激振荡。这是为什么呢?

因为实际的电路板中，存在杂散电容。

任何两个导体节点，其实都存在杂散电容，其大小与投影面积、间距、介质的介电常数有关。电路板中常见的杂散电容有：

1）同一层的两个相邻节点间，比如某根信号线和周边的覆铜 GND 之间，以及和周边的焊点之间的电容，如图 1.20 中的 C_1。

2）不同层上下之间，比如元件层的线和焊接层的大面积 GND 之间的电容，如图 1.20 中 C_2；第 2 层的线与第 1 层、第 3 层的线之间的电容等。

3）器件的两个管脚之间的电容。

节点或者线，其实都与周边的节点或者线存在投影面积和间距。显然，投影面积越大、间距越小，都会导致杂散电容越大。一般可以达到 pF 级。这是不可忽视的。

这些杂散电容和电路中的电阻很容易形成低通网络，有可能引起电路稳定性下降。图 1.21 所示原本为一个同相比例器，做成实际电路板后，就出现了 3 个杂散电容——其实每个节点都出现了一个杂散电容。

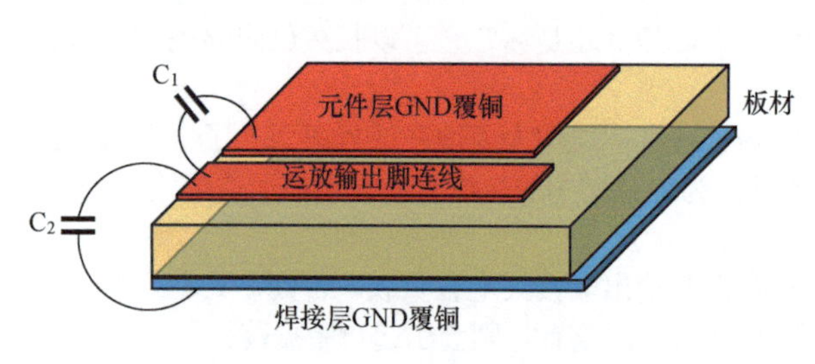

图 1.20　印制电路板中的杂散电容

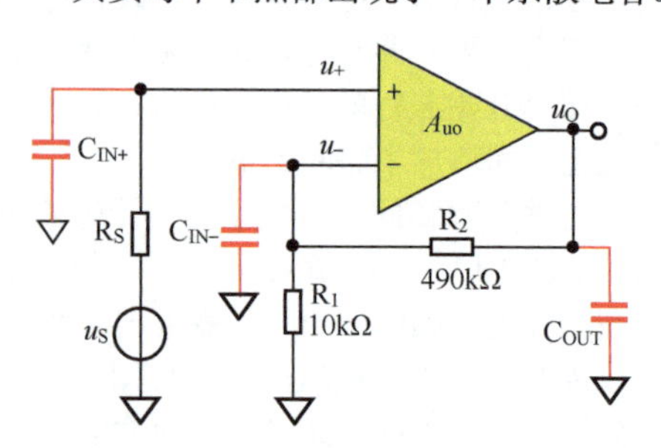

图 1.21　同相比例器中的杂散电容

同相比例器中的杂散电容如图 1.21 所示，C_{OUT} 就是我们前面讲的大电容负载，显然它会在反馈环路中引入一个低通网络，有可能引起环路的稳定性下降。

C_{IN+} 与信号源内阻 R_S（或者前级放大电路的输出电阻）组成了一个低通网络，但是这个低通网络不在反馈环内，它只会影响不同频率输入信号到达放大电路输入端的比率，进而影响放大电路的带宽，而不会引起任何稳定性问题。

严重的问题发生在 C_{IN-} 上，它与实体电阻 R_2、R_1 并联，共同组成了一个环路内的低通网络。电阻 R_2 和 R_1 并联后的电阻远大于运放的输出电阻，这导致非常小的 C_{IN-} 就可以产生巨大的作用。因此，在电路设计中降低运放负输入端电容就非常关键。

◎如何避免负反馈放大电路的自激振荡?

从设计上入手，在萌芽阶段就扼杀自激振荡，是避免自激振荡的不二法宝。一定不要寄希望于出现自激振荡后，再修改电路。

常见的法宝如下。

1）选择合适的增益，选择合适的增益电阻

对于任何一个选定的运放，在它能够实现的最小增益基础上，适当提高闭环增益，可以有效提高系统稳定性。

增益电阻尽量选择小的，以降低 C_{IN-} 的作用。多数宽带放大器的数据手册中，都会给出不同增益的电阻配对值。理论上，如果要实现 10 倍同相增益，用 9.09kΩ 对 1kΩ，就没有用 909Ω 对 100Ω 好。

2）设计 PCB 图时，尽量减小杂散电容，特别是 C_{IN-}

有些初学者，学会了覆铜操作，就特别高兴。再丑陋的电路板设计，一实施覆铜操作，电路板就显得比较专业了，于是这些孩子就到处覆铜，其实这是极其错误的。

覆铜操作的主要作用是增大接地面积，进而减小地线电阻和电感，还有一个作用是散热。但是覆铜操作也会带来两个问题：第一，它与同层信号线之间形成了很长的近距离间隙，也就是很大的电容，如图 1.20 中的 C_1；第二，它与其他层的信号线形成了层间电容，如图 1.20 中的 C_2。这些杂散电容，都会引起系统不稳定。

因此在电路设计时，注意以下几点。

- 运放负输入引脚及其连接线的下方，绝对不要覆铜，或者覆铜后一定要实施挖空操作。图 1.22 给出了一个 PCB 布线挖空覆铜的实例。
- 运放负输入引脚、输出引脚及其连接线的同层周边，一定要与覆铜保持足够大的间距。我建议此间距要大于 20mil（1mil=0.0254mm），甚至 50mil。理论上，这个间距大了，覆铜面积就会减小，但因为覆铜面积通常为厘米级，不会在乎这点减小。
- 环路中的电阻，尽量不要使用电位器。

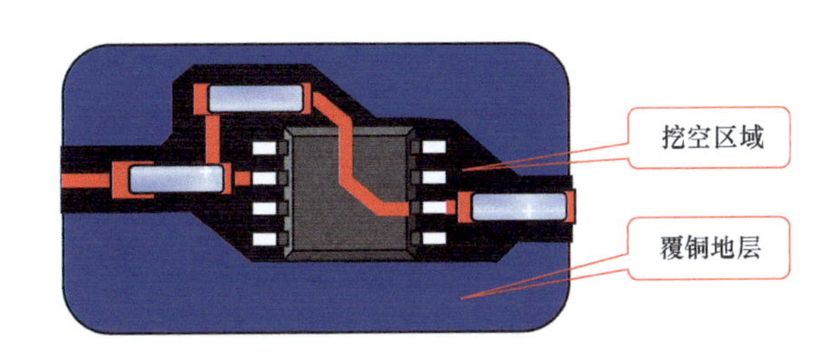

图 1.22 挖空地线覆铜的实例——摘自《你好，放大器》

3）尽量不要驱动大电容负载

在必须驱动大电容负载的情况下，使用裕度大的运放，或者串联隔离电阻。

有些运放天生就能够驱动大电容负载，比如 AD817、OPA350 等。图 1.23 所示是运放 AD817 驱动大电容的实例，左图中当负载电容为 1000pF 时，几乎看不到过冲。

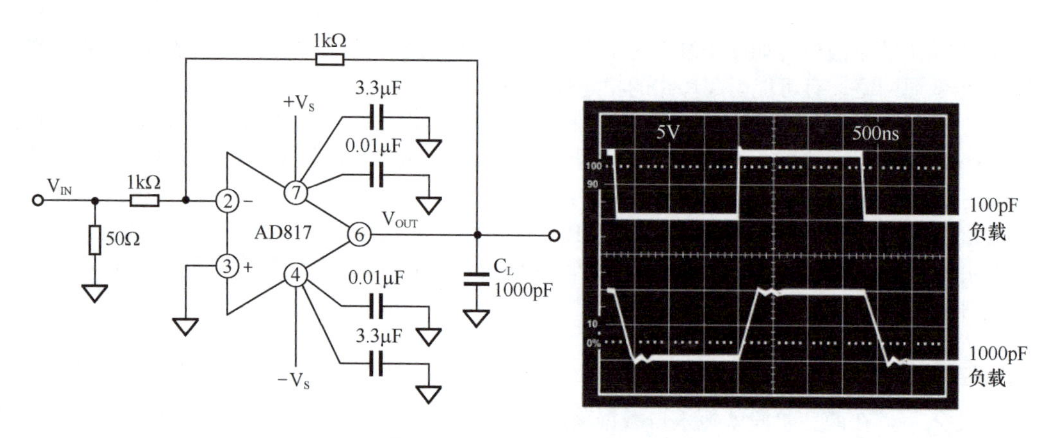

图 1.23　AD817 驱动大电容负载

有些电路并没有大电容负载，PCB 布线也符合规则。但在使用示波器观察输出波形时，却发现了振荡。此时需要注意的是，示波器使用的电缆线是存在输入电容的。解决方法很简单，在输出端串联一个小值隔离电阻 R_{ISO}，比如 50Ω，再连到示波器电缆线上即可。这也给出了另外一种解决思路，当必须驱动大电容负载时，可以在运放输出端和大电容负载之间串联一个小值隔离电阻，如图 1.24 所示。为了说明隔离电阻的作用，设计实验电路如图 1.25 所示。

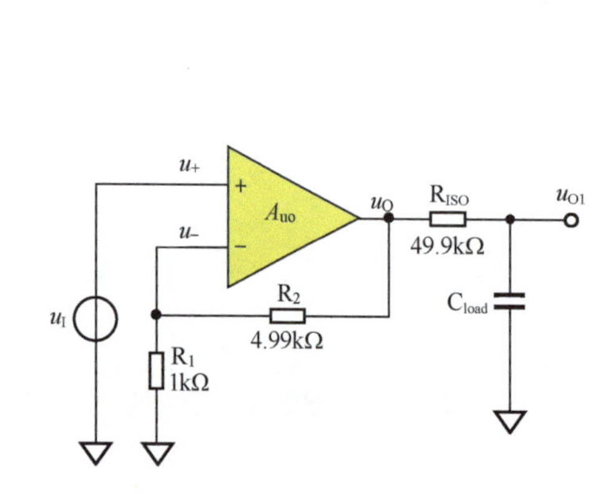

图 1.24　将大电容负载与环路输出隔离

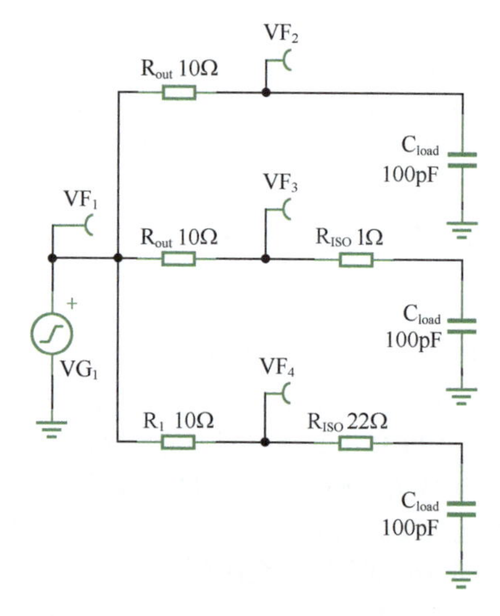

图 1.25　隔离电阻的作用

图 1.25 中 VF_2 是输出直接驱动电容负载，VF_3 是驱动一个隔离电阻为 1Ω 的电容负载，VF_4 则是驱动一个隔离电阻为 22Ω 的电容负载。其幅频、相频特性如图 1.26 所示。可知，如果没有隔离电阻，输出端可以产生最大 90° 的滞后相移，而接入 1Ω 隔离电阻后，最大滞后相移只有大约 55°，而 22Ω 的隔离电阻，最大滞后相移只有 11° 左右。

这样，由负载电容引起的不稳定现象，会大幅度减少。

另外，在电路中增加不同种类的补偿电路，比如串入高通网络等，也是抑制自激振荡，提高稳定性的方法。但这种方法多应用于运放内部设计，在运放电路设计中应用较少。

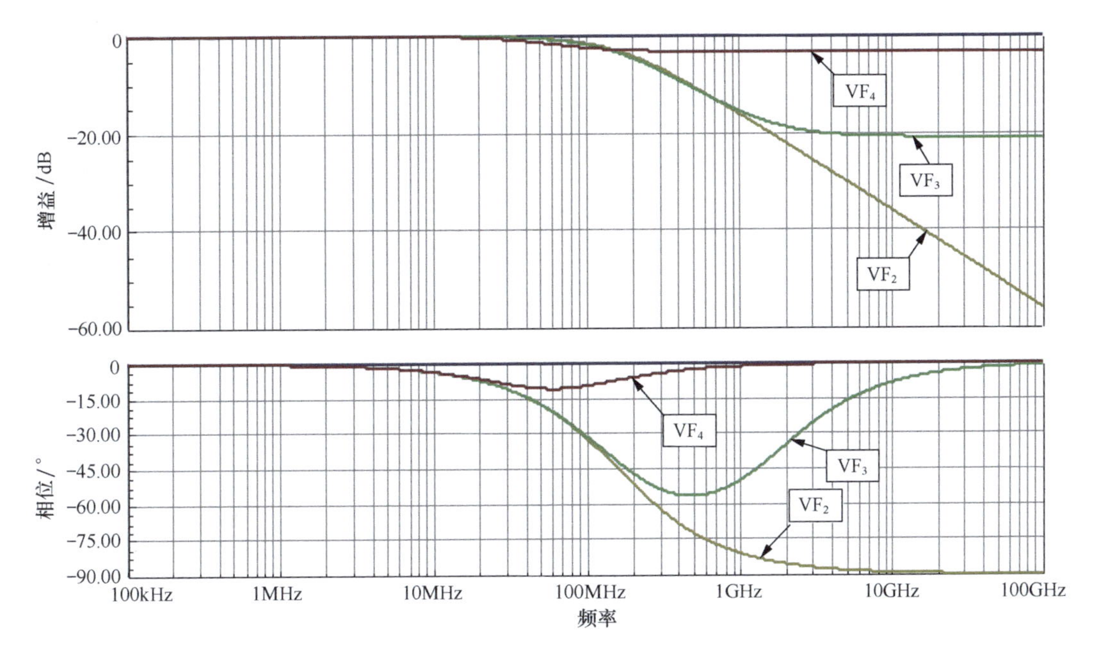

图 1.26　隔离电阻的作用之仿真实验结果

1.3 频率失真

◎重温失真和非线性失真

与失真相关的内容重温如下。

输出波形和输入波形的不一致，称为失真。但是这个不一致，不包括时间移位、幅度变化和幅度移位，比如准确放大的照片，虽与原始照片大小不一致，但不能称为失真。因此，对输出波形进行最优的线性运算后，仍和输入波形的不一致，称为失真。

任何一个运放或者其他放大器，只要“输入—输出”关系不是直线，那么当输入为单一频率正弦波时，输出就一定不是正弦波，而是除基波之外，还包含谐波。这种失真的原因是放大电路“输入—输出”关系不是直线，因此也称之为非线性失真。

如果一个放大电路，“输入—输出”关系是直线，那么当输入为单一频率正弦波时，输出也是同频的正弦波，这个放大电路称为“无非线性失真放大电路”。反之，则称为“具有非线性失真放大电路”。

◎线性失真，也被称为频率失真

对于“无非线性失真放大电路”，仍会产生波形失真，此类失真称为“线性失真”。

若输入不是单一频率正弦波，而是几个正弦波的叠加，就形成了如图 1.27 绿色曲线所示的复合波，放大电路对每个正弦波都不产生非线性失真，但是对每个正弦波的增益不同或者时延不同，造成输出波形变形，如图 1.27 中红色曲线，这种失真叫频率失真，也称线性失真。

线性失真分为 3 种，如图 1.28 所示。

1）幅度失真：放大电路对不同频率的输入信号具有不同的放大倍数。

2）相位失真：放大电路对不同频率的输入信号具有不同的时延。特别注意，不是“不同的相移”，而是“不同的时延”。

3）既有幅度失真，也有相位失真，称为综合失真。这是绝大多数情况。

对于常见的放大电路，从理论上讲，绝不存在“无非线性失真放大电路”，因此如果输入波形为复合波，那么输出波形一定包含非线性失真，还包含线性失真；而线性失真中，一般既包含幅度失真，也包含相位失真。

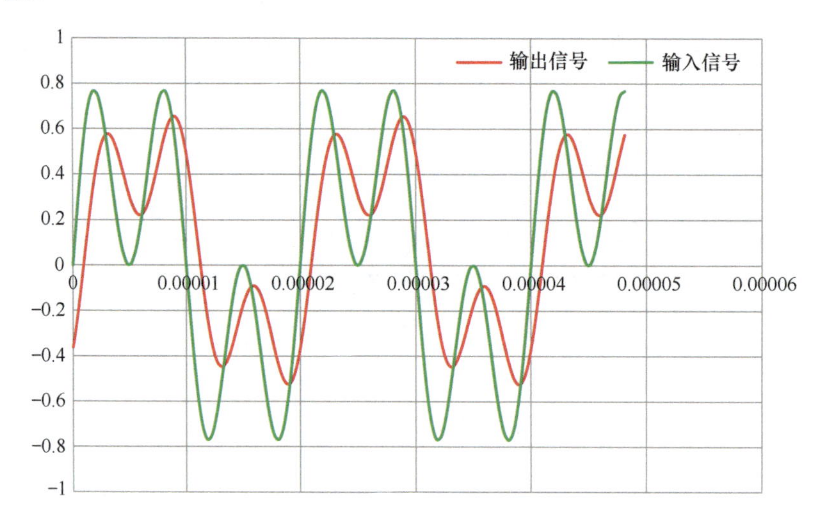

图 1.27　线性失真实例

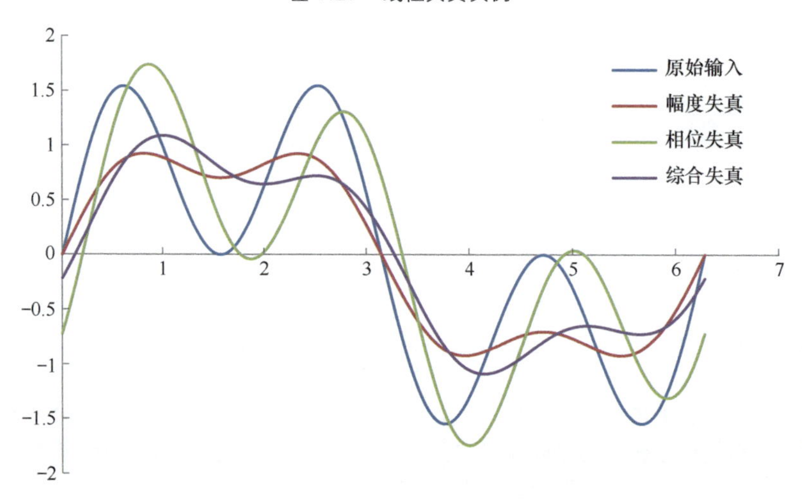

图 1.28　线性失真中的幅度失真、相位失真和综合失真

◎频率失真的危害

失真度非常小的运算放大器，经过合适的负反馈后，可以使得放大电路的失真度进一步下降。很多优秀的放大电路，其失真度指标可以做到 -120dB 以下，因此，可以近似认为这就是“无非线性失真放大电路”。

但是，即便使用如此低失真度的放大电路，如果存在频率失真，也就是线性失真，输出波形仍然会变形。

产生频率失真的根本要素是，输入波形是一个复合波，低失真度放大电路对输入波形中的不同频率信号，实施了不同增益、不同时延的放大。虽然每个单一频率正弦波都不产生非线性失真，但是由于线性失真的存在，输出的复合波形仍然会变形。

图 1.28 所示是用 Excel 生成的，表现线性失真的示意图。蓝色为原始输入的复合波形，由等幅度的基波和 3 次谐波相加形成，如果没有发生线性失真，其输出将与输入一样。单纯的幅度失真（如红色波形所示），是由 1 倍的基波 +0.5 倍的 3 次谐波组成的，很显然，放大电路对 3 次谐波实施了幅度的衰减，输出波形看起来平滑了很多，即我们常说的高频抑制；而绿色波形则是单纯的相位失真，它

是由 1 倍基波无相移 +1 倍 3 次谐波（含一个固定相移）组成的；而紫色波形则是“既包含幅度失真，又包含相位失真”的综合失真。

频率失真造成的危害是严重的。真正的放大电路，其输入信号一般不会是单一频率正弦波，虽然我们在做实验的时候广泛采用这种输入。比如音频放大电路，其输入信号是自然界的声音，它一定是包含很多频率分量的复合波。

以心电信号为例，其主要频率分量大致分布在 0.1 ～ 25Hz，为了可靠放大，一般会给信号链路中增加 45Hz 左右的低通滤波器，以抑制 50Hz 工频干扰以及更高频率的肌电信号；增加 0.01Hz 高通滤波器以抑制超低频率的信号漂移。这些滤波器的引入，一旦设计不好，就会对原始心电信号带来幅度的改变或者相位的改变，进而引入线性失真，也就是频率失真。其直接后果就是，打印出来的心电信号发生了变形，误导了医生对病情的诊断。

1.4 频率特性的分析方法

分析一个放大电路的频率特性，最常用的是频域分析法，它通过“幅频特性图——增益随频率变化曲线”“相频特性图——相移随频率变化曲线”全面描述放大电路的频率特性。

频域分析法分为理论分析、实测记录等手段。

所谓的理论分析，是将电路中的部件，都表达成与频率相关的量或者关系式，然后据此写出随频率变化的频域传递函数，最终得到幅频特性、相频特性图。

所谓的实测记录，是使放大电路正常工作，用示波器等仪器同时显示输入波形和输出波形，逐点改变输入信号频率，分别记录每个输入频率下的增益（输出幅度 / 输入幅度）、相移（输出相位减去输入相位），绘制出幅频特性、相频特性图。实测记录法可以用实际电路实现，也可以用仿真电路实现。

电路如图 1.29 所示，理论分析该电路的频率特性，并用仿真实验验证。

解：理论分析如下。

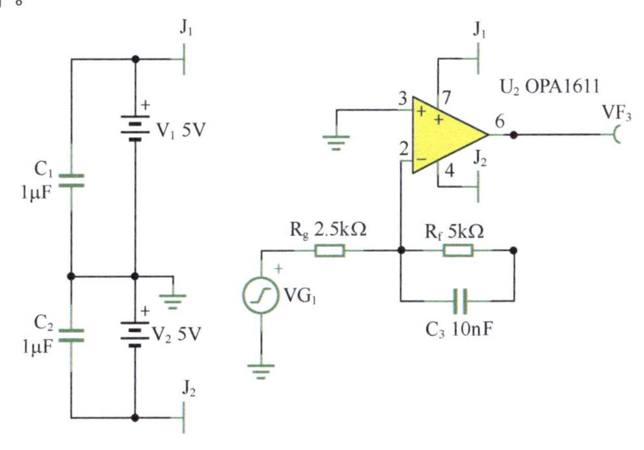

图 1.29　含一阶低通滤波的反相比例器

这是一个由运放组成的，含 2 倍电压增益的一阶低通滤波的反相比例器。在正弦稳态输入时，其电压增益随频率变化的表达式为：

$$\dot{A}_{uf}=-\frac{R_f//\dfrac{1}{j\omega C_3}}{R_g}=-\frac{\dfrac{R_f\times\dfrac{1}{j\omega C_3}}{R_f+\dfrac{1}{j\omega C_3}}}{R_g}=-\frac{R_f}{R_g}\times\frac{\dfrac{1}{j\omega C_3}}{R_f+\dfrac{1}{j\omega C_3}}=-\frac{R_f}{R_g}\times\frac{1}{1+j\omega R_f C_3} \tag{1-24}$$

设已经确定的电路参数：

$$\omega_0 = \frac{1}{R_f C_3};\ f_0 = \frac{1}{2\pi R_f C_3} \tag{1-25}$$

其中，ω_0 为特征角频率，f_0 为特征频率。其具体含义，在滤波器概述中会有介绍。

据式（1-24），可以写出电压增益的模随频率变化的规律，即幅频特性：

$$\left|\dot{A}_{uf}\right| = -\frac{R_f}{R_g} \times \frac{1}{\sqrt{1^2 + \left(\frac{\omega}{\omega_0}\right)^2}} = -\frac{R_f}{R_g} \times \frac{1}{\sqrt{1^2 + \left(\frac{f}{f_0}\right)^2}} = A_m \times \frac{1}{\sqrt{1^2 + \left(\frac{f}{f_0}\right)^2}} \tag{1-26}$$

以及电路输入与输出之间的相移随频率变化的规律，即相频特性：

$$\varphi = 180° - \arctan\left(\frac{\omega}{\omega_0}\right) = 180° - \arctan\left(\frac{f}{f_0}\right) \tag{1-27}$$

根据上述两个表达式，可以用肉眼观察的方式，大致分析出增益、相移的变化规律。

1）当输入信号频率特别低，即 $f \ll f_0$ 时，电路的电压增益近似为 A_m，输入与输出之间的相移近似为 180°，电路表现为一个标准的 -2 倍反相比例器。

2）当输入信号频率逐渐增大，电压增益逐渐下降时，不考虑电路本身的反相特性，滞后相移的绝对量 $\arctan\left(\frac{f}{f_0}\right)$ 是逐渐增大的。

3）当输入信号频率增大到一个关键点——特征频率处，即 $f = f_0 = \frac{1}{2\pi R_f C_3} = 3183\text{Hz}$，电压增益变为 A_m 的 0.707 倍，而相移变为 135°，也可以理解为滞后 -225°。

4）此后，随着频率的再增大，电压增益越来越小并最终逼近 0，而相移逐渐变为 90°（也可理解为滞后 270°）。

对该电路的仿真，可以采用 Multisim 或者 TINA 等仿真软件。本例以 TINA 为例，仿真结果如图 1.20 所示。

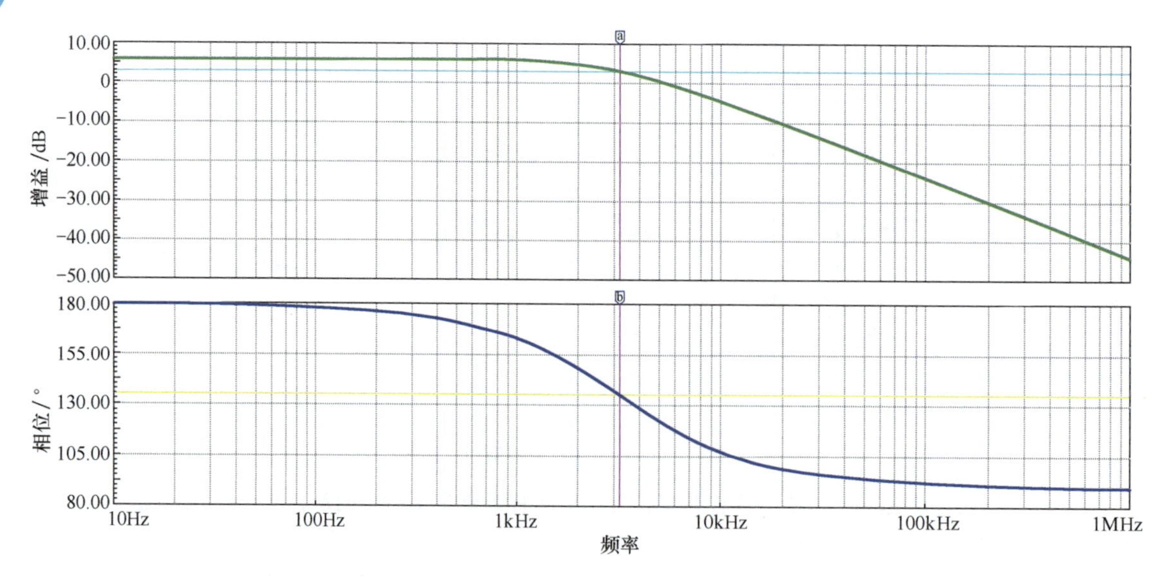

图 1.30　含一阶低通滤波的反相比例器仿真结果之幅频特性和相频特性

可以看出，仿真结果与理论分析是基本吻合的。

第二章 滤波器概述

2.1 滤波器的一些常识

◎滤波器

滤波是一个动作，对不同频率输入信号实施不同的增益和相移，以形成输出。滤波器是执行这种动作的硬件设备或者软件程序。无论滤波还是滤波器，英文均为 filter，它是名词，也是动词。

比如，高通滤波器的动作效果是：输入频率较高时，其增益逼近一个设定值，相移基本为 0；当输入频率低于某一设定值后，随着频率的降低，增益开始逐渐下降，相移开始逐渐增大，最终的结果是，直流量或者超低频率量都会被滤除。

◎模拟滤波和数字滤波

滤波动作可以用模拟电路实现，也可以用数字电路或者软件实现。比如，图 1.29 所示电路，就是模拟的低通滤波器。所谓的模拟滤波器，其输入量是连续的模拟信号。

而数字滤波器，其输入量是离散的数字信号或者一个程序，对已有的数字序列进行滤波，形成新数据。例如：

原始数据为 X（X_0，X_1，X_2，…，X_n，…），通过以下计算式得到 Y（Y_0，Y_1，Y_2，…，Y_n，…）

$$Y_i=\frac{0.5\times X_{i-1}+X_i+0.5\times X_{i+1}}{2}$$

这就形成了一个数字滤波程序，实现了最简单的低通滤波效果——X 序列中存在的尖锐变化，会在输出的 Y 序列中得到钝化。

模拟滤波，只能通过硬件电路实现。而数字滤波，既可以用硬件的数字电路实现，也可以用软件编程实现。

目前稍复杂的电子系统都存在 3 个环节：感知自然界模拟信号的输入环节、模数转换和处理器环节、数模转换和执行环节。这样的电子系统中存在大量的滤波器。

比如 MP3，它可以听歌，也可以录音 / 放音。图 2.1 所示是它的信号链路，以录音 / 放音为例，其流程如下。

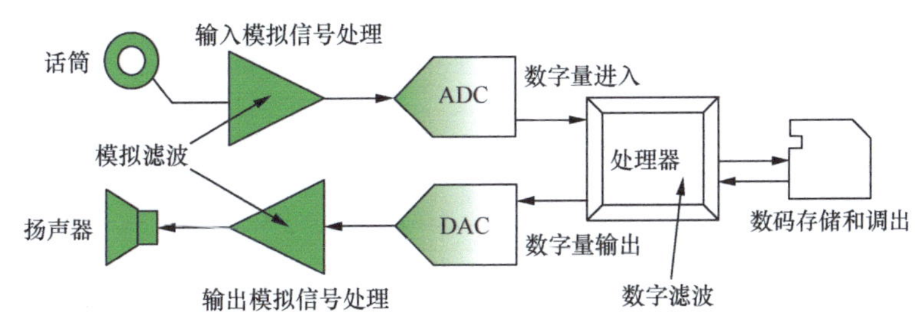

图 2.1　以 MP3 为典型的电子系统中的滤波环节

1）外界的声音是一个客观存在的声波，传递到话筒，话筒是一个声电变化器，它负责把声音信号转换成 mV 级的波动电压信号。虽然话筒没有专门设计滤波器，但是它本身的物理特性限制了它的工作频率范围，从表象看，它是一个几 Hz 到几十 kHz 的带通滤波器，这属于模拟滤波器。

2）其后的“输入模拟信号处理”单元，其实就是本书的重点内容，它负责把 mV 级的波动电压，转变成 V 级的波动电压，因此需要上千倍的电压放大，并且在这个环节，需要实施 10Hz ～ 50kHz 的带通滤波，以保证人类能够听到的 20Hz ～ 20kHz 信号完整地传递，且滤除人类听不到的声音，这属于模拟滤波。

3）随后，这个波动电压被模数转换器（ADC）变成离散的数码序列，通过主控的处理器，读取 ADC 的数据，保存在内部的 FLASH ROM 中，或者外插的 SD 卡、U 盘中。在 ADC 内部，一般不存在模拟滤波，是否存在数字滤波取决于 ADC 的类型，对于音频领域的 ADC，多数为 Σ-Δ 型，内部含有数字滤波器。

4）当需要播放时，处理器从存储器中读取需要的数据片段，实施必要的数字滤波后，提交给数模转换器（DAC），DAC 把这些离散的数码序列，又转换成连续的模拟电压信号，提交给执行环节。

5）随后的“输出模拟信号处理”单元，主要实施功率放大，以便有足够的能量驱动扬声器发出悦耳的声音。在这个单元，需要模拟滤波，至少要把 DAC 输出的台阶状波形，变成较为圆滑的，与声音信号相似的波形。

本书仅讲授模拟滤波。

数字滤波内容，一般在数字信号处理课程中讲授，它足够有趣，且功能远比模拟滤波强大，比如把男人的声音变成女人的声音，这在模拟滤波中是难以想象的。当然，它也有缺点，比如，它需要延迟处理，或者，它至少需要一个运算能力较强的处理器，这比较昂贵。

◎模拟滤波器的实现方法——无源滤波器和有源滤波器

实现模拟滤波，有以下 2 种器件：无源滤波器和有源滤波器。

所谓的无源滤波器，英文为 passive filter，是只用无源器件组成的滤波器。无源器件，也称被动器件，英文为 passive device 或 passive compenent，它的特点是无须外部供电即可工作，一般包括电阻、电容、电感和变压器。无源滤波器及其频率特性如图 2.2 所示。

无源滤波器仅由电阻、电容、电感组成，形成了一个几百 Hz 到 10MHz 左右的带通滤波器。

有源器件，英文为 active device 或 active compenent，是必须有额外电能供应才能工作的器件，如晶体管、运放、门电路、处理器等。由至少 1 个有源器件组成的滤波器，称为有源滤波器。

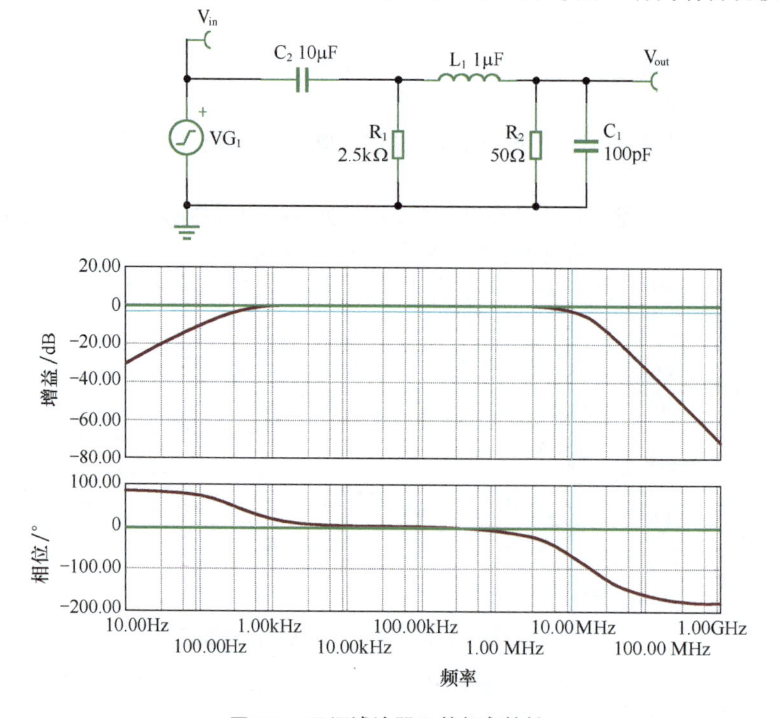

图 2.2　无源滤波器及其频率特性

有源滤波器和无源滤波器至今共存，各有优缺点，一般来说，优缺点是互补的。

无源滤波器的优点如下。

1）在大电压、电流时，很多有源器件会失效，而无源器件一般不受限制。

2）在超高频率时，无源器件具有天生的优势。

3）实现最为简单的滤波时，无源电路有优势。

4）一般来说，会比有源器件便宜一些，除非用到大的电感、电容。

有源滤波器的优点如下。

1）可以引入负反馈和放大环节，因此可以实现极为复杂的滤波器，且能轻松应对小信号。

2）可以轻松实现多级滤波器的级联，而无源滤波器各级之间的互相影响是极为复杂的，多级级联非常困难。

3）对于超低频率，有源滤波器有天生优势。它可以利用反馈网络，通过密勒等效等方法，用很小的电容代替超大电容、电感。我们知道，特征频率越低，要求电容值越大。即便现在已经有了超级电容，我们仍应坚信，制作电容需要足够大的面积和足够小的间距，这在物理上是受限的。单纯用无源电路，想实现超低频率的滤波器，唯一的方法是使用超大的电容器，这非常困难。

4）电路计算更简单。

◎有源滤波器的实现方法

经过几十年的发展，有源滤波器较为成熟的实现方法有以下几类。

1）用运放组成的有源滤波器

这是一个庞大的分支。以运放为基本单元，配合电阻、电容，可以实现各式各样的有源滤波器。单纯讲授此内容，一本书看起来也是不够的。本书仅作简单介绍。

2）状态变量型集成有源滤波器

这是一个集成芯片。它的核心仍是运放电路，通过不同的引脚输出高通、低通和带通，用户可以自由搭配实现不同的功能。由于其具有极高的通用性，就被芯片生产厂商用集成电路实现了，因此也叫通用滤波器。

3）开关电容滤波器

这是一类新的滤波器。它处理的是模拟信号，但是处理过程却是很“数字化”的。它利用这样一个核心思想：一个电容，给它增加一个开关，用开关的开断控制电容的充电或者放电，可以控制其平均电流，以此模拟一个变值的电阻。因此，它必须有一个外部提供的CLK信号，以控制内部电容的开关频率，当开关频率发生变化时，整个滤波器的效果也发生改变，由此可以营造一个“特征频率可变”的滤波器。

相比于开关电容滤波器，普通滤波器要实现特征频率的改变，需要人工改变电路中的电阻或者电容值，这很麻烦且很多情况下难以实现。但是，对于开关电容滤波器，你只要改变外部的时钟频率，就可以修改特征频率，这对于按照节拍工作的处理器来说，是一件轻松的事情。

比如某一款开关电容滤波器实现的低通滤波，其截止频率是开关时钟频率的1/100，要实现一个20kHz的低通滤波，只需要给它提供一个2MHz的时钟。要将20kHz的截止频率变为19kHz，只需要改变时钟频率为1.9MHz。

这看起来非常神奇，也很美妙。事实确实如此。但是，开关电容滤波器也有致命的缺点，外部提供的CLK信号，在输出波形中或多或少存在，这需要再增加一级额外的滤波器，并且如果信号很小，这类滤波器也是不善于处理的。

本书重点讲述以运放为核心的滤波器，这是滤波器实现方法的基础。

◎滤波器的形态分类

从滤波器实现的效果看，滤波器分为以下几种形态。

1）低通和高通滤波器

单一的低通滤波器，滤除高于上限截止频率f_H的信号。单一的高通滤波器，滤除低于下限截止频率f_L的信号。

2）带通和选频滤波器

一般的带通滤波器，滤除低于下限截止频率f_L、高于上限截止频率f_H的信号。它有两个特征频率点，比如音频放大器，只保留10Hz～50kHz的信号。特殊的带通，实际是一种点通，即仅允许某一中心频率f_c两边很窄频段内的信号通过，它只有一个特征频率。比如某些选频放大器，利用LC谐振实现，仅在某一频率点处发生谐振，产生很大的电压增益，在周边频率处，增益迅速衰减。

3）带阻滤波器和陷波器

与带通滤波器刚好相反，带阻滤波器滤除高于f_L且低于f_H的信号，也有两个特征频率点。特殊的带阻滤波器，也叫陷波器，或者称为点阻滤波器，它只对某一中心频率f_C附近的频率实施大幅度衰减，如50Hz陷波器。

4）全通滤波器

很奇怪吧，全通，都通过了，那还叫什么滤波啊。其实一点儿都不奇怪。它的特点是，在增益上，全部频率范围内，都是一样的，看起来与一根导线直通差不多。但是在相移上，它对不同频率的输入信号，具有不同的相移，因此，你也可以称它为“相移滤波器”。图2.3最右侧的上下两个图，分别绘制了这种滤波器的幅频特性和相频特性。

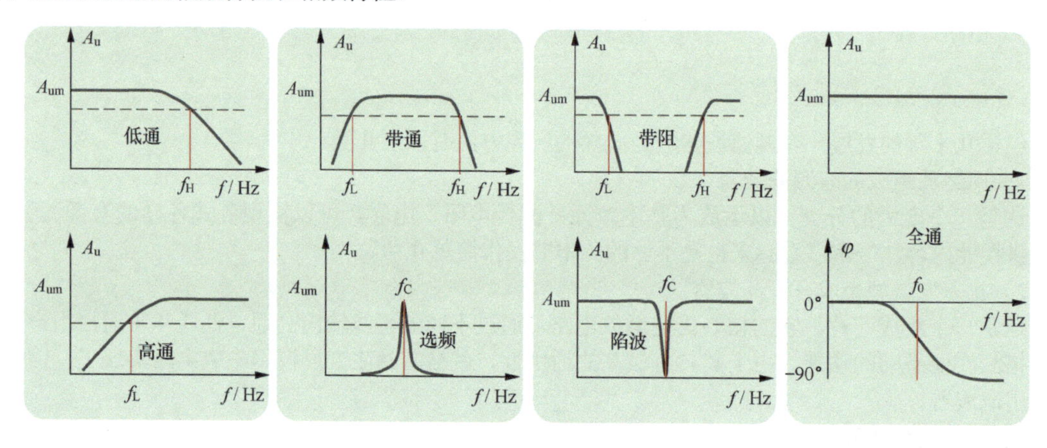

图 2.3　滤波器形态

◎模拟滤波器的传递函数和阶数

时域、复频域和频域分析

在自动控制领域，常用传递函数（简称传递函数）表示系统的频率特性。所谓的传递函数$A(S)$，是一个系统的输出时域函数$u_o(t)$的拉氏变换$U_o(S)$，与输入时域函数$u_i(t)$的拉氏变换$U_i(S)$的比值。

$$A(S)=\frac{U_o(S)}{U_i(S)} \tag{2-1}$$

对于一个客观存在的电路，要写出其传递函数，可以采用简单的方法：电路中的电阻仍为R，电容写成$\frac{1}{SC}$，电感写成SL，然后用虚短虚断法，写出增益的S域表达式，即传递函数。

S域表达式中的S是一个复频率，即包含瞬态分析的实部σ，也包含稳态分析的虚部$\mathrm{j}\omega$：

$$S=\sigma+\mathrm{j}\omega \tag{2-2}$$

因此，S域分析也称为复频域分析。

对于滤波器来讲，多数情况下我们只关心其稳态表现，即持续输入一个稳定正弦波，输出也将是一个稳定正弦波，我们研究它们之间的幅度差异以及相移。此时，可以用$S=\mathrm{j}\omega$代入。这就形成了增益的复数表达式，与角频率$\mathrm{j}\omega$之间的关系。此时，虽然增益表达式是一个复数，但频率是一个实数，其分析结果属于频域。

例如，一个实际电路如图1.29所示。用传递函数方法，可以先将电路更换成如图2.4左侧电路所示。利用虚短虚断法，可以写出其传递函数为：

$$A(S)=\frac{U_o(S)}{U_i(S)}=-\frac{R_f // \frac{1}{SC_f}}{R_g}=-\frac{\frac{R_f\times\frac{1}{SC_f}}{R_f+\frac{1}{SC_f}}}{R_g}=-\frac{R_f}{R_g}\times\frac{1}{1+SR_fC_f} \tag{2-3}$$

这是一个复频域表达式，即传递函数。将 $S=j\omega$ 代入，可以得到式（2-4），即频域表达式：

$$\dot{A}_{uf}=-\frac{R_f // \frac{1}{j\omega C_f}}{R_g}=-\frac{\frac{R_f\times\frac{1}{j\omega C_f}}{R_f+\frac{1}{j\omega C_f}}}{R_g}=-\frac{R_f}{R_g}\times\frac{\frac{1}{j\omega C_f}}{R_f+\frac{1}{j\omega C_f}}=-\frac{R_f}{R_g}\times\frac{1}{1+j\omega R_fC_f} \tag{2-4}$$

因此，有两种方法常用于滤波器的频域分析，第一种，直接 S 域求解传递函数，然后利用 $S=j\omega$，将其变换成频域表达式，以显现增益随频率变化的规律；第二种，直接在图 2.4 右侧电路上计算，保留电阻为 R，将电容 C 用 $1/j\omega C$ 表示，直接获得增益随频率变化的规律。两者没什么区别，就是个习惯问题。

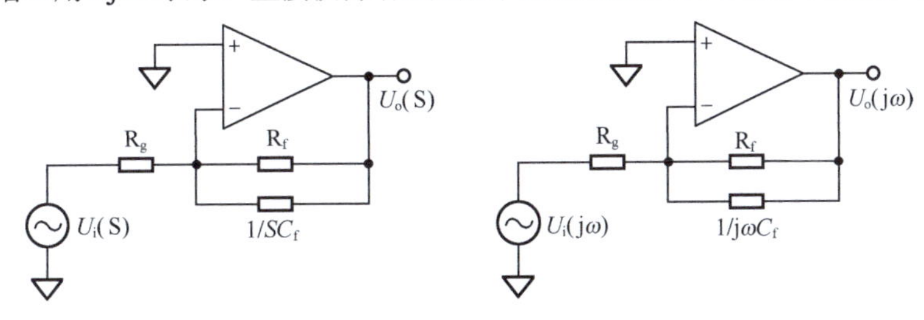

图 2.4　图 1.28 所示电路在复频域和频域的等效电路

但是，一旦涉及瞬态分析，那只有使用 S 域求解传递函数了，或者写出微分方程求解。

滤波器的复频域通用表达式以及阶数概念

图 2.4 所示是一个一阶低通滤波器，其表达式可以写成：

$$A(S)=A_m\times\frac{1}{1+aS} \tag{2-5}$$

其中，A_m 代表中频增益的模。

更为复杂的滤波器，可以写成如下更为通用的传递函数形式：

$$A(S)=A_m\times\frac{1+m_1S+m_2S^2+\cdots+m_mS^m}{1+n_1S+n_2S^2+\cdots+n_nS^n} \tag{2-6}$$

其中，$n\geqslant m$，n 称为滤波器的阶数。

一阶高通滤波器：

$$A(S)=A_m\times\frac{S}{1+aS} \tag{2-7}$$

二阶低通滤波器：

$$A(S)=A_m\times\frac{1}{1+aS+bS^2} \tag{2-8}$$

二阶窄带通滤波器：

$$A(S)=A_m\times\frac{\frac{S}{Q}}{1+\frac{S}{Q}+S^2} \tag{2-9}$$

滤波器的阶数越高，其传递函数表达式越复杂，相对应的电路也越复杂。但是，它带来的滤波效果，也更加接近理想的砖墙式滤波器。

所谓的砖墙式滤波器，即幅频特性不再是图 2.3 所示中的曲线，而是非 0 即 1 的直线，像砖墙一样，有就是一堵墙，没有就是完全开口。如图 2.5 所示，绿色是理想的砖墙——低通，蓝色是一阶低通滤波器的幅频特性，而红色是某个二阶滤波器的幅频特性，很显然，二阶滤波器更接近砖墙。

◎模拟滤波器的关键频率点

低通滤波器的上限截止频率 f_H

在低通滤波器中，随着频率的增大，增益的模开始下降，当增益的模变为中频增益的$1/\sqrt{2}$，即 0.707 倍时，此时的频率称为低通滤波器的上限截止频率，用 f_H 表示。

高通滤波器的下限截止频率 f_L

在高通滤波器中，随着频率的减小，增益的模开始下降，当增益的模变为中频增益的$1/\sqrt{2}$，即 0.707 倍时，此时的频率称为高通滤波器的下限截止频率，用 f_L 表示。

特征频率 f_0

特征频率是一阶、二阶滤波器传递函数中较美的频率点，即在数学上，它是使得传递函数最简单的点。高阶滤波器中，很少使用特征频率。

对于一阶滤波器，在传递函数中的分母上，实部和虚部相等的频率点，称为特征频率，其实也就是截止频率。对于二阶滤波器，在传递函数中的分母上，实部为 0 的点，称为特征频率。

在很多滤波器中，特征频率并不等于截止频率，一般来说，仅在巴特沃斯型滤波器中，两者才会相等。

中心频率 f_c

在窄带通滤波器和陷波器中，存在中心频率。

窄带通滤波器中，增益最大值处，或者相移为 0 或 360° 的整数倍时的频点，称为中心频率，用 f_c 表示。

陷波器中，增益最小值处，或者相移为 0 或 360° 的整数倍时的频点，称为中心频率，用 f_c 表示。

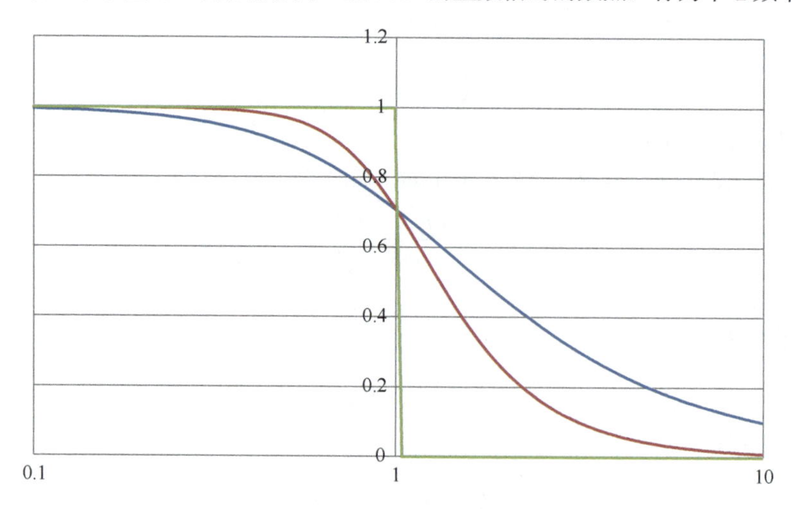

图 2.5　一阶低通、二阶低通与砖墙型滤波器的区别

2.2 从运放组成的一阶滤波器入手

一阶滤波器，一般只使用一个关键的电容。这样，表达式中只会出现一个 S，形成 n=1 的传递函

数结构。

其实，理论上说，只要电容能够实现，电感也可以。但是，现实并没有想象中那么理想。在本节之后，我们会分析为什么在运放组成的滤波器中很少用电感。

运放组成的一阶滤波器，非常简单，仅有如下6种常见电路。

◎同相输入的一阶低通和高通滤波器

两个电路如图2.6所示。

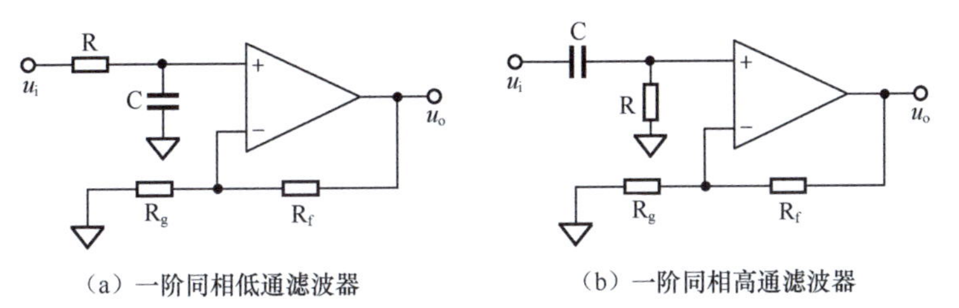

图2.6 同相输入的一阶低通和高通滤波器

如图2.6(a)所示，输入信号经过电阻、电容分压后，被放大$(1+R_f/R_g)$倍，直接写出传递函数为：

$$A(S)=\frac{\frac{1}{SC}}{R+\frac{1}{SC}}\times\left(1+\frac{R_f}{R_g}\right)=\left(1+\frac{R_f}{R_g}\right)\times\frac{1}{1+SRC} \tag{2-10}$$

定义$S=\mathrm{j}\omega$，且$\omega_0=1/RC$，将传递函数变换成频域表达式——复数表达式：

$$\dot{A}(\mathrm{j}\omega)=\left(1+\frac{R_f}{R_g}\right)\times\frac{1}{1+\mathrm{j}\omega RC}=A_m\times\frac{1}{1+\mathrm{j}\frac{\omega}{\omega_0}}=A_m\times\frac{1}{1+\mathrm{j}\frac{f}{f_0}},\ f_0=\frac{1}{2\pi RC} \tag{2-11}$$

增益的模为实数：

$$\left|\dot{A}(\mathrm{j}\omega)\right|=A_m\times\frac{1}{\sqrt{1+\left(\frac{\omega}{\omega_0}\right)^2}}=A_m\times\frac{1}{\sqrt{1+\left(\frac{f}{f_0}\right)^2}} \tag{2-12}$$

很显然，增益的模呈现规律为：频率极低时，增益近似为A_m，低频通过，随着频率逐渐增大到$f=f_0$，增益变为$0.707A_m$，此频率为截止频率f_H，也是特征频率f_0。此后，随着频率的增大，增益会以-20dB/10倍频的速率逐渐下降。非常巧的是，在这个电路中，特征频率恰好就是截止频率。

继续分析，输入输出相移为实数：

$$\varphi(f)=-\arctan\frac{f}{f_0} \tag{2-13}$$

相移的求解，需要对原表达式稍稍处理，分子、分母同乘以分母的共轭值，使得分母变为实数，即可轻松看出相移确实为上式，参见图2.7。当然，对数学较为熟悉的读者，可以不用这样。

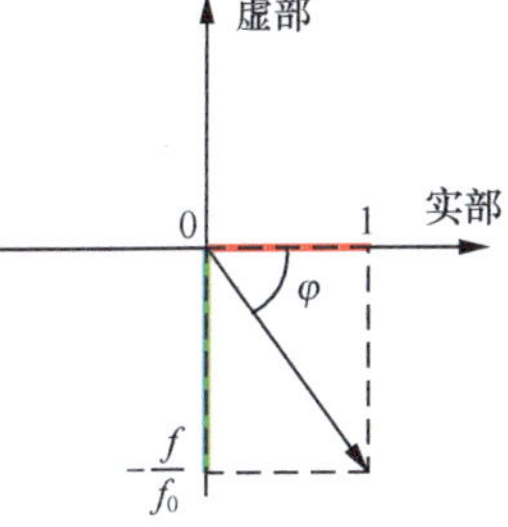

图2.7 求解相移示意图

$$\dot{A}(\mathrm{j}\omega)=A_m\times\frac{1}{1+\mathrm{j}\frac{\omega}{\omega_0}}=A_m\times\frac{1-\mathrm{j}\frac{\omega}{\omega_0}}{1^2-\left(\mathrm{j}\frac{\omega}{\omega_0}\right)^2}=A_m\times\frac{1-\mathrm{j}\frac{f}{f_0}}{1^2+\left(\frac{f}{f_0}\right)^2}=\frac{A_m}{1^2+\left(\frac{f}{f_0}\right)^2}\times\left(1-\mathrm{j}\frac{f}{f_0}\right)$$

在低频处，相移几乎为0，在特征频率处，相移为-45°，随着频率的增大，相移逐渐逼近-90°。

对图2.6（b）所示的高通滤波器，利用同样的方法可以得到如下关系：

$$\dot{A}(f)=A_m\times\frac{1}{1-\mathrm{j}\frac{f_0}{f}}=A_m\times\frac{\mathrm{j}\frac{f}{f_0}}{\mathrm{j}\frac{f}{f_0}-\mathrm{j}\frac{f_0}{f}\mathrm{j}\frac{f}{f_0}}=A_m\times\frac{\mathrm{j}\frac{f}{f_0}}{1+\mathrm{j}\frac{f}{f_0}},$$

$$A_m=1+\frac{R_f}{R_g},\ f_0=\frac{1}{2\pi RC}\tag{2-14}$$

增益的模为实数：

$$\left|\dot{A}(f)\right|=A_m\times\frac{1}{\sqrt{1+\left(\frac{f_0}{f}\right)^2}}\tag{2-15}$$

相移为超前的：

$$\varphi(f)=\arctan\frac{f_0}{f}\tag{2-16}$$

举例 1

电路如图 2.8 所示。已知运放为理想的，供电正常，R=1.00kΩ，C=0.22μF，R_g=1.10kΩ，R_f=10.0kΩ，求：

1）电路的中频增益 A_m，上限截止频率 f_H；

2）当输入信号为正弦波，幅度为 100mV，频率为 1kHz 时，求输出信号幅度，输入输出之间的相移；

3）用合适的仿真软件实施仿真，与前述计算对比。

解：1）利用式（2-11），可知：

$$A_m=1+\frac{R_f}{R_g}=1+\frac{10.0}{1.10}=10.09=20.08\mathrm{dB}$$

$$f_H=f_0=\frac{1}{2\pi RC}=723.43\mathrm{Hz}$$

2）利用式（2-12），可知：

$$U_{op}=\left|\dot{A}(f)\right|\times U_{ip}=A_m\times\frac{1}{\sqrt{1+\left(\frac{f}{f_0}\right)^2}}\times U_{ip}=0.5914\mathrm{V}$$

由式（2-13），可知：

$$\varphi=-\arctan\frac{f}{f_0}=-54.11°$$

3）利用 TINA-TI 绘制电路如图 2.8 所示。运放选择为 OPA1611，可以在 2.25 ～ 18V 和 -18 ～ -2.25V 供电，带宽为 40MHz，不会影响低通滤波器 723.43Hz 的截止频率。

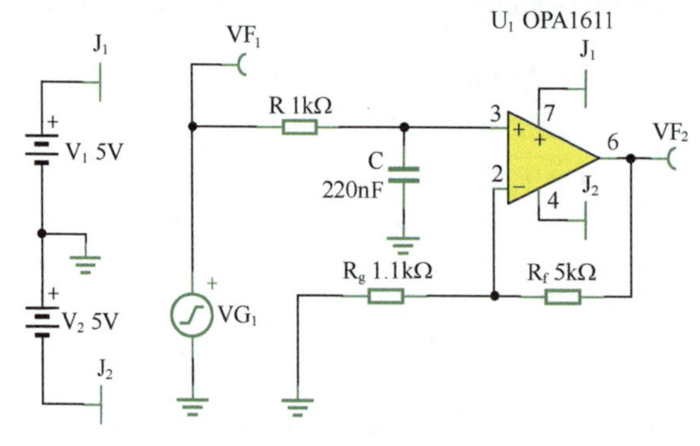

图 2.8　同相输入一阶低通滤波器实验（举例 1 电路）

首先，仿真频率特性：利用TINA-TI中的“分析——交流分析——交流传输特性”，选择起始频率为1Hz，终止频率为1MHz，绘制包含“幅频特性、相频特性”的频率特性图，如图2.9所示。

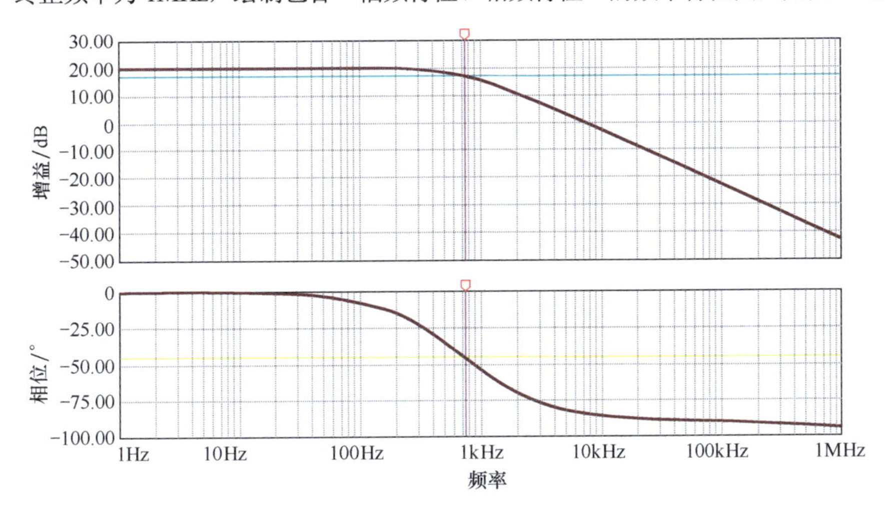

图2.9 同相输入一阶低通滤波器仿真频率特性

利用软件的测量轨线，可得1Hz处，闭环增益的模为20.08dB，与计算吻合。拉动测量轨线，找到增益下降-3.01dB频点，在幅频特性图中为（723.92Hz，17.07dB），在相频特性图中为（723.92Hz，-45.02°），可知该电路的-3dB带宽，或者说上限截止频率的仿真实测值为723.92Hz，与计算值723.43Hz基本吻合。在该点处，相移为-45.02°，也与理论值-45°基本吻合。

其次，对于1kHz、0.1V输入正弦波的仿真实测，有两种方法验证前述计算的准确性。

第一种方法，最直观的测量仪器法。

在仿真软件中，打开“T&M”——“示波器”，设置触发源为VF_1，触发方式为Normal，启动“Run”，在“Channel”中选中“VF_1”和“VF_2”，并调整增益，在Time/div中选择每格100μs，屏幕上将显示两个通道的工作波形，将此波形停止，用示波器下方的导出功能，可以将波形导出并拷贝，得到如图2.10左侧所示的波形图。

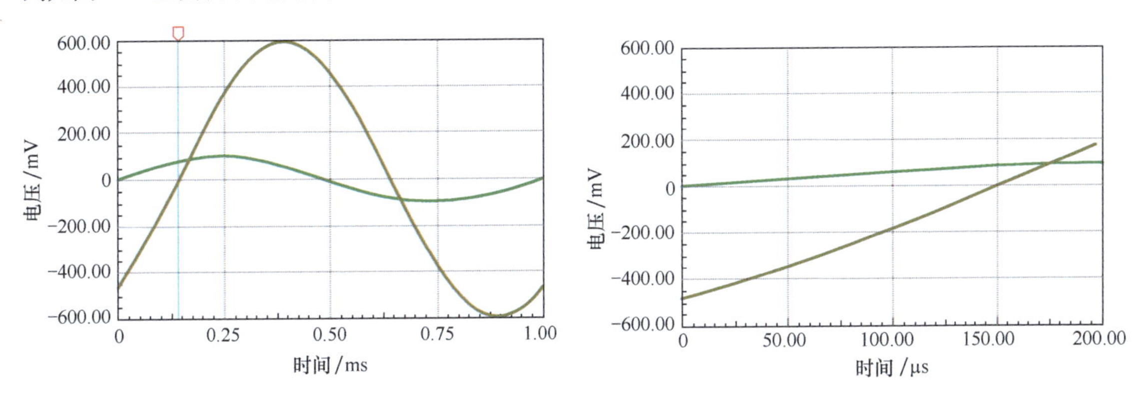

图2.10 同相输入一阶低通滤波器仿真时域波形

从图2.10中可以大致看出，第一，电路工作是正常的；第二，输出幅度大约为0.6V，与理论计算的峰值0.5914V大致吻合；第三，输出滞后于输入，用测量轨线可以测得，输出过零点大约滞后于输入过零点140.99μs，可知：

$$\varphi_{仿真实测}=-360°\times\frac{140.99}{1000}=-50.76°$$

这与理论计算的-54.11°存在较大差异，我不满意。我认为是示波器工作中的触发点不够细致准确造成的，于是把波形的扫速提高，将触发点 0V 微调至 1mV，得到了图 2.10 右侧的放大图，可以清晰看出，滞后时间约为 150μs，折算成相移，刚好是 -54°，这次就算吻合了。

之所以用如此烦琐的语言说这个过程，是希望读者能够养成良好的习惯：对细致的问题，要细致，要深究。

对输出波形的幅度，我们仅用肉眼观察大约不到 0.6V，这还不够精细。可以用 TINA-TI 中“T&M”的万用表交流电压档，可得 VF_2 有效值为 418.22mV，折算出峰值为 591.45mV，与计算值 0.5914V 基本吻合。

第二种方法，用频率特性图换算。

在幅频特性图中，利用测量轨线，输入 1000Hz，可得增益为 15.44dB，折算为 5.916 倍，那么输出应为 0.5916V，这包含四舍五入，因此也算基本吻合。

在相频特性图中，利用测量轨线，输入 1000Hz，可得相移为 -54.12°，基本吻合。

◎反相输入的一阶低通和高通滤波器

电路如图 2.11 所示。左侧为低通，右侧为高通。

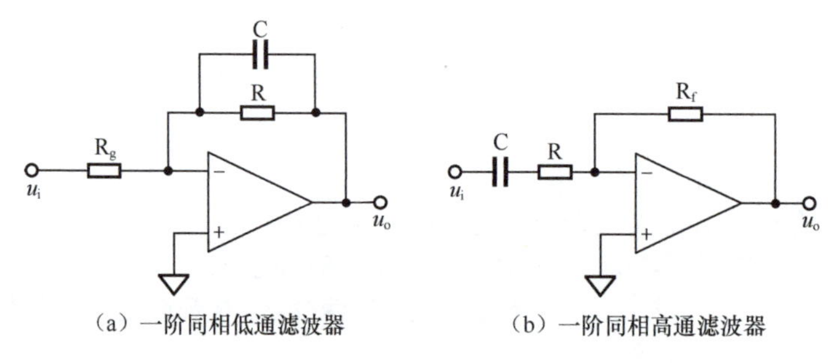

图 2.11　反相输入的一阶低通和高通滤波器

对低通电路，按照频域复阻抗方法（第二种方法）直接写出频域表达式为：

$$\dot{A}(f)=-\frac{R//\dfrac{1}{\mathrm{j}\times 2\pi fC}}{R_\mathrm{g}}=-\frac{R}{R_\mathrm{g}}\times\frac{1}{1+\mathrm{j}\dfrac{f}{\dfrac{1}{2\pi RC}}}=A_\mathrm{m}\times\frac{1}{1+\mathrm{j}\dfrac{f}{f_0}},\quad A_\mathrm{m}=-\frac{R}{R_\mathrm{g}},\ f_0=\frac{1}{2\pi RC} \tag{2-17}$$

增益的模为正实数：

$$\left|\dot{A}(f)\right|=-A_\mathrm{m}\times\frac{1}{\sqrt{1+\left(\dfrac{f}{f_0}\right)^2}} \tag{2-18}$$

相移超前的大小：

$$\varphi(f)=180°-\arctan\frac{f}{f_0} \tag{2-19}$$

之所以超前，是因为反相放大器原本就有 180° 反相。

对高通电路，按照频域复阻抗方法（第二种方法）直接写出频域表达式为：

$$\dot{A}(f)=-\frac{R_\mathrm{f}}{R+\dfrac{1}{\mathrm{j}\times 2\pi fC}}=-\frac{R_\mathrm{f}}{R}\times\frac{1}{1-\mathrm{j}\dfrac{1}{\dfrac{2\pi RC}{f}}}=A_\mathrm{m}\times\frac{1}{1-\mathrm{j}\dfrac{f_0}{f}},\quad A_\mathrm{m}=-\frac{R_\mathrm{f}}{R},\ f_0=\frac{1}{2\pi RC} \tag{2-20}$$

增益的模为正实数：

$$\left|\dot{A}(f)\right| = -A_{\mathrm{m}} \times \frac{1}{\sqrt{1+\left(\frac{f_0}{f}\right)^2}} \quad (2\text{-}21)$$

相移滞后的大小：

$$\varphi(f) = -180° + \arctan\frac{f_0}{f} \quad (2\text{-}22)$$

电路如图 2.12 所示。求：

1）电路的中频增益 A_{m}，下限截止频率 f_{H}；

2）当输入信号为正弦波，幅度为 100mV，频率为 1kHz 时，求输出信号幅度，输入输出之间的相移。

解：本电路与标准电路存在一些差别。第一，电阻 R_{g} 和电容 C 的连接位置颠倒了，原电路中信号源直面电容，而本电路中信号源直面电阻。在绝大多数情况下，这不会影响电路性能。第二，电阻的符号标注不同，这也不会影响什么。

其实，这都是我故意的，就是为了避免读者硬套计算式。

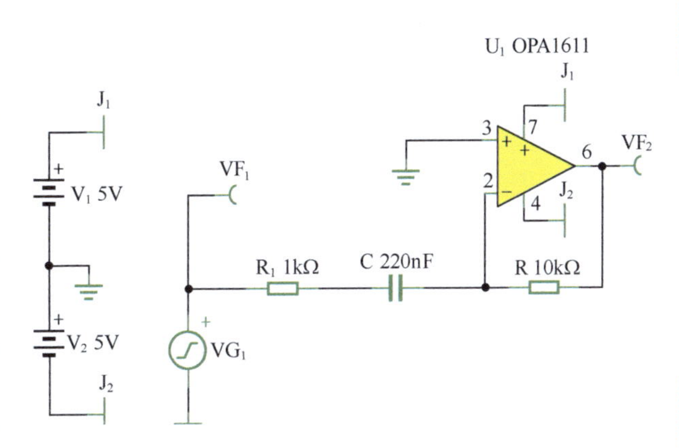

图 2.12　反相输入的一阶高通滤波器（举例 2）

1）据式（2-22），中频增益和下限截止频率分别为：

$$A_{\mathrm{m}} = -\frac{R}{R_{\mathrm{g}}} = -\frac{10}{1} = -10 \quad (2\text{-}23)$$

$$f_0 = \frac{1}{2\pi R_{\mathrm{g}} C} = 723.43\mathrm{Hz} \quad (2\text{-}24)$$

2）据式（2-21）得：

$$\left|\dot{A}(1000)\right| = 10 \times \frac{1}{\sqrt{1+\left(\frac{723.43}{1000}\right)^2}} = 8.102 \quad (2\text{-}25)$$

$$U_{\mathrm{op}} = \left|\dot{A}(1000)\right| \times U_{\mathrm{ip}} = 0.8102\mathrm{V} \quad (2\text{-}26)$$

据式（2-22）得：

$$\varphi(1000) = -180° + \arctan\frac{723.43}{1000} = -144.12° \quad (2\text{-}27)$$

为了验证，我做了仿真实验，结果如下。

1）A(1MHz)=A_{m}=20dB，φ(1MHz)=0，A(723.43Hz)=16.99dB，φ(723.43Hz)=−135°

证明，中频增益、下限截止频率的计算是准确的。

2）A(1000Hz)=18.17dB=8.1002，φ(1000Hz)=−144.12°，基本吻合。用万用表交流电压测量 $\mathrm{VF_2}$，结果为 572.94mV，换算成峰值为 0.81026V，也吻合。

◎一阶全通滤波器

电路如图 2.13 所示，左侧为滞后型一阶全通，右侧为超前型。

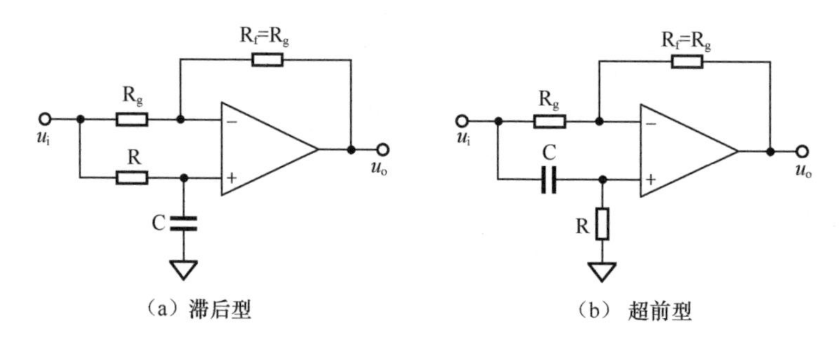

图 2.13 一阶全通滤波器

以左侧为例，根据虚短虚断方法列出方程如下。

1）先从最简单的同相输入端入手：

$$U_+(S)=U_i(S)\times\frac{\frac{1}{SC}}{R+\frac{1}{SC}}=U_i(S)\times\frac{1}{1+SRC} \tag{2-28}$$

2）利用虚短法，得：

$$U_-(S)=U_+(S) \tag{2-29}$$

3）对负输入端，利用虚断法，写成节点电压法方程，并将式（2-28）、式（2-29）代入：

$$\frac{U_i(S)-U_-(S)}{R_g}=\frac{U_-(S)-U_o(S)}{R_f(=R_g)} \tag{2-30}$$

$$\frac{U_i(S)-U_i(S)\times\frac{1}{1+SRC}}{R_g}=\frac{U_i(S)\times\frac{1}{1+SRC}-U_o(S)}{R_g} \tag{2-31}$$

化简得：

$$U_o(S)=U_i(S)\times\frac{2}{1+SRC}-U_i(S)=U_i(S)\times\frac{1-SRC}{1+SRC} \tag{2-32}$$

即：

$$A(S)=\frac{U_o(S)}{U_i(S)}=\frac{1-SRC}{1+SRC} \tag{2-33}$$

将$S=\mathrm{j}\omega=\mathrm{j}\times2\pi f$，且$f_0=1/2\pi RC$代入，得频域电压增益为：

$$\dot{A}(f)=\frac{1-\mathrm{j}\frac{f}{f_0}}{1+\mathrm{j}\frac{f}{f_0}} \tag{2-34}$$

电压增益的模为：

$$\left|\dot{A}(f)\right|=\frac{\sqrt{1^2+\left(-\frac{f}{f_0}\right)^2}}{\sqrt{1^2+\left(\frac{f}{f_0}\right)^2}}=1 \tag{2-35}$$

增益表达式是一个复数，其幅角即为相移。而表达式本身是由复数分子和复数分母组成的，因此其幅角为分子幅角减去分母幅角。所以：

$$\varphi(f)=\varphi(\text{分子})-\varphi(\text{分母})=-\arctan\frac{f}{f_0}-\arctan\frac{f}{f_0}=-2\arctan\frac{f}{f_0} \tag{2-36}$$

可以看出，相移始终为负值，即输出滞后于输入，因此属于滞后型。

也可以利用方框图法分析这类电路：

$$\dot{M}=\left.\frac{U_+(S)-U_-(S)}{U_i(S)}\right|_{U_o(S)=0}=\frac{U_i(S)\times\dfrac{1}{1+SRC}-U_i(S)\times\dfrac{R_f}{R_g+R_f}}{U_i(S)}=\frac{1}{1+SRC}-0.5 \tag{2-37}$$

$$\dot{F}=\left.\frac{U_-(S)-U_+(S)}{U_o(S)}\right|_{U_i(S)=0}=\frac{R_g}{R_g+R_f}=0.5 \tag{2-38}$$

$$A(S)=\frac{U_o(S)}{U_i(S)}=\frac{\dot{M}}{\dot{F}}=\frac{2}{1+SRC}-1=\frac{1-SRC}{1+SRC} \tag{2-39}$$

与前述分析完全一致。

用同样的方法，可以对图 2.13 右侧的超前型进行分析：

$$U_+(S)=U_i(S)\times\frac{R}{R+\dfrac{1}{SC}}=U_i(S)\times\frac{1}{1+\dfrac{1}{SRC}} \tag{2-40}$$

$$U_o(S)=U_i(S)\times\frac{2}{1+\dfrac{1}{SRC}}-U_i(S)=U_i(S)\times\frac{1-\dfrac{1}{SRC}}{1+\dfrac{1}{SRC}} \tag{2-41}$$

$$\dot{A}(f)=\frac{1+\mathrm{j}\dfrac{f_0}{f}}{1-\mathrm{j}\dfrac{f_0}{f}},\quad f_0=\frac{1}{2\pi RC} \tag{2-42}$$

$$\left|\dot{A}(f)\right|=1 \tag{2-43}$$

$$\varphi(f)=\varphi(\text{分子})-\varphi(\text{分母})=\arctan\frac{f_0}{f}-\left(-\arctan\frac{f_0}{f}\right)=2\arctan\frac{f_0}{f} \tag{2-44}$$

可以看出，相移永远大于 0，属于超前型，即输出超前于输入，且最大超前不超过 180°。

有一个幅度为 100mV、频率为 1000Hz 的正弦输入信号，加载到滤波器的输入端。要求输出为同频正弦波，且超前输入 45°，幅度为 1V，请设计电路实现这个要求。

解：分析题目，高通滤波器和超前型全通滤波器都可以实现超前相移，本例用全通滤波器实现，电路结构如图 2-13 右侧所示。但是它的增益只有 1 倍，因此后级必须增加一个没有相移的 10 倍放大电路，才能使得 100mV 的输入信号变成 1V 的输出信号。后面的 10 倍放大器很好设计，关键在于全通滤波器的设计。

根据式（2-36），已知输入频率为 1000Hz，则有：

$$\varphi(1000)=2\arctan\frac{f_0}{1000}=45^\circ \tag{2-45}$$

可以解得：

$$\frac{f_0}{1000}=\tan\frac{45^\circ}{2}=0.4142 \tag{2-46}$$

$$f_0 = \frac{1}{2\pi RC} = 414.2\text{Hz} \tag{2-47}$$

一般来说，任意选择 R、C，只要乘积满足上式即可。但是，在实际操作中，电阻选择既不能太小，也不能太大，可以先考虑在 1kΩ 左右——这是一个比较保险的选择，除非有其他特殊的要求。然后根据电容值结果，选择容易买到的 E6 系列电容（只有 6 个可选值：1、2.2、3.3、4.7、6.8、8.2），再重新计算电阻。步骤如下：

$$C = \frac{1}{2\pi R f_0} = 0.3844\mu\text{F} \tag{2-48}$$

选择 C=0.33μF，重新计算电阻。

$$R = \frac{1}{2\pi C f_0} = 1170\Omega \tag{2-49}$$

选择 E96 系列电阻，R=1180Ω。至此，完成了全通滤波器的核心设计。

下面进行其他电路设计，这较为简单。先确定电路结构如图 2.14 所示。

1）全通滤波器的另外两个电阻，必须是等值的，且两者的并联最好等于 R，在 E96 系列电阻中选择最为接近的是 R_g= R_f=2.37kΩ。

2）对于 10 倍放大电路，可以先确定 R_2=1kΩ，再根据增益为 10，确定理论上 R_3=9kΩ，但是 E96 系列没有这个电阻值，选择最为接近的 9.09kΩ。

运放选择为带宽 40MHz 的 OPA1611，至此，全部电路设计完成。

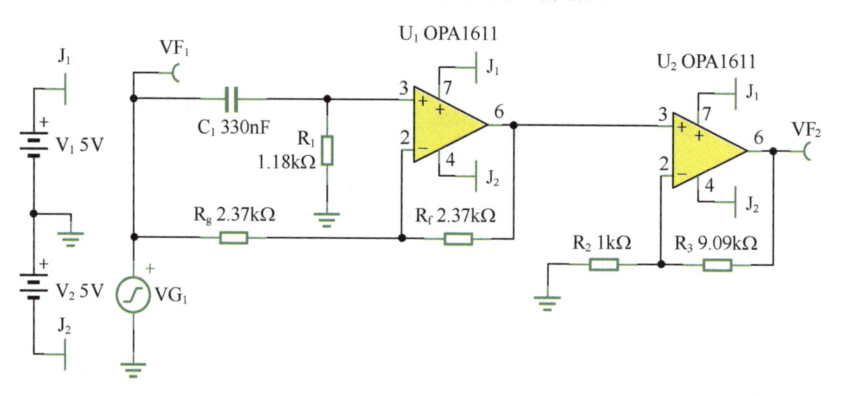

图 2.14　举例 3 电路

对图 2.14 电路进行仿真，实测结果如下。

电路的输入输出波形如图 2.15 所示，可以看出当输入 0.1V、1000Hz 正弦波时，输出波形幅度大约为输入幅度的 10 倍，且总体上超前了大约 360°×125μs/1ms = 45°。满足题目要求。

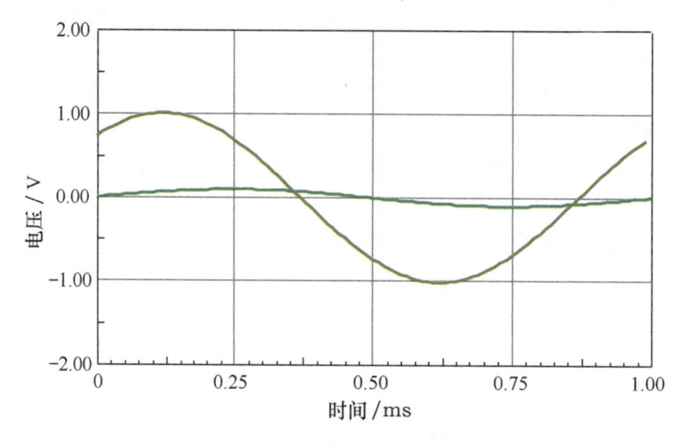

图 2.15　举例 3 电路的输入输出波形

2.3 思考

本节提出一些问题，启发读者思考。没有思考，任何学习和工作的过程都将是乏味的。

◎为什么是电容，而不是电感？

储能器件 C 或者 L，其容抗或者感抗都随频率变化，而电阻的阻值却不随频率变化。将储能器件引入运放电路中，就能够营造出增益随频率变化的特性。

运放组成的滤波器电路中，绝大多数甚至全部，选择电容作为储能器件，而很少使用电感。这是为什么？

以一个常见的一阶低通滤波器为例，可以看出问题所在。图 2.16 所示是由电感和电阻组成的一阶低通滤波器，称为 LR 低通滤波器。而图 2.17 所示是我们多次见过的 RC 低通滤波器。这两个滤波器的工作频段，都可以分成 3 个部分。

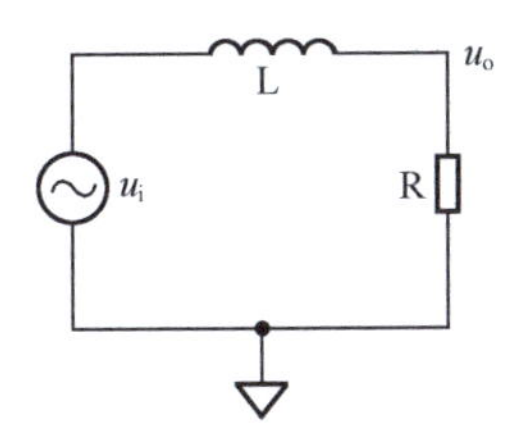

图 2.16　LR 低通电路

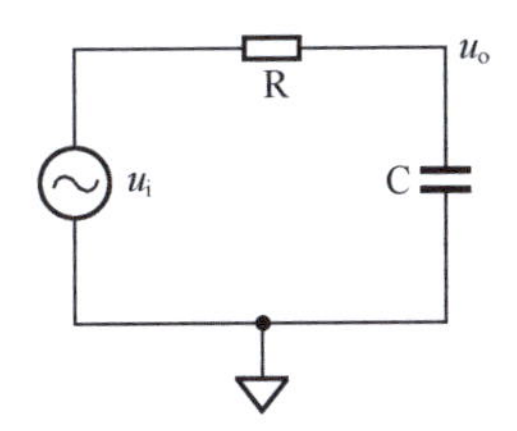

图 2.17　RC 低通电路

低频时，对于 LR 型，电感的感抗远小于电阻值，会产生增益为 1；对于 RC 型，则要求电容的容抗远大于电阻值，也会产生增益为 1。这就要求低频时电感具有极小的等效导通电阻，而电容应有极大的漏电阻。

高频时，对于 LR 型，电感的感抗远大于电阻值，增益接近 0；对于 RC 型，电容容抗远小于电阻值，增益接近 0。此时要求，电感的漏电阻应很大，而电容的等效导通电阻应很小。

介于极高频率和极低频率之间的中频段，也就是特征频率或者截止频率发生的频段。此时，应有感抗和容抗都和电阻值接近。

而滤波器中的电阻值，不是任意选择的。一般来讲，为了保证运放输出端流出电流不要太大，电阻值不能选择太小的，10V/10Ω=1A，而从噪声考虑，电阻又不能过大，因此 100Ω ～ 100kΩ 是常见选择，而选择 1kΩ 是普适安全的。

对于 LR 滤波器，其增益随频率变化的表达式为：

$$\dot{A}(f)=\frac{R}{R+\mathrm{j}2\pi fL}=\frac{1}{1+\mathrm{j}\dfrac{f}{\dfrac{R}{2\pi L}}}=\frac{1}{1+\mathrm{j}\dfrac{f}{f_0}},\ f_0=\frac{R}{2\pi L} \tag{2-50}$$

如果选择电阻为 1kΩ，可以看出，特征频率的范围就取决于电感量。一般来说，受限于制造难度，多数电感值为 1nH ～ 100mH。据此：

$$f_0=\frac{R}{2\pi L}=\frac{10^3}{6.28\times\left(10^{-9}\sim10^{-4}\right)}=159\mathrm{GHz}\sim1.59\mathrm{MHz}$$

即多数电感能够工作的特征频率区间，大约介于 1.59MHz ～ 159GHz。这就决定了一个事实：由电感构成的滤波器，多数情况下，只能工作在截止频率较大的场合。而这个频率区间，与运放的工作区间非常不吻合。一般运放的工作频率区间是 0 ～ 100MHz。

再看电容组成的滤波器。

常见电容器的容值一般为 1pF ～ 1000μF，即 10^{-12}F ～ 10^{-3}F。

$$\dot{A}(f)=\frac{\frac{1}{\mathrm{j}2\pi fC}}{R+\frac{1}{\mathrm{j}2\pi fC}}=\frac{1}{1+\mathrm{j}2\pi fRC}=\frac{1}{1+\mathrm{j}\frac{f}{f_0}}，f_0=\frac{1}{2\pi RC} \tag{2-51}$$

$$f=\frac{1}{2\pi RC}=\frac{1}{6.28\times10^3\times\left(10^{-12}\sim10^{-3}\right)}=0.159\text{Hz}\sim159\text{MHz} \tag{2-52}$$

即用电容组成的滤波器，其特征频率可以为 0.159Hz ～ 159MHz，这恰好与运放的工作频率相吻合。

因此，用运放组成的滤波器，其实无论低通还是高通，都适合于 RC 型，而不是 LR 型。而在频率特别高的场合，电感则是更为常见的，但是它们通常是无源滤波器，或者直接使用分立晶体管实现。

◎一阶滤波器，还有其他类型吗？

在第 2.2 节中，我们给大家介绍了 6 种一阶滤波器类型。它们都只使用了一个电容器，区别仅在于其电路结构不同。难道，只有这 6 种吗？

比如，在图 2.18 电路中，可否增加电阻、减少电阻、移动电容位置，以改变电路结构，实现更为奇妙的传递函数？在图 2.18（a）中，如果把 RC 并联改为串联，会出现什么情况？我不会带领大家去思考，但请珍惜这个机会。特别是一阶全通滤波器，它可以带来更多的思考。

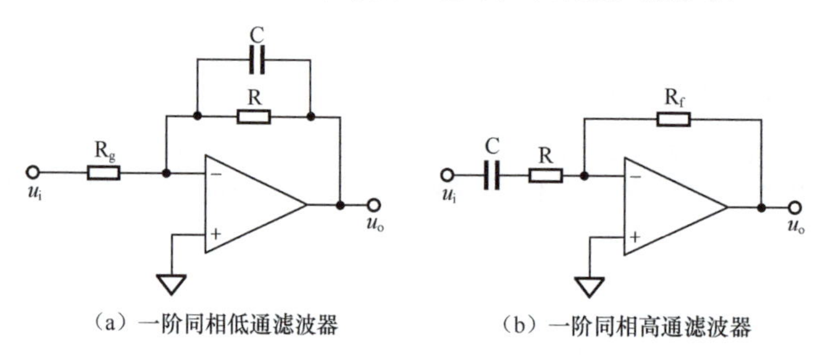

图 2.18　反相输入的一阶低通和高通滤波器

◎实际的电容器，是真正的电容元件吗？

元件，是器件的理想抽象。作为一个元件，电容在频率足够高时表现出足够小的容抗，但是，实际的电容器却不是这样。因此，如果用理想的元件表述实际的电容器，它应该是包含电阻、电容、电感的。

请读者自行调查，第一，找到实际电容器的元件模型；第二，确定一个实际的电容，查找数据手册，完成对该电容器的模型参数的指定。

◎滤波器对运放有何要求？

用常见运放 OP07，设计一个截止频率为 100kHz、通带增益为 10 的一阶低通滤波器，能够实现吗？要实现截止频率 100kHz、通带增益为 10 的一阶低通滤波器，对电路中选用的运放，有何要求？

对此内容，可参考本书第 3.7 节。

◎利用滤波器思想提高带宽

低通或者高通滤波器，使得不期望的频率量得到抑制，利用这种思想，能否实现频率补偿，以拓展频带？答案是肯定的。

电路如图 2.19 所示。当电路中开关断开时，左边是一个同相比例器，右边是一个反相比例器，增益均为 20dB。此时，两个电路的闭环带宽小于 60kHz。当开关闭合，导致电容介入电路后，在高频处，电容的旁路作用使得总的增益阻抗下降，带来的效果是增益上升，这抵消了运放的开环增益下降带来的闭环增益下降。

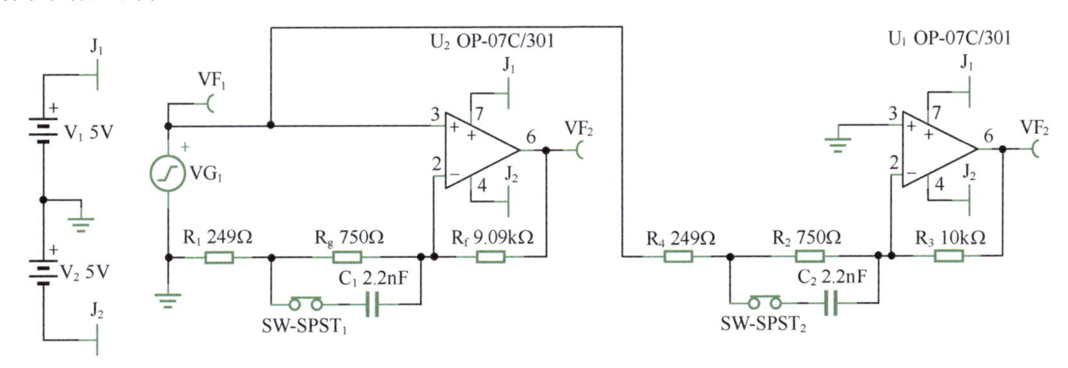

图 2.19　带宽拓展电路

仿真实验结果如图 2.20 所示。可以看出，开关闭合后闭环带宽接近 100kHz。但是一定要注意，这种频率补偿电路只能有限提高带宽。毕竟随着频率的上升，运放的开环增益总是下降的，当它不具备增益时，外部怎么补偿，都将是徒劳的。

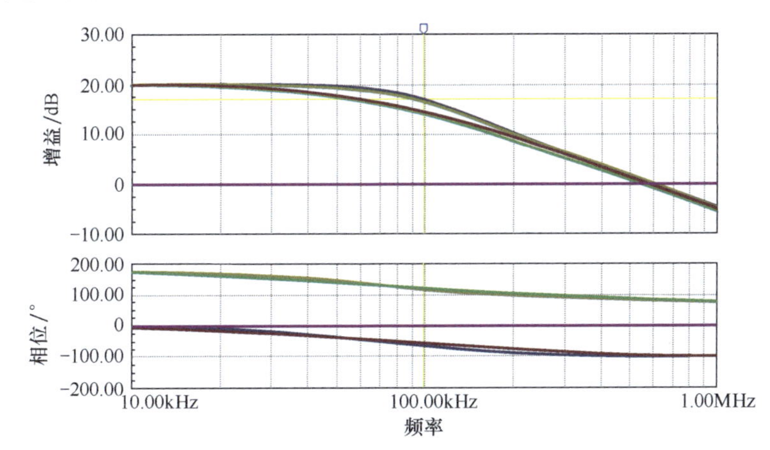

图 2.20　带宽拓展电路仿真效果

◎奇异的双输入双反馈电路

全通电路给了我们启示：一个输入信号，可以同时加载到运放的两个输入端，当然，它们加载到输入端的通路是不同的。同时，我们也知道，运放除可以接负反馈外，也可以适当引入正反馈。图 2.21 所示是我自己制作的一个电路，让我们看看它的输出表达式是怎样的。

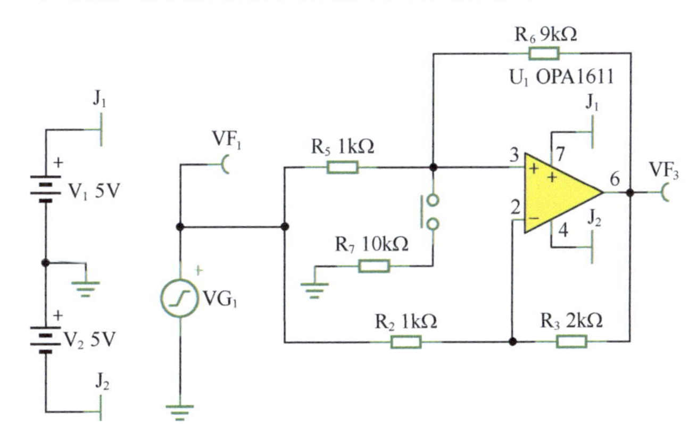

图 2.21　双输入、双反馈单运放放大电路

$$M_+ = \frac{\dfrac{R_6 \times R_7}{R_6 + R_7}}{R_5 + \dfrac{R_6 \times R_7}{R_6 + R_7}} = \frac{R_6 \times R_7}{R_6 \times R_5 + R_5 \times R_7 + R_6 \times R_7} \tag{2-53}$$

$$M_- = \frac{R_3}{R_2 + R_3}$$

$$M = M_+ - M_- = \frac{R_6 \times R_7}{R_6 \times R_5 + R_5 \times R_7 + R_6 \times R_7} - \frac{R_3}{R_2 + R_3} \tag{2-54}$$

$$F_+ = \frac{R_2}{R_2 + R_3}$$

$$F_- = \frac{\dfrac{R_5 \times R_7}{R_5 + R_7}}{R_6 + \dfrac{R_5 \times R_7}{R_5 + R_7}} = \frac{R_5 \times R_7}{R_6 \times R_5 + R_5 \times R_7 + R_6 \times R_7} \tag{2-55}$$

$$F = F_+ - F_- = \frac{R_2}{R_2 + R_3} - \frac{R_5 \times R_7}{R_6 \times R_5 + R_5 \times R_7 + R_6 \times R_7} \tag{2-56}$$

$$A_u = \frac{M}{F} = \frac{\dfrac{R_6 \times R_7}{R_6 \times R_5 + R_5 \times R_7 + R_6 \times R_7} - \dfrac{R_3}{R_2 + R_3}}{\dfrac{R_2}{R_2 + R_3} - \dfrac{R_5 \times R_7}{R_6 \times R_5 + R_5 \times R_7 + R_6 \times R_7}} = \tag{2-57}$$

$$\frac{R_2R_6R_7 + R_3R_6R_7 - R_3R_5R_6 - R_3R_5R_7 - R_3R_6R_7}{R_2R_5R_6 + R_2R_5R_7 + R_2R_6R_7 - R_2R_5R_7 - R_3R_5R_7} = \frac{R_2R_6R_7 - R_3R_5R_6 - R_3R_5R_7}{R_2R_5R_6 + R_2R_6R_7 - R_3R_5R_7}$$

当 R_7 为无穷大时，式（2-57）等于 1。除此之外，输出表达式可以演变出非常多的情况，可以同相放大，也可以反相放大，甚至可以是 0，奇妙无比。但是唯一需要注意的是，不要让这个电路出现自激振荡。

此处提出这个电路结构，无非是给那些愿意思考的人，增添些思考的素材。这个电路可以用在哪里？将电路中的某个或者某些电阻换成电容，会出现什么情况？

◎压控滤波，怎么分析？

所谓的压控滤波，指一个滤波器的截止频率可以由外部提供的直流电压控制。利用一个乘法器或者压控增益放大器，可以实现此功能。图 2.22 所示为一个压控一阶低通滤波器。

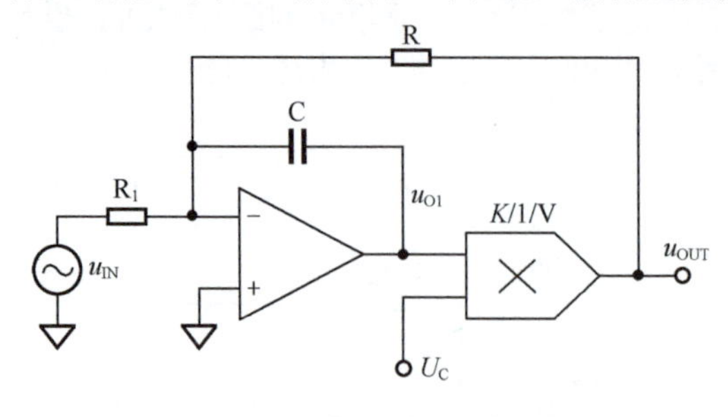

图 2.22　压控一阶低通滤波器

对于乘法器来说，有：

$$U_{\text{OUT}} = KU_{\text{C}} \times U_{\text{O1}}$$

则有：

$$U_{\text{O1}} = \frac{U_{\text{OUT}}}{KU_{\text{C}}}$$

根据图 2.22 中的结构，列出频域表达式如下：

$$\frac{U_{\mathrm{IN}}}{R_1}=-\frac{U_{\mathrm{OUT}}}{R}-\frac{U_{\mathrm{O1}}}{\frac{1}{\mathrm{j}\omega C}}=-\frac{U_{\mathrm{OUT}}}{R}-\frac{U_{\mathrm{OUT}}}{KU_{\mathrm{C}}}\times \mathrm{j}\omega C=-U_{\mathrm{OUT}}\left(\frac{KU_{\mathrm{C}}+\mathrm{j}\omega RC}{KRU_{\mathrm{C}}}\right) \tag{2-58}$$

$$\dot{A}(\mathrm{j}\omega)=\frac{U_{\mathrm{OUT}}}{U_{\mathrm{IN}}}=-\frac{KRU_{\mathrm{C}}}{R_1\left(KU_{\mathrm{C}}+\mathrm{j}\omega RC\right)}=-\frac{R}{R_1}\times\frac{1}{1+\mathrm{j}\omega\frac{RC}{KU_{\mathrm{C}}}} \tag{2-59}$$

增益表达式为一阶低通滤波器，其上限截止频率为：

$$f_{\mathrm{H}}=\frac{KU_{\mathrm{C}}}{2\pi RC} \tag{2-60}$$

由此可知，在基本阻容 *RC* 确定情况下，该电路上限截止频率受外部控制电压 U_{C} 控制，称为压控滤波器。

举例 1

图 2.23 所示是一个滤波器，求电路中 VF_2 的上限截止频率。

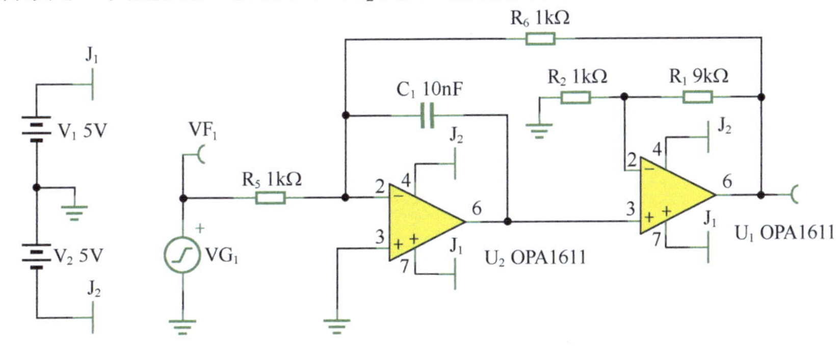

图 2.23 举例 1 电路

解：此例用一个固定增益的比例器，代替了压控滤波器中的乘法器，则 KU_{C}=10 倍，因此可以产生固定的、新的截止频率。据式（2-60），有：

$$f_{\mathrm{H}}=\frac{KU_{\mathrm{C}}}{2\pi RC}=\frac{10}{2\pi R_6 C_1}=159.15\mathrm{kHz} \tag{2-61}$$

仿真结果表明，此电路为低通滤波器，上限截止频率约为 160kHz，与分析基本吻合。

图 2.24 所示是一个滤波器，求电路中 VF_2 的上限截止频率。

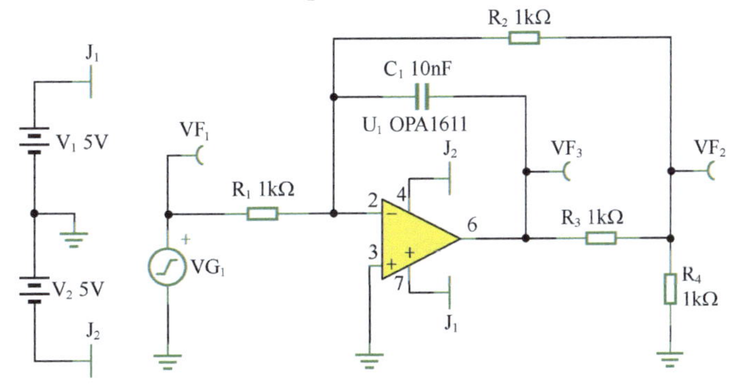

图 2.24 举例 2 电路

解：有至少两种方法可以解题。第一种方法，像压控滤波器的分析方法一样，直接对电路列出节点电流方程，可以写出输出传递函数，以及频率表达式，进而得到其截止频率。

对于图中运放负输入端（节点），有如下电流方程：

$$\frac{\mathrm{VF_1}-0}{R_1}=\frac{0-\mathrm{VF_2}}{R_2}+\frac{0-\mathrm{VF_3}}{\dfrac{1}{\mathrm{j}\omega C_1}} \tag{2-62}$$

对于图中 $\mathrm{VF_2}$ 节点，有如下电流方程：

$$\frac{\mathrm{VF_3}-\mathrm{VF_2}}{R_3}=\frac{\mathrm{VF_2}}{R_4}+\frac{\mathrm{VF_2}-0}{R_2} \tag{2-63}$$

$$\mathrm{VF_3}=\mathrm{VF_2}\left(1+\frac{R_3}{R_4}+\frac{R_3}{R_2}\right) \tag{2-64}$$

将式（2-64）代入式（2-62），得：

$$\frac{\mathrm{VF_1}}{R_1}=-\frac{\mathrm{VF_2}}{R_2}-\mathrm{j}\omega C_1\mathrm{VF_2}\left(1+\frac{R_3}{R_4}+\frac{R_3}{R_2}\right)=-\mathrm{VF_2}\left(\frac{1}{R_2}+\mathrm{j}\omega C_1\frac{R_2R_4+R_2R_3+R_3R_4}{R_2R_4}\right)$$

$$\mathrm{VF_1}=-\mathrm{VF_2}\left(\frac{R_1}{R_2}+\mathrm{j}\omega R_1C_1\frac{R_2R_4+R_2R_3+R_3R_4}{R_2R_4}\right)=-\mathrm{VF_2}\frac{R_1}{R_2}\left(1+\mathrm{j}\omega C_1\frac{R_2R_4+R_2R_3+R_3R_4}{R_4}\right)$$

$$\mathrm{VF_2}=-\mathrm{VF_1}\frac{R_2}{R_1}\left(\frac{1}{1+\mathrm{j}\omega C_1\dfrac{R_2R_4+R_2R_3+R_3R_4}{R_4}}\right)$$

写成输入输出表达式，即：

$$\dot{A}(\mathrm{j}\omega)=\frac{\mathrm{VF_2}}{\mathrm{VF_1}}=-\frac{R_2}{R_1}\times\frac{1}{1+\mathrm{j}\omega C_1\dfrac{R_2R_4+R_2R_3+R_3R_4}{R_4}}=A_\mathrm{m}\times\frac{1}{1+\mathrm{j}\dfrac{\omega}{\omega_0}} \tag{2-65}$$

其中：

$$A_\mathrm{m}=-\frac{R_2}{R_1} \tag{2-66}$$

$$\omega_0=\frac{1}{C_1\dfrac{R_2R_4+R_2R_3+R_3R_4}{R_4}}=\frac{1}{RC_1},\quad f_0=\frac{1}{2\pi RC_1}=f_\mathrm{H} \tag{2-67}$$

$$R=\frac{R_2R_4+R_2R_3+R_3R_4}{R_4}=R_2+R_3+\frac{R_2R_3}{R_4} \tag{2-68}$$

将数值代入，得：

$$f_\mathrm{H}=\frac{1}{2\pi RC_1}=\frac{1}{2\pi\dfrac{R_2R_4+R_2R_3+R_3R_4}{R_4}C_1}=5305\mathrm{Hz} \tag{2-69}$$

对此电路用 TINA-TI 进行仿真，得其上限截止频率约为 5.29kHz，与分析基本吻合。

第二种方法是利用压控滤波器的结论，稍加变换即可得出最终结果。

压控滤波器可以变形为如图 2.25 所示电路，乘法器可以表示为一个压控电压源，其增益为 KU_C 倍，则其上限截止频率为原 RC 表达式的 KU_C 倍。

据此，将举例 2 电路演化成图 2.26 所示，其中利用了戴维宁等效定理。可得：

$$f_{\mathrm{H}}=\frac{KU_{\mathrm{C}}}{2\pi RC}=\frac{\frac{R_4}{R_3+R_4}}{2\pi\left(R_2+\frac{R_3R_4}{R_3+R_4}\right)C}=\frac{1}{2\pi\left(R_2+R_3+\frac{R_2R_3}{R_4}\right)C} \tag{2-70}$$

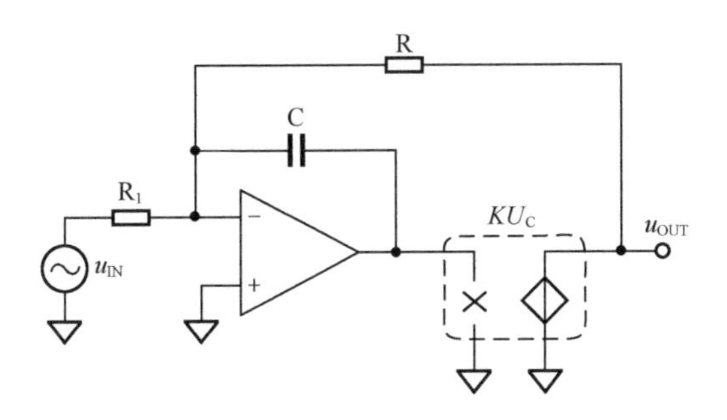

图 2.25 压控一阶低通滤波器变形画法

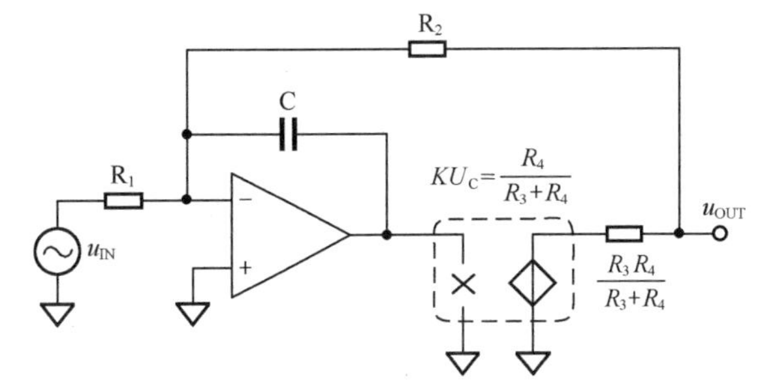

图 2.26 举例 2 电路的变形画法

结果与式（2-68）相同。

用 R_2、R_3、R_4 组成了一个 T 形电阻网络，如图 2.27 所示，这里可以清晰看到 T 形电阻网络。将这 3 个电阻，用一个等效电阻 R 代替，电路就演变成了一个标准低通滤波器。等效电阻 R 的计算方法如下。

在图 2.27 中，VF_3 的电压最终目的是通过电阻网络，形成电流 i_2。因此，在图 2.28 中，只要保证在 VF_3 不变情况下，得到的 i_2 与图 2.27 完全一致，那么，对于运放负输入端这个节点，列出的电流方程将不会改变，就可以实施代替。

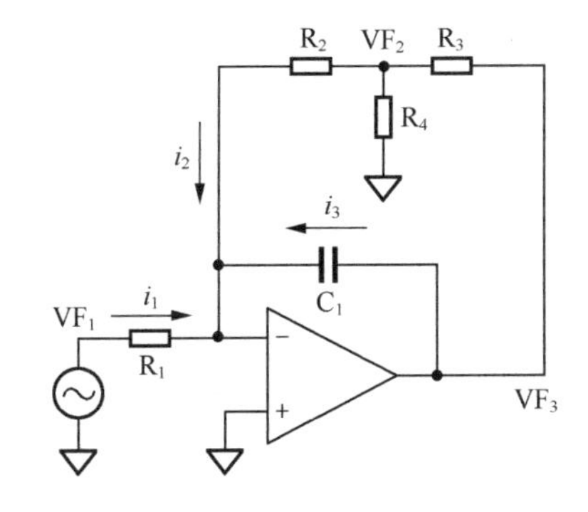

图 2.27 举例 2 电路

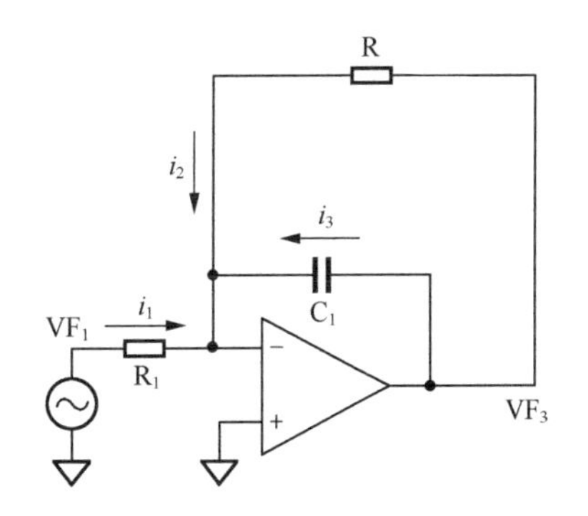

图 2.28 举例 2 电路等效电阻画法

图 2.27 中：

$$i_2=\frac{VF_2}{R_2}=\frac{VF_3\times\frac{R_2/\!/R_4}{R_2/\!/R_4+R_3}}{R_2}=\frac{VF_3\times\frac{\frac{R_2R_4}{R_2+R_4}}{\frac{R_2R_4}{R_2+R_4}+R_3}}{R_2}=\frac{VF_3\times\frac{\frac{R_2R_4}{R_2+R_4}}{\frac{R_2R_4+R_2R_3+R_3R_4}{R_2+R_4}}}{R_2}= \tag{2-71}$$

$$VF_3\times\frac{R_4}{R_2R_4+R_2R_3+R_3R_4}=\frac{VF_3}{\frac{R_2R_4+R_2R_3+R_3R_4}{R_4}}=\frac{VF_3}{R_2+R_3+\frac{R_2R_3}{R_4}}$$

图 2.28 中：

$$i_2=\frac{VF_3}{R} \tag{2-72}$$

因此，等效电阻为：

$$R = R_2 + R_3 + \frac{R_2 R_3}{R_4} \tag{2-73}$$

可以看出，式（2-73）与前述方法得到的式（2-68），结论完全相同。

最后，请读者试着设计一个压控高通滤波器。

2.4 二阶滤波器分析——低通和高通

前面介绍的一阶滤波器，不涉及复杂的数学运算，因此简单易学易用，在很多要求不高的场合，具有广泛的用途。但是一旦涉及更高的要求，就必须使用高阶滤波器。比如，一阶低通滤波器，在输入信号频率大于截止频率后，它的增益一般以 -20dB/10 倍频的速率下降，而二阶低通滤波器，则可以实现 -40dB/10 倍频，三阶滤波器则可以实现 -60dB/10 倍频，阶数越高，其增益下降速率越快，其形态也就越接近砖墙滤波器。

其中，二阶滤波器是高阶滤波器的基础——高阶滤波器一般由一阶和若干个二阶滤波器级联组成。因此，有必要专门对二阶滤波器进行分析。受篇幅限制，这个内容由第 2.4 节、第 2.5 节以及第 2.6 节组成，是后续章节的数学基础。

◎二阶传递函数

任意一个二阶滤波器，其传递函数标准式都可以写作：

$$A(S) = A_{\mathrm{m}} \frac{1 + m_1 S + m_2 S^2}{1 + n_1 S + n_2 S^2} \tag{2-74}$$

其中，$n_2 \neq 0$。且由于 A_{m} 仅仅是一个倍数，不会影响滤波器形态，可将其暂设为 1。

其频域增益表达式为：

$$\left|\dot{A}(\mathrm{j}\omega)\right| = \left|\frac{1 + m_1 \mathrm{j}\omega + m_2 (\mathrm{j}\omega)^2}{1 + n_1 \mathrm{j}\omega + n_2 (\mathrm{j}\omega)^2}\right| = \left|\frac{\left(1 - m_2\omega^2\right) + \mathrm{j}m_1\omega}{\left(1 - n_2\omega^2\right) + \mathrm{j}n_1\omega}\right| \tag{2-75}$$

增益是一个复数，其模、幅角都会随频率变化。这就可能演化出各式各样的频率特性。

◎频率归一化

引入特征频率 ω_0，令：

$$\omega_0 = \frac{1}{\sqrt{n_2}}$$

式（2-75）变为：

$$\dot{A}(\mathrm{j}\omega) = \frac{1 + b\mathrm{j}\dfrac{\omega}{\omega_0} + c\left(\mathrm{j}\dfrac{\omega}{\omega_0}\right)^2}{1 + a\mathrm{j}\dfrac{\omega}{\omega_0} + \left(\mathrm{j}\dfrac{\omega}{\omega_0}\right)^2} \tag{2-76}$$

其中：

$$a = \frac{n_1}{\sqrt{n_2}};\quad b = \frac{m_1}{\sqrt{n_2}};\quad c = \frac{m_2}{n_2}$$

令：

$$\Omega = \frac{\omega}{\omega_0}$$

式（2-75）变为：

$$\dot{A}(\mathrm{j}\Omega)=\frac{1+b\mathrm{j}\Omega+c(\mathrm{j}\Omega)^2}{1+a\mathrm{j}\Omega+(\mathrm{j}\Omega)^2} \tag{2-77}$$

此时，可以称 Ω 为相对频率，是一个无量纲的数值，它代表当前输入频率与滤波器的特征频率的比值。这样，我们将横轴归一化成相对频率。

对于式（2-77）来说，a、b、c 这 3 个参数的不同选择，会带来多种多样的增益随相对频率变化的规律。经过几十年的研究，科学家通过选择不同的参数，归纳出以下几种常见的滤波器形态。也许已经研究完毕，也许还有研究空间，至少我还没有发现新的滤波器形态。

◎二阶低通滤波器

二阶低通滤波器的归一化标准式

二阶低通滤波器的归一化标准式如下：

$$\dot{A}(\mathrm{j}\Omega)=A_{\mathrm{m}}\frac{1}{1+a\mathrm{j}\Omega+(\mathrm{j}\Omega)^2} \tag{2-78}$$

将其写成与角频率、频率相关，即：

$$\dot{A}(\mathrm{j}\omega)=A_{\mathrm{m}}\frac{1}{1+a\mathrm{j}\frac{\omega}{\omega_0}+\left(\mathrm{j}\frac{\omega}{\omega_0}\right)^2} \tag{2-79}$$

$$\dot{A}(\mathrm{j}f)=A_{\mathrm{m}}\frac{1}{1+a\mathrm{j}\frac{f}{f_0}+\left(\mathrm{j}\frac{f}{f_0}\right)^2} \tag{2-80}$$

上述 3 个表达式是完全相同的，只是自变量单位不同。我们以最常见的频率 f 为自变量，先直观粗略地看看：当频率 f=0 时，$\dot{A}(\mathrm{j}f)=A_{\mathrm{m}}$；当频率为无穷大时，分母中第二项为虚部，无穷大，分母中的实部是第一项与第三项的和，而第三项是负值实数，无穷大的平方，导致整个表达式的模为 0。这满足低通条件。

特征频率和 Q 的含义

当信号频率 f 等于特征频率 f_0 时，在数学上，分母出现了一个特殊情况，即它的第三项为 -1，导致分母中实部为 0，只存在虚部。这是全部频率范围内唯一出现的，其特殊性无人比拟，是最为特殊的频率点，故称之为特征频率。

因此，特征频率 f_0 的定义可以是：在二阶滤波器中，使分母中实部为 0 的频率。

在特征频率处，增益的模变为：

$$\left|\dot{A}(\mathrm{j}f_0)\right|=\left|A_{\mathrm{m}}\frac{1}{1+a\mathrm{j}\frac{f_0}{f_0}+\left(\mathrm{j}\frac{f_0}{f_0}\right)^2}\right|=A_{\mathrm{m}}\times\left|\frac{1}{a\mathrm{j}}\right|=A_{\mathrm{m}}\frac{1}{a}$$

定义品质因数 Q 为：特征频率处增益的模，除以中频增益 A_{m}。其实就是，特征频率处的增益是中频增益的多少倍。

$$Q=\frac{\left|\dot{A}(\mathrm{j}f_0)\right|}{A_{\mathrm{m}}} \tag{2-81}$$

由此，二阶低通滤波器的频率表达式可以写作：

$$\dot{A}(\mathrm{j}f)=A_{\mathrm{m}}\frac{1}{1+\frac{1}{Q}\mathrm{j}\frac{f}{f_0}+\left(\mathrm{j}\frac{f}{f_0}\right)^2} \tag{2-82}$$

而角频率表达式可以写作：

$$\dot{A}(\mathrm{j}\omega)=A_{\mathrm{m}}\frac{1}{1+\frac{1}{Q}\mathrm{j}\frac{\omega}{\omega_0}+\left(\mathrm{j}\frac{\omega}{\omega_0}\right)^2} \tag{2-83}$$

不同的 Q 值，带来不同的效果

品质因数 Q 的改变，会给标准二阶低通滤波器带来完全不同的性质。

图 2.29 所示是利用 MATLAB 做的 3 条幅频特性曲线，都是二阶低通滤波器，其 Q 值不同，造成完全不同的频率特性，如表 2.1 所示。

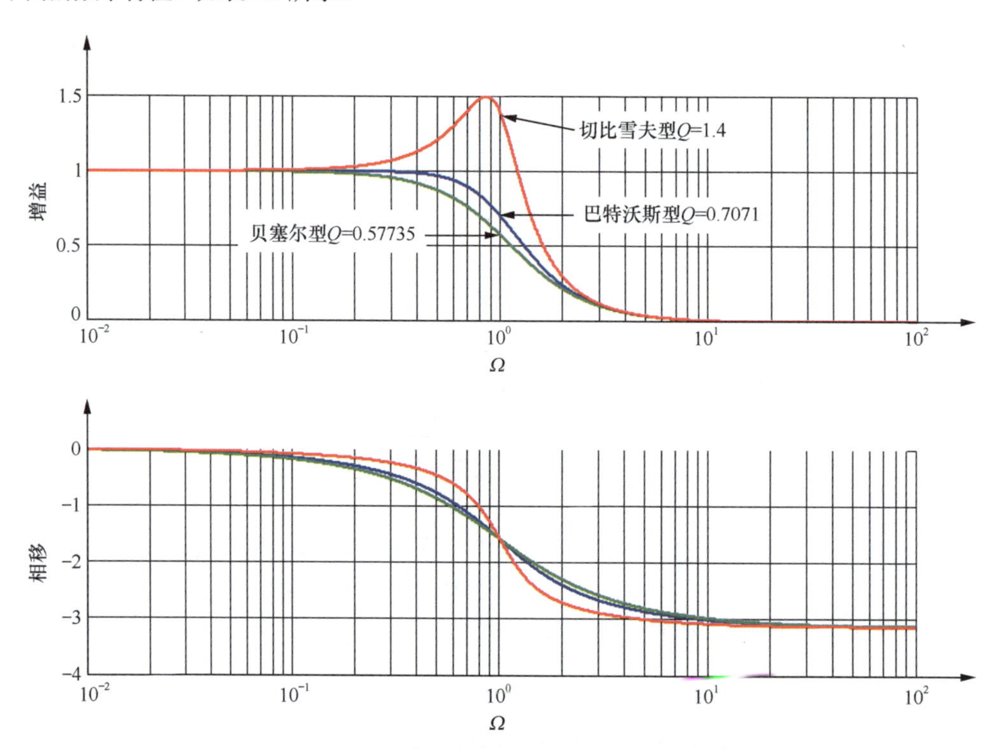

图 2.29　不同 Q 值二阶低通滤波器的归一化幅频、相频响应

表 2.1　3 种不同类型二阶低通滤波器

颜色	归一化增益标准式	$1/Q$	Q	特征	名称
绿色	$\dot{A}(\mathrm{j}\Omega)=\frac{1}{1+1.732\mathrm{j}\Omega+(\mathrm{j}\Omega)^2}$	1.732	0.57735	$Q<\frac{1}{\sqrt{2}}$	贝塞尔型滤波器（Bessel Filter）
蓝色	$\dot{A}(\mathrm{j}\Omega)=\frac{1}{1+1.414\mathrm{j}\Omega+(\mathrm{j}\Omega)^2}$	1.414	0.7071	$Q=\frac{1}{\sqrt{2}}$	巴特沃斯型滤波器（Butterworth Filter）
红色	$\dot{A}(\mathrm{j}\Omega)=\frac{1}{1+0.714\mathrm{j}\Omega+(\mathrm{j}\Omega)^2}$	0.714	1.4	$Q>\frac{1}{\sqrt{2}}$	切比雪夫型滤波器（Chebyshev Filter）

巴特沃斯型滤波器最为明显的特征是，它的特征频率 f_0（图 2.29 中 Ω=1 处）恰好是截止频率 f_c。因此，在输入信号频率为 f_0 时，其增益的模为 0.707。它具有最平坦的通带区间，过渡带下降速率一般。由于参数唯一，设计方便，使用非常广泛。

切比雪夫型滤波器在输入信号频率为 f_0 时，其增益的模为大于 0.707，也可以是 1，甚至超过 1。它具有最为陡峭的过渡带，因此和砖墙式滤波器最为接近。但是，在通带内，它的增益具有隆起，Q 值越大，隆起越严重。

贝塞尔型滤波器在输入信号频率为 f_0 时，其增益的模为小于 0.707，从通带到阻带的过渡最为缓慢，与理想的砖墙滤波器差距最大。看起来它没有什么优点，其实不然。贝塞尔型滤波器具有最大的线性相移区间，可以有效减少复合波形的相位失真。这是前两种滤波器无法比拟的。

但是，严格来讲，贝塞尔型滤波器中，仅有 Q=0.57735，才能保证具有最大群时延的平坦区间。

用 Q 和特征频率 f_0 表达截止频率 f_c

定义：

$$K=\frac{f_c}{f_0} \tag{2-84}$$

根据式（2-80），可知在截止频率处必有：

$$\left|\dot{A}(jf_c)\right|=\left|A_m\frac{1}{1+\frac{1}{Q}j\frac{f_c}{f_0}+\left(j\frac{f_c}{f_0}\right)^2}\right|=\left|A_m\frac{1}{1+\frac{1}{Q}jK+(jK)^2}\right|=\frac{1}{\sqrt{2}}A_m$$

以 K 为未知量，解此方程，得：

$$K=\frac{\sqrt{4Q^2-2+\sqrt{4-16Q^2+32Q^4}}}{2Q} \tag{2-85}$$

对于二阶低通滤波器，在已知 Q 的情况下，其截止频率与特征频率的比值是唯一确定的，为 K。式（2-85）的意义在于：在传递函数中，用肉眼可以看出特征频率是极为简单的——即分母中存在使得实部为 0 的频率点，而我们在设计滤波器时，一般更习惯于给出截止频率、Q，此时就可以利用式（2-85）得到它们之间的比值，进而将截止频率转换成特征频率。

表 2.2 给出了一些常见 Q 值与对应的 K。

表 2.2 常见 Q 值与对应的 K

Q	0.4	0.5	0.6	0.7071	0.8	1	1.2	1.5	20
K	0.4278	0.6436	0.8271	1	1.1146	1.2720	1.3590	1.4299	1.5510

据此，可以得出一些简单结论：

对于切比雪夫型二阶低通滤波器，其截止频率大于特征频率。Q 值越大，两者差异越大。

对于贝塞尔型二阶低通滤波器，其截止频率小于特征频率。Q 值越小，两者差异越大。

◎二阶高通滤波器

二阶高通滤波器的归一化标准式

二阶高通滤波器的归一化标准式如下：

$$\dot{A}(j\Omega)=A_m\frac{(j\Omega)^2}{1+\frac{1}{Q}j\Omega+(j\Omega)^2} \tag{2-86}$$

不同的 Q，带来 3 种不同的滤波器

二阶高通滤波器的品质因数定义与低通滤波器完全相同，它代表特征频率处归一化增益的模。

根据 Q 值不同，二阶高通滤波器分为巴特沃斯型、切比雪夫型和贝塞尔型 3 类。它们具有与二阶低通滤波器完全相同的特性。

当 Q=0.707，属于巴特沃斯型，通带最为平坦，且设计参数唯一。其特征频率等于截止频率。

当 Q>0.707，属于切比雪夫型，过渡带最为陡峭，但通带内有隆起。其特征频率大于截止频率。

当 Q<0.707，属于贝塞尔型，它具有最为平坦的群时延区间。

图 2.30 所示是 3 种类型二阶高通滤波器的幅频、相频响应。

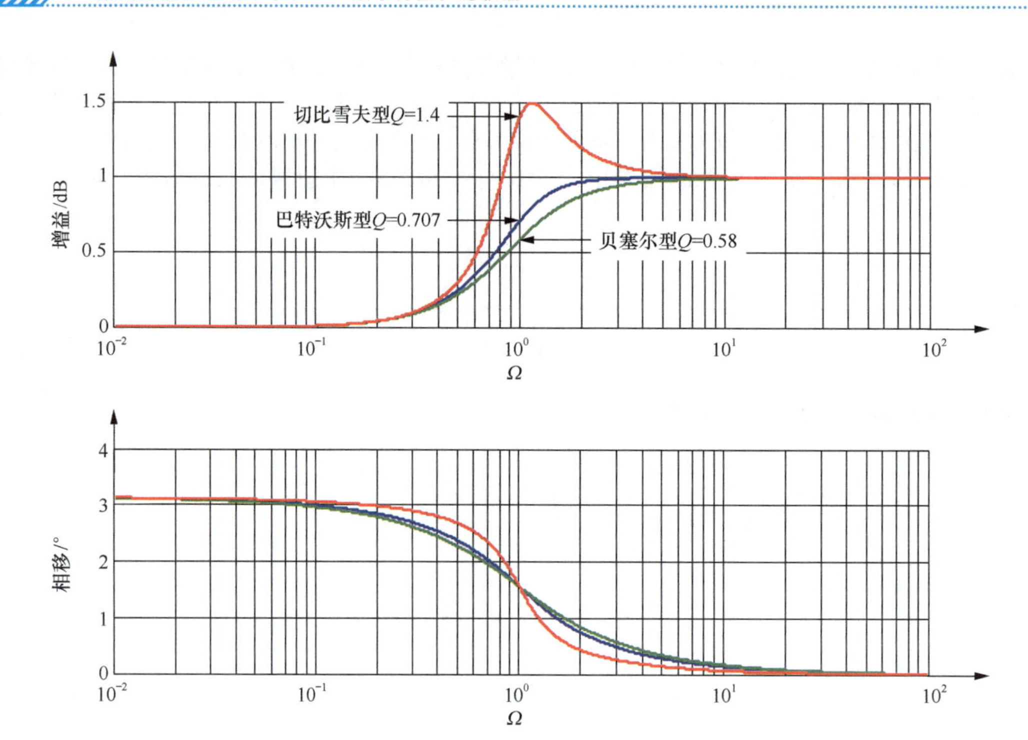

图 2.30　不同 Q 值二阶高通滤波器的归一化幅频、相频响应

用 Q 和特征频率 f_0 表达截止频率 f_c

高通滤波器其实是低通滤波器以 Ω=1 的横轴镜像，因此特征频率点也以此为镜像。其截止频率与特征频率的关系，也仅与 Q 值有关：

$$K=\frac{f_c}{f_0}=\frac{2Q}{\sqrt{4Q^2-2+\sqrt{4-16Q^2+32Q^4}}} \tag{2-87}$$

与低通滤波器相比，两个 K 值刚好是倒数关系。

Q>0.7071 时，增益模的峰值分析

二阶低通滤波器中，Q 小于或等于 $1/\sqrt{2}$，其增益的模是随频率上升而单调下降的，Q 一旦大于 $1/\sqrt{2}$，则增益的模一定是先升高后下降的，存在一个峰值位置。而在二阶高通滤波器中，Q 小于或等于 $1/\sqrt{2}$，其增益的模是随频率下降而单调下降的，Q 一旦大于 $1/\sqrt{2}$，则增益的模随频率先上升后下降，也存在一个峰值位置。

以二阶低通滤波器为例，其增益表达式用归一化频率表示为：

$$\dot{A}(\Omega)=\frac{1}{1+\frac{1}{Q}\mathrm{j}\Omega+(\mathrm{j}\Omega)^2} \tag{2-88}$$

它的模是：

$$\left|\dot{A}(\Omega)\right|=\frac{1}{\sqrt{\left(1-\Omega^2\right)^2+\left(\frac{\Omega}{Q}\right)^2}} \tag{2-89}$$

求解 $\left|\dot{A}(\Omega)\right|$ 的极大值，即求解分母的最小值，也就是求解根号内的最小值：

$$y(\Omega)=\left(1-\Omega^2\right)^2+\left(\frac{\Omega}{Q}\right)^2=1+\left(\frac{1}{Q^2}-2\right)\Omega^2+\Omega^4 \tag{2-90}$$

对式（2-90）求导，令导数等于 0：

$$\frac{\mathrm{d}y(\Omega)}{\mathrm{d}\Omega}=4\Omega^3+2\left(\frac{1}{Q^2}-2\right)\Omega=0 \tag{2-91}$$

得：

$$\Omega=\sqrt{\frac{2\left(2-\frac{1}{Q^2}\right)}{4}}=\sqrt{1-\frac{0.5}{Q^2}} \tag{2-92}$$

即在标准二阶低通滤波器中，以归一化相对频率 Ω 为变量，当 Q^2 大于 0.5，存在一个特殊频率 $\Omega_{\max}$，该频点处滤波器的模为极大值。

$$\Omega_{\max}=\sqrt{1-\frac{0.5}{Q^2}} \tag{2-93}$$

在 Q=0.707 时，$\Omega_{\max}$ 为 0，说明巴特沃斯型滤波器的峰值点处于 0。Q 越大，该值越趋近 1，但小于 1。即峰值频率总小于特征频率，且随着 Q 的增大，逐渐靠近特征频率。

在该极大值处，对应的模为：

$$\left|\dot{A}(\Omega_{\max})\right|=\frac{1}{\sqrt{\left(1-\left(1-\frac{0.5}{Q^2}\right)\right)^2+\frac{1-\frac{0.5}{Q^2}}{Q^2}}}=Q\times\sqrt{\frac{1}{1-\frac{0.25}{Q^2}}} \tag{2-94}$$

若 Q^2>0.5（有峰值），该值大于 1，且随 Q 增大而增大。当 Q 较大时，该值逼近 Q。结合前述 $\Omega_{\max}$ 的结论，可知，在 Q^2>0.5 的情况下，峰值位置始终处于特征频率点的左上方（西北方向），随着 Q 越来越大，这两个点逐渐靠近。

用 MATLAB 设置特征频率为 100，分别选择 Q_1=0.8、Q_2=1、Q_3=1.58、Q_4=2.5、Q_5=3.95、Q_6=5 做出二阶低通滤波器增益随频率变化的曲线，如图 2.28 所示。

图 2.31 中的实心圆是特征频率点，虚心圆为峰值点，在 Q 较大时，太拥挤，我没有画。

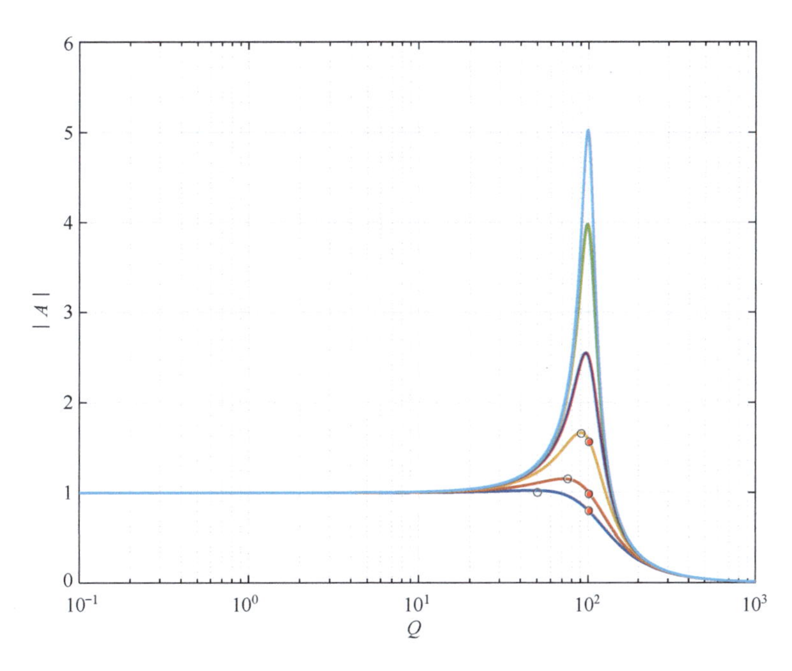

图 2.31　不同 Q 值二阶低通滤波器增益的模

本段峰值分析，试图说明一个事实：在幅频特性（增益的模随频率变化）上，曲线有无峰值的分界点为 $Q=1/\sqrt{2}$。而等读者读到群时延小节，就会发现，在相频特性上，群时延有无峰值的分界点是 $Q=1/\sqrt{3}$。就如方波的有效值是峰值的 $1/\sqrt{1}$，正弦波的有效值是峰值的 $1/\sqrt{2}$，三角波的有效值是峰值的 $1/\sqrt{3}$，想想都觉得神奇和美妙。

2.5 二阶滤波器分析——带通、带阻和全通

◎二阶窄带通滤波器

带通滤波器分为宽带通滤波器和窄带通滤波器两类。宽带通滤波器就是一个高通滤波器和一个低通滤波器的串联，它允许一个很宽频率范围的信号通过，高通滤波器和低通滤波器的截止频率相去甚远，互相不影响，只要学会了高通滤波器和低通滤波器，分别独立设计，然后将其串联即可实现宽带通滤波器。而窄带通滤波器，则仅允许中心频率附近很窄范围内的信号通过，它只有一个中心频率。本小节仅研究窄带通滤波器。

一个低通滤波器和一个与之镜像的高通滤波器相乘，可以得到一个窄带通表达式。

$$\dot{A}(\mathrm{j}\Omega)=\frac{1}{1+\frac{1}{\mathrm{j}\Omega}}\times\frac{1}{1+\mathrm{j}\Omega}=\frac{1}{1+\frac{1}{\mathrm{j}\Omega}+\mathrm{j}\Omega+1}=\frac{\mathrm{j}\Omega}{1+2\mathrm{j}\Omega+(\mathrm{j}\Omega)^2}=0.5\times\frac{2\mathrm{j}\Omega}{1+2\mathrm{j}\Omega+(\mathrm{j}\Omega)^2} \tag{2-95}$$

分数项是一个标准带通表达式，其带通峰值点发生在分母实部为 0 处，其峰值为 1。

但是，这并不能代表全部的带通滤波器，标准带通滤波器的归一化表达式为：

$$\dot{A}(\mathrm{j}\Omega)=A_\mathrm{m}\times\frac{\frac{1}{Q}\mathrm{j}\Omega}{1+\frac{1}{Q}\mathrm{j}\Omega+(\mathrm{j}\Omega)^2} \tag{2-96}$$

带通滤波器的特征频率，也是峰值频率，发生在 $\Omega=1$ 处，即分母实部为 0 处。在此处，增益的模为 A_m，相移为 0°。窄带通滤波器有如下概念。

1）特征频率 f_0，它是指窄带通滤波器中，增益最大的频率点。在归一化表达中，为 $\Omega=1$ 的相对频率点。

2）带宽 Δf，中心频率两侧，增益始终大于 $0.707A_\mathrm{m}$ 的频率范围。在图 2.32 中，用相对频率表示为：

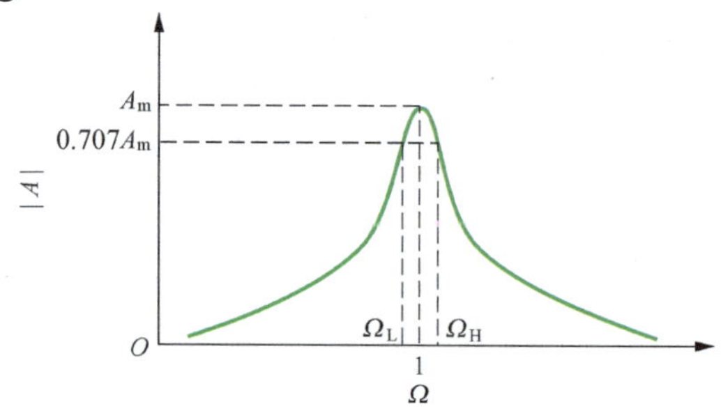

图 2.32　二阶带通通滤波器归一化幅频特性

$$\Delta\Omega=\Omega_\mathrm{H}-\Omega_\mathrm{L} \tag{2-97}$$

在实际频率图中，用 $\Delta f=f_\mathrm{H}-f_\mathrm{L}$ 表示。

3）品质因数 Q，衡量带通形状尖锐程度的量：

$$Q=\frac{f_0}{\Delta f}=\frac{f_0}{f_\mathrm{H}-f_\mathrm{L}}=\frac{\Omega_0}{\Delta\Omega}=\frac{1}{\Omega_\mathrm{H}-\Omega_\mathrm{L}} \tag{2-98}$$

◎二阶窄带阻滤波器——陷波器

与带通滤波器类似，带阻滤波器也分为宽带阻滤波器和窄带阻滤波器两类。对一个高通滤波器和一个低通滤波器实施加法，可以实现带阻滤波。若高通滤波器截止频率远高于低通滤波器截止频率，实现的为宽带阻滤波。只要独立设计高通滤波器、低通滤波器，再设计一个加法器，即可实现宽带阻滤波器。

本小节仅研究窄带阻滤波器，它只阻断中心频率附近一个很小的频段内的信号，也叫陷波器。

陷波器来自一个具有相同特征频率和品质因数的二阶低通滤波器和二阶高通滤波器的叠加，其归一化标准式为：

$$\dot{A}(\mathrm{j}\Omega)=A_{\mathrm{m}}\times\frac{1+(\mathrm{j}\Omega)^2}{1+\frac{1}{Q}\mathrm{j}\Omega+(\mathrm{j}\Omega)^2} \tag{2-99}$$

其幅频特性如图 2.33 所示。对于陷波器，有如下定义。

1）特征频率 f_0，指幅频特性中增益最小值对应的频率点。

2）陷波带宽 Δf，中心频率两侧增益始终小于 $0.707A_{\mathrm{m}}$ 的频率范围。在图 2.33 中，频率表示为$\Delta\Omega=\Omega_{\mathrm{H}}-\Omega_{\mathrm{L}}$。

在实际频率图中，用$\Delta f=f_{\mathrm{H}}-f_{\mathrm{L}}$表示。

3）品质因数 Q，衡量陷波形状尖锐程度的量：

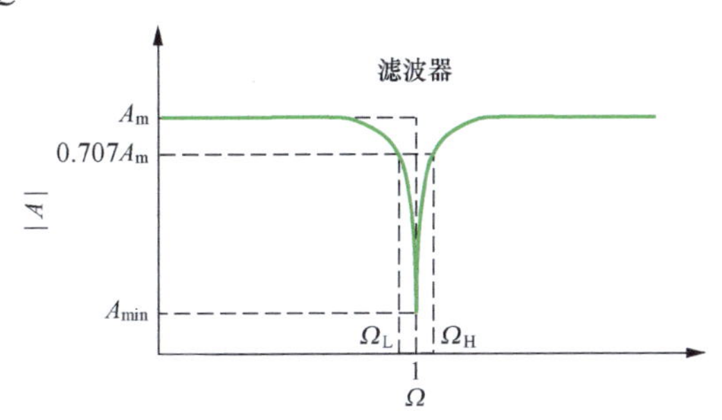

图 2.33 二阶窄带阻滤波器归一化幅频特性

$$Q=\frac{f_0}{\Delta f}=\frac{f_0}{f_{\mathrm{H}}-f_{\mathrm{L}}}=\frac{\Omega_0}{\Delta\Omega}=\frac{1}{\Omega_{\mathrm{H}}-\Omega_{\mathrm{L}}} \tag{2-100}$$

4）最小增益 $A_{\min}$。设陷波器的通带增益为 A_{m}，从式（2-99）看，当Ω=1 时，理论上，其最小增益为 0，但是受实际电路中器件不理想影响，陷波器永远实现不了 0 倍增益。因此，衡量一个陷波器是否优秀，$A_{\mathrm{m}}/A_{\min}$ 非常重要。

◎二阶全通滤波器

二阶全通滤波器的归一化标准式为：

$$\dot{A}(\mathrm{j}\Omega)=A_{\mathrm{m}}\times\frac{1-\frac{1}{Q}\mathrm{j}\Omega+(\mathrm{j}\Omega)^2}{1+\frac{1}{Q}\mathrm{j}\Omega+(\mathrm{j}\Omega)^2} \tag{2-101}$$

或者：

$$\dot{A}(\mathrm{j}\Omega)=A_{\mathrm{m}}\times\frac{1+\frac{1}{Q}\mathrm{j}\Omega+(\mathrm{j}\Omega)^2}{1-\frac{1}{Q}\mathrm{j}\Omega+(\mathrm{j}\Omega)^2} \tag{2-102}$$

在全通滤波器中，很显然无论Ω怎么变化，其增益的模永远是 A_{m}，我们重点关心它的相移随频率的变化。此处，仍定义：

$$\Omega=\frac{f}{f_0}$$

其中，f_0 为特征频率，是指分母中实部等于 0 的频率点，此处增益的相移为 180° 或 -180°。

相移表达式为：

$$\varphi(\mathrm{j}\Omega)=\arctan\frac{-\frac{1}{Q}\times\Omega}{1-\Omega^2}-\left(\arctan\frac{\frac{1}{Q}\times\Omega}{1-\Omega^2}\right)=-2\arctan\frac{\frac{1}{Q}\times\Omega}{1-\Omega^2} \tag{2-103}$$

可以看出，品质因数 Q 在这里同样起着重要作用：调整相移速率。Q 越大，其相移区间越小，速率越大，不同 Q 值的滞后型二阶全通滤波器的相移特性如图 2.34 所示。

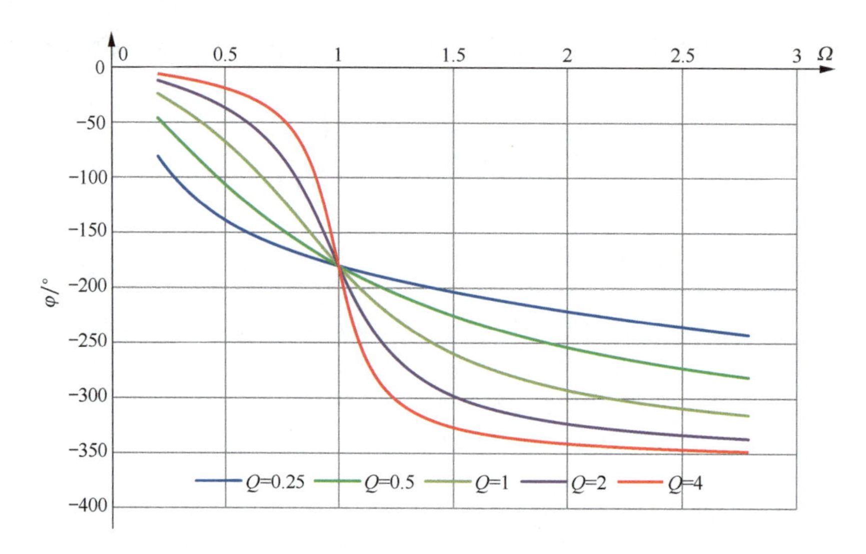

图 2.34　不同 Q 值的滞后型二阶全通滤波器的相移特性

◎如何验证 Q 值

除全通之外，其他种类的滤波器的 Q 值都存在明显的验证方法，通过实测的频率特性，可以很方便地获得。

1）对于二阶低通滤波器、高通滤波器来说，品质因数 Q 就是特征频率发生处的相对增益。以低通滤波器为例，其标准式为：

$$\dot{A}_{\mathrm{LP}}(\mathrm{j}\omega)=A_{\mathrm{m}}\frac{1}{1+\frac{1}{Q}\left(\mathrm{j}\frac{\omega}{\omega_0}\right)+\left(\mathrm{j}\frac{\omega}{\omega_0}\right)^2} \tag{2-104}$$

在特征频率处，其增益的模为：

$$\left|\dot{A}_{\mathrm{LP}}(\mathrm{j}\omega_0)\right|=\left|A_{\mathrm{m}}\frac{1}{1+\frac{1}{Q}\left(\mathrm{j}\frac{\omega_0}{\omega_0}\right)+\left(\mathrm{j}\frac{\omega_0}{\omega_0}\right)^2}\right|=\left|A_{\mathrm{m}}\right|Q \tag{2-105}$$

即有：

$$Q=\frac{\left|\dot{A}_{\mathrm{LP}}(\mathrm{j}\omega_0)\right|}{\left|A_{\mathrm{m}}\right|} \tag{2-106}$$

据此，在二阶低通滤波器电路中测量 Q 值的方法为：频率等于 0 处，测量增益的模，为$\left|A_{\mathrm{m}}\right|$，测量特征频率处（即相移为 -90° 处）增益的模，为$\left|\dot{A}_{\mathrm{LP}}(\mathrm{j}\omega_0)\right|$，按式（2-106）即可获得。

同理，对于二阶高通滤波器来说，有：

$$Q=\frac{\left|\dot{A}_{\mathrm{HP}}(\mathrm{j}\omega_0)\right|}{\left|A_{\mathrm{m}}\right|} \tag{2-107}$$

二阶高通滤波器电路中测量 Q 值的方法为：频率等于∞处，测量增益的模，为$\left|A_{\mathrm{m}}\right|$，其实这是不可能的，实测中只需要在频率较高、增益较为稳定的区域测量。测量特征频率处（即相移为 90° 处）增益的模，为$\left|\dot{A}_{\mathrm{HP}}(\mathrm{j}\omega_0)\right|$，按式（2-107）即可获得。

2）对于带通滤波器来说，Q 值为中心频率 f_0 除以通带宽度Δf。

$$\dot{A}_{BP}\left(j\frac{\omega}{\omega_0}\right)=A_m\times\frac{\frac{1}{Q}\left(j\frac{\omega}{\omega_0}\right)}{1+\frac{1}{Q}\left(j\frac{\omega}{\omega_0}\right)+\left(j\frac{\omega}{\omega_0}\right)^2}$$

$$Q=\frac{f_0}{\Delta f}=\frac{f_0}{f_H-f_L} \tag{2-108}$$

其中，f_H 为中心频率右侧的峰值增益 −3dB 频率点，f_L 为中心频率左侧的峰值增益 −3dB 频率点，f_0 为中心频率。

3）对于带阻滤波器来说，Q 值为中心频率 f_0 除以阻带宽度Δf。

$$\dot{A}_{BR}\left(j\frac{\omega}{\omega_0}\right)=A_m\times\frac{1+\left(j\frac{\omega}{\omega_0}\right)^2}{1+\frac{1}{Q}\left(j\frac{\omega}{\omega_0}\right)+\left(j\frac{\omega}{\omega_0}\right)^2}$$

$$Q=\frac{f_0}{\Delta f}=\frac{f_0}{f_H-f_L} \tag{2-109}$$

其中，f_H 为中心频率右侧的平坦区 −3dB 频率点，f_L 为中心频率左侧的平坦区 −3dB 频率点，f_0 为中心频率。

◎全通滤波器的 Q 值验证

针对全通滤波器，如何验证其 Q 值呢？先列出全通标准式：

$$\dot{A}_{AP}(j\omega)=A_m\frac{1-\frac{1}{Q}\left(j\frac{\omega}{\omega_0}\right)+\left(j\frac{\omega}{\omega_0}\right)^2}{1+\frac{1}{Q}\left(j\frac{\omega}{\omega_0}\right)+\left(j\frac{\omega}{\omega_0}\right)^2}$$

我们知道，对于全通滤波器来说，幅频特性是一根随频率变化逐渐变得平直的线，从幅频特性上无法获得任何信息，也就无法应用于 Q 值验证。只好从相频特性入手。让我们试着寻找一些特殊的频率点，看它们与 Q 值有无关系。

图 2.35 所示为不同频率处，全通滤波器的增益向量图。全通滤波器的增益由包含实数、虚数的分子分母组成。图 2.35 中 3 个不同颜色的箭头，代表 3 个不同频率处的增益向量，它包含实部和虚部，自然也就形成了模和幅角。

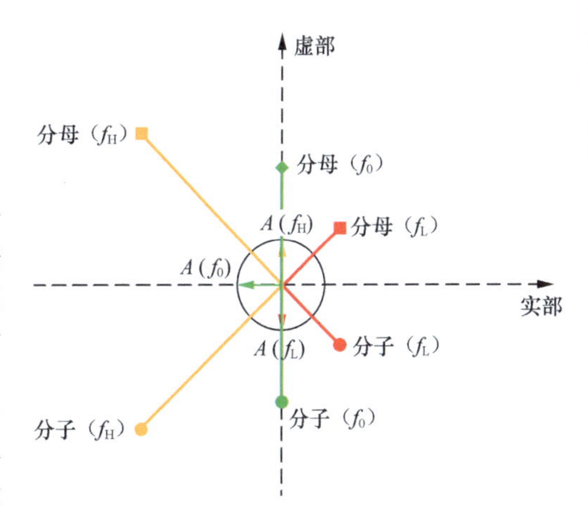

图 2.35　二阶全通滤波器滞后型不同 Q 值的相移特性

对于中心频率 f_0，如图 2.35 绿色部分所示，分母为方形头，分子为圆形头，分子除以分母则为增益，为绿色箭头，它的模为 1，幅角为 180°。这当然是最为特殊的点，我们从频率特性中的相频特性图一眼就可以看到。

除此之外，还有特殊频率点吗？图 2.35 中选择了两个，分别为频率为 f_L 的红色，其增益的模也是 1（当然是 1，因为是全通的），幅角为 90°；以及频率为 f_H 的黄色，其增益的模也是 1，幅角为 270°。这两个点的特殊之处在于：该点处，无论分子还是分母，实部的模与虚部的模相等。即：

$$\left|1+\left(j\frac{\omega}{\omega_0}\right)^2\right|=\left|\frac{1}{Q}\left(j\frac{\omega}{\omega_0}\right)\right| \tag{2-110}$$

为书写方便，设相对频率：

$$\frac{\omega}{\omega_0}=\Omega \tag{2-111}$$

由于模相等，因此包含两种情况，第一种为：

$$1-\Omega^2=\frac{\Omega}{Q} \tag{2-112}$$

解得两个值：

$$\Omega=\frac{-\frac{1}{Q}\pm\sqrt{\frac{1}{Q^2}+4}}{2} \tag{2-113}$$

我们知道相对频率一定大于 0，且根号项的绝对值一定大于 1/Q，因此，Ω 的两个值中只有根号项取正值才是合理的，则解得第一个满足 90° 相移的相对频率：

$$\Omega_{\mathrm{L}}=\frac{-\frac{1}{Q}+\sqrt{\frac{1}{Q^2}+4}}{2} \tag{2-114}$$

第二种为：

$$\Omega^2-1=\frac{\Omega}{Q} \tag{2-115}$$

解得两个值：

$$\Omega=\frac{\frac{1}{Q}\pm\sqrt{\frac{1}{Q^2}+4}}{2} \tag{2-116}$$

同理，分析出只有一个值为正解：

$$\Omega_{\mathrm{H}}=\frac{\frac{1}{Q}+\sqrt{\frac{1}{Q^2}+4}}{2} \tag{2-117}$$

显然，$x_{\mathrm{H}}>x_{\mathrm{L}}$，两者相减必出令人振奋的结果。将 x 回归到 ω 表达式，有：

$$\Omega_{\mathrm{H}}-\Omega_{\mathrm{L}}=\frac{\omega_{\mathrm{H}}}{\omega_0}-\frac{\omega_{\mathrm{L}}}{\omega_0}=\frac{1}{Q} \tag{2-118}$$

即：

$$Q=\frac{\omega_0}{\omega_{\mathrm{H}}-\omega_{\mathrm{L}}}=\frac{f_0}{f_{\mathrm{H}}-f_{\mathrm{L}}} \tag{2-119}$$

这个表达式的含义是，在全通滤波器中，品质因数等于中心频率除以两个特殊的频率点的差值。而两个特殊频率点分别为：

f_{H} 是中心频率右侧，与中心频率相差 90° 的频率点，即相对频率大于 1；

f_{L} 是中心频率左侧，与中心频率相差 90° 的频率点，即相对频率小于 1。

这与带通滤波器、带阻滤波器类似，带通滤波器、带阻滤波器中的两个特殊频率点分别为中心频率两侧的 -3dB 点，它们是从幅频特性图中寻找到的。

2.6 群时延——Group Delay

对于一个低通滤波器来说，输出正弦波和输入正弦波之间存在滞后相移，也就相应地存在时延。如果输入波形为复合波形，比如包含基波和三次谐波，且三次谐波和基波在输入中为 0° 相差，那么，它们经过滤波器后，基波发生了相移，产生了相移对应时延 t_1，三次谐波也发生了相移，产生了相移对应的时延 t_3，如果 t_3 不等于 t_1，那么在输出信号中，三次谐波就不可能与基波仍为 0° 相差，就会发生错位叠加，而产生相位失真。为避免相位失真，要求滤波器对不同的输入频率具有相同的时延。这可能吗？本小节就研究这个问题。

◎二阶低通滤波器的时延初步演算

以二阶低通滤波器为例，已知特征角频率 ω_0、品质因数 Q，则：

$$\varphi=-\arctan\frac{\frac{1}{Q}\frac{\omega}{\omega_0}}{1-\left(\frac{\omega}{\omega_0}\right)^2}=-\arctan\frac{\frac{1}{Q}\frac{\omega}{\omega_0}}{\frac{\omega_0^2-\omega^2}{\omega_0^2}}=-\arctan\frac{\omega\times\omega_0}{Q\left(\omega_0^2-\omega^2\right)} \tag{2-120}$$

以频率为自变量，则有：

$$\varphi=-\arctan\frac{f\times f_0}{Q\left(f_0^2-f^2\right)} \tag{2-121}$$

该相移造成的波形时延 t 为：

$$t=-T\times\frac{\varphi}{2\pi}=-\frac{1}{f}\times\frac{\varphi}{2\pi}=-\frac{\varphi}{2\pi f}=-\frac{\varphi}{\omega} \tag{2-122}$$

之所以前面增加负号，是因为相移是负值，而时延的定义为正值。就像亏损15元，不写成亏损-15元一样。

即，波形时延为相移和输入信号角频率的比值取负。以特征频率 f_0=100Hz、Q=0.707 的二阶低通巴特沃斯型滤波器为例，当输入信号频率为 0.09Hz 时，其产生的时延为：

$$t(0.09\text{Hz})=-\frac{\varphi}{2\pi f}=-\frac{-\arctan\frac{f\times f_0}{Q\left(f_0^2-f^2\right)}}{2\pi f}=2.251\text{ms} \tag{2-123}$$

当输入信号频率为 0.9Hz 时，产生的时延为：

$$t(0.9\text{Hz})=2.251\text{ms} \tag{2-124}$$

这让我们非常高兴，时延似乎就是不变的。但是别高兴太早，当输入信号频率为 9Hz 时：

$$t(9\text{Hz})=2.257\text{ms} \tag{2-125}$$

当输入信号频率为 90Hz 时：

$$t(90\text{Hz})=2.516\text{ms} \tag{2-126}$$

初步的演算结论是，当输入信号频率特别小，远小于特征频率的时候，造成的时延似乎在逼近某个值，本例为 2.251ms，但随着输入频率的提高，时延也开始变化。

◎线性相位滤波器

其实，我们早应看出，只要相移正比于输入频率，则时延将维持恒定。这就是所谓的线性相移。如果一个滤波器的相移正比于输入信号频率，则称该滤波器为线性相移滤波器，也称为线性相位滤波器，即该滤波器的相移满足：

$$\varphi=-t_0\omega \tag{2-127}$$

对于这种滤波器来说，虽然输入信号频率不同，但由相移造成的时延将是相同的：

$$t=-\frac{\varphi}{\omega}=-\frac{-t_0\omega}{\omega}=t_0 \tag{2-128}$$

那么，输入复合波进入滤波器后，不同频率分量将延迟相同时间，出现在输出端，就不会产生相位失真。但二阶低通滤波器的相移，是正比于频率的吗？

◎二阶低通滤波器的相移与频率的关系

在二阶低通滤波器中，相移与输入频率、特征频率有关，也与 Q 有关。在前面的演算中，我们给定品质因数为 0.707，在本例中，我们给定 3 个滤波器，其特征频率均为 100Hz，品质因数分别为 Q_1=0.33333，Q_2=0.57736，Q_3=1，求解相移随输入频率的变化，结果如图 2.36 所示。

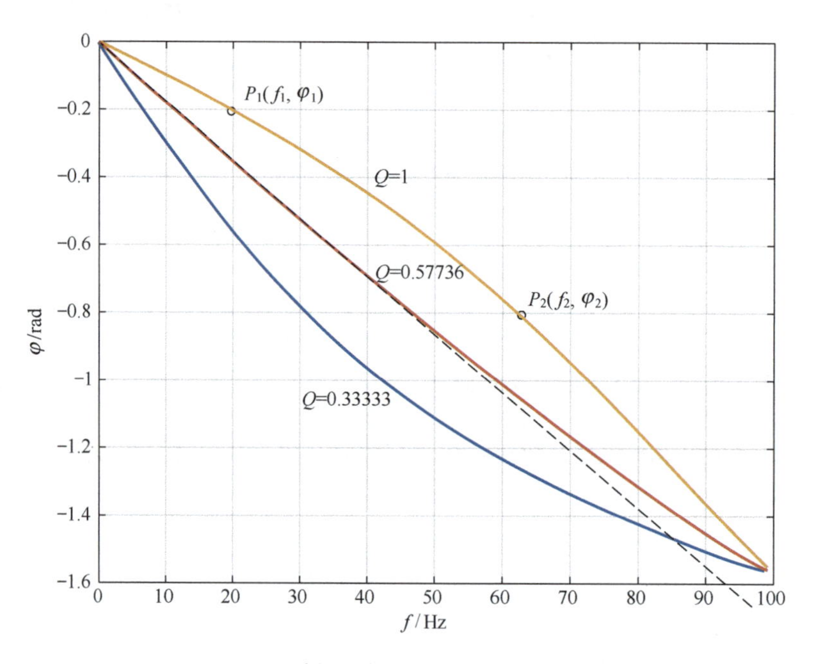

图 2.36　二阶低通滤波器不同 Q 值的相移特性

为避免视觉造成的误解，图 2.36 中在下横轴 92.38Hz 处引入了一条黑色直虚线作为视觉参考——该线代表相移正比于频率，具有固定不变的时延，约为 2.757ms：

$$t=-\frac{\varphi}{2\pi f}=2.757\text{ms} \tag{2-129}$$

从图 2.33 中可以计算出，在 Q=1 的黄线上，P_1、P_2 的时延分别为：

$$t_{P1}=-\frac{\varphi}{2\pi f}=1.592\text{ms};\quad t_{P2}=-\frac{\varphi}{2\pi f}=2.037\text{ms} \tag{2-130}$$

同样可以计算出，Q=0.33333 的蓝线上，在频率稍高的地方，各点的时延也是不一样的。而 Q=0.57736 的红色线上，在相当大的区间内，它和那条辅助直线非常吻合。这似乎在告诉我们，如果选择合适的 Q 值，可以做到相移正比于频率，即相移相对于频率是一条过零直线。

我们知道，电阻在伏安特性图中，是一条过零直线。在相移频率图中，时延就是曲线中某一点到 0 点的斜率，时延相等，就意味着任意一点到 0 点的斜率恒定不变。这只有一种可能，就是曲线在该点的切线斜率是恒定的。因此，研究相移曲线的切线斜率，类似于伏安特性曲线中的动态电阻，可以清晰地表明时延的一致性。

◎群时延的定义

据此引入一个新概念，称为 Group Delay，群时延，英文缩写为 GD：

$$\varphi=-\arctan\frac{\omega\times\omega_0}{Q\left(\omega_0^2-\omega^2\right)}$$

$$\mathrm{GD}=-\frac{\mathrm{d}\varphi}{\mathrm{d}\omega} \tag{2-131}$$

其物理含义为，当角频率发生微小的变化，导致相移也发生微小的变化，后者和前者的比值即群时延，其单位是 s。若 GD 恒定，则意味着时延为固定值。

根据式（2-120），可得：

$$\varphi=-\arctan\frac{\omega\times\omega_0}{Q\left(\omega_0^2-\omega^2\right)}$$

$$\mathrm{GD}=-\frac{\mathrm{d}\varphi}{\mathrm{d}\omega}=\frac{1}{1+\left(\frac{\omega\times\omega_0}{Q\left(\omega_0^2-\omega^2\right)}\right)^2}\times\frac{\mathrm{d}\left(\frac{\omega\times\omega_0}{Q\left(\omega_0^2-\omega^2\right)}\right)}{\mathrm{d}\omega}=Q\omega_0\frac{\omega_0^2+\omega^2}{Q^2\left(\omega_0^2-\omega^2\right)^2+\omega_0^2\omega^2} \tag{2-132}$$

读者如果习惯用频率表示，则为：

$$\mathrm{GD}=Q\omega_0\frac{\omega_0^2+\omega^2}{Q^2\left(\omega_0^2-\omega^2\right)^2+\omega_0^2\omega^2}=Qf_0\frac{f_0^2+f^2}{\left(Q^2\left(f_0^2-f^2\right)^2+f_0^2f^2\right)2\pi} \tag{2-133}$$

当 ω 趋近 0 时，GD 代表相移曲线在过零处的切线斜率：

$$\lim_{\omega\to0}\mathrm{GD}=\lim_{\omega\to0}Q\omega_0\frac{\omega_0^2+\omega^2}{Q^2\left(\omega_0^2-\omega^2\right)^2+\omega_0^2\omega^2}=\frac{1}{Q\omega_0} \tag{2-134}$$

用频率表示，则为：

$$\lim_{\omega\to0}\mathrm{GD}=\lim_{\omega\to0}Q\omega_0\frac{\omega_0^2+\omega^2}{Q^2\left(\omega_0^2-\omega^2\right)^2+\omega_0^2\omega^2}=\frac{1}{2\pi Qf_0} \tag{2-135}$$

以前描述特征频率均以 100Hz 的 3 个二阶低通滤波器为例，则有：

$$\lim_{\omega\to0}\mathrm{GD}_{Q=0.33333}=\frac{1}{2\pi Qf_0}=4.7747\mathrm{ms}$$

$$\lim_{\omega\to0}\mathrm{GD}_{Q=0.57736}=\frac{1}{2\pi Qf_0}=2.7566\mathrm{ms}$$

$$\lim_{\omega\to0}\mathrm{GD}_{Q=1}=\frac{1}{2\pi Qf_0}=1.5915\mathrm{ms}$$

这说明，不同品质因数的二阶低通滤波器，在极低频率处存在不同的时延，这是天生的，与品质因数和特征角频率的乘积成反比。

群时延随频率变化的规律由式（2-133）表示，对前述的 3 个低通滤波器，计算群时延，频率从 1mHz 开始到 99Hz 结束，得到图 2.37。从图 2.37 中可以看出两点：第一，目测当 ω 趋于 0，即 f 趋于 0 时，得到的 3 个群时延与前述计算吻合；第二，图 2.37 中非常清晰地显示，当 Q=0.57736 时，群时延具有三者中最大的平坦区间，在 20Hz 之内，肉眼似乎看不出变化。

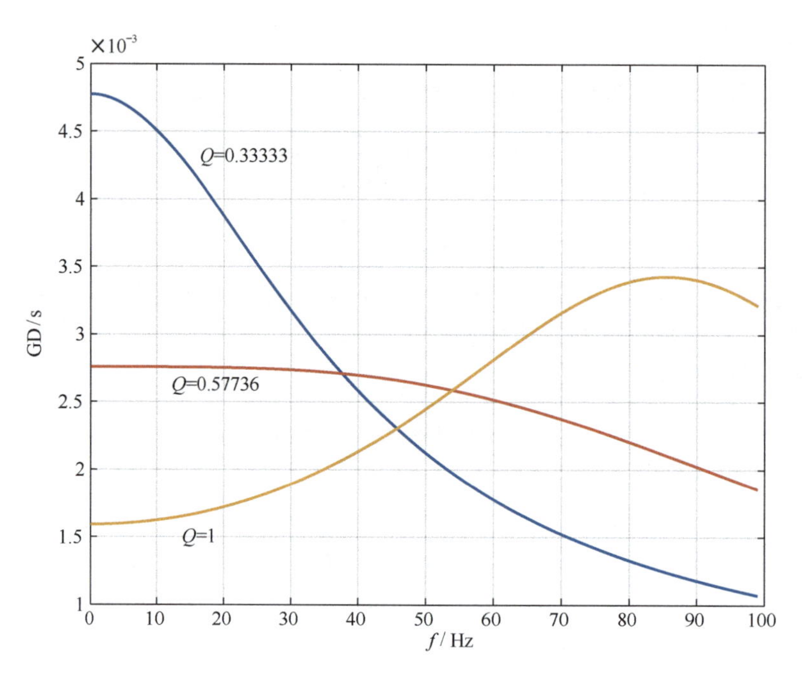

图 2.37　二阶低通滤波器不同 Q 值的群时延特性

◎找出群时延最大平坦的 Q 值

群时延在超低频率处都是恒定的，仅与 Q 和特征频率有关。随着频率逐渐上升，它开始发生变化，也许是增大，如图 2.37 中 Q=1 曲线，也许是减小，如图 2.37 中 Q=0.33333 曲线。而 Q=0.57736，似乎是坚持不变的，从 20Hz 开始有点儿下降。这引发我们思考，是否有一个最佳的 Q 值能够得到最大的群时延不变区间。

以 Q_3=0.57736 为中心，选取有大有小的 5 个 Q 值，如下。

$Q_1=Q_3\times0.99\times0.99=0.56587$

$Q_2= Q_3\times0.99=0.57159$

$Q_3=0.57736$

$Q_4=Q_3\times1.01=0.58313$

$Q_5=Q_3\times1.01\times1.01=0.58896$

按照式（2-133），计算并绘图得到图 2.38 所示曲线。很容易就能发现规律，Q 大于 Q_3 的曲线，都是先升后降，具有导数等于 0 的点。而 Q 小于 Q_3，包括 Q，都是随频率上升而下降的，没有导数等于 0 的点。

因此，对群时延进行求导，可以发现 Q 值变化将影响曲线形态：有峰值，还是没有峰值，据此可得最佳的 Q 值，即临界有峰值的 Q 值。

据式（2-132），对 GD 表达式求导：

$$\mathrm{GD}=Q\omega_0\frac{\omega_0^2+\omega^2}{Q^2\left(\omega_0^2-\omega^2\right)^2+\omega_0^2\omega^2}=Q\omega_0\frac{\omega_0^2+\omega^2}{Q^2\omega_0^4+\left(1-2Q^2\right)\omega_0^2\omega^2+Q^2\omega^4} \tag{2-136}$$

$$\mathrm{GD}'=2Q\omega_0\omega\frac{\left(3Q^2-1\right)\omega_0^4-2Q^2\omega_0^2\omega^2-Q^2\omega^4}{\left(Q^2\omega_0^4+\left(1-2Q^2\right)\omega_0^2\omega^2+Q^2\omega^4\right)^2}$$

要求解 GD′=0，只有令分子为 0，即：

$$\left(3Q^2-1\right)\omega_0^4-2Q^2\omega_0^2\omega^2-Q^2\omega^4=0 \tag{2-137}$$

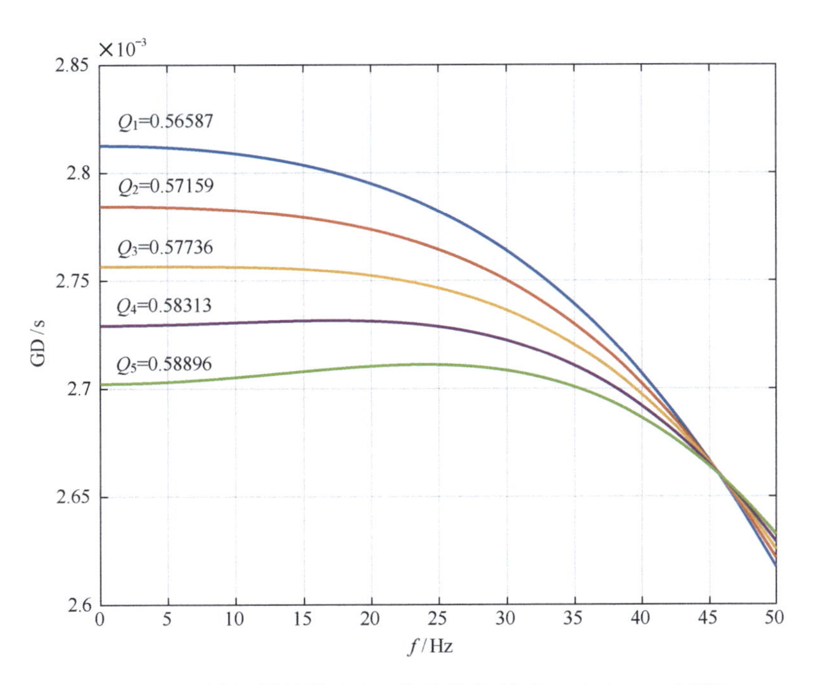

图 2.38　二阶低通滤波器不同 Q 值的群时延特性，Q=0.57736 附近

有解且为正值。设 $\omega^2=x$，上式变为：

$$ax^2+bx+c=0 \tag{2-138}$$

$$a=Q^2;b=2Q^2\omega_0^2;c=-\left(3Q^2-1\right)\omega_0^4$$

上述方程有解且大于 0，且已知 a、b 均大于 0：

$$x=\frac{-b\pm\sqrt{b^2-4ac}}{2a}>0 \tag{2-139}$$

可推出：

$$\sqrt{b^2-4ac}>b$$

$$c=-\left(3Q^2-1\right)\omega_0^4<0$$

$$3Q^2>1,\quad 即Q>\frac{1}{\sqrt{3}}=0.577350269$$

这说明，只要 Q 大于 $1/\sqrt{3}$，即 0.577350269，则群时延一定存在峰值。因此，我们找到了群时延最平坦的 Q 值，为 0.57735。此时，群时延既没有峰值，下降也最为缓慢，是保证线性相位滤波器的关键。

因此，对于二阶低通滤波器而言，Q=0.57735 是实现贝塞尔型滤波器的最佳值。而前述所有的值都是猜测值，当我们发现它是 $1/\sqrt{3}$时，就不再奇怪了。

但是，可以看出，即便 Q=0.57735 或者直接是 $1/\sqrt{3}$，这个二阶低通贝塞尔型滤波器也不是严格的群时延恒定，而只是一种最大程度的逼近。

◎贝塞尔型滤波器为什么不都是 Q=0.57735?

在复合波形输入的滤波器中，很多场合使用了贝塞尔型滤波器，比如心电采集滤波器。但是，即便在二阶贝塞尔型滤波器中，也并不总是选择 Q=0.57735。

这是因为，线性失真既包括频率失真，也包括幅度失真。Q=0.57735 的贝塞尔型滤波器，仅仅在频率失真上，具有对原波形最小的伤害，却不能兼顾幅度失真。实际应用中，要根据实际情况具体选择，不能硬搬。

第三章 运放组成的低通滤波器

在第二章中，我们分析了二阶低通滤波器的归一化标准式。虽然，那些仅是理论上的分析，但是为电路分析做好了准备。本章介绍由运放组成的低通滤波器。

像一阶低通滤波器一样，这些电路的结构都是别人设计好的。我们需要做的有下面几件事情。

（1）已知完整电路，根据电路能够写出传递函数，得到特征频率和 Q。

（2）已知截止频率（或者特征频率）和 Q，选择电路形式并计算出电路中的阻容参数。

（3）能了解更多的电路结构，也许还能创新设计出新的电路结构。

3.1 四元件二阶 SK 型低通滤波器

◎电路原型

Sallen-Key 型（SK 型）滤波器结构如图 3.1 所示。此电路中，4 个部件是以复阻抗形式出现的，因此可以演变出低通、高通和带通电路。这类电路因此被命名为 Sallen-Key 电路，也可简写为 SK 电路。图 3.2 所示是一个 SK 型二阶单位增益低通滤波器，它与标准 SK 电路的区别在于，用实际的电阻、电容代替了标准电路中的复阻抗 Z。

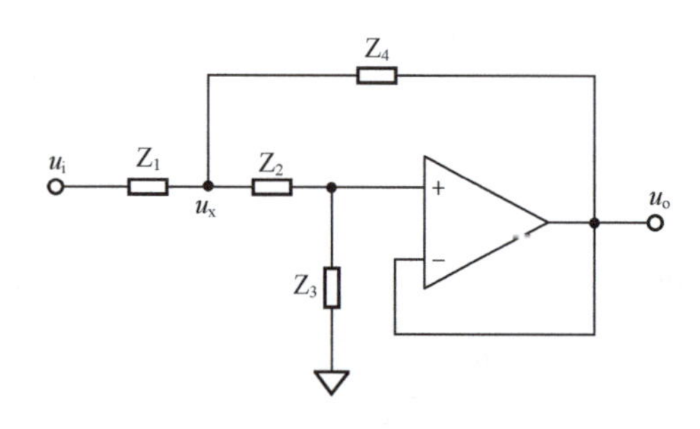

图 3.1　SK 型滤波器结构

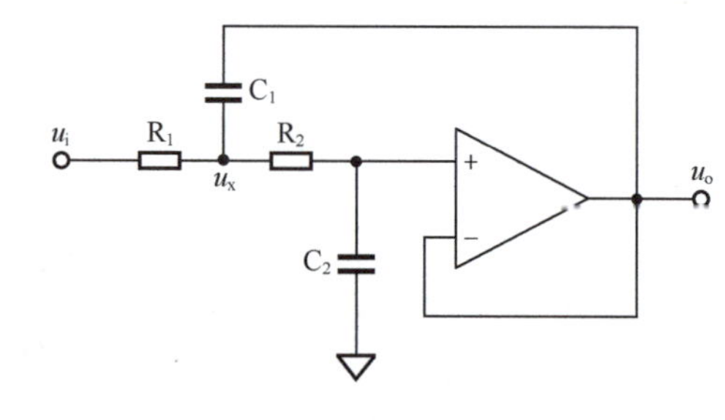

图 3.2　SK 型二阶单位增益低通滤波器

◎传递函数分析

设图 3.1 中 u_x 点临时变量为 U_x，结合运放的虚短法，有：

$$U_x(S)\times\frac{Z_3}{Z_2+Z_3}=U_o(S) \tag{3-1}$$

即：

$$U_x(S)=\frac{Z_2+Z_3}{Z_3}U_o(S) \tag{3-2}$$

在 u_x 点，利用 KCL，结合虚断法，可得：

$$\frac{U_i(S)-U_x(S)}{Z_1}=\frac{U_x(S)-U_o(S)}{Z_4}+\frac{U_x(S)}{Z_2+Z_3} \tag{3-3}$$

将式（3-2）代入式（3-3），得：

$$\frac{U_{\mathrm{i}}(S)-\frac{Z_2+Z_3}{Z_3}U_{\mathrm{o}}(S)}{Z_1}=\frac{\frac{Z_2+Z_3}{Z_3}U_{\mathrm{o}}(S)-U_{\mathrm{o}}(S)}{Z_4}+\frac{U_{\mathrm{o}}(S)}{Z_3} \tag{3-4}$$

式（3-4）成为只有$U_{\mathrm{i}}(S)$和$U_{\mathrm{o}}(S)$的等式，适当整理，即可得到传递函数：

$$U_{\mathrm{i}}(S)\times Z_3Z_4=U_{\mathrm{o}}(S)\times\left(Z_1Z_4+Z_1Z_2+Z_4\left(Z_2+Z_3\right)\right) \tag{3-5}$$

$$A(S)=\frac{Z_3Z_4}{Z_1Z_2+Z_1Z_4+Z_2Z_4+Z_3Z_4} \tag{3-6}$$

针对图 3.2 所示具体电路，$Z_1=R_1$，$Z_2=R_2$，$Z_3=1/SC_2$，$Z_4=1/SC_1$，代入得：

$$A(S)=\frac{\frac{1}{S^2C_1C_2}}{R_1R_2+R_1\frac{1}{SC_1}+R_2\frac{1}{SC_1}+\frac{1}{S^2C_1C_2}}=\frac{1}{1+SC_2\left(R_1+R_2\right)+S^2C_1C_2R_1R_2} \tag{3-7}$$

转换到频域，有：

$$\dot{A}(\mathrm{j}\omega)=\frac{1}{1+\mathrm{j}\omega C_2\left(R_1+R_2\right)+(\mathrm{j}\omega)^2C_1C_2R_1R_2} \tag{3-8}$$

◎已知阻容参数求滤波器参数——滤波器分析

根据下式：

$$\dot{A}(\mathrm{j}\omega)=A_{\mathrm{m}}\frac{1}{1+\frac{1}{Q}\mathrm{j}\frac{\omega}{\omega_0}+\left(\mathrm{j}\frac{\omega}{\omega_0}\right)^2} \tag{3-9}$$

可得：

$$A_{\mathrm{m}}=1$$

$$\omega_0=\frac{1}{\sqrt{C_1C_2R_1R_2}} \tag{3-10}$$

$$f_0=\frac{1}{2\pi\sqrt{C_1C_2R_1R_2}} \tag{3-11}$$

为了解得 Q 值，在式（3-8）的分母第二项中乘以 ω_0/ω_0，得：

$$\dot{A}(\mathrm{j}\omega)=\frac{1}{1+\mathrm{j}\frac{\omega}{\omega_0}\omega_0C_2\left(R_1+R_2\right)+\left(\mathrm{j}\frac{\omega}{\omega_0}\right)^2}=\frac{1}{1+\frac{1}{\sqrt{C_1C_2R_1R_2}}C_2\left(R_1+R_2\right)\mathrm{j}\frac{\omega}{\omega_0}+\left(\mathrm{j}\frac{\omega}{\omega_0}\right)^2} \tag{3-12}$$

因此，得：

$$Q=\frac{\sqrt{C_1C_2R_1R_2}}{C_2\left(R_1+R_2\right)}=\sqrt{\frac{C_1}{C_2}}\times\frac{\sqrt{R_1R_2}}{R_1+R_2} \tag{3-13}$$

◎已知滤波器参数求电路中的电阻、电容——滤波器设计

一个二阶低通滤波器有 3 个关键参数：中频增益 A_{m}、特征频率 f_0，以及品质因数 Q。在元件 SK 型低通滤波器中，中频增益是固定的 1 倍，因此只剩下 2 个可选的参数 Q 和 f_0，而电路中有 2 个电阻、2 个电容一共 4 个阻容参数需要确定，因此，该电路没有唯一解。我们可以先确定 2 个参数，然后求解另外 2 个参数。

我们先假设 C_1 和 C_2 已经确定，这是因为电容的取值一般不容易做到任选，而电阻可以精细到 1%

以下的精确度。于是，据式（3-11）得：

$$f_0 = \frac{1}{2\pi\sqrt{C_1C_2R_1R_2}} \tag{3-14}$$

得：

$$R_1R_2 = \frac{1}{4\pi^2 f_0^2 C_1C_2} \tag{3-15}$$

据式（3-13）得：

$$Q = \frac{\sqrt{C_1C_2R_1R_2}}{C_2(R_1+R_2)} \tag{3-16}$$

得：

$$R_1+R_2 = \frac{\sqrt{C_1C_2R_1R_2}}{C_2Q} = \frac{1}{2\pi f_0 C_2 Q} \tag{3-17}$$

利用式（3-15）和式（3-17），可以解得：

$$R_1^2 - R_1\frac{1}{2\pi f_0 C_2 Q} + \frac{1}{4\pi^2 f_0^2 C_1 C_2} = 0 \tag{3-18}$$

$$4\pi^2 f_0^2 C_1C_2R_1^2 - 2\pi f_0 C_1 \frac{1}{Q} R_1 + 1 = 0 \tag{3-19}$$

$$R_1 = \frac{2\pi f_0 C_1 \frac{1}{Q} \pm \sqrt{4\pi^2 f_0^2 C_1^2 \frac{1}{Q^2} - 4\times 4\pi^2 f_0^2 C_1 C_2}}{2\times 4\pi^2 f_0^2 C_1 C_2} = \frac{\frac{1}{Q} \pm \sqrt{\frac{1}{Q^2} - 4\frac{C_2}{C_1}}}{4\pi f_0 C_2} \tag{3-20}$$

由于式（3-15）和式（3-17）中，R_1 和 R_2 是可以互换的，可以解得：

$$R_2 = \frac{\frac{1}{Q} \mp \sqrt{\frac{1}{Q^2} - 4\frac{C_2}{C_1}}}{4\pi f_0 C_2} \tag{3-21}$$

对于两个假设已知的电容，还需要一些选择方法。

第一，为了保证电阻表达式中根号内的数值不能小于 0，两个电容的选择就存在了约束：

$$\frac{1}{Q^2} - 4\frac{C_2}{C_1} \geqslant 0$$

即：

$$C_2 \leqslant \frac{1}{4Q^2} C_1 \tag{3-22}$$

或者：

$$C_1 \geqslant 4Q^2 C_2 \tag{3-23}$$

第二，对电容 C_1 或者 C_2 的选择，理论上可以任意。但是一般情况下，不要使两个电阻太大或者太小。如何选择，可以参照表 3.1。

表 3.1　截止频率与电容选择

f_c	C_1 量级
1Hz	10 ～ 100μF
10Hz	1 ～ 10μF
100Hz	0.1 ～ 1μF
1000Hz	10 ～ 100nF
10kHz	1 ～ 10nF
100kHz	0.1 ～ 1nF

续表

f_c	C_1 量级
1MHz	10 ～ 100pF
10MHz	1 ～ 10pF

举例 1

设计一个二阶 SK 型低通滤波器。要求，中频增益为 1 倍，截止频率为 1kHz，Q=0.58。用两种参数组合实现同样的要求，并用 TINA-TI 仿真软件实证。

解：第一步，确定电路结构如图 3.2 所示，它可以实现中频 1 倍增益。

第二步，根据 Q 值，计算特征频率 f_0。

据式（2-85），将 Q=0.58 代入得：

$$K=\frac{\sqrt{4Q^2-2+\sqrt{4-16Q^2+32Q^4}}}{2Q}=0.791$$

据式（2-84），解得：

$$f_0=\frac{f_c}{K}=1264.244\text{Hz}$$

第三步，选择 C_1，一般按照表 3.1 进行。

据此，选择电容 C_1=100nF。

第四步，选择 C_2。按照式（3-22）及式（3-23）对电容 C_2 的约束，应满足：

$$C_2\leqslant\frac{1}{4Q^2}C_1=74.316\text{nF}$$

电容常用 E6 系列，根据表 3.2，在 1 ～ 10，只有 6 个待选值，分别为 1、2.2、3.3、4.7、6.8、8.2，因此，选择 C_2 为 68nF。

表 3.2　电阻电容 E 系列选值

	1	2	3	4	5	6	7	8	9	10	11	12	13	14	15	16	17	18	19	20	21	22	23	24
E3	1								2.2								4.7							
E6	1				1.5				2.2				3.3				4.7				6.8			
E24	1.0	1.1	1.2	1.3	1.5	1.6	1.8	2.0	2.2	2.4	2.7	3.0	3.3	3.6	3.9	4.3	4.7	5.1	5.6	6.2	6.8	7.5	8.2	9.1
E96	1.00	1.10	1.21	1.30	1.50	1.62	1.82	2.00	2.21	2.43	2.74	3.01	3.32	3.65	3.92	4.32	4.75	5.11	5.62	6.34	6.81	7.50	8.25	9.31
	1.02	1.13	1.24	1.33	1.54	1.65	1.87	2.05	2.26	2.49	2.80	3.09	3.40	3.74	4.02	4.42	4.87	5.23	5.76	6.49	6.98	7.68	8.45	9.53
	1.05	1.15	1.27	1.37	1.58	1.69	1.91	2.10	2.32	2.55	2.87	3.16	3.48	3.83	4.12	4.53	4.99	5.36	5.90	6.65	7.15	7.87	8.66	9.76
	1.07	1.18		1.40		1.74	1.96	2.15	2.37	2.61	2.94	3.24	3.57		4.22	4.64		5.49	6.04		7.32	8.06	8.87	
				1.43		1.78				2.67									6.19				9.09	
				1.47																				
	4	8	11	17	20	25	29	33	37	42	46	50	54	57	61	65	68	72	77	80	84	88	93	96

第五步，计算两个电阻值并选择合适的标称值。

据式（3-20）和式（3-21），将全部已知参数代入，解得：

$$R_1=\frac{\frac{1}{Q}+\sqrt{\frac{1}{Q^2}-4\frac{C_2}{C_1}}}{4\pi f_0C_2}=2061.24\Omega$$

$$R_2=\frac{\frac{1}{Q}-\sqrt{\frac{1}{Q^2}-4\frac{C_2}{C_1}}}{4\pi f_0C_2}=1130.68\Omega$$

这些数值精确的电阻，除非要求厂商定做，一般是买不到的。因此，从性价比合适的 E96 系列挑选合适的值，是比较靠谱的方法。表 3.2 中，黄色区域是 E96 可选值，与上述计算值最为接近的是：R_1 取 2.05kΩ，R_2 取 1.13kΩ。

至此，完成了题目要求的设计，用 TINA-TI 画成仿真电路如图 3.3 所示。为了验证两个电阻是可以互换的，我们故意将两个电阻颠倒了数值。

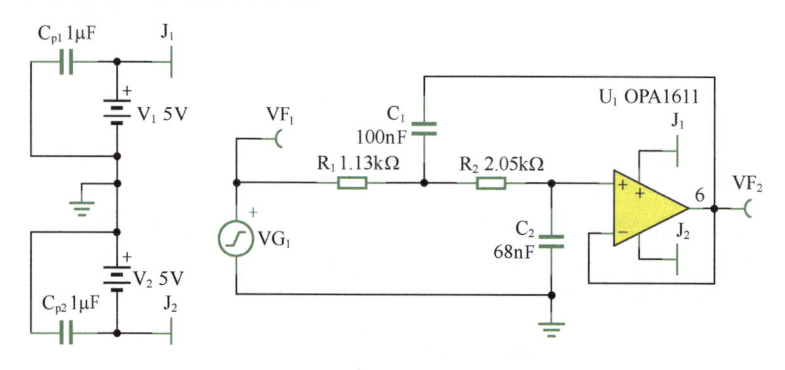

图 3.3 举例 1 仿真电路 1

用 TINA-TI 中的交流分析功能，得到频率特性如图 3.4 所示。

通过测量标尺可以发现，在 1kHz 时，理论增益应为 −3.01dB，实际增益为 −2.99dB，比较吻合。在相频特性图中，用测量标尺，输入相位 −90° 时，得到特征频率为 1.27kHz，在幅频特性图中查找此频率处的增益为 −4.74dB，折合为 0.579 倍，与设计要求的贝塞尔型滤波器 Q=0.58 非常吻合。

最后，题目要求用两组参数实现，以验证“二阶滤波器设计的非唯一性”。有多种方法可以做到这点，我们采用改变 C_2 的方法。按照要求，选择 C_2=33nF，得到新的结果为：

$$R_1 = 5740.74\Omega;\ R_2 = 836.56\Omega$$

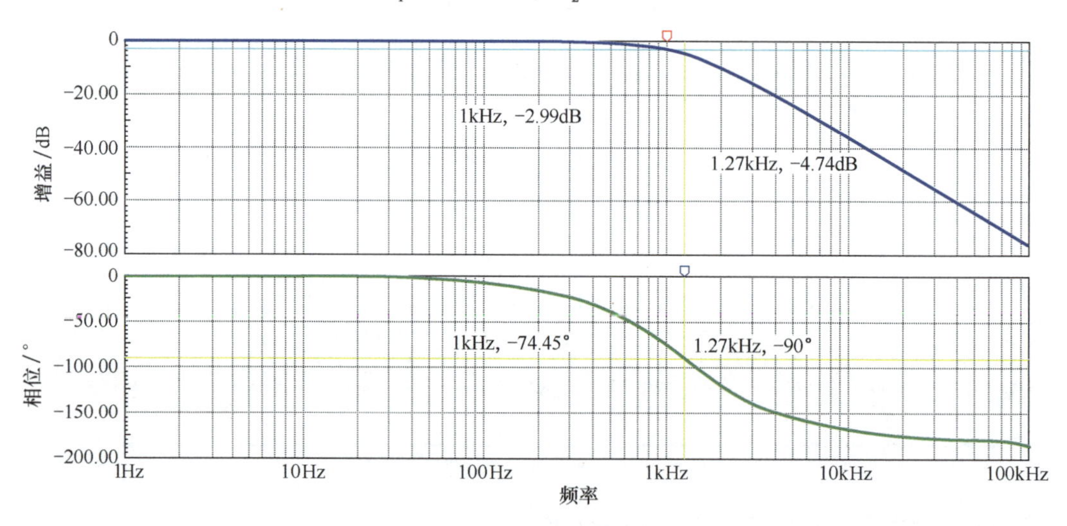

图 3.4 电路的仿真频率特性

在 E96 系列中，最接近的是 R_1 取 5.76kΩ，R_2 取 845Ω。

仿真实测表明，在 1kHz 时，理论增益应为 −3.01dB，实际增益为 −3.03dB，比较吻合。在相频特性图中，用测量标尺，输入 −90°，得到特征频率为 1.26kHz，将此频率在幅频特性图中查找，此处的增益为 −4.74dB，折合为 0.579 倍，与设计要求的贝塞尔型滤波器 Q=0.58 非常吻合。

3.2 六元件二阶 SK 型低通滤波器

在 4 个阻容元件 SK 型二阶低通滤波器基础上，将跟随器改变成比例器，就形成了六元件二阶 SK 型二阶低通滤波器，它与四元件二阶 SK 型低通滤波器最大的区别是，一个运放即可实现滤波器和比例器的功能。电路如图 3.5 所示。

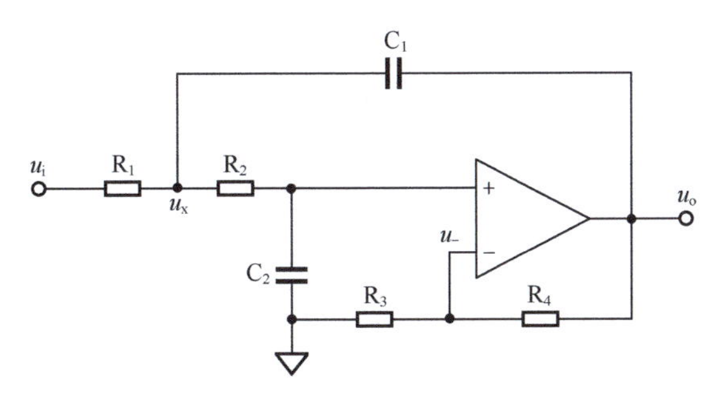

图 3.5　六元件 SK 型二阶低通滤波器

◎传递函数分析

与四元件二阶 SK 型低通滤波器的分析方法类似，可以列出如下关系式：

设：

$$A_{\mathrm{m}}=\frac{R_3+R_4}{R_3} \tag{3-24}$$

则有：

$$U_{\mathrm{o}}=U_{\mathrm{x}}\times\frac{1}{1+SR_2C_2}\times A_{\mathrm{m}},\ \text{即}U_{\mathrm{x}}=\frac{1+SR_2C_2}{A_{\mathrm{m}}}U_{\mathrm{o}} \tag{3-25}$$

在 u_x 点列出 KCL 方程：

$$\frac{U_{\mathrm{i}}-\frac{1+SR_2C_2}{A_{\mathrm{m}}}U_{\mathrm{o}}}{R_1}=\frac{\frac{1+SR_2C_2}{A_{\mathrm{m}}}U_{\mathrm{o}}-U_{\mathrm{o}}}{\frac{1}{SC_1}}+\frac{\frac{1+SR_2C_2}{A_{\mathrm{m}}}U_{\mathrm{o}}}{\frac{1+SR_2C_2}{SC_2}} \tag{3-26}$$

进行化简：

$$U_{\mathrm{i}}\frac{1}{R_1}=U_{\mathrm{o}}\frac{1+SR_2C_2}{A_{\mathrm{m}}R_1}+U_{\mathrm{o}}\frac{(1+SR_2C_2-A_{\mathrm{m}})SC_1}{A_{\mathrm{m}}}+U_{\mathrm{o}}\frac{SC_2}{A_{\mathrm{m}}} \tag{3-27}$$

$$U_{\mathrm{i}}=U_{\mathrm{o}}\frac{1+SR_2C_2+(1+SR_2C_2-A_{\mathrm{m}})SR_1C_1+SR_1C_2}{A_{\mathrm{m}}}$$

写出传递函数：

$$A(S)=\frac{U_{\mathrm{o}}}{U_{\mathrm{i}}}=A_{\mathrm{m}}\frac{1}{1+SR_2C_2+(1+SR_2C_2-A_{\mathrm{m}})SR_1C_1+SR_1C_2}=$$

$$A_{\mathrm{m}}\frac{1}{1+SR_2C_2+(1-A_{\mathrm{m}})SR_1C_1+SR_1C_2+S^2R_1R_2C_1C_2}= \tag{3-28}$$

$$A_{\mathrm{m}}\frac{1}{1+S((R_1+R_2)C_2+(1-A_{\mathrm{m}})R_1C_1)+S^2R_1R_2C_1C_2}$$

转换到频域，有：

$$\dot{A}(\mathrm{j}\omega)=A_{\mathrm{m}}\frac{1}{1+\mathrm{j}\omega\left(C_2(R_1+R_2)+(1-A_{\mathrm{m}})R_1C_1\right)+(\mathrm{j}\omega)^2C_1C_2R_1R_2} \tag{3-29}$$

◎已知阻容参数，求滤波器参数——滤波器分析

对照二阶低通滤波器标准式——式（2-83），可以看出：

$$A_{\mathrm{m}}=\frac{R_3+R_4}{R_3} \tag{3-30}$$

$$\omega_0=\frac{1}{\sqrt{C_1C_2R_1R_2}} \tag{3-31}$$

$$f_0=\frac{1}{2\pi\sqrt{C_1C_2R_1R_2}} \tag{3-32}$$

$$Q=\frac{\sqrt{C_1C_2R_1R_2}}{\left(C_2\left(R_1+R_2\right)+\left(1-A_{\mathrm{m}}\right)R_1C_1\right)} \tag{3-33}$$

◎已知滤波器参数，求电路中的电阻、电容——滤波器设计

任务：已知 A_{m}、f_0、Q，据此选择 2 个电容、4 个电阻，完成对电路的设计工作。

第一步，同四元件电路的分析方法一致，我们先假设 2 个电容已知，而且决定 A_{m} 的 R_3、R_4 可以单独求解。然后解出 R_1 和 R_2。设 $R_1=x$，据式（3-31）及式（3-32）可得：

$$R_2=\frac{1}{4\pi^2f_0^2C_1C_2x} \tag{3-34}$$

将式（3-34）代入式（3-33），得：

$$Q=\frac{\sqrt{C_1C_2x\dfrac{1}{4\pi^2f_0^2C_1C_2x}}}{\left(C_2\left(x+\dfrac{1}{4\pi^2f_0^2C_1C_2x}\right)+\left(1-A_{\mathrm{m}}\right)xC_1\right)}=\frac{\dfrac{1}{2\pi f_0}}{C_2x+\dfrac{1}{4\pi^2f_0^2C_1x}+\left(1-A_{\mathrm{m}}\right)xC_1}=\frac{\dfrac{1}{2\pi f_0}}{\dfrac{1}{4\pi^2f_0^2C_1x}+\left(\left(1-A_{\mathrm{m}}\right)C_1+C_2\right)x} \tag{3-35}$$

$$\frac{Q}{4\pi^2f_0^2C_1x}+Q\left(\left(1-A_{\mathrm{m}}\right)C_1+C_2\right)x-\frac{1}{2\pi f_0}=0 \tag{3-36}$$

$$Q+4\pi^2f_0^2C_1x\times Q\left(\left(1-A_{\mathrm{m}}\right)C_1+C_2\right)x-4\pi^2f_0^2C_1x\frac{1}{2\pi f_0}=0 \tag{3-37}$$

$$4\pi^2f_0^2C_1Q\left(\left(1-A_{\mathrm{m}}\right)C_1+C_2\right)x^2-2\pi f_0C_1x+Q=0 \tag{3-38}$$

解此方程，将 x 再写成 R_1，则有：

$$R_1=\frac{2\pi f_0C_1\pm\sqrt{4\pi^2f_0^2C_1^2-4\times4\pi^2f_0^2C_1^2Q^2\left(\left(1-A_{\mathrm{m}}\right)+\dfrac{C_2}{C_1}\right)}}{2\times4\pi^2f_0^2C_1Q\left(\left(1-A_{\mathrm{m}}\right)C_1+C_2\right)}=\frac{1\pm\sqrt{1-4\times Q^2\left(\left(1-A_{\mathrm{m}}\right)+\dfrac{C_2}{C_1}\right)}}{4\pi f_0Q\left(\left(1-A_{\mathrm{m}}\right)C_1+C_2\right)} \tag{3-39}$$

$$R_2=\frac{1}{4\pi^2f_0^2C_1C_2R_1} \tag{3-40}$$

第二步，在选择电容 C_2 时，应有一定的约束。

首先，R_1 表达式的根号内必须为正值。

$$1-4\times Q^2\left(\left(1-A_{\mathrm{m}}\right)+\frac{C_2}{C_1}\right)\gg0 \tag{3-41}$$

$$\frac{C_2}{C_1}\leqslant\frac{1}{4\times Q^2}-1+A_{\mathrm{m}} \tag{3-42}$$

$$C_2 \leqslant \left(\frac{1}{4\times Q^2}-1+A_m\right)C_1 \tag{3-43}$$

其次，R_1 表达式的分母不得为 0，也不要接近 0。

$$4\pi f_0 Q\left(\left(1-A_m\right)C_1+C_2\right)\neq 0 \tag{3-44}$$

即：

$$C_2 \neq \left(A_m-1\right)C_1 \tag{3-45}$$

第三步，确定满足指定 A_m 的电阻 R_3 和 R_4。理论上说，只要选择两个电阻，使得：

$$A_m=\frac{R_3+R_4}{R_3} \tag{3-46}$$

但是，为了保证更好的电路性能，对这两个电阻的选择最好遵循以下规则。

（1）两个电阻既不要太大，也不要太小。

（2）最好能够满足下式：

$$\frac{R_3\times R_4}{R_3+R_4}=R_1+R_2 \tag{3-47}$$

设计一个二阶 SK 型低通滤波器。要求，中频增益为 10 倍，截止频率为 1kHz，Q=0.58。并用 TINA-TI 仿真软件实证。

解：因题目要求中频增益为 10 倍，有两种方法可以实现。一种方法是在四元件 SK 型低通滤波器基础上，后面增加一级 10 倍增益同相放大，这很简单。但是，这需要 2 个运放。另一种方法是使用六元件 SK 型电路，结构如图 3.5 所示。我们采用后者。

第一步，准备工作。已知 Q，利用式（2-85），求得 K=0.790987，根据式（2-84），解得 f_0=1264.244Hz。

第二步，确定 C_1 和 C_2。利用表 3.1，选择 C_1=100nF。利用式（3-43）的约束，C_2 不得超过 943nF，不得等于 900nF。依据表 3.2 的 E 系列标称值，可以选择 C_2 为 E6 系列中的 220nF。

第三步，计算并选择电阻值 R_1 和 R_2。利用式（3-39），计算 R_{1a}=−668.06Ω，R_{1b}=348.86Ω，后者是合理值。据此，根据表 3.2 的 E 系列标称值，选择 E96 系列的 R_1=348Ω。根据式（3-40）计算得 R_2=2064.9Ω，选择 E96 系列的 R_2 = 2.05kΩ。至此，计算和选择电阻值 R_1 和 R_2 完毕。

第四步，计算并选择电阻值 R_3 和 R_4。最简单的方法是选择 R_3=1kΩ、R_4=9.09kΩ，这是一个常见的 10 倍配置。这样已经足够好了。但是，如果一定要满足式（3-47），可以按照下式计算：

$$R_1+R_2=2398\Omega$$

$$\frac{R_3\times 9R_3}{R_3+9R_3}=0.9R_3=R_1+R_2=2398\Omega\text{，解得}R_3=2664.444\Omega$$

在 E96 系列中选择最为接近的 R_3=2.67kΩ，理论计算 R_4=9R_3=24.03kΩ，在 E96 中选择最为接近的 R_4=24.3kΩ。

最后，按照上述选择，在 TINA-TI 中设计电路如图 3.6 所示。

对此电路在 TINA-TI 中实施仿真，得到如图 3.7 所示的频率特性图。

可以看出，在 1Hz 处，理论增益应为 20dB，实测增益为 20.09dB，基本吻合。在 1kHz 处，理论增益应为 20.09−3.01=17.08dB，实测增益为 17.3dB，有一点差距，这源自 4 个电阻的选择均含有误差。关于 Q 值的实测非常重要。从相频特性图中找到相位为 −90° 的频率为 1.27kHz，在幅频特性图中，找到 1.27kHz，实测增益为 15.57dB。按照归一化计算：

$$Q=20.09-15.57=-4.52\text{dB}=10^{-4.52/20}=0.59$$

与题目要求的 Q=0.58 稍有差距，也来源于电阻的选择。

在实际电路设计中，测量结果甚至比这更差。两个电容的选择可能引入更大的误差，因此选择良好的电容，才是滤波器设计的关键。

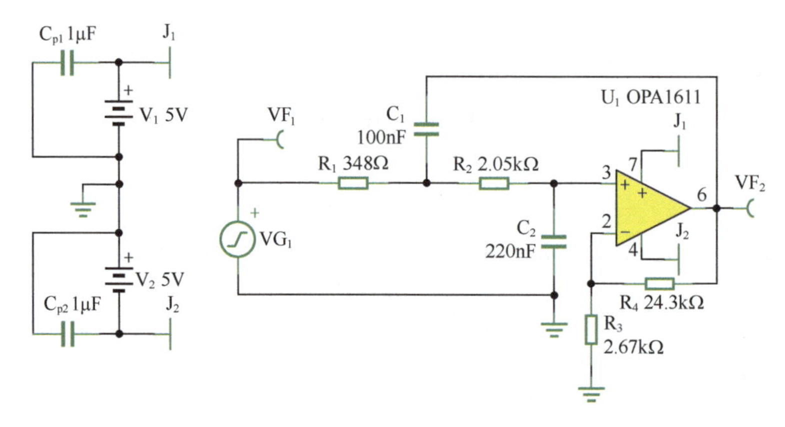

图 3.6　举例 1 电路

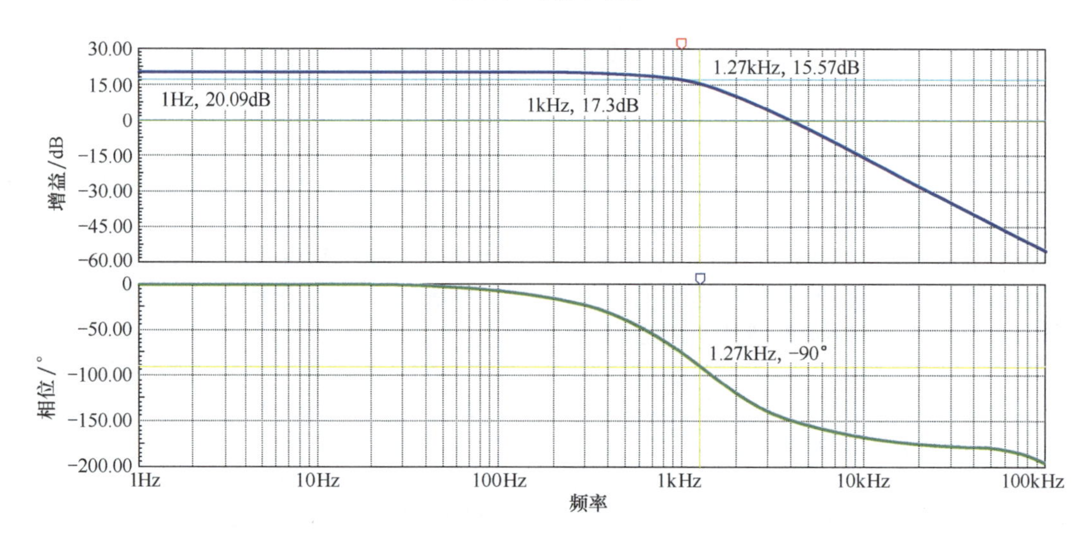

图 3.7　举例 1 电路仿真频率特性

3.3 易用型二阶 SK 型低通滤波器

并不是每个滤波器的设计都需要复杂的计算。对于懒人来说，记住前面那些计算式，是一件折磨人的事情。于是，“超级懒人”们——那些勤奋的科学家——就对前述电路进行了适当的约束，使得电路设计变得异常简单，变成易用型电路。

◎ SK 型四元件等阻容低通滤波器

图 3.8 所示可能是最为简单的二阶 SK 型低通滤波器，它由两个相等的电阻、两个相等的电容组成。把这个条件代入式（3-8），得到：

$$\dot{A}(\mathrm{j}\omega)=\frac{1}{1+\mathrm{j}\omega C_2(R_1+R_2)+(\mathrm{j}\omega)^2C_1C_2R_1R_2}=\frac{1}{1+\mathrm{j}\omega 2RC+(\mathrm{j}\omega)^2R^2C^2}=\frac{1}{1+\frac{1}{0.5}\mathrm{j}\frac{\omega}{\omega_0}+\left(\mathrm{j}\frac{\omega}{\omega_0}\right)^2}\tag{3-48}$$

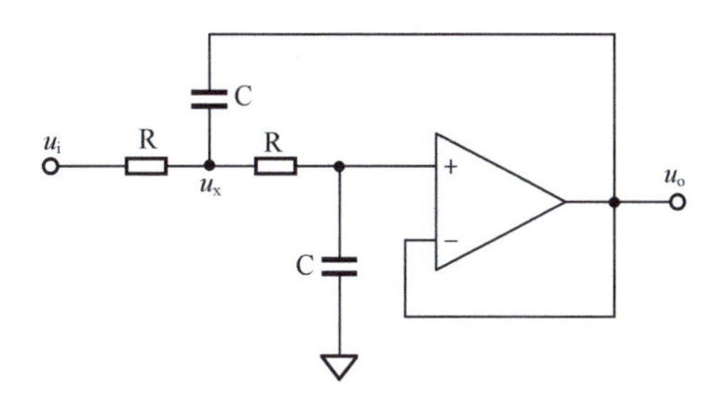

图 3.8　SK 型四元件等阻容低通滤波器

可得：

$$\omega_0 = \frac{1}{RC} \tag{3-49}$$

$$f_0 = \frac{1}{2\pi RC} \tag{3-50}$$

$$Q = 0.5$$

即，这是一个 Q=0.5 的贝塞尔型滤波器。

根据式（2-85），得到 K 为 0.6435。

$$f_c = 0.6435 f_0 \tag{3-51}$$

$$f_0 = 1.554 f_c \tag{3-52}$$

设计一个二阶 SK 型低通滤波器，截止频率为 1kHz，中频电压增益为 1 倍。并用 TINA-TI 仿真软件实证。

解：题目要求中频电压增益为 1 倍，可以选用四元件电路。同时，题目没有要求 Q 值，因此，只要截止频率等于 1kHz 即可，这样最偷懒的电路——等阻容电路就可以使用了。

据式（3-51）和式（3-52），得：

$$f_0 = 1.554 f_c = 1554\text{Hz}$$

据式（3-50），得：

$$f_0 = \frac{1}{2\pi RC} = 1554\text{Hz}$$

选择 C=100nF，得：

$$R = \frac{1}{2\pi f_c C} = 1024\Omega$$

TINA-TI 仿真电路如图 3.9 所示，仿真结果如图 3.10 所示。在 1kHz 处，电压增益为 -2.99dB，与期望值 -3.01dB 相差很小。这个误差来源于理论计算值是 1024Ω，而实际电路中选用了 E96 系列的 1.02kΩ 电阻。

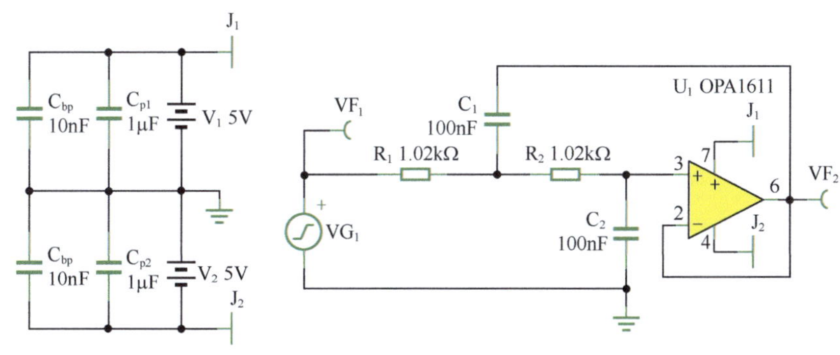

图 3.9　举例 1 仿真电路

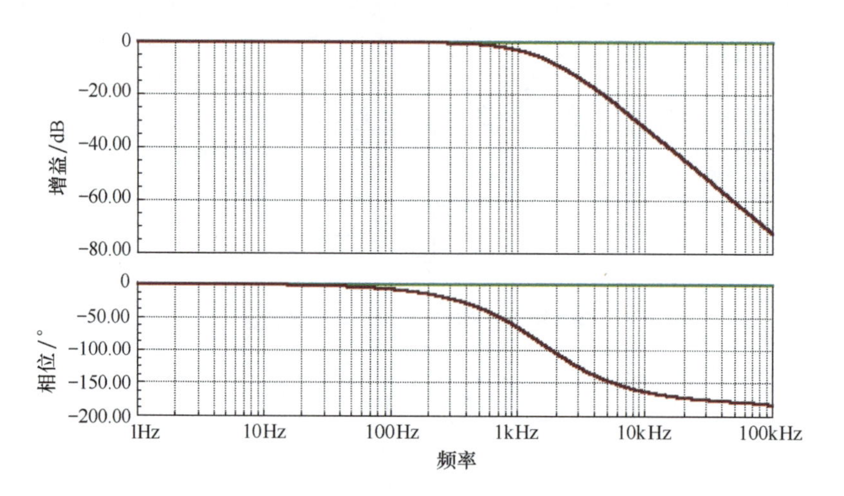

图 3.10 举例 1 仿真频率特性

◎对四元件电路的思考

四元件等阻容式电路，虽然设计极为简单，但它只能实现 Q=0.5 的滤波器，具有较强的局限性。但是，这个电路给了我们启示：能否在四元件电路中，既简化电路设计，又能实现 Q 值任意变化，这需要我们从头分析。

在标准 SK 电路中，式（3-13）很有用：

$$Q=\frac{\sqrt{C_1C_2R_1R_2}}{C_2\left(R_1+R_2\right)} \tag{3-53}$$

当电阻、电容均相等时，Q=0.5。这就是等阻容滤波器。如果仅仅是电容相等，则有：

$$Q=\frac{\sqrt{C_1C_2R_1R_2}}{C_2\left(R_1+R_2\right)}=\frac{\sqrt{R_1R_2}}{R_1+R_2} \tag{3-54}$$

这是一个有趣的表达式，只有两个电阻相等时，Q 具有最大值 0.5。其余情况下，Q 总是小于 0.5。

要想让 Q 达到 0.5 以上，看来只有让 C_1 大于 C_2 了。其中，C_1 是 C_2 的两倍，是一个较好的选择，因为这可以用两个电容并联实现。于是下面的电路便诞生了。

◎ SK 型四元件巴特沃斯型低通滤波器

电路如图 3.11 所示。

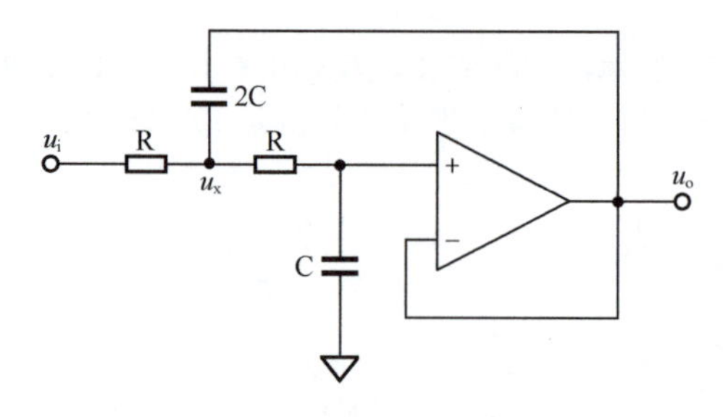

图 3.11 SK 型四元件巴特沃斯型低通滤波器电路

$$\dot{A}(\mathrm{j}\omega)=\frac{1}{1+\mathrm{j}\omega C_2\left(R_1+R_2\right)+\left(\mathrm{j}\omega\right)^2C_1C_2R_1R_2}=\frac{1}{1+\mathrm{j}\omega 2RC+\left(\mathrm{j}\omega\right)^2 2C^2R^2} \tag{3-55}$$

可得：

$$\omega_0=\frac{1}{\sqrt{2}RC} \tag{3-56}$$

$$f_0=\frac{1}{2\pi\sqrt{2}RC} \tag{3-57}$$

$$Q=\frac{\sqrt{2}}{2}=0.707$$

这是一个特征频率、截止频率均为 $1/(2\pi\sqrt{2}RC)$的易用性巴特沃斯型低通滤波器。

举例 2

设计一个二阶 SK 型低通滤波器，要求 Q=0.707，截止频率为 1kHz，中频增益为 1 倍。并用 TINA-TI 仿真软件实证。

解：用图 3.11 刚好能满足要求。

直接选择 C=100nF，则图 3.11 中上方的那个电容用两个 C 并联即可。据式（3-56）和式（3-57），得：

$$R=\frac{1}{\sqrt{2}}\times\frac{1}{2\pi f_c C}=1125.4\Omega$$

选择电阻为 E96 系列的 1.13kΩ。仿真电路如图 3.12 所示。仿真结果表明，在 1kHz 处，增益为 −3.05dB，相移为 −90.33°，与理论值较为吻合。

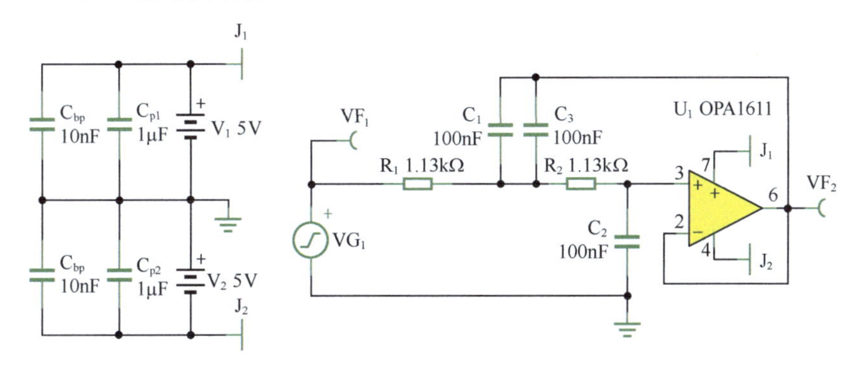

图 3.12 举例 2 仿真电路

◎六元件易用型电路

六元件电路，理论上可以实现任意增益和任意 Q 值。对它实施一些约束，也可以实现易用型电路，如图 3.13 所示。

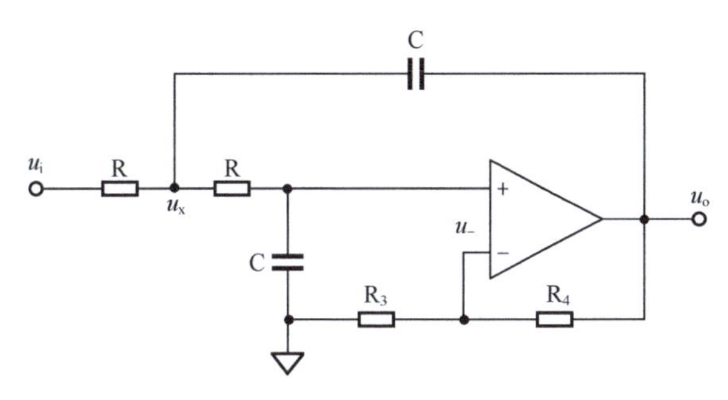

图 3.13 SK 型六元件二阶低通滤波器—易用型

据式（3-29），将等阻容代入，得：

$$\dot{A}(\mathrm{j}\omega)=A_{\mathrm{m}}\frac{1}{1+\mathrm{j}\omega(3-A_{\mathrm{m}})RC+(\mathrm{j}\omega)^2R^2C^2} \tag{3-58}$$

$$\omega_0=\frac{1}{RC} \tag{3-59}$$

$$f_0 = \frac{1}{2\pi RC} \tag{3-60}$$

$$Q = \frac{1}{3 - A_m} \tag{3-61}$$

此式说明，这个电路的 Q 值与中频增益密切相关，互相影响。一般情况下，根据 Q 值要求，选择合适的增益。因为在表达式中，Q 不得为负值，因此 A_m 必须小于 3。

这个电路中，A_m 是大于或等于 1 的，因此它可以实现 Q 为大于 0.5 的任意值。

举例 3

设计一个二阶 SK 型低通滤波器。不要求中频增益，要求截止频率为 1kHz、Q=1.0。并用 TINA-TI 仿真软件实证。

解：可用第 3.1 节所述标准 SK 型电路实现，也可用六元件易用型电路实现。本例采用后者。

第一步，准备工作。根据式（2-84）和式（2-85）：

$$K = \frac{\sqrt{4Q^2 - 2 + \sqrt{4 - 16Q^2 + 32Q^4}}}{2Q} = 1.272$$

$$f_0 = f_c / K = 786\text{Hz}$$

第二步，选择 C=100nF，据式（3-59）和式（3-60）计算电阻。

$$R = \frac{1}{2\pi f_0 C} = \frac{1}{6.28 \times 786 \times 100 \times 10^{-9}} = 2026\Omega$$

取 E96 系列最接近值，R=2.05kΩ。

第三步，设计增益电路。据式（3-61），得：

$$A_m = 3 - \frac{1}{Q} = 2 = 1 + \frac{R_4}{R_3}$$

选择 R_3=R_4=1kΩ 即可。但是在仿真实验中，我为了尽量减少输出失调，选择的增益电阻均为 6.49kΩ，仿真电路如图 3.14 所示，结果如图 3.15 所示。按照理论分析，要满足式（3-47），增益电阻应为 8.2kΩ。

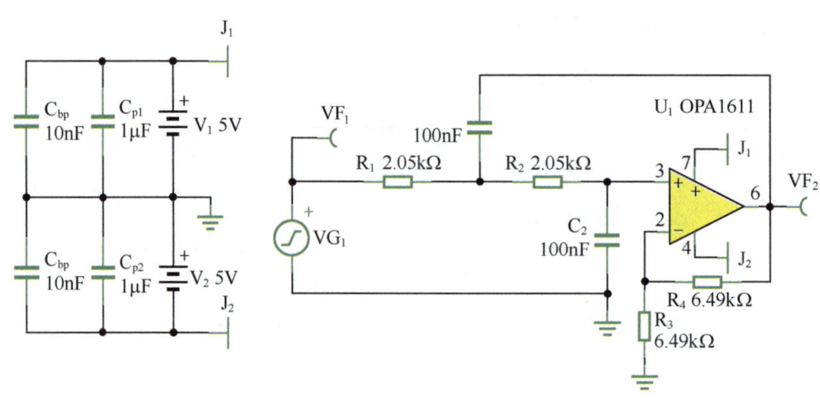

图 3.14　举例 3 仿真电路

结果表明，中频增益为 6.02dB，与理论值吻合。在 1kHz 处，增益为 2.81dB，与理论值 3.01dB 有差距，缘自电阻选择误差。-90° 相移点频率为 776.43Hz，与理论值 786Hz 有差距，原因相同。在 776.43Hz 处，增益为 6.02dB，与理论值吻合。

表 3.3 总结了全部 SK 型二阶低通滤波器。读者可以在不同的电路结构中，选择自己认为合适的。我建议读者自己编写一个程序，以实现自动设计。

表 3.3　二阶 SK 型低通滤波器总结

电路类型	四元件标准	六元件标准	四元件等阻容	四元件巴特沃斯	六元件等阻容
Q 值	任意	任意	0.5	0.707	0.5 ～无穷大
增益	1	任意大于或等于 1	1	1	1 ～ 3
缺点	需要计算	需要计算	Q 不可选	Q 不可选	Q、A_m 互相影响

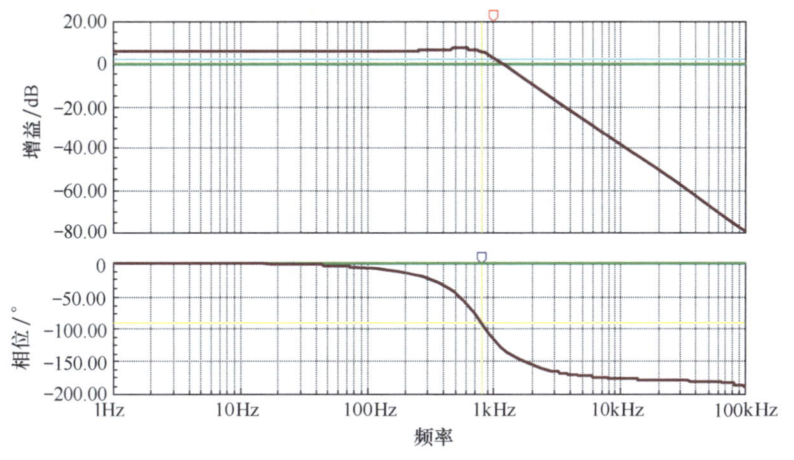

图 3.15　举例 3 仿真频率特性

3.4 MFB 型低通滤波器

MFB 型低通滤波器电路如图 3.16 所示，它与 SK 型的结构完全不同，属于反相输入滤波器。它可以实现增益和 Q 值独立调节，这一点与六元件 SK 型类似。

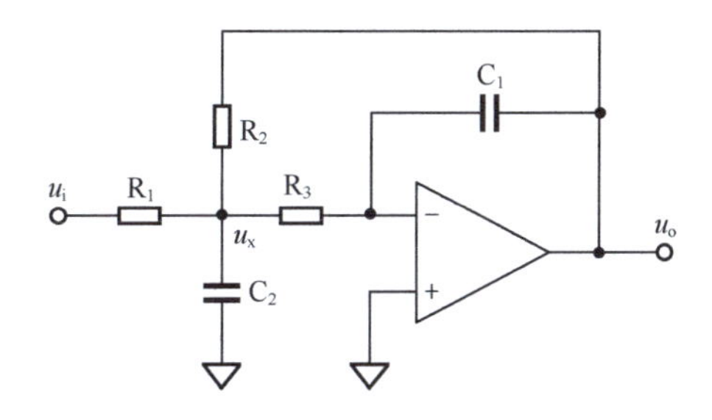

图 3.16　MFB 型低通滤波器

◎传递函数分析

$$\frac{U_x-0}{R_3}=\frac{0-U_o}{\dfrac{1}{SC_1}} \tag{3-62}$$

即：

$$U_x=-U_oSR_3C_1 \tag{3-63}$$

对 u_x 点，列出方程：

$$\frac{U_i-U_x}{R_1}=U_xSC_2+\frac{U_x}{R_3}+\frac{U_x-U_o}{R_2}=U_xSC_2-U_oSC_1+\frac{U_x-U_o}{R_2} \tag{3-64}$$

将式（3-63）代入式（3-64），得：

$$\frac{U_i+U_oSR_3C_1}{R_1}=-U_oS^2R_3C_1C_2-U_oSC_1+\frac{-U_oSR_3C_1-U_o}{R_2} \tag{3-65}$$

整理并得出传递函数：

$$R_2U_i=-U_o\left(S^2R_1R_2R_3C_1C_2+SC_1\left(R_1R_2+R_1R_3+R_3R_2\right)+R_1\right) \quad (3\text{-}66)$$

$$A(S)=\frac{U_o}{U_i}=-\frac{R_2}{R_1}\times\frac{1}{1+SC_1\left(R_2+R_3+\frac{R_3R_2}{R_1}\right)+S^2R_2R_3C_1C_2} \quad (3\text{-}67)$$

写成频域表达式为：

$$\dot{A}(j\omega)=-\frac{R_2}{R_1}\times\frac{1}{1+(j\omega)C_1\left(R_2+R_3+\frac{R_3R_2}{R_1}\right)+(j\omega)^2R_2R_3C_1C_2}=$$
$$-\frac{R_2}{R_1}\times\frac{1}{1+(j\omega)C_1\left(R_2+R_3\left(1-A_m\right)\right)+(j\omega)^2R_2R_3C_1C_2}= \quad (3\text{-}68)$$
$$-\frac{R_2}{R_1}\times\frac{1}{1+\left(j\frac{\omega}{\omega_0}\right)\frac{C_1\left(R_2+R_3\left(1-A_m\right)\right)}{\sqrt{R_2R_3C_1C_2}}+\left(j\frac{\omega}{\omega_0}\right)^2}$$

◎已知阻容参数，求滤波器参数——滤波器分析

对照标准低通滤波器表达式：

$$\dot{A}(j\omega)=A_m\frac{1}{1+\frac{1}{Q}j\frac{\omega}{\omega_0}+\left(j\frac{\omega}{\omega_0}\right)^2} \quad (3\text{-}69)$$

可得：

$$\omega_0=\frac{1}{\sqrt{R_2R_3C_1C_2}} \quad (3\text{-}70)$$

$$f_0=\frac{1}{2\pi\sqrt{R_2R_3C_1C_2}} \quad (3\text{-}71)$$

$$Q=\frac{\sqrt{R_2R_3C_1C_2}}{C_1\left(R_2+R_3\left(1-A_m\right)\right)} \quad (3\text{-}72)$$

$$A_m=-\frac{R_2}{R_1} \quad (3\text{-}73)$$

◎已知滤波器参数，求电路中的电阻、电容——滤波器设计

已知中频增益 A_m、特征频率 f_0，以及品质因数 Q，求电路中阻容参数。

先假设两个电容已知，剩下 3 个电阻，面对 3 个滤波器指标约束，是可解的。

根据式（3-70）和式（3-71），得：

$$R_2R_3=\frac{1}{4\pi^2f_0^2C_1C_2} \quad (3\text{-}74)$$

据式（3-72），得：

$$R_2+R_3\left(1-A_m\right)=\frac{1}{2\pi f_0C_1Q} \quad (3\text{-}75)$$

即：

$$R_3^2\left(A_m-1\right)+\frac{R_3}{2\pi f_0C_1Q}-\frac{1}{4\pi^2f_0^2C_1C_2}=0 \quad (3\text{-}76)$$

$$R_3=\frac{-\frac{1}{2\pi f_0C_1Q}\pm\sqrt{\frac{1}{4\pi^2f_0^2C_1^2Q^2}+\frac{4(A_m-1)}{4\pi^2f_0^2C_1C_2}}}{2(A_m-1)}=$$

$$\frac{-\frac{1}{2\pi f_0C_1Q}\pm\sqrt{\frac{1}{4\pi^2f_0^2C_1^2Q^2}+\frac{4(A_m-1)}{4\pi^2f_0^2C_1^2Q^2\frac{C_2}{C_1Q^2}}}}{2(A_m-1)}=\frac{-\frac{1}{2\pi f_0C_1Q}\pm\sqrt{\frac{1+\frac{4(A_m-1)C_1Q^2}{C_2}}{4\pi^2f_0^2C_1^2Q^2}}}{2(A_m-1)}= \tag{3-77}$$

$$\frac{-\frac{1}{2\pi f_0C_1Q}\pm\frac{1}{2\pi f_0C_1Q}\sqrt{1+\frac{4(A_m-1)C_1Q^2}{C_2}}}{2(A_m-1)}$$

存在约束的是根号内部值必须大于0。因此有：

$$1+\frac{4(A_m-1)C_1Q^2}{C_2}\geqslant 0 \tag{3-78}$$

即，对两个电容的约束式为：

$$C_2\geqslant 4(1-A_m)Q^2C_1 \tag{3-79}$$

由此可得电阻 R_3 为：

$$R_3=\frac{1\mp\sqrt{1+\frac{4(A_m-1)C_1Q^2}{C_2}}}{(1-A_m)4\pi f_0C_1Q} \tag{3-80}$$

根据式（3-70）和式（3-71）得：

$$R_2=\frac{1}{4\pi^2f_0^2C_1C_2R_3} \tag{3-81}$$

据式（3-73）得：

$$R_1=-\frac{R_2}{A_m} \tag{3-82}$$

因此，对MFB型二阶低通滤波器，在已知 f_0、Q、A_m 的情况下，按照下述步骤设计。

（1）根据表3.1选择 C_1，根据式（3-79）对 C_2 的约束，选择合适的 C_2。

（2）根据式（3-80）、式（3-81）计算 R_3、R_2。

（3）根据式（3-82），计算 R_1。

举例1

设计一个二阶低通滤波器。要求中频增益为-10倍，截止频率为1kHz，Q=0.58。并用TINA-TI仿真软件实证。

解：确定电路结构为MFB型二阶低通滤波器，可以仅用一只运放实现上述要求。

（1）准备工作：根据 Q=0.58，利用式（2-85），求得 K=0.791。则有：

$$f_0=\frac{f_c}{K}=1264.2\text{Hz}$$

（2）利用前述计算式，分别计算如表3.4所示。

表3.4 计算结果

对比项	C_1	C_2 下限	C_2	R_3	R_2	R_1
计算值	—	148nF	—	1550.9Ω	4644.7Ω	464.47Ω
选取值	10nF	—	220nF	1.54kΩ	4.64kΩ	464Ω

按照上述结果设计的 MFB 型滤波器电路如图 3.17 所示，仿真结果如图 3.18 所示。其中，R_3 选取了两个合理解中的一个较大值。

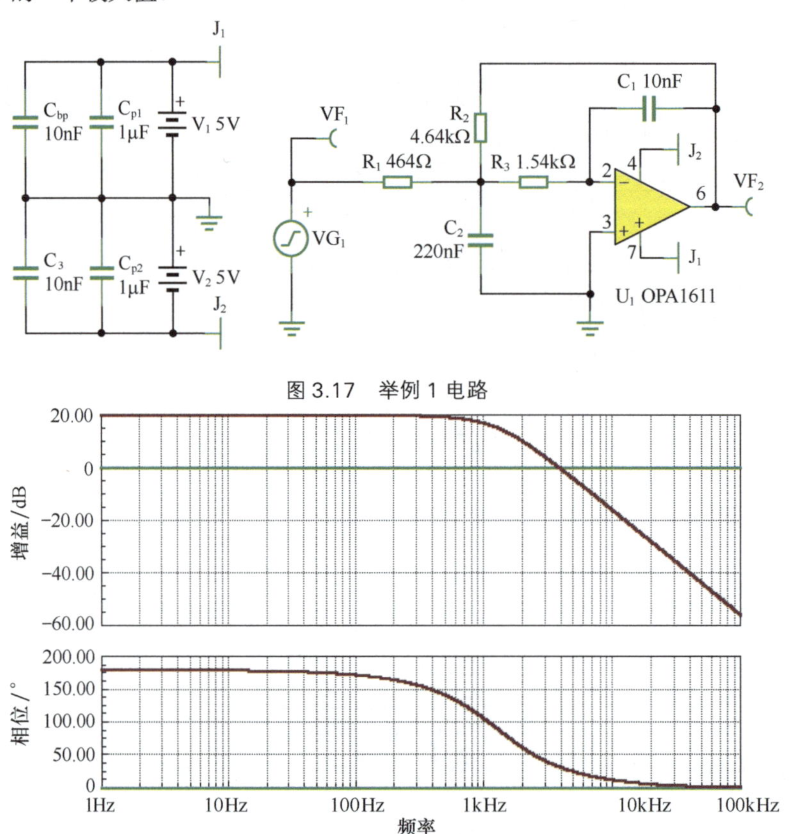

图 3.17　举例 1 电路

图 3.18　举例 1 仿真频率特性

实际上，R_3 的另一个解为 422.25Ω，也是合理的，如表 3.5 所示。

表 3.5　计算结果

对比项	C_1	C_2 下限	C_2	R_3	R_2	R_1
计算值	—	148nF	—	422.25Ω	17060Ω	1706Ω
选取值	10nF	—	220nF	422Ω	16.9kΩ	1.69kΩ

实际设计 MFB 滤波器时，要根据电路的其他要求，合理选择其中一组解。

3.5 高阶低通滤波器

◎为什么用高阶？

二阶滤波器仅仅实现了 -40dB/10 倍频的滚降速率。这还远远不够。

举一个例子：心电信号来自人体，其幅度大约为 1mV，频率范围一般为 0.01 ～ 100Hz，而主要能量集中在 0.25 ～ 35Hz。对心电信号的准确检测，有利于及早发现病变。但是，很遗憾，人体的表面还存在强烈的、周边交流供电设备产生的 50Hz 或者 60Hz 工频（北美及日韩等采用）干扰，以及人体肌肉产生的肌电信号。微小的心电信号混杂在其中，检测较为困难。

在不严格的心电测量中，如果只提取 0.25 ～ 35Hz 的心电信号，就可以采用低通滤波器将恼人的 50Hz 滤除：采用 40Hz 砖墙型低通滤波器，则可以有效滤除超过 40Hz 的信号，那么绝大部分肌电信号，以及工频干扰会被滤除。但这仅是我们的期望。

如果用一阶低通滤波器，当截止频率设为40Hz，有用信号增益为0.707，而50Hz处的干扰增益为0.64，二阶滤波器会稍好些，但是仍然难以满足要求。我们的目标是，在40Hz处，衰减不严重，有用信号被完美保留；在50Hz处，有足够的衰减，将工频干扰彻底滤除。

这只能用高阶滤波器实现。

◎高阶滤波器的参数定义

高阶滤波器由一阶滤波器和若干个二阶滤波器串联形成（一阶和二阶合成低阶滤波器），每个独立的低阶滤波器都有独立的特征频率和品质因数（一阶滤波器的品质因数可以视为0.707），由它们串联形成的高阶滤波器，就不再沿用低阶滤波器的特征频率、品质因数概念。即便使用，也很少能给使用者带来方便，因此一般使用截止频率。

◎高阶滤波器的组成方法

如表3.6所示，任何一个高阶滤波器都可以被拆分成若干独立级，每一级都由一阶或者二阶组成，其下标是级别序号。

比如表3.6中四阶滤波器一行，表明要形成一个四阶滤波器，必须由两级二阶滤波器串联形成，其中第1级的特征频率为f_{0_1}，品质因数为Q_1；第2级的特征频率为f_{0_2}，品质因数为Q_2。

比如表3.6中七阶滤波器一行，表明要形成一个七阶滤波器，必须由一级一阶滤波器，加上三级二阶滤波器串联形成。其中，第1级为一阶滤波器，其特征频率为f_{0_1}，没有品质因数概念。第2级后均为二阶滤波器，第2级的特征频率为f_{0_2}，品质因数为Q_2。第3级的特征频率为f_{0_3}，品质因数为Q_3。第4级的特征频率为f_{0_4}，品质因数为Q_4。

表3.6 高阶滤波器组成

滤波器	第1级	第2级	第3级	第4级	第5级
三阶滤波器	一阶f_{0_1}	二阶（f_{0_2},Q_2）			
四阶滤波器	二阶（f_{0_1},Q_1）	二阶（f_{0_2},Q_2）			
五阶滤波器	一阶f_{0_1}	二阶（f_{0_2},Q_2）	二阶（f_{0_3},Q_3）		
六阶滤波器	二阶（f_{0_1},Q_1）	二阶（f_{0_2},Q_2）	二阶（f_{0_3},Q_3）		
七阶滤波器	一阶f_{0_1}	二阶（f_{0_2},Q_2）	二阶（f_{0_3},Q_3）	二阶（f_{0_4},Q_4）	
八阶滤波器	二阶（f_{0_1},Q_1）	二阶（f_{0_2},Q_2）	二阶（f_{0_3},Q_3）	二阶（f_{0_4},Q_4）	
九阶滤波器	一阶f_{0_1}	二阶（f_{0_2},Q_2）	二阶（f_{0_3},Q_3）	二阶（f_{0_4},Q_4）	二阶（f_{0_5},Q_5）
十阶滤波器	二阶（f_{0_1},Q_1）	二阶（f_{0_2},Q_2）	二阶（f_{0_3},Q_3）	二阶（f_{0_4},Q_4）	二阶（f_{0_5},Q_5）

◎设计高阶滤波器需要的已知条件

设计一个高阶滤波器，需要明确以下已知条件。

截止频率f_c：任何一个高阶滤波器，都有截止频率，即实际增益为中频增益 -3.01dB 处的频率。这是设计高阶滤波器的第一个已知条件。

滤波器阶数：高阶滤波器的阶数越高，越容易获得更加接近砖墙型滤波器的效果，但成本也越高，设计实现难度也相应增加。所以应该合理选择滤波器阶数。

滤波器类型：对于一个高阶滤波器来说，还需要根据滤波器的设计目的，确定滤波器类型，包括巴特沃斯型、贝塞尔型、切比雪夫型。巴特沃斯型和贝塞尔型，都有固定参数，无须再深入选择。而切比雪夫型，则需要选择通带内波动最大值，一般用dB表示。比如0.5dB切比雪夫型，是指该滤波器的幅频特性图中(不包含单纯的下降段)，在通带内实际增益与中频增益的差距为 -0.5～0.5dB 之内，如图3.19所示，图3.19中实测最大波动为 -0.498dB。

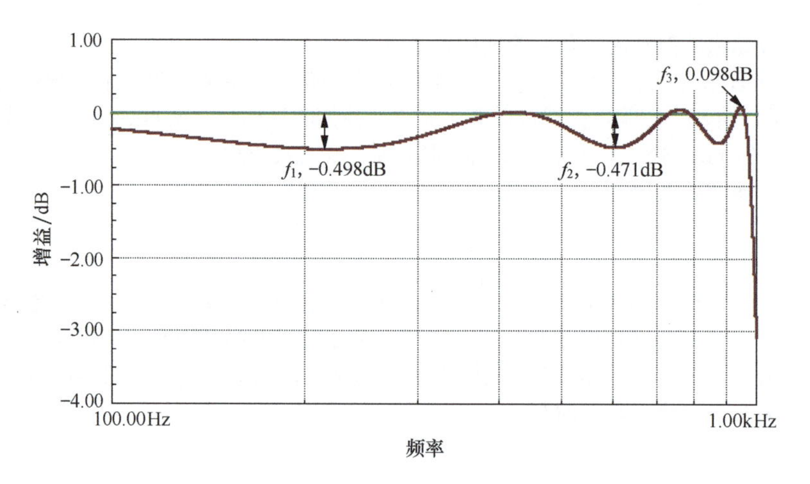

图 3.19　七阶 0.5dB 切比雪夫型低通滤波器的幅频特性

◎高阶滤波器系数表

表 3.7 是我总结的高阶滤波器系数表，其中，巴特沃斯型、贝塞尔型、0.5dB 切比雪夫型、1dB 切比雪夫型的原始数据来自 TI 公司编著的 *Op Amps for Everyone，Third Edition*，经过我自己的运算得出。而 0.25dB 切比雪夫型、0.1dB 切比雪夫型，则直接摘录于 ADI 公司 Hank Zumbahlen 编著的 *Linear Circuit Design Handbook*。

表 3.7　高阶滤波器系数表

阶数	巴特沃斯型		贝塞尔型		0.5dB 切比雪夫型		1dB 切比雪夫型		0.25dB 切比雪夫型		0.1dB 切比雪夫型	
	1/*K*	*Q*	1/*K*	*Q*	1/*K*	*Q*	1/*K*	*Q*	1/*K*	*Q*	1/*K*	*Q*
三阶	1.000		1.323		0.537		0.451		0.612		0.936	
	1.000	1.000	1.442	0.694	0.915	1.707	0.911	2.018	0.923	1.508	0.697	1.341
四阶	1.000	0.541	1.430	0.522	0.540	0.705	0.492	0.785	0.592	0.657	0.951	2.183
	1.000	1.307	1.604	0.805	0.932	2.941	0.925	3.559	0.946	2.536	0.651	0.619
五阶	1.000		1.502		0.342		0.280		0.401		0.475	
	1.000	0.618	1.556	0.563	0.652	1.178	0.634	1.399	0.673	1.036	0.703	0.915
	1.000	1.618	1.755	0.916	0.961	4.545	0.962	5.555	0.961	3.876	0.963	3.281
六阶	1.000	0.518	1.605	0.510	0.379	0.684	0.342	0.761	0.418	0.637	0.470	0.600
	1.000	0.707	1.690	0.611	0.734	1.810	0.723	2.198	0.748	1.556	0.764	1.332
	1.000	1.932	1.905	1.023	0.966	6.513	0.964	8.006	0.972	5.521	0.972	4.635
七阶	1.000		1.648		0.249		0.202		0.294		0.353	
	1.000	0.555	1.716	0.532	0.489	1.092	0.472	1.297	0.509	0.960	0.538	0.846
	1.000	0.802	1.822	0.661	0.799	2.576	0.795	3.156	0.804	2.191	0.813	1.847
	1.000	2.247	2.050	1.126	0.979	8.840	0.980	10.900	0.978	7.468	0.979	6.234
八阶	1.000	0.510	1.778	0.506	0.289	0.677	0.260	0.753	0.321	0.630	0.363	0.593
	1.000	0.601	1.833	0.560	0.583	1.611	0.573	1.956	0.596	1.383	0.611	1.207
	1.000	0.900	1.953	0.711	0.839	3.466	0.835	4.267	0.845	2.931	0.850	2.453
	1.000	2.563	2.189	1.225	0.980	11.527	0.979	14.245	0.983	9.717	0.983	8.082
九阶	1.000		1.857		0.195		0.158		0.232		0.279	
	1.000	0.527	1.879	0.520	0.388	1.060	0.373	1.260	0.406	0.932	0.431	0.822
	1.000	0.653	1.948	0.589	0.661	2.213	0.656	2.713	0.667	1.881	0.678	1.585
	1.000	1.000	2.080	0.761	0.873	4.478	0.871	5.527	0.874	3.776	0.878	3.145
	1.000	2.879	2.322	1.322	0.987	14.583	0.987	18.022	0.986	12.266	0.986	10.180

续表

阶数	巴特沃斯型		贝塞尔型		0.5dB 切比雪夫型		1dB 切比雪夫型		0.25dB 切比雪夫型		0.1dB 切比雪夫型	
	1/K	Q	1/K	Q	1/K	Q	1/K	Q	1/K	Q	1/K	Q
十阶	1.000	0.506	1.942	0.504	0.234	0.673	0.209	0.749	0.259	0.627	0.294	0.590
	1.000	0.561	1.981	0.538	0.480	1.535	0.471	1.864	0.491	1.318	0.507	1.127
	1.000	0.707	2.063	0.620	0.717	2.891	0.713	3.560	0.723	2.445	0.730	2.043
	1.000	1.101	2.204	0.810	0.894	5.611	0.892	6.938	0.897	4.724	0.899	3.921
	1.000	3.196	2.450	1.415	0.987	17.994	0.986	22.280	0.989	15.120	0.989	12.516

这个表格包含三阶到十阶滤波器。不同类型的滤波器都具有 2 列数据，分别为频率系数 $1/K$ 和品质因数 Q。若表中 Q 值为空白的，表示该级为一阶滤波器。表中的 $1/K$，来自式（2-84），仅利用“$1/K$ 表征特征频率和截止频率的比值”的初衷，在这里的含义是：本级（无论一阶还是二阶）特征频率与高阶滤波器截止频率的比值，由此，在已知高阶滤波器截止频率的情况下，可以换算出本级的特征频率。注意，此时的 K 和对应的 Q 不满足式（2-85）。

◎高阶低通滤波器设计方法

根据滤波器类型、阶数，可以在表 3.7 中圈定一组数据。比如要设计一个七阶滤波器，类型为 1dB 切比雪夫型，截止频率为 f_c=100Hz，则圈定数据如表 3.7 中的方框所示，得到 4 行数据，其含义如下。

第 1 行代表第 1 级的参数。有两列，左列为频率系数 $1/K$（0.202），右列为品质因数，空格代表该级为一阶滤波器。一阶滤波器的特征频率为：

$$f_0=\frac{f_c}{K}=f_c\times\frac{1}{K}=20.2\text{Hz} \tag{3-83}$$

一阶滤波器通常由一个电阻和一个电容形成，有如下关系：

$$f_0=\frac{1}{2\pi RC} \tag{3-84}$$

选择合适的阻容值，实现特征频率为 20.2Hz 的一阶低通滤波器即可。

第 2 行代表第 2 级的参数。有两列，左列为频率系数 $1/K$（0.472），右列为品质因数 Q（1.297），代表该级为二阶滤波器。该二阶滤波器的品质因数为 1.297，特征频率为：

$$f_0=\frac{f_c}{K}=f_c\times\frac{1}{K}=47.2\text{Hz} \tag{3-85}$$

根据本书第 3.1 ～ 3.4 节内容，已知特征频率、品质因数，完成设计即可。

第 3 行代表第 3 级的参数。可知，将第 3 级设计成一个特征频率为 $f_c\times0.795$=79.5Hz、品质因数为 3.156 的二阶低通滤波器即可。

第 4 行代表第 3 级的参数。可知，将第 4 级设计成一个特征频率为 $f_c\times0.980$=98Hz、品质因数为 10.9 的二阶低通滤波器即可。

◎高阶滤波器的增益分配和类型选择

高阶滤波器的设计结果不是唯一的，对于同样的要求，实现的方案很多，没有标准答案。

在增益分配上，可以采用多种方法实现。比如一个五阶滤波器，要求 10 倍增益，你可以采用 $10^{0.2}$=1.5849 倍增益的滤波器，最终实现 10 倍增益；也可以采用第 1 个一阶滤波器完成 10 倍增益，而后面 2 个二阶滤波器都采用单位增益；或者第 1 个一阶滤波器完成 5 倍增益，第 2 个二阶滤波器完成 2 倍增益，第 3 个二阶滤波器采用单位增益。

在类型选择上，也可以采用多种方法。比如一个 −20 倍增益的六阶滤波器，你可以采用：第 1 个为二阶 MFB 型，反相，第 2 个为 SK 型，第 3 个也是 SK 型，最终实现反相输出；也可以采用 3 个 MFB 型，最终还是反相输出。

到底怎么做，应以保证性能情况下，尽量方便设计为原则。

设计一个九阶低通滤波器。要求，中频增益为10倍、截止频率为1000Hz的切比雪夫型滤波器，0.1dB通带内波动。用仿真软件实证。

解：第一，确定电路结构。我不喜欢设计含增益的滤波器。因为是九阶，其中必然包含一个一阶低通滤波器，而一阶低通滤波器的增益是非常好设计的。因此，我计划把10倍增益交给一阶滤波器完成。前面只要选择4个独立的二阶滤波器，用SK型四元件电路实现即可。

第二，在表3.7中，找到九阶和0.1dB切比雪夫型的交叉位置，如表3.8所示：

表3.8 九阶低通滤波器和0.1dB切比雪夫型交叉位置

对比项	0.1dB切比雪夫型		f_0
	1/K	*Q*	
九阶	0.279		279Hz
	0.431	0.822	431Hz
	0.678	1.585	678Hz
	0.878	3.145	878Hz
	0.986	10.180	986Hz

据式（3-83），可以计算出各级滤波器的特征频率f_0，写于表格右侧。

第三，根据系数，设计各个滤波器。

1）对于一阶低通滤波器，选择电容为100nF，利用式（2-11），得：

$$R=\frac{1}{2\pi f_0C}=\frac{1}{6.2832\times279\times100\times10^{-9}}=5704\Omega$$

同时，设置增益电阻分别为1kΩ和9kΩ，以完成10倍增益。

2）对于4个二阶滤波器，设计方法相同，以Q=0.822、特征频率为431Hz的第二级为例。

选择C_1=1μF，利用式(3-22)，得出C_2需小于370nF，选择C_2=330nF，利用式(3-20)和式(3-21)，计算两个电阻值：R_1=904Ω，R_2=457Ω。

依次对剩余的3个二阶滤波器进行设计，即可得到全部电路，如图3.20所示。仿真的频率特性如图3.21所示。关键测试结果如下。

1）-3.01dB点的中频增益为20dB，实际增益为16.99dB的频率为999.46Hz。与设计要求1000Hz完全吻合。

2）最大波动为19.9dB，比中频增益小0.1dB，符合设计要求。

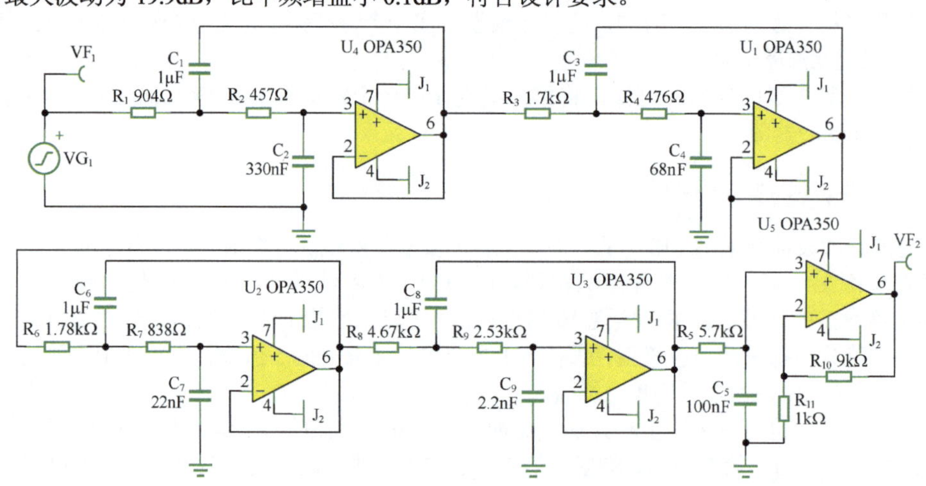

图3.20 举例1电路，九阶0.1dB切比雪夫型低通滤波器

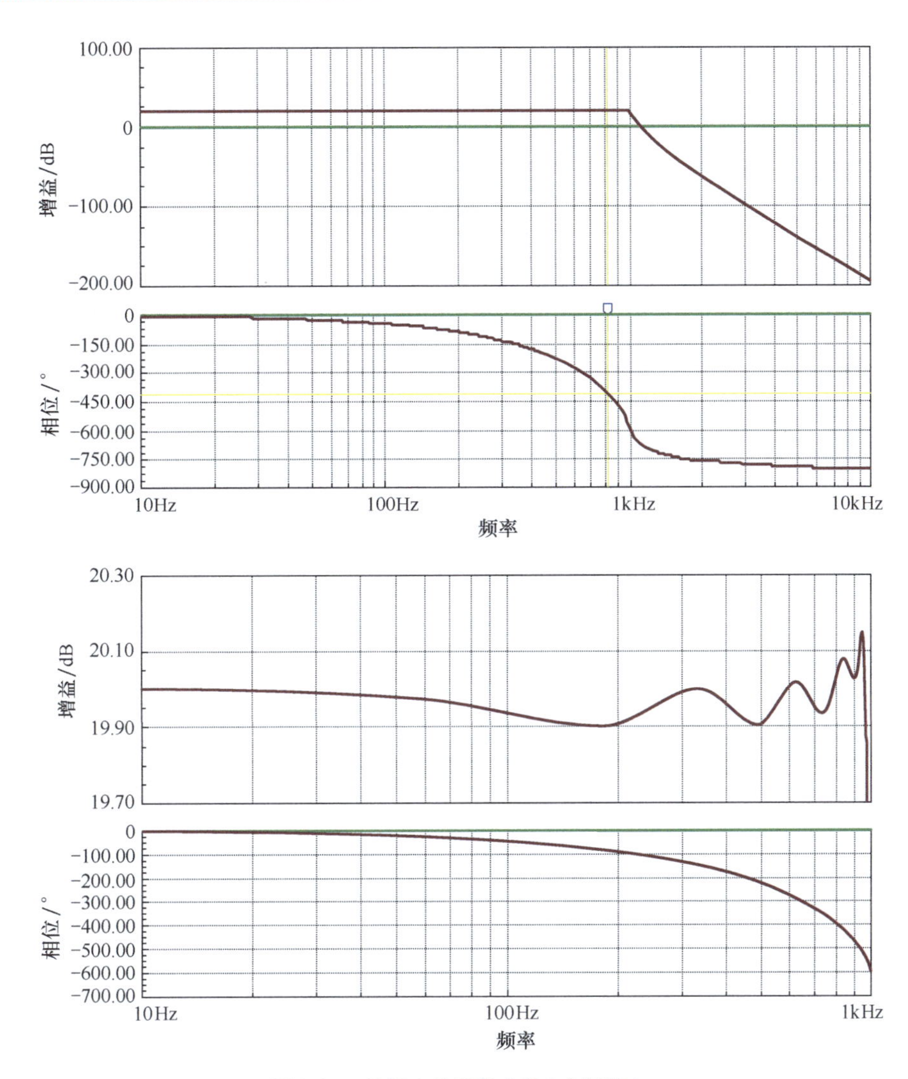

图 3.21　举例 1 的频率响应（含细节）

3.6 单电源低通滤波器

前面讲述的内容，均假设运放工作在双电源供电情况下，既有正电源，也有负电源。在消费电子领域，通常用电池供电，其电压值一般为 1.2 ～ 3.7V。在这种情况下，一般都采用单一电源直接供电，即运放的供电只有正电源和地。

此时，直接使用原先的滤波器电路，就会出现工作异常。因此，必须对原电路进行适当改造。

◎单电源供电存在的问题

图3.22所示是一个双电源供电的低通滤波器。在输入信号为0V时，运放的正输入端、负输入端、输出端均为 0V。当输入信号在 0V 基础上发生波动时（即有明显输入信号时），运放的两个输入端和输出端都将出现基于 0V 的正负波动，其瞬时电压都介于 -5 ～ 5V 的供电电压范围内。运放工作正常。

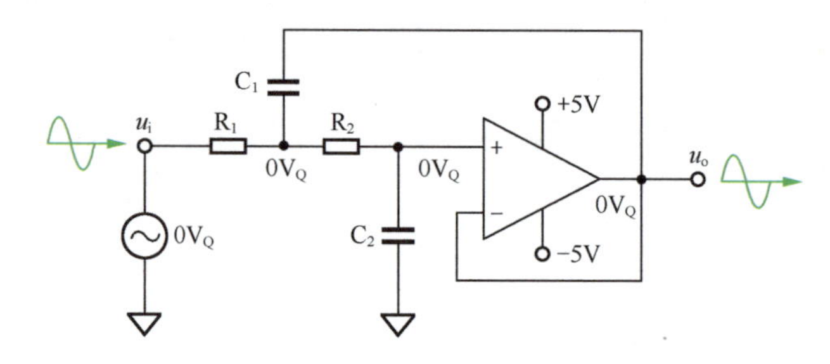

图 3-22　SK 型低通滤波器双电源供电

如果将这个电路的供电电源直接改为单电源供电，如图 3.23 所示，问题就来了。在信号静默（即输入为 0V，没有波动）时，运放的正输入端为 0V，假设运放是一个理想运放，或者一个输入轨至轨（可以接受电源供电范围内的输入）、输出轨至轨（可以输出电源范围内的电压）的运放，此时运放的负输入端和输出端也为 0V。当输入信号瞬时值大于 0V 时，输出会出现大于 0V 的值，但是一旦输入信号出现小于 0V 的值，输出绝不可能产生小于 0V 的值，就出现了如图 3.23 中输出位置的红色半波波形。

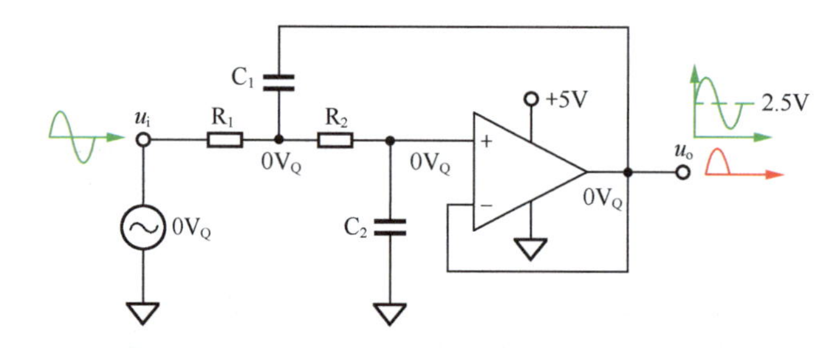

图 3.23　SK 型低通滤波器单电源直接供电（错误电路）

输入是有正有负的正弦波，输出变成了只有正半周的波形，电路出现异常。

当正负电源供电时，输入 0V 相当于正负电源的中心，相当于舞者在舞台中央开始跳舞，非常舒服。当单一正电源供电时，输入 0V，就相当于舞台被切割掉一半，舞者还是站在原先舞台的中央，一不小心就会掉下去。这很不好。

单电源供电情况下，理想的情况是，当输入信号为 0V 时，运放输入端、输出端均静默在电源的 1/2 处，比如图 3.23 中绿色输出波形，静默值为 2.5V。当输入开始波动时，输出将围绕着 2.5V 波动。这就像那个舞者，他可以选择先站在那一半舞台的中央，虽然新舞台小了点，但还是可以继续跳舞的。

在这种思路下，我们需要对以前学过的每一个电路，都实施单电源改造。它要求，第一，电路的输出静默电位合适，一般在电源电压的 1/2 处，也有较为特殊的，比如在 2.048V；第二，改变电路静默电位，一般需要引入电阻，这可能会引起滤波器电路中的等效电阻发生变化，我们还需要保证针对信号的等效电阻维持不变。

◎四元件单电源二阶 SK 型低通滤波器

四元件单电源二阶 SK 型低通滤波器如图 3.24 所示。其改造原理是，不改变双电源电路计算结果——电路中的阻容选择。在原电路基础上，将双电源电路中的 R_1，用两个电阻 R_{1A} 和 R_{1B} 取代，$R_{1A}//R_{1B}=R_1$，并且要求：如果要求输出静默电位为 2.5V，即电源电压的 1/2，则 $R_{1A}=R_{1B}$；如果要求输出静默电位是其他值（U_{OQ}），需要保证：

$$\frac{R_{1A}}{R_{1A}+R_{1B}}\times(+5)=U_{OQ} \tag{3-86}$$

$$R_{1A}//R_{1B}=R_1 \tag{3-87}$$

这样做，一方面给电路中 R_2 左侧提供了一个合适的静态电位，也就是保证了输出的静态电位，另一方面，由于两个电阻并联后等于之前计算的 R_1，这不会改变原先电路中的阻容参数，保持了滤波器性态不变。图 3.25 给出了这种思路的戴维宁等效解释。

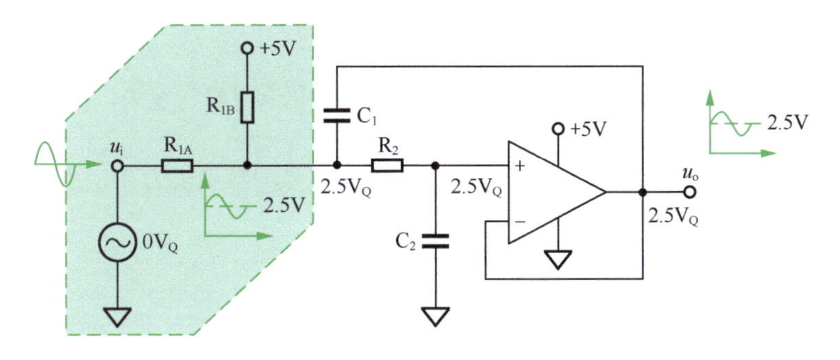

图 3.24　四元件单电源二阶 SK 型低通滤波器

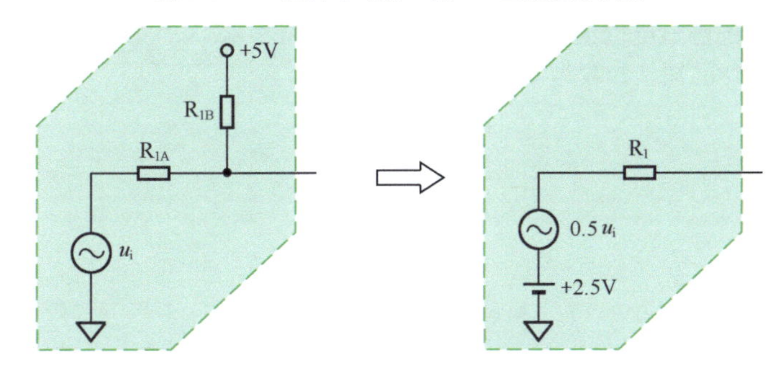

图 3.25　输入端等效电路

唯一需要注意的是，这个电路的中频增益不再是 1 倍，而是 0.5 倍。两个相等电阻的分压，使等效加载信号电压变为 $0.5u_i$。

这种用电源电压介入，从而提升输出静默电位的方法，在单电源低通滤波器改造中经常使用。但是这种方法也存在明显问题：如果电源不干净（即电源电压上存在毛刺、纹波），它将使输入信号直接受到电源污染。在高质量滤波电路中，为了避免电源对信号的污染，可以采用高质量、低噪声的基准源代替 +5V 直流电源。

◎六元件单电源二阶 SK 型低通滤波器

六元件电路的可贵之处在于它的增益可调性。这个电路一旦变为单电源的，就涉及增益的变化，需要一些计算。电路如图 3.26 所示。与前述四元件电路一样，这个电路也需要考虑如何实现输出静默电位为指定值，以及中频增益的改变。

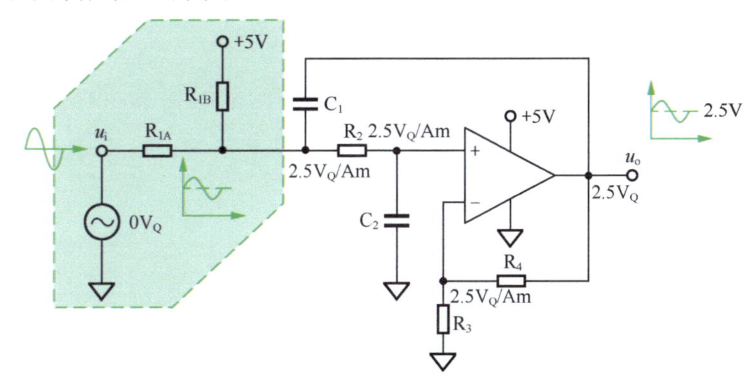

图 3.26　六元件单电源二阶 SK 型低通滤波器电路

我们先来看看问题：假如以前设计好了一个双电源供电的 10 倍增益，指定 Q 值的低通滤波器，此时好不容易获得了 R_1、R_2、C_1、C_2、R_3、R_4，要变成单电源供电，输出静默电位得是 2.5V，那么运放的输入端静默电位应是0.25V，要让R_2左侧静默电位是0.25V，R_{1A}和R_{1B}需要是0.1倍分压。此时，静默电位设计完成了，但是总的中频增益却下降了，因为输入信号经R_{1A}和R_{1B}分压后，变为$0.9u_i$，最终，中频增益只有9倍。

要想既保证输出静默电位是2.5V，又保证总的中频增益仍满足设计要求，就需要严格设计，缜密计算了。

已知"中频增益A、截止频率f_c、品质因数Q"，输入信号静默电位为0V，供电电压为E_C，输出信号静默电位为U_{OQ}，要求单电源供电，分析方法如下。

设两个电阻R_{1A}和R_{1B}的电源分压比为k，即：

$$k=\frac{R_{1A}}{R_{1A}+R_{1B}} \tag{3-88}$$

则R_{1A}和R_{1B}连接处X位置的静默电位为U_{XQ}，由于电阻R_2上没有静态电流流过，就没有静态压降，因此运放正输入端的静默电位也是U_{XQ}。

对于静态而言，U_{OQ}已知（一般为2.5V）：

$$E_C\times k\times A_m=U_{OQ} \tag{3-89}$$

$$A_m=1+\frac{R_4}{R_3} \tag{3-90}$$

则有：

$$k\times A_m=\frac{U_{OQ}}{E_C} \tag{3-91}$$

对于信号而言，信号衰减比为1−k。动态超低频率时，有下式成立：

$$u_o=u_i(1-k)\times A_m \tag{3-92}$$

超低频率时的总信号增益已知：

$$A=(1-k)\times A_m \tag{3-93}$$

联立式（3-91）和式（3-93）可求得：

$$A_m=A+\frac{U_{OQ}}{E_C} \tag{3-94}$$

$$k=\frac{U_{OQ}}{E_C\times A_m}=\frac{U_{OQ}}{A\times E_C+U_{OQ}} \tag{3-95}$$

这两个表达式告诉我们，在单电源电路中，当我们需要总体的中频增益为A时，六元件电路中的A_m必须用式（3-94）计算，按此要求独立设计六元件电路即可得到R_1、R_2、C_1、C_2、R_3、R_4。然后，用两个电阻R_{1A}、R_{1B}，依据式（3-95）获得的k，用下式代替R_1：

$$\begin{cases} k=\dfrac{R_{1A}}{R_{1A}+R_{1B}} \\ R_1=\dfrac{R_{1A}\times R_{1B}}{R_{1A}+R_{1B}} \end{cases} \tag{3-96}$$

举例1

设计一个二阶SK型低通滤波器。要求单电源+3.7V供电，输出静默电位为1.85V，中频增益为10倍，截止频率为1000Hz，巴特沃斯型。用仿真软件实证。

解：按照题目要求，采用图3.26所示电路。整理条件，得E_C=3.7V、U_{OQ}=1.85V、Q=0.7071、A=10、f_c=1000Hz。

由于题目要求是巴特沃斯型，可知其特征频率就是截止频率，f_0=1000Hz。

据式（3-94），得：

$$A_{\mathrm{m}}=A+\frac{U_{\mathrm{OQ}}}{E_{\mathrm{C}}}=10.5$$

下面按照第3.2节内容独立计算六元件的参数。

确定 C_1 和 C_2。利用表3.1，选择 C_1=100nF。利用式（3-43）和式（3-45）的约束，C_2 不得超过985nF，不得等于950nF。依据表3.2的E系列标称值，可以选择 C_2 为E6系列中的680nF。

计算并选择电阻值 R_1 和 R_2。利用式（3-39）、式（3-40）计算得 R_1=638Ω、R_2=584Ω。

计算并选择电阻值 R_3 和 R_4。选择 R_3=1kΩ、R_4=9.53kΩ，实现10.5倍的 A_{m}。

按照式（3-95），得：

$$k=\frac{U_{\mathrm{OQ}}}{E_{\mathrm{C}}\times A_{\mathrm{m}}}=\frac{U_{\mathrm{OQ}}}{A\times E_{\mathrm{C}}+U_{\mathrm{OQ}}}=0.0476$$

按照式（3-96），求解方程，得：

$$R_{1\mathrm{B}}=\frac{R_1}{k}=13398\Omega$$

$$R_{1\mathrm{A}}=\frac{kR_{1\mathrm{B}}}{1-k}=670\Omega$$

将此计算结果代入电路，仿真电路如图3.27所示。给输入加载频率为10Hz、幅度为0.18V的正弦波，用仿真软件提供的示波器得到的输入输出波形如图3.28所示。可以看出，输出静默电位大约在1.85V，输出信号幅度大约为1.8V，甚至输出波形最大值处已经出现了微弱的削顶。仿真频率特性如图3.29所示。可以测得，1Hz处增益为20.02dB，与理论值20dB基本吻合；1kHz处增益为16.89dB，与理论值17.01dB有微弱差距，相移为-92.87°，与理论值-90°也有微弱差距。这些都来源于滤波器设计中E96系列电阻带来的误差。在一般的滤波器设计中，这点误差不算什么。

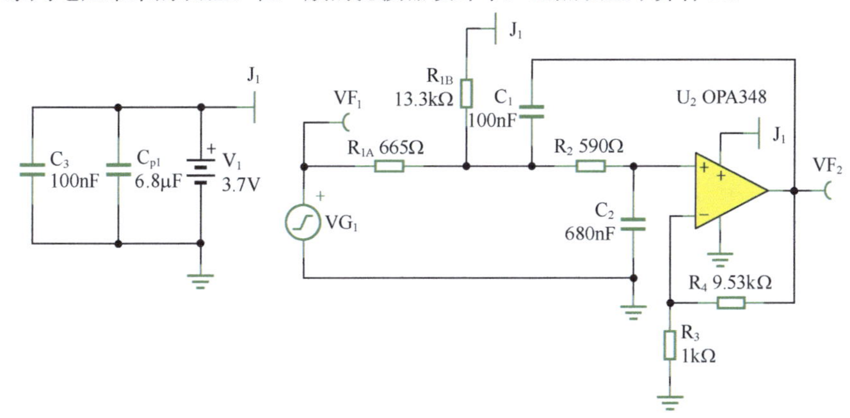

图3.27 举例1仿真电路

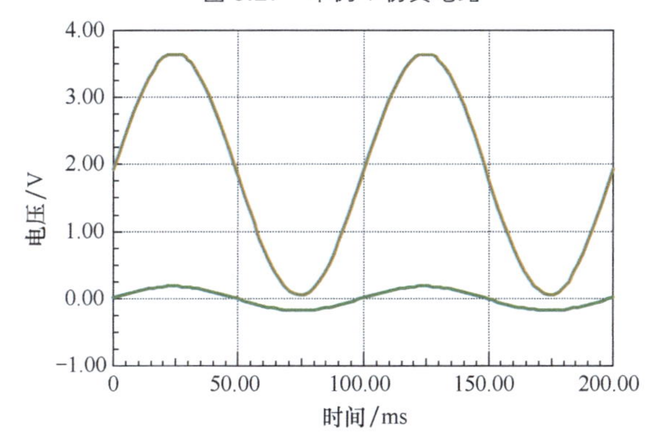

图3.28 举例1输入输出波形

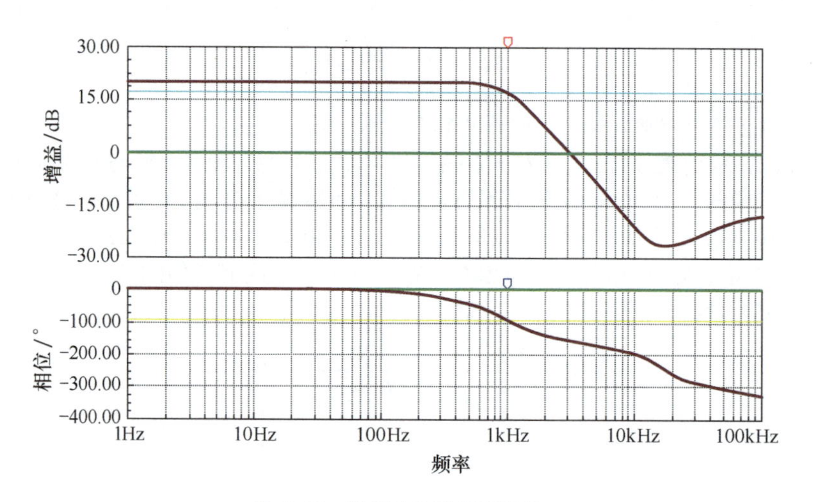

图 3.29　举例 1 仿真频率特性

◎单电源二阶 MFB 型低通滤波器

二阶 MFB 型低通滤波器的单电源改造，较为容易。其电路如图 3.30 所示。电路中 R_1、R_2、R_3、C_1、C_2 仍利用双电源电路的计算结果。只是增加了两个分压电阻 R_4 和 R_5，以强制给运放正输入端提供一个静态电位 U_{+Q}，迫使输出静态电位维持在设计要求指定的 U_{OQ}。

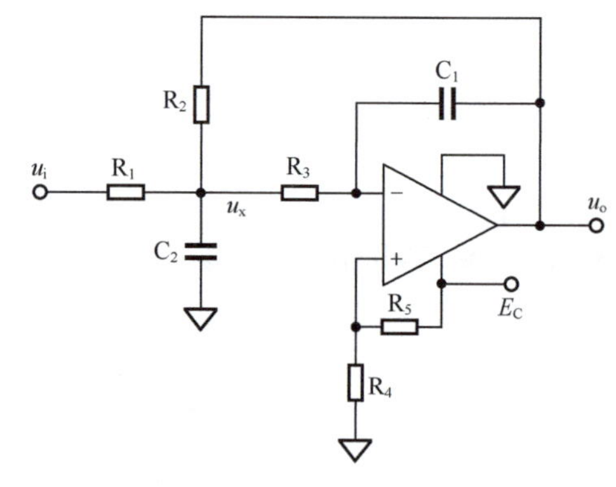

图 3.30　单电源二阶 MFB 型低通滤波器

可以看出，这种改变似乎不会影响滤波器的频率特性。而对于静态特性，有式（3-97）和（3-98）成立：

$$U_{+Q}=E_C\times\frac{R_4}{R_4+R_5} \tag{3-97}$$

$$U_{XQ}=U_{OQ}\times\frac{R_1}{R_1+R_2}=\frac{U_{OQ}}{1-A_m} \tag{3-98}$$

在静态时，只有 R_3 上没有电流流过，且运放处于虚短状态，才能保证输出静态电位的稳定不变，因此有：

$$U_{XQ}=U_{-Q}=U_{+Q} \tag{3-99}$$

即：

$$E_C\times\frac{R_4}{R_4+R_5}=\frac{U_{OQ}}{1-A_m} \tag{3-100}$$

可以解得：

$$R_5=R_4\times\left(\frac{E_C}{U_{OQ}}\times(1-A_m)-1\right)=kR_4 \tag{3-101}$$

独立选择 R_4，并保证 R_5 是 R_4 的 k 倍即可。

举例 2

设计一个二阶低通滤波器。要求供电电压为 5V，输出静默电位为 2.5V，输入静默电位为 0V，中频增益为 −10 倍，截止频率为 1kHz，Q=0.58。并用 TINA-TI 仿真软件实证。

解：此例为第 3.4 节中举例 1 的单电源版本，除供电变化外，其余要求均相同。因此，关于滤波器的电阻、电容值均采用该例中已有值。计算 R_4 和 R_5 即可。

取 R_4=1kΩ，据式（3-101）：

$$R_5=R_4\times\left(\frac{E_C}{U_{OQ}}\times(1-A_m)-1\right)=R_4\left(\frac{5}{2.5}\times 11-1\right)=21R_4$$

据此，仿真电路如图 3.31 所示。示波器显示输入输出波形如图 3.32 所示，图 3.32 所示为基于 0V 的输入信号，频率为 10Hz，幅度为 240mV。从图 3.32 中可见，输出波形正峰值处有微弱的“削顶”失真，这是 OPA348 运放的输出至轨特性造成的。降低输入信号、降低输出电流、更换运放，都可以减少这种失真。

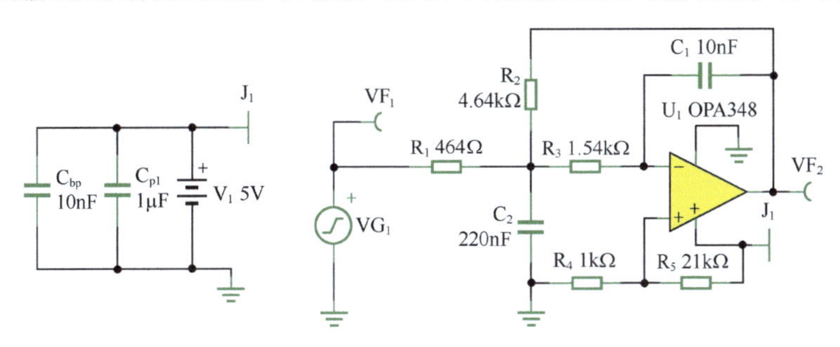

图 3.31　举例 2 仿真电路

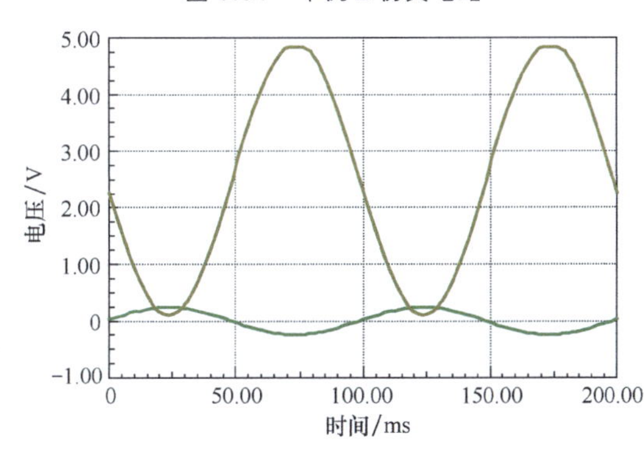

图 3.32　举例 2 输入输出波形

仿真频率特性如图 3.33 所示。与理论值对比，基本吻合。

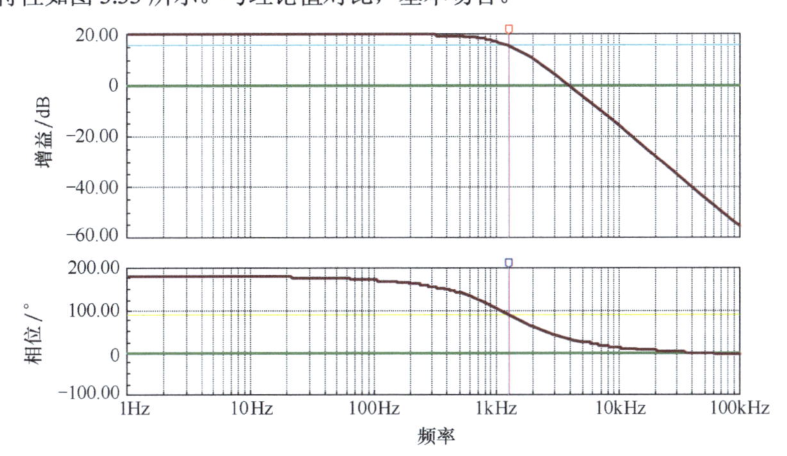

图 3.33　举例 2 仿真频率特性

◎单电源滤波器中的提升型和传递型

前述单电源滤波器有一个特点，输入信号基线为 0V，输出信号基线为 2.5V，我们称这种单电源滤波器为提升型。它用于将双极输入信号演变成基线为 2.5V 的单极信号。

在单电源滤波器中，还有另外一种电路，其输入信号来自提升型单电源滤波器，即基线为 2.5V，其输出基线也是 2.5V，这种滤波器电路被称为传递型。比如用两个运放制作一个单电源四阶滤波器，第一个运放实现二阶滤波，属于提升型，第二个运放实现的二阶滤波器，就一定是传递型。

所有单电源电路，包括滤波器、比例器等，都存在提升型和传递型两类。

图 3.34 所示是一个传递型 SK 型四元件单位增益二阶低通滤波器，它与标准双电源电路几乎一样，只是将电源改为单电源。

图 3.35 所示是一个传递型 MFB 型二阶低通滤波器。看起来，它与图 3.30 的提升型 MFB 滤波器一样，唯一的区别在于 R_4 和 R_5 的选择。由于 u_i 已经有 2.5V 的静默电位，要保证 u_o 仍保持 2.5V 的静默电位，只需要选择 R_4 和 R_5，以保证运放正输入端的静默电位为 2.5V 即可。

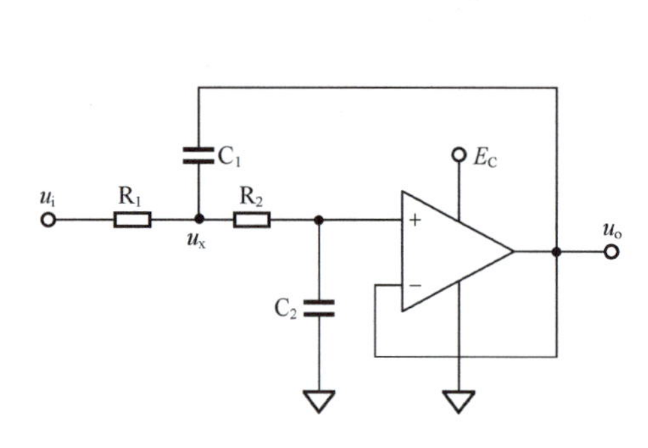

图 3.34　四元件传递型 SK 型单位增益二阶低通滤波器

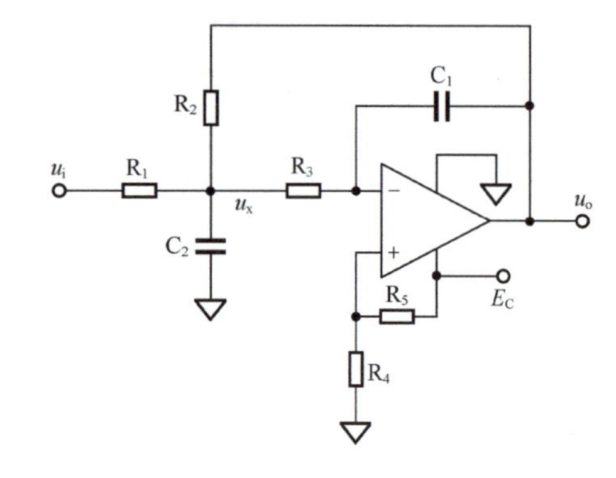

图 3.35　传递型 MFB 型二阶低通滤波器

这样看来，传递型电路的设计比提升型更为简单。然而，对于六元件含增益的 SK 型低通滤波器来说，不做“伪地”，要实现传递型则是不可能的。为什么呢？

原因是，我们使用六元件电路的根本目的在于一方面要滤波，另一方面要对通频带内信号实施放大。而六元件传递型 SK 型低通滤波器，是无法实现放大的。

图 3.36 所示是一个六元件传递型 SK 型低通滤波器（当然，这个电路是无效的），可以看出，为了保证输出静默电位为 2.5V，运放的负输入端静默电位必须是 $2.5V_Q/A_m$，其中 $A_m=1+R_4/R_3$，进而可以反推出，R_{1B} 头顶电位必须是 $2.5V_Q/A_m$。由于输入信号含有 $2.5V_Q$ 的静默电位，要使得 R_{1B} 头顶电位为 $2.5V_Q/A_m$，R_{1A} 和 R_{1B} 必须组成 $1/A_m$ 分压关系。按照此分压关系，输入信号也将被先分压 $1/A_m$，再放大 A_m 倍，最终只能得到 1 倍的信号增益。

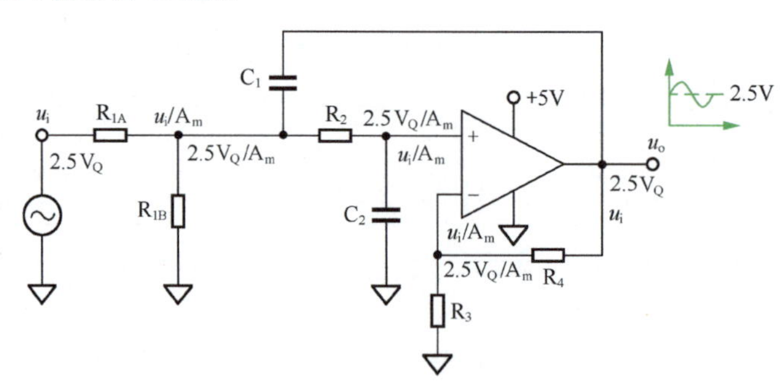

图 3.36　六元件 SK 型低通滤波器

因此，按此电路结构，六元件传递型 SK 型低通滤波器，只能实现 1 倍增益，无法实现含有电压增益的滤波效果。但是，我们都知道，对于滤波器来说，增益不是重点，它可以依赖后级独立的增益单元实现。

◎高阶单电源低通滤波器

高阶单电源低通滤波器由几个一阶、二阶滤波器级联组成。第一级电路一般是提升型，第二级以后均为传递型。当整个高阶滤波器有增益要求时，需要稍稍谨慎，传递型 SK 型滤波器是无法实现增益的。

除此之外，设计高阶单电源低通滤波器的方法很简单，只需要按照双电源高阶滤波器的设计方法，完成各级滤波器的参数设计，然后按照本节内容，对其实施单电源改造即可。

3.7 滤波器设计中的注意事项

◎ SK 型低通滤波器中的高频馈通现象

图 3.37 所示是一个四元件 SK 型低通滤波器，图 3.38 所示是其仿真频率特性。从频率特性看，从 100kHz 开始，它的增益不再继续下降，反而出现缓慢上升，并最终稳定在 -37dB 附近。这种现象，称为低通滤波器的高频馈通现象。它使得低通滤波器在频率特别高时，滤波效果变差。

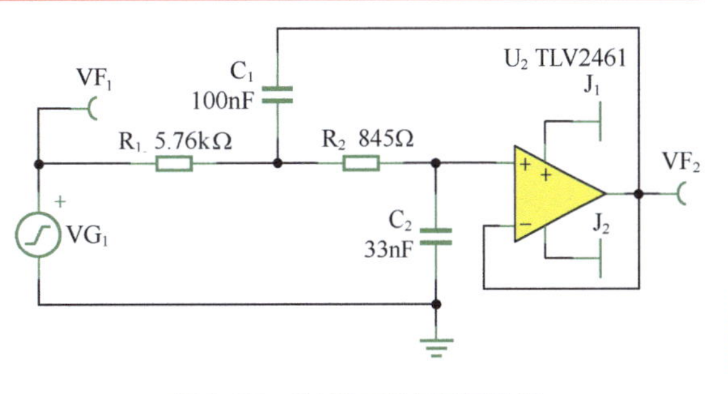

图 3.37　SK 型二阶低通滤波器

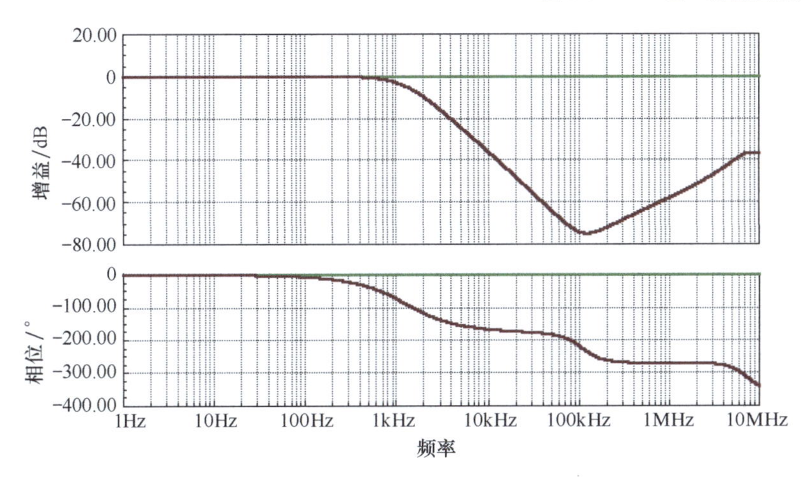

图 3.38　SK 型低通滤波器的高频馈通现象

而同样的 MFB 型低通滤波器，则不会这样。

造成高频馈通现象的主要原因，是 SK 型滤波器独有的结构。图 3.39 所示是包含运放内部结构的电路。在输入信号频率很高时，运放的电压开环增益急剧下降，导致等效的输出受控电压源 $A_{uo}u_{id}$ 急剧下降，甚至逼近 0V。此时，输入信号经过 R_1 和几乎短路的 C_1 到达运放输出端，与运放内部的输出电阻构成了分压关系。

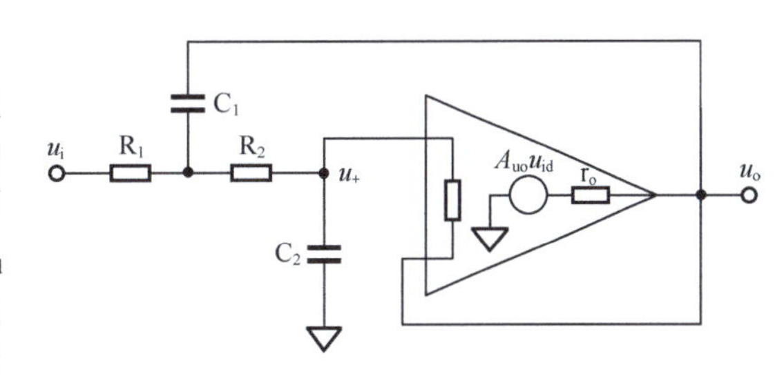

图 3.39　对高频馈通的微观解释

$$u_o = u_i \frac{r_o}{R_1 + r_o} \tag{3-102}$$

运放的开环输出电阻与输入信号频率有关，一般在高频时可以达到几十甚至上百欧，这就造成分压比不会太小，使得高频时滤波效果变差。此时，信号的流向是从输入端直接馈送到输出端的，因此叫高频馈通。

避免或者减少高频馈通有两种方法，第一选择 MFB 型滤波器，第二在 SK 型滤波器中，使用带宽足够大的运放。同时，也能看出，电阻 R_1 取值越大，高频馈通形成的分压比越小，越有利于抑制高频馈通。当然，运放开环输出电阻越小，也越有利于抑制高频馈通。但是，不要对此有过高的奢望。

一旦出现高频馈通，又无法采取上述方法，则可以在后级增加一个无源低通滤波器。

◎滤波器中运放的带宽选择

二阶滤波器的传递函数建立在虚短法成立的基础上，请大家回忆，此前我们实施的所有传递函数推导中，都利用了运放虚短法结论。而运放的虚短法成立条件为：

$$\frac{\dot{A}_{uo}\dot{M}}{1+\dot{A}_{uo}\dot{F}} \approx \frac{\dot{M}}{\dot{F}} \tag{3-103}$$

即：

$$\dot{A}_{uo}\dot{F} \gg 1 \tag{3-104}$$

也即：

$$\dot{A}_{uo} \gg \frac{1}{\dot{F}} \tag{3-105}$$

即在任何情况下，运放的电压开环增益应该比电压闭环增益大很多，一般大 100 倍。

有很多关于此的计算式可以利用。但如此谨慎的必要性不大。记住以下结论，通常会有用。

任何一个低通滤波器，都有 Q 值和截止频率 f_c，以及通带内中频增益 A_m，针对此滤波器，选择运放的增益 GBW 或者单位增益 GBW 为：

$$\text{GBW} > 100 \times A_m \times f_c \times Q_{max} \tag{3-106}$$

其中，如果 Q 小于 1，Q_{max}=1；如果 Q 大于 1，Q_{max}=Q。

这是一个相对保守的计算式。

对于高通滤波器，运放的带宽选择与下限截止频率毫无关系。因为，任何一个高通滤波器都希望频率越高时，增益越容易进入平坦区，理论上它希望运放的带宽是无穷大的。但是，总会有频率上限，也就是任何高通滤波器，受运放本身带宽的影响，其实都是一个高通滤波器，它存在上限截止频率。这个上限截止频率，是设计中必须要告诉你的。

一旦你获得了高通滤波器的频率上限要求，请按照本书式（1-15），计算运放的 GBW。

举例 1

设计一个二阶 SK 型低通滤波器。要求，中频增益为 1 倍，截止频率为 50kHz 巴特沃斯型。选用 6 种不同的运放，验证 GBW 小于、等于、远大于式（3-106）要求时，滤波器的实际表现。

解：根据前述内容，设计符合要求的滤波器电路如图 3.40 所示，6 个电路的阻容参数完全相同。为保证其正常工作，电源电压选为 ±2.5V，这是绝大多数运放可以承受的。

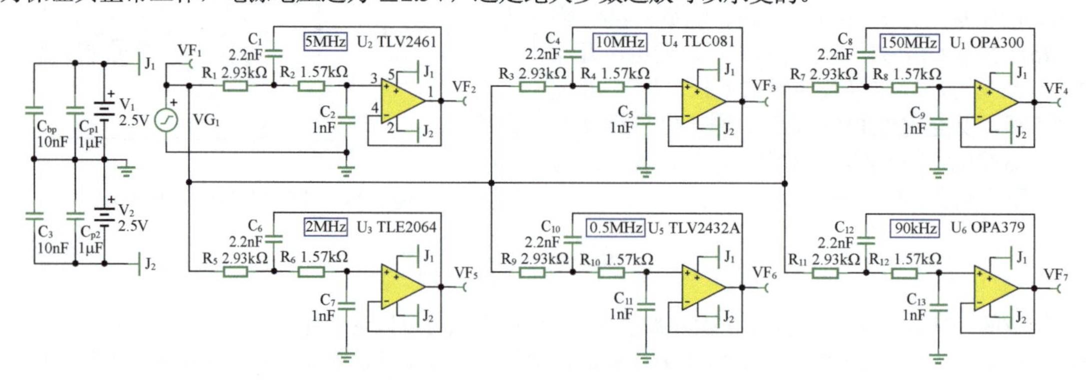

图 3.40　举例 1：运放 GBW 对滤波器影响实验

按照式(3-106)，计算得该电路中运放的 GBW 应大于 5MHz。据此，我们选择 GBW 分别为 5MHz 的 TLV2461、10MHz 的 TLC081、150MHz 的 OPA300 以及低于要求的 2MHz 的 TLE2064、500kHz 的 TLV2432、90kHz 的 OPA379。

上述电路的仿真频率特性如图 3.41 所示。从图 3.41 中看出，GBW 为 90kHz 的低速低压（1.8V）低功耗（2.5μA）运放 OPA379，即 VF_7 特性，已经完全不符合设计要求。而 500kHz 的 TLV2432，其频率

特性为 VF_6，与理想特性存在一定的差异，肉眼可见。GBW 为 2MHz 的 TLE2064，其频率特性为 VF_5，基本与理论吻合。5MHz、10MHz、150MHz 3 种运放的频率特性分别为 VF_2、VF_3、VF_4，基本是重合的。

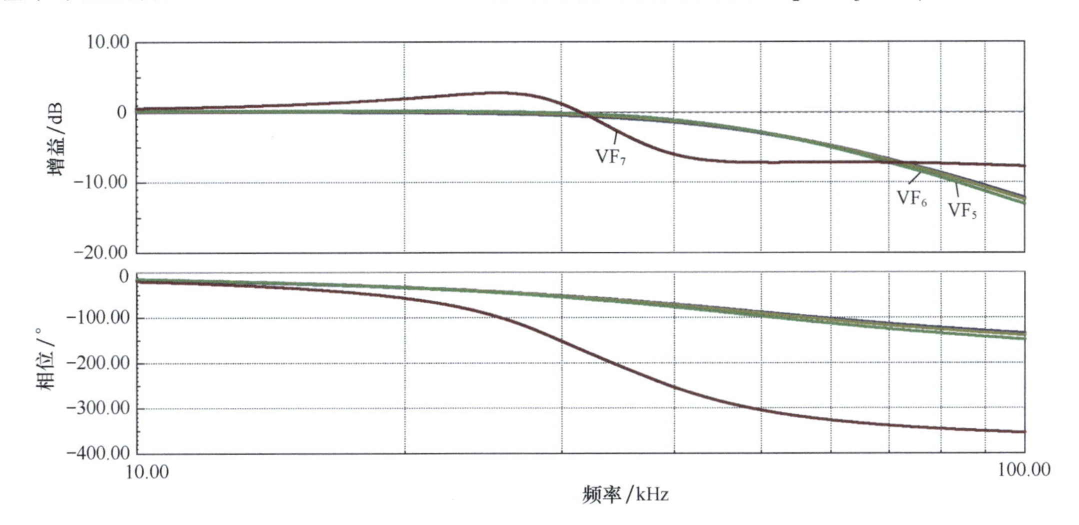

图 3.41　举例 1 仿真频率特性

◎单电源滤波器中的运放选择

对于单电源滤波器的运放选择，除一般性约束外，还需要考虑单电源供电的特殊性带来的约束。

单电源滤波器一般工作在电池供电场合，其供电电压本身就偏低，一般为 1.5 ～ 3.7V，此时必须选择轨至轨运放。

所谓的轨至轨运放，英文为 Rail to Rail Op Amp。Rail 其实是电源电压，有正电源轨和负电源轨，就像火车轨道，是约束线。

轨至轨运放分为 3 种情况。

1）输出轨至轨（RRO），是指该运放的最大输出电压可以非常接近正电源轨，最小输出电压可以非常接近负电源轨，相差一般在 100mV 以内，此称为输出至轨电压。比如一个非 RRO 运放 OP07，它的输出正至轨电压在负载很轻的情况（负载电阻很大，输出电流很小）下为 1V，输出负至轨电压为 2V，在 0 ～ 5V 单电源供电情况下，输出信号只能在 2 ～ 4V 内波动，这显然太小了。

而 RRO 运放在轻负载情况（1mA 输出电流）下，其输出至轨电压只有 9mV（正负差不多一样），同样在 0 ～ 5V 单电源供电情况下，输出信号能在 9mV ～ 4.991V 内波动，这显然足够了。

2）输入轨至轨（RRI），是指该运放的输入电压范围可以接近电源轨，甚至超过电源轨。

3）输入输出轨至轨（RRIO），是指该运放兼备 RRI 和 RRO 特性。

对于 SK 型滤波器，一般要求最好是 RRIO 运放。对于 MFB 型滤波器，则一般只要求 RRO 运放。别小看这一点区别，多这么一项要求，可选择的运放范围就会大幅度减少。

◎单电源运放

有些运放，在数据手册中明确标注：Single-Supply Operation。于是有些人将运放分为单电源运放和双电源运放。前面我们讲的单电源滤波器，似乎只能选择标注有 Single-Supply Operation 的“单电源运放”，这是错误的。

其实运放本身没有接地引脚，它只在正负电源之间存在一定压差的情况下工作，压根就不考虑你用的是 0 ～ 5V，还是 ±2.5V 电源，或者说它根本不知道你怎么使用电源。因此，从理论上讲，根本不存在单电源运放和双电源运放的区别。

之所以说单电源运放，是因为这类运放一般都具有较低的最小工作电压、具有输入输出轨至轨特性，也许还有低功耗特性，特别适合于工作在单电源电池供电的场合而已。

第四章 运放组成的高通滤波器

运放组成的高通滤波器，在很多情况下，是运放组成的低通滤波器的“镜像”。一般来说，有某种结构的低通滤波器，就有与之类似的高通滤波器。

但是，它们之间又不是完全“镜像”的。依赖镜像，可以让我们轻松实现“创新”，比如有人发明了 MFB 型低通滤波器，我们就可以发明出 MFB 型高通滤波器——仅仅是将电阻、电容对调。但是更有价值的是：如果镜像失败，我们会怎么思考？这才是决定学习成效的关键。

4.1 四元件二阶 SK 型高通滤波器

在标准 SK 型拓扑的基础上，将低通滤波器（图 3.1 和图 3.2）中的电阻和电容位置互换，就得到了二阶 SK 型高通滤波器，如图 4.1 所示。

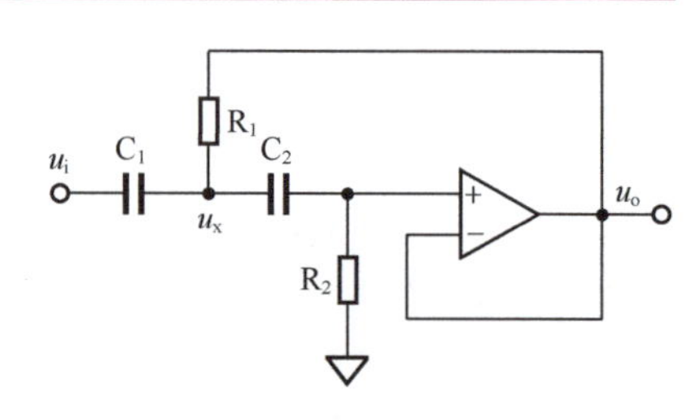

图 4.1 二阶 SK 型高通滤波器

回顾式（3-6）：

$$A(S)=\frac{Z_3Z_4}{Z_1Z_2+Z_1Z_4+Z_2Z_4+Z_3Z_4} \quad (3\text{-}6)$$

针对图 4.1 所示的具体电路，$Z_4=R_1$，$Z_3=R_2$，$Z_2=1/SC_2$，$Z_1=1/SC_1$，代入得：

$$A(S)=\frac{1}{\frac{1}{S^2R_1R_2C_1C_2}+\frac{1}{SR_2C_1}+\frac{1}{SR_2C_2}+1}=\frac{1}{1+\frac{1}{S}\left(\frac{1}{R_2C_1}+\frac{1}{R_2C_2}\right)+\frac{1}{S^2}\times\frac{1}{R_1R_2C_1C_2}} \quad (4\text{-}1)$$

转换到频域：

$$\dot{A}(\mathrm{j}\omega)=\frac{1}{1+\frac{1}{\mathrm{j}\omega}\left(\frac{1}{R_2C_1}+\frac{1}{R_2C_2}\right)+\frac{1}{(\mathrm{j}\omega)^2}\times\frac{1}{R_1R_2C_1C_2}}=\frac{(\mathrm{j}\omega)^2R_1R_2C_1C_2}{1+\mathrm{j}\omega R_1R_2C_1C_2\left(\frac{1}{R_2C_1}+\frac{1}{R_2C_2}\right)+(\mathrm{j}\omega)^2R_1R_2C_1C_2} \quad (4\text{-}2)$$

◎已知阻容参数求滤波器参数——滤波器分析

对比高通滤波器的归一化标准式：

$$\dot{A}(\mathrm{j}\Omega)=A_\mathrm{m}\frac{(\mathrm{j}\Omega)^2}{1+\frac{1}{Q}\mathrm{j}\Omega+(\mathrm{j}\Omega)^2} \quad (4\text{-}3)$$

可得如下关系：

$$A_\mathrm{m}=1$$

$$\omega_0=\frac{1}{\sqrt{C_1C_2R_1R_2}} \tag{4-4}$$

$$f_0=\frac{1}{2\pi\sqrt{C_1C_2R_1R_2}} \tag{4-5}$$

为了解得 Q 值，在式（4-2）的分母第二项中乘以 ω_0/ω_0，得：

$$\dot{A}(\mathrm{j}\omega)=\frac{(\mathrm{j}\omega)^2R_1R_2C_1C_2}{1+\mathrm{j}\frac{\omega}{\omega_0}R_1R_2C_1C_2\left(\frac{1}{R_2C_1}+\frac{1}{R_2C_2}\right)\frac{1}{\sqrt{C_1C_2R_1R_2}}+(\mathrm{j}\omega)^2R_1R_2C_1C_2}=\frac{(\mathrm{j}\omega)^2R_1R_2C_1C_2}{1+\mathrm{j}\frac{\omega}{\omega_0}\sqrt{C_1C_2R_1R_2}\frac{C_1+C_2}{R_2C_1C_2}+(\mathrm{j}\omega)^2R_1R_2C_1C_2} \tag{4-6}$$

因此，得：

$$Q=\frac{R_2C_1C_2}{\sqrt{C_1C_2R_1R_2}\times(C_1+C_2)}=\frac{\sqrt{R_2C_1C_2}}{\sqrt{R_1}\times(C_1+C_2)}=\sqrt{\frac{R_2}{R_1}}\times\frac{\sqrt{C_1C_2}}{C_1+C_2} \tag{4-7}$$

◎已知滤波器参数求电路中的电阻、电容——滤波器设计

滤波器只有两个设计目标，即 f_0 和 Q。因此对于两个电容、两个电阻共 4 个未知量，可以先确定两个电容，然后求解两个电阻即可。

从式（4-7）可以看出，如果假设两个电容相同，仍可以通过选择两个电阻，实现任意的 Q 值，因此为简化，我们假设两个电容相等，为 C。

由式（4-4）和式（4-5）得：

$$R_1R_2=\frac{1}{4\pi^2f_0^2C_1C_2}=\frac{1}{4\pi^2f_0^2C^2} \tag{4-8}$$

由式（4-7）得：

$$\sqrt{\frac{R_2}{R_1}}\times\frac{\sqrt{C_1C_2}}{C_1+C_2}=0.5\sqrt{\frac{R_2}{R_1}}=Q \tag{4-9}$$

即：

$$\frac{R_2}{R_1}=4Q^2\rightarrow R_2=4Q^2R_1 \tag{4-10}$$

将式（4-10）代入式（4-8），得：

$$R_1^2\times4Q^2=\frac{1}{4\pi^2f_0^2C_1C_2}=\frac{1}{4\pi^2f_0^2C^2} \tag{4-11}$$

$$R_1=\frac{1}{4\pi f_0CQ} \tag{4-12}$$

根据式（4-10），得：

$$R_2=4Q^2\frac{1}{4\pi f_0CQ}=\frac{Q}{\pi f_0C} \tag{4-13}$$

因此，对于四元件二阶 SK 型高通滤波器，在已知 f_0、Q 的情况下，按照下述步骤设计。

1）根据表 3.1 选择 $C_1=C_2=C$。

2）根据式（4-12）计算 R_1。

3）根据式（4-13）计算 R_2。

举例 1

设计一个二阶 SK 型高通滤波器。要求，中频增益为 1 倍，截止频率为 1kHz，Q=1.2。并用 TINA-TI 仿真软件实证。

解：中频增益为 1 倍，可以确定电路结构为四元件二阶 SK 型高通滤波器。

1）准备工作，根据 Q=1.2，利用（3-6），求得 K=0.7358，根据截止频率 1kHz，换算出特征频率为 1359Hz。

2）选择两个电容相等，均为 100nF。

3）利用式（4-12），计算 R_1=488Ω。按照 E96 系列，取 487Ω。

4）利用式（4-13），计算 R_2=2811Ω。按照 E96 系列，取 2.80kΩ。

仿真电路如图 4.2 所示。

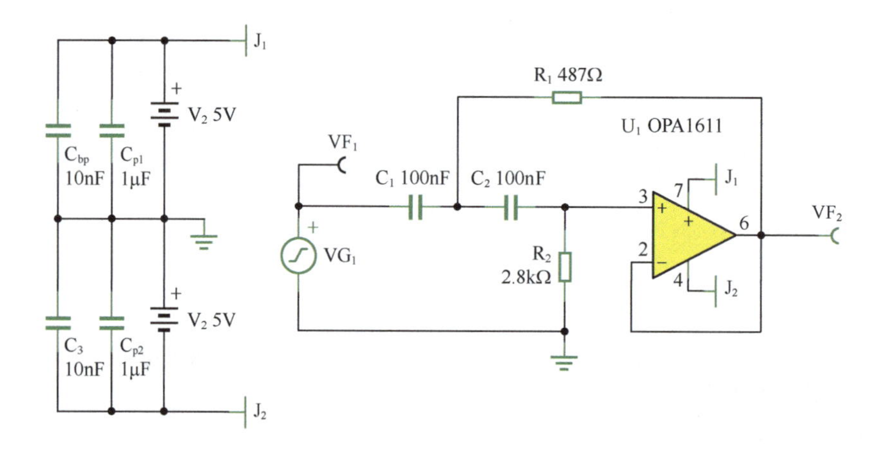

图 4.2 举例 1 电路

实测 1kHz 处增益为 -3.07dB，换算为 0.702 倍，与设计要求 0.707 倍基本吻合。

实测 90° 相移发生在 1.36kHz，与特征频率要求的 1359Hz 基本吻合。在 1.36kHz 处，实测增益为 1.56dB，换算为 1.197 倍，与设计要求的 1.2 倍基本吻合。

4.2 六元件二阶 SK 型高通滤波器

电路如图 4.3 所示。它可以实现任意的 Q 值、任意的增益 A_m。

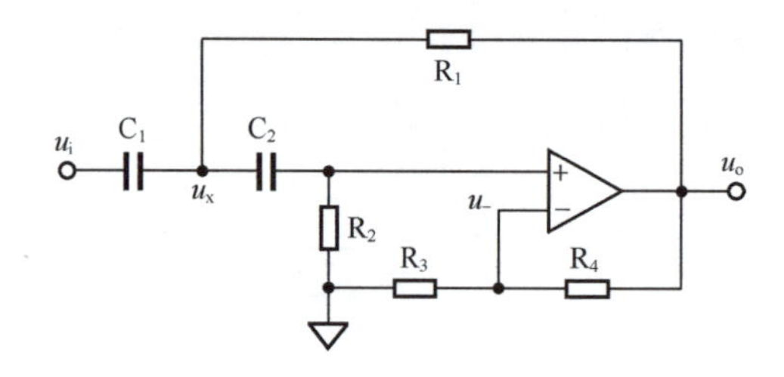

图 4.3 六元件 SK 型二阶高通滤波器

设：

$$A_m = 1 + \frac{R_4}{R_3} \tag{4-14}$$

中间变量 u_x 与输出的关系为：

$$U_x \frac{R_2}{R_2+\frac{1}{SC_2}} \times A_m = U_x \frac{SC_2R_2}{1+SC_2R_2} \times A_m = U_o \tag{4-15}$$

$$即 U_x = U_o \times \frac{1+SC_2R_2}{A_mSC_2R_2} \tag{4-16}$$

KCL 方程为：

$$\frac{U_i-U_x}{\frac{1}{SC_1}} = \frac{U_x-U_o}{R_1} + \frac{U_o}{A_mR_2} \tag{4-17}$$

将式（4-16）代入式（4-17），整理得：

$$\frac{U_i - U_o \times \frac{1+SC_2R_2}{A_mSC_2R_2}}{\frac{1}{SC_1}} = \frac{U_o \times \frac{1+SC_2R_2}{A_mSC_2R_2} - U_o}{R_1} + \frac{U_o}{A_mR_2} \tag{4-18}$$

$$U_i = U_o \times \frac{1+SC_2R_2}{A_mSC_2R_2} + \frac{U_o \times \frac{1+SC_2R_2-A_mSC_2R_2}{A_mSC_2R_2}}{SC_1R_1} + \frac{U_o}{SC_1A_mR_2} \tag{4-19}$$

$$\begin{aligned} U_i &= \frac{1}{A_m}U_o\left(1+\frac{1+SC_2R_2-A_mSC_2R_2}{S^2C_1R_1C_2R_2}+\frac{1}{SC_2R_2}+\frac{1}{SC_1R_2}\right) = \\ &\frac{1}{A_m}U_o\left(1+\frac{1}{S^2C_1R_1C_2R_2}+\frac{1}{S}\left(\frac{1-A_m}{C_1R_1}+\frac{1}{C_1R_2}+\frac{1}{C_2R_2}\right)\right) \end{aligned} \tag{4-20}$$

$$\begin{aligned} A(S) &= \frac{U_o}{U_i} = A_m \times \frac{1}{1+\frac{1}{S}\left(\frac{1-A_m}{C_1R_1}+\frac{1}{C_1R_2}+\frac{1}{C_2R_2}\right)+\frac{1}{S^2C_1R_1C_2R_2}} = \\ &A_m \times \frac{1}{1+\frac{1}{S}\left(\frac{(1-A_m)R_2C_2+R_1C_2+R_1C_1}{R_1R_2C_1C_2}\right)+\frac{1}{S^2R_1R_2C_1C_2}} \end{aligned} \tag{4-21}$$

转换到频域：

$$\begin{aligned} \dot{A}(j\omega) &= A_m \times \frac{1}{1+\frac{1}{j\omega}\left(\frac{(1-A_m)R_2C_2+R_1C_2+R_1C_1}{R_1R_2C_1C_2}\right)+\frac{1}{(j\omega)^2R_1R_2C_1C_2}} = \\ &A_m \times \frac{(j\omega)^2R_1R_2C_1C_2}{1+j\omega((1-A_m)R_2C_2+R_1C_2+R_1C_1)+(j\omega)^2R_1R_2C_1C_2} \end{aligned} \tag{4-22}$$

◎已知阻容参数求滤波器参数——滤波器分析

对比高通滤波器的归一化标准式：

$$\dot{A}(j\Omega) = A_m \frac{(j\Omega)^2}{1+\frac{1}{Q}j\Omega+(j\Omega)^2} \tag{4-23}$$

可得如下关系：

$$A_m = 1+\frac{R_4}{R_3} \tag{4-24}$$

$$\omega_0=\frac{1}{\sqrt{C_1C_2R_1R_2}} \tag{4-25}$$

$$f_0=\frac{1}{2\pi\sqrt{C_1C_2R_1R_2}} \tag{4-26}$$

为了解得 Q 值，在式（4-2）的分母第二项中乘以 ω_0/ω_0，得：

$$\dot{A}(\mathrm{j}\omega)=A_\mathrm{m}\times\frac{(\mathrm{j}\omega)^2R_1R_2C_1C_2}{1+\mathrm{j}\dfrac{\omega}{\omega_0}\times\dfrac{(1-A_\mathrm{m})R_2C_2+R_1C_2+R_1C_1}{\sqrt{C_1C_2R_1R_2}}+(\mathrm{j}\omega)^2R_1R_2C_1C_2} \tag{4-27}$$

因此，得：

$$Q=\frac{\sqrt{C_1C_2R_1R_2}}{(1-A_\mathrm{m})R_2C_2+R_1C_2+R_1C_1} \tag{4-28}$$

与四元件电路类似，可设 $C_1=C_2=C$，由此分析和设计都将简化：

$$\omega_0=\frac{1}{C\sqrt{R_1R_2}} \tag{4-29}$$

$$f_0=\frac{1}{2\pi C\sqrt{R_1R_2}} \tag{4-30}$$

$$Q=\frac{\sqrt{R_1R_2}}{(1-A_\mathrm{m})R_2+2R_1} \tag{4-31}$$

◎已知滤波器参数求电路中的电阻、电容——滤波器设计

根据式（4-29）和式（4-30），得：

$$R_1=\frac{1}{4\pi^2f_0^2C^2R_2} \tag{4-32}$$

根据式（4-31），得：

$$(1-A_\mathrm{m})R_2+2R_1=\frac{1}{2\pi f_0CQ} \tag{4-33}$$

将式（4-32）代入式（4-33），得

$$(1-A_\mathrm{m})R_2+\frac{1}{2\pi^2f_0^2C^2R_2}=\frac{1}{2\pi f_0CQ} \tag{4-34}$$

$$(1-A_\mathrm{m})2\pi^2f_0^2C^2R_2^2-\frac{\pi f_0C}{Q}R_2+1=0 \tag{4-35}$$

$$R_2=\frac{\dfrac{\pi f_0C}{Q}\pm\sqrt{\left(\dfrac{\pi f_0C}{Q}\right)^2-8(1-A_\mathrm{m})\pi^2f_0^2C^2}}{2(1-A_\mathrm{m})2\pi^2f_0^2C^2}=\frac{\dfrac{\pi f_0C}{Q}\pm\dfrac{\pi f_0C}{Q}\sqrt{1-8(1-A_\mathrm{m})Q^2}}{2(1-A_\mathrm{m})2\pi^2f_0^2C^2}=\frac{1\pm\sqrt{1+8(A_\mathrm{m}-1)Q^2}}{4(1-A_\mathrm{m})Q\pi f_0C} \tag{4-36}$$

因为 A_m 大于 1，分母一定为负数。上式为了得到电阻 R_2 为正值，根号前只能取负号。

$$R_2=\frac{\sqrt{1+8(A_\mathrm{m}-1)Q^2}-1}{4(A_\mathrm{m}-1)Q\pi f_0C} \tag{4-37}$$

$$R_1=\frac{1}{4\pi^2 f_0^2 C^2 R_2}=\frac{(A_m-1)Q}{\pi f_0 C\left(\sqrt{1+8(A_m-1)Q^2}-1\right)} \tag{4-38}$$

因此，对于六元件二阶 SK 型高通滤波器，在已知 f_0、Q、A_m 的情况下，按照下述步骤设计。

1）根据表 3.1 选择 $C_1=C_2=C$。

2）根据式（4-37）、式（4-38）计算 R_2、R_1。

3）根据一般规则选择电阻 R_3。

4）根据式（4-14）计算 R_4。

设计一个二阶 SK 型高通滤波器。要求，中频增益为 10 倍，截止频率为 1kHz，Q=0.58。并用 TINA-TI 仿真软件实证。

解：因为中频增益 A_m 为 10 倍，选用六元件电路合适，确定电路结构如图 4.3 所示，其中两个电容相等。

先做准备工作，根据 Q 和截止频率，确定特征频率，据式（2-87），求得：

$$K=\frac{f_c}{f_0}=\frac{2Q}{\sqrt{4Q^2-2+\sqrt{4-16Q^2+32Q^4}}}=1.2642$$

$$f_0=\frac{f_c}{K}=791\text{Hz}$$

1）根据表 3.1 选择 $C_1=C_2=C$=100nF。

2）根据式（4-37）计算得 R_2=775Ω，按照 E96 系列，取 R_2=768Ω，据式（4-38）计算得 R_1=5223Ω，按照 E96 系列，取 R_2=5.23kΩ。

3）本例选择运放为 OPA1641（TINA-TI 中只有 OPA1641 的双运放版 OPA1642），其偏置电流仅为 20pA，一般无须考虑外部电阻的匹配。按照常规，尽量让电阻值小，但不要太小。选择电阻 R_3=100Ω ～ 1kΩ 即可。本例选择 R_3=1kΩ。

4）根据式（4-14）计算得 R_4=9kΩ，按照 E96 系列，取 R_4=9.09kΩ。由此，得到仿真电路如图 4.4 所示。此电路的仿真结果如图 4.5 所示。仿真实测表明，电路基本满足设计要求。

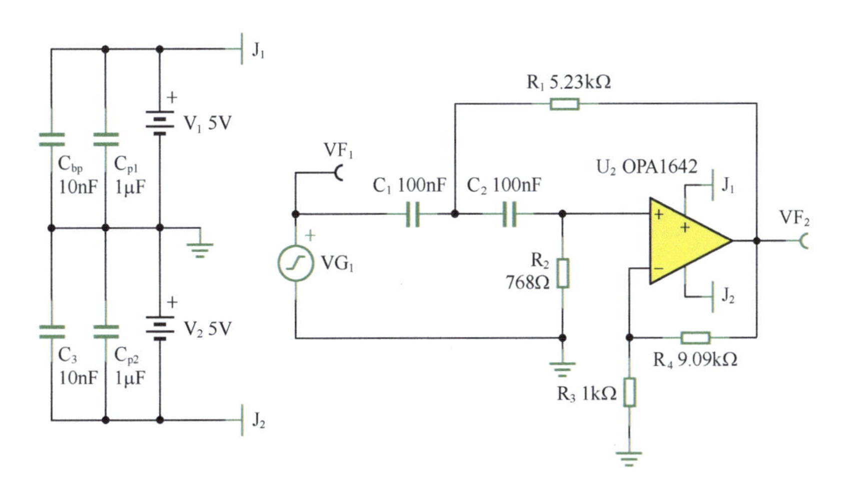

图 4.4　举例 1 电路

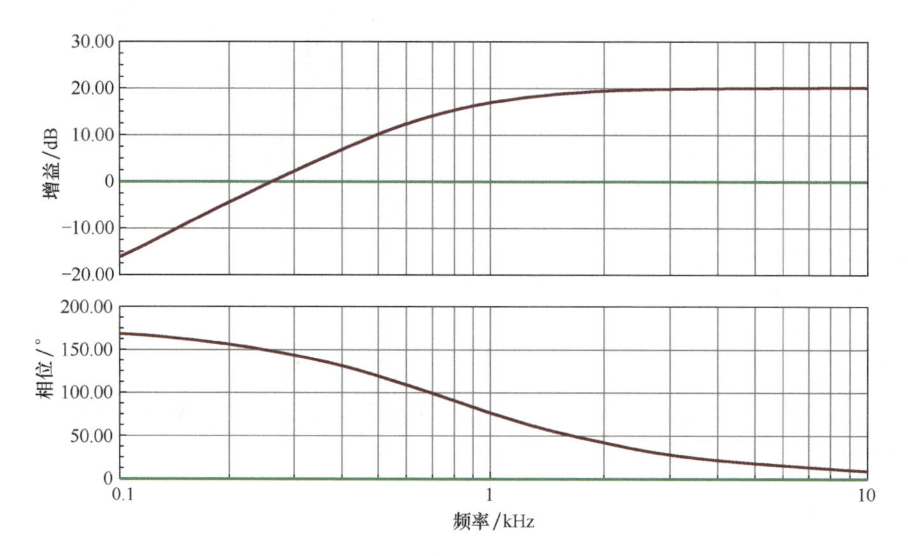

图 4.5　举例 1 电路的频率特性 TINA-TI 仿真

4.3 易用型二阶 SK 型高通滤波器

与低通滤波器类似，SK 型高通滤波器也有易用型电路。

◎四元件等阻容型

电路如图 4.6 所示。四元件电路频域表达式为：

$$\dot{A}(\mathrm{j}\omega)=\frac{(\mathrm{j}\omega)^2R_1R_2C_1C_2}{1+\mathrm{j}\omega R_1R_2C_1C_2\left(\frac{1}{R_2C_1}+\frac{1}{R_2C_2}\right)+(\mathrm{j}\omega)^2R_1R_2C_1C_2}\tag{4-2}$$

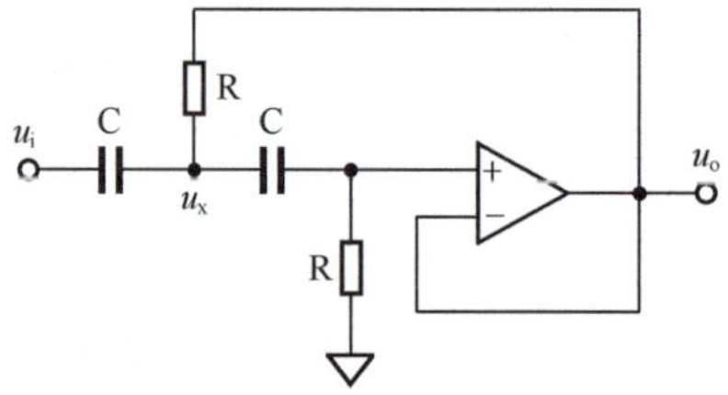

图 4.6　SK 型四元件等阻容型

将阻容相等条件代入，可得：

$$\dot{A}(\mathrm{j}\omega)=\frac{(\mathrm{j}\omega)^2R^2C^2}{1+\mathrm{j}\omega^2RC+(\mathrm{j}\omega)^2R^2C^2}=\frac{\left(\mathrm{j}\frac{\omega}{\frac{1}{RC}}\right)^2}{1+\mathrm{j}\frac{\omega}{\frac{1}{RC}}\times\frac{1}{0.5}+\left(\mathrm{j}\frac{\omega}{\frac{1}{RC}}\right)^2}=\frac{\left(\mathrm{j}\frac{\omega}{\omega_0}\right)^2}{1+\mathrm{j}\frac{\omega}{\omega_0}\times\frac{1}{Q}+\left(\mathrm{j}\frac{\omega}{\omega_0}\right)^2}\tag{4-39}$$

可知：

$$\begin{cases}\omega_0=\dfrac{1}{RC}\\ f_0=\dfrac{1}{2\pi RC}\end{cases}\tag{4-40}$$

$$Q=0.5$$

可知此电路的 Q 值为 0.5，属于贝塞尔型高通滤波器。

利用式（2-87）关于特征频率与截止频率的关系：

$$K=\frac{f_c}{f_0}=\frac{2Q}{\sqrt{4Q^2-2+\sqrt{4-16Q^2+32Q^4}}}=1.5538 \tag{2-87}$$

可知：

$$f_c=Kf_0=1.5538f_0=\frac{1.5538}{2\pi RC} \tag{4-41}$$

◎四元件巴特沃斯型

根据四元件分析结论，以及式（4-7），要实现巴特沃斯型，必须使得 Q=0.7071。

$$Q=\sqrt{\frac{R_2}{R_1}}\times\frac{\sqrt{C_1C_2}}{C_1+C_2} \tag{4-7}$$

在两个电容相等情况下，将 R_2=2R_1 代入，得：

$$Q=\sqrt{2}\times\frac{1}{2}=0.7071 \tag{4-42}$$

因此，四元件 SK 型巴特沃斯型滤波器电路如图 4.7 所示。

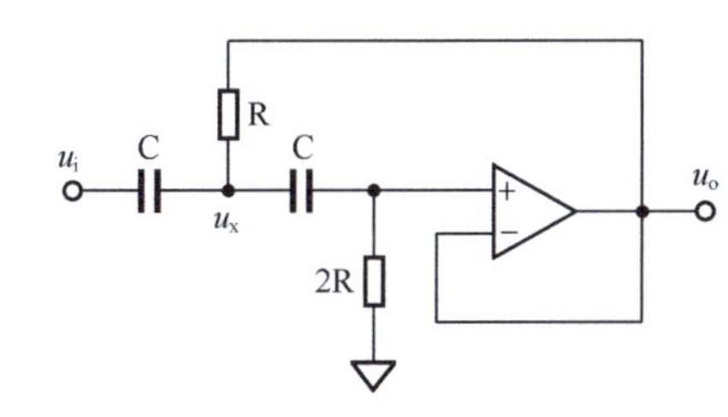

图 4.7 四元件 SK 型巴特沃斯型滤波器电路

此时，根据四元件标准表达式（4-2），电路的频域表达式演变为：

$$\dot{A}(j\omega)=\frac{(j\omega)^2R_1R_2C_1C_2}{1+j\omega R_1R_2C_1C_2\left(\frac{1}{R_2C_1}+\frac{1}{R_2C_2}\right)+(j\omega)^2R_1R_2C_1C_2}=\frac{(j\omega)^2 2R^2C^2}{1+j\omega 2RC+(j\omega)^2 2R^2C^2}=$$

$$\frac{\left(j\frac{\omega}{\frac{1}{\sqrt{2}RC}}\right)^2}{1+j\frac{\omega}{\frac{1}{\sqrt{2}RC}}\times\frac{1}{\sqrt{2}\times 0.5}+\left(j\frac{\omega}{\frac{1}{\sqrt{2}RC}}\right)^2}=\frac{\left(j\frac{\omega}{\omega_0}\right)^2}{1+j\frac{\omega}{\omega_0}\times\frac{1}{Q}+\left(j\frac{\omega}{\omega_0}\right)^2} \tag{4-43}$$

据此可知：

$$\begin{cases}\omega_0=\dfrac{1}{\sqrt{2}\times RC}\\ f_0=\dfrac{1}{\sqrt{2}\times 2\pi RC}\\ Q=\dfrac{\sqrt{2}}{2}\end{cases} \tag{4-44}$$

同时，可知截止频率等于特征频率，则有：

$$\omega_c = \frac{1}{\sqrt{2}} \times \frac{1}{RC} \tag{4-45}$$

$$f_c = \frac{1}{\sqrt{2}} \times \frac{1}{2\pi RC} \tag{4-46}$$

◎六元件易用型

与低通滤波器类似，高通滤波器也可以形成六元件易用型，电路如图 4.8 所示。

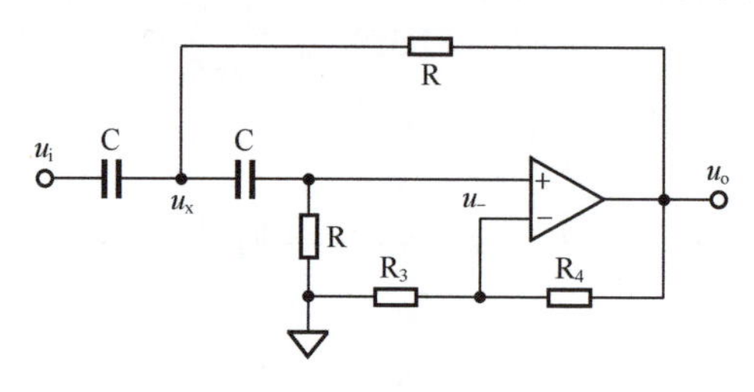

图 4.8　六元件 SK 型易用型高通滤波器

六元件二阶高通滤波器的标准频域表达式为：

$$\dot{A}(j\omega) = A_m \times \frac{(j\omega)^2 R_1R_2C_1C_2}{1 + j\omega\left((1-A_m)R_2C_2 + R_1C_2 + R_1C_1\right) + (j\omega)^2 R_1R_2C_1C_2} \tag{4-47}$$

令两个电容相等，两个电阻也相等，得到新的频域表达式为：

$$\dot{A}(j\omega) = A_m \times \frac{(j\omega)^2 R^2C^2}{1 + j\omega(3-A_m)RC + (j\omega)^2 R^2C^2} = A_m \times \frac{\left(j\frac{\omega}{\frac{1}{RC}}\right)^2}{1 + j\frac{\omega}{\frac{1}{RC}} \times (3-A_m) + \left(j\frac{\omega}{\frac{1}{RC}}\right)^2} = \tag{4-48}$$

$$A_m \frac{\left(j\frac{\omega}{\omega_0}\right)^2}{1 + j\frac{\omega}{\omega_0} \times \frac{1}{Q} + \left(j\frac{\omega}{\omega_0}\right)^2}$$

据此可知：

$$Q = \frac{1}{3 - A_m} \tag{4-49}$$

即要实现不同的 Q 值，只需要设定不同的 A_m 即可实现。而电路的特征频率为：

$$f_0 = \frac{1}{2\pi RC} \tag{4-50}$$

这个电路唯一的缺点是，品质因数 Q 与中频增益互相影响，且有：

$$A_m = 3 - \frac{1}{Q} < 3 \tag{4-51}$$

举例 1

设计一个二阶 SK 型高通滤波器。要求，中频增益为 10 倍，截止频率为 1kHz，Q=0.7071。并用 TINA-TI 仿真软件实证。

解：确定电路结构为六元件二阶 SK 型高通滤波器。

1）准备工作，根据 Q=0.7071，利用式（2-87），求得 f_0=f_c=1kHz。

2）选择两个电容相等，均为 100nF。

3）利用式（4-37）和式（4-38），计算 R_2、R_1。

$$R_2=\frac{\sqrt{1+8\left(A_\mathrm{m}-1\right)Q^2}-1}{4\left(A_\mathrm{m}-1\right)Q\pi f_0 C}=635.57\Omega$$

$$R_1=\frac{1}{4\pi^2 f_\mathrm{c}^2 R_2 C^2}=3985.495\Omega$$

取 E96 系列最接近值，R_2=634Ω，R_2=4.02kΩ。

4）利用式（4-14），计算 R_3、R_4。

取 R_3=1kΩ，R_4=9.09kΩ。

仿真电路如图 4.9 所示。仿真实验结果如图 4.10 所示。中频电压增益为 20.07dB、频率为 1kHz 时，增益为 17.02dB，相移为 89.73°，与理论结果较为吻合。

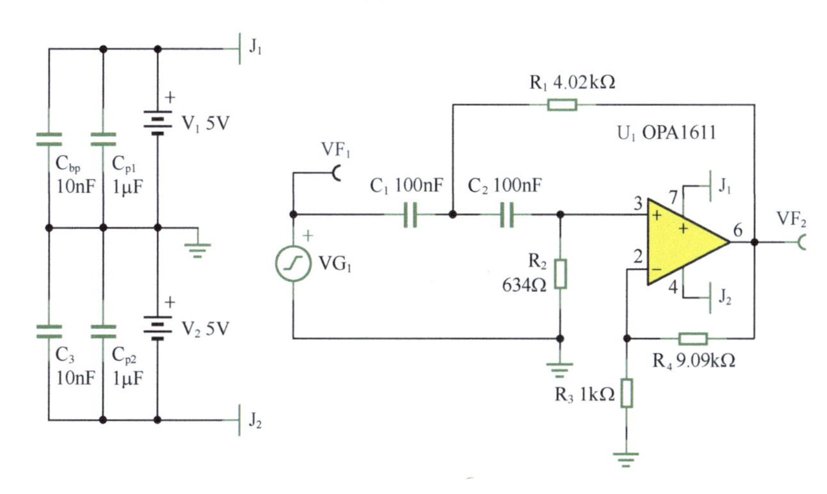

图 4.9　举例 1 仿真电路

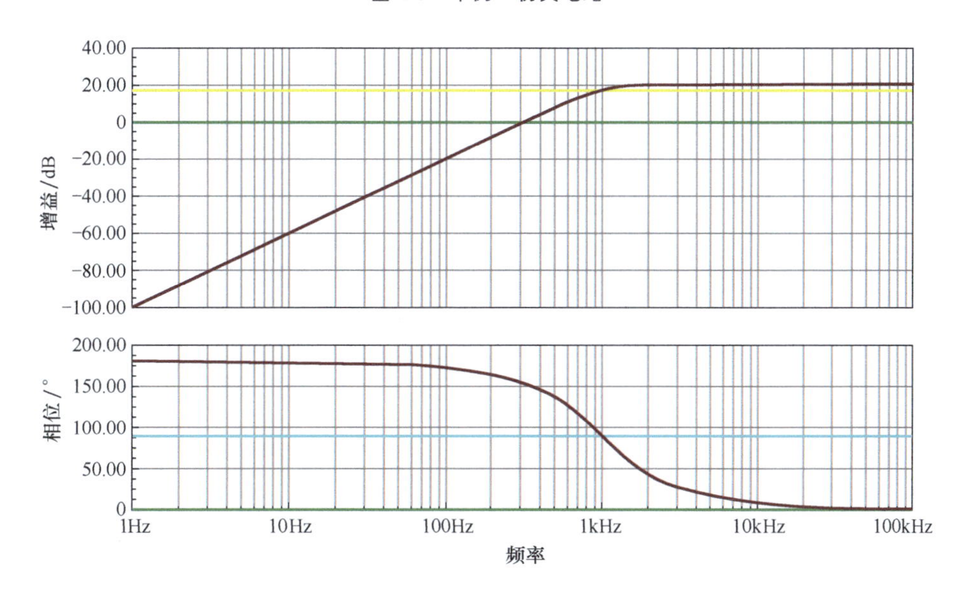

图 4.10　举例 1 仿真频率特性

设计一个二阶 SK 型高通滤波器。要求，中频增益为 10 倍，截止频率为 1kHz，Q=0.5。用两种方法实现同样的要求，并用 TINA-TI 仿真软件实证。

解：初步确定两种方法。方法一：第一级用一个四元件等阻容型 SK 型高通滤波器，实现增益为 1 倍，Q=0.5，第二级用一个 10 倍增益电路。方法二：用一个 10 倍增益的六元件 SK 型高通滤波器。

方法一：先求解特征频率，根据式（2-87）得：

$$K=\frac{f_{\rm c}}{f_0}=\frac{2Q}{\sqrt{4Q^2-2+\sqrt{4-16Q^2+32Q^4}}}=1.5538$$

则有：

$$f_0=\frac{f_{\rm c}}{K}=643.6{\rm Hz}$$

采用四元件等阻容型 SK 型高通滤波器电路如图 4.11 所示，选择电容为 100nF，根据式(4-40)可得：

$$R=\frac{1}{2\pi f_0 C}=2474\Omega$$

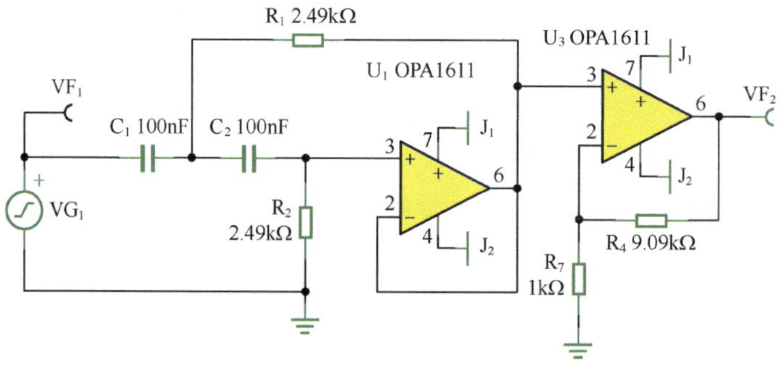

图 4.11　举例 2 方法一电路

电路中 R_2 取 E96 系列电阻（见本书表 3.2），为 2.49kΩ。后级 10 倍增益电路相对简单，R_7 取 1kΩ，增益电阻 R_4 取 9.09kΩ。运放采用带宽为 40MHz 的超低噪声、超低失真音频运放 OPA1611，供电电压为 ±5V，形成如图 4.11 所示电路。

仿真实验得到的频率特性如图 4.12 所示。图 4.12 中上边曲线为幅频特性，下边为相频特性。仿真验证的次序如下。

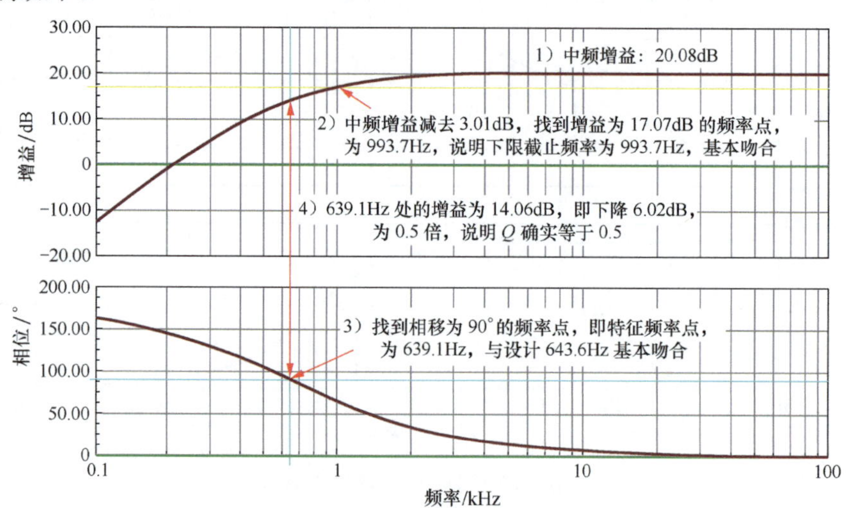

图 4.12　举例 2 方法一电路的频率特性

1）先确定中频增益，即仿真图中频率最大点的增益为 20.08dB，与设计要求 10 倍（20dB）基本吻合。

2）在幅频特性图中使用标尺，找到增益为 20.08−3.01=17.07dB 的频率点，频率为 993.7Hz，这就是实测的下限截止频率，与设计要求 1kHz 有点差别，但不大，约为 0.63%。误差来源主要是 E96 系列电阻最大存在 1% 的误差。

3）在相频特性图中使用标尺，找到相移为 90° 的频率点，频率为 639.1Hz，这就是实测的特征频率，与设计中计算出的 643.6Hz 存在 0.70% 的误差，这也源自 E96 系列电阻误差。

4）回到幅频特性图中，再使用标尺，测量频率为 639.1Hz 处的增益，增益为 14.06dB，与中频增益存在 6.02dB 的差值，恰好就是 0.5 倍的意思。根据 Q 值定义为特征频率处的增益，可知此电路的 Q 值为 0.5，与设计值完全吻合。

方法二：采用一个运放组成六元件 SK 型高通滤波器，电路结构如图 4.3 所示。

1）已知 Q=0.5，根据式（2-87），计算得：

$$f_0 = \frac{f_c}{K} = 643.6\text{Hz}$$

2）选择两个电容均为 100nF；其实也可以选择其他值，选择后计算出电阻，如果电阻太大，可以增大电容，电阻太小，就需要减小电容。

3）根据式（4-37）和式（4-38），取 A_m=10，得：R_2=922.9Ω，R_1=6626Ω，取 E96 系列最接近值：R_2=931Ω，R_1=6.65kΩ。计算出的电阻值正合适。

4）根据 10 倍增益，选择 R_4=9.09kΩ，R_3=1kΩ。

5）运放选择带宽为 38MHz 的 CMOS 运放 OPA350（其实也可以选择方法一的 OPA1611），供电电压为 ±2.5V。形成如图 4.13 所示的电路。

仿真结果测量方法和方法一相同，结果列于表 4.1 中。

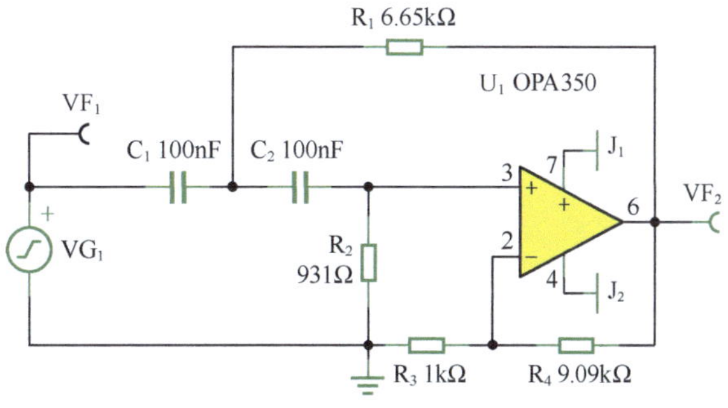

图 4.13　举例 2 方法二电路

表 4.1　方法二测量结果

对比项	中频增益	下限截止频率	特征频率	Q 值
理论值	10 倍	1000Hz	643.6Hz	0.5
测量方法	100kHz 处的增益	17.06dB 处的频率	90° 处的频率	实测特征频率点处的增益
测量数据	20.07dB	953.73Hz	639.33Hz	14.3dB
换算实测值	10.08	953.73Hz	639.33Hz	0.5146
误差	0.80%	-4.6%	-0.66%	2.9%

从测量结果看，方法二存在比较大的误差，最大达到 -4.6%，这与方法一差距很大。究其原因，主要在增益设置上。从传递函数上分析，方法一的设置，都是在 A_m=1 下进行的，后级电路即便存在电阻误差，也仅仅影响增益；而方法二中，所有设置都是在 A_m=10 下进行的，这些设置的误差都会被放大 10 倍影响幅频特性和相频特性。因此，前级电阻电容出现的 1% 误差，就有可能造成最终结果出现 10% 的误差。

因此，从频率特性准确性上分析，方法一具有更好的稳定性。

设计一个二阶 SK 型高通滤波器。要求，中频增益为 0.5 倍，截止频率为 1kHz，Q=0.707。并用 TINA-TI 仿真软件实证。

解：先实现截止频率 1kHz、Q=0.707、增益为 1 倍的高通滤波器，再串联一级 0.5 倍衰减器。而滤波器采用四元件易用型巴特沃斯型滤波器实现。

准备工作：根据截止频率确定特征频率。因 Q=0.707，可知 f_0=f_c= 1kHz。

确定 C=100nF，根据式（4-44），解得：

$$R=\frac{1}{\sqrt{2}}\times\frac{1}{2\pi f_0 C}=1125.4\Omega$$

根据四元件巴特沃斯型电路结构，此电阻应放置在 R_1 位置，而 R_2 用两倍电阻实现。因此，在 E96 系列中选取 R_1=1.13kΩ、R_2=2.26kΩ，形成如图 4.14 所示电路，其仿真频率特性如图 4.15 所示。

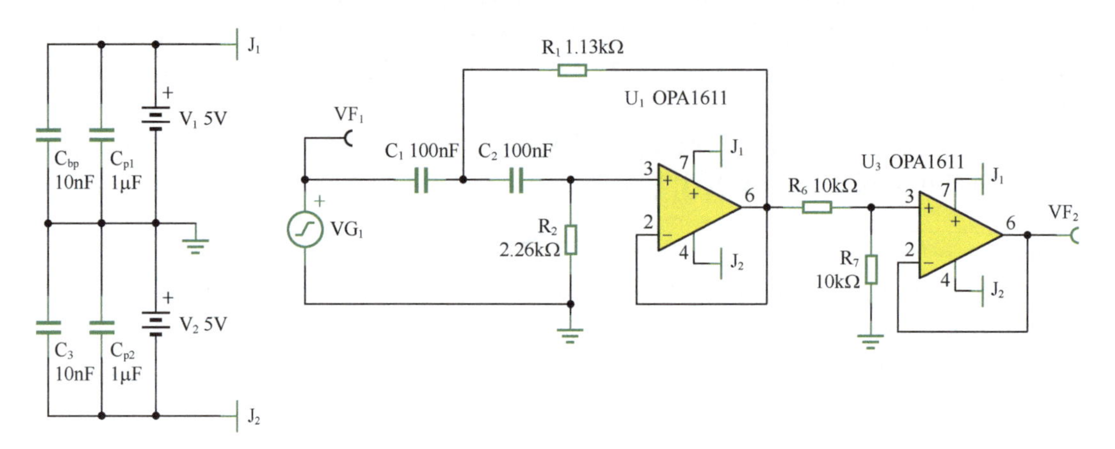

图 4.14 举例 3 电路

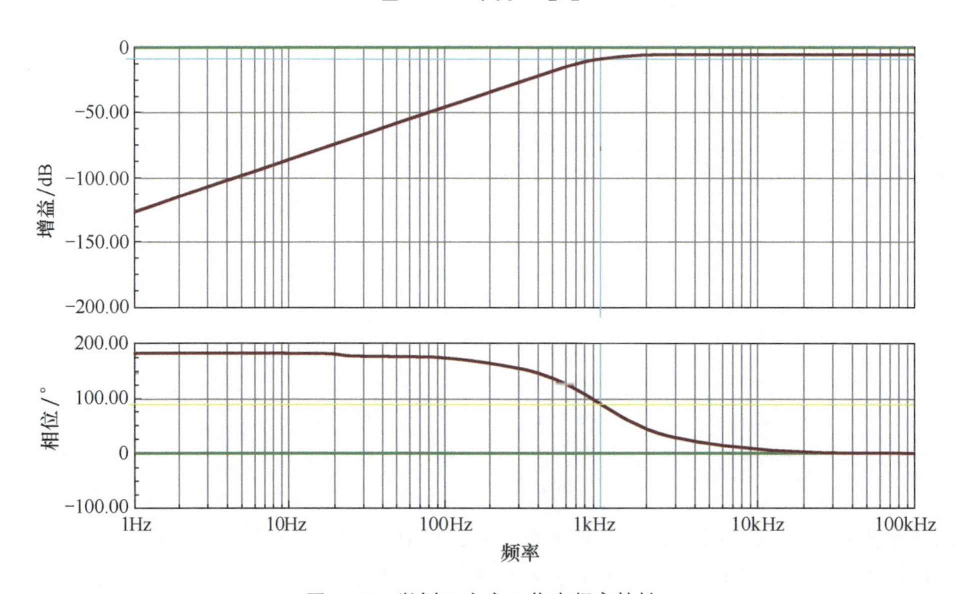

图 4.15 举例 3 方案一仿真频率特性

从结果看，这个电路实现了设计要求，但是采用了两个运放。这有点不划算。而下一节介绍的 MFB 型高通滤波器，仅用一个运放就可以实现。

4.4 MFB 型高通滤波器

MFB 型高通滤波器是在 MFB 型低通滤波器基础上，将所有的电阻、电容互换得到的。毕竟，高通是低通的“镜像”，这个互换是有道理的。电路如图 4.16 所示。

◎传递函数推导

这次，我们不再使用节点电压法，试着用负反馈方框图法求解传递函数，看是否能得出正确的结论。

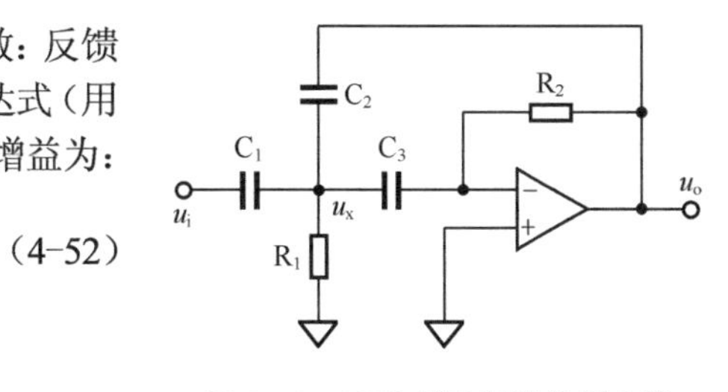

图 4.16　MFB 型高通滤波器电路

首先重温负反馈方框图法。其核心是求解出两个系数：反馈系数$\dot{F}$和衰减系数$\dot{M}$。当然，这些系数都要使用复频域表达式（用S表示），或者频域表达式（用 jω 表示）。然后，总的电压增益为：

$$\dot{A}=\frac{\dot{U}_o}{U_i}=\frac{\dot{M}}{\dot{F}} \tag{4-52}$$

所谓的反馈系数，在仅有输出端电压存在的情况下：

$$\dot{F}=\frac{\dot{U}_- - \dot{U}_+}{U_o} \tag{4-53}$$

从图 4.16 中可以看出，它有两个反馈支路：从 C_2 顶端加载时，R_2 右端从输出断开接地；从 R_2 右端加载时，C_2 顶端从输出断开接地。它可以使用叠加原理，分成$\dot{F}_1$和$\dot{F}_2$。

而衰减系数，在仅有输入电压存在的情况下：

$$\dot{M}=\frac{\dot{U}_+ - \dot{U}_-}{U_i} \tag{4-54}$$

根据前文描述，以复频域表达式写出几个系数如下：

$$F_1=\frac{\dfrac{1}{SC_3}+\dfrac{\dfrac{R_1}{S(C_1+C_2)}}{R_1+\dfrac{1}{S(C_1+C_2)}}}{R_2+\dfrac{1}{SC_3}+\dfrac{\dfrac{R_1}{S(C_1+C_2)}}{R_1+\dfrac{1}{S(C_1+C_2)}}}=\frac{\dfrac{1}{SC_3}+\dfrac{R_1}{SR_1(C_1+C_2)+1}}{R_2+\dfrac{1}{SC_3}+\dfrac{R_1}{SR_1(C_1+C_2)+1}}= \tag{4-55}$$

$$\frac{SR_1(C_1+C_2)+1+SR_1C_3}{SR_1(C_1+C_2)+1+SR_1C_3+\left(SR_1(C_1+C_2)+1\right)SR_2C_3}=$$

$$\frac{1+SR_1(C_1+C_2+C_3)}{1+SR_1(C_1+C_2+C_3)+SR_2C_3+S^2R_1R_2C_3(C_1+C_2)}$$

$$F_2=\frac{\dfrac{\dfrac{1}{SC_1}\times R_1\times\dfrac{1+SR_2C_3}{SC_3}}{\dfrac{R_1}{SC_1}+\dfrac{1+SR_2C_3}{S^2C_1C_3}+\dfrac{R_1+SR_1R_2C_3}{SC_3}}}{\dfrac{1}{SC_2}+\dfrac{\dfrac{1}{SC_1}\times R_1\times\dfrac{1+SR_2C_3}{SC_3}}{\dfrac{R_1}{SC_1}+\dfrac{1+SR_2C_3}{S^2C_1C_3}+\dfrac{R_1+SR_1R_2C_3}{SC_3}}}\times\frac{SR_2C_3}{1+SR_2C_3}= \tag{4-56}$$

$$\frac{\dfrac{R_1+SR_1R_2C_3}{SR_1C_3+1+SR_2C_3+SR_1C_1+S^2R_1R_2C_1C_3}}{\dfrac{1}{SC_2}+\dfrac{R_1+SR_1R_2C_3}{SR_1C_3+1+SR_2C_3+SR_1C_1+S^2R_1R_2C_1C_3}}\times\frac{SR_2C_3}{1+SR_2C_3}=$$

$$\frac{SR_1C_2+S^2R_1R_2C_2C_3}{SR_1C_3+1+SR_2C_3+SR_1C_1+S^2R_1R_2C_1C_3+SR_1C_2+S^2R_1R_2C_2C_3}\times\frac{SR_2C_3}{1+SR_2C_3}=$$

$$\frac{S^2R_1R_2C_2C_3}{SR_1C_3+1+SR_2C_3+SR_1C_1+S^2R_1R_2C_1C_3+SR_1C_2+S^2R_1R_2C_2C_3}=$$

$$\frac{S^2R_1R_2C_2C_3}{1+S\left(R_1C_3+R_2C_3+R_1C_1+R_1C_2\right)+S^2\left(R_1R_2C_1C_3+R_1R_2C_2C_3\right)}$$

$$F=F_1+F_2=\frac{1+SR_1\left(C_1+C_2+C_3\right)+S^2R_1R_2C_2C_3}{1+S\left(R_1C_3+R_2C_3+R_1C_1+R_1C_2\right)+S^2\left(R_1R_2C_1C_3+R_1R_2C_2C_3\right)} \tag{4-57}$$

求解 M 的方法很简单，它和 F_2 的唯一区别是，C_1 和 C_2 互换位置，因此在 F_2 表达式中将两个电容互换位置即可。且它多了一个负号：

$$M=-\frac{S^2R_1R_2C_1C_3}{1+S\left(R_1C_3+R_2C_3+R_1C_1+R_1C_2\right)+S^2\left(R_1R_2C_1C_3+R_1R_2C_2C_3\right)} \tag{4-58}$$

根据负反馈理论，有：

$$A(S)=\frac{U_o}{U_i}=\frac{M}{F}=-\frac{S^2R_1R_2C_1C_3}{1+SR_1\left(C_1+C_2+C_3\right)+S^2R_1R_2C_2C_3}=-\frac{C_1}{C_2}\times\frac{S^2R_1R_2C_3}{\frac{1}{C_2}+\frac{SR_1\left(C_1+C_2+C_3\right)}{C_2}+S^2R_1R_2C_3}=$$

$$-\frac{C_1}{C_2}\times\frac{1}{1+\frac{1}{S}\times\frac{C_1+C_2+C_3}{R_2C_2C_3}+\frac{1}{S^2}\times\frac{1}{R_1R_2C_2C_3}} \tag{4-59}$$

转换到频域，表达式为：

$$\dot{A}(\mathrm{j}\omega)=-\frac{C_1}{C_2}\times\frac{1}{1+\frac{1}{\mathrm{j}\omega}\times\frac{C_1+C_2+C_3}{R_2C_2C_3}+\frac{1}{(\mathrm{j}\omega)^2}\times\frac{1}{R_1R_2C_2C_3}}=-\frac{C_1}{C_2}\times\frac{(\mathrm{j}\omega)^2R_1R_2C_2C_3}{1+\mathrm{j}\omega\times R_1\left(C_1+C_2+C_3\right)+(\mathrm{j}\omega)^2R_1R_2C_2C_3}=$$

$$-\frac{C_1}{C_2}\times\frac{\left(\mathrm{j}\frac{\omega}{\omega_0}\right)^2}{1+\mathrm{j}\frac{\omega}{\omega_0}\times\omega_0R_1\left(C_1+C_2+C_3\right)+\left(\mathrm{j}\frac{\omega}{\omega_0}\right)^2} \tag{4-60}$$

◎已知阻容参数求滤波器参数——滤波器分析

对比高通滤波器的归一化标准式：

$$\dot{A}(\mathrm{j}\Omega)=A_m\frac{(\mathrm{j}\Omega)^2}{1+\frac{1}{Q}\mathrm{j}\Omega+(\mathrm{j}\Omega)^2} \tag{4-61}$$

可得如下关系：

$$A_m=-\frac{C_1}{C_2} \tag{4-62}$$

$$\omega_0=\frac{1}{\sqrt{R_1R_2C_2C_3}} \tag{4-63}$$

$$f_0=\frac{1}{2\pi\sqrt{R_1R_2C_2C_3}} \tag{4-64}$$

$$Q=\frac{1}{\omega_0R_1\left(C_1+C_2+C_3\right)}=\frac{\sqrt{R_1R_2C_2C_3}}{R_1\left(C_1+C_2+C_3\right)} \tag{4-65}$$

◎已知滤波器参数求电路中的电阻、电容——滤波器设计方法一

与四元件电路类似，可设电容为已知，且 $C_3=C_2=C$，由此分析和设计都将简化：

$$\omega_0=\frac{1}{C\sqrt{R_1R_2}} \tag{4-66}$$

$$f_0=\frac{1}{2\pi C\sqrt{R_1R_2}} \tag{4-67}$$

$$Q=\frac{C\sqrt{R_1R_2}}{R_1\left(C_1+2C\right)} \tag{4-68}$$

根据式（4-66）和式（4-67）得：

$$R_1R_2=\frac{1}{4\pi^2C^2f_0^2} \tag{4-69}$$

根据式（4-62）得：

$$C_1=-A_mC_2=-A_mC \tag{4-70}$$

根据式（4-68），且将式（4-71）代入得：

$$\frac{R_1}{R_2}=\frac{C^2}{\left(C_1+2C\right)^2Q^2}=\frac{C^2}{\left(2C-A_mC\right)^2Q^2}=\frac{1}{\left(2-A_m\right)^2Q^2} \tag{4-71}$$

综合式（4-69）和式（4-71），将两式相乘得：

$$R_1=\frac{1}{2\pi Cf_0Q\left(2-A_m\right)} \tag{4-72}$$

将结果代入式（4-69）得：

$$R_2=\frac{2\pi Cf_0Q\left(2-A_m\right)}{4\pi^2C^2f_0^2}=\frac{Q\left(2-A_m\right)}{2\pi Cf_0} \tag{4-73}$$

◎已知滤波器参数求电路中的电阻、电容——滤波器设计方法二

可设电容已知，且 $C_3=C_1=C$。

根据式（4-62）得：

$$C_2=-\frac{C_1}{A_m}=-\frac{C}{A_m} \tag{4-74}$$

$$\omega_0=\frac{1}{\sqrt{R_1R_2C_2C_3}} \tag{4-75}$$

$$f_0=\frac{1}{2\pi\sqrt{R_1R_2C_2C_3}}=\frac{1}{2\pi C\sqrt{-\frac{R_1R_2}{A_m}}} \tag{4-76}$$

$$Q=\frac{1}{\omega_0R_1\left(C_1+C_2+C_3\right)}=\frac{\sqrt{-\frac{R_1R_2}{A_m}}}{R_1\left(2-\frac{1}{A_m}\right)} \tag{4-77}$$

据式（4-76），有：

$$R_1R_2=-\frac{A_m}{4\pi^2C^2f_0^2} \tag{4-78}$$

据式（4-77），有：

$$-\frac{R_2}{R_1A_m}=\left(2-\frac{1}{A_m}\right)^2Q^2 \tag{4-79}$$

将式（4-78）除以式（4-79），得：

$$-R_1^2A_m=-\frac{A_m}{4\pi^2C^2f_0^2\left(2-\frac{1}{A_m}\right)^2Q^2} \tag{4-80}$$

即：

$$R_1=\frac{1}{2\pi Cf_0\left(2-\frac{1}{A_m}\right)Q} \tag{4-81}$$

将结果代入式（4-78），得：

$$R_2=-\frac{A_m2\pi Cf_0\left(2-\frac{1}{A_m}\right)Q}{4\pi^2C^2f_0^2}=\frac{(1-2A_m)Q}{2\pi Cf_0} \tag{4-82}$$

◎优缺点

二阶 MFB 型高通滤波器，可以用一个运放实现自由选择中频增益，并且 Q 值是独立的。这是它最为明显的优点。

但是它的缺点也是明显的。

第一，它用电容实现增益控制，是极不明智的，这造成增益稳定性急剧下降。

第二，它只能实现反相输出。

举例 1

设计一个二阶 MFB 型高通滤波器。要求，只能使用一个运放，滤波器的中频增益为 -0.5 倍，截止频率为 1kHz，Q=0.707。用 TINA-TI 仿真软件实证。

解：

1）根据品质因数和截止频率换算特征频率，得 f_0=1kHz。

2）按照方法一求解，选择 $C=C_2=C_3$=100nF。

3）由式（4-70）和式（4-74），得：

$$C_1=-A_mC_2=-A_mC=50\text{nF}$$

4）由式（4-72）和式（4-81），得：

$$R_1=\frac{1}{2\pi Cf_0Q(2-A_m)}=900.3\Omega$$

5）由式（4-73）和式（4-82），得：

$$R_2=\frac{Q(2-A_m)}{2\pi Cf_0}=2813.5\Omega$$

按照 E96 系列，选择 R_1=909Ω、R_2=2.80kΩ。仿真电路如图 4.17 所示。

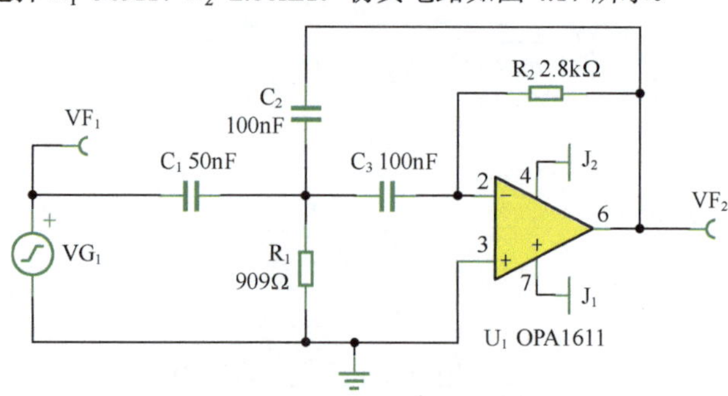

图 4.17　举例 1：MFB 型高通滤波器

仿真得到的频率特性如图 4.18 所示。按照第 4.3 节举例 2 所述的方法，得到测量结果如表 4.2 所示。

表 4.2 按照第 4.3 节举例 2 方法的测量结果

对比项	中频增益	下限截止频率	特征频率	Q 值
理论值	0.5 倍	1000Hz	1000Hz	0.707
测量方法	100kHz 处增益	-9.02dB 处的频率	90° 处的频率	实测特征频率点处的增益
测量数据	-6.01dB	1.01kHz	997.59Hz	-9.09dB
换算实测值	0.5006	1.01kHz	997.59Hz	0.7023
误差	0.12%	1%	-0.241%	-0.68%

结果表明，仿真结果与设计要求较为吻合。

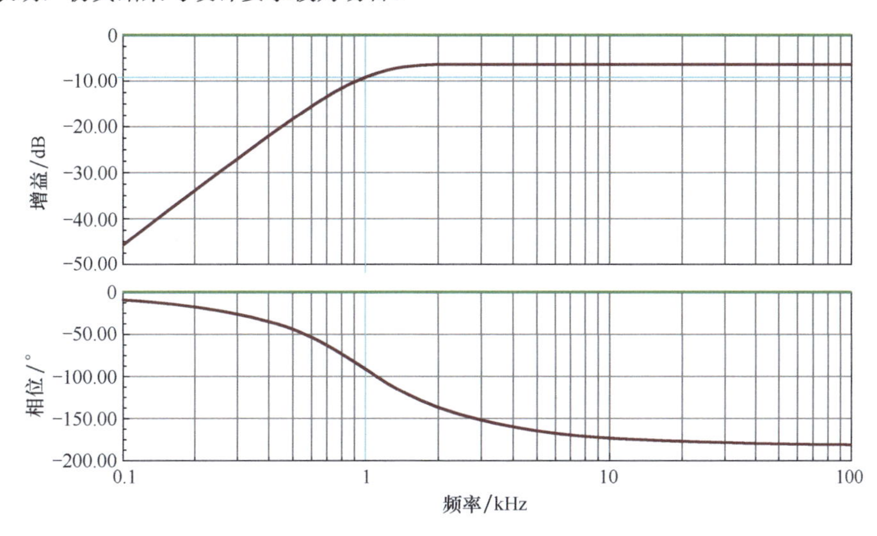

图 4.18 举例 1 仿真得到的频率特性

举例 2

设计一个二阶 MFB 型高通滤波器。要求，只能使用一个运放，滤波器的中频增益为 -10 倍，截止频率为 1kHz，Q=1.2。用 TINA-TI 仿真软件实证。

解：

1）根据 Q，据式（2-87），解得 K=0.7358，即特征频率为 f_0=1359Hz。

2）按照方法二求解，选择 $C=C_1=C_3$=68nF。

3）由式（4-74），得：

$$C_2=-\frac{C}{A_\mathrm{m}}=6.8\mathrm{nF}$$

4）由式（4-77），得：

$$R_1=\frac{1}{2\pi Cf_0\left(2-\frac{1}{A_\mathrm{m}}\right)Q}=683.4\Omega$$

5）由式（4-82），得：

$$R_2=\frac{(1-2A_\mathrm{m})Q}{2\pi Cf_0}=43400\Omega$$

按照 E96 系列 R_1=681Ω、R_2=43.2kΩ，运放选择 OPA1611，供电电压为 ±5V，得电路如图 4.19 所示。

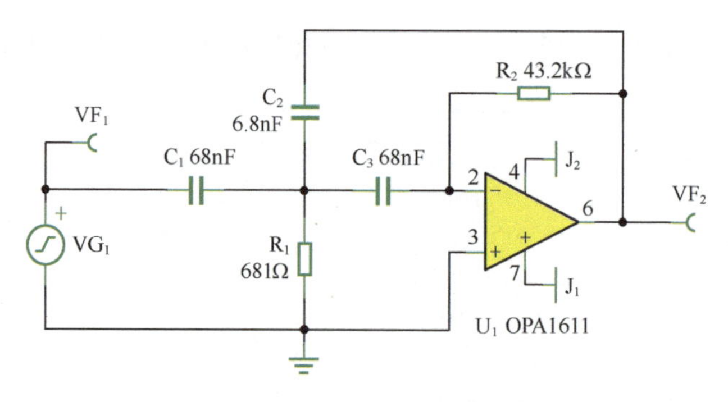

图 4.19　举例 2：MFB 型低通滤波器

仿真得到的频率特性如图 4.20 所示。按照第 4.3 节举例 2 所述的方法，得到测量结果如表 4.3 所示。

表 4.3　按照第 4.3 节举例 2 方法的测量结果

对比项	中频增益	下限截止频率	特征频率	Q 值
理论值	10 倍	1000Hz	1359Hz	12
测量方法	100kHz 处增益	17dB 处的频率	−90° 处的频率	实测特征频率点处的增益
测量数据	20.01dB	1000Hz	1.36kHz	21.55dB
换算实测值	10.01	1000Hz	1360Hz	1.194
误差	0.1%	0%	0.074%	−0.5%

结果表明，仿真结果与设计要求较为吻合。在图 4.20 所示的频率特性中，可以明显看到，由于 Q=1.2，该滤波器为切比雪夫型，有明显的增益隆起。

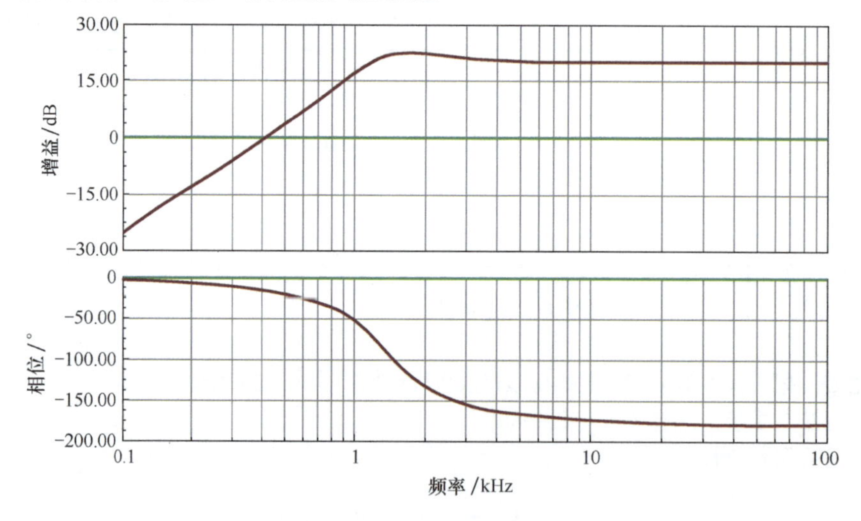

图 4.20　举例 2 仿真得到的频率特性

4.5 高阶高通滤波器

高阶高通滤波器的设计方法与高阶低通滤波器设计方法几乎一致：确定阶数，查找合适的表格——高通滤波器、低通滤波器使用相同的表格，确定每一个滤波器的 $1/K$ 和 Q，独立设计每一个滤波器的，然后级联即可。

由于高通滤波器中特征频率与截止频率的关系与低通滤波器正好相反，为了保证表 3.6 维持不变，在高阶高通滤波器中，各级的特征频率与总截止频率关系为：

$$f_0=\frac{f_c}{1/K}=Kf_c \tag{4-83}$$

设计一个九阶 SK 型高通滤波器。要求，中频增益为 1 倍，截止频率为 1000Hz，巴特沃斯型。用仿真软件实证。

解：首先确定电路结构。因为中频增益为 1 倍，可以使用四元件 SK 型电路组成二阶高通滤波器，共使用 4 个二阶高通滤波器，再用一个一阶高通滤波器。查表 3.7，找到巴特沃斯型，如表 4.4 所示。

表 4.4　巴特沃斯型

	$1/K$	Q
九阶	1.000	
	1.000	0.527
	1.000	0.653
	1.000	1.000
	1.000	2.879

根据 f_c=1000Hz，利用式（4-83）计算各级的特征频率 f_0，列于表 4.5，因为 $1/K$ 均为 1，因此各级的特征频率均为 1000Hz。依据对应的表格和表达式进行选择和计算。

表 4.5　f_0=1000Hz 时各级特征频率

第 n 个滤波器	阶数	$1/K$	Q	f_0/Hz	C/nF 选择（表 3.1）	R_1 计算（式（4-12））	R_2 计算（式（4-13））
1	二阶	1.000	0.527	1000	100	1510	1677
2	二阶	1.000	0.653	1000	100	1219	2079
3	二阶	1.000	1.000	1000	100	796	3183
4	二阶	1.000	2.879	1000	100	276	9164
5	一阶	1.000		1000	100	1592	

按照上述选择和计算结果，设计电路如图 4.21 所示。

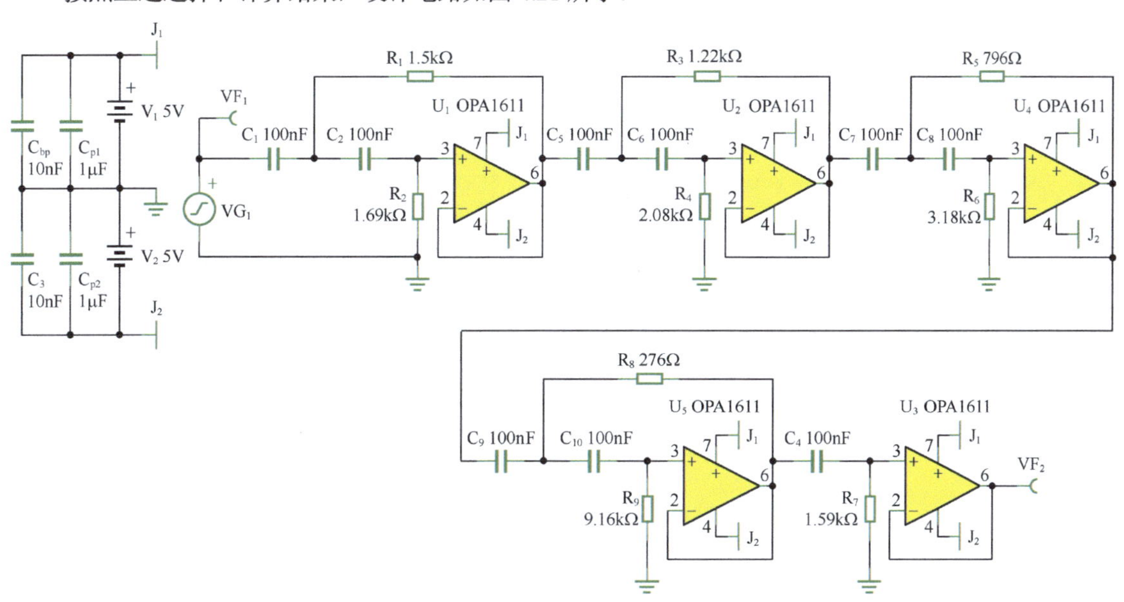

图 4.21　举例 1 电路，九阶巴特沃斯型高通滤波器电路

关键测试结果如下。

1）频率为 100kHz 的点，实测增益为 -5.67mdB，中频增益与设计要求 0dB 吻合。

2）增益为 -3.01dB 点的频率为 1kHz。与设计要求 1000Hz 吻合。

3）在相频特性图中，找到相位为 -315° 的点，频率为 1kHz，此点增益为 -3.01dB，换算成中频增益为 0.707 倍，此即 Q 值。可知此电路的截止频率与特征频率均为 1kHz，确实为巴特沃斯型。注意，在非巴特沃斯型高阶滤波器中，一般不强调特征频率。

设计一个九阶高通滤波器。要求，中频增益为 10 倍，截止频率为 1000Hz，切比雪夫 0.1dB 型。用仿真软件实证。

解：第一，确定电路结构。把 10 倍增益交给一阶滤波器实现，前面选择 4 个独立的二阶滤波器，用四元件 SK 型电路实现即可。

第二，在表 3.7 中，找到九阶和切比雪夫 0.1dB 型的交叉位置，如表 4.6 所示。

表 4.6　九阶和切比雪夫 0.1dB 型交叉位置

	0.1dB 切比雪夫型		
	$1/K$	Q	f_0
九阶	0.279		1000/0.279=3584Hz
	0.431	0.822	1000/0.431=2320Hz
	0.678	1.585	1000/0.678=1475Hz
	0.878	3.145	1000/0.878=1139Hz
	0.986	10.180	1000/0.986=1014Hz

据式（4-83），可以计算出各级滤波器的特征频率，写于表格右侧。

第三，根据系数，设计各滤波器。

1）对于一阶高通滤波器，选择电容为 100nF，利用式（2-14），得：

$$R=\frac{1}{2\pi f_0 C}=444.1\Omega$$

同时，设置增益电阻分别为 1kΩ 和 9kΩ，以完成 10 倍增益。

2）对于 4 个二阶滤波器，设计方法相同，以 Q=0.822、特征频率为 2320Hz 为例。选择 C_1=C_2=0.1μF，利用式（4-12）和式（4-13）计算两个电阻值：R_1=417.3Ω、R_2=1128Ω。依次对剩余的 3 个二阶滤波器进行设计，即可得到全部电路如图 4.22 所示。

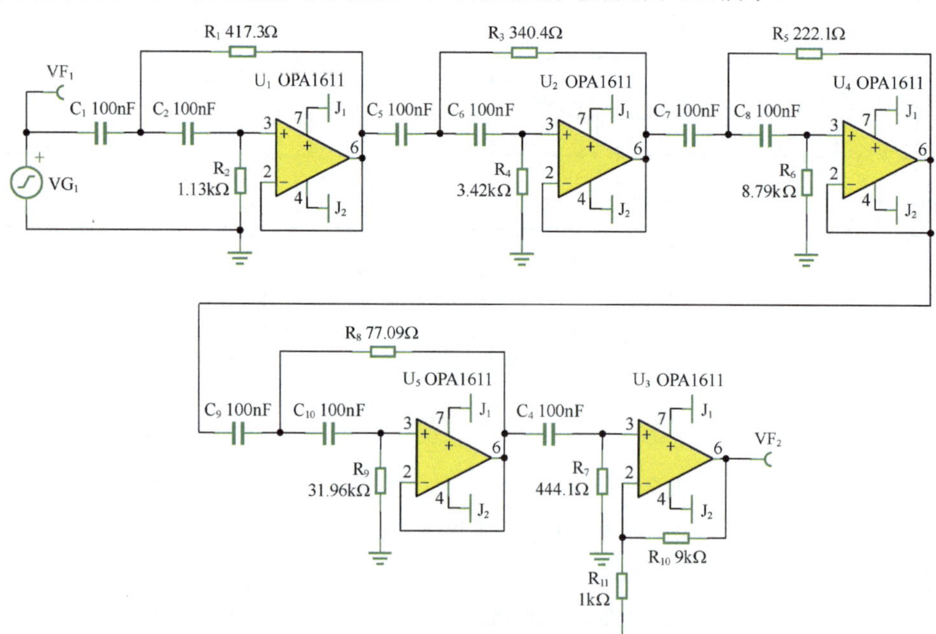

图 4.22　举例 2 电路，九阶切比雪夫 0.1dB 型高通滤波器

关键测试结果如下。

1）频率为 100kHz 的点，实测增益为 19.99dB，中频增益与设计要求 20dB 吻合。

2）增益为 -3.01dB 点的频率为 1kHz。与设计要求 1000Hz 吻合。

3）最大波动为 19.88dB，比中频增益小 0.11dB，符合设计要求。

举例 3

设计一个六阶高通滤波器。要求，中频增益为 2 倍，截止频率为 7Hz，贝塞尔型。用仿真软件实证。

解：第一，确定电路结构。把 2 倍增益交给第一级滤波器完成，用六元件 SK 型滤波器实现，后面选择 2 个独立二阶滤波器，用四元件 SK 型滤波器实现即可。

第二，在表 3.7，找到六阶和切比雪夫 0.1dB 型的交叉位置，如表 4.7 所示。

表 4.7　六阶和切比雪夫 0.1dB 型交叉位置

	贝塞尔型		f_0
	$1/K$	Q	
六阶	1.605	0.510	7/1.605=4.361Hz
	1.690	0.611	7/1.690=4.142Hz
	1.905	1.023	7/1.905=3.675Hz

据式（4-83），可以计算出各级滤波器的特征频率，写于表格右侧。

第三，根据系数，设计各滤波器。

1）对于第一级 2 倍增益高通滤波器，电路采用图 4.3 所示的六元件电路，选择电容为 10μF，利用式（4-37）和式（4-38），计算电阻 R_2=2702Ω、R_1=4929Ω。

同时，设置增益电阻分别为 10kΩ 和 10kΩ，以完成 2 倍增益。

2）对于后 2 个二阶滤波器，设计方法相同，以 Q=0.611、特征频率为 4.142Hz 为例。

选择 $C_1=C_2$=10μF，利用式（4-12）和式（4-13）计算两个电阻值：R_1=3144Ω、R_2=4695Ω。

得到全部电路如图 4.23 所示。关键测试结果如下。

1）频率为 100kHz 的点，实测增益为 6.02dB，中频增益与设计要求 2 倍吻合。

2）增益为 -3.01dB 点的频率为 6.99Hz，与设计要求 7Hz 吻合。

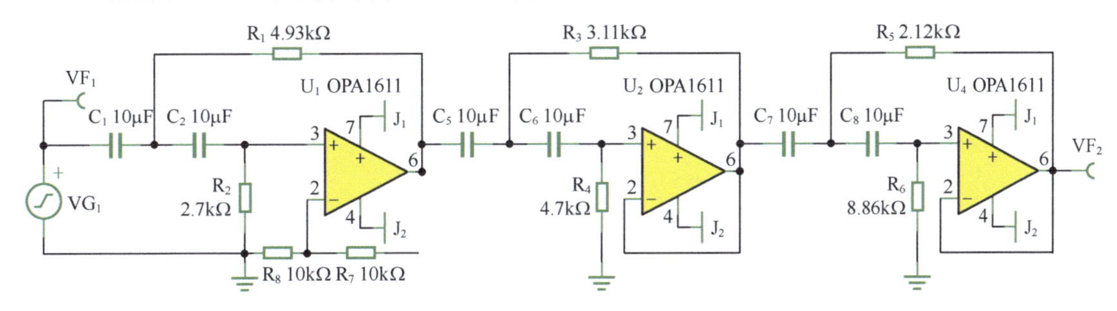

图 4.23　举例 3 电路，六阶贝塞尔型高通滤波器

4.6 单电源高通滤波器

相对于低通滤波器，高通滤波器实施单电源改造会更加容易。原因是高通滤波器本身就有隔直作用，电路本身的静态电位从入端开始，就不受信号源静态电位影响。

◎四元件单电源 SK 型高通滤波器

图 4.24 所示为双电源电路，图 4.25 所示为改造后的单电源电路。它只是用一对分压电阻 R_{2A} 和

R_{2B} 代替了原电路中的 R_2，要求：

$$\begin{cases} \dfrac{R_{2A} \times R_{2B}}{R_{2A} + R_{2B}} = R_2 \\ V_S \times \dfrac{R_{2A}}{R_{2A} + R_{2B}} = U_{OQ} \end{cases} \tag{4-84}$$

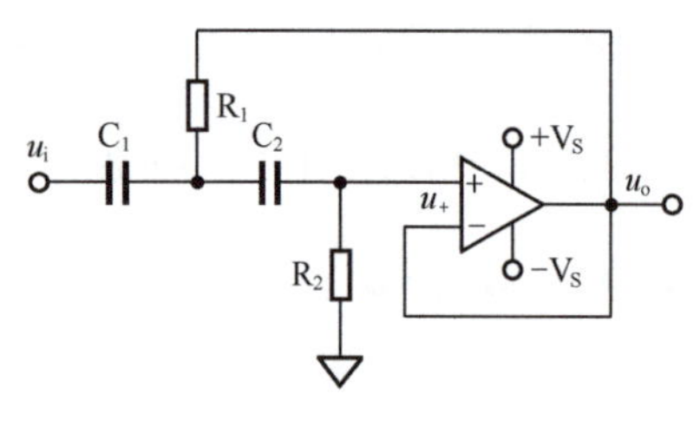

图 4.24　双电源 SK 型高通滤波器

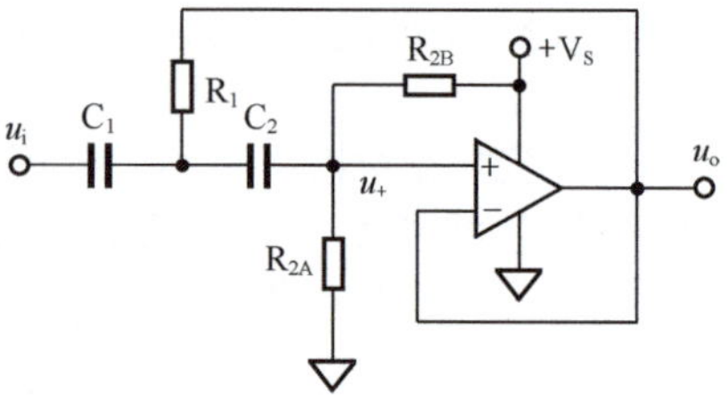

图 4.25　单电源 SK 型高通滤波器

其中，U_{OQ} 为期望的输出静态电压，一般为 $0.5V_S$。

因此，设计一个单电源四元件 SK 型高通滤波器的方法如下。

1）按照双电源四元件 SK 型高通滤波器设计方法，得到 C 和 R_1、R_2。

2）按照图 4.25 所示设计电路，其中：

$$\begin{cases} R_{2B} = R_2 \times \dfrac{V_S}{U_{OQ}} \\ R_{2A} = R_2 \times \dfrac{V_S}{V_S - U_{OQ}} \end{cases} \tag{4-85}$$

设计一个二阶 SK 型高通滤波器。要求，单电源供电电压 2V，输出静态电压 1V，空载时输出信号不失真幅度超过 0.97V，中频增益为 1 倍，截止频率为 1kHz，Q=0.707。按照题目要求，完成电路结构、阻容参数设计，并选择合适的运放，用仿真软件实证。

解：第 ，确定电路结构。因为单电源供电，且中频增益为 1，可选择单电源四元件 SK 型电路，如图 4.25 所示。

第二，完成双电源阻容参数设计：选择电容为 100nF，按照式（4-12）和式（4-13）计算得：R_1=1125.4Ω，R_2=2250.8Ω。

第三，完成单电源改造。据式（4-85），V_S=2V，U_{OQ}=1V，则有：R_{2A}=4501.6Ω、R_{2B}=4501.6Ω；按照 E96 系列选取，R_1=1.13kΩ、R_{2A}=4.53kΩ、R_{2B}=4.53kΩ。

第四，选择合适的运放，需要考虑以下几点。

1）运放最低工作电压必须小于或等于 2V。

2）作为高通滤波器的核心运放，其带宽在满足式（3-106）的同时，还需考虑是否有上限截止频率的要求。本题中没有这个要求，因此只需带宽大于 100kHz。

3）要求输出不失真幅度超过 0.97V，则要求空载输出至轨电压小于 30mV。

综上要求，选择 ADI 公司的运放 AD8515 较为合适。其核心参数如下：1.8 ～ 5V 电压供电，5MHz 带宽，10mV 输出至轨电压。很关键的是，它的价格不高。

据此设计电路如图 4.26 所示，用 Multisim12.0 仿真软件实现。图 4.27 所示为该电路的仿真频率特性，基本满足设计要求。

用仿真软件提供的示波器功能，获得 100kHz、1V 输入信号的波形，如图 4.28 所示，基本达到了设计要求。

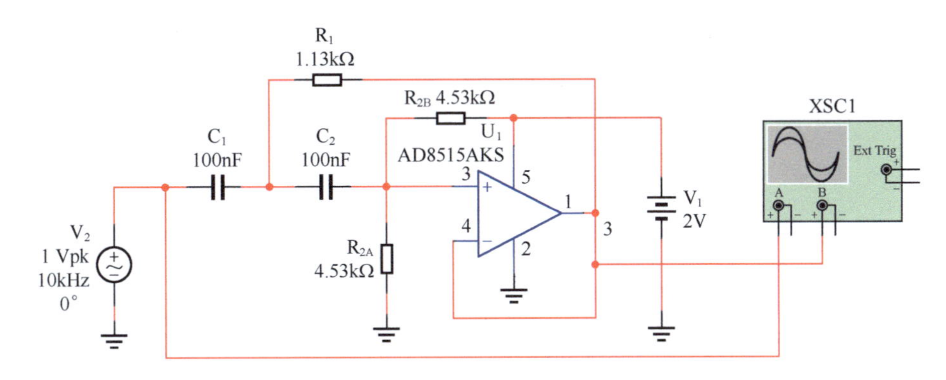

图 4.26　举例 1 单电源四元件 SK 型高通滤波器

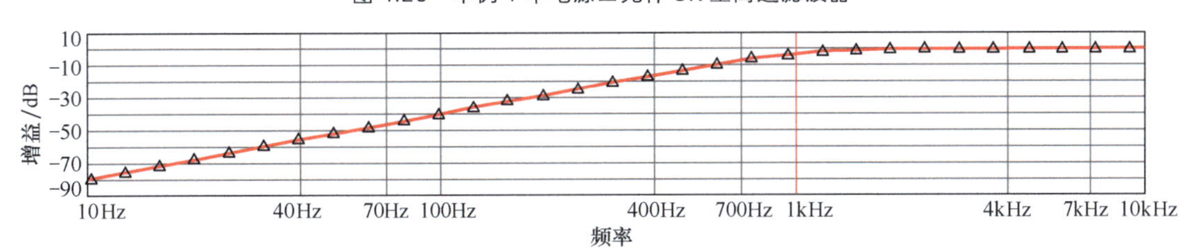

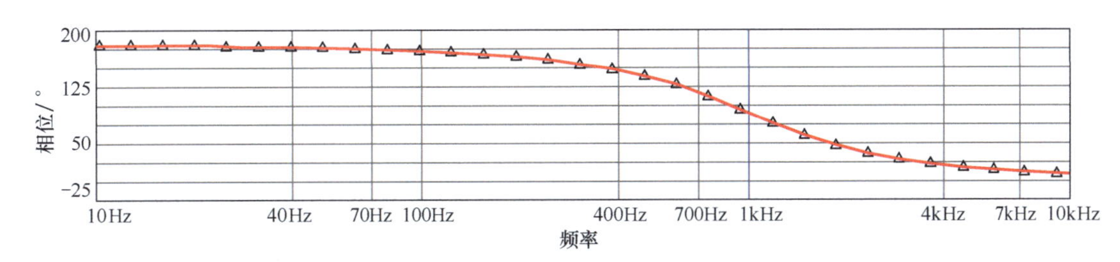

图 4.27　举例 1 仿真频率特性

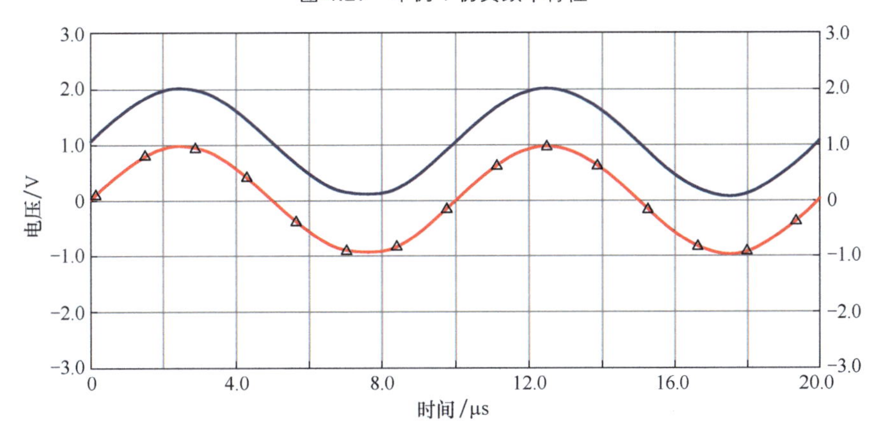

图 4.28　举例 1 仿真输入输出波形

◎单电源六元件 SK 型高通滤波器

电路如图 4.29 所示。类似地，它用一对分压电阻 R_{2A} 和 R_{2B} 代替了原电路中的 R_2，要求：

$$\begin{cases} \dfrac{R_{2A} \times R_{2B}}{R_{2A} + R_{2B}} = R_2 \\ V_S \times \dfrac{R_{2A}}{R_{2A} + R_{2B}} \times A_m = U_{OQ} \end{cases} \tag{4-86}$$

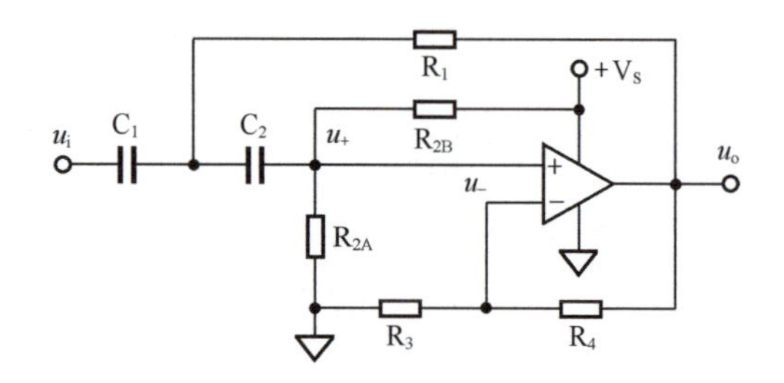

图 4.29　单电源六元件二阶 SK 型高通滤波器

其中，U_{OQ} 为期望的输出静态电压，一般为 $0.5V_S$。

因此得：

$$\begin{cases} R_{2B}=R_2\times\dfrac{A_mV_S}{U_{OQ}} \\ R_{2A}=R_2\times\dfrac{A_mV_S}{A_mV_S-U_{OQ}} \end{cases} \tag{4-87}$$

举例 2

设计一个二阶 SK 型高通滤波器。要求，单电源供电电压为 3.6V，输出静态电压为 1.8V，空载时输出信号不失真幅度超过 1.70V，中频增益为 10 倍，截止频率为 1kHz，Q=0.707。按照题目要求，完成电路结构、阻容参数设计，并选择合适的运放，用仿真软件实证。

解：第一，确定电路结构。因为单电源供电，且中频增益为 10 倍，可选择单电源六元件 SK 型电路，如图 4.29 所示。

第二，完成双电源阻容参数设计：选择电容为 100nF，按照式（4-37）和式（4-38）计算得：R_1=3985.5Ω、R_2=635.6Ω、R_3=1kΩ、R_4=9.09kΩ。

第三，完成单电源改造。据式（4-87），V_S=3.6V，U_{OQ}=1.8V，则有：R_{2B}=12712Ω；R_{2B}=669.05Ω；按照 E96 系列选取，R_1=3.99kΩ、R_{2A}=668Ω、R_{2B}=12.7kΩ。

第四，选择合适的运放，需要考虑以下几点。

1）运放最低工作电压必须小于或等于 3.6V，最高工作电压必须大于或等于 3.6V。

2）作为高通滤波器的核心运放，其带宽在满足式（3-106）的同时，还需考虑是否有上限截止频率的要求。本题中没有这个要求，因此只需带宽大于 100kHz。

3）要求输出不失真幅度超过 1.70V，则要求空载输出至轨电压小于 100mV。

综上要求，选择 TI 公司的运放 TLV2780/2781 较为合适。其核心参数如下：1.8 ～ 3.6V 电压供电，8MHz 带宽，70mV 输出至轨电压。当然，ADI 公司的 AD8515 也是合适的。

用 TINA-TI 设计的仿真电路如图 4.30 所示，仿真结果如图 4.31 所示。从结果来看，满足设计要求。

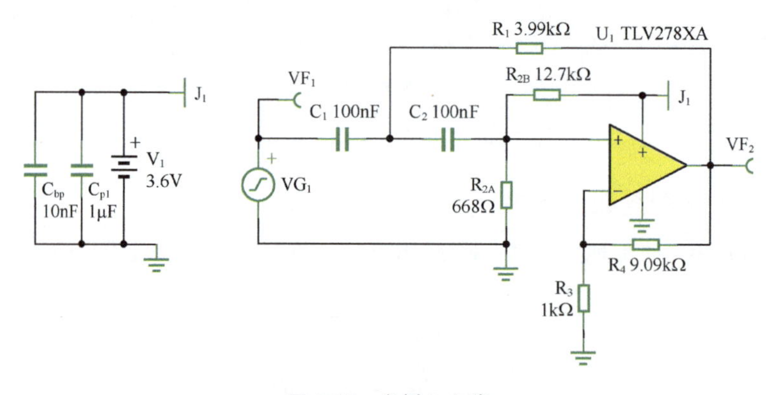

图 4.30　举例 2 电路

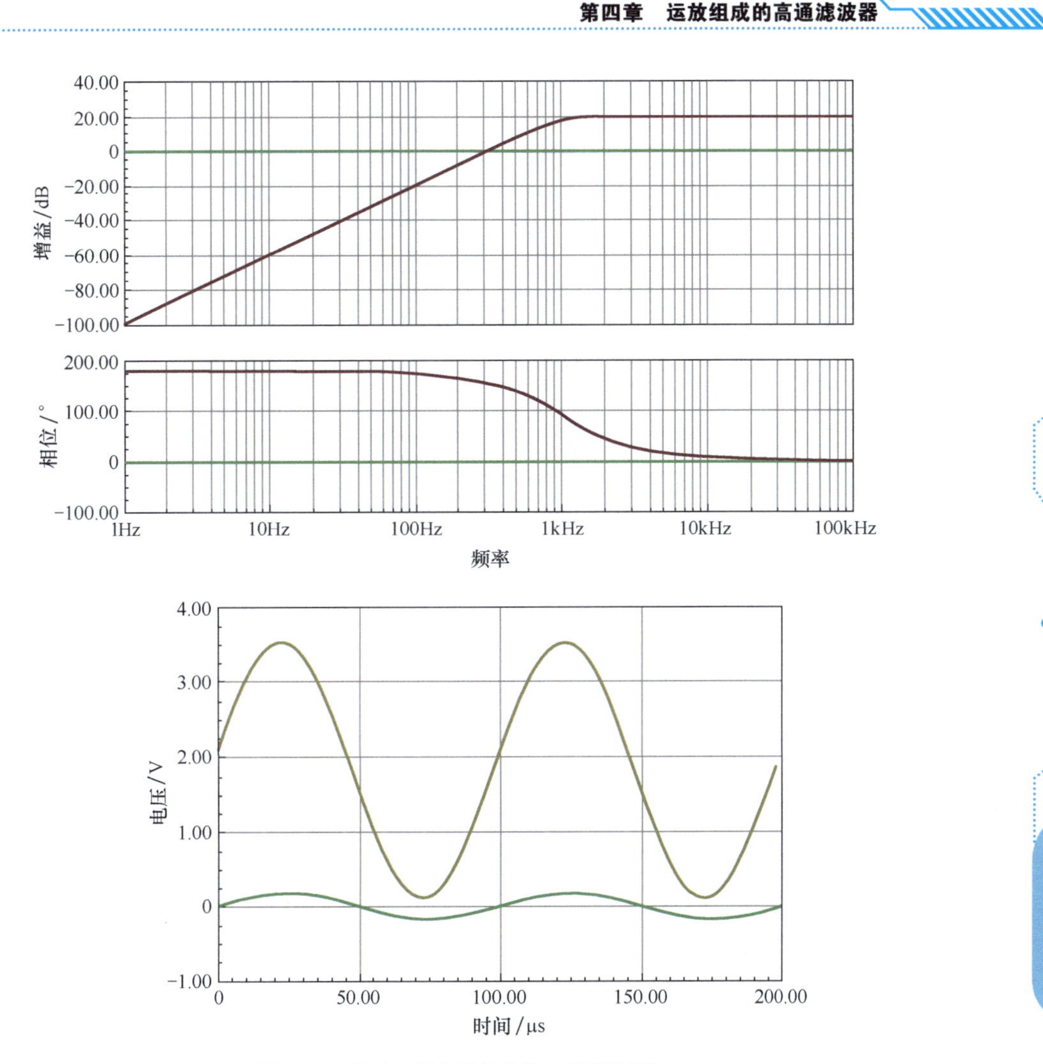

图 4.31　举例 2 频率特性和输入输出波形

◎单电源 MFB 型高通滤波器

MFB 型高通滤波器的单电源改造，是最为容易的。所有双电源电路计算的阻容参数均不改变，只需要将原先接地的正输入端，增加一对分压电阻，提供一个直流电压，使其与输出静态电压相同即可。电路如图 4.32 所示。

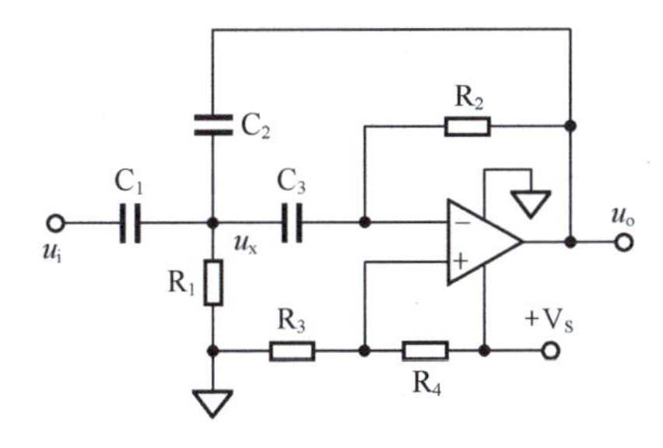

图 4.32　单电源 MFB 型高通滤波器

设计一个单电源二阶 MFB 型高通滤波器，供电电压为 5V。要求只能使用一个运放，滤波器的中

频增益为0.5倍，截止频率为1kHz，Q=0.707，滤波器静态输出电压为2.5V。用TINA-TI仿真软件实证。

解：本例使用MFB型高通滤波器求解方法二实现。仿真电路如图4.33所示，仿真波形如图4.34所示，输入为100kHz、4.7V的正弦波，输出被衰减了一半。

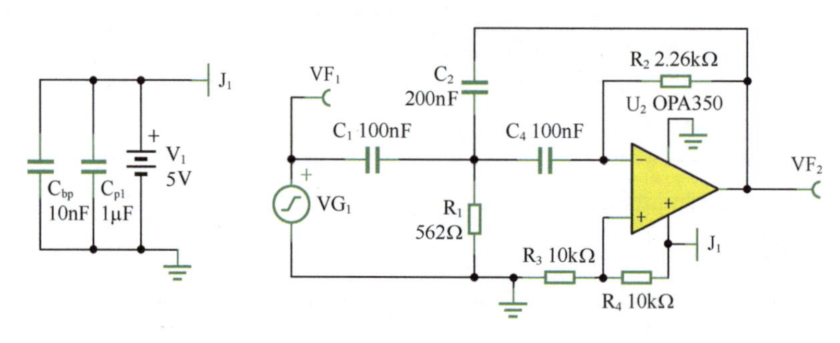

图4.33　举例3仿真电路

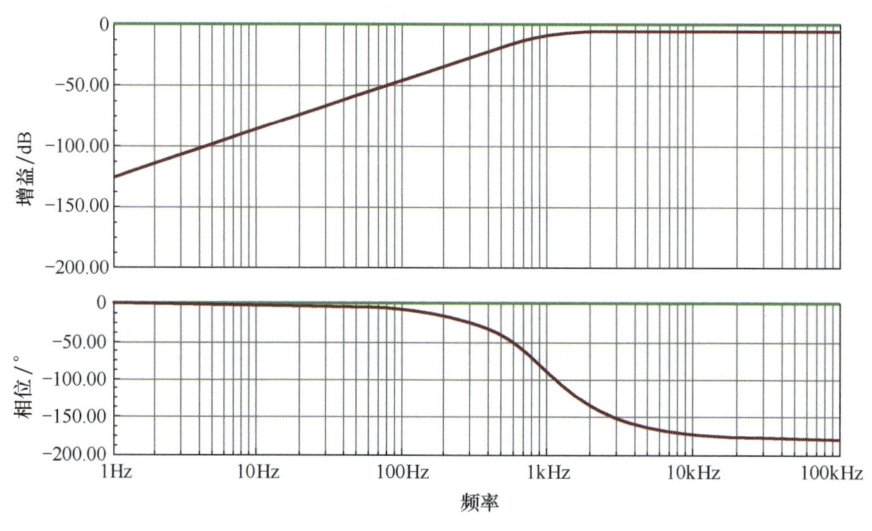

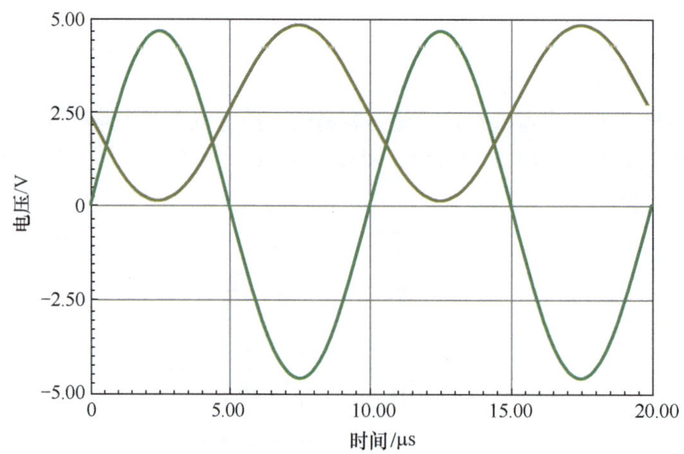

图4.34　举例3仿真波形

第五章 运放组成的带通滤波器

运放组成的带通滤波器分为两类：一类是由低通滤波器串联高通滤波器组成、具有两个独立频点的宽带通滤波器，极为简单；另一类是具有单一频点的窄带通滤波器，也叫选频放大器。

5.1 双频点带通滤波器——宽带通

双频点带通滤波器的幅频特性如图 5.1 所示，其中，f_L 和 f_H 相距较远。当 f_L 和 f_H 相距很近时，就演变成了第 5.2 节介绍的单频点选频放大器。

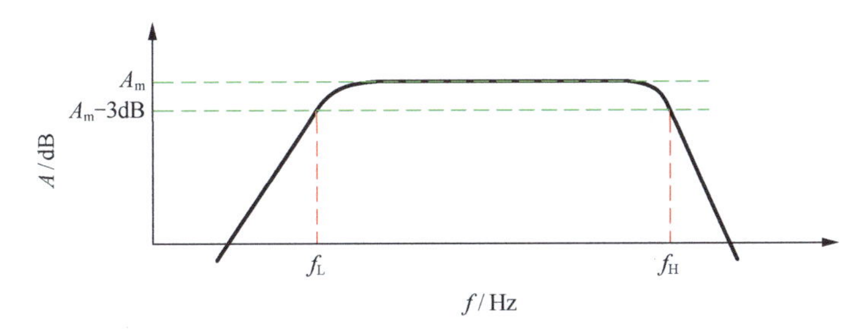

图 5.1　双频点带通滤波器幅频特性示意图

双频点带通滤波器的实现非常简单，将一个下限截止频率为 f_L 的高通滤波器，与一个上限截止频率为 f_H 的低通滤波器直接串联即可。其中的高通和低通滤波器可以根据需要独立设计，比如选择不同的通带内增益、不同的 Q 值等。注意需要满足：

$$A_m = A_{m1} \times A_{m2} \tag{5-1}$$

图 5.2 和图 5.3 所示是两种不同的级联方法，区别在于先后次序。理论上，它们没有什么区别，但是在实用中，先高通后低通可能对降低总输出噪声有效，先低通后高通可能对降低输出失调电压有效，在具体应用中应具体分析。

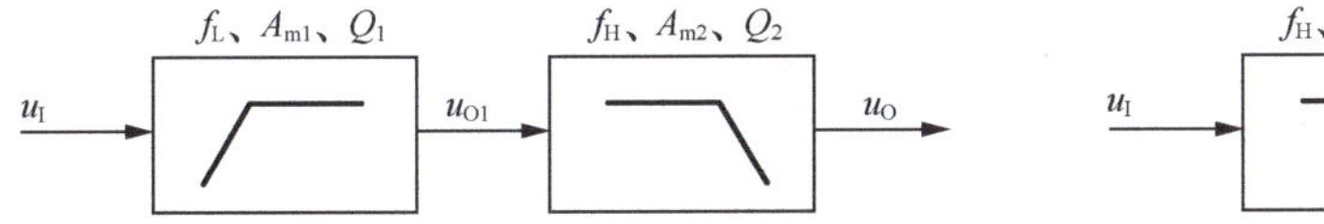

图 5.2　高通 + 低通实现双频点带通滤波器

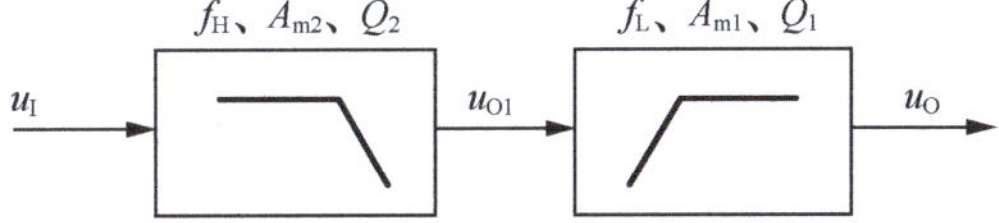

图 5.3　低通 + 高通实现双频点带通滤波器

5.2 单频点选频放大器——窄带通

◎回顾传递函数

$$\dot{A}(\mathrm{j}\Omega) = A_m \times \frac{\frac{1}{Q}\mathrm{j}\Omega}{1 + \frac{1}{Q}\mathrm{j}\Omega + (\mathrm{j}\Omega)^2} \tag{2-96}$$

◎ SK 型通用电路和频域表达式

与图 3.1 相比，更为通用的 SK 型结构如图 5.4 所示。它多了一个 Z_5，并且将跟随器改为 G 倍增益。此结构将带来更为丰富的变化。

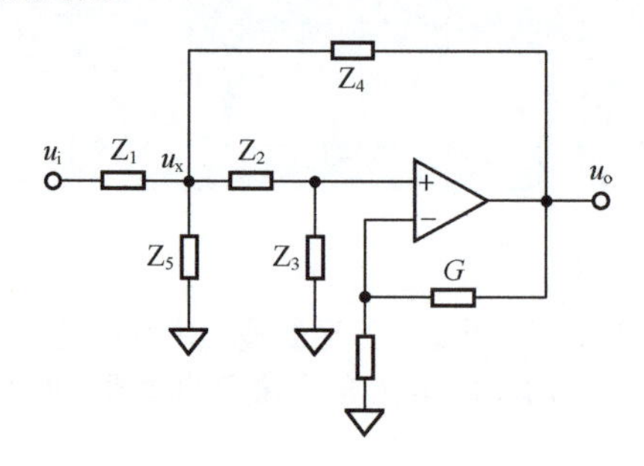

图 5.4 SK 型滤波器通用模式

设图中 u_x 为临时变量，结合运放的虚短虚断法，有：

$$U_x(S)\times\frac{Z_3}{Z_2+Z_3}=U_o(S)/G，即：$$

$$U_x(S)=\frac{Z_2+Z_3}{Z_3G}U_o(S) \tag{5-2}$$

在 u_x 点，利用 KCL，可得：

$$\frac{U_i(S)-U_x(S)}{Z_1}=\frac{U_x(S)-U_o(S)}{Z_4}+\frac{U_x(S)}{Z_2+Z_3}+\frac{U_x(S)}{Z_5} \tag{5-3}$$

将式（5-2）代入式（5-3），得：

$$\frac{U_i(S)-\frac{Z_2+Z_3}{Z_3G}U_o(S)}{Z_1}=\frac{\frac{Z_2+Z_3}{Z_3G}U_o(S)-U_o(S)}{Z_4}+\frac{\frac{Z_2+Z_3}{Z_3G}U_o(S)}{Z_2+Z_3}+\frac{\frac{Z_2+Z_3}{Z_3G}U_o(S)}{Z_5} \tag{5-4}$$

化简过程为：

$$\begin{aligned}U_i(S)&=U_o(S)\frac{Z_2+Z_3}{Z_3G}+U_o(S)\left(\frac{Z_2+Z_3-Z_3G}{Z_3G}\right)\frac{Z_1}{Z_4}+U_o(S)\frac{Z_1}{Z_3G}+U_o(S)\frac{Z_1Z_2+Z_1Z_3}{Z_5Z_3G}=\\&U_o(S)\times\left(\frac{Z_2Z_4Z_5+Z_3Z_4Z_5}{Z_3Z_4Z_5G}+\frac{Z_1Z_2Z_5+Z_1Z_3Z_5-Z_1Z_3Z_5G}{Z_3Z_4Z_5G}+\frac{Z_1Z_4Z_5}{Z_3Z_4Z_5G}+\frac{Z_1Z_2Z_4+Z_1Z_3Z_4}{Z_3Z_4Z_5G}\right)=\\&U_o(S)\frac{Z_2Z_4Z_5+Z_3Z_4Z_5+Z_1Z_2Z_5+Z_1Z_3Z_5+Z_1Z_4Z_5+Z_1Z_2Z_4+Z_1Z_3Z_4-Z_1Z_3Z_5G}{Z_3Z_4Z_5G}\end{aligned} \tag{5-5}$$

得：

$$A(S)=\frac{U_o(S)}{U_i(S)}=\frac{Z_3Z_4Z_5G}{Z_2Z_4Z_5+Z_3Z_4Z_5+Z_1Z_2Z_5+Z_1Z_3Z_5+Z_1Z_4Z_5+Z_1Z_2Z_4+Z_1Z_3Z_4-Z_1Z_3Z_5G} \tag{5-6}$$

当 $Z_5=\infty$、$G=1$ 时，此电路就是图 3.1 所示电路，将条件代入上式，有：

$$A(S)=\frac{Z_3Z_4}{Z_2Z_4+Z_3Z_4+Z_1Z_2+Z_1Z_4} \tag{5-7}$$

与式（3-6）结论完全相同，说明本节此电路结构是更为通用的。

◎ SK 型窄带通电路滤波器一

电路如图 5.5 所示。其中形成增益 G 的电阻没有标注，读者可以自行设计。与图 5.4 电路相比，区别列于表 5.1。

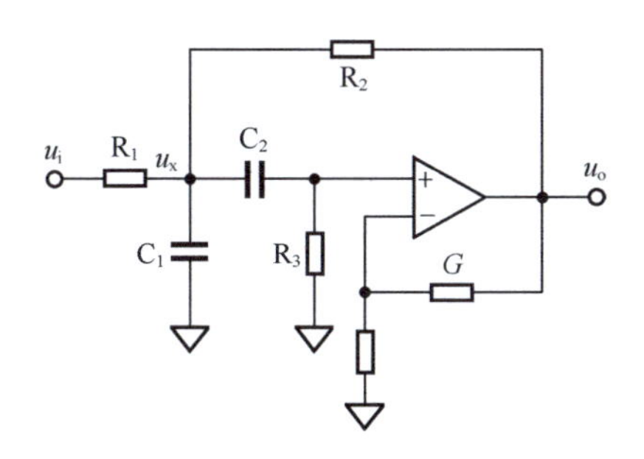

图 5.5　SK 型窄带通滤波器滤波器一

表 5.1　SK 型滤波器通用模式电路与窄带通滤波器一区别

表达式表示	Z_1	Z_2	Z_3	Z_4	Z_5
电路实物	R_1	C_2	R_3	R_2	C_1
代入表达式	R_1	$1/SC_2$	R_3	R_2	$1/SC_1$

将 Z_1 ～ Z_5 用表中表达式代替，代入式（5-6）得：

$$A(S)=\frac{U_o(S)}{U_i(S)}=$$

$$\frac{R_3R_2\frac{1}{SC_1}G}{\frac{1}{SC_2}R_2\frac{1}{SC_1}+R_3R_2\frac{1}{SC_1}+R_1\frac{1}{SC_2}\frac{1}{SC_1}+R_1R_3\frac{1}{SC_1}+R_1R_2\frac{1}{SC_1}+R_1\frac{1}{SC_2}R_2+R_1R_3R_2-R_1R_3\frac{1}{SC_1}G}=$$

$$\frac{SR_3R_2C_2G}{R_2+SC_2R_3R_2+R_1+SC_2R_1R_3+SC_2R_1R_2+SC_1R_1R_2+S^2C_2R_1R_3R_2C_1-SC_2R_1R_3G}= \tag{5-8}$$

$$\frac{SR_3R_2C_2G}{R_1+R_2+S\left(C_2\left(R_1R_2+R_2R_3+R_1R_3(1-G)\right)+C_1R_1R_2\right)+S^2C_1C_2R_1R_3R_2}=$$

$$\frac{S\frac{R_3R_2C_2G}{R_1+R_2}}{1+S\frac{\left(C_2\left(R_1R_2+R_2R_3+R_1R_3(1-G)\right)+C_1R_1R_2\right)}{R_1+R_2}+S^2\frac{C_1C_2R_1R_3R_2}{R_1+R_2}}$$

用频域表达为：

$$\dot{A}(\mathrm{j}\omega)=\frac{\mathrm{j}\omega\frac{R_3R_2C_2G}{R_1+R_2}}{1+\mathrm{j}\omega\frac{\left(C_2\left(R_1R_2+R_2R_3+R_1R_3(1-G)\right)+C_1R_1R_2\right)}{R_1+R_2}+(\mathrm{j}\omega)^2\frac{C_1C_2R_1R_3R_2}{R_1+R_2}} \tag{5-9}$$

特征角频率 ω_0 发生在表达式分母中的实部为 0 处，即：

$$(\mathrm{j}\omega_0)^2\frac{C_1C_2R_1R_3R_2}{R_1+R_2}=-1 \tag{5-10}$$

$$\omega_0=\sqrt{\frac{1}{C_1C_2R_3(R_1//R_2)}} \tag{5-11}$$

在此基础上，将式（5-9）向式（2-96）形式演变：

$$\dot{A}(\mathrm{j}\omega)=A_m\times\frac{\mathrm{j}\Omega\frac{1}{Q}}{1+\mathrm{j}\Omega\frac{1}{Q}+(\mathrm{j}\Omega)^2} \tag{5-12}$$

过程为：

$$\dot{A}(\mathrm{j}\omega)=\frac{\mathrm{j}\dfrac{\omega}{\omega_0}\times\dfrac{C_2\left(R_1R_2+R_2R_3+R_1R_3\left(1-G\right)\right)+C_1R_1R_2}{\sqrt{C_1C_2R_3(R_1//R_2)}\times\left(R_1+R_2\right)}\times\dfrac{R_3R_2C_2G}{C_2\left(R_1R_2+R_2R_3+R_1R_3\left(1-G\right)\right)+C_1R_1R_2}}{1+\mathrm{j}\dfrac{\omega}{\omega_0}\times\dfrac{C_2\left(R_1R_2+R_2R_3+R_1R_3\left(1-G\right)\right)+C_1R_1R_2}{\sqrt{C_1C_2R_3(R_1//R_2)}\times\left(R_1+R_2\right)}+\left(\mathrm{j}\dfrac{\omega}{\omega_0}\right)^2}\tag{5-13}$$

其中：

$$A_{\mathrm{m}}=\frac{R_3R_2C_2G}{C_2\left(R_1R_2+R_2R_3+R_1R_3\left(1-G\right)\right)+C_1R_1R_2}=\frac{R_3R_2C_2G}{m}\tag{5-14}$$

$$m=C_2\left(R_1R_2+R_2R_3+R_1R_3\left(1-G\right)\right)+C_1R_1R_2\tag{5-15}$$

$$\frac{1}{Q}=\frac{\left(C_2\left(R_1R_2+R_2R_3+R_1R_3\left(1-G\right)\right)+C_1R_1R_2\right)\sqrt{\dfrac{1}{C_1C_2R_3(R_1//R_2)}}}{R_1+R_2}=\frac{m\times\omega_0}{R_1+R_2}\tag{5-16}$$

$$Q=\frac{R_1+R_2}{m\times\omega_0}\tag{5-17}$$

◎ SK 型窄带通电路一的易用型电路

图 5.5 所示电路中，如果不对电阻、电容实施约束，情况就太复杂了。为了方便设计，通常对电路中的电阻和电容实施一定的约束，形成易用型电路。常见的约束为：$C_1=C_2=C$、$R_1=R_2=R$、$R_3=2R$。电路如图 5.6 所示。在此约束下，有：

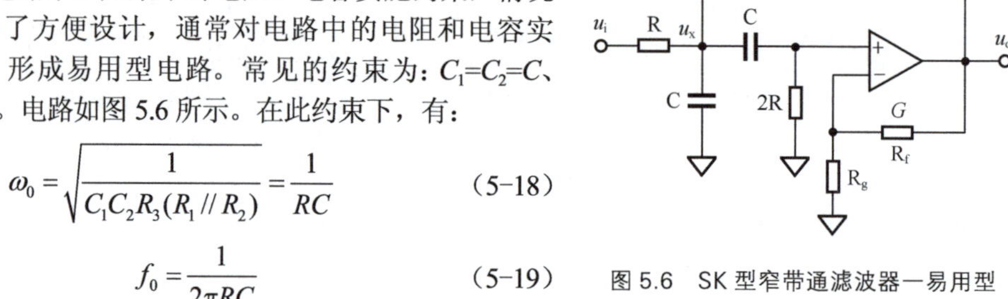

图 5.6　SK 型窄带通滤波器一易用型

$$\omega_0=\sqrt{\frac{1}{C_1C_2R_3(R_1//R_2)}}=\frac{1}{RC}\tag{5-18}$$

$$f_0=\frac{1}{2\pi RC}\tag{5-19}$$

$$m=C_2\left(R_1R_2+R_2R_3+R_1R_3\left(1-G\right)\right)+C_1R_1R_2=2CR^2\left(3-G\right)\tag{5-20}$$

$$A_{\mathrm{m}}=\frac{R_3R_2C_2G}{m}=\frac{2CR^2G}{2CR^2\left(3-G\right)}=\frac{G}{3-G}\tag{5-21}$$

$$Q=\frac{R_1+R_2}{m\times\omega_0}=\frac{2R}{2CR^2\left(3-G\right)\times\dfrac{1}{RC}}=\frac{1}{3-G}\tag{5-22}$$

此时可以看出，中频增益和 Q 值均与 3−G 有关，如果 G 近似为 3 但小于 3，那么有可能出现 Q 和 A_{m} 都特别大的情况。本电路可以通过改变 G，实现不同的设计要求。

举例 1

设计一个 SK 型窄带通滤波器。要求，只能使用一个运放，滤波器的中心频率为 50Hz、Q=10。用 TINA−TI 仿真软件实证。

解：采用窄带滤波器一易用型电路。按照表 3.1，选择电容 C=1μF，根据式（5−19），可以反算出：

$$R=\frac{1}{2\pi f_0C}=3183\Omega$$

因此，根据表 3.2 的 E96 系列电阻，选择 R=3.16kΩ、2R=6.34kΩ，最为接近。

根据 Q=10 要求，利用式（5-22），可知：

$$Q=\frac{1}{3-G}=10$$

又有：

$$G=1+\frac{R_f}{R_g}=2.9$$

选择 R_g=1kΩ，则理论上 R_f=1.9kΩ，按照 E96 系列选择，R_f=1.91kΩ，形成最终电路如图 5.7 所示。

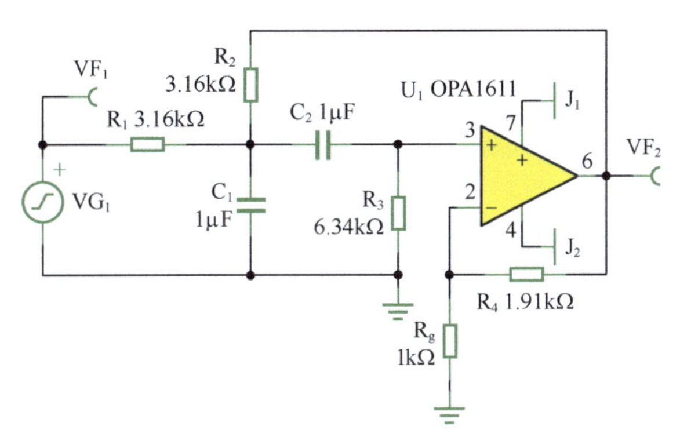

图 5.7　举例 1 电路

图 5.8 所示是该电路的仿真频率特性。可以看出，中心频率稍大，频率为 50.29Hz，该处电路增益为 30.5dB——即窄带通滤波器的峰值增益，增益为 -3dB 的频率点有两个，分别为 52.52Hz 和 48.15Hz，两者的差值为 4.37Hz，按照 Q 值标准定义：

$$Q=\frac{f_0}{\Delta f}=\frac{f_0}{f_H-f_L}=11.5$$

总体来说，出现的上述误差源自 E96 系列电阻容差，是可以容忍的。如果按照理论计算值代入电路，实测与设计要求是完美吻合的。

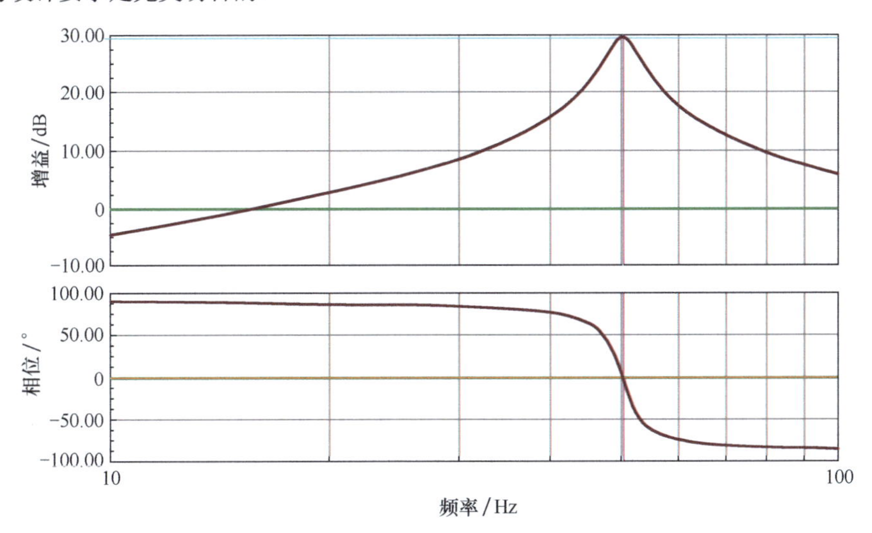

图 5.8　举例 1 电路仿真频率特性

◎ SK 型窄带通滤波器电路二

电路如图 5.9 所示。其中形成增益 G 的电阻没有标注，读者可以自行设计。和图 5.5 相比，电

容 C_1 的顶端由原先的 u_x 点移到电阻 R_3 顶端。与图 5.4 电路相比，区别列于表 5.2。

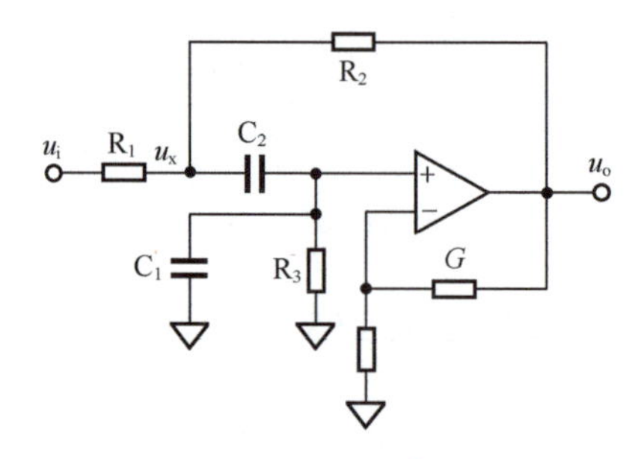

图 5.9　SK 型窄带通滤波器电路二

表 5.2　SK 型滤波器通用模式电路与窄带通滤波器二区别

表达式表示	Z_1	Z_2	Z_3	Z_4	Z_5
电路实物	R_1	C_2	$R_3//C_1$	R_2	∞
代入表达式	R_1	$1/SC_2$	$R_3//(1/SC_1)$	R_2	∞

将 $Z_1 \sim Z_5$ 用表中表达式代替，代入式（5-6）得：

$$A(S)=\frac{U_o(S)}{U_i(S)}=\frac{Z_3Z_4G}{Z_1Z_2+Z_1Z_4+Z_2Z_4+Z_3Z_4+Z_1Z_3(1-G)}=$$

$$\frac{\frac{R_3}{1+SR_3C_1}R_2G}{R_1\frac{1}{SC_2}+R_1R_2+R_2\frac{1}{SC_2}+\frac{R_3}{1+SR_3C_1}R_2+R_1\frac{R_3}{1+SR_3C_1}(1-G)}=$$

$$\frac{SC_2R_3R_2G}{R_1(1+SR_3C_1)+R_1R_2(1+SR_3C_1)SC_2+R_2(1+SR_3C_1)+SC_2R_3R_2+R_1R_3SC_2(1-G)}=$$

$$\frac{SC_2R_3R_2G}{R_1+R_2+SR_1R_3C_1+SR_1R_2C_2+SR_3R_2C_1+SR_3R_2C_2+SR_1R_3C_2(1-G)+S^2R_1R_2R_3C_1C_2}= \tag{5-23}$$

$$\frac{\frac{SC_2R_3R_2G}{R_1+R_2}}{1+S\times\frac{R_1R_3C_1+R_1R_2C_2+R_3R_2C_1+R_3R_2C_2+R_1R_3C_2(1-G)}{R_1+R_2}+S^2\frac{R_1R_2R_3C_1C_2}{R_1+R_2}}=$$

$$\frac{S\frac{C_2R_3R_2G}{R_1+R_2}}{1+S\times\frac{C_1(R_1R_3+R_2R_3)+C_2(R_1R_2+R_2R_3+R_1R_3(1-G))}{R_1+R_2}+S^2\frac{R_1R_2R_3C_1C_2}{R_1+R_2}}$$

用频域表达为：

$$\dot{A}(j\omega)=\frac{j\omega\frac{R_3R_2C_2G}{R_1+R_2}}{1+j\omega\frac{C_2(R_1R_2+R_2R_3+R_1R_3(1-G))+C_1(R_1R_3+R_2R_3)}{R_1+R_2}+(j\omega)^2\frac{C_1C_2R_1R_3R_2}{R_1+R_2}} \tag{5-24}$$

特征角频率 ω_0 发生在表达式分母中的实部为 0 处，即：

$$(j\omega_0)^2\frac{C_1C_2R_1R_3R_2}{R_1+R_2}=-1 \tag{5-25}$$

$$\omega_0=\sqrt{\frac{1}{C_1C_2R_3(R_1R_2)}} \tag{5-26}$$

在此基础上，将式（5-24）向式（2-96）形式演变：

$$\dot{A}(\mathrm{j}\omega)=A_{\mathrm{m}}\times\frac{\mathrm{j}\Omega\frac{1}{Q}}{1+\mathrm{j}\Omega\frac{1}{Q}+(\mathrm{j}\Omega)^2} \tag{5-27}$$

其中：

$$A_{\mathrm{m}}=\frac{R_3R_2C_2G}{C_2\left(R_1R_2+R_2R_3+R_1R_3(1-G)\right)+C_1(R_1R_3+R_2R_3)}=\frac{R_3R_2C_2G}{m} \tag{5-28}$$

$$m=C_2\left(R_1R_2+R_2R_3+R_1R_3(1-G)\right)+C_1(R_1R_3+R_2R_3) \tag{5-29}$$

$$\frac{1}{Q}=\frac{\left(C_2\left(R_1R_2+R_2R_3+R_1R_3(1-G)\right)+C_1(R_1R_3+R_2R_3)\right)\sqrt{\frac{1}{C_1C_2R_3(R_1/\!/R_2)}}}{R_1+R_2}=\frac{m\times\omega_0}{R_1+R_2} \tag{5-30}$$

$$Q=\frac{R_1+R_2}{m\times\omega_0} \tag{5-31}$$

◎ SK 型窄带通电路二的易用型电路

图 5.9 所示电路也有易用型电路，对电路中的电阻和电容实施一定的约束即可。约束为 C_1=C_2=C、R_1=R_2=R、R_3=$2R$。电路如图 5.10 所示。

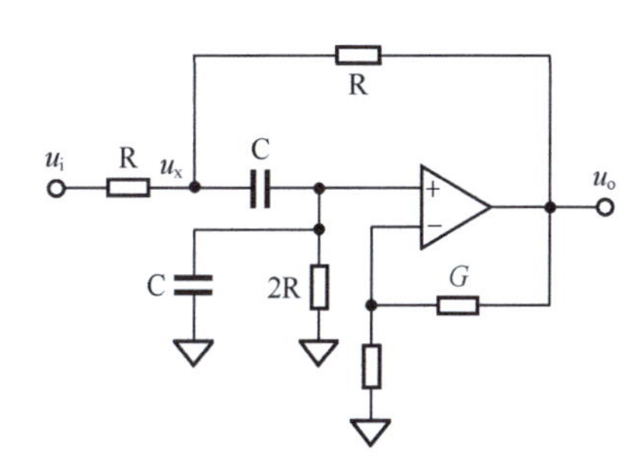

图 5.10　SK 型窄带通滤波器二的易用型电路

在此约束下，有：

$$\omega_0=\sqrt{\frac{1}{C_1C_2R_3(R_1/\!/R_2)}}=\frac{1}{RC} \tag{5-32}$$

$$f_0=\frac{1}{2\pi RC} \tag{5-33}$$

$$\dot{A}(\mathrm{j}\omega)=A_{\mathrm{m}}\times\frac{\mathrm{j}\Omega\frac{1}{Q}}{1+\mathrm{j}\Omega\frac{1}{Q}+(\mathrm{j}\Omega)^2} \tag{5-34}$$

$$m=C_2\left(R_1R_2+R_2R_3+R_1R_3(1-G)\right)+C_1(R_1R_3+R_2R_3)=C\left(9R^2-2R^2G\right)=2CR^2(4.5-G) \tag{5-35}$$

$$A_{\mathrm{m}}=\frac{R_3R_2C_2G}{m}=\frac{2CR^2G}{2CR^2(4.5-G)}=\frac{G}{4.5-G} \tag{5-36}$$

$$Q=\frac{R_1+R_2}{m\times\omega_0}=\frac{2R}{2CR^2(4.5-G)\times\frac{1}{RC}}=\frac{1}{4.5-G} \tag{5-37}$$

此时可以看出，中频增益和 Q 值均与 4.5-G 有关，如果 G 近似为 4.5 但小于 4.5，那么有可能出现 Q 和 A_{m} 都特别大的情况。本电路可以通过改变 G，实现不同的设计要求。

以上两个电路，都属于 SK 型电路，具体接法不同，就带来了不同的效果。

举例 2

设计一个 SK 型窄带通滤波器。要求，只能使用一个运放，滤波器的中心频率为 50Hz、Q=10。用

TINA-TI 仿真软件实证。

解：采用窄带通滤波器二的易用型电路。按照表 3.1，选择电容 C=1μF，根据根据式（5-19），可以反算出：

$$R=\frac{1}{2\pi f_0 C}=3183\Omega$$

因此，根据表 3.2 的 E96 系列电阻，选择 R=3.16kΩ、2R=6.34kΩ，最为接近。

根据 Q=10 要求，利用式（5-22），可知：

$$Q=\frac{1}{4.5-G}=10$$

又有：

$$G=1+\frac{R_f}{R_g}=4.4$$

选择 R_g=1kΩ，则理论上 R_f=3.4kΩ，按照 E96 系列选择，R_f=3.40kΩ，形成最终电路如图 5.11 所示。

读者可以自己观察该电路的仿真频率特性。可以看出，中心频率稍大，频率为 50.29Hz，该处电路增益为 33dB——即窄带通滤波器的峰值增益。增益为 -3dB 的频率点有两个，分别为 52.83Hz 和 47.87Hz，两者的差值为 4.96Hz，按照 Q 值标准定义：

$$Q=\frac{f_0}{\Delta f}=\frac{f_0}{f_H-f_L}=10.14$$

总体来说，出现的上述误差是可以容忍的。

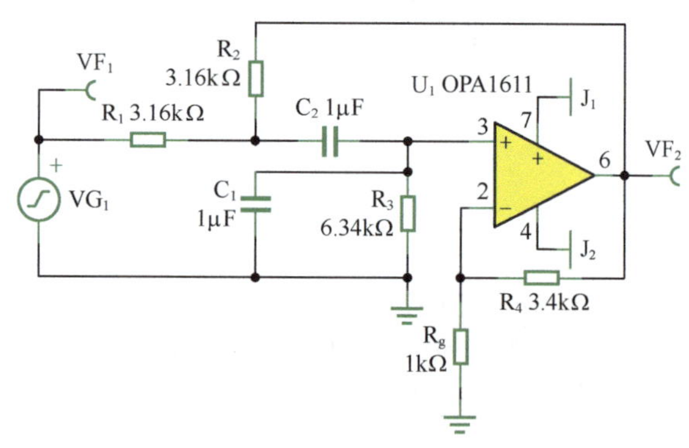

图 5.11　举例 2 电路

对比举例 1 和举例 2，可以发现，两个电路都能实现 Q=10 的要求，但是峰值增益存在差异。根据峰值增益定义，对举例 1 电路应为：

$$A_m=\frac{G}{3-G}=32.33=30.19\text{dB}$$

对举例 2 电路应为：

$$A_m=\frac{G}{4.5-G}=44=32.87\text{dB}$$

在实际应用中，这点差异不会带来太大的影响。

◎ MFB 型窄带通滤波器

从前面多节分析看，SK 型滤波器电路有一种通用结构，如图 3.1 所示。选择不同的电阻或者电容取代图 3.1 中的 Z，可以形成不同的滤波器类型。从目前来看，我们已经实现了低通、高通和窄带通滤波器，它们都没有逃脱图 3.1 所示结构。

MFB 型滤波器与此类似，也有通用结构。如图 5.12 所示。将图 5.12 中的 Z 用电阻或者电容取代，会得到不同的滤波器效果。为此，本节推导 MFB 型滤波器电路结构的通用表达式。

一种方法是写出图 5.12 中 u_x 点表达式，列出该节点的电流之和等于 0 的方程，由此可以获得 u_o 与 u_i 的关系。但我更喜欢使用方框图法。

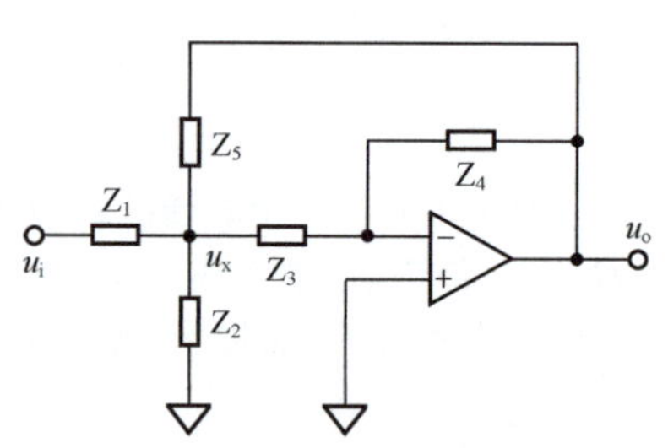

图 5.12　MFB 型滤波器通用结构

先求解反馈系数$\dot{F}$，即输出在运放负输入的分压系数，它由两路叠加形成：一路通过 Z_4，此时应将 Z_5 的顶端接地，形成$\dot{F}_4$；另一路通过 Z_5，此时应将 Z_4 的右端接地，形成$\dot{F}_5$：

$$\dot{F}_4=\frac{Z_3+Z_5//Z_1//Z_2}{Z_4+Z_3+Z_5//Z_1//Z_2}=\frac{Z_3+\dfrac{Z_5Z_1Z_2}{Z_5Z_1+Z_5Z_2+Z_1Z_2}}{Z_4+Z_3+\dfrac{Z_5Z_1Z_2}{Z_5Z_1+Z_5Z_2+Z_1Z_2}}= \tag{5-38}$$

$$\frac{Z_1Z_2Z_3+Z_1Z_2Z_5+Z_1Z_3Z_5+Z_2Z_3Z_5}{Z_1Z_2Z_3+Z_1Z_2Z_4+Z_1Z_2Z_5+Z_1Z_3Z_5+Z_1Z_4Z_5+Z_2Z_3Z_5+Z_2Z_4Z_5}$$

$$\dot{F}_5=\frac{Z_1//Z_2//(Z_3+Z_4)}{Z_5+Z_1//Z_2//(Z_3+Z_4)}\times\frac{Z_4}{Z_3+Z_4}=$$

$$\frac{\dfrac{Z_1Z_2Z_3+Z_1Z_2Z_4}{Z_1Z_2+Z_1Z_3+Z_1Z_4+Z_2Z_3+Z_2Z_4}}{Z_5+\dfrac{Z_1Z_2Z_3+Z_1Z_2Z_4}{Z_1Z_2+Z_1Z_3+Z_1Z_4+Z_2Z_3+Z_2Z_4}}\times\frac{Z_4}{Z_3+Z_4}= \tag{5-39}$$

$$\frac{(Z_1Z_2Z_3+Z_1Z_2Z_4)\times\dfrac{Z_4}{Z_3+Z_4}}{Z_1Z_2Z_3+Z_1Z_2Z_4+Z_1Z_2Z_5+Z_1Z_3Z_5+Z_1Z_4Z_5+Z_2Z_3Z_5+Z_2Z_4Z_5}=$$

$$\frac{Z_1Z_2Z_4}{Z_1Z_2Z_3+Z_1Z_2Z_4+Z_1Z_2Z_5+Z_1Z_3Z_5+Z_1Z_4Z_5+Z_2Z_3Z_5+Z_2Z_4Z_5}$$

总的反馈系数由两者相加得到：

$$\dot{F}=\dot{F}_4+\dot{F}_5=\frac{Z_1Z_2Z_3+Z_1Z_2Z_4+Z_1Z_2Z_5+Z_1Z_3Z_5+Z_2Z_3Z_5}{Z_1Z_2Z_3+Z_1Z_2Z_4+Z_1Z_2Z_5+Z_1Z_3Z_5+Z_1Z_4Z_5+Z_2Z_3Z_5+Z_2Z_4Z_5} \tag{5-40}$$

衰减系数$\dot{M}$与$\dot{F}_5$的分压结构完全相同，只是Z_5和Z_1互换了位置，且带一个负号：

$$\dot{M}=-\frac{Z_5Z_2Z_4}{Z_1Z_2Z_3+Z_1Z_2Z_4+Z_1Z_2Z_5+Z_1Z_3Z_5+Z_1Z_4Z_5+Z_2Z_3Z_5+Z_2Z_4Z_5} \tag{5-41}$$

根据方框图法内容，可知：

$$\dot{A}\approx\frac{\dot{M}}{\dot{F}}=-\frac{Z_2Z_4Z_5}{Z_1Z_2Z_3+Z_1Z_2Z_4+Z_1Z_2Z_5+Z_1Z_3Z_5+Z_2Z_3Z_5} \tag{5-42}$$

这是MFB型滤波器通用结构的增益表达式。

将MFB型滤波器通用结构中的Z用图5.13所示电路中的阻容取代，就形成了窄带通滤波器。

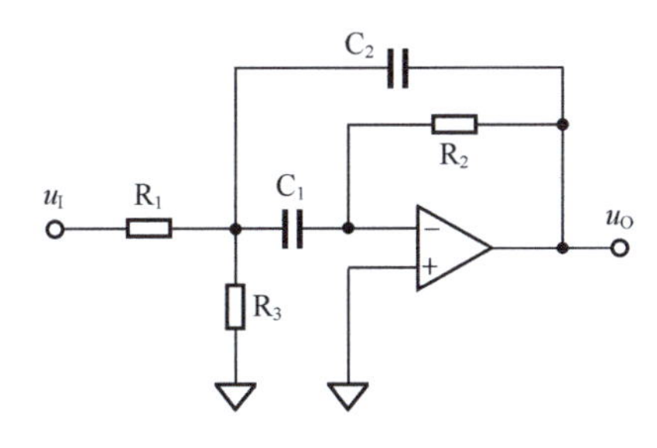

图5.13　MFB型窄带通滤波器之一

替换内容如表5.3所示。

表5.3　MFB型窄带通滤波器电路替换内容

表达式表示	Z_1	Z_2	Z_3	Z_4	Z_5
电路实物	R_1	R_3	C_1	R_2	C_2
代入表达式	R_1	R_3	$1/SC_1$	R_2	$1/SC_2$

将 $Z_1 \sim Z_5$ 用表中表达式代替，利用式（5-42），得到：

$$\dot{A}=\frac{\dot{M}}{\dot{F}}=\frac{-Z_2Z_4Z_5}{Z_1Z_2Z_3+Z_1Z_2Z_4+Z_1Z_2Z_5+Z_1Z_3Z_5+Z_2Z_3Z_5}=$$

$$\frac{-R_2R_3\frac{1}{SC_2}}{R_1R_3\frac{1}{SC_1}+R_1R_2R_3+R_1R_3\frac{1}{SC_2}+\frac{R_1+R_3}{S^2C_1C_2}}=-\frac{S\frac{R_2R_3C_1}{R_1+R_3}}{1+\frac{S(C_1+C_2)R_1R_3}{R_1+R_3}+S^2\frac{R_1R_2R_3C_1C_2}{R_1+R_3}}= \tag{5-43}$$

$$-\frac{R_2}{R_1}\times\frac{C_1}{C_1+C_2}\times\frac{S\frac{(C_1+C_2)R_1R_3}{R_1+R_3}}{1+S\frac{(C_1+C_2)R_1R_3}{R_1+R_3}+S^2\frac{R_1R_2R_3C_1C_2}{R_1+R_3}}$$

写成频域表达式，为：

$$\dot{A}(\mathrm{j}\omega)=-\frac{R_2}{R_1}\frac{C_1}{C_1+C_2}\times\frac{\mathrm{j}\omega\frac{(C_1+C_2)R_1R_3}{R_1+R_3}}{1+\mathrm{j}\omega\frac{(C_1+C_2)R_1R_3}{R_1+R_3}+(\mathrm{j}\omega)^2\frac{R_1R_2R_3C_1C_2}{R_1+R_3}} \tag{5-44}$$

设：

$$\omega_0^2=\frac{R_1+R_3}{R_1R_2R_3C_1C_2}=\frac{1}{(R_1/\!/R_3)R_2C_1C_2} \tag{5-45}$$

$$\omega_0=\frac{1}{\sqrt{(R_1/\!/R_3)R_2C_1C_2}} \tag{5-46}$$

$$f_0=\frac{1}{2\pi\sqrt{(R_1/\!/R_3)R_2C_1C_2}} \tag{5-47}$$

则有：

$$\dot{A}(\mathrm{j}\omega)=-\frac{R_2}{R_1}\frac{C_1}{C_1+C_2}\times\frac{\mathrm{j}\frac{\omega}{\omega_0}\frac{(C_1+C_2)(R_1/\!/R_3)}{\sqrt{(R_1/\!/R_3)R_2C_1C_2}}}{1+\mathrm{j}\frac{\omega}{\omega_0}\frac{(C_1+C_2)(R_1/\!/R_3)}{\sqrt{(R_1/\!/R_3)R_2C_1C_2}}+\mathrm{j}\left(\frac{\omega}{\omega_0}\right)^2}=$$

$$-\frac{R_2}{R_1}\frac{C_1}{C_1+C_2}\times\frac{\mathrm{j}\frac{\omega}{\omega_0}(C_1+C_2)\sqrt{\frac{R_1/\!/R_3}{R_2C_1C_2}}}{1+\mathrm{j}\frac{\omega}{\omega_0}(C_1+C_2)\sqrt{\frac{R_1/\!/R_3}{R_2C_1C_2}}+\mathrm{j}\left(\frac{\omega}{\omega_0}\right)^2}=A_{\mathrm{m}}\times\frac{\frac{1}{Q}\mathrm{j}\Omega}{1+\frac{1}{Q}\mathrm{j}\Omega+(\mathrm{j}\Omega)^2} \tag{5-48}$$

式（5-48）为一个标准窄带通滤波器的表达式，可以看出：

$$A_{\mathrm{m}}=-\frac{R_2}{R_1}\times\frac{C_1}{C_1+C_2} \tag{5-49}$$

$$\frac{1}{Q}=(C_1+C_2)\sqrt{\frac{R_1/\!/R_3}{R_2C_1C_2}} \tag{5-50}$$

即：

$$Q=\frac{\sqrt{\dfrac{R_2C_1C_2}{R_1//R_3}}}{(C_1+C_2)} \tag{5-51}$$

为了进一步简化设计，设两个电容相等，为 C，对中心频率表达式有：

$$f_0=\frac{1}{2\pi\sqrt{(R_1//R_3)R_2C_1C_2}}=\frac{1}{2\pi C\sqrt{(R_1//R_3)R_2}} \tag{5-52}$$

$$\sqrt{(R_1//R_3)R_2}=\frac{1}{2\pi f_0C} \tag{5-53}$$

$$\frac{R_1R_3R_2}{R_1+R_3}=\frac{1}{4\pi^2f_0^{\ 2}C^2} \tag{5-54}$$

对于峰值增益表达式，有：

$$A_{\mathrm{m}}=-\frac{R_2}{R_1}\times\frac{C_1}{C_1+C_2}=-\frac{R_2}{2R_1} \tag{5-55}$$

$$R_2=-2A_{\mathrm{m}}R_1 \tag{5-56}$$

对于品质因数表达式，有：

$$Q=\frac{\sqrt{\dfrac{R_2C_1C_2}{R_1//R_3}}}{(C_1+C_2)}=0.5\sqrt{\frac{R_2}{R_1//R_3}} \tag{5-57}$$

$$\frac{R_2}{R_3}+\frac{R_2}{R_1}=4Q^2 \tag{5-58}$$

可以看出，存在 3 个非冗余方程（式（5.54）、式（5.56）、式（5.58）），可以解出 3 个电阻值。将式（5-56）代入式（5-54），得到：

$$(R_1//R_3)(-2A_{\mathrm{m}}R_1)=\frac{1}{4\pi^2f_0^{\ 2}C^2} \tag{5-59}$$

将式（5-56）代入式（5-58），得到：

$$-2A_{\mathrm{m}}R_1\frac{1}{R_1//R_3}=4Q^2 \tag{5-60}$$

$$R_1//R_3=\frac{-2A_{\mathrm{m}}R_1}{4Q^2} \tag{5-61}$$

将式（5-61）代入式（5-59），得到：

$$\frac{-2A_{\mathrm{m}}R_1}{4Q^2}(-2A_{\mathrm{m}}R_1)=\frac{A_{\mathrm{m}}^2R_1^2}{Q^2}=\frac{1}{4\pi^2f_0^{\ 2}C^2} \tag{5-62}$$

即：

$$R_1=\pm\sqrt{\frac{Q^2}{4\pi^2f_0^{\ 2}C^2A_{\mathrm{m}}^2}}=-\frac{Q}{2\pi f_0CA_{\mathrm{m}}} \tag{5-63}$$

利用式（5-56），得：

$$R_2=-2A_{\mathrm{m}}R_1=\frac{Q}{\pi f_0C} \tag{5-64}$$

根据式（5-61），得：

$$\frac{R_3}{R_1+R_3}=\frac{-2A_{\mathrm{m}}}{4Q^2} \tag{5-65}$$

$$R_3=-\frac{A_m}{2Q^2+A_m}R_1 \tag{5-66}$$

根据以上分析，可以得出 MFB 型窄带通滤波器的设计方法：已知中心频率 f_0，品质因数 Q，峰值增益 A_m，可以按照如下步骤获得电路参数：

1）根据表 3.1，选择两个相等的电容器 C；

2）根据式（5-63），计算电阻 R_1；

3）根据式（5-64），计算电阻 R_2；

4）根据式（5-66），计算电阻 R_3。

SK 型窄带通滤波器存在设计限制，Q 值受制于峰值增益。而 MFB 型窄带通滤波器则没有限制，它可以实现中心频率 f_0、品质因数 Q、峰值增益 A_m 的完全独立设计。

唯一需要注意的是，从式（5-66）可以看出，分母项必须大于 0，否则就会出现负电阻，因此有如下限制：

$$2Q^2+A_m>0 \tag{5-67}$$

A_m 本身为负值，则有：

$$|A_m|<2Q^2 \tag{5-68}$$

绝大多数情况下，这个条件是成立的。

将 MFB 型滤波器通用结构中的 Z 用图 5.14 所示电路中的阻容取代，就形成了另一种窄带通滤波器。注意，图 5.14 中不存在 Z_2 了，用无穷大阻抗表示。

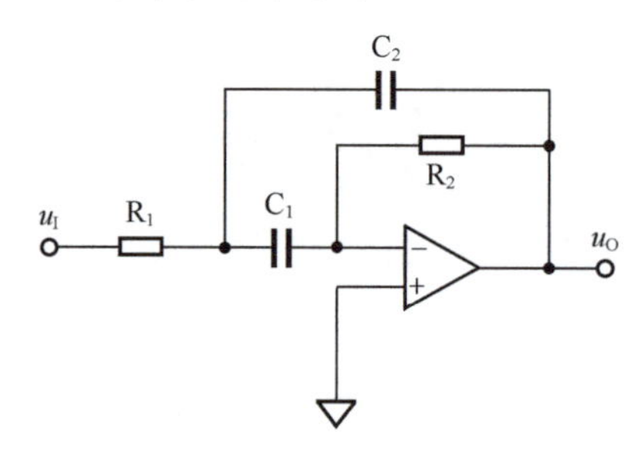

图 5.14　MFB 型窄带通滤波器之二

替换内容如表 5.4 所示。

表 5.4　MFB 型窄带通滤波器之二电路替换内容

表达式表示	Z_1	Z_2	Z_3	Z_4	Z_5
电路实物	R_1	∞	C_1	R_2	C_2
代入表达式	R_1	∞	$1/SC_1$	R_2	$1/SC_2$

将 Z_1 ～ Z_5 用表中表达式代替，利用式（5-42），得到：

$$\dot{A}=\frac{\dot{M}}{\dot{F}}=\frac{-Z_4Z_5}{Z_1Z_3+Z_1Z_4+Z_1Z_5+Z_3Z_5}=\frac{-R_2\dfrac{1}{SC_2}}{R_1\dfrac{1}{SC_1}+R_1R_2+R_1\dfrac{1}{SC_2}+\dfrac{1}{S^2C_1C_2}}=$$
$$-\frac{SR_2C_1}{1+S(C_1+C_2)R_1+S^2R_1R_2C_1C_2}=-\frac{R_2}{R_1}\frac{C_1}{C_1+C_2}\times\frac{S(C_1+C_2)R_1}{1+S(C_1+C_2)R_1+S^2R_1R_2C_1C_2} \tag{5-69}$$

写出频域表达式为：

$$\dot{A}(\mathrm{j}\omega)=-\frac{R_2}{R_1}\frac{C_1}{C_1+C_2}\times\frac{\mathrm{j}\omega(C_1+C_2)R_1}{1+\mathrm{j}\omega(C_1+C_2)R_1+(\mathrm{j}\omega)^2R_1R_2C_1C_2} \tag{5-70}$$

设：

$$\omega_0^2=\frac{1}{R_1R_2C_1C_2} \tag{5-71}$$

$$\omega_0=\frac{1}{\sqrt{R_1R_2C_1C_2}} \tag{5-72}$$

$$f_0=\frac{1}{2\pi\sqrt{R_1R_2C_1C_2}} \tag{5-73}$$

则有：

$$\dot{A}(j\omega)=-\frac{R_2}{R_1}\times\frac{C_1}{C_1+C_2}\times\frac{j\omega\frac{\sqrt{R_1R_2C_1C_2}}{\sqrt{R_1R_2C_1C_2}}(C_1+C_2)R_1}{1+j\omega\frac{\sqrt{R_1R_2C_1C_2}}{\sqrt{R_1R_2C_1C_2}}(C_1+C_2)R_1+j\left(\frac{\omega}{\frac{1}{\sqrt{R_1R_2C_1C_2}}}\right)^2}=$$

$$-\frac{R_2}{R_1}\times\frac{C_1}{C_1+C_2}\times\frac{j\frac{\omega}{\omega_0}\frac{(C_1+C_2)R_1}{\sqrt{R_1R_2C_1C_2}}}{1+j\frac{\omega}{\omega_0}\frac{(C_1+C_2)R_1}{\sqrt{R_1R_2C_1C_2}}+j\left(\frac{\omega}{\omega_0}\right)^2}=A_m\times\frac{\frac{1}{Q}j\Omega}{1+\frac{1}{Q}j\Omega+(j\Omega)^2} \tag{5-74}$$

式（5-74）为一个标准窄带通滤波器的表达式，可以看出：

$$A_m=-\frac{R_2}{R_1}\times\frac{C_1}{C_1+C_2} \tag{5-75}$$

$$\frac{1}{Q}=\frac{(C_1+C_2)R_1}{\sqrt{R_1R_2C_1C_2}} \tag{5-76}$$

即：

$$Q=\frac{\sqrt{R_1R_2C_1C_2}}{(C_1+C_2)R_1}=\frac{R_2C_1}{(C_1+C_2)R_1}\times\sqrt{\frac{R_1}{R_2}\frac{C_2}{C_1}}=-A_m\times\sqrt{\frac{R_1}{R_2}\frac{C_2}{C_1}} \tag{5-77}$$

为了进一步简化设计，设两个电容相等为 C，对于中心频率表达式，有：

$$f_0=\frac{1}{2\pi\sqrt{R_1R_2C_1C_2}}=\frac{1}{2\pi C\sqrt{R_1R_2}} \tag{5-78}$$

$$R_1R_2=\frac{1}{4\pi^2f_0^2C^2} \tag{5-79}$$

对于峰值增益表达式，有：

$$A_m=-\frac{R_2}{R_1}\times\frac{C_1}{C_1+C_2}=-\frac{R_2}{2R_1} \tag{5-80}$$

$$R_2=-2A_mR_1 \tag{5-81}$$

对于品质因数表达式，有：

$$Q=\frac{\sqrt{R_1R_2C_1C_2}}{(C_1+C_2)R_1}=\frac{1}{2}\sqrt{\frac{R_2}{R_1}}=\frac{1}{2}\sqrt{-2A_m} \tag{5-82}$$

由此可见，此电路的品质因数与峰值增益相关，不能独立选择。这个结果与 SK 型窄带通滤波器相同。但要想达到较高的品质因数 Q，就必须具备很高的峰值增益——两者是开根号关系，这对运放的能力要求很高。

因此，这个电路虽然也出现在不同的教科书或者参考资料中，但它并不实用。

设计一个 MFB 型窄带通滤波器。要求，只能使用一个运放，滤波器的中心频率为 50Hz、Q=10，峰值增益为 -10 倍。用 TINA-TI 仿真软件实证。

解：采用 MFB 型窄带滤波器之一电路。设计过程如下。

1）根据表 3.1，选择两个相等的电容器 C=1μF。

2）根据式（5-63），计算电阻 R_1：

$$R_1 = -\frac{Q}{2\pi f_0 C A_m} = 3183\Omega$$

根据表 3.2 取 E96 系列电阻 R_1=3.16kΩ。

3）根据式（5-64），计算电阻 R_2：

$$R_2 = -2A_m R_1 = 63660\,\Omega$$

根据表 3.2，取 E96 系列电阻 R_2=63.4kΩ。

4）根据式（5-66），计算电阻 R_3：

$$R_3 = -\frac{A_m}{2Q^2 + A_m} R_1 = 167.5\Omega$$

根据表 3.2，取 E96 系列电阻 R_3=169kΩ。据此，电路如图 5.15 所示。

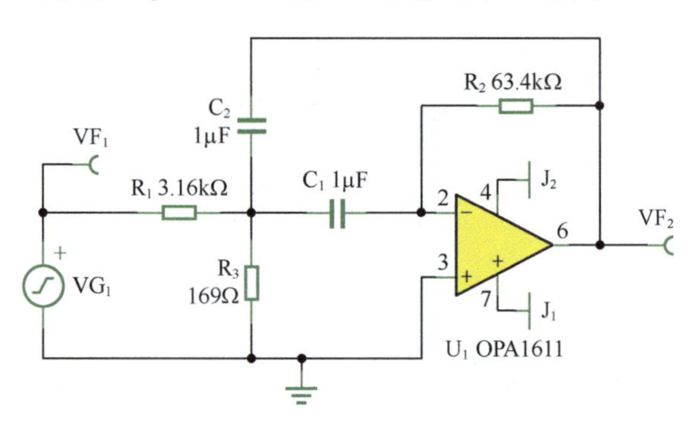

图 5.15 举例 3 电路

仿真结果如下。

1）中心频率 f_0=49.9Hz，峰值增益 A_m=20.03dB。

2）实际增益为 17.02dB 发生在：

$$f_L = 47.46\text{Hz};\ f_H = 52.48\text{Hz};\ \Delta f = f_H - f_L = 5.02\text{Hz}$$

3）Q 值为：

$$Q = \frac{f_0}{\Delta f} = 9.940$$

实际仿真结果与设计期望较为吻合。

◎双运放带通（DABP）型窄带通滤波器

用两个运放也可组成窄带通滤波器，这种滤波器与前述的单运放窄带通滤波器相比，稳定性更强，设计更为容易，使用更为广泛。电路如图 5.16 所示。

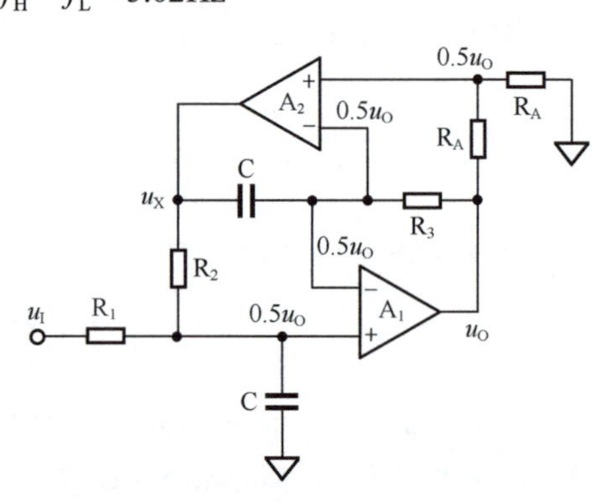

图 5.16 DABP 型窄带通滤波器电路一

图 5.16 中两个电阻 R_A 负责将输出信号衰减 0.5，由于

虚短，两个运放的正负输入端均为 $0.5U_{\rm O}$ 输出。由此，以运放 A_2 为核心，可以求出图 5.16 中 $u_{\rm X}$ 点的复频域表达式：

$$\frac{U_{\rm O}-0.5U_{\rm O}}{R_3}=\frac{0.5U_{\rm O}-U_{\rm X}}{\frac{1}{SC}} \tag{5-83}$$

$$U_{\rm X}=\frac{0.5U_{\rm O}R_3-0.5U_{\rm O}\frac{1}{SC}}{R_3}=U_{\rm O}\left(0.5-\frac{0.5}{SR_3C}\right) \tag{5-84}$$

对运放 A_1 的正输入端，列出电流方程：

$$\frac{U_{\rm I}-0.5U_{\rm O}}{R_1}+\frac{U_{\rm X}-0.5U_{O}}{R_2}=0.5U_{\rm O}SC \tag{5-85}$$

$$U_{\rm I}R_2=0.5U_{\rm O}R_2+\frac{0.5U_{\rm O}}{SR_3C}R_1+0.5U_{\rm O}SCR_1R_2 \tag{5-86}$$

$$A(S)=\frac{U_{\rm O}}{U_{\rm I}}=\frac{R_2}{0.5R_2+0.5SCR_1R_2+\frac{0.5R_1}{SR_3C}}=\frac{\frac{SR_3C}{0.5R_1}\times R_2}{1+0.5R_2\frac{SR_3C}{0.5R_1}+0.5SCR_1R_2\frac{SR_3C}{0.5R_1}}=2\frac{S\frac{R_2R_3}{R_1}C}{1+S\frac{R_2R_3}{R_1}C+S^2C^2R_2R_3} \tag{5-87}$$

写出频域表达式：

$$\dot{A}(\mathrm{j}\omega)=2\frac{\mathrm{j}\omega\frac{R_2R_3}{R_1}C}{1+\mathrm{j}\omega\frac{R_2R_3}{R_1}C+(\mathrm{j}\omega)^2C^2R_2R_3} \tag{5-88}$$

设：

$$\omega_0=\frac{1}{C\sqrt{R_2R_3}} \tag{5-89}$$

$$f_0=\frac{1}{2\pi C\sqrt{R_2R_3}} \tag{5-90}$$

$$\dot{A}(\mathrm{j}\omega)=2\frac{\mathrm{j}\omega\frac{R_2R_3}{R_1}C\times\frac{C\sqrt{R_2R_3}}{C\sqrt{R_2R_3}}}{1+\mathrm{j}\omega\frac{R_2R_3}{R_1}C\times\frac{C\sqrt{R_2R_3}}{C\sqrt{R_2R_3}}+(\mathrm{j}\omega)^2C^2R_2R_3}=2\frac{\mathrm{j}\frac{\omega}{\omega_0}\times\frac{\sqrt{R_2R_3}}{R_1}}{1+\mathrm{j}\frac{\omega}{\omega_0}\times\frac{\sqrt{R_2R_3}}{R_1}+\left(\mathrm{j}\frac{\omega}{\omega_0}\right)^2}=A_{\rm m}\times\frac{\mathrm{j}\Omega\times\frac{1}{Q}}{1+\mathrm{j}\Omega\times\frac{1}{Q}+(\mathrm{j}\Omega)^2} \tag{5-91}$$

可知：

$$A_{\rm m}=2 \tag{5-92}$$

$$Q=\frac{R_1}{\sqrt{R_2R_3}} \tag{5-93}$$

可以看出，R_2 和 R_3 地位完全相同，因此在电路中可以取等值 R。此时对于中心频率，有：

$$f_0=\frac{1}{2\pi C\sqrt{R_2R_3}}=\frac{1}{2\pi RC} \tag{5-94}$$

$$R=\frac{1}{2\pi f_0C} \tag{5-95}$$

对于品质因数，有：

$$Q=\frac{R_1}{\sqrt{R_2R_3}}=\frac{R_1}{R} \tag{5-96}$$

$$R_1=QR \tag{5-97}$$

据此，可得此滤波器的设计步骤如下。

1）根据表 3.1，选择电容 C。

2）根据式（5-95），计算电阻 R，且：

$$R_2=R_3=R \tag{5-98}$$

3）根据式（5-97），计算电阻 R_1。

4）为了减少电阻种类，一般可以选择 $R_A=R$。

从上述步骤可以看出，这种电路的参数计算极为简单，$1/2\pi RC$ 为中心频率，Q 值是多少，R_1 就是 R 的多少倍，而峰值增益是固定的 2 倍。这个特点，是前述任何窄带通滤波器都不具备的，也是此电路被广泛使用的一个主要原因。

设计一个 DABP 型窄带通滤波器。要求，滤波器的中心频率为 50Hz、Q=20，峰值增益为 10 倍。用 TINA-TI 仿真软件实证。

解：以 DABP 为核心的窄带通滤波器，其峰值增益为固定值 2 倍，而题目要求是 10 倍，因此需要增加一级 5 倍增益放大器。这个简单。我们先设计 DABP。

1）选择 C=1μF。

2）$R_2=R_3=R=\dfrac{1}{2\pi f_0C}=\dfrac{1}{6.2832\times50\times1\times10^{-6}}=3183\Omega$。

3）R_1=QR=63660Ω。

4）根据 E96 系列电阻值，选择 R_1=63.4kΩ、R_2=R_3=R_A=3.16kΩ。

最后，用 1kΩ 和 4.02kΩ 电阻设计一个增益为 5.02 倍的同相比例器，形成的最终电路如图 5.17 所示。

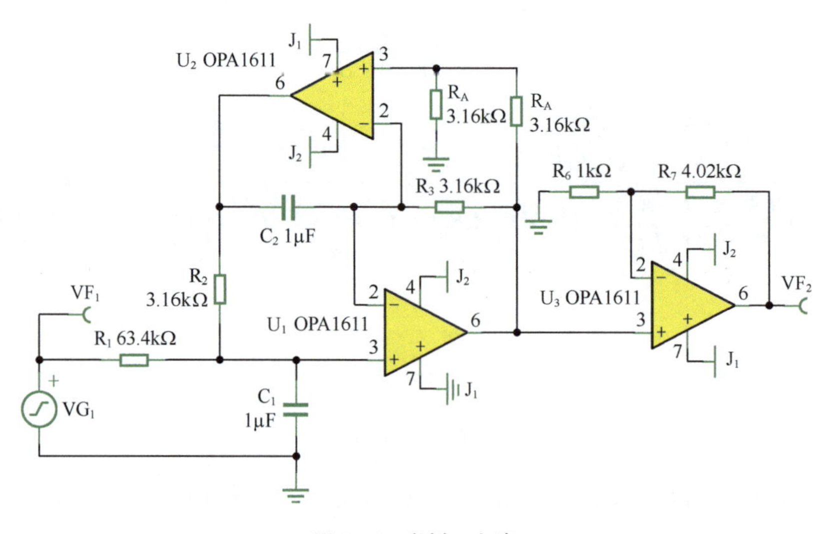

图 5.17　举例 4 电路

中心频率 f_0=50.37Hz，峰值增益为 A_m=20.04dB。实际增益为 17.03dB，发生在：$f_L=49.13\text{Hz}$、$f_H=51.63\text{Hz}$、$\Delta f=f_H-f_L=2.50\text{Hz}$、$Q=\dfrac{f_0}{\Delta f}=\dfrac{50.37}{2.50}=20.15$。

实际仿真结果与设计期望较为吻合。

◎ DABP 型窄带通滤波器的增益改变

图 5.16 所示的 DABP 电路优点明显，电路稳定、计算简单、参数独立，但缺点是增益无法改变。对电路实施改造，可以在一定范围内改变增益。图 5.18 所示电路，可使峰值增益在 0 ～ 2 倍内调节。

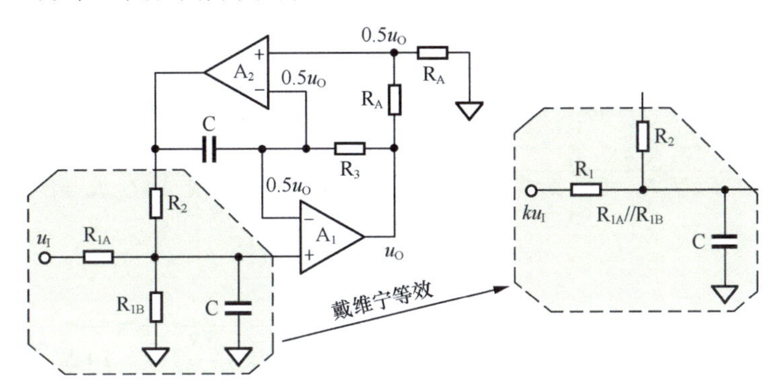

图 5.18　DABP 型窄带通滤波器电路二

在保持中心频率，品质因数不变的情况下，希望增益不再是 2 倍，而是 G，一个小于 2 的值，分析方法为：

$$R_1 = R_{1A} // R_{1B} = \frac{R_{1A}R_{1B}}{R_{1A}+R_{1B}} \tag{5-99}$$

$$k = \frac{G}{2} = \frac{R_{1B}}{R_{1A}+R_{1B}} \tag{5-100}$$

第二行表达式的含义是，在戴维宁等效后，电路结构就变成了 DABP 型滤波器标准电路，事先的输入变成了 ku_I，当增益为 2 倍时，k=1；增益为 G 时，k 应为 $G/2$。

根据上述两个式子，可得：

$$\begin{cases} R_{1A} = \dfrac{2}{G} \times R_1 \\ R_{1B} = \dfrac{2}{2-G} \times R_1 \end{cases} \tag{5-101}$$

这样，我们就可以在 DABP 型滤波器标准电路基础上，通过将一个电阻拆分成两个电阻，实现 0 ～ 2 倍的峰值增益。

那么，能否通过其他方法使得增益大于 2 倍呢？这看起来是一个挑战。

观察电路，利用反馈思想，我们可以发现，运放 A_2 电路其实就是 A_1 反馈环的一部分，A_2 的入端实施了两个相等电阻分压，即 0.5 倍增益，是最终造成峰值增益等于 2 倍的本质原因。我们可以猜想，如果分压系数不是 0.5，而是 k（k<0.5），可否实现最终的峰值增益大于 2 倍呢？

所有的猜想，都需要进一步地验证。我们首先进行理论分析。电路如图 5.19 所示，与标准 DABP 型滤波器电路的唯一区别在于：原电路的两个 R_A 被 R_A、R_B 取代，形成的分压系数由 0.5 变为 k。与标准 DABP 型滤波器电路分析方法相同，过程如下：

$$\frac{U_O - kU_O}{R_3} = \frac{kU_O - U_X}{\dfrac{1}{SC}} \tag{5-102}$$

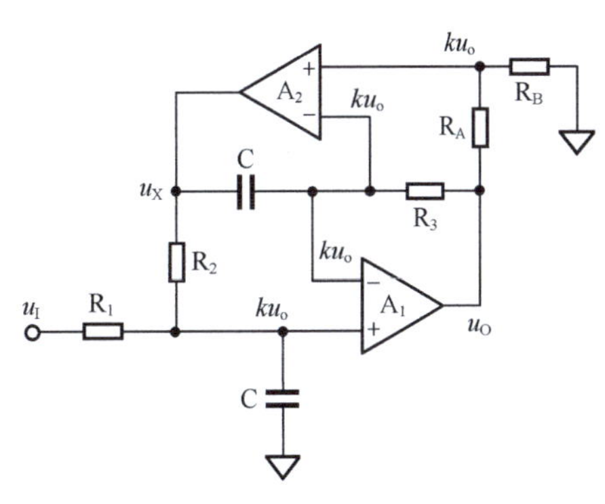

图 5.19　双运放窄带通电路三

解得：

$$U_X = U_O\left(k - \frac{1-k}{SR_3C}\right) \tag{5-103}$$

对运放 A_1 的正输入端，列出电流方程：

$$\frac{U_I - kU_O}{R_1} + \frac{U_X - kU_O}{R_2} = kU_OSC \tag{5-104}$$

$$U_IR_2 - kU_OR_2 + U_XR_1 - kU_OR_1 = kU_OSCR_1R_2 \tag{5-105}$$

$$U_IR_2 = kU_OSCR_1R_2 + kU_OR_2 - U_O\left(k - \frac{1-k}{SR_3C}\right)R_1 + kU_OR_1 = kU_OSCR_1R_2 + kU_OR_2 + U_O\frac{1-k}{SR_3C}R_1 \tag{5-106}$$

$$A(S) = \frac{U_O}{U_I} = \frac{R_2}{kSCR_1R_2 + kR_2 + \frac{1-k}{SR_3C}R_1} = \frac{R_2 \times \frac{SR_3C}{(1-k)R_1}}{1 + kR_2\frac{SR_3C}{(1-k)R_1} + kSCR_1R_2\frac{SR_3C}{(1-k)R_1}} = \frac{S\frac{R_2R_3C}{(1-k)R_1}}{1 + S\frac{kR_2R_3C}{(1-k)R_1} + S^2C^2\frac{kR_2R_3}{1-k}} \tag{5-107}$$

由于电阻 R_2 和 R_3 在表达式中的地位完全相同，为简化设计，可用相同电阻 R 取代。

$$A(S) = \frac{S\frac{R^2C}{(1-k)R_1}}{1 + S\frac{kR^2C}{(1-k)R_1} + S^2R^2C^2\frac{k}{1-k}} \tag{5-108}$$

写出频域表达式：

$$\dot{A}(j\omega) = \frac{j\omega\frac{R^2C}{(1-k)R_1}}{1 + j\omega\frac{kR^2C}{(1-k)R_1} + (j\omega)^2R^2C^2\frac{k}{1-k}} \tag{5-109}$$

设：

$$\omega_0 = \frac{1}{RC\sqrt{\frac{k}{1-k}}} \tag{5-110}$$

$$f_0 = \frac{1}{2\pi RC\sqrt{\frac{k}{1-k}}} \tag{5-111}$$

$$\dot{A}(j\omega) = \frac{j\frac{\omega}{\omega_0}\frac{R^2C}{(1-k)R_1}\frac{1}{RC\sqrt{\frac{k}{1-k}}}}{1 + j\frac{\omega}{\omega_0}\frac{kR^2C}{(1-k)R_1}\frac{1}{RC\sqrt{\frac{k}{1-k}}} + \left(j\frac{\omega}{\omega_0}\right)^2} = \frac{1}{k}\frac{j\frac{\omega}{\omega_0}\frac{R}{R_1}\sqrt{\frac{k}{1-k}}}{1 + j\frac{\omega}{\omega_0}\frac{R}{R_1}\sqrt{\frac{k}{1-k}} + \left(j\frac{\omega}{\omega_0}\right)^2} = A_m \times \frac{j\Omega\frac{1}{Q}}{1 + j\Omega\frac{1}{Q} + (j\Omega)^2} \tag{5-112}$$

这是一个标准窄带通滤波器表达式，可知：

$$A_m = \frac{1}{k} \tag{5-113}$$

$$Q=\frac{R_1}{R}\sqrt{\frac{1-k}{k}} \tag{5-114}$$

在已知 f_0、A_m、Q 的情况下，如何选择电阻、电容以实现设计要求，分析如下。

对于峰值增益表达式，可得：

$$k=\frac{1}{A_m} \tag{5-115}$$

根据电路可知：

$$k=\frac{R_B}{R_A+R_B} \tag{5-116}$$

任选 R_B，则：

$$kR_A=R_B-kR_B \tag{5-117}$$

$$R_A=\frac{1-k}{k}R_B=\frac{1-\frac{1}{A_m}}{\frac{1}{A_m}}R_B=\left(A_m-1\right)R_B \tag{5-118}$$

对于中心频率表达式，有：

$$f_0=\frac{1}{2\pi RC\sqrt{\frac{k}{1-k}}} \tag{5-119}$$

$$R=\frac{1}{2\pi f_0C\sqrt{\frac{k}{1-k}}}=\frac{\sqrt{A_m-1}}{2\pi f_0C} \tag{5-120}$$

对于 Q 值表达式，有：

$$Q=\frac{R_1}{R}\sqrt{\frac{1-k}{k}} \tag{5-121}$$

$$R_1=\sqrt{\frac{k}{1-k}}QR=\frac{Q}{\sqrt{A_m-1}}R \tag{5-122}$$

据此，可以给出可变增益的 DABP 型窄带通滤波器的设计方法，即已知 f_0、A_m、Q 的情况下，如何选择电阻、电容。

1）根据表 3.1 选择电容 C。合理选择电阻 R_B。

2）根据式（5-118），获得电阻 R_A。

3）根据式（5-120），获得电阻 R，且 $R_2=R_3=R$。

4）根据式（5-122），获得电阻 R_1。

举例 5

设计一个 DABP 型窄带通滤波器。要求滤波器的中心频率为 50Hz、Q=20，峰值增益为 10 倍。用 TINA-TI 仿真软件实证。

解：本题与举例 4 要求相同。考虑到我们已经有办法改变 DABP 的峰值增益，本例采用图 5.18 所示电路，利用前述步骤，解出：

1）选择电容 C=1μF，选择电阻 R_B=1kΩ，这是一个适中安全的电阻值；

2）计算 R_A=9kΩ，按照 E96 系列选取 9.09kΩ；

3）计算 R=9549Ω，按照 E96 系列选取 9.53kΩ；

4）计算 R_1=63661Ω，按照 E96 系列选取 63.4kΩ。据此形成的电路如图 5.20 所示。

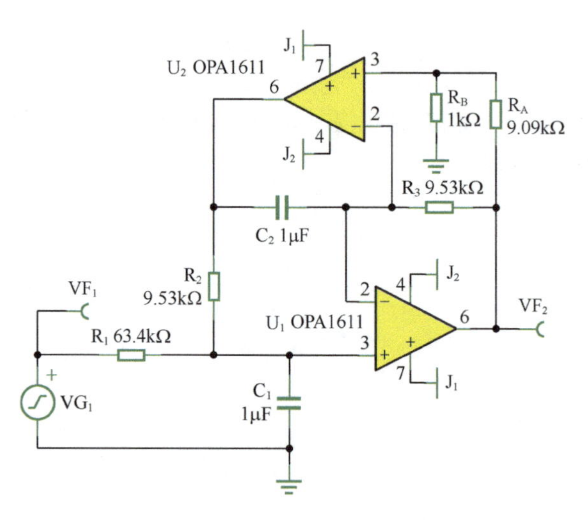

图 5.20　举例 5 电路图

仿真结果为：中心频率 f_0=50.35Hz；峰值增益为 A_m=20.08dB。实际增益为 17.03dB，发生在：f_L = 49.11Hz、f_H=51.62Hz、$\Delta f=f_H-f_L$= 2.51Hz、$Q=\dfrac{f_0}{\Delta f}=20.06$。

仿真结果与设计期望较为吻合。

对比举例 4，此电路少了一个运放，当然有价值。

◎含正反馈的 MFB 型窄带通滤波器

在 MFB 型滤波器通用结构中，如果 Z_2 不接地，而连成如图 5.21 所示结构，就在原电路基础上引入了正反馈。正反馈判断依据如图 5.21 中红色环线所示。

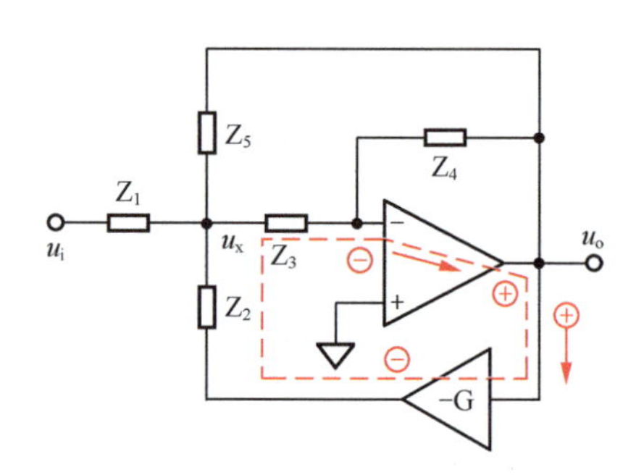

图 5.21　含正反馈的 MFB 型滤波器通用结构

先求解反馈系数$\dot{F}$，即输出在运放负输入的分压系数，它由三路叠加形成：一路通过 Z_4，此时应将 Z_5 的顶端接地，Z_2 的底端接地，形成$\dot{F}_4$；另一路通过 Z_5，此时应将 Z_4 的右端接地，Z_2 的底端接地，形成$\dot{F}_5$；第三路通过放大器 −G，此时应将 Z_4 的右端接地，Z_5 的顶端接地，形成$\dot{F}_2$。

$$\dot{F}_4=\frac{Z_3+Z_5//Z_1//Z_2}{Z_4+Z_3+Z_5//Z_1//Z_2}=\frac{Z_3+\dfrac{Z_5Z_1Z_2}{Z_5Z_1+Z_5Z_2+Z_1Z_2}}{Z_4+Z_3+\dfrac{Z_5Z_1Z_2}{Z_5Z_1+Z_5Z_2+Z_1Z_2}}= \tag{5-123}$$

$$\frac{Z_1Z_2Z_3+Z_1Z_2Z_5+Z_1Z_3Z_5+Z_2Z_3Z_5}{Z_1Z_2Z_3+Z_1Z_2Z_4+Z_1Z_2Z_5+Z_1Z_3Z_5+Z_1Z_4Z_5+Z_2Z_3Z_5+Z_2Z_4Z_5}$$

$$\dot{F}_5=\frac{Z_1//Z_2//(Z_3+Z_4)}{Z_5+Z_1//Z_2//(Z_3+Z_4)}\times\frac{Z_4}{Z_3+Z_4}=\frac{Z_1Z_2Z_4}{Z_1Z_2Z_3+Z_1Z_2Z_4+Z_1Z_2Z_5+Z_1Z_3Z_5+Z_1Z_4Z_5+Z_2Z_3Z_5+Z_2Z_4Z_5} \tag{5-124}$$

$\dot{F}_2$与$\dot{F}_5$的分压结构完全相同，只是 Z_5 和 Z_2 互换了位置，且带一个增益：

$$\dot{F}_2=\frac{-G\times Z_1Z_5Z_4}{Z_1Z_2Z_3+Z_1Z_2Z_4+Z_1Z_2Z_5+Z_1Z_3Z_5+Z_1Z_4Z_5+Z_2Z_3Z_5+Z_2Z_4Z_5} \tag{5-125}$$

总的反馈系数，由三者相加得到：

$$\dot{F}=\dot{F}_4+\dot{F}_5+\dot{F}_2=\frac{Z_1Z_2Z_3+Z_1Z_2Z_4+Z_1Z_2Z_5+Z_1Z_3Z_5+Z_2Z_3Z_5-G\times Z_1Z_5Z_4}{Z_1Z_2Z_3+Z_1Z_2Z_4+Z_1Z_2Z_5+Z_1Z_3Z_5+Z_1Z_4Z_5+Z_2Z_3Z_5+Z_2Z_4Z_5} \tag{5-126}$$

可以看出，从 Z_2 支路回送的反馈，属于正反馈，它起到了与负反馈相反的作用，电路稳定性下降，但增益提升。特别是正反馈的引入，有望让反馈系数等于0，以便增益无穷大成为可能。这是引入正反馈的主要原因。

衰减系数$\dot{M}$与$\dot{F}_5$的分压结构完全相同，只是 Z_5 和 Z_1 互换了位置，且带一个负号：

$$\dot{M}=-\frac{Z_5Z_2Z_4}{Z_1Z_2Z_3+Z_1Z_2Z_4+Z_1Z_2Z_5+Z_1Z_3Z_5+Z_1Z_4Z_5+Z_2Z_3Z_5+Z_2Z_4Z_5} \tag{5-127}$$

根据方框图法内容，可知：

$$\dot{A}\approx\frac{\dot{M}}{\dot{F}}=-\frac{Z_2Z_4Z_5}{Z_1Z_2Z_3+Z_1Z_2Z_4+Z_1Z_2Z_5+Z_1Z_3Z_5+Z_2Z_3Z_5-G\times Z_1Z_5Z_4} \tag{5-128}$$

这是含正反馈 MFB 型滤波器通用结构的增益表达式。

用这种方法构造的含正反馈的 MFB 型窄带通滤波器如图 5.22 所示。元件替换内容如表 5.5 所示。

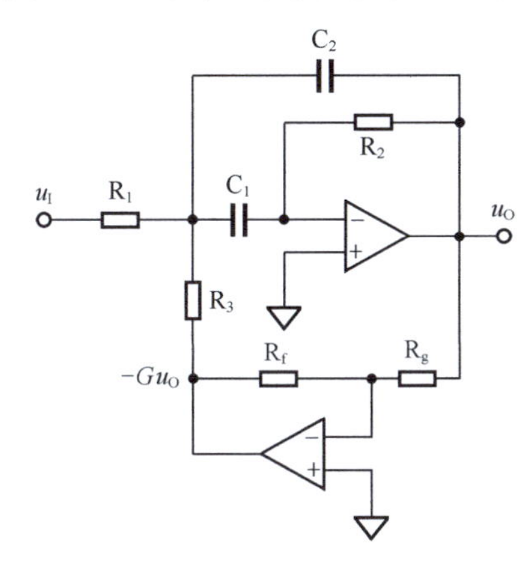

图 5.22　含正反馈的 MFB 型窄带通滤波器

表 5.5　含正反馈的 MFB 型窄带通滤波器元件替换内容

表达式表示	Z_1	Z_2	Z_3	Z_4	Z_5
电路实物	R_1	R_3	C_1	R_2	C_2
代入表达式	R_1	R_3	$1/SC_1$	R_2	$1/SC_2$

将 Z_1 ～ Z_5 用表中表达式代替，利用式（5-128），得到：

$$\dot{A}=\frac{\dot{M}}{\dot{F}}=\frac{-Z_2Z_4Z_5}{Z_1Z_2Z_3+Z_1Z_2Z_4+Z_1Z_2Z_5+Z_1Z_3Z_5+Z_2Z_3Z_5-G\times Z_1Z_5Z_4}=$$

$$\frac{-R_2R_3\dfrac{1}{SC_2}}{R_1R_3\dfrac{1}{SC_1}+R_1R_2R_3+R_1R_3\dfrac{1}{SC_2}+\dfrac{R_1+R_3}{S^2C_1C_2}-GR_1R_2\dfrac{1}{SC_2}}= \tag{5-129}$$

$$\frac{-R_2R_3\times\dfrac{SC_1}{R_1+R_3}}{1+\left(\dfrac{C_2}{C_1}+1-G\dfrac{R_2}{R_3}\right)\dfrac{SC_1R_1R_3}{R_1+R_3}+R_1R_2R_3\dfrac{S^2C_1C_2}{R_1+R_3}}=\frac{-R_2R_3\times\dfrac{SC_1}{R_1+R_3}}{1+m\dfrac{SC_1R_1R_3}{R_1+R_3}+R_1R_2R_3\dfrac{S^2C_1C_2}{R_1+R_3}}$$

其中：

$$m=\left(\frac{C_2}{C_1}+1-G\frac{R_2}{R_3}\right)=\frac{C_2R_3+C_1R_3-GC_1R_2}{C_1R_3} \tag{5-130}$$

写成频域表达式，为：

$$\dot{A}(\mathrm{j}\omega)=-\frac{1}{m}\frac{\mathrm{j}\omega\frac{mC_1R_2R_3}{R_1+R_3}}{1+\mathrm{j}\omega\frac{mC_1R_1R_3}{R_1+R_3}+(\mathrm{j}\omega)^2\frac{R_1R_2R_3C_1C_2}{R_1+R_3}} \tag{5-131}$$

设：

$$\omega_0^2=\frac{R_1+R_3}{R_1R_2R_3C_1C_2} \tag{5-132}$$

$$\frac{1}{\omega_0}=\sqrt{\frac{R_1R_2R_3C_1C_2}{R_1+R_3}} \tag{5-133}$$

$$f_0=\frac{1}{2\pi\sqrt{(R_1/\!/R_3)R_2C_1C_2}} \tag{5-134}$$

则有：

$$\dot{A}(\mathrm{j}\omega)=-\frac{1}{m}\times\frac{R_2}{R_1}\frac{\mathrm{j}\frac{\omega}{\omega_0}\frac{mC_1R_1R_3}{R_1+R_3}\times\frac{1}{\sqrt{\frac{R_1R_2R_3C_1C_2}{R_1+R_3}}}}{1+\mathrm{j}\frac{\omega}{\omega_0}\frac{mC_1R_1R_3}{R_1+R_3}\times\frac{1}{\sqrt{\frac{R_1R_2R_3C_1C_2}{R_1+R_3}}}+\left(\mathrm{j}\frac{\omega}{\omega_0}\right)^2}=$$

$$-\frac{1}{m}\times\frac{R_2}{R_1}\frac{\mathrm{j}\Omega\times m\sqrt{\frac{C_1R_1R_3}{C_2R_2(R_1+R_3)}}}{1+\mathrm{j}\Omega\times m\sqrt{\frac{C_1R_1R_3}{C_2R_2(R_1+R_3)}}+(\mathrm{j}\Omega)^2}=A_\mathrm{m}\times\frac{\frac{1}{Q}\mathrm{j}\Omega}{1+\frac{1}{Q}\mathrm{j}\Omega+(\mathrm{j}\Omega)^2} \tag{5-135}$$

式（5-135）为一个标准窄带通滤波器的表达式，可以看出：

$$A_\mathrm{m}=-\frac{R_2}{R_1}\times\frac{1}{m}=-\frac{R_2}{R_1}\times\frac{C_1R_3}{C_2R_3+C_1R_3-GC_1R_2} \tag{5-136}$$

$$\frac{1}{Q}=m\sqrt{\frac{C_1R_1R_3}{C_2R_2(R_1+R_3)}}=\frac{C_2R_3+C_1R_3-GC_1R_2}{C_1R_3}\sqrt{\frac{C_1R_1R_3}{C_2R_2(R_1+R_3)}} \tag{5-137}$$

$$Q=\frac{C_1R_3}{C_2R_3+C_1R_3-GC_1R_2}\sqrt{\frac{C_2R_2(R_1+R_3)}{C_1R_1R_3}} \tag{5-138}$$

当 $C_1=C_1=C$，$R_1=R_2=R$，有下式成立：

$$f_0=\frac{1}{2\pi\sqrt{(R_1/\!/R_3)R_2C_1C_2}}=\frac{1}{2\pi CR\sqrt{\frac{R_3}{R+R_3}}} \tag{5-139}$$

$$A_\mathrm{m}=-\frac{R_3}{2R_3-GR} \tag{5-140}$$

$$Q=\frac{R_3}{2R_3-GR}\sqrt{\frac{R+R_3}{R_3}} \tag{5-141}$$

在 C 确定的情况下，有 3 个约束条件已知：f_0、A_m、Q，待求解的参数有 R、R_3 和 G。用式（5-141）除以式（5-140），得：

$$\frac{Q}{A_{\mathrm{m}}}=-\sqrt{\frac{R+R_3}{R_3}} \tag{5-142}$$

可以看出，Q 一定比 A_{m} 的绝对值大，在设计时必须注意。

由此，式（5-139）演变成：

$$f_0=\frac{1}{2\pi CR\sqrt{\frac{R_3}{R+R_3}}}=-\frac{1}{2\pi CR\frac{A_{\mathrm{m}}}{Q}}=-\frac{Q}{2\pi CRA_{\mathrm{m}}} \tag{5-143}$$

则有：

$$R=-\frac{Q}{2\pi Cf_0A_{\mathrm{m}}} \tag{5-144}$$

利用式（5-142），得：

$$\frac{Q^2}{A_{\mathrm{m}}^2}=\frac{R+R_3}{R_3} \tag{5-145}$$

$$R_3=\frac{A_{\mathrm{m}}^2R}{Q^2-A_{\mathrm{m}}^2}=\frac{A_{\mathrm{m}}^2\frac{-Q}{2\pi Cf_0A_{\mathrm{m}}}}{Q^2-A_{\mathrm{m}}^2}=\frac{QA_{\mathrm{m}}}{2\pi Cf_0\left(A_{\mathrm{m}}^2-Q^2\right)} \tag{5-146}$$

利用式（5-140），得：

$$A_{\mathrm{m}}=-\frac{R_3}{2R_3-GR} \tag{5-147}$$

$$\left(2R_3A_{\mathrm{m}}-GRA_{\mathrm{m}}\right)=-R_3 \tag{5-148}$$

$$GRA_{\mathrm{m}}=R_3+2R_3A_{\mathrm{m}}=R_3\left(1+2A_{\mathrm{m}}\right) \tag{5-149}$$

$$G=\frac{R_3\left(1+2A_{\mathrm{m}}\right)}{RA_{\mathrm{m}}}=\frac{\frac{QA_{\mathrm{m}}}{2\pi Cf_0\left(Q^2-A_{\mathrm{m}}^2\right)}\left(1+2A_{\mathrm{m}}\right)}{\frac{Q}{2\pi Cf_0A_{\mathrm{m}}}A_{\mathrm{m}}}=\frac{A_{\mathrm{m}}}{\left(Q^2-A_{\mathrm{m}}^2\right)}\left(1+2A_{\mathrm{m}}\right) \tag{5-150}$$

此时，第一项一定是负数，我们设计的 G 是正值，因此 $(1+2A_{\mathrm{m}})$ 必须是负数，即 A_{m} 的绝对值必须大于 0.5。

举例 6

设计一个含正反馈的 MFB 型窄带通滤波器。要求：滤波器的中心频率为 100Hz，Q=100，峰值增益为 −10 倍。用 TINA-TI 仿真软件实证。

解：本例主要实现超过 Q 值。按照下述步骤计算。

1）选择两个等值电容为 C=1000nF。

2）按照式（5-144），计算得两个等值电阻 R=15915.46Ω。

3）按照式（5-146），计算得 R_3=160.7622Ω。

4）按照式（5-150），计算得 G=0.019192。选择输入电阻为 10kΩ，可计算出反相器的反馈电阻为 191.92Ω，最终电路如图 5.23 所示。本次设计为了尽量表现高 Q 值，没有采用 E96 系列电阻，而采用了理论计算值。

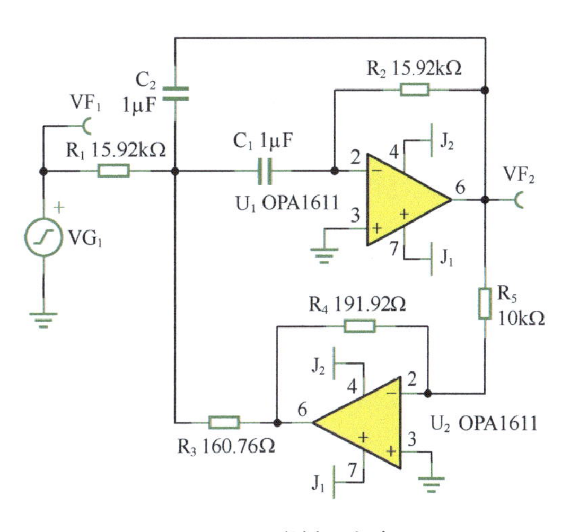

图 5.23　举例 6 电路

对此电路的仿真结果如图 5.24 所示。实测峰值增益发生在频率为 100Hz 处，增益为 19.98dB，品质因数为 100。与设计要求吻合。

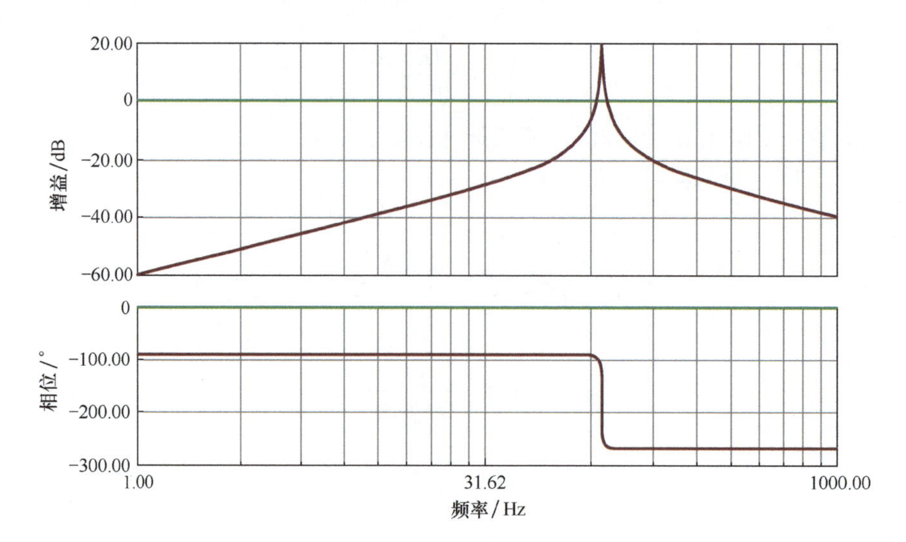

图 5.24　举例 6 电路仿真结果

LF357 数据手册上给出的一个高 Q 值带通滤波器电路如图 5.25 所示。它与前述分析电路的区别在于多了一个 39Ω 电阻。读者可以按照前述方法，重新求解输入输出关系，也可以基于前述分析结论，稍做修改将其演变成前述电路，进而直接得出结论。

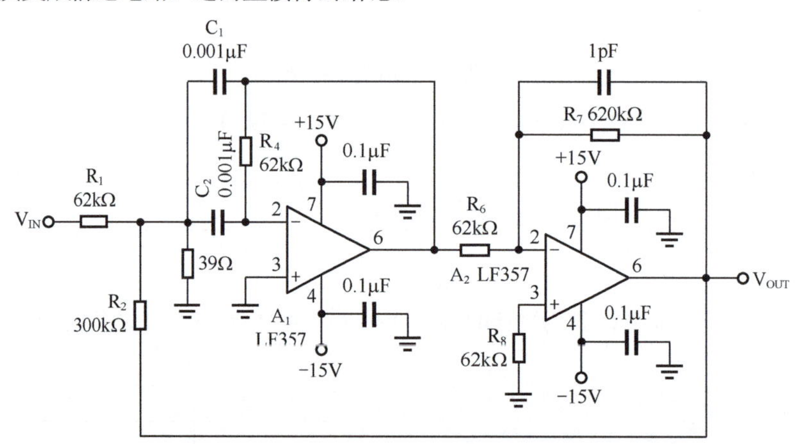

图 5.25　LF357 数据手册给出的一个高 Q 值带通滤波器电路

可以看出，图 5.25 中运放输出源 V_{OUT}、R_2=300kΩ 和 39Ω 电阻可以依据戴维宁等效演变成新源 KV_{OUT}，以及新电阻 R_3，如图 5.26 所示。其中：

$$K=\frac{39}{R_2+39}=0.000129983$$

$$R_3=\frac{39\times R_2}{R_2+39}=38.99493\Omega$$

则新的反相器增益不再是 10 倍，而是：

$$G=10\times K=0.00129983$$

将电路中的阻容值、新电阻和新增益代入式（5-139）、式（5-140）、式（5-141），得：

$$f_0=\frac{1}{2\pi CR\sqrt{\frac{R_3}{R+R_3}}}=102389.6\text{Hz}$$

$$A_m=-\frac{R_3}{2R_3-GR}=15$$

$$Q=\frac{R_3}{2R_3-GR}\sqrt{\frac{R+R_3}{R_3}}=-598.3$$

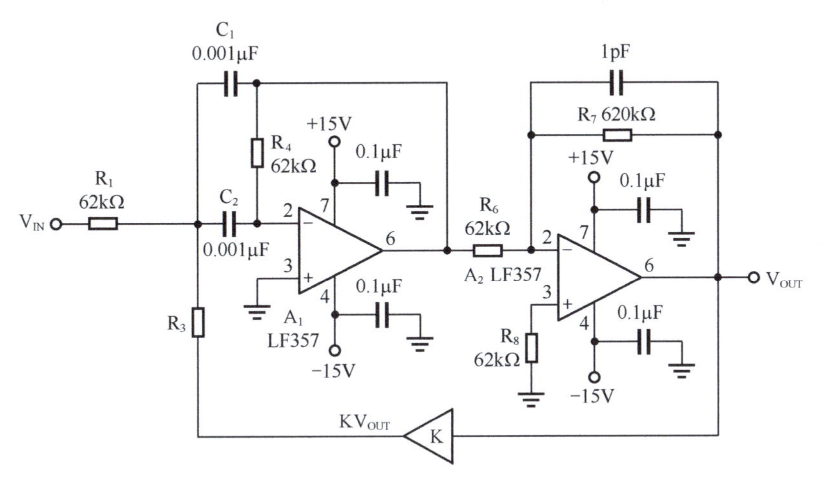

图 5.26　戴维宁等效后的电路

注意此处，理论计算出现了 GR 大于 $2R_3$、Q 为负值的情况，这是不正确的。特别是两者相等时，难道增益会无穷大吗？其实，LF357 给出的电路仅是一个 Q 值很大的实验电路，手册中标明 Q 可以达到 40，不是理论计算的 598。原因是前述分析都是基于理论的，都假设运放是理想的，而实际情况并不是这样。特别是电路中的 1pF 并联电容，更起到了低通滤波作用，截止频率约为 257kHz，导致增益在 100kHz 处不是 −10 倍，而是 −9.3 倍左右。

◎含正反馈的 MFB 型窄带通的虚短虚断法推导

电路如图 5.27 所示，图 5.27 中采用了等值阻容。推导过程如下：

$$u_X=-\frac{u_O}{j\omega CR} \tag{5-151}$$

在图 5.27 中 u_X 处列出电流方程（流进总和等于流出总和）：

$$\frac{u_I+\frac{u_O}{j\omega CR}}{R}+\left(u_O+\frac{u_O}{j\omega CR}\right)j\omega C+\frac{u_O}{R}=\frac{-\frac{u_O}{j\omega CR}+Gu_O}{R_3} \tag{5-152}$$

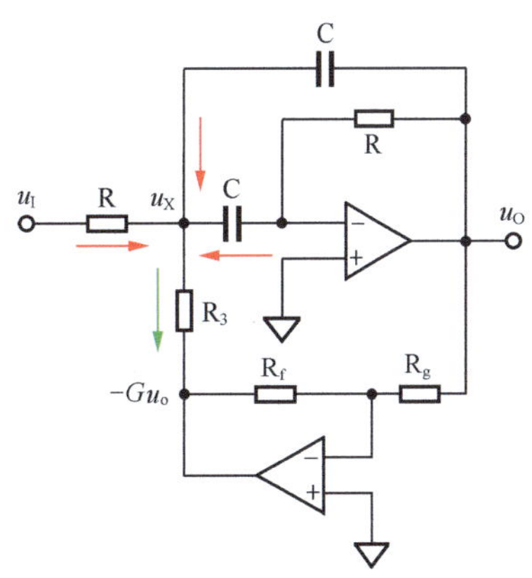

图 5.27　含正反馈的 MFB 型窄带通滤波器（等值阻容电路）

化简：

$$\frac{u_I}{R}+\frac{u_O}{j\omega CR^2}+u_Oj\omega C+\frac{2u_O}{R}=-\frac{u_O}{j\omega CRR_3}+\frac{Gu_O}{R_3} \tag{5-153}$$

$$u_I=-u_O\left(\frac{R_3+j\omega CR(j\omega CRR_3)+2(j\omega CRR_3)+R-G(j\omega CRR)}{j\omega CRR_3}\right) \tag{5-154}$$

得到增益表达式：

$$\dot{A}_f=\frac{u_O}{u_I}=-\frac{j\omega CRR_3}{R_3+R+j\omega C(2RR_3-GR^2)+(j\omega)^2C^2R^2R_3} \tag{5-155}$$

提取系数，将分母中的实数项变成 1：

$$\dot{A}_f=-\frac{1}{R_3+R}\times\frac{j\omega CRR_3}{1+j\omega C\frac{\left(2RR_3-GR^2\right)}{R_3+R}+(j\omega)^2\frac{C^2R^2R_3}{R_3+R}} \tag{5-156}$$

设：

$$\omega_0=\sqrt{\frac{R_3+R}{C^2R^2R_3}}=\frac{\sqrt{R_3+R}}{CR\sqrt{R_3}} \tag{5-157}$$

继续简化上式：

$$\begin{aligned}\dot{A}_f=\frac{u_O}{u_I}&=-\frac{1}{R_3+R}\times\frac{j\omega CRR_3}{1+j\frac{\omega}{\omega_0}\frac{\sqrt{R_3+R}}{CR\sqrt{R_3}}C\frac{2RR_3-GR^2}{R_3+R}+\left(j\frac{\omega}{\omega_0}\right)^2}=\\&-\frac{1}{R_3+R}\times\frac{j\frac{\omega}{\omega_0}\sqrt{R_3^2+R_3R}}{1+j\frac{\omega}{\omega_0}\frac{2R_3-GR}{\sqrt{R_3^2+R_3R}}+\left(j\frac{\omega}{\omega_0}\right)^2}=\\&-\frac{1}{R_3+R}\times\frac{j\frac{\omega}{\omega_0}\frac{2R_3-GR}{\sqrt{R_3^2+R_3R}}\times\frac{\sqrt{R_3^2+R_3R}}{2R_3-GR}\sqrt{R_3^2+R_3R}}{1+j\frac{\omega}{\omega_0}\frac{2R_3-GR}{\sqrt{R_3^2+R_3R}}+\left(j\frac{\omega}{\omega_0}\right)^2}=\\&-\frac{1}{R_3+R}\times\frac{R_3^2+R_3R}{2R_3-GR}\times\frac{j\frac{\omega}{\omega_0}\frac{2R_3-GR}{\sqrt{R_3^2+R_3R}}}{1+j\frac{\omega}{\omega_0}\frac{2R_3-GR}{\sqrt{R_3^2+R_3R}}+\left(j\frac{\omega}{\omega_0}\right)^2}=\\&-\frac{R_3}{2R_3-GR}\times\frac{j\frac{\omega}{\omega_0}\frac{2R_3-GR}{\sqrt{R_3^2+R_3R}}}{1+j\frac{\omega}{\omega_0}\frac{2R_3-GR}{\sqrt{R_3^2+R_3R}}+\left(j\frac{\omega}{\omega_0}\right)^2}=A_m\times\frac{\frac{1}{Q}j\frac{\omega}{\omega_0}}{1+\frac{1}{Q}j\frac{\omega}{\omega_0}+\left(j\frac{\omega}{\omega_0}\right)^2}\end{aligned} \tag{5-158}$$

这是标准带通式，其中：

$$A_m=-\frac{R_3}{2R_3-GR} \tag{5-159}$$

$$\omega_0=\sqrt{\frac{R_3+R}{C^2R^2R_3}}=\frac{\sqrt{R_3+R}}{CR\sqrt{R_3}} \tag{5-160}$$

$$Q=\frac{\sqrt{R_3^2+R_3R}}{2R_3-GR} \tag{5-161}$$

可见与前述的方框图法结论一致。也可以看出，此电路用虚短虚断法更简单。

◎文氏电路

本节最后，介绍文氏（Wien）电路。该电路由两个相同的电阻、两个相同的电容组成，能实现选频作用。文氏电路来源于文氏电桥。

图 5.28 所示是一个带通滤波器。其传递函数为：

$$A_{\text{wien\_bp}}(S)=\frac{R//\frac{1}{SC}}{R+\frac{1}{SC}+R//\frac{1}{SC}}=\frac{\frac{R}{SRC+1}}{R+\frac{1}{SC}+\frac{R}{SRC+1}}=\frac{SRC}{S^2R^2C^2+3SRC+1} \tag{5-162}$$

写作频率表达式为：

$$\dot{A}_{\text{wien-bp}}(j\omega)=\frac{j\omega RC}{1+3j\omega RC+(j\omega)^2R^2C^2}=\frac{1}{3}\times\frac{3j\omega RC}{1+3j\omega RC+(j\omega)^2R^2C^2} \tag{5-163}$$

这是一个标准窄带通滤波器表达式，其品质因数$Q=\frac{1}{3}$。

峰值增益发生在：

$$\omega_0=\frac{1}{RC} \tag{5-164}$$

$$f_0=\frac{1}{2\pi RC} \tag{5-165}$$

此时，有：

$$\dot{A}_{\text{wien-bp}}(j\omega)=\frac{1}{3}\times\frac{3j}{1+3j+j^2}=\frac{1}{3} \tag{5-166}$$

即其峰值增益为 1/3 倍，相角为 0°。图 5.29 所示是特征频率为 1Hz 的文氏带通电路的频率特性。

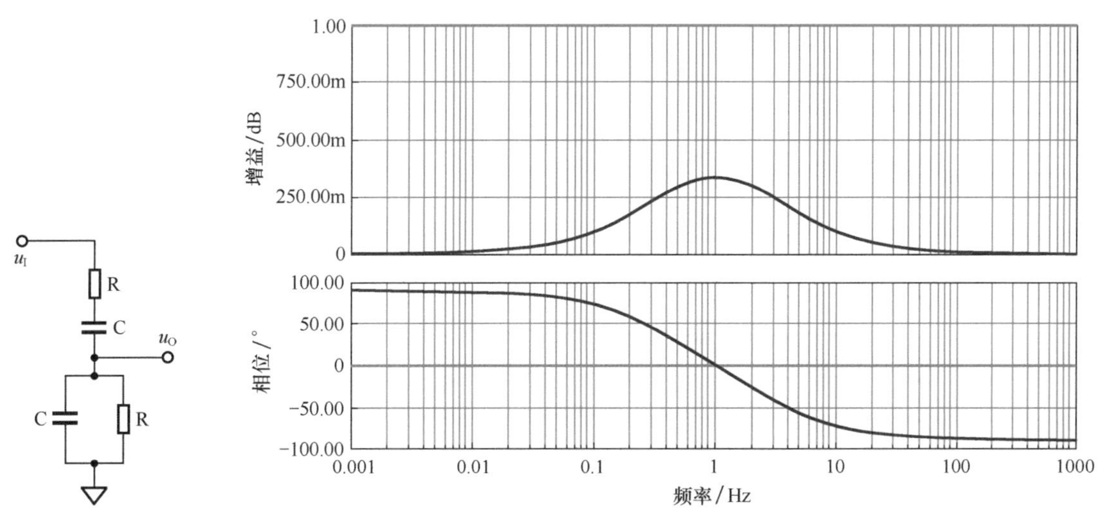

图 5.28　文氏带通

图 5.29　特征频率为 1Hz 的文氏带通电路的频率特性

图 5.30 所示是一个非标准的带阻滤波器。其传递函数为：

$$A_{\text{wien\_br}}(S)=\frac{R+\frac{1}{SC}}{R+\frac{1}{SC}+R//\frac{1}{SC}}=\frac{\frac{1+SRC}{SC}}{\frac{1+SRC}{SC}+\frac{R}{SRC+1}}=\frac{\frac{(1+SRC)^2}{SC(SRC+1)}}{\frac{S^2R^2C^2+3SRC+1}{SC(SRC+1)}}=\frac{1+2SRC+S^2R^2C^2}{1+3SRC+S^2R^2C^2} \tag{5-167}$$

写作频率表达式为：

$$\dot{A}_{\text{wien-br}}(j\omega)=\frac{1+2j\omega RC+(j\omega)^2R^2C^2}{1+3j\omega RC+(j\omega)^2R^2C^2} \tag{5-168}$$

它具有最低增益点，发生在：

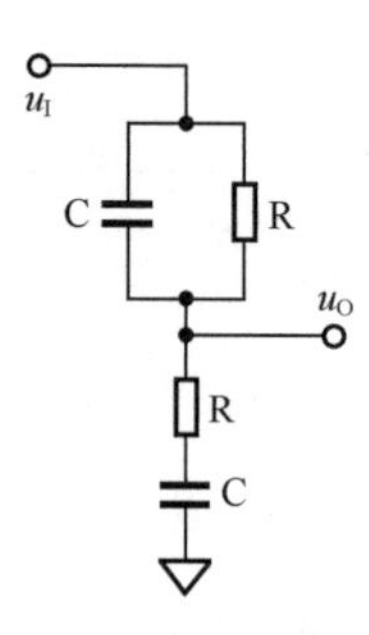

图 5.30　文氏带阻

$$\omega_0 = \frac{1}{RC} \tag{5-169}$$

$$f_0 = \frac{1}{2\pi RC} \tag{5-170}$$

此时，有：

$$\dot{A}_{\text{wien-bp}}(\text{j}\omega) = \frac{1+2\text{j}+\text{j}^2}{1+3\text{j}+\text{j}^2} = \frac{2}{3} \tag{5-171}$$

即其谷值增益为 2/3 倍，相角为 0°。图 5.31 所示为其频率特性。

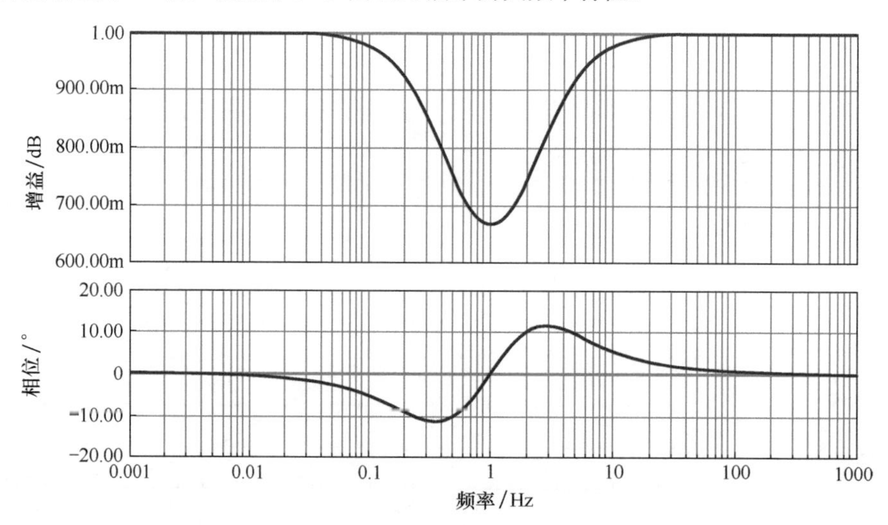

图 5.31　文氏带阻的频率特性

运放组成的陷波器

带阻滤波器的本质是阻断某一连续范围频率信号，而让其他频率信号通过。当阻断频率很窄时，通常叫陷波器，它只有一个中心频率，以及相应的 Q 值。当阻断频率范围很宽时，通常需要两个频率点 f_L 和 f_H，理论上介于 f_L 和 f_H 之间的频率信号将被滤除，这叫双频点带阻滤波器。双频点带阻滤波器很简单，用低通和高通相加即可实现。本节重点研究陷波器。

6.1 双频点带阻滤波器——宽带阻

这很容易让我们想起双频点带通滤波器：一个高通滤波器和一个低通滤波器串联——即两级相乘，当高通环节的下限截止频率 f_L 小于低通环节的上限截止频率 f_H 时，就形成了双频点带通滤波器。双频点带阻滤波器与此类似：一个高通滤波器和一个低通滤波器并联——即两个环节相加，当高通环节的下限截止频率 f_L 大于低通环节的上限截止频率 f_H 时，就形成了双频点带阻滤波器，如图 6.1 所示。

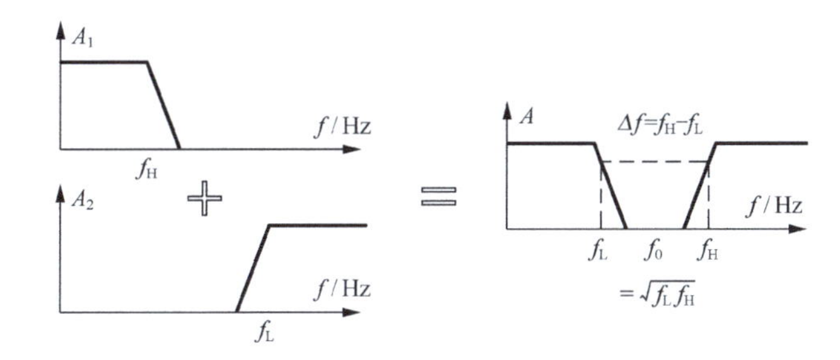

图 6.1　双频点带阻滤波器形成原理

图 6.2 所示电路由 3 个运放组成，前面两个运放分别实现独立的二阶高通滤波器、SK 型低通滤波器，最后的运放通过两个相等电阻 R_{ADD} 实现两者的加法。

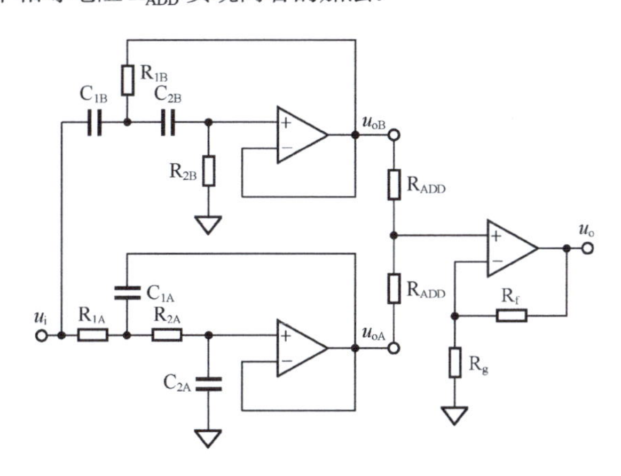

图 6.2　3 个运放组成的双频点二阶带阻滤波器

不要试图在加法运放环节实施低通或者高通滤波，想减少一个运放，这很困难。

6.2 陷波器——窄带阻滤波器

◎回顾传递函数

标准陷波器的频率表达式如下：

$$\dot{A}(\mathrm{j}\Omega)=A_{\mathrm{m}}\times\frac{1+(\mathrm{j}\Omega)^2}{1+\frac{1}{Q}\mathrm{j}\Omega+(\mathrm{j}\Omega)^2} \tag{2-99}$$

从式（2-99）可以看出，当相对频率Ω接近0时，含Ω项近似为0，增益为A_{m}；当相对频率Ω接近无穷大时，起决定作用的是Ω^2项，分子分母是相同的，最终增益仍为A_{m}。这样看来，频率两头增益都是A_{m}。而当相对频率Ω=1时，也就是特征频率处，分子为0，分母不为0，总体表现为0，即陷波效果。这是一个标准的陷波器。

另外，陷波器还有两种非标准形式，其共同的频率表达式为：

$$\dot{A}(\mathrm{j}\Omega)=A_{\mathrm{m}}\times\frac{1+(\mathrm{j}\Omega)^2}{1+\frac{1}{Q}\mathrm{j}\Omega+\left(\mathrm{j}\sqrt{k}\Omega\right)^2} \tag{6-1}$$

它与标准陷波器的区别在于分子、分母具有不同的特征频率点。当相对频率Ω接近0，即低频时，含Ω项近似为0，增益仍为A_{m}。当相对频率Ω接近无穷大时，其决定作用的是Ω^2项，分子分母是不相同的，这导致：

$$\left|\dot{A}(\mathrm{j}\infty)\right|=A_{\mathrm{m}}\times\frac{(\mathrm{j}\infty)^2}{\left(\mathrm{j}\sqrt{k}\infty\right)^2}=A_{\mathrm{m}}/k \tag{6-2}$$

当k>1时，此为低通陷波；当k<1时，。图6.3所示为它们的频率响应。

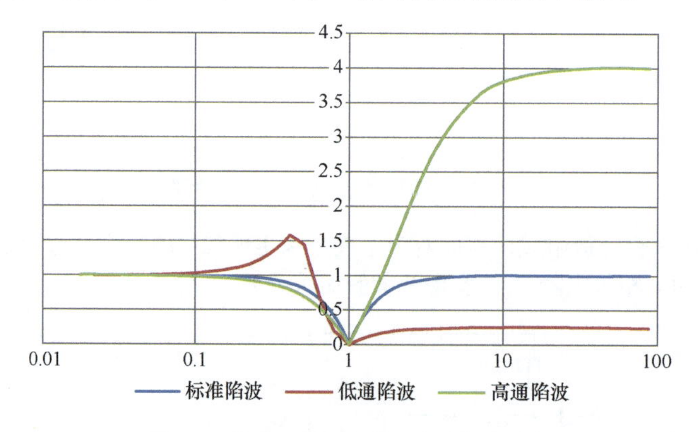

图6.3　标准、低通、高通陷波频率响应

◎“1-BP”型陷波器

观察标准陷波器的频率表达式可以发现，如果A_{m}均为1，标准陷波器和标准带通滤波器相加，恰好等于1。标准带通滤波器频率表达式如下：

$$\dot{A}(\mathrm{j}\Omega)=A_{\mathrm{m}}\times\frac{\frac{1}{Q}\mathrm{j}\Omega}{1+\frac{1}{Q}\mathrm{j}\Omega+(\mathrm{j}\Omega)^2} \tag{2-96}$$

于是，我们可以想到最简单的陷波器，就是用1减去一个带通滤波器。而1就是原始输入信号。这就形成了“1-BP”型陷波器。

$$\dot{A}_{\mathrm{BR}}(\mathrm{j}\Omega)=A_{\mathrm{m}}-A_{\mathrm{m}}\times\frac{\frac{1}{Q}\mathrm{j}\Omega}{1+\frac{1}{Q}\mathrm{j}\Omega+(\mathrm{j}\Omega)^2}=A_{\mathrm{m}}\left(1-\frac{\frac{1}{Q}\mathrm{j}\Omega}{1+\frac{1}{Q}\mathrm{j}\Omega+(\mathrm{j}\Omega)^2}\right)=A_{\mathrm{m}}\frac{1+(\mathrm{j}\Omega)^2}{1+\frac{1}{Q}\mathrm{j}\Omega+(\mathrm{j}\Omega)^2} \tag{6-3}$$

由于带通滤波器有至少2种结构，一种是同相型，如SK型、DABP型，它们本身是同相的，用一个标准减法器就可以实现“1-BP”型陷波器；另一种是MFB型，它本身是反相的，因此用一个标准加法器，可以实现“1-BP”型陷波器。而实现加法器，又有两种方案，同相加法或者反相加法。这样形成的多种“1-BP”型陷波器结构如图6.4所示。

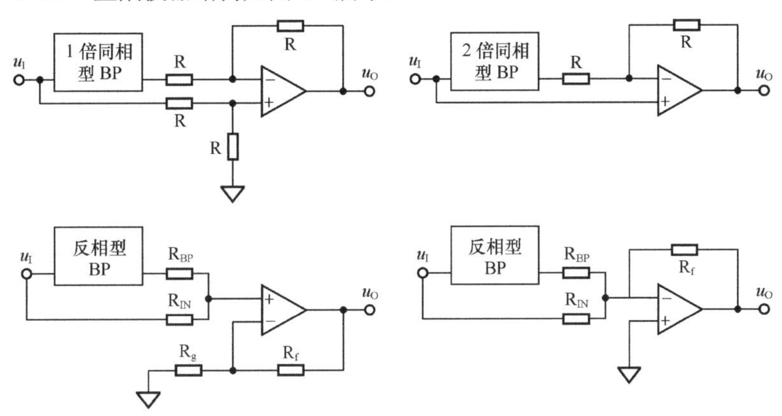

图6.4　“1-BP”型陷波器的几种基本结构

对于图6.4中两种特殊的同相型BP：1倍和2倍，按照图6.4中结构，选择相同的电阻，就可以实现1倍陷波。

在反相型电路中，可以通过调节电阻R_{BP}和R_{IN}的比例实现加权运算，适应BP电路不同的峰值增益。以下详述。

设带通滤波器的峰值增益为A_{BP}，则反相带通滤波器可以简写为：

$$\dot{A}_{\mathrm{BP}}=-A_{\mathrm{BP}}\dot{\mathrm{BP}} \tag{6-4}$$

其中，$\dot{A}_{\mathrm{BP}}$是带通滤波器的频率表达式，$\dot{\mathrm{BP}}$是1倍增益标准带通频率表达式，A_{BP}是带通滤波器的峰值增益，即中心频率处的增益。

而通用的陷波器可以表示为：

$$\dot{A}_{\mathrm{BR}}=A_{\mathrm{BR}}\dot{\mathrm{BR}} \tag{6-5}$$

其中，$\dot{A}_{\mathrm{BR}}$是陷波器的频率表达式，$\dot{\mathrm{BR}}$是1倍增益标准陷波器频率表达式，A_{BR}是陷波器的平坦区增益。

反相型带通陷波器的频率表达式为：

$$\dot{A}_{\mathrm{BR}}=\dot{A}_{\mathrm{O}}=\left(1+\frac{R_{\mathrm{f}}}{R_{\mathrm{g}}}\right)\left(\frac{R_{\mathrm{BP}}}{R_{\mathrm{IN}}+R_{\mathrm{BP}}}+(-A_{\mathrm{BP}}\dot{\mathrm{BP}})\frac{R_{\mathrm{IN}}}{R_{\mathrm{IN}}+R_{\mathrm{BP}}}\right)=A_{\mathrm{BR}}(1-\dot{\mathrm{BP}}) \tag{6-6}$$

只有保证后一项括号内系数相等，才能实现1-BP，则有：

$$\frac{R_{\mathrm{BP}}}{R_{\mathrm{IN}}+R_{\mathrm{BP}}}=A_{\mathrm{BP}}\frac{R_{\mathrm{IN}}}{R_{\mathrm{IN}}+R_{\mathrm{BP}}} \tag{6-7}$$

任意选择电阻R_{IN}，则由式（6-7）得：

$$R_{\mathrm{BP}}=A_{\mathrm{BP}}R_{\mathrm{IN}} \tag{6-8}$$

而要实现指定的平坦区增益，则有：

$$\left(1+\frac{R_{\mathrm{f}}}{R_{\mathrm{g}}}\right)\frac{R_{\mathrm{BP}}}{R_{\mathrm{IN}}+R_{\mathrm{BP}}}=A_{\mathrm{BR}} \tag{6-9}$$

由式（6-9）可以解得：

$$\left(1+\frac{R_f}{R_g}\right)=A_{BR}\frac{1+A_{BP}}{A_{BP}} \quad (6\text{-}10)$$

图 6.4 中右下角电路的分析方法与此类似，本书不赘述。

利用第 5.2 节举例 3 所述的 MFB 型窄带通滤波器，设计一个“1-BP”型陷波器，要求中心频率为 50Hz，平坦区增益为 1 倍，Q=10。

解：对于“1-BP”型陷波器，带通滤波器的 Q 值就是陷波器的 Q 值，因此对于已经完成的带通滤波器，无须再考虑 Q 值设计问题。

由第 5.2 节举例 3 可知，窄带通滤波器的实际峰值增益为 20.03dB，即 A_{BP}=10.03 倍。设 R_{IN}=1kΩ，据式（6-8），可得：$R_{BP}=A_{BP}R_{IN}$=10.03kΩ。

根据题目要求，可知 A_{BR}=1，利用式（6-10），得：

$$\left(1+\frac{R_f}{R_g}\right)=A_{BR}\frac{1+A_{BP}}{A_{BP}}=1.0997\approx 1.1$$

选择电阻 R_f、R_g 实现上述要求，是不困难的。选择 R_f=1kΩ，则 R_g=10kΩ。

至此电路设计完毕，电路如图 6.5 所示。

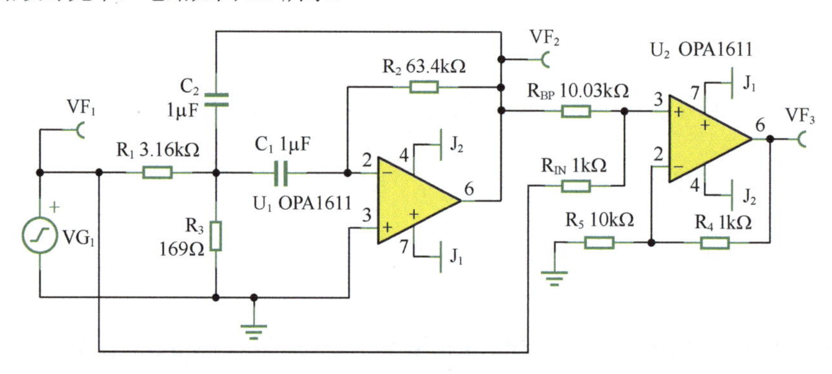

图 6.5　举例 1 电路，MFB 带通组成的 1-BP 型陷波器

当同相型带通的峰值增益既不是 1 倍，也不是 2 倍时，可以用图 6.6 所示的电路实现陷波。它的 4 个电阻需要精确计算。

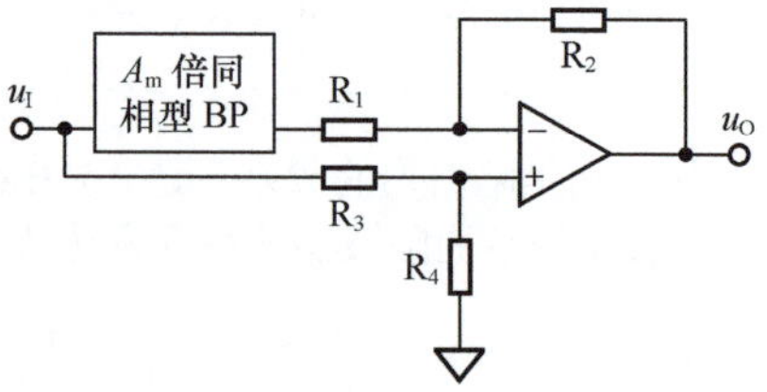

当已知带通峰值增益 A_{BP}，要求陷波器平坦区增益为 A_{BR}，可以得到如下关系：

$$\dot{A}_O=\frac{R_4}{R_3+R_4}\times\frac{R_1+R_2}{R_1}-A_{BP}\dot{BP}\frac{R_2}{R_1}=A_{BR}(1-\dot{BP}) \quad (6\text{-}11)$$

图 6.6　任意增益同相带通组成的“1-BP”型陷波器

为保证实现陷波功能，有下式成立：

$$\frac{R_4}{R_3+R_4}\times\frac{R_1+R_2}{R_1}=A_{BP}\frac{R_2}{R_1}=A_{BR} \quad (6\text{-}12)$$

从式（6-12）可知，任选电阻 R_1，则有：

$$R_2=\frac{R_1A_{BR}}{A_{BP}} \quad (6\text{-}13)$$

或者任选 R_2，则有：

$$R_1=\frac{R_2A_{BP}}{A_{BR}} \quad (6\text{-}14)$$

从式（6-12）可知：

$$\frac{R_4}{R_3+R_4}\times\frac{R_1+R_2}{R_1}=A_{BR} \tag{6-15}$$

将式（6-13）代入式（6-15）得：

$$\frac{R_4}{R_3+R_4}=A_{BR}\frac{R_1}{R_1+R_2}=A_{BR}\frac{R_1}{R_1+\frac{R_1A_{BR}}{A_{BP}}}=A_{BR}A_{BP}\frac{1}{A_{BR}+A_{BP}}=A_{BR}\,//\,A_{BP} \tag{6-16}$$

本书采用一个电阻并联计算符号表示两个增益的乘加除运算，这不标准，但可以帮助读者快速运算。从式（6-14）可以看出，两个增益的并联必须小于 1，这是本电路的硬条件。

由此，任选电阻 R_4，可以解得：

$$R_3=\frac{1-A_{BR}\,//\,A_{BP}}{A_{BR}\,//\,A_{BP}}R_4 \tag{6-17}$$

或者任选 R_3，可以解得：

$$R_4=\frac{A_{BR}\,//\,A_{BP}}{1-A_{BR}\,//\,A_{BP}}R_3 \tag{6-18}$$

上述求解过程中，式（6-13）和式（6-14）是完全相同的，到底使用哪个表达式，取决于哪个表达式中的系数大于 1。这样做的好处是，任选值通常可以选择为 1kΩ，那么另外一个电阻就一定大于 1kΩ，这样可以守住电阻最小值的底线——当电阻过小时，容易引起运放输出电流超限。

利用第 5.2 节举例 2 所述的 SK 型窄带通滤波器，设计一个“1-BP”型陷波器，要求中心频率为 50Hz，平坦区增益为 1 倍，Q=10。

解：根据前述 SK 型窄带通设计结果，可知其实际峰值增益为 33dB，即 A_{BP}=44.67 倍。题目要求 A_{BR}=1 倍，则 A_{BP}/A_{BR}=0.978，满足设计硬条件。

设 R_2=1kΩ，据式（6-14），可得：

$$R_1=\frac{R_2A_{BP}}{A_{BR}}=44.67\text{k}\Omega$$

设 R_3=1kΩ，据式（6-18），得：

$$R_4=\frac{A_{BR}\,//\,A_{BP}}{1-A_{BR}\,//\,A_{BP}}R_3=44.67\text{k}\Omega$$

至此，电路设计完毕，如图 6.7 所示，仿真结果如图 6.8 所示。

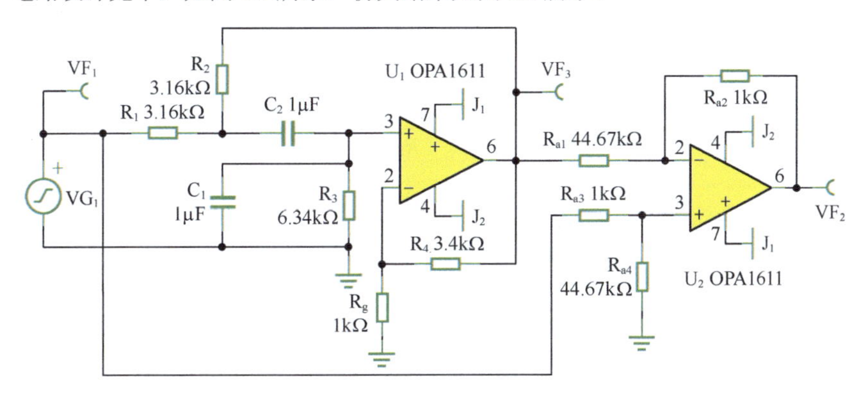

图 6.7　举例 2 电路，SK 型带通组成的“1-BP”型陷波器

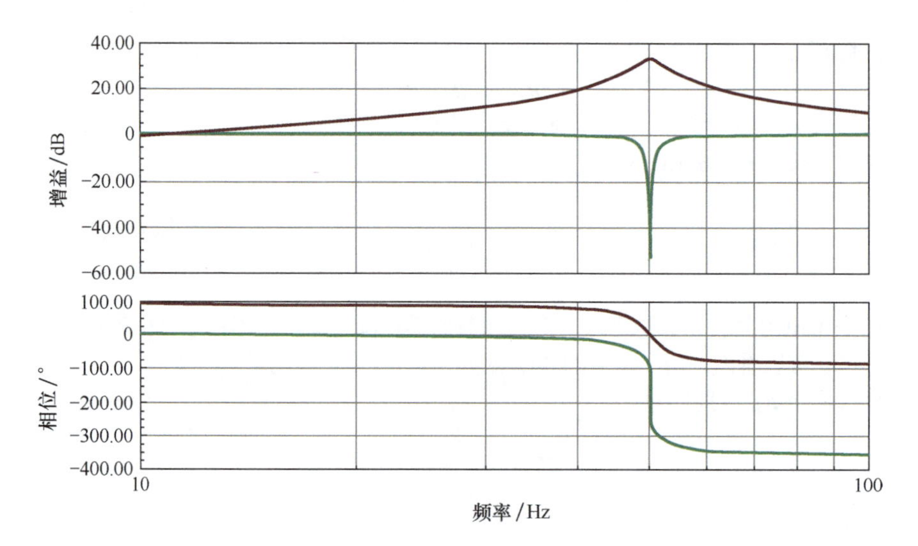

图 6.8　举例 2 电路仿真频率特性

要想完美实现“1-BP”型陷波器，必须做到带通输出和原始输入在特征频率处严格相等，不仅幅度相等，相位还要为 0°，且减法器电阻严格匹配，这在实用中较难实现。

◎有源文氏 - 罗宾逊（Active Wien-Robinson）陷波器

电路如图 6.9 所示。图 6.9 中两个电阻 R 和两个电容 C 组成了文氏电路，设文氏电路的输入为 u_X，则其输出为 $u_X W_R$，这是一个文氏带阻，根据式（5-168），有：

$$\dot{A}_{\text{wien-br}}(j\omega)=\frac{1+2j\omega RC+(j\omega)^2R^2C^2}{1+3j\omega RC+(j\omega)^2R^2C^2}=W_R \tag{6-19}$$

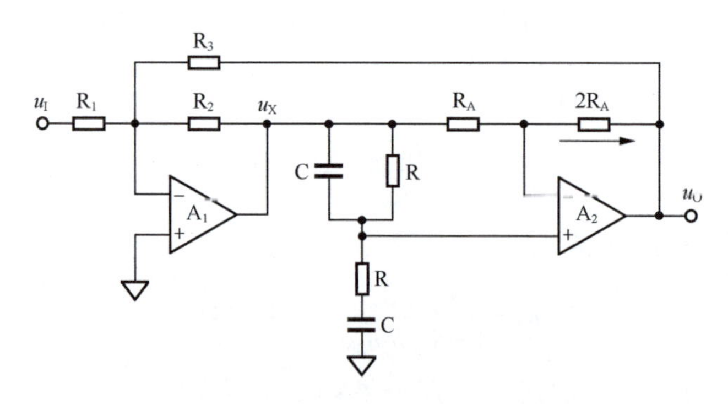

图 6.9　有源文氏 - 罗宾逊陷波器

其后的分析过程如下：

$$i_{RA}=\frac{u_X-u_XW_R}{R_A} \tag{6-20}$$

$$u_{2RA}=i_{RA}\times 2R_A=2(u_X-u_XW_R)=2u_X(1-W_R) \tag{6-21}$$

$$u_O=u_XW_R-u_{2RA}=3u_XW_R-2u_X=u_X(3W_R-2) \tag{6-22}$$

即：

$$u_X=\frac{u_O}{3W_R-2} \tag{6-23}$$

对运放 A_1 的负输入端，列出电流方程为：

$$\frac{u_{\mathrm{I}}-0}{R_1}=\frac{0-u_{\mathrm{X}}}{R_2}+\frac{0-u_{\mathrm{O}}}{R_3}=-\frac{\dfrac{u_{\mathrm{O}}}{3W_{\mathrm{R}}-2}}{R_2}-\frac{u_{\mathrm{O}}}{R_3}=u_{\mathrm{O}}\left(\frac{1}{(2-3W_{\mathrm{R}})R_2}-\frac{1}{R_3}\right) \tag{6-24}$$

$$\frac{u_{\mathrm{O}}}{u_{\mathrm{I}}}=\frac{1}{R_1\left(\dfrac{1}{(2-3W_{\mathrm{R}})R_2}-\dfrac{1}{R_3}\right)} \tag{6-25}$$

用频率表达式，则为：

$$\dot{A}(\mathrm{j}\omega)=\frac{\dot{U}_{\mathrm{O}}}{U_{\mathrm{I}}}=\frac{1}{R_1\left(\dfrac{1}{(2-3W_{\mathrm{R}})R_2}-\dfrac{1}{R_3}\right)}=\frac{1}{R_1\left(\dfrac{1}{\left(2-3\dfrac{1+2\mathrm{j}\omega RC+(\mathrm{j}\omega)^2R^2C^2}{1+3\mathrm{j}\omega RC+(\mathrm{j}\omega)^2R^2C^2}\right)R_2}-\dfrac{1}{R_3}\right)}=$$

$$\frac{1}{R_1\left(\dfrac{1}{\left(\dfrac{-1-(\mathrm{j}\omega)^2R^2C^2}{1+3\mathrm{j}\omega RC+(\mathrm{j}\omega)^2R^2C^2}\right)R_2}-\dfrac{1}{R_3}\right)}=$$

$$-\frac{1}{R_1\left(\dfrac{1+3\mathrm{j}\omega RC+(\mathrm{j}\omega)^2R^2C^2}{1+(\mathrm{j}\omega)^2R^2C^2}\dfrac{R_3}{R_2R_3}+\dfrac{R_2}{R_2R_3}\dfrac{1+(\mathrm{j}\omega)^2R^2C^2}{1+(\mathrm{j}\omega)^2R^2C^2}\right)}=$$

$$-\frac{\left(1+(\mathrm{j}\omega)^2R^2C^2\right)R_2R_3}{R_1\left(\left(1+3\mathrm{j}\omega RC+(\mathrm{j}\omega)^2R^2C^2\right)R_3+\left(1+(\mathrm{j}\omega)^2R^2C^2\right)R_2\right)} \tag{6-26}$$

$$\dot{A}(\mathrm{j}\omega)=-\frac{R_2R_3}{R_1(R_2+R_3)}\times\frac{1+(\mathrm{j}\omega)^2R^2C^2}{\left(1+\dfrac{3R_3}{(R_2+R_3)}\mathrm{j}\omega RC+(\mathrm{j}\omega)^2R^2C^2\right)} \tag{6-27}$$

对照式（2-99），得：

$$\dot{A}(\mathrm{j}\Omega)=A_{\mathrm{m}}\times\frac{1+(\mathrm{j}\Omega)^2}{1+\dfrac{1}{Q}\mathrm{j}\Omega+(\mathrm{j}\Omega)^2} \tag{6-28}$$

可知此电路实现了一个标准陷波器，其中：

$$\omega_0=\frac{1}{RC},\quad f_0=\frac{1}{2\pi RC} \tag{6-29}$$

$$A_{\mathrm{m}}=-\frac{R_2R_3}{R_1(R_2+R_3)}=-\frac{R_2 /\!/ R_3}{R_1} \tag{6-30}$$

$$Q=\frac{R_2+R_3}{3R_3} \tag{6-31}$$

可知，此电路的特征频率 f_0（陷波频率）、中频增益 A_{m}（平坦区增益），以及品质因数 Q 是可以独立设计的，步骤如下：

1）独立选择 R 和 C，根据式（6-28），实现特征频率 f_0 要求；

2）选择 R_A 为一个合适的值，确定 $2R_A$；选择 R_3 为一个合适的值；

3）根据式（6-31），得：

$$R_2 = (3Q-1)R_3 \tag{6-32}$$

4）根据式（6-30），得：

$$R_1 = -\frac{R_2 // R_3}{A_m} \tag{6-33}$$

设计一个文氏－罗宾逊陷波器。要求滤波器的陷波频率 f_0=1000Hz、Q=20、A_m=−10。用 TINA-TI 仿真软件实证，特别关注输入信号幅度对电路输出产生的中途受限现象。

解：首先根据陷波频率，初选电容 C=100nF，由此计算出：

$$R = \frac{1}{2\pi f_0 C} = 1591.546\Omega$$

选择 R_A=1kΩ、$2R_A$=2kΩ，选择电阻 R_3=10kΩ。

根据式（6-32），得：

$$R_2 = (3Q-1)R_3 = 590\text{k}\Omega$$

根据式（6-33），得：

$$R_1 = -\frac{R_2 // R_3}{A_m} = 983.3\Omega$$

据此形成图 6.10 所示电路。

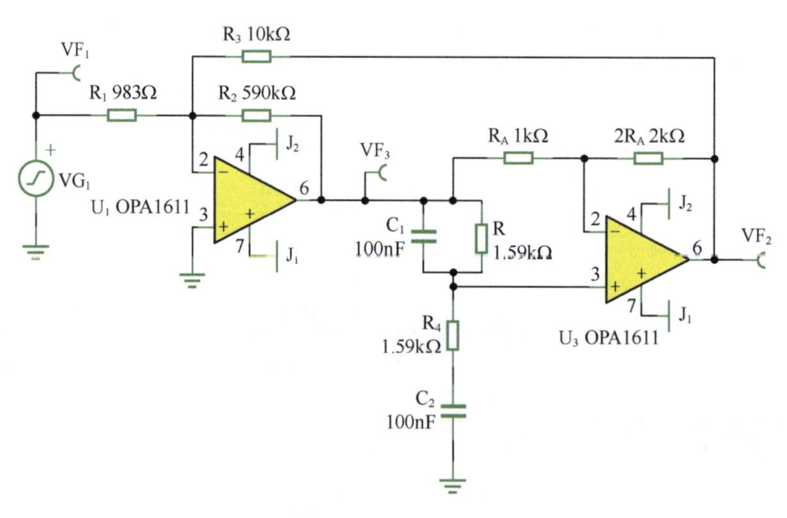

图 6.10 举例 3 电路

利用 TINA-TI 的分析功能，得到的频率特性如图 6.11 所示。

仿真测量结果为：陷波频率发生在 1000Hz 处，A_m=20dB、f_L=975.55Hz、f_H=1.03kHz，此值读取不精确，源自 TINA-TI 本身，它应为 1025 ～ 1035Hz，因此，Q_{min}=1000/(1035−975.55)=16.82，Q_{max}=1000/(1025−975.55)=20.22，满足设计要求。

这看起来很好。但是注意，频率特性仿真图中已经显现探测点 VF$_3$，也就是原电路中的 u_X 点，在特征频率处具有高达 55dB（肉眼粗读）的增益，这极易使得运放 A$_1$ 输出失效，产生“中途受限”现象。

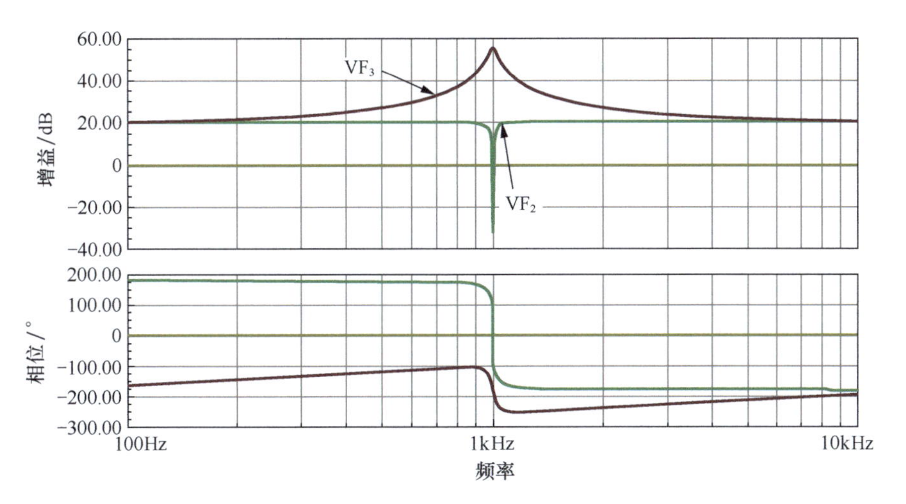

图 6.11　举例 3 电路的频率响应仿真结果

◎中途受限现象

在理论分析中，信号链路中某个节点（主要指某个运放的输出），在不考虑中途电源电压限制时，能够使最终结果正确。而在实际工作中，受中途电源电压限制，中途节点达不到理论分析电压，使最终结果错误。这种现象叫中途受限现象。

由多个运放组成的滤波器，特别是多运放组成的大回环滤波器，极易出现中途受限现象。若电路中出现减法运算，更易出现这种现象。

下面我们用 TINA-TI 的示波器功能，看上述举例 3 电路的时域表现，就能验证"此电路存在中途受限，不能接受大幅度输入"这个事实。

首先输入 1kHz、1mV 信号。可以看到图 6.12 的时域波形一切正常，输入输出信号都很小，在图 6.12 中 0 线附近。而运放 A_2 的输出 VF_3，幅度达到了 580mV，即其增益约为 20lg580= 55.27dB，与频率特性图中估计的一致。

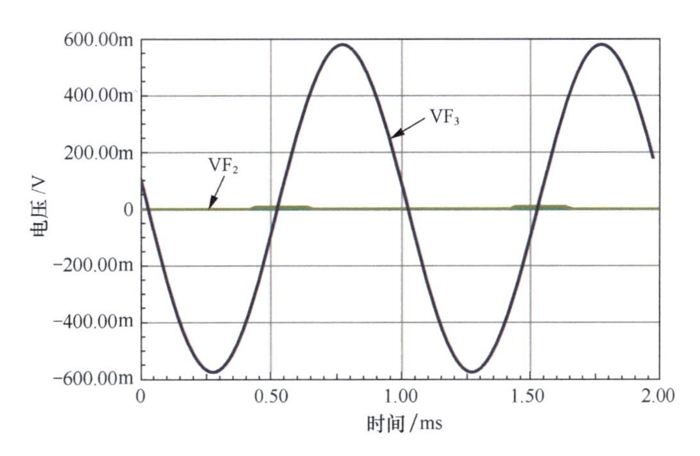

图 6.12　举例 3 电路 1mV/1kHz 正弦输入

整个电路的供电电压为 ±5V，运放 OPA1611 的最大输出电压约为 ±4.8V。如此看来，如果输入信号幅度超过 4800/580=8.28mV，就会使运放 A_1 输出失效。

从图 6.13 中可以看出，当输入信号为 8mV，容易出现中途受限现象的 VF_3 节点，其幅度为 4.2V 左右，陷波效果正常。当输入信号为 15mV 时，VF_3 点波形出现明显的削顶，导致陷波输出 VF_2 出现了明显的异变，如图 6.13 右图 VF_2 箭头所指。

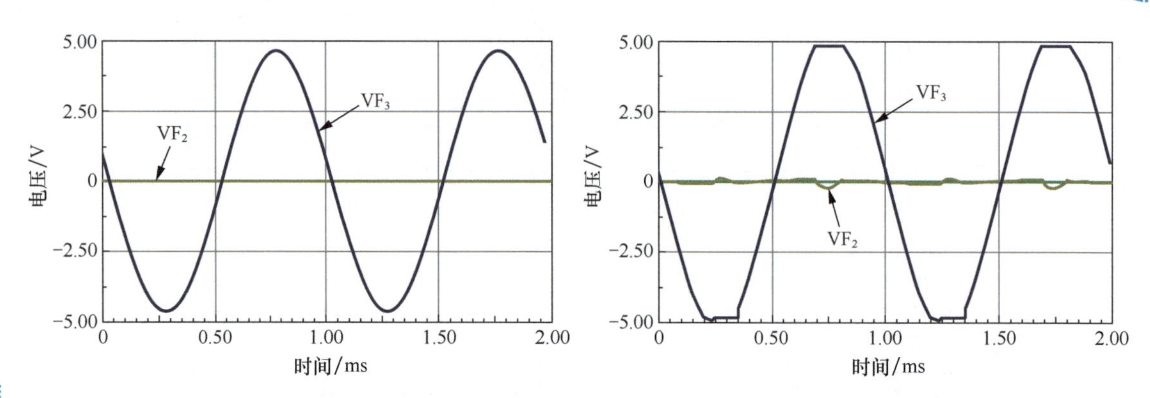

图 6.13　举例 1 电路 8mV（左），15mV（右）正弦输入

◎ Bainter 陷波器的分析

Bainter 陷波器是一种较为常见的陷波器，电路如图 6.14 所示。

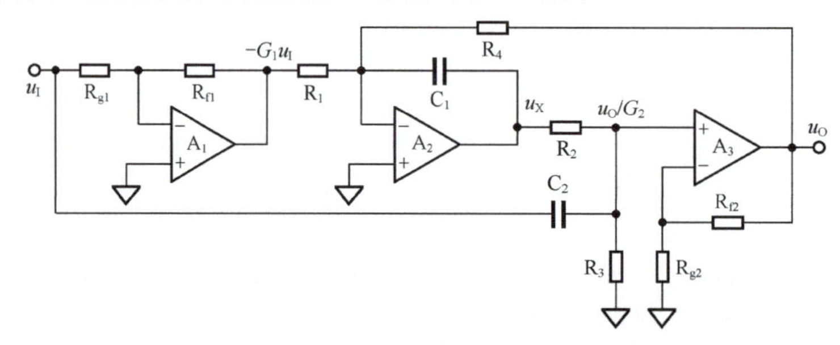

图 6.14　Bainter 陷波器

电路的核心分析围绕着运放 A_2 输出端进行。运放 A_1 负责实施简单的反相比例，增益为 G_1，而运放 A_3 实施同相比例，增益为 G_2。为了分析方便，设运放 A_2 的输出为 U_X，则：

$$U_X=-\frac{U_O}{SR_4C_1}+\frac{G_1U_I}{SR_1C_1} \tag{6-34}$$

对运放 A_3 的正输入端，列出电流方程：

$$\frac{U_X-\dfrac{U_O}{G_2}}{R_2}+SC_2\left(U_I-\frac{U_O}{G_2}\right)=\frac{\dfrac{U_O}{G_2}}{R_3} \tag{6-35}$$

将 U_X 表达式代入，得：

$$\frac{-\dfrac{U_O}{SR_4C_1}+\dfrac{G_1U_I}{SR_1C_1}-\dfrac{U_O}{G_2}}{R_2}+SC_2\left(U_I-\frac{U_O}{G_2}\right)=\frac{\dfrac{U_O}{G_2}}{R_3} \tag{6-36}$$

下面就是一步步化简了：

$$-\frac{R_3U_O}{SR_4C_1}+\frac{R_3G_1U_I}{SR_1C_1}-\frac{R_3U_O}{G_2}+SR_2R_3C_2U_I-SR_2R_3C_2\frac{U_O}{G_2}=R_2\frac{U_O}{G_2} \tag{6-37}$$

$$R_2\frac{U_O}{G_2}+SR_2R_3C_2\frac{U_O}{G_2}+\frac{R_3U_O}{G_2}+\frac{R_3U_O}{SR_4C_1}=\frac{R_3G_1U_I}{SR_1C_1}+SR_2R_3C_2U_I \tag{6-38}$$

$$\left(\frac{R_2}{G_2}+\frac{SR_2R_3C_2}{G_2}+\frac{R_3}{G_2}+\frac{R_3}{SR_4C_1}\right)U_O=\left(\frac{R_3G_1}{SR_1C_1}+SR_2R_3C_2\right)U_I \tag{6-39}$$

$$\frac{S(R_2+R_3)R_4C_1+G_2R_3+S^2R_2R_3R_4C_1C_2}{G_2SR_4C_1}U_O=\frac{R_3G_1+S^2R_1R_2R_3C_1C_2}{SR_1C_1}U_I \tag{6-40}$$

$$\frac{S(R_2+R_3)R_4C_1+G_2R_3+S^2R_2R_3R_4C_1C_2}{G_2R_4}U_O=\frac{R_3G_1+S^2R_1R_2R_3C_1C_2}{R_1}U_I \tag{6-41}$$

$$\left(S(R_2+R_3)R_1R_4C_1+G_2R_1R_3+S^2R_1R_2R_3R_4C_1C_2\right)U_O=\left(R_3G_2R_4G_1+S^2G_2R_1R_2R_3R_4C_1C_2\right)U_I \tag{6-42}$$

至此，可以列出增益的复频域表达式：

$$A(S)=\frac{U_O}{U_I}=\frac{G_1G_2R_3R_4+S^2G_2R_1R_2R_3R_4C_1C_2}{G_2R_1R_3+S(R_2+R_3)R_1R_4C_1+S^2R_1R_2R_3R_4C_1C_2}=\frac{G_1R_4}{R_1}\times\frac{1+S^2\dfrac{R_1R_2C_1C_2}{G_1}}{1+S\dfrac{(R_2+R_3)R_4C_1}{G_2R_3}+S^2\dfrac{R_2R_4C_1C_2}{G_2}} \tag{6-43}$$

为了实现标准陷波器，要求分子分母中 S^2 的系数相同，否则就会变成高通型陷波器，或者低通型陷波器：

$$\frac{R_1}{G_1}=\frac{R_4}{G_2}，即R_4=\frac{G_2}{G_1}R_1 \tag{6-44}$$

$$A(S)=G_2\times\frac{1+S^2\dfrac{R_1R_2C_1C_2}{G_1}}{1+S\dfrac{(R_2+R_3)R_1C_1}{G_1R_3}+S^2\dfrac{R_2R_1C_1C_2}{G_1}} \tag{6-45}$$

变为频率表达式为：

$$\dot{A}(\mathrm{j}\omega)=G_2\times\frac{1+(\mathrm{j}\omega)^2\dfrac{R_1R_2C_1C_2}{G_1}}{1+\mathrm{j}\omega\dfrac{(R_2+R_3)R_1C_1}{G_1R_3}+(\mathrm{j}\omega)^2\dfrac{R_2R_1C_1C_2}{G_1}} \tag{6-46}$$

设：

$$\omega_0=\sqrt{\frac{G_1}{R_2R_1C_1C_2}} \tag{6-47}$$

$$f_0=\sqrt{\frac{G_1}{4\pi^2R_2R_1C_1C_2}} \tag{6-48}$$

$$\dot{A}(\mathrm{j}\omega)=G_2\times\frac{1+\left(\mathrm{j}\dfrac{\omega}{\omega_0}\right)^2}{1+\mathrm{j}\dfrac{\omega}{\omega_0}\sqrt{\dfrac{G_1}{R_2R_1C_1C_2}}\dfrac{(R_2+R_3)R_1C_1}{G_1R_3}+\left(\mathrm{j}\dfrac{\omega}{\omega_0}\right)^2} \tag{6-49}$$

对比标准陷波器表达式，可知：

$$Q=\frac{G_1R_3}{(R_2+R_3)R_1C_1}\sqrt{\frac{R_2R_1C_1C_2}{G_1}}=\frac{R_3}{R_2+R_3}\sqrt{\frac{G_1R_2C_2}{R_1C_1}} \tag{6-50}$$

$$A_m=G_2 \tag{6-51}$$

从上述表达式可以看出，一个陷波器的三大参数特征频率 f_0、平坦区增益 A_m、品质因数 Q，分别由不同的元件综合确定。而且它们有规律，可以设：

$$R=\sqrt{R_1R_2} \tag{6-52}$$

$$C=\sqrt{C_1C_2} \tag{6-53}$$

$$k_R=\frac{R_2}{R_1} \tag{6-54}$$

$$k_C = \frac{C_2}{C_1} \tag{6-55}$$

则上述关键表达式可以写作：

$$f_0 = \sqrt{\frac{G_1}{4\pi^2 R_2 R_1 C_1 C_2}} = \frac{\sqrt{G_1}}{2\pi RC} \tag{6-56}$$

$$Q = \frac{R_3}{R_2 + R_3}\sqrt{\frac{G_1 R_2 C_2}{R_1 C_1}} = \frac{R_3}{R_2 + R_3}\sqrt{G_1 k_R k_C} \tag{6-57}$$

此时我们能够清晰看出，在保持 R 和 C 不变情况下，增大 k_R、k_C 和 G_1 是提高 Q 值的关键。

1）只依赖于增大 G_1 是不靠谱的。首先，无限制增大 G_1，会使得运放 A_1 处于较低的负反馈深度，其带宽、失真度都将变差，并且会在特征频率处产生不可忽视的相移。其次，G_1 还受到输出幅度限制，我们必须避免运放 A_1 因增益过大，导致输出超过电源电压限制的问题。

2）只依赖于调节 k_R——极端增大 R_2、减小 R_1，达到任意大的 Q 值，也是不靠谱的。因为这样做必然产生极大电阻和极小电阻。而在电路设计中，极大电阻会引入噪声，且会加剧运放偏置电流对直流性能的影响，而极小电阻会导致该支路电流超过运放输出极限。

3）只依赖于调节 k_C 也是不靠谱的。

多数情况，我们会确定一个合适的、最大的 G_1，然后选择一个合适的 k_C，一般是 1 倍、10 倍，不超过 100 倍，并据此计算出 C。再根据 Q 的要求，计算 R_1 和 R_2。

◎ Bainter 陷波器的设计方法

已知特征频率 f_0、平坦区增益 A_m、品质因数 Q，运放最高输出电压为 U_{OM}，设计 Bainter 陷波器的完整方法如下。

1）选择合适的增益 G_1，然后按照下式确定电阻 R_{g1} 和 R_{f1}。

合理选择电阻 R_{g1}：

$$R_{f1} = G_1 R_{g1} \tag{6-58}$$

2）根据下式确定电阻 R_{g2} 和 R_{f2}。

合理选择电阻 R_{g2}：

$$R_{f2} = \left(A_m - 1\right) R_{g2} \tag{6-59}$$

3）根据表 3.1，选定合适的电容 C_1、合适的电容 C_2，据此得到：

$$C = \sqrt{C_1 C_2} \tag{6-60}$$

$$k_C = \frac{C_2}{C_1} \tag{6-61}$$

4）计算电阻 R_1 和 R_2。

根据式（6-57），得：

$$Q = \frac{R_3}{R_2 + R_3}\sqrt{\frac{G_1 R_2 C_2}{R_1 C_1}} = 0.5\sqrt{G_1 k_R k_C} \tag{6-62}$$

解得：

$$k_R = \frac{4Q^2}{G_1 k_C} = \frac{R_2}{R_1} \tag{6-63}$$

根据式（6-56），得：

$$f_0 = \sqrt{\frac{G_1}{4\pi^2 R_2 R_1 C_1 C_2}} = \frac{\sqrt{G_1}}{2\pi RC} \tag{6-64}$$

解得：

$$R=\sqrt{R_1R_2}=\frac{\sqrt{G_1}}{2\pi f_0C} \tag{6-65}$$

综合式（6-63）和式（6-65）得：

$$\sqrt{R_1R_1\frac{4Q^2}{G_1k_C}}=\frac{\sqrt{G_1}}{2\pi f_0C} \tag{6-66}$$

$$R_1=\frac{\sqrt{G_1}}{2\pi f_0C}\times\frac{\sqrt{G_1k_C}}{2Q}=\frac{G_1\sqrt{k_C}}{4Q\pi f_0C} \tag{6-67}$$

根据式（6-63）得：

$$R_2=\frac{4Q^2}{G_1k_C}\times R_1 \tag{6-68}$$

5）设定 $R_3=R_2$。

6）根据下式确定电阻 R_4：

$$R_4=\frac{G_2}{G_1}R_1=\frac{A_m}{G_1}R_1 \tag{6-69}$$

◎ Bainter 陷波器的中途受限现象

下面分析此电路的中途受限现象。可以看出，电路中存在两个中途受限点，一是运放 A_1 的输出，这很简单，只要保证输入信号乘以设定的 G_1，不要超过 A_1 的最大输出值即可；二是运放 A_2，我们需要知道 u_X 的增益，分析如下。

根据式（6-34），将式（6-45）代入式（6-34）得：

$$U_X=-\frac{U_O}{SR_4C_1}+\frac{G_1U_I}{SR_1C_1}=\left(-\frac{G_2\times\dfrac{1+S^2\dfrac{R_1R_2C_1C_2}{G_1}}{1+S\dfrac{(R_2+R_3)R_1C_1}{G_1R_3}+S^2\dfrac{R_2R_1C_1C_2}{G_1}}}{SR_4C_1}+\frac{G_1}{SR_1C_1}\right)U_I=$$

$$\frac{G_1\left(\dfrac{S\dfrac{(R_2+R_3)R_1C_1}{G_1R_3}}{1+S\dfrac{(R_2+R_3)R_1C_1}{G_1R_3}+S^2\dfrac{R_2R_1C_1C_2}{G_1}}\right)}{SR_1C_1}U_I= \tag{6-70}$$

$$\frac{G_1}{SR_1C_1}\left(\frac{S\dfrac{(R_2+R_3)R_1C_1}{G_1R_3}}{1+S\dfrac{(R_2+R_3)R_1C_1}{G_1R_3}+S^2\dfrac{R_2R_1C_1C_2}{G_1}}\right)U_I$$

可以看出，这是一个两项乘法表达式。括号内是一个标准带通滤波器，在特征频率处具有峰值增益 1，这也是 u_X 出现最大增益的位置。因此，u_X 在陷波点处增益为：

$$\dot{A}_{UX}(j\omega_0)=\frac{G_1}{j\omega_0R_1C_1}=\frac{G_1}{j\sqrt{\dfrac{G_1}{R_2R_1C_1C_2}}R_1C_1}=\frac{\sqrt{G_1}}{j\sqrt{\dfrac{R_1C_1}{R_2C_2}}}=-j\sqrt{\frac{G_1R_2C_2}{R_1C_1}}=-jQ\frac{R_2+R_3}{R_3} \tag{6-71}$$

这个结果令人遗憾：要实现较大的 Q 值，u_X 就必然获得较大的中途增益，这样就对输入信号提出了严格要求：

$$U_{\mathrm{IM}}<\frac{U_{\mathrm{OM}}}{\left|\dot{A}_{\mathrm{UX}}\left(\mathrm{j}\omega_0\right)\right|}=\frac{U_{\mathrm{OM}}}{Q\dfrac{R_2+R_3}{R_3}} \tag{6-72}$$

换句话说，要想实现满意的陷波效果，输入信号幅度 U_{IM} 必须满足式（6-72）。其中，U_{OM} 是输出最大电压，受限于供电电压，以及运放的输出特性。

举例 4

设计一个 Bainter 陷波器。要求：运放为 OPA1611，供电电压为 ±5V，滤波器的陷波频率 f_0=50Hz、Q=40、A_{m}=1。用 TINA-TI 仿真软件证实，特别关注输入信号幅度对电路输出产生的中途受限现象。

解：按照前述步骤，操作如下。

1）根据平坦区增益，确定 $G_2=A_{\mathrm{m}}=1$，可知运放 A_3 应设置为跟随器。

2）选择 $G_1=10$，选定电阻 $R_{\mathrm{g1}}=1\mathrm{k\Omega}$，则 $R_{\mathrm{f1}}=G_1R_{\mathrm{g1}}=10\mathrm{k\Omega}$。

3）根据表 3.1，选定合适的电容 $C_1=0.1\mu\mathrm{F}$、合适的电容 $C_2=10\mu\mathrm{F}$，据此得到：

$$C=\sqrt{C_1C_2}=1\mu\mathrm{F};\ k_{\mathrm{C}}=\frac{C_2}{C_1}=100$$

4）计算电阻 R_1 和 R_2。

根据式（6-67），确定电阻 R_1：

$$R_1=\frac{G_1\sqrt{k_{\mathrm{C}}}}{4Q\pi f_0C}=3979\Omega$$

根据式（6-68），确定电阻 R_2：

$$R_2=\frac{4Q^2}{G_1k_{\mathrm{C}}}\times R_1=25.46\mathrm{k\Omega}$$

5）$R_3=R_2=25.46\mathrm{k\Omega}$。

6）根据下式确定电阻 R_4：

$$R_4=\frac{G_2}{G_1}R_1=397.9\Omega$$

至此，得到 TINA-TI 仿真电路如图 6.15 所示。

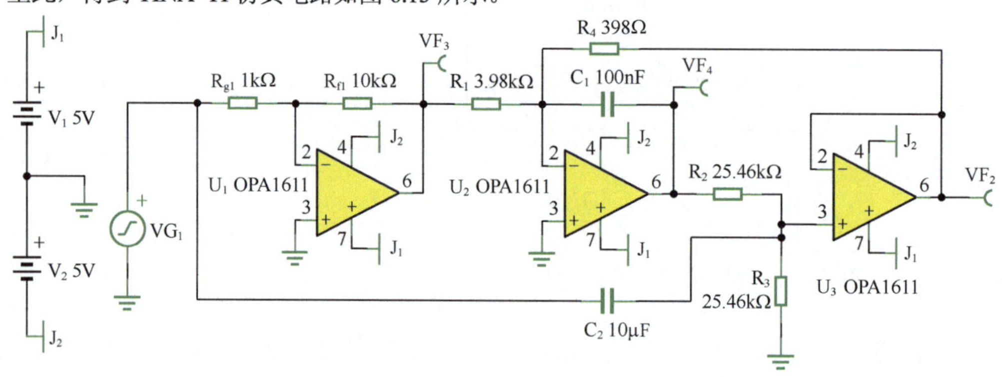

图 6.15　举例 4 电路

下面分析本电路对输入信号幅度的限制，即中途受限现象。分析的原则是，输入信号波形足够小，以保证在全频率范围内，上图中 VF_3 和 VF_4 不会出现超过电源电压的理论分析值，以避免中途受限现象。

对于 VF_3 点，其对全频率增益均为 G_1，因此有：

$$U_{\mathrm{IM}}\times G_1<U_{\mathrm{OM}}=4.8\mathrm{V}$$

即：

$$U_{IM} < \frac{U_{OM}}{G_1} = 480mV$$

对 VF_4 点，据式（6-72），有：

$$U_{IM} < \frac{U_{OM}}{Q\frac{R_2+R_3}{R_3}} = 60mV$$

综合考虑，要求本电路输入信号幅度必须小于 60mV。

图 6.16 所示是本电路的仿真频率特性，可以看出 VF_2 表现为一个陷波器，其平坦区增益为 0dB，陷波点发生在 50Hz 附近；而 VF_4 则表现为一个窄带通特性，其在 50Hz 处峰值增益达到了图 6.16 中所示的 38.03dB（换算为 79.7 倍，与理论估算 2Q=80 接近），这是中途受限现象的根源。

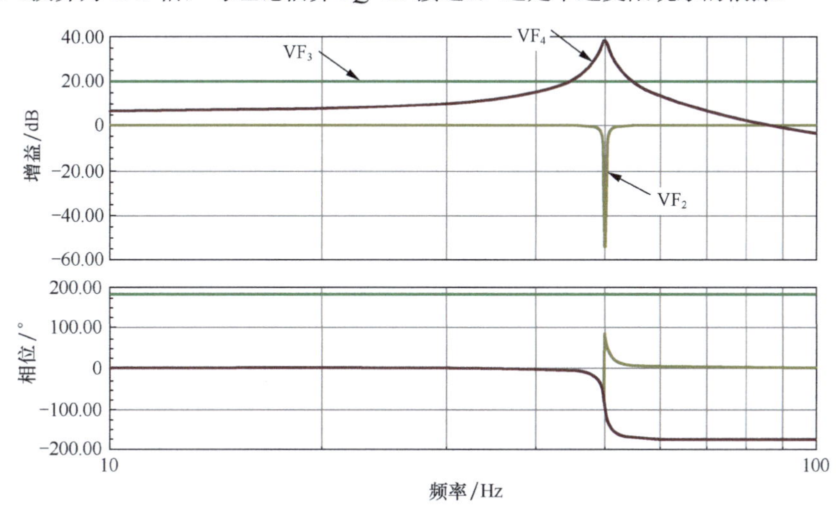

图 6.16　举例 4 电路的仿真频率特性

用示波器观察输出陷波效果（以 49.62Hz 为输入频率），当输入信号幅度在 30mV 时，VF_2 输出幅度为 2.1mV；当输入信号幅度在 60mV 时，VF_2 输出幅度为 4.2mV，这符合规律。但当输入信号幅度达到 120mV 时(超限)，理论上输出 VF_2 幅度应为 8.4mV，实测为 58mV，陷波效果大打折扣，其根本原因在于出现了中途受限现象。

注意，TINA-TI 软件在频率特性中能够实现 -50dB 以下的陷波衰减，如图 6.17 所示，但在示波器仿真中，却无法达到这个效果，这与仿真软件有关，无须过多担忧。

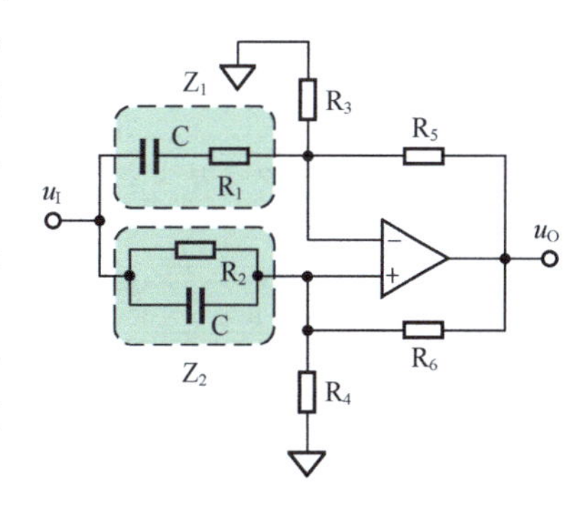

图 6.17　Boctor 陷波器——高通

◎ Boctor 陷波器

Boctor 陷波器应用比较多，它分为两种：高通型和低通型，其中高通型电路如图 6.17 所示。

为求解其传递函数，本节采用 MF 法。先求解衰减系数 M。

当将图 6.17 中 R_1 和 C 串联用 Z_1 表示，将图 6.17 中 R_2 和 C 并联用 Z_2 表示，则电路演变成了完全对称结构，求解过程会简单一些：

$$Z_1 = R_1 + \frac{1}{SC} = \frac{1+SR_1C}{SC} \tag{6-73}$$

$$Z_2 = R_2 // \frac{1}{SC} = \frac{R_2 \times \frac{1}{SC}}{R_2 + \frac{1}{SC}} = \frac{R_2}{1+SR_2C} \tag{6-74}$$

$$M_+=\frac{R_4//R_6}{R_4//R_6+Z_2}=\frac{\dfrac{R_4\times R_6}{R_4+R_6}}{\dfrac{R_4\times R_6}{R_4+R_6}+\dfrac{Z_2(R_4+R_6)}{R_4+R_6}}=\frac{R_4R_6}{R_4R_6+Z_2(R_4+R_6)}=\frac{R_4R_6}{R_4R_6+\dfrac{R_2(R_4+R_6)}{1+SR_2C}}=$$

$$\frac{R_4R_6(1+SR_2C)}{R_4R_6+SCR_2R_4R_6+R_2(R_4+R_6)}=\frac{1+SCR_2}{1+SCR_2+\dfrac{R_2}{R_4//R_6}}= \tag{6-75}$$

$$\frac{R_4R_6(1+SR_2C)}{R_2R_4+R_2R_6+R_4R_6+SCR_2R_4R_6}$$

利用对称性可以看出：

$$M_-=\frac{R_3//R_5}{R_3//R_5+Z_1}=\frac{R_3R_5}{R_3R_5+Z_1(R_3+R_5)}=\frac{R_3R_5}{R_3R_5+\dfrac{1+SR_1C}{SC}(R_3+R_5)}= \tag{6-76}$$

$$\frac{SCR_3R_5}{R_3+R_5+SC(R_1R_3+R_1R_5+R_3R_5)}$$

$$M=M_+-M_-=\frac{R_4R_6(1+SR_2C)}{R_2R_4+R_2R_6+R_4R_6+SCR_2R_4R_6}-\frac{SCR_3R_5}{R_3+R_5+SC(R_1R_3+R_1R_5+R_3R_5)} \tag{6-77}$$

$$F_-=\frac{Z_1//R_3}{Z_1//R_3+R_5}=\frac{\dfrac{Z_1R_3}{Z_1+R_3}}{\dfrac{Z_1R_3}{Z_1+R_3}+R_5}=\frac{Z_1R_3}{Z_1R_3+(Z_1+R_3)R_5}=\frac{R_3}{R_3+R_5+\dfrac{R_3R_5}{Z_1}}=$$

$$\frac{R_3}{R_3+R_5+\dfrac{R_3R_5}{\dfrac{1+SR_1C}{SC}}}=\frac{R_3}{\dfrac{SCR_3R_5}{1+SR_1C}+R_3+R_5}=\frac{R_3(1+SR_1C)}{SCR_3R_5+(R_3+R_5)(1+SR_1C)}= \tag{6-78}$$

$$\frac{R_3(1+SR_1C)}{R_3+R_5+SC(R_1R_3+R_1R_5+R_3R_5)}$$

$$F_+=\frac{Z_2//R_4}{Z_2//R_4+R_6}=\frac{R_4}{R_4+R_6+\dfrac{R_4R_6}{Z_2}}=\frac{R_4}{R_4+R_6+\dfrac{R_4R_6}{\dfrac{R_2}{1+SR_2C}}}=\frac{R_4}{R_4+R_6+\dfrac{R_4R_6(1+SR_2C)}{R_2}}=\frac{R_2R_4}{R_2R_4+R_2R_6+R_4R_6+SR_2R_4R_6C} \tag{6-79}$$

$$F=F_--F_+=\frac{R_3(1+SR_1C)}{R_3+R_5+SC(R_1R_3+R_1R_5+R_3R_5)}-\frac{R_2R_4}{R_2R_4+R_2R_6+R_4R_6+SR_2R_4R_6C} \tag{6-80}$$

根据 MF 法获得的增益为：

$$A=\frac{M}{F}=$$

$$\frac{R_4R_6(R_3+R_5)+SC(R_1R_4R_6(R_3+R_5)+R_2R_3R_4R_6-R_2R_3R_4R_5)+S^2C^2R_1R_2R_4R_6\times(R_3+R_5)}{R_2R_3R_6+R_3R_4R_6-R_2R_4R_5+SC(R_1R_3R_6(R_2+R_4)+R_2R_3R_4R_6-R_2R_4R_5(R_1+R_3))+S^2C^2R_1R_2R_4R_6\times R_3}=$$

$$\frac{R_4R_6(R_3+R_5)}{R_2R_3R_6+R_3R_4R_6-R_2R_4R_5}\times$$

$$\frac{1+SC\dfrac{R_1R_3R_4R_6+R_1R_4R_5R_6+R_2R_3R_4R_6+R_2R_4R_5R_6-R_2R_3R_4R_5-R_2R_3R_5R_6}{R_4R_6\left(R_3+R_5\right)}+S^2C^2R_1R_2}{1+SC\dfrac{(R_1R_3R_6(R_2+R_4)+R_2R_3R_4R_6-R_2R_4R_5(R_1+R_3))}{R_2R_3R_6+R_3R_4R_6-R_2R_4R_5}+S^2C^2\dfrac{R_1R_2R_4R_6\times R_3}{R_2R_3R_6+R_3R_4R_6-R_2R_4R_5}}=$$

$$\frac{R_4R_6\left(R_3+R_5\right)}{R_2R_3R_6+R_3R_4R_6-R_2R_4R_5}\times \tag{6-81}$$

$$\frac{1+SC\left(R_1+R_2-R_2\dfrac{R_3R_5\left(R_4+R_6\right)}{R_4R_6\left(R_3+R_5\right)}\right)+S^2C^2R_1R_2}{1+SC\dfrac{\left(R_1R_3R_6\left(R_2+R_4\right)+R_2R_3R_4R_6-R_2R_4R_5\left(R_1+R_3\right)\right)}{R_2R_3R_6+R_3R_4R_6-R_2R_4R_5}+S^2C^2\dfrac{R_1R_2R_4R_6\times R_3}{R_2R_3R_6+R_3R_4R_6-R_2R_4R_5}}=$$

$$\frac{R_4R_6\left(R_3+R_5\right)}{R_2R_3R_6+R_3R_4R_6-R_2R_4R_5}\times$$

$$\frac{1+SC\left(R_1+R_2-R_2\dfrac{R_3/\!/R_5}{R_4/\!/R_6}\right)+S^2C^2R_1R_2}{1+SC\dfrac{\left(R_1R_3R_6\left(R_2+R_4\right)+R_2R_3R_4R_6-R_2R_4R_5\left(R_1+R_3\right)\right)}{R_2R_3R_6+R_3R_4R_6-R_2R_4R_5}+S^2C^2\dfrac{R_1R_2R_4R_6\times R_3}{R_2R_3R_6+R_3R_4R_6-R_2R_4R_5}}$$

从上述表达式看，要想让其与非标准陷波器吻合，需要做如下工作。

1）高通陷波器具有f_0、A_m、k、Q 4个量，在确定电容C后，我们需要4个电阻，但现在我们有6个电阻，因此为了简化分析，设定电阻$R_1=R_2=R$。据此可得：

$$A=\frac{R_4R_6\left(R_3+R_5\right)}{RR_3R_6+R_3R_4R_6-RR_4R_5}\times$$

$$\frac{1+SC\left(2R-R\dfrac{R_3/\!/R_5}{R_4/\!/R_6}\right)+S^2C^2R^2}{1+SC\dfrac{\left(RR_3R_6\left(R+R_4\right)+RR_3R_4R_6-RR_4R_5\left(R+R_3\right)\right)}{RR_3R_6+R_3R_4R_6-RR_4R_5}+S^2C^2R^2\dfrac{R_3R_4R_6}{RR_3R_6+R_3R_4R_6-RR_4R_5}}= \tag{6-82}$$

$$\frac{R_4R_6\left(R_3+R_5\right)}{RR_3R_6+R_3R_4R_6-RR_4R_5}\times$$

$$\frac{1+SC\left(2R-R\dfrac{R_3/\!/R_5}{R_4/\!/R_6}\right)+S^2C^2R^2}{1+SCR\dfrac{RR_3R_6+2R_3R_4R_6-RR_4R_5-R_3R_4R_5}{RR_3R_6+R_3R_4R_6-RR_4R_5}+S^2C^2R^2\dfrac{R_3R_4R_6}{RR_3R_6+R_3R_4R_6-RR_4R_5}}$$

2）要使其变成陷波形式，分子上含S的项必须为0。则有：

$$2R-R\frac{R_3/\!/R_5}{R_4/\!/R_6}=0 \tag{6-83}$$

即：

$$R_3/\!/R_5=2\left(R_4/\!/R_6\right) \tag{6-84}$$

至此，将上述表达式写成频域表达式为：

$$\dot{A}\left(\mathrm{j}\omega\right)=\frac{R_4R_6\left(R_3+R_5\right)}{RR_3R_6+R_3R_4R_6-RR_4R_5}\times$$

$$\frac{1+(\mathrm{j}\omega)^2C^2R^2}{1+\mathrm{j}\omega CR\dfrac{RR_3R_6+2R_3R_4R_6-RR_4R_5-R_3R_4R_5}{RR_3R_6+R_3R_4R_6-RR_4R_5}+(\mathrm{j}\omega)^2C^2R^2\dfrac{R_3R_4R_6}{RR_3R_6+R_3R_4R_6-RR_4R_5}}=$$

$$A_\mathrm{m}\times\frac{1+\left(\mathrm{j}\dfrac{\omega}{\omega_0}\right)^2}{1+\dfrac{1}{Q}\mathrm{j}\dfrac{\omega}{\omega_0}+\left(\mathrm{j}\sqrt{k}\dfrac{\omega}{\omega_0}\right)^2} \tag{6-85}$$

其中，当频率趋于0时，出现低频增益为：

$$A_{\mathrm{m\_0}}=A_\mathrm{m} \tag{6-86}$$

当频率趋于∞时，出现高频增益为：

$$A_{\mathrm{m\_\infty}}=A_\mathrm{m}\times\frac{1}{k} \tag{6-87}$$

则：

$$k=\frac{A_{\mathrm{m\_0}}}{A_{\mathrm{m\_\infty}}} \tag{6-88}$$

据此可得：

$$\omega_0=\frac{1}{RC} \tag{6-89}$$

$$f_0=\frac{1}{2\pi RC} \tag{6-90}$$

$$Q=\frac{RR_3R_6+R_3R_4R_6-RR_4R_5}{RR_3R_6+2R_3R_4R_6-RR_4R_5-R_3R_4R_5} \tag{6-91}$$

$$A_\mathrm{m}=\frac{R_4R_6(R_3+R_5)}{RR_3R_6+R_3R_4R_6-RR_4R_5} \tag{6-92}$$

$$k=\frac{R_3R_4R_6}{RR_3R_6+R_3R_4R_6-RR_4R_5} \tag{6-93}$$

可以看出，式（6-84）和式（6-88）～式（6-93）共6个独立方程，在已知f_0、A_m、k、Q和初选C的情况下，可以解出R、R_3、R_4、R_5、R_6共5个未知量。

首先，根据式（6-89）和式（6-90），解得：

$$R_1=R_2=R=\frac{1}{2\pi f_0C} \tag{6-94}$$

将式（6-93）和式（6-92）相除，得：

$$\frac{A_\mathrm{m}}{k}=\frac{R_4R_6(R_3+R_5)}{R_3R_4R_6}=1+\frac{R_5}{R_3} \tag{6-95}$$

$$\frac{R_5}{R_3}=\frac{A_\mathrm{m}}{k}-1 \tag{6-96}$$

将式（6-93）变形，得：

$$\frac{1}{k}=\frac{RR_3R_6+R_3R_4R_6-RR_4R_5}{R_3R_4R_6}=\frac{R}{R_4}+1-\frac{RR_5}{R_3R_6} \tag{6-97}$$

继续变形，得：

$$\frac{R}{R_4}=\frac{1}{k}-1+\frac{RR_5}{R_3R_6} \tag{6-98}$$

两边同乘以 R_5/R，并将式（6-96）代入式（6-98），得：

$$\frac{R_5}{R_4}=\left(\frac{1}{k}-1\right)\frac{R_5}{R}+\frac{R_5^2}{R_3R_6}=\frac{1-k}{k}\frac{R_5}{R}+\frac{A_m-k}{k}\frac{R_5}{R_6} \tag{6-99}$$

将式（6-91）和式（6-93）相乘后变形，得：

$$Qk=\frac{R_3R_4R_6}{RR_3R_6+2R_3R_4R_6-RR_4R_5-R_3R_4R_5} \tag{6-100}$$

$$\frac{1}{Qk}=\frac{RR_3R_6+2R_3R_4R_6-RR_4R_5-R_3R_4R_5}{R_3R_4R_6}=\frac{R}{R_4}+2-\frac{RR_5}{R_3R_6}-\frac{R_5}{R_6}=\left(\frac{R}{R_4}+1-\frac{RR_5}{R_3R_6}\right)+1-\frac{R_5}{R_6} \tag{6-101}$$

将式（6-97）代入，得：

$$\frac{1}{Qk}=\frac{1}{k}+1-\frac{R_5}{R_6} \tag{6-102}$$

解得：

$$\frac{R_5}{R_6}=\frac{1}{k}+1-\frac{1}{Qk}=\frac{Q+Qk-1}{Qk} \tag{6-103}$$

对式（6-84）展开，得：

$$R_3 // R_5=2\left(R_4 // R_6\right)\to\frac{R_3R_5}{R_3+R_5}=\frac{2R_4R_6}{R_4+R_6} \tag{6-104}$$

颠倒分子分母，即：

$$\frac{1}{R_5}+\frac{1}{R_3}=\frac{1}{2}\left(\frac{1}{R_4}+\frac{1}{R_6}\right)\to 1+\frac{R_5}{R_3}=\frac{1}{2}\left(\frac{R_5}{R_4}+\frac{R_5}{R_6}\right) \tag{6-105}$$

$$2+2\frac{R_5}{R_3}=\frac{R_5}{R_4}+\frac{R_5}{R_6} \tag{6-106}$$

将式（6-96）、式（6-99）、式（6-103）代入式（6-106），得：

$$\frac{2A_m}{k}=\frac{1-k}{k}\frac{R_5}{R}+\frac{A_m-k}{k}\frac{R_5}{R_6}+\frac{R_5}{R_6}=\frac{1-k}{k}\frac{R_5}{R}+\frac{A_m}{k}\frac{Q+Qk-1}{Qk} \tag{6-107}$$

至此，等式中只包含 R_5 和一系列已知量，剩下的就是化简了。

两边同乘以 Qk^2R，得：

$$2QkA_mR=Qk\left(1-k\right)R_5+A_m\left(Q+Qk-1\right)R \tag{6-108}$$

$$Qk\left(1-k\right)R_5=2QkA_mR-A_m\left(Q+Qk-1\right)R=2QkA_mR-A_mQR-A_mQkR+A_mR=QkA_mR-A_mQR+A_mR \tag{6-109}$$

$$R_5=\frac{Qk-Q+1}{Qk\left(1-k\right)}A_mR \tag{6-110}$$

根据高通陷波器定义，k 代表低频增益和高频增益的比值（式（6-88）和式（6-93）），应小于 1 且大于 0。在此情况下，上式分母为正值，要保证电阻 R_5 为正值，则有如下约束式：

$$Qk-Q+1>0 \tag{6-111}$$

$$k>\frac{Q-1}{Q} \tag{6-112}$$

根据式（6-96），得：

$$R_3=\frac{R_5}{\frac{A_m}{k}-1}=\frac{Qk-Q+1}{Q\left(A_m-k\right)\left(1-k\right)}A_mR \tag{6-113}$$

约束项为：

$$A_{\mathrm{m}}>k \tag{6-114}$$

根据式（6-103），得：

$$R_6=R_5\frac{Qk}{Q+Qk-1}=\frac{Qk-Q+1}{Qk(1-k)}A_{\mathrm{m}}R\frac{Qk}{Q+Qk-1}=\frac{Qk-Q+1}{(Q+Qk-1)(1-k)}A_{\mathrm{m}}R \tag{6-115}$$

约束项为：

$$Q+Qk-1>0\rightarrow k>\frac{1-Q}{Q} \tag{6-116}$$

根据式（6-99），得：

$$\frac{R_5}{R_4}=\left(\frac{1}{k}-1\right)\frac{R_5}{R}+\frac{R_5^2}{R_3R_6}=\frac{1-k}{k}\frac{R_5}{R}+\frac{A_{\mathrm{m}}-k}{k}\frac{R_5}{R_6} \tag{6-117}$$

即：

$$R_4=\frac{R_5}{\frac{1-k}{k}\frac{R_5}{R}+\frac{A_{\mathrm{m}}-k}{k}\frac{R_5}{R_6}}=\frac{1}{\frac{1-k}{kR}+\frac{A_{\mathrm{m}}-k}{kR_6}}=\frac{kRR_6}{R_6-kR_6+A_{\mathrm{m}}R-kR}=\frac{k(Qk-Q+1)}{(1-k)\left(2A_{\mathrm{m}}Qk-k(Qk+Q-1)\right)}A_{\mathrm{m}}R \tag{6-118}$$

Boctor 型滤波器还有低通滤波形式，限于篇幅，本书不介绍。

设计一个 Boctor 型高通陷波器。要求，运放为 OPA1611，供电电压为 ±5V，滤波器的陷波频率 f_0=50Hz，Q=1.2，A_{m}=1，k=0.2。用 TINA-TI 仿真软件实证。

解：选择电容 C=1μF，依照式（6-89）和式（6-90）反算电阻：

$$R=R_1=R_2=\frac{1}{2\pi f_0C}=3183\Omega$$

根据式（6-112）知，必须有：

$$k>\frac{Q-1}{Q}=0.1667$$

题目要求 k=0.2，满足约束条件。

利用式（6-110）、式（6-113）、式（6-115）和式（6-118），分别计算 4 个电阻值：

$$R_5=\frac{Qk-Q+1}{Qk(1-k)}A_{\mathrm{m}}R=663.1\Omega$$

$$R_3=\frac{R_5}{\frac{A_{\mathrm{m}}}{k}-1}=165.8\Omega$$

$$R_6=R_5\frac{Qk}{Q+Qk-1}=361.7\Omega$$

$$R_4=\frac{kRR_6}{R_6-kR_6+A_{\mathrm{m}}R-kR}=81.20\Omega$$

按照计算值设计电路如图 6.18 所示。电路中没有选择 E96 系列。

仿真结果如图 6.19 所示。

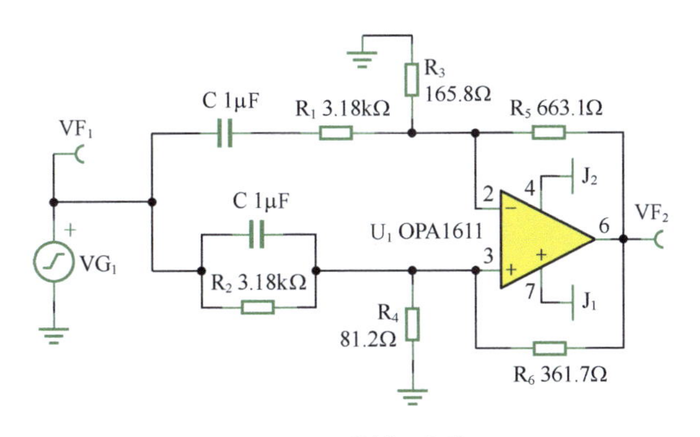

图 6.18　举例 5 电路

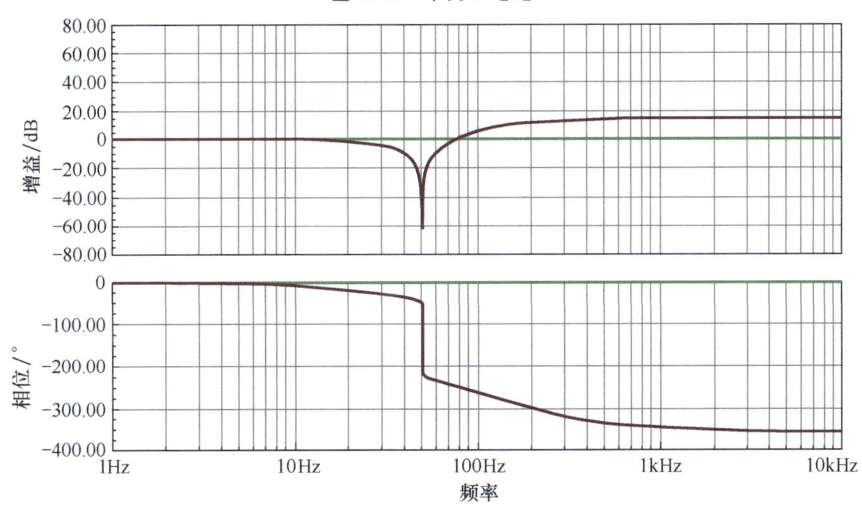

图 6.19　举例 5 电路仿真结果

在仿真结果图中，实施如下测量，可以验证设计的正确性。

1）陷波频率发生在 50Hz 处，设计正确。

2）验证高通陷波效果：

$$A(1\text{Hz}) = -14.2\text{mdB} = -0.0142\text{dB} = 0.9984$$

即 $A_m \approx 0.9984$，与设计要求 1 倍近似。

$$A(10000\text{Hz}) = 13.98\text{dB} = 5.000$$

利用式（6-88），得：

$$k_{实测} = \frac{A_{m\_0}}{A_{m\_\infty}} \approx \frac{A(1\text{Hz})}{A(10000\text{Hz})} = 0.1997$$

与设计要求 k=0.2 近似相等。

3）验证 Q 值。

中心频率左侧，比低频增益小 3.01dB，即 −3.0242dB 处的频率为：

$$f(-3.0242\text{dB}) = f_L = 25.74\text{Hz}$$

中心频率右侧，比低频频率小 3.01dB，即 −3.024dB 处的频率为：

$$f(-3.024\text{dB}) = f_H = 69.42\text{Hz}$$

则有：

$$Q_{实测} = \frac{f_0}{f_H - f_L} = 1.145$$

与设计要求基本吻合，稍有偏差。

◎双 T 陷波器电路一

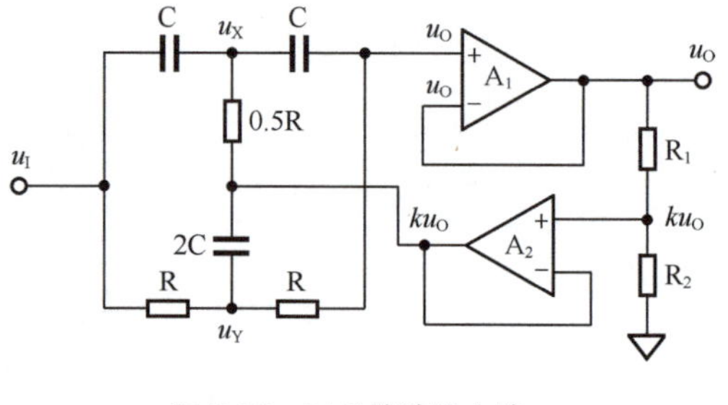

图 6.20　双 T 陷波器电路一

电路如图 6.20 所示。根据运放 A_1 正输入端虚断，得电流方程如下：

$$\frac{U_X-U_O}{\frac{1}{SC}}=\frac{U_O-U_Y}{R} \tag{6-119}$$

解得：

$$U_Y=U_O-SCR\left(U_X-U_O\right)=U_O+SCRU_O-SCRU_X=\left(1+SCR\right)U_O-SCRU_X \tag{6-120}$$

对图 6.20 中 u_X 列出电流方程：

$$SC\left(U_I-U_X\right)+\frac{kU_O-U_X}{0.5R}=SC\left(U_X-U_O\right) \tag{6-121}$$

按照以下步骤简化，解得 U_X 与 U_I、U_O 的关系：

$$0.5SCR\left(U_I-U_X\right)+kU_O-U_X=0.5SCR\left(U_X-U_O\right) \tag{6-122}$$

$$0.5SCRU_I-0.5SCRU_X+kU_O-U_X=0.5SCRU_X-0.5SCRU_O \tag{6-123}$$

$$\left(1+SCR\right)U_X=0.5SCRU_I+\left(k+0.5SCR\right)U_O \tag{6-124}$$

$$U_X=\frac{0.5SCR}{1+SCR}U_I+\frac{k+0.5SCR}{1+SCR}U_O \tag{6-125}$$

对图 6.20 中 u_Y 点列出电流方程：

$$\frac{U_I-U_Y}{R}+2SC\left(kU_O-U_Y\right)=\frac{U_Y-U_O}{R} \tag{6-126}$$

将式（6-120）代入，得：

$$\frac{U_I-\left(U_O+SCRU_O-SCRU_X\right)}{R}+2SC\left(kU_O-\left(U_O+SCRU_O-SCRU_X\right)\right)=\frac{U_O+SCRU_O-SCRU_X-U_O}{R} \tag{6-127}$$

按照以下步骤简化，解得 U_X 与 U_I、U_O 的关系：

$$U_I-U_O-SCRU_O+SCRU_X+2SCR\left(kU_O-U_O-SCRU_O+SCRU_X\right)=SCRU_O-SCRU_X \tag{6-128}$$

$$\left(2SCR+2S^2C^2R^2\right)U_X=4SCRU_O+U_O-2SCRkU_O+2S^2C^2R^2U_O-U_I \tag{6-129}$$

解得 U_X 与 U_I、U_O 的关系：

$$U_X=\frac{1+SCR\left(4-2k\right)+2S^2C^2R^2}{2SCR+2S^2C^2R^2}U_O-\frac{1}{2SCR+2S^2C^2R^2}U_I \tag{6-130}$$

根据式（6-125）和式（6-130），得：

$$\left(\frac{0.5SCR}{1+SCR}+\frac{1}{2SCR+2S^2C^2R^2}\right)U_I=\left(\frac{1+SCR\left(4-2k\right)+2S^2C^2R^2}{2SCR+2S^2C^2R^2}-\frac{k+0.5SCR}{1+SCR}\right)U_O \tag{6-131}$$

$$\frac{1+S^2C^2R^2}{2SCR\left(1+SCR\right)}U_I=\frac{1+SCR\left(4-2k\right)+2S^2C^2R^2-2SCRk-S^2C^2R^2}{2SCR\left(1+SCR\right)}U_O \tag{6-132}$$

$$A=\frac{U_O}{U_I}=\frac{1+S^2C^2R^2}{1+4SCR-4SCRk+S^2C^2R^2}=\frac{1+S^2C^2R^2}{1+4SCR\left(1-k\right)+S^2C^2R^2} \tag{6-133}$$

将其写成频率表达式：

$$\dot{A}(\mathrm{j}\omega)=\frac{1+(\mathrm{j}\omega)^2C^2R^2}{1+4\mathrm{j}\omega CR(1-k)+(\mathrm{j}\omega)^2C^2R^2} \tag{6-134}$$

令：

$$\omega_0=\frac{1}{RC} \tag{6-135}$$

$$f_0=\frac{1}{2\pi RC} \tag{6-136}$$

表达式变为：

$$\dot{A}(\mathrm{j}\omega)=\frac{1+\left(\mathrm{j}\frac{\omega}{\omega_0}\right)^2}{1+4\mathrm{j}\frac{\omega}{\omega_0}(1-k)+\left(\mathrm{j}\frac{\omega}{\omega_0}\right)^2}=\frac{1+(\mathrm{j}\Omega)^2}{1+4\mathrm{j}\Omega(1-k)+(\mathrm{j}\Omega)^2} \tag{6-137}$$

这是一个标准陷波器表达式，对比原式可知：

$$A_\mathrm{m}=1 \tag{6-138}$$

$$Q=\frac{1}{4(1-k)} \tag{6-139}$$

根据上述结果，我们发现设计双 T 陷波器极为简单，合理选择电阻和电容满足特征频率要求后，我们唯一能够做的就是选择不同的 Q。或者说，通过确定电阻 R_1 和 R_2，形成不同的 k，就可以确定 Q 值。在已知 Q 情况下，有：

$$k=\frac{4Q-1}{4Q} \tag{6-140}$$

特别提醒，双 T 陷波器电路一中，k 仅仅是一个分压系数，与前述高通、低通陷波器中的 k 完全不同。据原电路可知：

$$k=\frac{R_2}{R_1+R_2} \tag{6-141}$$

在选定电阻 R_1 后，可以解得：

$$\frac{R_2}{R_1+R_2}=\frac{4Q-1}{4Q} \tag{6-142}$$

即：

$$R_2=(4Q-1)R_1 \tag{6-143}$$

从电路结构就可以看出，本电路不存在中途受限现象，这是它的优点。但双 T 陷波器的电阻和电容要严格匹配，调试较为困难。

举例 6

设计一个双 T 陷波器。要求，运放为 ADA4051-1，供电电压为 ±2.5V，滤波器的陷波频率 f_0=50Hz、Q=10、A_m=1。用 TINA-TI 仿真软件实证。

解：可采用双 T 陷波器电路一。

1）根据表 3.1，选择 C=1μF。根据式（6-135）和式（6-136），得：

$$R=\frac{1}{2\pi f_0C}=3183\Omega$$

2）因 Q 值较大，为防止出现过大电阻，初步选择电阻 R_1=100Ω，根据式（6-143），得：

$$R_2=(4Q-1)R_1=3900\Omega$$

3）据此设计电路如图 6.21 所示。

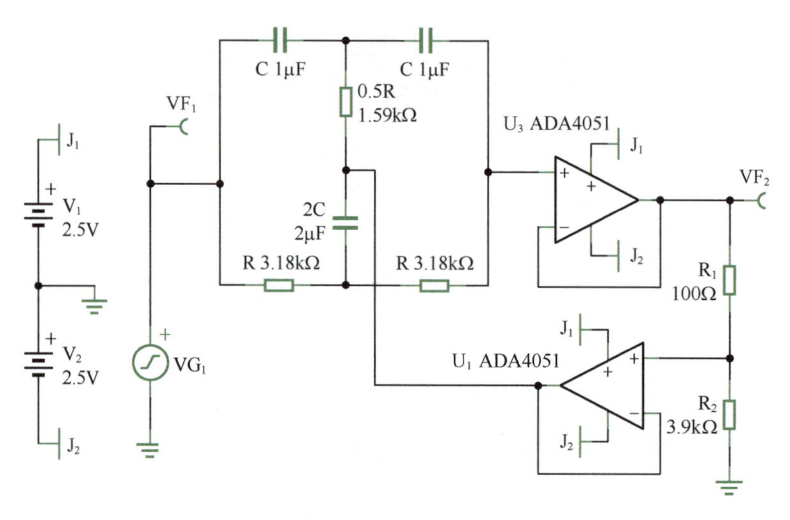

图 6.21　举例 6 电路

4）仿真得到的频率特性如图 6.22 所示。其特征频率发生在 50.01Hz 处，Q=50/(52.63−47.6)= 9.94，与设计要求基本吻合。

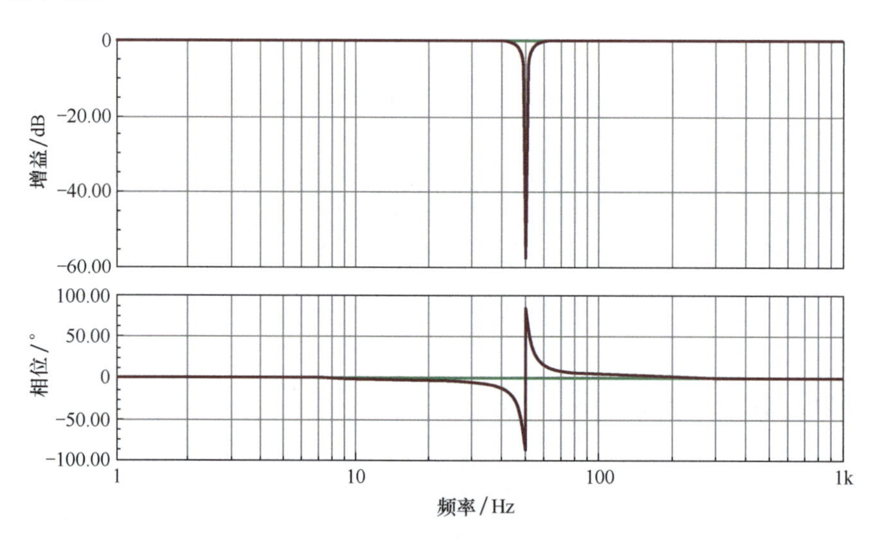

图 6.22　举例 6 电路仿真频率特性

◎双 T 陷波器电路二

另外一种双 T 陷波器电路如图 6.23 所示。它只使用一个运放，可以实现平坦区增益大于 1、小于 2，Q 值取决于平坦区增益 G。分析过程如下：

根据运放正输入端虚断，得电流方程：

$$SC\left(U_X-\frac{U_O}{G}\right)=\frac{\frac{U_O}{G}-U_Y}{R} \tag{6-144}$$

解得：

$$SCR\left(U_X-\frac{U_O}{G}\right)=\frac{U_O}{G}-U_Y \tag{6-145}$$

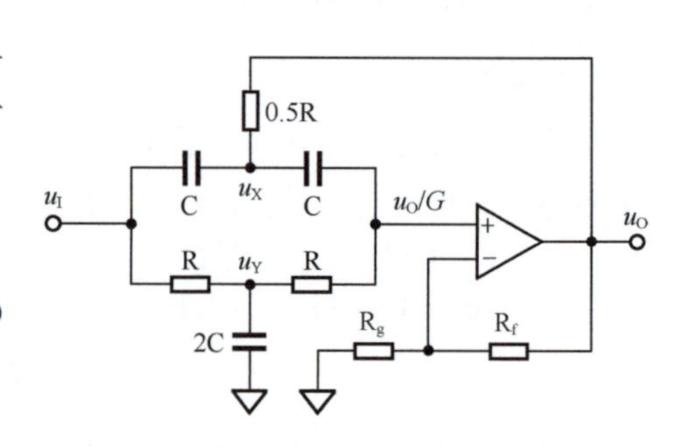

图 6.23　双 T 陷波器电路二

$$U_{\mathrm{Y}}=\frac{U_{\mathrm{O}}}{G}-SCR\left(U_{\mathrm{X}}-\frac{U_{\mathrm{O}}}{G}\right)=\frac{U_{\mathrm{O}}}{G}+SCR\frac{U_{\mathrm{O}}}{G}-SCRU_{\mathrm{X}}=\frac{U_{\mathrm{O}}}{G}(1+SCR)-SCRU_{\mathrm{X}} \tag{6-146}$$

对图中 u_{X} 点列出电流方程：

$$SC(U_{\mathrm{I}}-U_{\mathrm{X}})+\frac{U_{\mathrm{O}}-U_{\mathrm{X}}}{0.5R}=SC\left(U_{\mathrm{X}}-\frac{U_{\mathrm{O}}}{G}\right) \tag{6-147}$$

按照以下步骤简化，解得 U_{X} 与 U_{I}、U_{O} 的关系：

$$0.5SCR(U_{\mathrm{I}}-U_{\mathrm{X}})+U_{\mathrm{O}}-U_{\mathrm{X}}=0.5SCR\left(U_{\mathrm{X}}-\frac{U_{\mathrm{O}}}{G}\right) \tag{6-148}$$

$$0.5SCRU_{\mathrm{I}}-0.5SCRU_{\mathrm{X}}+U_{\mathrm{O}}-U_{\mathrm{X}}=0.5SCRU_{\mathrm{X}}-0.5SCR\frac{U_{\mathrm{O}}}{G} \tag{6-149}$$

$$(1+SCR)U_{\mathrm{X}}=0.5SCRU_{\mathrm{I}}+\left(1+\frac{0.5SCR}{G}\right)U_{\mathrm{O}} \tag{6-150}$$

$$U_{\mathrm{X}}=\frac{0.5SCR}{1+SCR}U_{\mathrm{I}}+\frac{1+\frac{0.5SCR}{G}}{1+SCR}U_{\mathrm{O}} \tag{6-151}$$

对图 6.23 中 u_{Y} 列出电流方程：

$$\frac{U_{\mathrm{I}}-U_{\mathrm{Y}}}{R}=2SCU_{\mathrm{Y}}+\frac{U_{\mathrm{Y}}-\frac{U_{\mathrm{O}}}{G}}{R} \tag{6-152}$$

将式（6-146）代入，得：

$$\frac{U_{\mathrm{I}}-\left(\frac{U_{\mathrm{O}}}{G}+SCR\frac{U_{\mathrm{O}}}{G}-SCRU_{\mathrm{X}}\right)}{R}=2SC\left(\frac{U_{\mathrm{O}}}{G}+SCR\frac{U_{\mathrm{O}}}{G}-SCRU_{\mathrm{X}}\right)+\frac{\left(\frac{U_{\mathrm{O}}}{G}+SCR\frac{U_{\mathrm{O}}}{G}-SCRU_{\mathrm{X}}\right)-\frac{U_{\mathrm{O}}}{G}}{R} \tag{6-153}$$

按照以下步骤简化，解得 U_{X} 与 U_{I}、U_{O} 的关系：

$$U_{\mathrm{I}}-\left(\frac{U_{\mathrm{O}}}{G}+SCR\frac{U_{\mathrm{O}}}{G}-SCRU_{\mathrm{X}}\right)=2SCR\left(\frac{U_{\mathrm{O}}}{G}+SCR\frac{U_{\mathrm{O}}}{G}-SCRU_{\mathrm{X}}\right)+SCR\frac{U_{\mathrm{O}}}{G}-SCRU_{\mathrm{X}} \tag{6-154}$$

$$\left(2SCR+2S^2C^2R^2\right)U_{\mathrm{X}}=\frac{U_{\mathrm{O}}}{G}+4SCR\frac{U_{\mathrm{O}}}{G}+2S^2C^2R^2\frac{U_{\mathrm{O}}}{G}-U_{\mathrm{I}} \tag{6-155}$$

解得 U_{X} 与 U_{I}、U_{O} 的关系：

$$U_{\mathrm{X}}=\frac{\frac{1}{G}+\frac{4SCR}{G}+\frac{2S^2C^2R^2}{G}}{2SCR+2S^2C^2R^2}U_{\mathrm{O}}-\frac{1}{2SCR+2S^2C^2R^2}U_{\mathrm{I}} \tag{6-156}$$

利用式（6-151）和式（6-156），得：

$$\frac{\frac{1}{G}+\frac{4SCR}{G}+\frac{2S^2C^2R^2}{G}}{2SCR+2S^2C^2R^2}U_{\mathrm{O}}-\frac{1}{2SCR+2S^2C^2R^2}U_{\mathrm{I}}=\frac{0.5SCR}{1+SCR}U_{\mathrm{I}}+\frac{1+\frac{0.5SCR}{G}}{1+SCR}U_{\mathrm{O}} \tag{6-157}$$

$$\frac{0.5SCR}{1+SCR}U_{\mathrm{I}}+\frac{1}{2SCR+2S^2C^2R^2}U_{\mathrm{I}}=\frac{\frac{1}{G}+\frac{4SCR}{G}+\frac{2S^2C^2R^2}{G}}{2SCR+2S^2C^2R^2}U_{\mathrm{O}}-\frac{1+\frac{0.5SCR}{G}}{1+SCR}U_{\mathrm{O}} \tag{6-158}$$

$$\frac{1+S^2C^2R^2}{2SCR(1+SCR)}U_{\mathrm{I}}=\frac{\frac{1}{G}+\frac{4SCR}{G}+\frac{S^2C^2R^2}{G}-2SCR}{2SCR(1+SCR)}U_{\mathrm{O}} \tag{6-159}$$

$$A=\frac{U_{\mathrm{O}}}{U_{\mathrm{I}}}=\frac{1+S^2C^2R^2}{\frac{1}{G}+\frac{4SCR}{G}-2SCR+\frac{S^2C^2R^2}{G}}=G\times\frac{1+S^2C^2R^2}{1+SCR(4-2G)+S^2C^2R^2} \tag{6-160}$$

将其写成频率表达式：

$$\dot{A}(\mathrm{j}\omega)=G\times\frac{1+(\mathrm{j}\omega)^2C^2R^2}{1+\mathrm{j}\omega CR(4-2G)+(\mathrm{j}\omega)^2C^2R^2} \tag{6-161}$$

令：

$$\omega_0=\frac{1}{RC} \tag{6-162}$$

$$f_0=\frac{1}{2\pi RC} \tag{6-163}$$

表达式变为：

$$\dot{A}(\mathrm{j}\Omega)=G\times\frac{1+\left(\mathrm{j}\frac{\omega}{\omega_0}\right)^2}{1+\mathrm{j}\frac{\omega}{\omega_0}(4-2G)+\left(\mathrm{j}\frac{\omega}{\omega_0}\right)^2}=G\times\frac{1+(\mathrm{j}\Omega)^2}{1+\mathrm{j}\Omega(4-2G)+(\mathrm{j}\Omega)^2} \tag{6-164}$$

这是一个标准陷波器表达式，对比原式可知：

$$A_{\mathrm{m}}=G \tag{6-165}$$

$$Q=\frac{1}{4-2G} \tag{6-166}$$

反解出：

$$G=\frac{4Q-1}{2Q} \tag{6-167}$$

为了保证 Q 值不出现负数，要求 $G<2$。如果运放组成的同相比例器增益为 1，即跟随器，则 $Q=0.5$。据此得出设计双 T 陷波器电路二的方法如下。

1）根据陷波频率，合理选择电容 C，并依据式（6-162）和式（6-163）反算 R。

2）根据设定的 A_{m}，确定 $G=A_{\mathrm{m}}$。要求 G 不得大于 2。

3）选定电阻 R_{g}，则有：

$$1+\frac{R_{\mathrm{f}}}{R_{\mathrm{g}}}=G=\frac{4Q-1}{2Q} \tag{6-168}$$

$$R_{\mathrm{f}}=\frac{2Q-1}{2Q}R_{\mathrm{g}} \tag{6-169}$$

与双 T 陷波器电路一相同，本电路也不存在中途受限现象。

本电路也可以用 MF 法求解，但稍麻烦。

$$Z_{\mathrm{X}}=\frac{1}{SC}//\left(\frac{1}{SC}+R+R//\frac{1}{2SC}\right)=\frac{1}{SC}//\left(\frac{1}{SC}+R+\frac{R\times\frac{1}{2SC}}{R+\frac{1}{2SC}}\right)=\frac{1}{SC}//\left(\frac{1}{SC}+R+\frac{R}{1+2SRC}\right)=$$

$$\frac{1}{SC}//\left(\frac{1}{SC}+\frac{2R+2SR^2C}{1+2SRC}\right)=\frac{1}{SC}//\left(\frac{1+4SRC+2S^2R^2C^2}{SC+2S^2RC^2}\right)=\frac{\frac{1}{SC}\times\frac{1+4SRC+2S^2R^2C^2}{SC+2S^2RC^2}}{\frac{1}{SC}+\frac{1+4SRC+2S^2R^2C^2}{SC+2S^2RC^2}}= \tag{6-170}$$

$$\frac{1+4SRC+2S^2R^2C^2}{SC+2S^2RC^2+SC+4S^2RC^2+2S^3R^2C^3}=\frac{1+4SRC+2S^2R^2C^2}{2SC+6S^2RC^2+2S^3R^2C^3}$$

$$\dot{F}_X=\frac{Z_X}{Z_X+0.5R}=\frac{\dfrac{1+4SRC+2S^2R^2C^2}{2SC+6S^2RC^2+2S^3R^2C^3}}{\dfrac{1+4SRC+2S^2R^2C^2}{2SC+6S^2RC^2+2S^3R^2C^3}+0.5R}=$$

$$\frac{\dfrac{1+4SRC+2S^2R^2C^2}{2SC+6S^2RC^2+2S^3R^2C^3}}{\dfrac{1+4SRC+2S^2R^2C^2+SRC+3S^2R^2C^2+S^3R^3C^3}{2SC+6S^2RC^2+2S^3R^2C^3}}=\frac{1+4SRC+2S^2R^2C^2}{1+5SRC+5S^2R^2C^2+S^3R^3C^3} \tag{6-171}$$

$$Z_+=R+R//\frac{1}{2SC}=R+\frac{R}{1+2SRC}=\frac{2R+2SR^2C}{1+2SRC} \tag{6-172}$$

$$\dot{F}_+=\dot{F}_X\frac{Z_+}{Z_++\dfrac{1}{SC}}=\dot{F}_X\frac{\dfrac{2R+2SR^2C}{1+2SRC}}{\dfrac{2R+2SR^2C}{1+2SRC}+\dfrac{1}{SC}}=\dot{F}_X\frac{2SRC+2S^2R^2C^2}{1+4SRC+2S^2R^2C^2}=$$

$$\frac{1+4SRC+2S^2R^2C^2}{1+5SRC+5S^2R^2C^2+S^3R^3C^3}\times\frac{2SRC+2S^2R^2C^2}{1+4SRC+2S^2R^2C^2}= \tag{6-173}$$

$$\frac{2SRC+2S^2R^2C^2}{1+5SRC+5S^2R^2C^2+S^3R^3C^3}=\frac{2SRC(1+SRC)}{(1+SRC)(1-SRC+S^2R^2C^2)+5SRC(1+SRC)}=\frac{2SRC}{1+4SRC+S^2R^2C^2}$$

$$\dot{F}_-=\frac{1}{G}=k \tag{6-174}$$

$$\dot{F}=\dot{F}_--\dot{F}_+=k-\frac{2SRC}{1+4SRC+S^2R^2C^2}=\frac{(1+4SRC+S^2R^2C^2)k-2SRC}{1+4SRC+S^2R^2C^2} \tag{6-175}$$

为求解衰减系数，画出局部电路如图 6.24 所示。图 6.24 中有 4 个变量 u_I、u_M、u_{X1}、u_{X2}，要求解 u_M 与 u_I 的关系，需要列出 3 个独立方程。在图 6.24 中 u_{X1}、u_{X2}、u_M 处列出节点电流方程，它们是相互独立的。

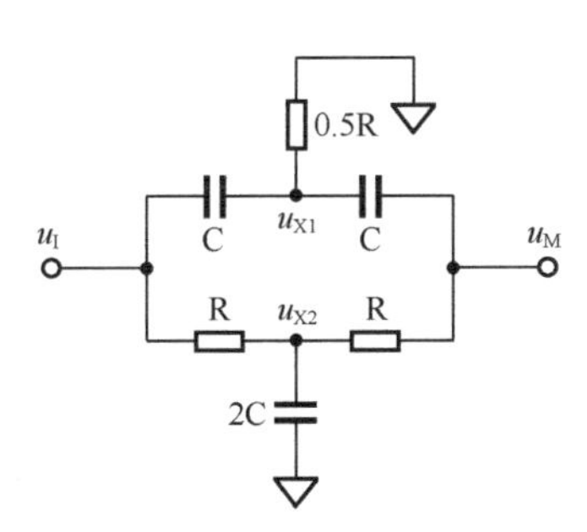

图 6.24　双 T 陷波器局部电路

$$\frac{u_I-u_{X1}}{\dfrac{1}{SC}}=\frac{u_{X1}-0}{0.5R}+\frac{u_{X1}-u_M}{\dfrac{1}{SC}} \tag{6-176}$$

$$\frac{u_I-u_{X2}}{R}=\frac{u_{X2}-0}{\dfrac{1}{2SC}}+\frac{u_{X2}-u_M}{R} \tag{6-177}$$

$$\frac{u_{X1}-u_M}{\dfrac{1}{SC}}=-\frac{u_{X2}-u_M}{R} \tag{6-178}$$

从式（6-178）可得 u_{X2} 与 u_{X1} 的关系：

$$u_{X2}=u_M(1+SRC)-SRC\times u_{X1} \tag{6-179}$$

将式（6-179）代入式（6-177），得：

$$\frac{u_I-\left(u_M\left(1+SRC\right)-SRC\times u_{X1}\right)}{R}=\frac{\left(u_M\left(1+SRC\right)-SRC\times u_{X1}\right)2SRC}{R}+\frac{u_M\left(1+SRC\right)-SRC\times u_{X1}-u_M}{R} \quad (6\text{-}180)$$

$$u_I-\left(u_M\left(1+SRC\right)-SRC\times u_{X1}\right)=\left(u_M\left(1+SRC\right)-SRC\times u_{X1}\right)2SRC+u_M\left(1+SRC\right)-SRC\times u_{X1}-u_M \quad (6\text{-}181)$$

$$u_I-u_M\left(1+SRC\right)+SRC\times u_{X1}=u_M\left(1+SRC\right)2SRC-2S^2R^2C^2u_{X1}+SRCu_M-SRCu_{X1} \quad (6\text{-}182)$$

$$2SRC\times u_{X1}+2S^2R^2C^2u_{X1}=-u_I+u_M\left(1+SRC\right)+u_M\left(1+SRC\right)2SRC+SRCu_M \quad (6\text{-}183)$$

$$u_{X1}\left(2SRC+2S^2R^2C^2\right)=-u_I+u_M\left(1+4SRC+2S^2R^2C^2\right) \quad (6\text{-}184)$$

$$u_{X1}=\frac{-u_I+u_M\left(1+4SRC+2S^2R^2C^2\right)}{2SRC+2S^2R^2C^2} \quad (6\text{-}185)$$

对式（6-176）进行化简，得到 u_{X1} 与 u_I、u_M 的关系：

$$\frac{u_I-u_{X1}}{\frac{1}{SC}}=\frac{u_{X1}-0}{0.5R}+\frac{u_{X1}-u_M}{\frac{1}{SC}} \quad (6\text{-}186)$$

$$0.5SRC\left(u_I-u_{X1}\right)=u_{X1}+0.5SRC\left(u_{X1}-u_M\right) \quad (6\text{-}187)$$

$$u_{X1}\left(1+SRC\right)=0.5SRCu_I+0.5SRCu_M \quad (6\text{-}188)$$

$$u_{X1}=\frac{0.5SRCu_I+0.5SRCu_M}{1+SRC} \quad (6\text{-}189)$$

利用式（6-185）和式（6-189），得：

$$\frac{0.5SRCu_I+0.5SRCu_M}{1+SRC}=\frac{-u_I+u_M\left(1+4SRC+2S^2R^2C^2\right)}{2SRC\left(1+SRC\right)} \quad (6\text{-}190)$$

$$2SRC\left(0.5SRCu_I+0.5SRCu_M\right)=-u_I+u_M\left(1+4SRC+2S^2R^2C^2\right) \quad (6\text{-}191)$$

$$u_M\left(1+4SRC+2S^2R^2C^2-S^2R^2C^2\right)=\left(1+S^2R^2C^2\right)u_I \quad (6\text{-}192)$$

到此，关系已经非常清晰了，据式（6-192），得：

$$\dot{M}=\frac{u_M}{u_I}=\frac{1+S^2R^2C^2}{1+4SRC+S^2R^2C^2} \quad (6\text{-}193)$$

对比标准窄带阻传递函数，可以看出，这是一个标准陷波器传递函数，其 Q 为 0.25。

根据方框图法，已知衰减系数$\dot{M}$和反馈系数$\dot{F}$，则有：

$$\dot{A}(S)=\frac{\dot{M}}{\dot{F}}=\frac{1+S^2R^2C^2}{1+4SRC+S^2R^2C^2}\times\frac{1+4SRC+S^2R^2C^2}{\left(1+4SRC+S^2R^2C^2\right)k-2SRC}=$$
$$\frac{1}{k}\times\frac{1+S^2R^2C^2}{1+SRC\left(4-\frac{2}{k}\right)+S^2R^2C^2}=G\times\frac{1+S^2R^2C^2}{1+SRC\left(4-2G\right)+S^2R^2C^2} \quad (6\text{-}194)$$

与式（6-160）完全相同。虽然在此例中，MF 法显得更麻烦，但又一次证明这种方法是可行的。

举例 7

设计一个双 T 陷波器。要求，只使用一个运放 ADA4051-1，供电电压为 ±2.5V，滤波器的陷波频率 f_0=50Hz、Q=10、A_m 不限。用 TINA-TI 仿真软件实证。

解：由于要求只能使用一个运放，且中频增益不限，可采用双 T 陷波器电路二。

1）根据表 3.1，选择 C=1μF。根据式（6-162）和式（6-163），得：

$$R = \frac{1}{2\pi f_0 C} = 3183\Omega$$

2）由于运放增益不会大于2，选择增益电阻为 R_g=1kΩ 较为合适。根据式（6-169），得：

$$R_f = \frac{2Q-1}{2Q} R_g = 950\Omega$$

3）据此绘制电路如图6.25所示。仿真得频率特性如图6.26所示。仿真实测表明，中频增益为5.8dB（1.95倍）与设计吻合，陷波频率为49.9Hz，与设计基本吻合，品质因数 Q 为49.9/(52.77−47.64)=9.73，与设计要求基本吻合。

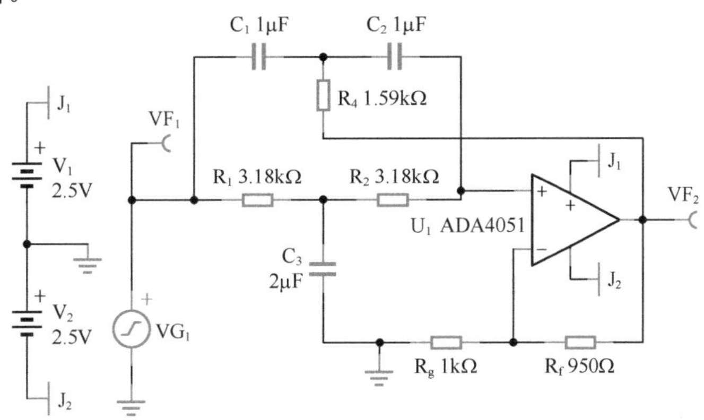

图 6.25　举例 7 电路

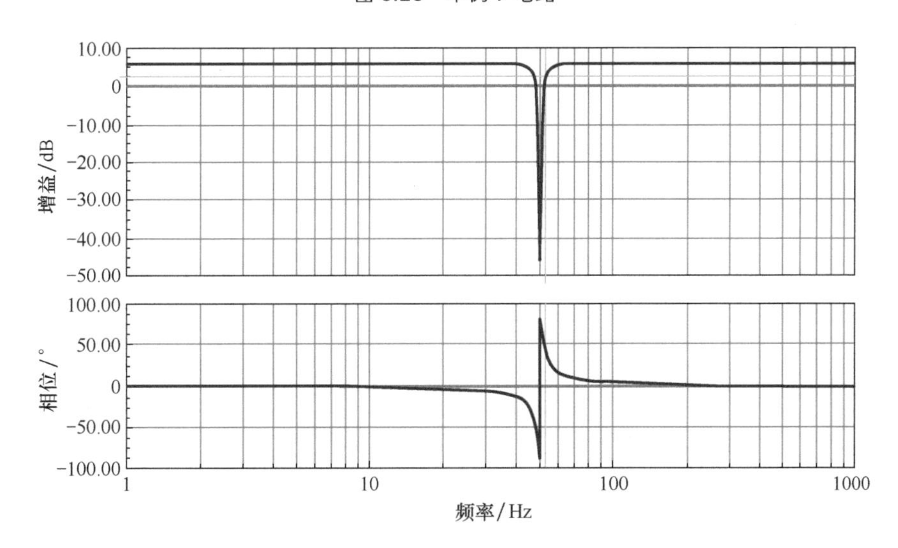

图 6.26　举例 7 电路仿真频率特性

第七章 运放组成的全通滤波器

我年轻时第一次听到全通滤波器，深感疑惑：用一根导线连接输入输出，不就是全部通过吗？后来我才知道，所谓的全通滤波器，不是说输出完全等于输入（即增益恒等于 1，相移恒为 0°，与频率无关），而是有如下特征。

1）对于任意频率，全通滤波器的电压增益恒等于一个常数，即在幅度上，它是平坦的。

2）对于不同的输入频率，它具有不同的相移。

全通滤波器分为一阶、二阶以及高阶。本章介绍二阶全通滤波器。

◎回顾传递函数

二阶全通滤波器的归一化标准式为：

$$\dot{A}(\mathrm{j}\Omega)=A_{\mathrm{m}}\times\frac{1-\frac{1}{Q}\mathrm{j}\Omega+(\mathrm{j}\Omega)^2}{1+\frac{1}{Q}\mathrm{j}\Omega+(\mathrm{j}\Omega)^2} \tag{2-101}$$

从表达式（2-101）可以看出，增益的模是恒定的：

$$\left|\dot{A}(\mathrm{j}\Omega)\right|=|A_{\mathrm{m}}|\times\left|\frac{1-\frac{1}{Q}\mathrm{j}\Omega+(\mathrm{j}\Omega)^2}{1+\frac{1}{Q}\mathrm{j}\Omega+(\mathrm{j}\Omega)^2}\right|=A_{\mathrm{m}}\times\frac{\sqrt{(1-\Omega^2)^2+\left(-\frac{\Omega}{Q}\right)^2}}{\sqrt{(1-\Omega^2)^2+\left(\frac{\Omega}{Q}\right)^2}}=A_{\mathrm{m}} \tag{7-1}$$

而相移则是随相对频率 Ω 变化的，根据式（2-101），得：

$$\varphi=2\arctan\left(\frac{-\frac{\Omega}{Q}}{1-\Omega^2}\right)=-2\arctan\left(\frac{\Omega}{Q(1-\Omega^2)}\right) \tag{7-2}$$

从上面表达式可知，相移为 -180° ～ +180° 。而从移相行为看，分子始终是滞后相移的，在 -0° ～ -180° 之间活动。分母始终是超前相移，在 +0° ～ +180° 活动，分子相移减去分母相移就是总相移，始终应为滞后相移，即 -0° ～ -360° 活动。两者为什么不一样呢？

这就得换个思路去理解，相移 -180°，就像我落后你半圈，在稳态分析中，也是我超前你半圈。相移 -270°，看起来我落后你 0.75 圈，别人也可以理解为我超前你 0.25 圈，也就是 +90° 。

有几个特殊频点：

当 Ω=0，即超低频率时，φ=-0° ；

当 Ω=1，即特征频率处，φ=-180° ；

当 Ω= ∞，即超高频率处，φ=-360° ，也可以理解为没有相移。

而当：

$$1-\Omega^2=\Omega \tag{7-3}$$

$$\Omega^2+\Omega-1=0 \tag{7-4}$$

$$\Omega=0.618 \tag{7-5}$$

即频率为特征频率的 0.618 倍，有：

$$\varphi_{0.618f_0}=-2\arctan\left(\frac{0.618}{Q\left(1-0.618^2\right)}\right)=-2\arctan\left(\frac{1}{Q}\right) \tag{7-6}$$

Q 越大，此值越逼近 0，说明相移会在 Ω 处发生剧烈变化。

显然，当 Ω=1.618 时，

$$\varphi=-2\arctan\left(\frac{1.618}{Q\left(1-1.618^2\right)}\right)=2\arctan\left(\frac{1}{Q}\right) \tag{7-7}$$

滞后变为超前，是 0.618 的对偶点。

◎单运放二阶全通滤波器

单运放二阶全通滤波器如图 7.1 所示。

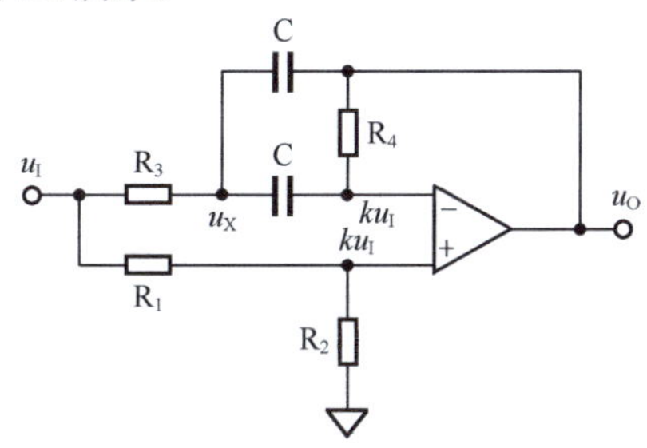

图 7.1 单运放二阶全通滤波器

根据电阻分压关系，运放正输入端为 kU_I：

$$k=\frac{R_2}{R_1+R_2} \tag{7-8}$$

对运放负输入端，列出电流方程：

$$\frac{U_O-kU_I}{R_4}=SC\left(kU_I-U_X\right) \tag{7-9}$$

解得：

$$U_X=kU_I-\frac{U_O-kU_I}{SCR_4}=\frac{SCR_4kU_I+kU_I-U_O}{SCR_4} \tag{7-10}$$

对图 7.1 中 u_X 列出电流方程：

$$\frac{U_I-U_X}{R_3}=SC\left(U_X-U_O\right)+SC\left(U_X-kU_I\right) \tag{7-11}$$

将式（7-10）代入，整理得：

$$U_I-\frac{SCR_4kU_I+kU_I-U_O}{SCR_4}=SCR_3\left(2\frac{SCR_4kU_I+kU_I-U_O}{SCR_4}-U_O-kU_I\right) \tag{7-12}$$

$$\begin{aligned}SCR_4U_I-SCR_4kU_I-kU_I+U_O=2SCR_3\left(SCR_4kU_I+kU_I-U_O\right)-S^2C^2R_3R_4U_O-S^2C^2R_3R_4kU_I=\\S^2C^2R_3R_4kU_I+2SCR_3kU_I-2SCR_3U_O-S^2C^2R_3R_4U_O\end{aligned} \tag{7-13}$$

$$U_O\left(1+2SCR_3+S^2C^2R_3R_4\right)=U_I\left(k-SCR_4+SCR_4k+2SCR_3k+S^2C^2R_3R_4k\right) \tag{7-14}$$

$$A=\frac{U_O}{U_I}=k\times\frac{1-SC\left(\dfrac{R_4}{k}-R_4-2R_3\right)+S^2C^2R_3R_4}{1+2SCR_3+S^2C^2R_3R_4} \tag{7-15}$$

为了与标准全通滤波器吻合，要求：

$$\frac{R_4}{k}-R_4-2R_3=2R_3 \tag{7-16}$$

即：

$$\frac{R_4}{k}-R_4=R_4\frac{1-k}{k}=4R_3 \tag{7-17}$$

$$R_4=\frac{4k}{1-k}R_3 \tag{7-18}$$

在此情况下，将传递函数写成频率表达式为：

$$\dot{A}(\mathrm{j}\omega)=k\times\frac{1-\mathrm{j}\omega 2CR_3+(\mathrm{j}\omega)^2C^2R_3R_4}{1+\mathrm{j}\omega 2CR_3+(\mathrm{j}\omega)^2C^2R_3R_4} \tag{7-19}$$

令：

$$\omega_0=\frac{1}{C\sqrt{R_3R_4}} \tag{7-20}$$

$$f_0=\frac{1}{2\pi C\sqrt{R_3R_4}} \tag{7-21}$$

则增益表达式变为：

$$\dot{A}(\mathrm{j}\Omega)=k\times\frac{1-2\mathrm{j}\omega C\sqrt{R_3R_4}\times\frac{\sqrt{R_3}}{\sqrt{R_4}}+\left(\mathrm{j}\frac{\omega}{\omega_0}\right)^2}{1+2\mathrm{j}\omega C\sqrt{R_3R_4}\times\frac{\sqrt{R_3}}{\sqrt{R_4}}+\left(\mathrm{j}\frac{\omega}{\omega_0}\right)^2}=k\times\frac{1-2\mathrm{j}\Omega\times\frac{\sqrt{R_3}}{\sqrt{R_4}}+(\mathrm{j}\Omega)^2}{1+2\mathrm{j}\Omega\times\frac{\sqrt{R_3}}{\sqrt{R_4}}+(\mathrm{j}\Omega)^2} \tag{7-22}$$

对比标准全通滤波器表达式，可知：

$$A_\mathrm{m}=k \tag{7-23}$$

$$Q=\sqrt{\frac{R_4}{4R_3}}=\sqrt{\frac{k}{1-k}} \tag{7-24}$$

据式（7-18）可以看出，本电路中品质因数 Q 与增益 A_m 都是关于 k 的函数，它们是相关的，不能独立调节。而对于全通滤波器来说，品质因数是首要的，增益可以在其他环节改变。因此，我们只能首先满足品质因数。据此，已知特征频率 f_0、品质因数 Q，二阶全通滤波器的设计步骤如下。

1）根据表 3.1，选择合理的电容 C。

2）计算电阻 R_3 和 R_4，有两个约束式，分别为：

$$Q=\sqrt{\frac{R_4}{4R_3}} \tag{7-25}$$

$$\sqrt{R_3R_4}=\frac{1}{2\pi Cf_0} \tag{7-26}$$

两式相乘得：

$$R_4=\frac{Q}{\pi Cf_0} \tag{7-27}$$

据式（7-24），得：

$$R_3=\frac{R_4}{4Q^2}=\frac{1}{4\pi Cf_0Q} \tag{7-28}$$

3）计算电阻 R_1 和 R_2，先合理选择电阻 R_2，求解电阻 R_1 方法为：

先计算 k，据式（7-24），得：

$$Q=\sqrt{\frac{k}{1-k}} \tag{7-29}$$

得：

$$k=\frac{Q^2}{1+Q^2} \tag{7-30}$$

又据式（7-8），得：

$$k=\frac{R_2}{R_1+R_2} \tag{7-31}$$

解得：

$$R_1=R_2\frac{1-k}{k}=R_2\frac{1-\frac{Q^2}{1+Q^2}}{\frac{Q^2}{1+Q^2}}=R_2\frac{\frac{1}{1+Q^2}}{\frac{Q^2}{1+Q^2}}=\frac{1}{Q^2}R_2 \tag{7-32}$$

设计一个全通滤波器。要求，运放为 OPA350，供电电压为 ±2.5V，滤波器的中心频率 f_0=1000Hz、Q=2。用 TINA-TI 仿真软件实证。

解：按照前述步骤进行。

1）选择电容等于 0.1μF。

2）根据式（7-27），得：

$$R_4=\frac{Q}{\pi Cf_0}=6366.183\Omega$$

根据式（7-28），得：

$$R_3=\frac{1}{4\pi Cf_0Q}=397.8864\Omega$$

3）选择电阻 R_2=10kΩ，按照式（7-32），得：

$$R_1=\frac{R_2}{Q^2}=2500\Omega$$

至此设计完毕，用 TINA-TI 仿真软件设计电路如图 7.2 所示。仿真结果如图 7.3 所示。由前述理论分析可知，此全通滤波器的增益为 k:

$$A_m=k=\frac{R_2}{R_1+R_2}=0.8=-1.9382\text{dB}$$

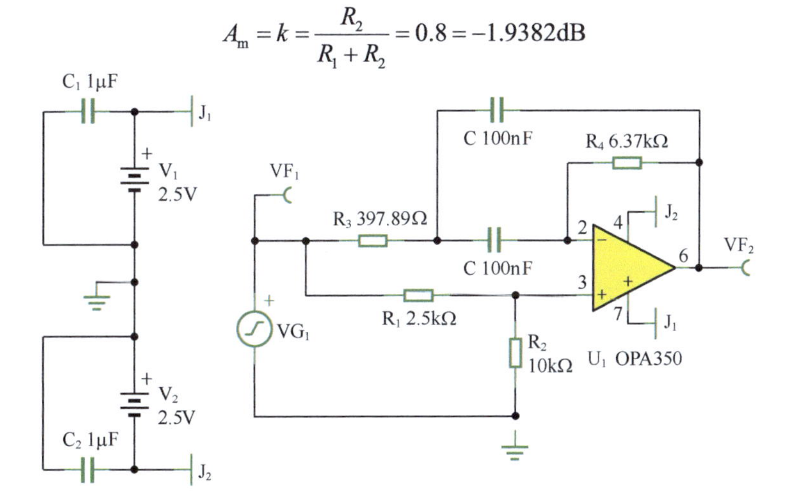

图 7.2　举例 1 TINA-TI 仿真电路

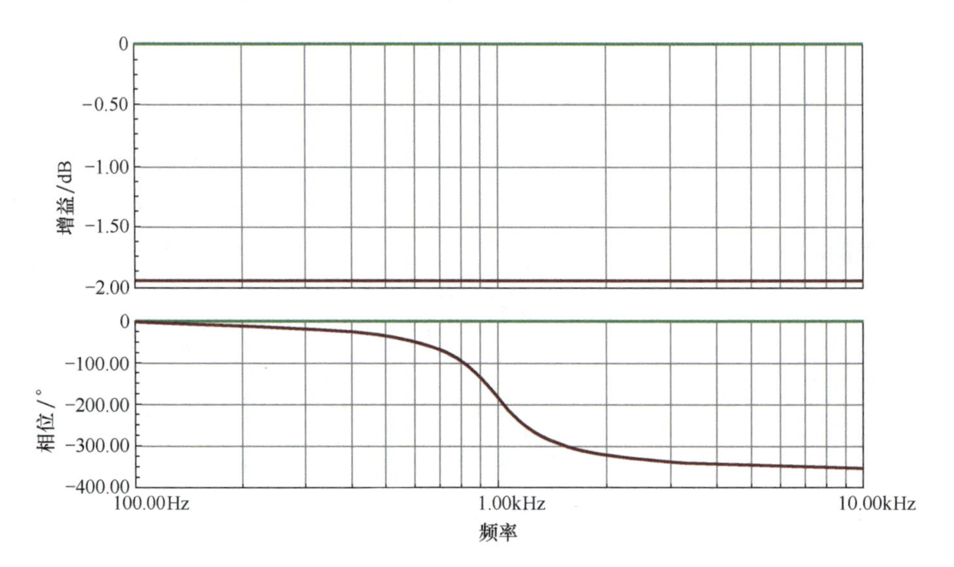

图 7.3　举例 1 TINA-TI 仿真结果

仿真实测在整个频段内增益为 -1.94dB，与理论吻合。

特征频率验证：仿真实测 -180° 相移点的频率为 1kHz，与理论吻合。

Q 值验证。根据式（7-6），得：

$$\varphi_{0.618f_0}=-2\arctan\left(\frac{0.618}{Q\left(1-0.618^2\right)}\right)=-53.13°$$

实测 618Hz 处，相移为 -53.12°，与理论吻合。

◎ “1-2BP”型全通滤波器

根据式（2-96），标准带通滤波器的频率表达式为：

$$\dot{A}(\mathrm{j}\Omega)=A_{\mathrm{m}}\times\frac{\frac{1}{Q}\mathrm{j}\Omega}{1+\frac{1}{Q}\mathrm{j}\Omega+(\mathrm{j}\Omega)^2} \tag{7-33}$$

而标准全通滤波器的频率表达式为：

$$\dot{A}(\mathrm{j}\Omega)=A_{\mathrm{m}}\times\frac{1-\frac{1}{Q}\mathrm{j}\Omega+(\mathrm{j}\Omega)^2}{1+\frac{1}{Q}\mathrm{j}\Omega+(\mathrm{j}\Omega)^2} \tag{7-34}$$

两者之间分母相同，容易产生关系。可以发现，对于单位增益 A_m=1，有下式成立：

$$\dot{A}(\mathrm{j}\Omega)=1-2\times\frac{\frac{1}{Q}\mathrm{j}\Omega}{1+\frac{1}{Q}\mathrm{j}\Omega+(\mathrm{j}\Omega)^2}=\frac{1+\frac{1}{Q}\mathrm{j}\Omega+(\mathrm{j}\Omega)^2-2\frac{1}{Q}\mathrm{j}\Omega}{1+\frac{1}{Q}\mathrm{j}\Omega+(\mathrm{j}\Omega)^2}=\frac{1-\frac{1}{Q}\mathrm{j}\Omega+(\mathrm{j}\Omega)^2}{1+\frac{1}{Q}\mathrm{j}\Omega+(\mathrm{j}\Omega)^2} \tag{7-35}$$

即用原始信号（即 1）减去 2 倍带通滤波器输出，将是一个标准全通效果。据此，诞生了“1-2BP”型全通滤波器。

多数带通滤波器的峰值增益 A_m 不一定是 1 倍，同时它们也许是同相的（如 SK 型），也许是反相的（如 MFB 型）。针对不同种类的带通，以下结构可以实现全通滤波器。

适用于同相带通的“1-2BP”型全通滤波器

图 7.4 所示为适用于同相带通的“1-2BP”型全通滤波器。

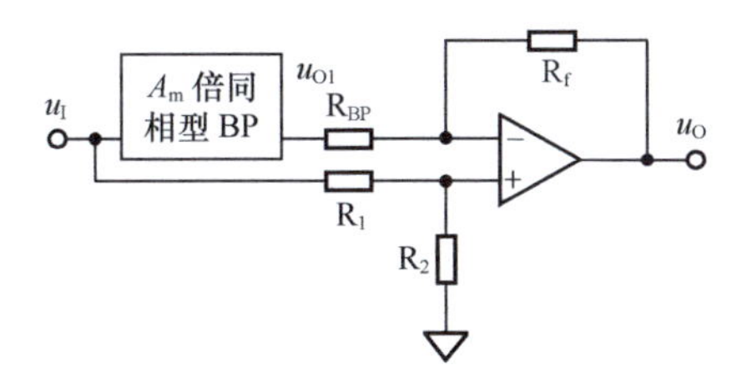

图 7.4 适用于同相带通的“1-2BP”型全通滤波器

$$u_O=-u_{O1}\frac{R_f}{R_{BP}}+u_I\frac{R_2}{R_1+R_2}\left(1+\frac{R_f}{R_{BP}}\right)=-A_m(BP)k_2u_I+k_1(1+k_2)u_I= \\ u_I\left(k_1(1+k_2)-A_m(BP)k_2\right)=u_I\times k_1(1+k_2)\left(1-\frac{A_mk_2}{k_1(1+k_2)}(BP)\right) \tag{7-36}$$

其中，(BP) 为增益为 1 的标准带通表达式；k_1 为衰减因子，一定小于或等于 1；k_2 为比例因子，为 0～∞。

$$k_1=\frac{R_2}{R_1+R_2} \tag{7-37}$$

$$k_2=\frac{R_f}{R_{BP}} \tag{7-38}$$

要想让式（7-37）及式（7-38）成为标准全通表达式，定有：

$$\frac{A_mk_2}{k_1(1+k_2)}=2 \tag{7-39}$$

只要合理选择 k_1 和 k_2，对于任何 A_m 都可保证式（7-39）成立。由式（7-39），在初步选择 k_1 情况下，有：

$$k_2=\frac{2k_1}{A_m-2k_1} \tag{7-40}$$

此时，最终的输出变为：

$$u_O=u_I\times k_1(1+k_2)\left(1-\frac{A_mk_2}{k_1(1+k_2)}(BP)\right)=u_I\times A_{m\_AP}\times(AP) \tag{7-41}$$

其中，(AP) 为增益为 1 的标准全通滤波器表达式，A_{m_AP} 为全通滤波器的增益：

$$A_{m\_AP}=k_1(1+k_2) \tag{7-42}$$

利用第 5.2 节中的举例 1 带通滤波器，设计一个“1-2BP”型全通滤波器。要求，运放为 OPA350，供电电压为 ±2.5V，滤波器的中心频率 f_0=50Hz、Q=10。电阻按照 E96 系列选取，用 TINA-TI 仿真软件实证。

解：首先必须明确，“1-2BP”型全通滤波器只能继承母本带通滤波器的中心频率 f_0 以及品质因数 Q。因此，回顾图 5.7 所示，其关键指标为：

$$G=1+\frac{R_f}{R_g}=2.91$$

则根据式（5-21），有：

$$A_m=\frac{G}{3-G}=32.33$$

方案一如下。

如果选择衰减因子 k_1 等于 0.5（即 1∶1 电阻），则有：

$$k_2 = \frac{2k_1}{A_m - 2k_1} = \frac{1}{31.33}$$

根据式（7-38），选择反馈电阻 R_f=1kΩ，增益电阻 R_{BP}=31.33kΩ，按照 E96 系列取值，R_{BP}=31.6kΩ。选择电阻 R_2=R_1=2kΩ，实现 k_1 等于 0.5 即可。由此，形成如图 7.5 所示电路。

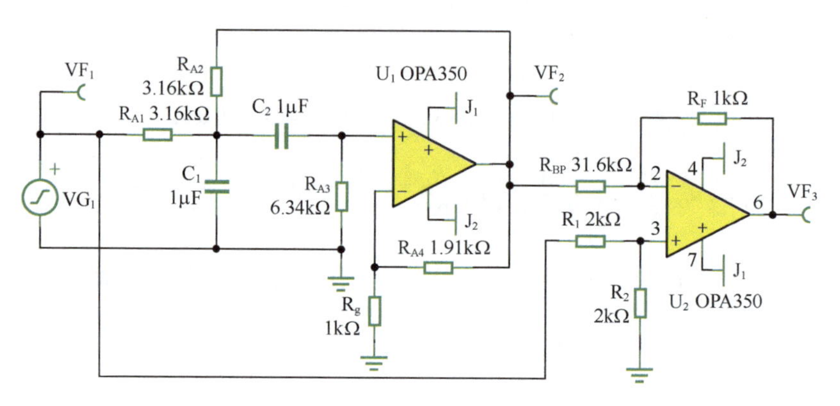

图 7.5　举例 2：“1-2BP”型全通滤波器

方案二如下。

如果选择衰减因子 k_1 等于 1，则有：

$$k_2 = \frac{2k_1}{A_m - 2k_1} = \frac{1}{15.17}$$

根据式（7-38），选择反馈电阻 R_f=1kΩ，则增益电阻 R_{BP}=15.17kΩ，按照 E96 系列取值，R_{BP}=15kΩ。电路如图 7.6 所示。

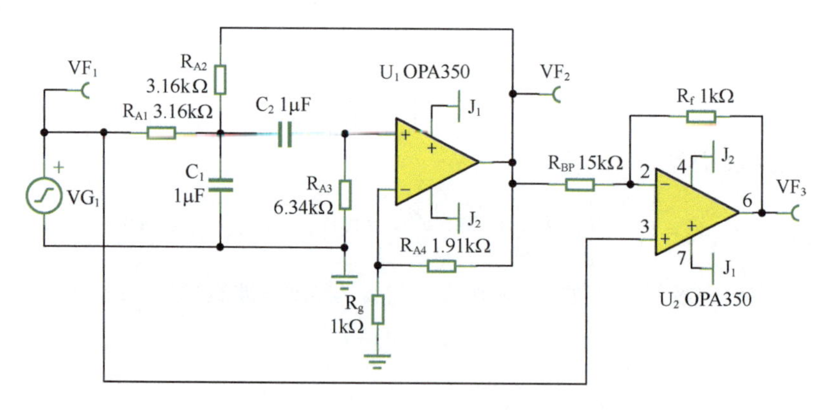

图 7.6　举例 2：“1-2BP”型全通滤波器之跟随器型

对比方案一和方案二，结论是：只要 k_1 等于 1，不要选用方案一。原因是：任何先衰减再放大的方案，都会引起额外的信噪比下降。另外，方案一的两个电阻反差太大，这也是不利的。

既然如此，何必要用方案一电路呢？请思考，在什么情况下不得不使用方案一电路。提示，当 A_m 很小的时候。

适用于反相带通的“1-2BP”型全通滤波器

对于反相带通（如 MFB 型），直接使用加法运算就可以实现全通滤波。实现加法则有两种方法，同相输入加法器和反相输入加法器。图 7.7 所示是使用同相输入加法器实现的。

$$u_O=\left(u_{O1}\frac{R_1}{R_{BP}+R_1}+u_I\frac{R_{BP}}{R_{BP}+R_1}\right)\left(1+\frac{R_f}{R_g}\right)=\left(-A_m(BP)\frac{R_1}{R_{BP}+R_1}+\frac{R_{BP}}{R_{BP}+R_1}\right)\left(1+\frac{R_f}{R_g}\right)u_I=$$
$$\left(1+\frac{R_f}{R_g}\right)\frac{R_{BP}}{R_{BP}+R_1}u_I\times\left(1-\frac{R_1A_m}{R_{BP}}(BP)\right)=G_1\frac{1}{1+k_1}u_I\times\left(1-k_1A_m(BP)\right) \tag{7-43}$$

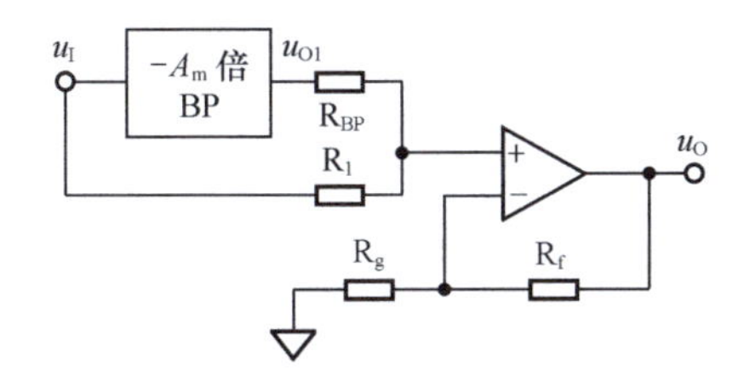

图 7.7　用于反相带通的“1-2BP”型全通滤波器

其中，(BP) 为增益为 1 的标准带通表达式，k_1 为比例因子，G_1 为增益，G_1 大于 1。

$$k_1=\frac{R_1}{R_{BP}} \tag{7-44}$$

$$G_1=1+\frac{R_f}{R_g} \tag{7-45}$$

要想让式（7-44）及式（7-45）成为标准全通表达式，定有：

$$k_1A_m=2 \tag{7-46}$$

即：

$$k_1=\frac{R_1}{R_{BP}}=\frac{2}{A_m} \tag{7-47}$$

此时，最终的输出变为：

$$u_O=G_1\frac{1}{1+k_1}u_I\times\left(1-2(BP)\right)=u_I\times A_{m\_AP}\times(AP) \tag{7-48}$$

其中，总增益为：

$$A_{m\_AP}=G_1\frac{1}{1+k_1} \tag{7-49}$$

利用第 5.2 节中的举例 3 带通滤波器，设计一个“1-2BP”型全通滤波器。要求，运放为 OPA1611，供电电压为 ±5V，滤波器的中心频率 f_0=50Hz、Q=10，增益为 10。电阻按照 E96 系列选取，用 TINA-TI 仿真软件实证。

解：举例 3 带通滤波器为 MFB 型，属于反相型，其峰值增益的模为 10，即 A_m=10，利用式（7-47）得：

$$k_1=\frac{R_1}{R_{BP}}=\frac{2}{A_m}=0.2$$

选择 R_1=1kΩ，则 R_{BP}=5kΩ。按 E96 系列选取，R_{BP}=4.99kΩ。

根据式（7-49），要求增益为 10，则有：

$$A_{m\_AP}=G_1\frac{1}{1+k_1}=10\rightarrow G_1=10(1+k_1)=12=1+\frac{R_f}{R_g}$$

选择 R_g=1kΩ，则 R_f=11kΩ。按 E96 系列选取，R_{BP}=11kΩ。

至此设计完毕，电路如图 7.8 所示。

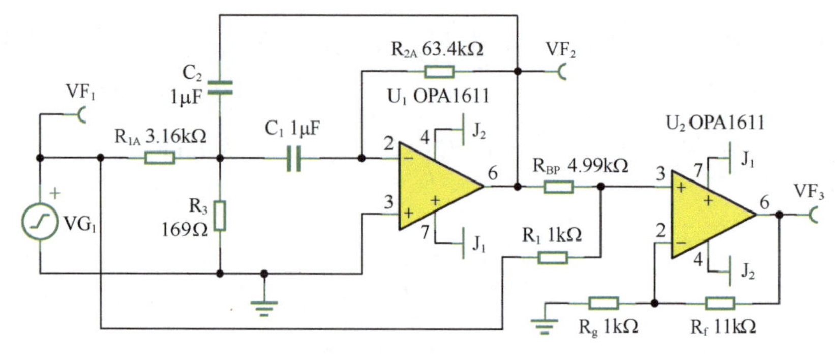

图 7.8　举例 3 电路

利用反相加法器也可以实现针对反相带通的全通滤波器，其电路结构如图 7.9 所示，分析如下：

$$u_{\mathrm{O}}=-\left(u_{\mathrm{O1}}\frac{R_{\mathrm{f}}}{R_{\mathrm{BP}}}+u_{\mathrm{I}}\frac{R_{\mathrm{f}}}{R_{1}}\right)=-\left(-A_{\mathrm{m}}(\mathrm{BP})\frac{R_{\mathrm{f}}}{R_{\mathrm{BP}}}+\frac{R_{\mathrm{f}}}{R_{1}}\right)u_{\mathrm{I}}=-u_{\mathrm{I}}\times\frac{R_{\mathrm{f}}}{R_{1}}\times\left(1-\frac{R_{1}A_{\mathrm{m}}}{R_{\mathrm{BP}}}(\mathrm{BP})\right)=$$
$$-Gu_{\mathrm{I}}\times\left(1-\frac{R_{1}A_{\mathrm{m}}}{R_{\mathrm{BP}}}A_{\mathrm{m}}(\mathrm{BP})\right) \tag{7-50}$$

其中，(BP) 为增益为 1 的标准带通表达式。G 为全通滤波器增益：

$$G=\frac{R_{\mathrm{f}}}{R_{1}} \tag{7-51}$$

要想让式（7-50）成为标准全通表达式，定有：

$$\frac{R_{1}A_{\mathrm{m}}}{R_{\mathrm{BP}}}=2 \tag{7-52}$$

即

$$R_{\mathrm{BP}}=\frac{R_{1}A_{\mathrm{m}}}{2} \tag{7-53}$$

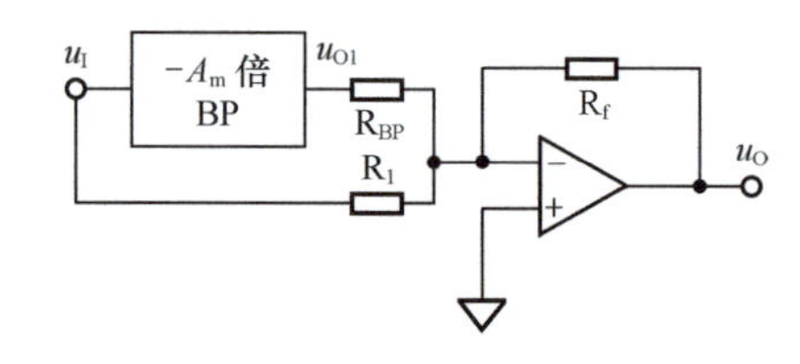

图 7.9　用于反相带通的“1-2BP”型全通滤波器

利用第 5.2 节中的举例 3 带通滤波器，设计一个“1-2BP”型全通滤波器。要求，运放为 OPA1611，供电电压为 ±5V，滤波器的中心频率 f_0=50Hz、Q=10、增益为 10。电阻按照 E96 系列选取，用 TINA-TI 仿真软件实证。

解：采用图 7.9 所示结构实现。与举例 3 非常相似，设计步骤略，最终电路如图 7.10 所示。

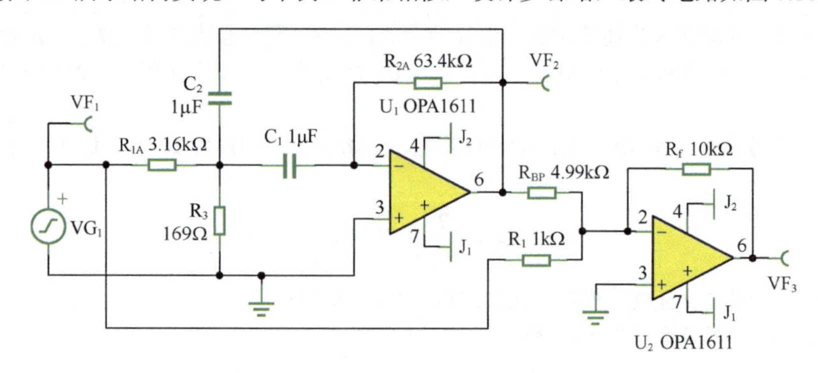

图 7.10　举例 4 电路

第八章 其他类型的模拟滤波器

本书前面章节讲述了低通、高通、带通、带阻、全通 5 种滤波器，它们的电路形态是专一的，即一种电路实现一种滤波功能。还有另外一种滤波器，它们的电路中同时包含多种滤波器形态的输出端，如果再经过适当的加减法运算，还能实现更多种类的滤波器。因此，它们是前述 5 种滤波器的补充。本章讲述此类滤波器中的状态可变型、Biquad 型、Fleischer-Tow 型滤波器。

另外，椭圆滤波器完全不同于前述 5 种滤波器，但在实际中却使用广泛。

8.1 状态可变型滤波器分析

状态可变型滤波器也叫 KHN 滤波器，具有 3 个运放，可实现 3 种不同类型的输出：二阶高通、二阶低通以及二阶带通，电路如图 8.1 所示。其特点是参数容易独立调节。

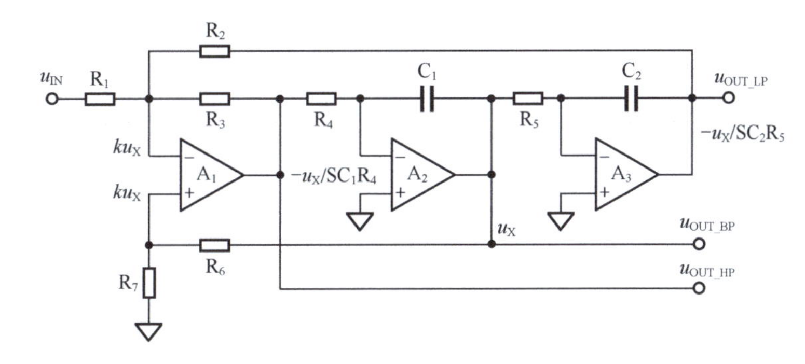

图 8.1　状态可变型滤波器

◎传递函数分析

为了减少图 8.1 中标记长度，暂时用 u_X 代替图中的带通输出 u_{OUT_BP}。对局部电路分析如下。

运放 A_1 的输出为 u_{OUT_HP}，有：

$$U_X=-\frac{\frac{1}{SC_1}}{R_4}U_{OUT\_HP}\rightarrow U_{OUT\_HP}=-U_XSC_1R_4 \tag{8-1}$$

运放 A_3 的输出为 u_{OUT_LP}，有：

$$U_{OUT\_LP}=-U_X\frac{\frac{1}{SC_2}}{R_5}=-\frac{U_X}{SC_2R_5} \tag{8-2}$$

运放 A_1 的两个输入端为 ku_X，有：

$$k=\frac{R_7}{R_6+R_7} \tag{8-3}$$

将上述结论标注于原图中。据此，图 8.1 中运放 A_1 的输出电压方程如下：

$$kU_X - R_3\left(\frac{U_{IN}-kU_X}{R_1}+\frac{\frac{-U_X}{SC_2R_5}-kU_X}{R_2}\right) = -U_XSC_1R_4$$

化简得：

$$kR_1R_2U_X - R_3\left(R_2\left(U_{IN}-kU_X\right)+R_1\left(\frac{-U_X}{SC_2R_5}-kU_X\right)\right) = -SC_1R_4R_1R_2U_X$$

$$kR_1R_2U_X + kR_3R_2U_X + kR_1R_3U_X + SC_1R_4R_1R_2U_X + R_1R_3\frac{U_X}{SC_2R_5} = R_3R_2U_{IN}$$

$$\left(R_1R_3+\left(kR_1R_2+kR_3R_2+kR_1R_3\right)SC_2R_5+S^2C_1C_2R_5R_4R_1R_2\right)U_X = SC_2R_5R_3R_2U_{IN}$$

得出如下结论：

$$A_{BP}=\frac{U_X}{U_{IN}}=\frac{SC_2R_2R_3R_5}{R_1R_3+\left(kR_1R_2+kR_2R_3+kR_1R_3\right)SC_2R_5+S^2C_1C_2R_5R_4R_1R_2}=$$

$$\frac{\frac{R_2}{R_1}SC_2R_5}{1+\frac{kR_1R_2+kR_2R_3+kR_1R_3}{R_1R_3}SC_2R_5+S^2C_1C_2\frac{R_5R_4R_2}{R_3}} \tag{8-4}$$

$$A_{LP}=\frac{U_{OUT\_LP}}{U_{IN}}=\frac{\frac{-U_X}{SC_2R_5}}{U_{IN}}=-\frac{\frac{R_2}{R_1}}{1+\frac{kR_1R_2+kR_2R_3+kR_1R_3}{R_1R_3}SC_2R_5+S^2C_1C_2\frac{R_5R_4R_2}{R_3}} \tag{8-5}$$

$$A_{HP}=\frac{U_{OUT\_HP}}{U_{IN}}=\frac{-U_XSC_1R_4}{U_{IN}}=-\frac{\frac{R_2}{R_1}S^2C_1C_2R_5R_4}{1+\frac{kR_1R_2+kR_2R_3+kR_1R_3}{R_1R_3}SC_2R_5+S^2C_1C_2\frac{R_5R_4R_2}{R_3}} \tag{8-6}$$

可以看出，带通、低通、高通 3 种输出中，分母表达式相同，这意味着它们具有相同的特征频率和品质因数。

◎必要的简化设计

让我们重新回到本节开始，图 8.1 所示电路，其推导结果为式（8-4）～式（8-6）。

对于二阶低通、高通、带通滤波器来说，通过特征频率 f_0、平坦区增益 A_m、品质因数 Q 3 个参量，就可以唯一确定一个滤波器。理论上，3 个阻容参数即可确定这 3 个关键参量。而前述的表达式中，有 7 个电阻、2 个电容，存在 9−3=6 个冗余量。因此，我们必须做出如下合理的约定，以减少冗余，进而简化设计。

1）设定 $C_1=C_2=C$，且电容值 C 由设计者自行确定。这减少了 2 个冗余量。

2）设定电阻 $R_2=R_3=R_6=R_A$，且 R_A 由设计者自行确定。这减少了 3 个冗余量。

3）设定电阻 $R_4=R_5=R_X$，R_X 为未知量。这减少了 1 个冗余量。最终，仅剩下电阻 R_1、R_X、R_7 3 个未知量待求。这样，前述表达式就简化成如下。

对于带通，有：

$$A_{BP}=\frac{\frac{R_A}{R_1}SCR_X}{1+\frac{2kR_1+kR_A}{R_1}SCR_X+S^2C^2R_X^2}=\frac{QR_A}{R_1}\frac{\frac{1}{Q}SCR_X}{1+\frac{1}{Q}SCR_X+S^2C^2R_X^2} \tag{8-7}$$

对于低通，有：

$$A_{LP}=-\frac{\frac{R_A}{R_1}}{1+\frac{2kR_1+kR_A}{R_1}SCR_X+S^2C^2R_X^2}=-\frac{R_A}{R_1}\frac{1}{1+\frac{1}{Q}SCR_X+S^2C^2R_X^2} \tag{8-8}$$

对于高通，有：

$$A_{HP}=-\frac{\frac{R_A}{R_1}S^2C^2R_X^2}{1+\frac{2kR_1+kR_A}{R_1}SCR_X+S^2C^2R_X^2}=-\frac{R_A}{R_1}\frac{S^2C^2R_X^2}{1+\frac{1}{Q}SCR_X+S^2C^2R_X^2} \tag{8-9}$$

$$\frac{1}{\omega_0^2}=C^2R_X^2,\ \omega_0=\frac{1}{CR_X},\ f_0=\frac{1}{2\pi CR_X} \tag{8-10}$$

◎带通的分析和设计

根据式（8-7），将其写成频率表达式：

$$\dot{A}_{BP}(j\omega)=\frac{\frac{R_A}{R_1}j\frac{\omega}{\omega_0}}{1+\frac{2kR_1+kR_A}{R_1}j\frac{\omega}{\omega_0}+\left(j\frac{\omega}{\omega_0}\right)^2}=\frac{R_A}{R_1}\frac{R_1}{2kR_1+kR_A}\times\frac{\frac{2kR_1+kR_A}{R_1}j\frac{\omega}{\omega_0}}{1+\frac{(2kR_1+kR_A)}{R_1}j\frac{\omega}{\omega_0}+\left(j\frac{\omega}{\omega_0}\right)^2}=$$
$$A_{m\_BP}\frac{\frac{1}{Q}j\frac{\omega}{\omega_0}}{1+\frac{1}{Q}j\frac{\omega}{\omega_0}+\left(j\frac{\omega}{\omega_0}\right)^2} \tag{8-11}$$

其中，有：

$$A_{m\_BP}=\frac{R_A}{R_1}\frac{R_1}{2kR_1+kR_A}=\frac{R_A}{R_1}Q \tag{8-12}$$

$$Q=\frac{R_1}{2kR_1+kR_A}=\frac{R_1}{2\frac{R_7}{R_A+R_7}R_1+\frac{R_7}{R_A+R_7}R_A}=\frac{R_1R_A+R_1R_7}{2R_1R_7+R_AR_7} \tag{8-13}$$

以上分析，完成了“已知电阻、电容，获得f_0、A_{m_BP}、Q”的任务。而要实现设计，就需要完成“已知f_0、A_{m_BP}、Q，求解电阻、电容”的任务，为此，有如下步骤。

1）根据表3.1，合理选择电容$C_1=C_2=C$。

2）合理选择$R_2=R_3=R_6=R_A$。

3）根据式（8-10），反解出电阻$R_4=R_5=R_X$：

$$R_4=R_5=R_X=\frac{1}{2\pi f_0C}$$

4）将式（8-12）和式（8-13）相除，得：

$$R_1=R_A\frac{Q}{A_{m\_BP}} \tag{8-14}$$

5）根据式（8-3），得：

$$k=\frac{R_7}{R_A+R_7}\rightarrow R_7=\frac{k}{1-k}R_A$$

根据式（8-13），得：

$$k=\frac{R_1}{(2R_1+R_A)Q}$$

则有：

$$R_7=\frac{k}{1-k}R_A=\frac{\dfrac{R_1}{(2R_1+R_A)Q}}{\dfrac{(2R_1+R_A)Q-R_1}{(2R_1+R_A)Q}}R_A=\frac{R_1R_A}{(2R_1+R_A)Q-R_1} \tag{8-15}$$

◎低通和高通的分析和设计

状态可变型滤波器的低通、高通输出频域表达式为：

$$\dot{A}_{LP}(j\omega)=-\frac{R_A}{R_1}\frac{1}{1+\dfrac{2kR_1+kR_A}{R_1}j\dfrac{\omega}{\omega_0}+\left(j\dfrac{\omega}{\omega_0}\right)^2}=A_{m\_LHP}\frac{1}{1+\dfrac{1}{Q}j\dfrac{\omega}{\omega_0}+\left(j\dfrac{\omega}{\omega_0}\right)^2} \tag{8-16}$$

$$\dot{A}_{HP}(j\omega)=-\frac{R_A}{R_1}\frac{\left(j\dfrac{\omega}{\omega_0}\right)^2}{1+\dfrac{2kR_1+kR_A}{R_1}j\dfrac{\omega}{\omega_0}+\left(j\dfrac{\omega}{\omega_0}\right)^2}=A_{m\_LHP}\frac{\left(j\dfrac{\omega}{\omega_0}\right)^2}{1+\dfrac{1}{Q}j\dfrac{\omega}{\omega_0}+\left(j\dfrac{\omega}{\omega_0}\right)^2} \tag{8-17}$$

对比低通标准表达式，可知：

$$A_{m\_LHP}=-\frac{R_A}{R_1}=\frac{A_{m\_BP}}{Q} \tag{8-18}$$

$$Q=\frac{R_1}{2kR_1+kR_A}=\frac{R_1R_A+R_1R_7}{2R_1R_7+R_AR_7} \tag{8-19}$$

可见特征频率 f_0 和品质因数 Q 的表达式与带通完全相同，唯一区别的是中频增益 A_{m_LHP}，它的下标是 LHP，即低高通，换句话说，低通中频率为 0Hz 的增益和高通中无穷大频率的增益是相同的，都是 R_A/R_1。此值与带通的峰值增益 A_{m_BP} 表达式相差 Q 倍。

设计方法更为简单。

1）根据表 3.1，合理选择电容 $C_1=C_2=C$。

2）合理选择 $R_2=R_3=R_6=R_A$。

3）根据式（8-10），反解电阻 $R_4=R_5=R_X$：

$$R_4=R_5=R_X=\frac{1}{2\pi f_0C}$$

4）据式（8-18），反解电阻：

$$R_1=-\frac{R_A}{A_{m\_LHP}} \tag{8-20}$$

5）根据式（8-3），得：

$$k=\frac{R_7}{R_6+R_7}\rightarrow R_7=\frac{k}{1-k}R_A$$

根据式（8-19），得：

$$k=\frac{R_1}{(2R_1+R_A)Q}$$

则有：

$$R_7=\frac{k}{1-k}R_A=\frac{\dfrac{R_1}{(2R_1+R_A)Q}}{\dfrac{(2R_1+R_A)Q-R_1}{(2R_1+R_A)Q}}R_A=\frac{R_1R_A}{(2R_1+R_A)Q-R_1} \tag{8-21}$$

利用状态可变型滤波器设计一个窄带通滤波器。要求滤波器的中心频率为 50Hz、Q=2、A_{m_BP}=5，并据此估算其中的低通、高通输出。用 TINA-TI 仿真软件实证。

解：电路结构如图 8.1 所示。设计步骤如下。

1）根据表 3.1，合理选择电容 $C_1=C_2=C=0.1\mu F$。

2）合理选择 $R_2=R_3=R_6=R_A=10k\Omega$。

3）根据式（8-10），反解出电阻 $R_4=R_5=R_X=1/2\pi f_0C=31831\Omega$。

4）据式（8-14），得：$R_1=R_AQ/A_{m\_BP}=4000\Omega$。

5）据式（8-21）得：$R_7=R_1R_A/\left(\left(2R_1+R_A\right)Q-R_1\right)=1250\Omega$。

估算图 8.1 中低通和高通的性质：图 8.1 中运放 3 的输出是低通的，运放 1 的输出是高通的，其特征频率和品质因数均与带通相同，两者的平坦区增益应为带通的峰值增益除以 Q，增益为 2.5 倍。

据此得到电路如图 8.2 所示，3 个输出的频率特性如图 8.3 所示。

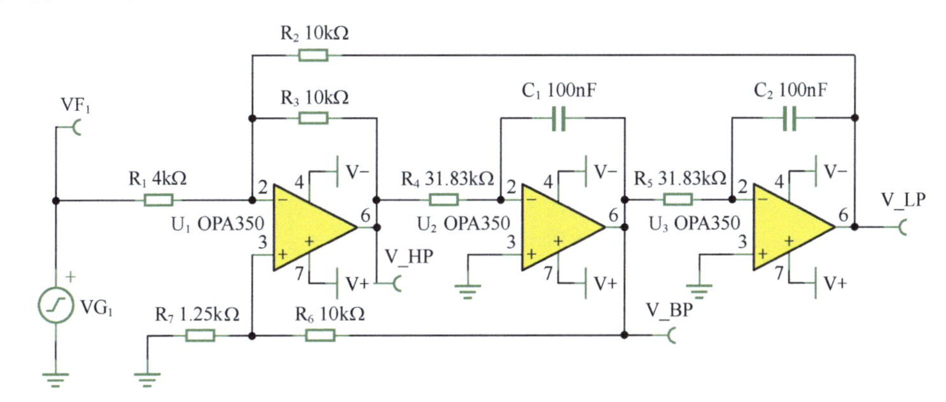

图 8.2　举例 1 电路

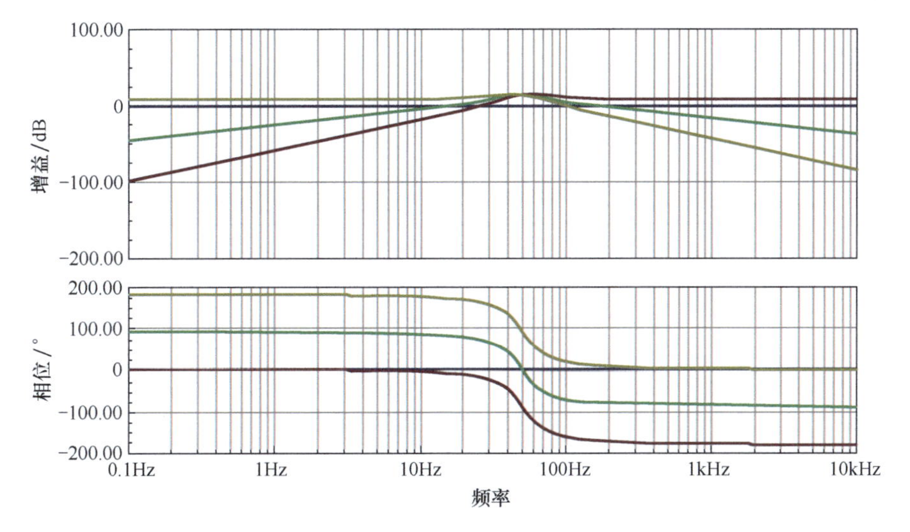

图 8.3　举例 1 仿真频率特性

◎集成状态可变型滤波器 UAF42

针对状态可变型滤波器，德州仪器公司推出了集成产品 UAF42，它可以直接形成低通、高通、带通输出，结合内部提供的第 4 个运放，还可形成带阻、全通，或者反相切比雪夫。电路结构如图 8.4 所示。

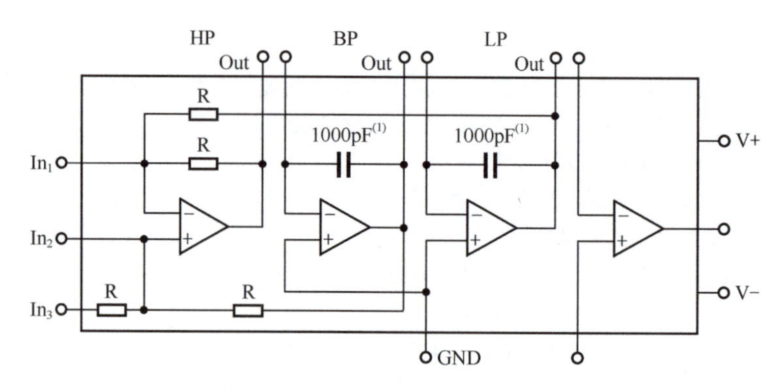

图 8.4　集成滤波器 UAF42 内部结构

与使用独立的运放组成的状态可变型滤波器相比，集成滤波器 UAF42 的最大优势在于它内部具备 4 个误差小于 ±0.5% 的 50kΩ 电阻，还具有 2 个误差小于 ±0.5% 的 1000pF 电容。这对于实现精准频率，特别是带通、带阻，具有重要价值。手工选择阻容，很难做到这一点。

UAF42 能够实现两种输入连接方式：同相输入和反相输入，图 8.5 所示是本节阐述的接法，即反相输入接法。它有 3 组由用户选择的电阻，以决定滤波器的 3 个关键参数。中心频率由图 8.5 中的电阻 R_{f1} 和 R_{f2} 决定，品质因数由图 8.5 中的 R_Q 决定，而增益则由电阻 R_g 决定。

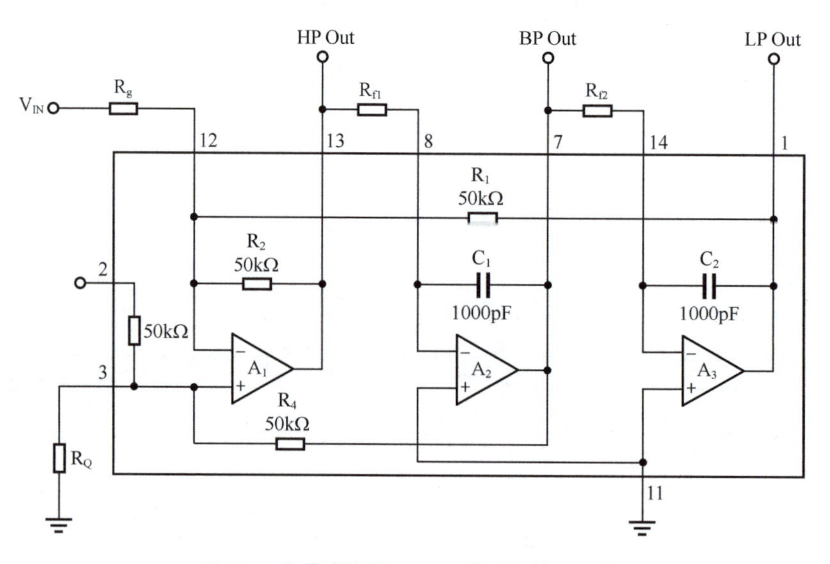

图 8.5　集成滤波器 UAF42 的反相输入形式

另外一种接法是我们此前没有阐述的，即同相输入接法，如图 8.6 所示。它的传递函数与反相输入接法略有区别，读者可以自行推导，也可直接参考 UAF42 数据手册。

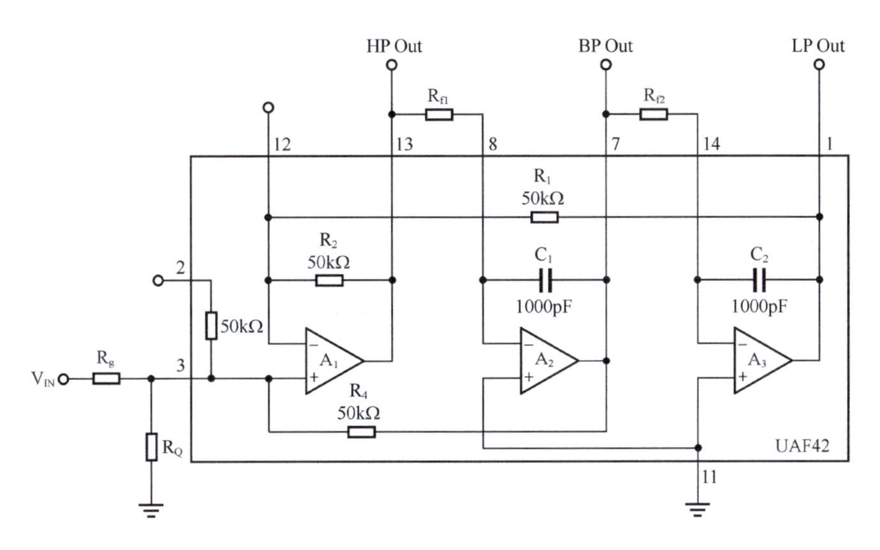

图 8.6　集成滤波器 UAF42 的同相输入形式

举例 2 UAF42实现带通

利用 UAF42 设计一个窄带通滤波器。要求与本节举例 1 相同，即滤波器的中心频率为 50Hz、Q=2、A_{m_BP}=5。

解：电路结构如图 8.5。设计步骤如下。

1）已知电容 C=1nF，电阻 R_A=R=50kΩ。

2）根据式（8-10），反解得：$R_X=1/2\pi f_0C=3.1831\text{M}\Omega$，$R_{f1}=R_{f2}=R_X$。

3）据式（8-14），得：$R_1=R_AQ/A_{m\_BP}=20000\,\Omega$，$R_g$=$R_1$。

4）据式（8-21），得：$R_7=R_1R_A/\left(\left(2R_1+R_A\right)Q-R_1\right)=6250\Omega$，$R_Q$=$R_7$。

设计完成电路如图 8.7 所示，虚线框内为 UAF42。

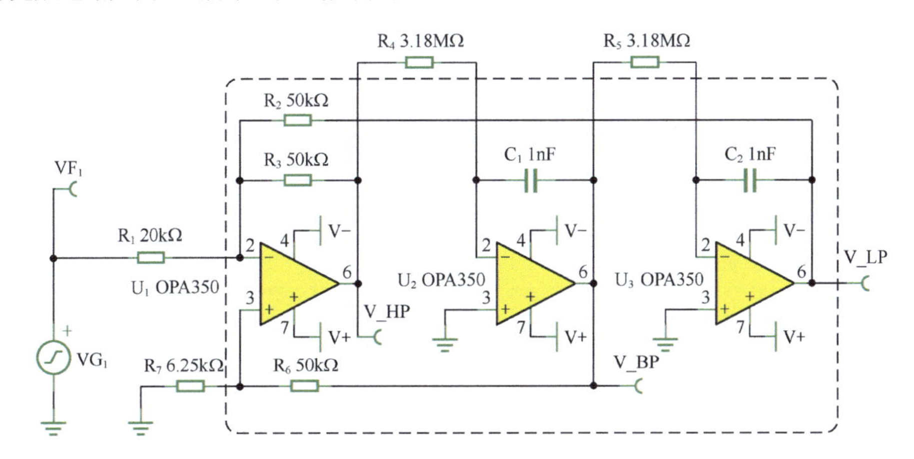

图 8.7　举例 2 电路

举例 3 UAF42实现陷波方法一

利用 UAF42 设计一个窄带阻滤波器。滤波器的中心频率为 50Hz、Q=20、A_{BR}=1。

解：实现陷波器的方法至少有 3 种，第一种是独立的陷波器，包括 Bainter、Boctor、双 T 等；第二种是“1−BP”型，在已有带通滤波器基础上，靠加法器或者减法器实现；第三种是低通 + 高通。其基本思想如下。

基于特征频率的低通标准式为：

$$\dot{A}(\mathrm{j}\Omega)=A_{\mathrm{m}}\frac{1}{1+\frac{1}{Q}\mathrm{j}\Omega+(\mathrm{j}\Omega)^2}$$

基于特征频率的高通标准式为：

$$\dot{A}(\mathrm{j}\Omega)=A_{\mathrm{m}}\frac{(\mathrm{j}\Omega)^2}{1+\frac{1}{Q}\mathrm{j}\Omega+(\mathrm{j}\Omega)^2}$$

将两者相加，可得：

$$\dot{A}(\mathrm{j}\Omega)=A_{\mathrm{m}}\frac{1+(\mathrm{j}\Omega)^2}{1+\frac{1}{Q}\mathrm{j}\Omega+(\mathrm{j}\Omega)^2}$$

这正是平坦区增益为 A_{m} 的标准陷波器表达式。

UAF42 具有 3 个输出端，分别是二阶低通、高通和带通。因此，基于 UAF42 实现陷波功能，我们有两种方法。第一种是使用其低通和高通输出，用加法器实现陷波。第二种是使用其带通输出，用减法器实现“1-BP”型陷波器。

本例使用第一种方法，即高通和低通相加的方法。首先进行初步分析。

题目要求陷波器的平坦区增益为 1，那么从上述分析可知，低通和高通的平坦区增益都应该为 1 才行，即 $A_{\mathrm{m\_LHP}}$=−1，且其特征频率均为 50Hz，各自的 Q=20。

开始设计低通和高通。已知电容 C=1nF，电阻 R_{A}=R=50kΩ。

1）根据式（8-10），反解 $R_{\mathrm{X}}=1/2\pi f_0C$=3.1831MΩ，即 $R_{\mathrm{f1}}=R_{\mathrm{f2}}=R_{\mathrm{X}}$。

2）据式（8-20）得 R_1，即 $R_{\mathrm{g}}=R_1$。

$$R_1=-\frac{R_{\mathrm{A}}}{A_{\mathrm{m\_LHP}}}=50\mathrm{k}\Omega$$

3）据式（8-21），得：

$$R_7=\frac{R_1R_{\mathrm{A}}}{(2R_1+R_{\mathrm{A}})Q-R_1}=0.84746\mathrm{k}\Omega$$

接下来设计加法器。将 UAF42 的低通输出、高通输出作为加法器的输入，用一个运放实现同相加法器。最终电路如图 8.8 所示。仿真结果如图 8.9 所示。

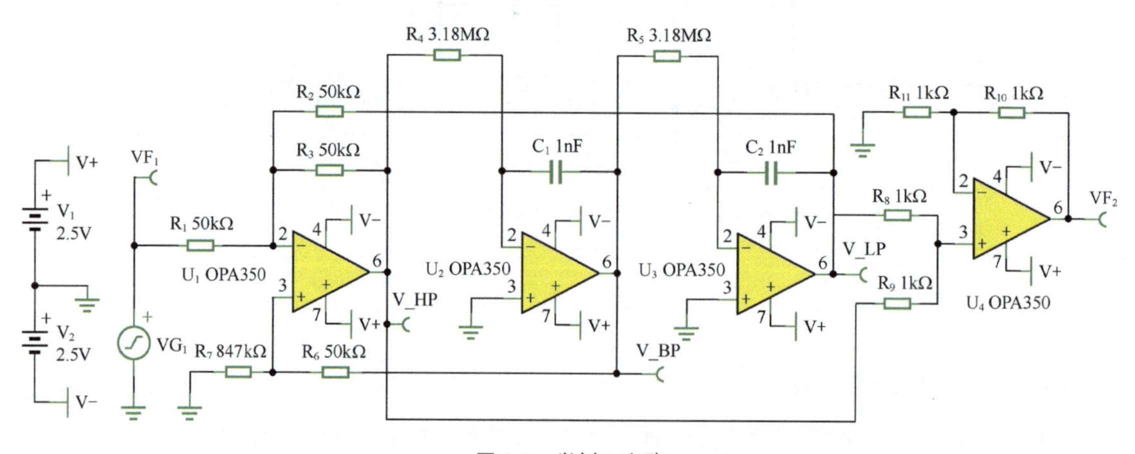

图 8.8　举例 3 电路

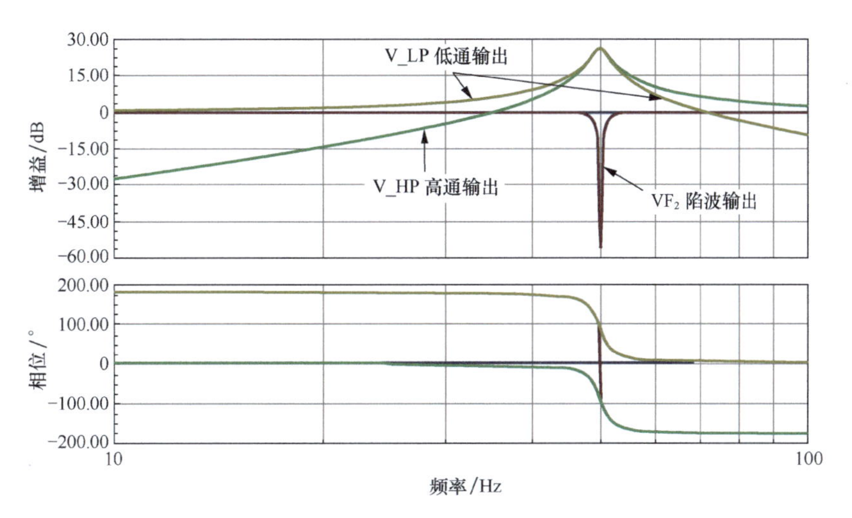

图 8.9 举例 3 电路的仿真频率特性

举例 4 UAF42实现陷波方法二

利用 UAF42 设计一个窄带阻滤波器。滤波器的中心频率为 50Hz、Q=20、A_{BR}=1。

解：下面我们使用第二种方法，利用 UAF42 实现“1-BP”型陷波器。因带通是同相的，设计方法参照本书第 6.2 节中的举例 2。

题目没有对基于 UAF42 的带通电路给出要求，理论上只要满足 Q 值和中心频率，对增益没有要求。如果偷懒的话，可以使用举例 3 中的设计结果，直接从中抽出带通供后级减法器使用。从式（8-12）可以知道，该带通滤波器具有的峰值增益为：

$$A_{BP}=\frac{R_A}{R_1}\frac{R_1}{2kR_1+kR_A}=\frac{R_A}{R_1}Q=20$$

题目要求 A_{BR}=1，则 $A_{BP}//A_{BR}$=0.9524，满足设计硬条件。

设 R_{10}=1kΩ，据第 6.2 节，得：

$$R_{11}=\frac{R_{10}A_{BP}}{A_{BR}}=20\text{k}\Omega$$

设 R_8=1kΩ，据第 6.2 节，得：

$$R_9=\frac{A_{BR}//A_{BP}}{1-A_{BR}//A_{BP}}R_8=20\text{k}\Omega$$

至此完成设计，电路如图 8.10 所示，仿真结果如图 8.11 所示。

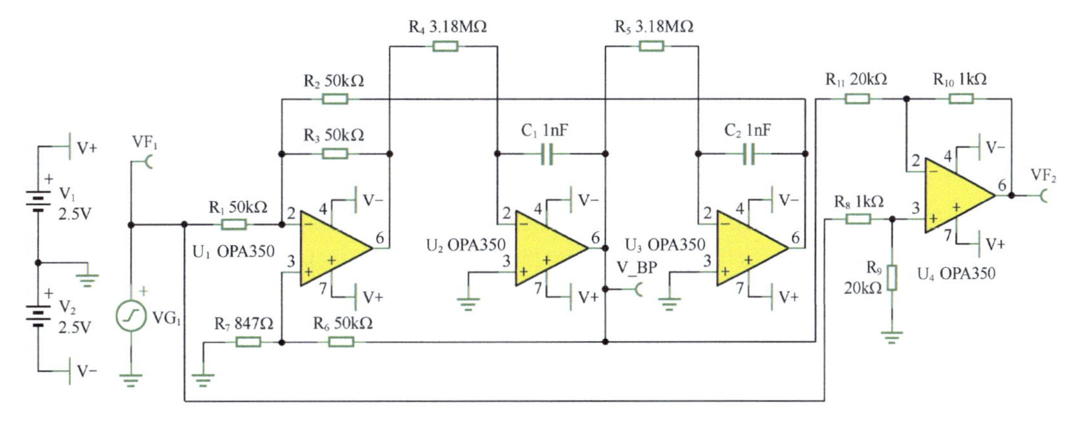

图 8.10 举例 4 电路

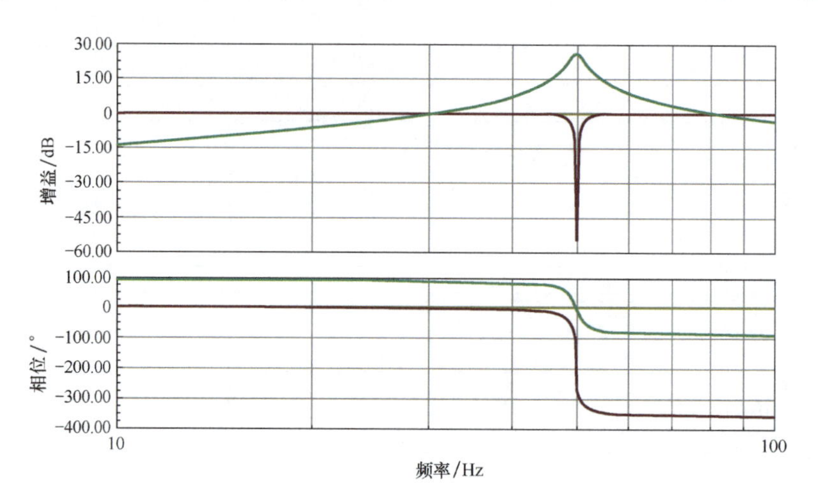

图 8.11　举例 4 电路仿真频率特性

下面我们对仿真结果进行验证。

首先，观察中心频率是否正确。在相频特征中，使用a标尺点中陷波器输出线，输入-180°，得出：

$$f_{\varphi=-180^{\circ}}=50\text{Hz}$$

即f_0=50Hz，这说明中心频率与设计值吻合。

其次，观察平坦区增益。在幅频特性中，使用b标尺点中陷波器输出线，将其拉到10Hz，得：

$$A_{f=10\text{Hz}}=-471.07\mu\text{dB}=10^{\frac{-471.07\times10^{-6}}{20}}=0.999946$$

增益约为1，与设计也是吻合的。

最后，验证Q值。在幅频特性图中，使用b标尺点中陷波器输出线，在对话框中输入增益为-3.01dB，分别得到两个频率点：

$$f_{\text{L}}=f_{A=-3.01\text{dB左}}=48.77\text{Hz}$$
$$f_{\text{H}}=f_{A=-3.01\text{dB右}}=51.27\text{Hz}$$

由此可知：

$$Q=\frac{f_0}{f_{\text{H}}-f_{\text{L}}}=20$$

Q也与设计要求吻合。

特别提醒，本例中偷了个懒，直接使用了举例3中的带通输出。其实这样做看似可行，但是有不良后果，那就是带通增益为20，很容易发生中途受限现象。为了避免这种情况，可以重新设计1倍带通，以实现“1-BP”型陷波。

举例5 UAF42实现全通

利用UAF42设计一个全通滤波器。滤波器的中心频率为1000Hz、Q=2、A_{AP}=5。

解：根据第7章讲述，全通滤波器可以用“1-2BP”型实现，即用原始信号减去2倍的标准带通信号，而UAF42中具备带通输出，并且其内部就具备一个运算放大器，可以很方便地实现全通输出。

为此，首先必须明确减法器结构。我们知道，UAF42组成的带通滤波器，其增益为正值，必须使用减法器才能实现“1-2BP”。因此，采用如图8.12所示电路结构，它是一个非标准减法器。具体分析过程如下。

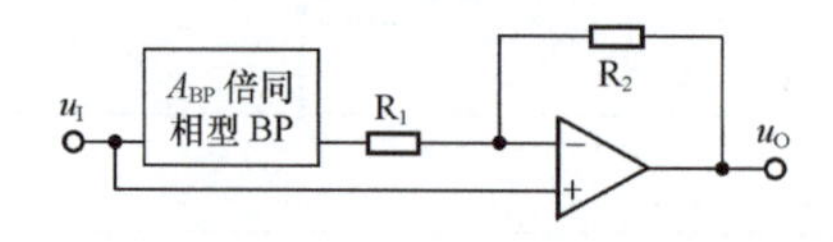

图 8.12　同相带通组成的“1-2BP”型全通滤波器

同相型带通表达式为：

$$\dot{A}(\mathrm{j}\Omega)=A_{\mathrm{BP}}\frac{\frac{1}{Q}\mathrm{j}\Omega}{1+\frac{1}{Q}\mathrm{j}\Omega+(\mathrm{j}\Omega)^{2}}$$

按照图 8.12 中电路结构，利用叠加原理，输入和输出之间有下式成立：

$$u_{\mathrm{O}}=u_{\mathrm{I}}\left(1+\frac{R_2}{R_1}\right)-\frac{R_2}{R_1}u_{\mathrm{I}}A_{\mathrm{BP}}\frac{\frac{1}{Q}\mathrm{j}\Omega}{1+\frac{1}{Q}\mathrm{j}\Omega+(\mathrm{j}\Omega)^{2}}=u_{\mathrm{I}}\frac{R_1+R_2}{R_1}\left(1-\frac{R_2}{R_1+R_2}A_{\mathrm{BP}}\frac{\frac{1}{Q}\mathrm{j}\Omega}{1+\frac{1}{Q}\mathrm{j}\Omega+(\mathrm{j}\Omega)^{2}}\right)$$

当：

$$\frac{R_2}{R_1+R_2}A_{\mathrm{BP}}=2 \tag{8-22}$$

有：

$$u_{\mathrm{O}}=u_{\mathrm{I}}\frac{R_1+R_2}{R_1}\frac{1-\frac{1}{Q}\mathrm{j}\Omega+(\mathrm{j}\Omega)^{2}}{1+\frac{1}{Q}\mathrm{j}\Omega+(\mathrm{j}\Omega)^{2}} \tag{8-23}$$

其为全通表达式。

而标准的全通滤波器输入输出关系为：

$$u_{\mathrm{O}}=u_{\mathrm{I}}A_{\mathrm{AP}}\frac{1-\frac{1}{Q}\mathrm{j}\Omega+(\mathrm{j}\Omega)^{2}}{1+\frac{1}{Q}\mathrm{j}\Omega+(\mathrm{j}\Omega)^{2}} \tag{8-24}$$

对比式（8-23）和式（8-24），则有：

$$A_{\mathrm{AP}}=\frac{R_1+R_2}{R_1} \tag{8-25}$$

题目要求 A_{AP}=5，则可得：

$$R_2=4R_1 \tag{8-26}$$

又根据式（8-22），得：

$$A_{\mathrm{BP}}=2\frac{R_1+R_2}{R_2}=2.5 \tag{8-27}$$

即我们需要设计一个 A_{BP}=2.5、Q=2、f_0=1000Hz 的带通，然后按照图 8.12 所示电路，选择合适的比例电阻，即可实现全通设计。

参照本节举例 2，带通设计步骤如下。

1）已知电容 C=1nF，电阻 $R_{\mathrm{A}}=R$=50kΩ。

2）根据式（8-10），反解 $R_{\mathrm{X}}=1/2\pi f_0C$=159.15kΩ，即 $R_{\mathrm{f1}}=R_{\mathrm{f2}}=R_{\mathrm{X}}$。

3）据式（8-14），得：$R_1=R_{\mathrm{A}}Q/A_{\mathrm{m\_BP}}$=40000Ω，即 $R_{\mathrm{g}}=R_1$。

4）据式（8-21），得：$R_7=R_1R_{\mathrm{A}}/((2R_1+R_{\mathrm{A}})Q-R_1)$=9091Ω，即 $R_{\mathrm{Q}}=R_7$。

对于减法器，选择合适的电阻 R_{11}=1kΩ，得反馈电阻 R_{10}=4kΩ，得到最终电路如图 8.13 所示，图 8.13 中采用 3 个运放 U_1 ～ U_3 实现 UAF42 的滤波部分，采用 U_4 实现 UAF42 内部的附属运放。其仿真频率特性如图 8.14 所示。

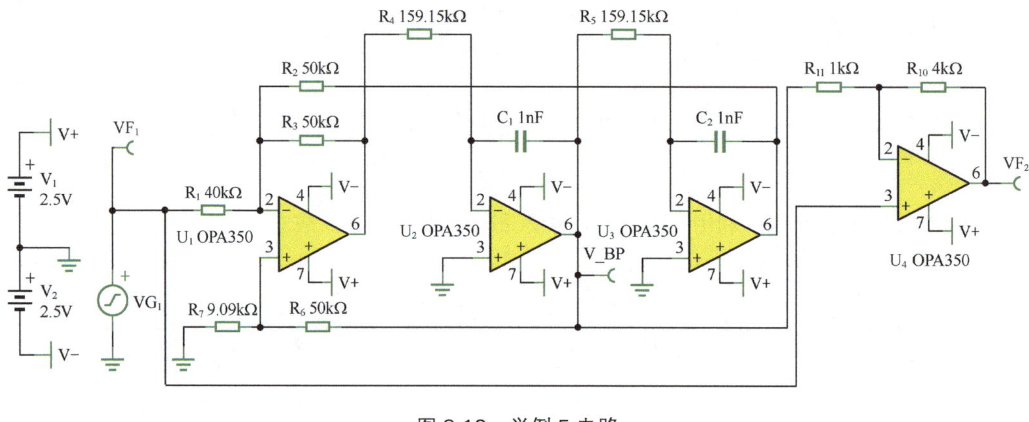

图 8.13　举例 5 电路

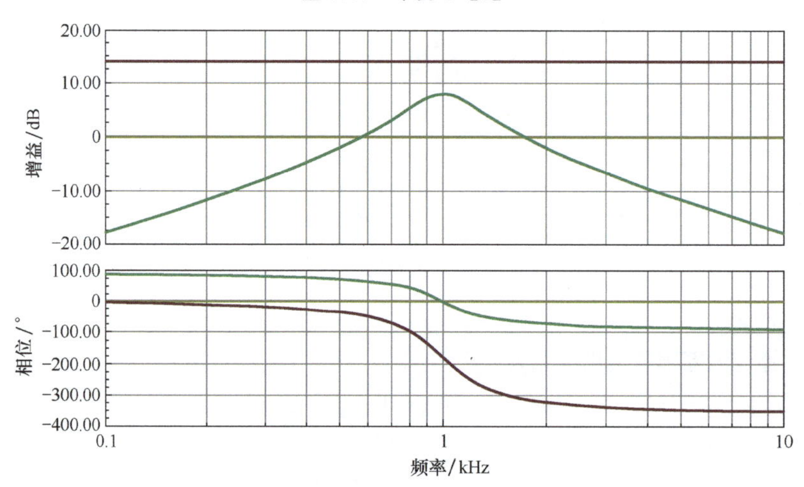

图 8.14　举例 5 仿真频率特性

8.2 Biquad 滤波器分析

“Biquad”原意为双二次式，由“Bi”和“Quadratic”合并而成。含义是一个传递函数的分子分母均为二次方程式。该电路结构如图 8.15 所示。本书说的 Biquad 滤波器，特指图 8.15 所示的滤波器，它的传递函数中分子分母都是二次表达式。但是，“Biquad”一词现在使用混乱，泛指所有二阶滤波器模块。

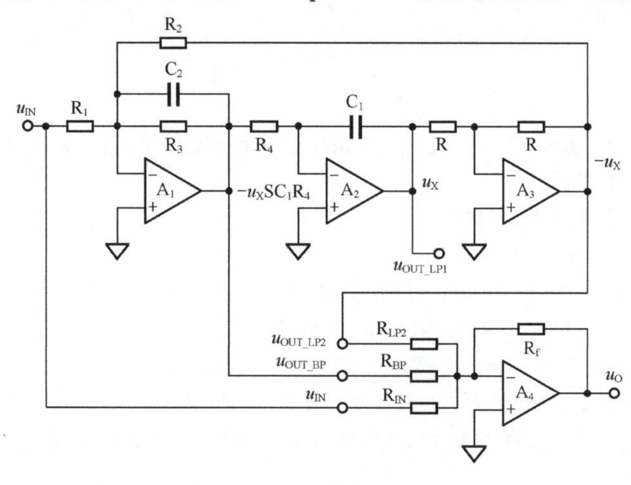

图 8.15　Biquad 滤波器电路结构

可以看出，Biquad 滤波器分为由运放 A_1、A_2、A_3 组成的主核，以及由 A_4 组成的加法器两个环节。

◎主核分析

定义 A_2 输出为 u_X，则 A_3 输出为 $-u_X$，A_1 输出必为 $-u_X SC_1R_4$。对于 A_1 负输入端列电流方程，有：

$$\frac{U_{IN}}{R_1}+\frac{-U_X}{R_2}=\frac{U_X SC_1R_4}{\frac{1}{SC_2}}+\frac{U_X SC_1R_4}{R_3}=U_X S^2C_1C_2R_4+\frac{U_X SC_1R_4}{R_3}$$

化简得：

$$R_2R_3U_{IN}=U_X\left(S^2C_1C_2R_1R_2R_3R_4+SC_1R_1R_2R_4+R_1R_3\right)$$

低通滤波器 1，即运放 A_2 输出的传递函数为：

$$A_{LP1}=\frac{U_X}{U_{IN}}=\frac{R_2R_3}{S^2C_1C_2R_1R_2R_3R_4+SC_1R_1R_2R_4+R_1R_3}=\frac{R_2}{R_1}\frac{1}{1+SC_1\frac{R_2R_4}{R_3}+S^2C_1C_2R_2R_4} \quad (8\text{-}28)$$

在进一步分析之前，为减少冗余、简化分析，我们先假设两个电容相等。在此基础上，将其写成频率表达式，则有：

$$\dot{A}_{LP1}(j\omega)=\frac{R_2}{R_1}\frac{1}{1+j\omega C\frac{R_2R_4}{R_3}+(j\omega)^2C^2R_2R_4}=\frac{R_2}{R_1}\frac{1}{1+j\frac{\omega}{\omega_0}\omega_0C\frac{R_2R_4}{R_3}+\left(j\frac{\omega}{\omega_0}\right)^2}=$$

$$A_{m\_LP1}\frac{1}{1+\frac{1}{Q}j\frac{\omega}{\omega_0}+\left(j\frac{\omega}{\omega_0}\right)^2}$$

其中：

$$\omega_0=\frac{1}{C\sqrt{R_2R_4}} \quad (8\text{-}29)$$

$$Q=\frac{R_3}{\omega_0CR_2R_4}=\frac{R_3}{\sqrt{R_2R_4}} \quad (8\text{-}30)$$

$$A_{m\_LP1}=\frac{R_2}{R_1} \quad (8\text{-}31)$$

低通滤波器 2 与低通滤波器 1 仅有一个符号区别，即运放 A_3 输出的传递函数为：

$$A_{LP2}=\frac{-U_X}{U_{IN}}=-\frac{R_2R_3}{S^2C_1C_2R_1R_2R_3R_4+SC_1R_1R_2R_4+R_1R_3} \quad (8\text{-}32)$$

带通滤波器，即运放 A_1 输出的传递函数为：

$$A_{BP}=\frac{-U_X SC_1R_4}{U_{IN}}=-\frac{SC_1R_2R_3R_4}{S^2C_1C_2R_1R_2R_3R_4+SC_1R_1R_2R_4+R_1R_3} \quad (8\text{-}33)$$

同样，在电容相等时其频率表达式为：

$$\dot{A}_{BP}(j\omega)=\frac{j\omega CR_2R_3R_4}{R_1R_3+j\omega CR_1R_2R_4+(j\omega)^2C^2R_1R_2R_3R_4}=\frac{1}{R_1R_3}\frac{j\omega C\frac{R_2R_4}{R_3}R_2R_3R_4\frac{R_3}{R_2R_4}}{1+j\omega C\frac{R_2R_4}{R_3}+(j\omega)^2C^2R_2R_4}=$$

$$\frac{R_3}{R_1}\frac{j\omega C\frac{R_2R_4}{R_3}}{1+j\omega C\frac{R_2R_4}{R_3}+(j\omega)^2C^2R_2R_4}=A_{m\_BP}\frac{\frac{1}{Q}j\frac{\omega}{\omega_0}}{1+\frac{1}{Q}j\frac{\omega}{\omega_0}+\left(j\frac{\omega}{\omega_0}\right)^2}$$

其中：

$$\omega_0=\frac{1}{C\sqrt{R_2R_4}}$$

$$Q=\frac{R_3}{\omega_0 CR_2R_4}=\frac{R_3}{\sqrt{R_2R_4}}$$

与低通完全一致，唯一的区别在于峰值增益：

$$A_{\mathrm{m\_BP}}=\frac{R_3}{R_1} \tag{8-34}$$

◎加法器输出分析

加法器的传递函数为：

$$A_{\mathrm{OUT}}=\frac{\frac{R_\mathrm{f}}{R_\mathrm{BP}}SC_1R_2R_3R_4+\frac{R_\mathrm{f}}{R_\mathrm{LP2}}R_2R_3-\frac{R_\mathrm{f}}{R_\mathrm{IN}}\left(S^2C_1C_2R_1R_2R_3R_4+SC_1R_1R_2R_4+R_1R_3\right)}{S^2C_1C_2R_1R_2R_3R_4+SC_1R_1R_2R_4+R_1R_3}=$$

$$\frac{-\frac{R_\mathrm{f}}{R_\mathrm{IN}}S^2C_1C_2R_2R_4+\frac{R_\mathrm{f}}{R_\mathrm{BP}}SC_1\frac{R_2R_4}{R_1}-\frac{R_\mathrm{f}}{R_\mathrm{IN}}SC_1\frac{R_2R_4}{R_3}+\frac{R_\mathrm{f}}{R_\mathrm{LP2}}\frac{R_2}{R_1}-\frac{R_\mathrm{f}}{R_\mathrm{IN}}}{S^2C_1C_2R_2R_4+SC_1\frac{R_2R_4}{R_3}+1}=$$

$$\frac{-\frac{R_\mathrm{f}}{R_\mathrm{IN}}S^2C_1C_2R_2R_4+SC_1\left(\frac{R_\mathrm{f}}{R_\mathrm{BP}}\frac{R_2R_4}{R_1}-\frac{R_\mathrm{f}}{R_\mathrm{IN}}\frac{R_2R_4}{R_3}\right)+\frac{R_\mathrm{f}}{R_\mathrm{LP2}}\frac{R_2}{R_1}-\frac{R_\mathrm{f}}{R_\mathrm{IN}}}{S^2C_1C_2R_2R_4+SC_1\frac{R_2R_4}{R_3}+1}$$

假设两个电容相等，则 Biquad 滤波器的加法器输出变为：

$$A_{\mathrm{OUT}}=\frac{-\frac{R_\mathrm{f}}{R_\mathrm{IN}}S^2C^2R_2R_4+SC\left(\frac{R_\mathrm{f}}{R_\mathrm{BP}}\frac{R_2R_4}{R_1}-\frac{R_\mathrm{f}}{R_\mathrm{IN}}\frac{R_2R_4}{R_3}\right)+\frac{R_\mathrm{f}}{R_\mathrm{LP2}}\frac{R_2}{R_1}-\frac{R_\mathrm{f}}{R_\mathrm{IN}}}{S^2C^2R_2R_4+SC\frac{R_2R_4}{R_3}+1}$$

从传递函数可以看出，分子、分母均为 S 的二次表达式。这给我们带来了太多想象空间，特别是改变加法器的输入项，在已有低通、带通的基础上，就可以实现高通、带阻以及全通。

◎高通

为实现高通，必须使传递函数分子中只保留 S^2 项，而消除 S 项和常数项。则有：

$$\frac{R_\mathrm{f}}{R_\mathrm{BP}}\frac{R_2R_4}{R_1}-\frac{R_\mathrm{f}}{R_\mathrm{IN}}\frac{R_2R_4}{R_3}=0\rightarrow\frac{R_\mathrm{IN}}{R_\mathrm{BP}}=\frac{R_3}{R_1} \tag{8-35}$$

$$1-\frac{R_\mathrm{IN}}{R_\mathrm{LP2}}\frac{R_2}{R_1}=0\rightarrow\frac{R_\mathrm{IN}}{R_\mathrm{LP2}}=\frac{R_1}{R_2} \tag{8-36}$$

输出频域表达式变为：

$$\dot{A}_\mathrm{HP}(\mathrm{j}\omega)=-\frac{R_\mathrm{f}}{R_\mathrm{IN}}\frac{(\mathrm{j}\omega)^2C^2R_2R_4}{(\mathrm{j}\omega)^2C^2R_2R_4+\mathrm{j}\omega C\frac{R_2R_4}{R_3}+1}$$

特征频率没有变化，为：

$$\frac{1}{\omega_0^2}=C^2R_2R_4,\ \omega_0=\frac{1}{C\sqrt{R_2R_4}},\ f_0=\frac{1}{2\pi C\sqrt{R_2R_4}} \tag{8-37}$$

品质因数也没有变化，为：

$$Q=\frac{R_3}{\sqrt{R_2R_4}} \tag{8-38}$$

唯一的变化是中频增益：

$$A_{m\_HP}=-\frac{R_f}{R_{IN}} \tag{8-39}$$

据此，确定高通滤波器的中频增益 A_{m_HP}、特征频率 f_0、品质因数 Q，可以总结设计方法如下。

1）首先选择合适的电容 C，选择合适的反相器电阻 R，选择合适的加法器反馈电阻 R_f。

2）其次，设定 R_2=R_4，根据特征频率约束，利用式（8-29）反算，得：

$$R_2=R_4=\frac{1}{2\pi Cf_0} \tag{8-40}$$

3）根据 Q 值约束，利用式（8-30）反算，得：

$$R_3=Q\sqrt{R_2R_4}=QR_2 \tag{8-41}$$

4）根据中频增益约束，利用式（8-39）反算，得：

$$R_{IN}=-\frac{R_f}{A_{m\_HP}} \tag{8-42}$$

5）设 R_{LP2}=R_{IN}，利用式（8-36），得：

$$R_1=R_2 \tag{8-43}$$

6）利用式（8-35），得：

$$R_{BP}=\frac{R_{IN}}{R_1}R_3=R_{IN}\frac{R_3}{R_2}=QR_{IN} \tag{8-44}$$

利用 Biquad 型滤波器设计一个高通滤波器。要求滤波器的特征频率为 200Hz、Q=1.2、A_m =−3。用 TINA-TI 仿真软件实证。

解：电路结构如图 8.15 所示。设计步骤如下。1）选择电容 C=0.1μF、R=10kΩ、R_f=10kΩ。2）R_2=R_4=1/2πCf_0=7958Ω。3）R_3=QR_2=9459Ω。4）R_{IN}=−R_f/A_{m_HP}=3333Ω。5）R_{LP2}=R_{IN}=3333Ω；R_1=R_2=7958Ω。6）R_{BP}=QR_{IN}=4000Ω。

仿真电路如图 8.16 所示。

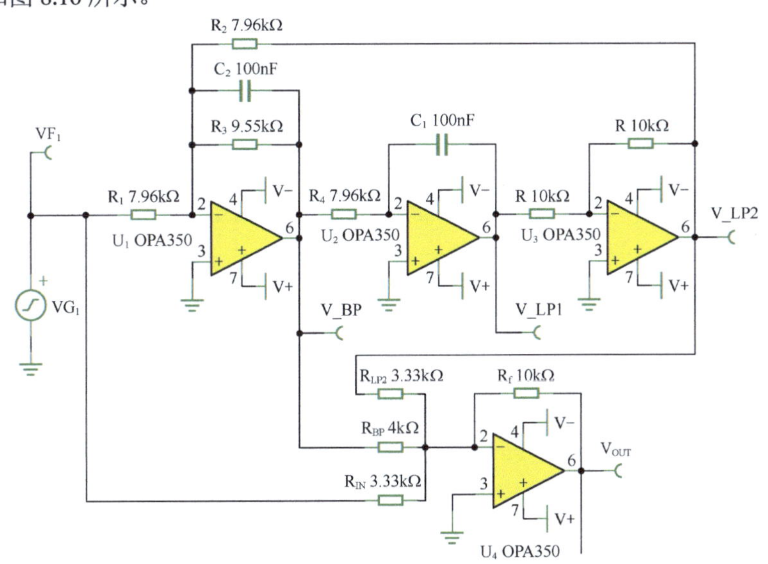

图 8.16　举例 1 电路，Biquad 型滤波器实现的高通

仿真的频率特性如图 8.17 所示。

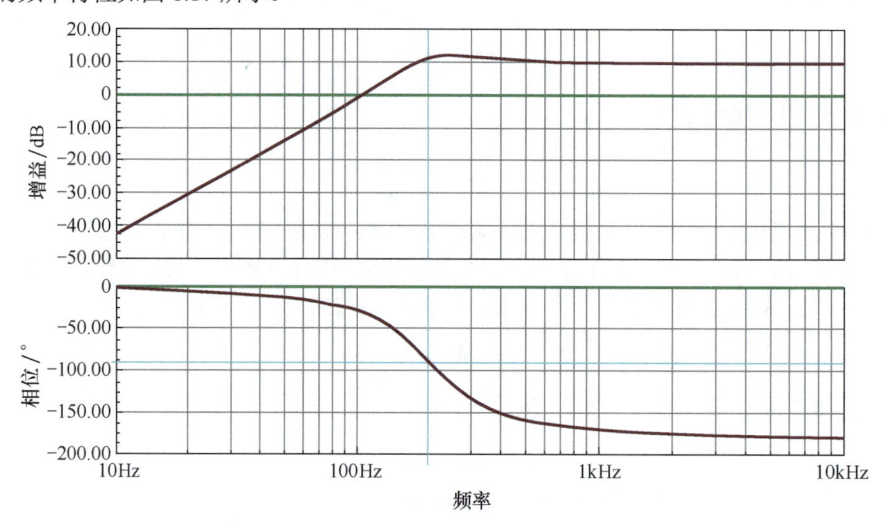

图 8.17　举例 1 电路仿真频率特性

先在幅频特性图中，将坐标线拉到 10kHz 处，得到增益 A_{10kHz}=9.55dB=3.003，与设计要求增益为 3 基本吻合。此值可以视为 $|A_{\infty}|$，即前述的中频增益 A_{m_HP}。

$f_{\varphi=-90°}$=199.98Hz，即特征频率点，与设计要求 200Hz 基本吻合。

$A_{199.98Hz}$=11.13dB=3.602，得 Q=1.199，与设计要求吻合。

◎陷波

将带通输出和原始输入信号实施加法运算，就可以得到期望的陷波结果，如图 8.18 所示。这种思想与第 6.2 节中的“1-BP 型”陷波器完全相同。

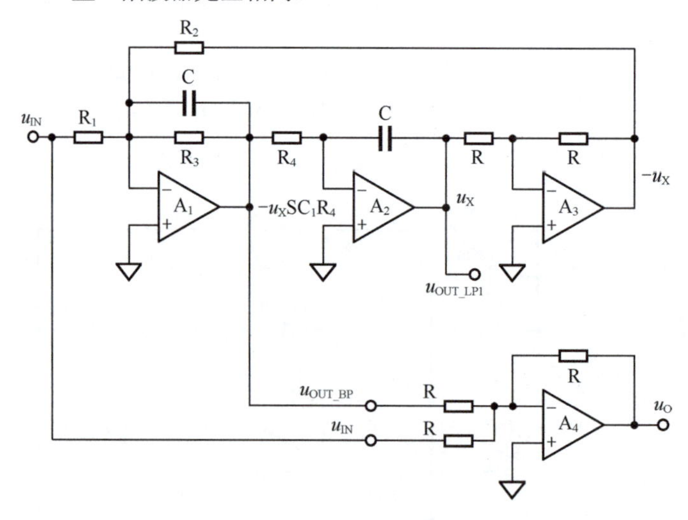

图 8.18　Biquad 滤波器组成的陷波器

首先，利用两个电容相等的简化措施，带通输出的式（8-33）演变成：

$$A_{BP}=-\frac{SCR_2R_3R_4}{S^2C^2R_1R_2R_3R_4+SCR_1R_2R_4+R_1R_3} \tag{8-45}$$

即：

$$U_{OUT\_BP}=-\frac{SCR_2R_3R_4}{S^2C^2R_1R_2R_3R_4+SCR_1R_2R_4+R_1R_3}U_I$$

则图 8.18 所示电路的输出表达式为：

$$U_{\mathrm{OUT}}=-U_{\mathrm{OUT\_BP}}-U_{\mathrm{I}}=\frac{SCR_2R_3R_4}{S^2C^2R_1R_2R_3R_4+SCR_1R_2R_4+R_1R_3}U_{\mathrm{I}}-U_{\mathrm{I}}=$$

$$U_{\mathrm{I}}\left(\frac{SCR_2R_3R_4-S^2C^2R_1R_2R_3R_4-SCR_1R_2R_4-R_1R_3}{S^2C^2R_1R_2R_3R_4+SCR_1R_2R_4+R_1R_3}\right)=$$

$$-U_{\mathrm{I}}\frac{1+SC\dfrac{R_1R_2R_4-R_2R_3R_4}{R_1R_3}+S^2C^2R_2R_4}{1+SC\dfrac{R_2R_4}{R_3}+S^2C^2R_2R_4}$$

可以看出，要实现陷波功能，必须消掉分子中的 S 项。因此，只要令：

$$\frac{R_1R_2R_4-R_2R_3R_4}{R_1R_3}=0\text{，即}R_1=R_3 \tag{8-46}$$

则陷波输出传递函数变为：

$$A_{\mathrm{BR}}=\frac{U_{\mathrm{OUT}}}{U_{\mathrm{I}}}=-\frac{1+S^2C^2R_2R_4}{1+SC\dfrac{R_2R_4}{R_3}+S^2C^2R_2R_4}$$

其频域表达式为：

$$\dot{A}_{\mathrm{BR}}(\mathrm{j}\omega)=-\frac{1+(\mathrm{j}\omega)^2C^2R_2R_4}{1+\mathrm{j}\omega C\dfrac{R_2R_4}{R_3}+(\mathrm{j}\omega)^2C^2R_2R_4}$$

特征频率仍然与主核电路一致：

$$\frac{1}{\omega_0^2}=C^2R_2R_4,\quad \omega_0=\frac{1}{C\sqrt{R_2R_4}},\ f_0=\frac{1}{2\pi C\sqrt{R_2R_4}} \tag{8-47}$$

则频域表达式演变成：

$$\dot{A}_{\mathrm{BR}}(\mathrm{j}\omega)=-\frac{1+\left(\mathrm{j}\dfrac{\omega}{\omega_0}\right)^2}{1+\mathrm{j}\dfrac{\omega}{\omega_0}\dfrac{\sqrt{R_2R_4}}{R_3}+\left(\mathrm{j}\dfrac{\omega}{\omega_0}\right)^2}$$

品质因数也没有变化：

$$Q=\frac{R_3}{\sqrt{R_2R_4}} \tag{8-48}$$

唯一需要注意的是平坦区增益：

$$A_{\mathrm{m\_BR}}=-1 \tag{8-49}$$

至此，已知元器件参数——电阻、电容值，求解电路参数——增益、特征频率、品质因数的推导任务已经完成。下面我们需要知道如何设计，即已知电路参数，求解元器件参数。

首先，从图 8.18 所示电路可以看出，电阻 R 出现在两个地方，第一是运放 A_3 的反相器电阻，第二是运放 A_4 的反相加法器电阻，只要它们的取值合适，就不会影响电路其他性能。

其次，剩下的有电阻 R_1、R_2、R_3、R_4 和电容 C，共 5 个参数。注意，电路只有两个待求量，特征频率和品质因数（平坦区增益已经确定为 -1），因此这 5 个元件中可以做一些任选或者约定。具体的设计步骤如下。

1）根据表 3.2，选择电容 C。

2）约定电阻 R_2=R_4，利用式（8-47）反算，求解电阻：

$$R_2 = R_4 = \frac{1}{2\pi C f_0} \tag{8-50}$$

3）根据式（8-48），反算电阻 R_3：

$$R_3 = QR_2 \tag{8-51}$$

4）利用式（8-46），得：

$$R_1 = R_3$$

举例 2

利用 Biquad 型滤波器设计一个陷波器。要求陷波器的中心频率为 50Hz、Q=20。用 TINA-TI 仿真软件实证。

解：电路结构如图 8.18。设计步骤如下。

1）选择电容 C=1μF、R=10kΩ。

2）根据式（8-50），得：$R_2=R_4=1/2\pi Cf_0$=3183Ω。

3）根据式（8-51），得：$R_3=QR_2$=63.66kΩ。

4）根据式（8-46），得：$R_1=R_3$=63.66kΩ。

至此，全部参数设计完毕，选择 OPA350 做电路中的运放，绘制电路如图 8.19 所示。其频率特性如图 8.20 所示。

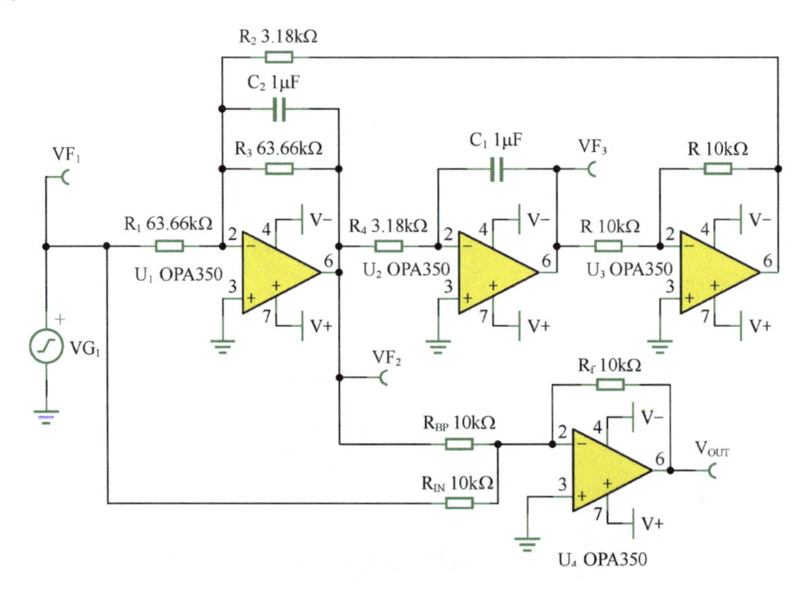

图 8.19　举例 2 电路，Biquad 型滤波器组成的陷波器

可以看出，陷波频率发生在 50Hz 附近。为了验证 Q 值，做如下测量：

$$f_{-3.01\text{dB左}} = 48.77\text{Hz};\ f_{-3.01\text{dB右}} = 51.27\text{Hz};\ Q = \frac{f_0}{f_{-3.01\text{dB右}} - f_{-3.01\text{dB左}}} = 20$$

与设计要求吻合。

◎全通

全通滤波器的标准式为：

$$\dot{A}(\mathrm{j}\Omega) = A_\mathrm{m}\frac{1 - \frac{1}{Q}\mathrm{j}\Omega + (\mathrm{j}\Omega)^2}{1 + \frac{1}{Q}\mathrm{j}\Omega + (\mathrm{j}\Omega)^2} \tag{8-52}$$

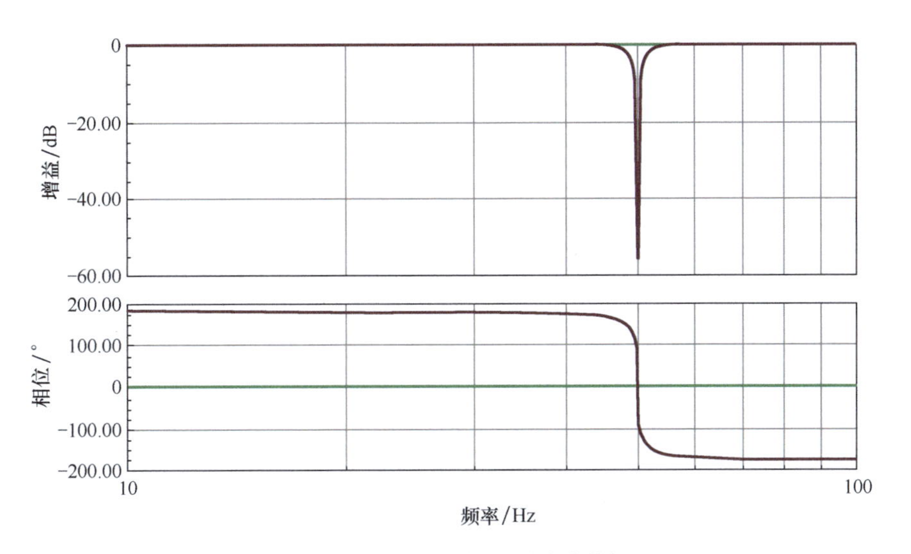

图 8.20　举例 2 电路的仿真频率特性

在陷波器设计中，我们选择 R_1=R_3，成功将分子中的 S 项消掉，而在全通滤波器中，不仅不能消掉 S 项，还要求分子 S 项正好是分母 S 项的负值。这让我们想到，如果仍采用图 8.18 所示电路结构，只是将 R_1 改变，是否就能够实现上述要求呢？

图 8.18 所示电路的输出传递函数为：

$$U_{\mathrm{OUT}}=-U_{\mathrm{I}}\frac{1+SC\dfrac{R_1R_2R_4-R_2R_3R_4}{R_1R_3}+S^2C^2R_2R_4}{1+SC\dfrac{R_2R_4}{R_3}+S^2C^2R_2R_4}$$

可以看出，要实现全通滤波功能，必须分子分母的 S 项互反，即满足：

$$\frac{R_1R_2R_4-R_2R_3R_4}{R_1R_3}=-\frac{R_2R_4}{R_3}，\text{即}R_1=0.5R_3 \tag{8-53}$$

则陷波输出传递函数变为：

$$A_{\mathrm{BR}}=\frac{U_{\mathrm{OUT}}}{U_{\mathrm{I}}}=-\frac{1-SC\dfrac{R_2R_4}{R_3}+S^2C^2R_2R_4}{1+SC\dfrac{R_2R_4}{R_3}+S^2C^2R_2R_4}$$

其频域表达式为：

$$\dot{A}_{\mathrm{BR}}(\mathrm{j}\omega)=-\frac{1-\mathrm{j}\omega C\dfrac{R_2R_4}{R_3}+(\mathrm{j}\omega)^2C^2R_2R_4}{1+\mathrm{j}\omega C\dfrac{R_2R_4}{R_3}+(\mathrm{j}\omega)^2C^2R_2R_4}$$

可知，全通滤波器的特征频率、品质因数、中频增益与陷波器完全相同，其设计方法也几乎相同，唯一区别在于选择 R_1=0.5R_3。

举例 3

利用 Biquad 型滤波器设计一个全通滤波器。要求中心频率为 50Hz、Q=20。用 TINA-TI 仿真软件实证。

解：电路结构如图 8.18 所示。设计步骤如下。

1）选择电容 C=1μF、R=10kΩ。

2）根据式（8-50），得：R_2=R_4=1/2πCf_0=3183Ω。

3）根据式（8-51），得 R_3=QR_2=63.66kΩ。

4）根据式（8-53），得 R_1=0.5R_3=31.83kΩ。

至此，全部参数设计完毕，选择 OPA350 做电路中的运放，绘制电路如图 8.21 所示。其频率特性如图 8.22 所示。

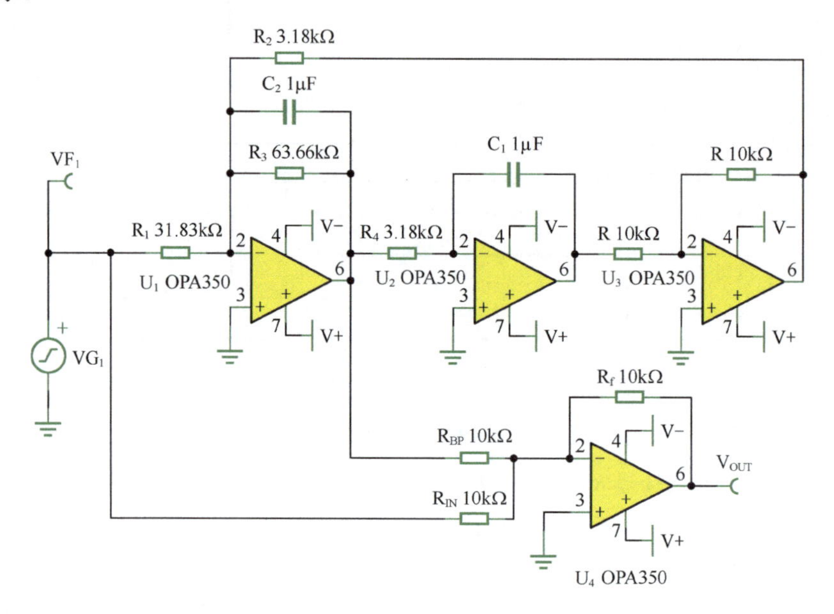

图 8.21 举例 3 电路

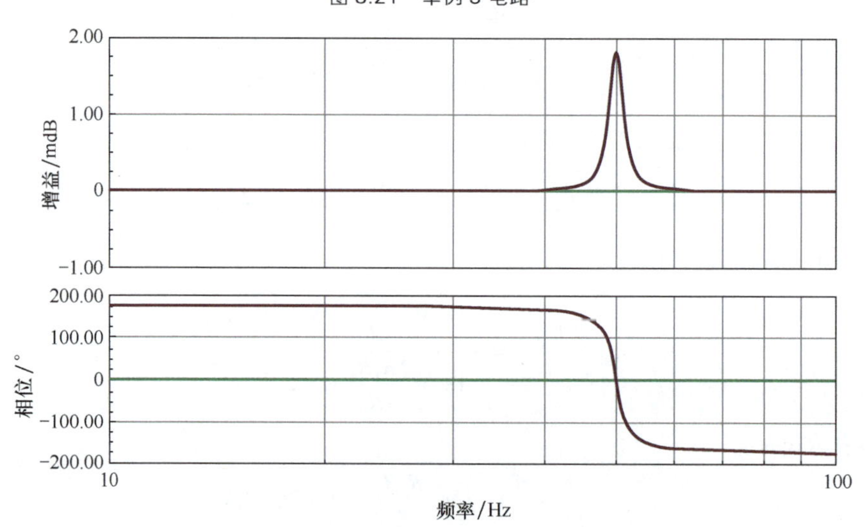

图 8.22 举例 3 电路的仿真频率特性

从频率特性图可以看出，此电路在 50Hz 处有一个微弱的增益隆起，约为 1.8mdB（即 1.0002），这不会影响全通滤波器在整个频率范围内增益等于 1 的事实。同时，在 50Hz 处，其相移为 0°。注意，标准全通滤波器的在中心频率处应为 −180° 相移，此处之所以为 0°，是因为本例电路的增益为 −1，本身就具备反相。从频率特性也可以看出，此电路的中心频率约为 50Hz。

下面我们验证一下此电路的 Q 值。根据第 2.5 节分析结果，验证一个全通滤波器的 Q 值，需要使用如下表达式：

$$Q=\frac{\omega_0}{\omega_H-\omega_L}=\frac{f_0}{f_H-f_L} \tag{8-54}$$

在相频特性图上，中心频率点相移为 0°，那么可知 f_L 对应的相移应为 90°，则利用标线仿真工具 a，选中相频特性曲线，在对话框内输入 90°，可得：

$$f_L = f_{\varphi=90^\circ} = 48.77\text{Hz}$$

同理可知f_H对应的相移应为 -90°，在对话框内输入 -90°，可得：

$$f_H = f_{\varphi=-90^\circ} = 51.27\text{Hz}$$

则有：

$$Q_{实测} = \frac{f_0}{f_H - f_L} = 20$$

与设计要求完全一致。

◎ Biquad 型全通滤波器的中途受限现象

举例 3 电路，看起来很好，但却存在问题。

我们先看它表现好的时候：我们将输入信号幅度固定为 2V，当输入信号是 10Hz 时，理论计算输出应该是一个相移为 178.81°、幅度仍为 2V 的正弦波；当输入信号为 100Hz 时，输出应该是一个相移为 −176.18°、幅度仍为 2V 的正弦波。因为供电电压为 ±2.5V，它们都没有超过电源轨。图 8.23 所示是两个仿真实验的示波器波形，结果与预期基本一致。为了后续分析方便，在仿真电路中增加了一个测试点：运放 U_1 的输出端，即电路中带通输出，设为 VF_2。

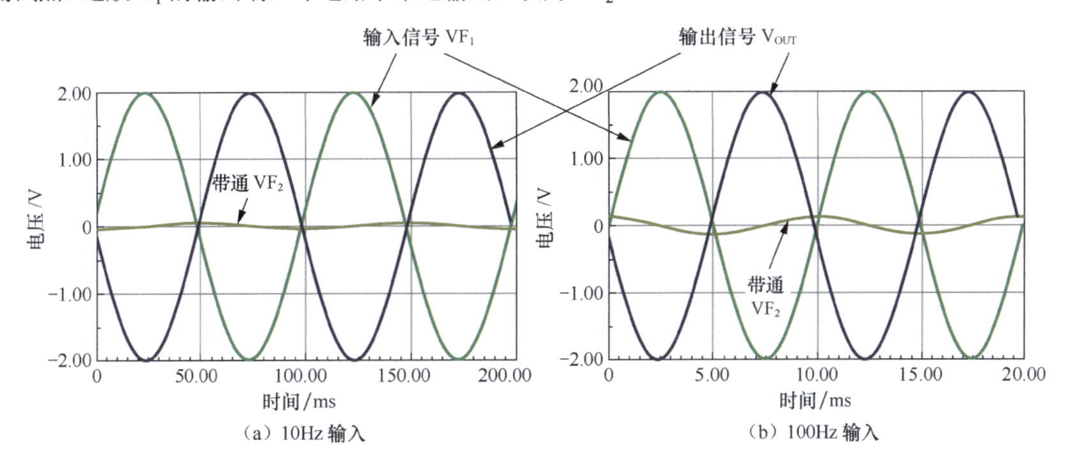

图 8.23　举例 3 电路的示波器记录波形

当输入信号频率设置为 50Hz、幅度仍为 2V 时，问题就来了。理论上输出应该为一个正弦波，其幅度仍应为 2V，只是相移变为 0°。这是期望的结果，但事实不是这样，测试结果如图 8.24 所示。可以看出，输出波形已经严重变形，且增益和相移与期望结果完全不同。

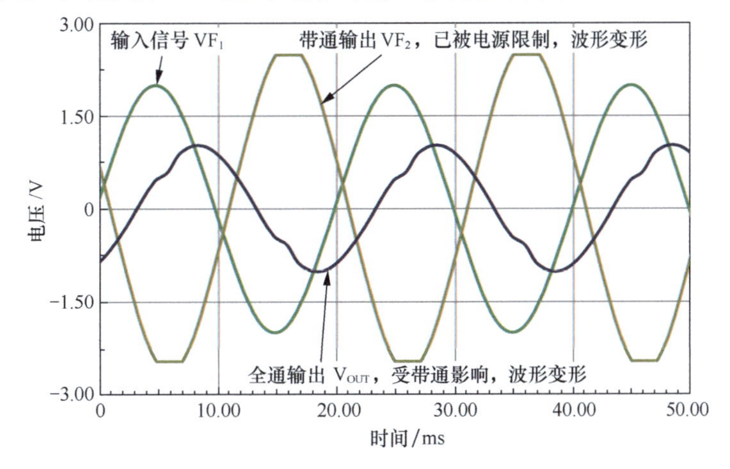

图 8.24　举例 3 电路的示波器记录波形（50Hz/2V 输入）

原因是中途受限现象。虽然全通输出的增益是 1，但本电路中，输出由原始信号和带通信号相减形成，在 50Hz 处的带通峰值增益为 2，2V 的输入信号理论上应该输出 4V 信号，但电源电压是 ±2.5V，这就产生了中途受限现象。

图 8.25 所示为包含 VF_2 的频率特性仿真结果，可以清晰看到，在幅频特性上，原始信号和全通输出基本重叠，都是 0，但带通输出 VF_2 为一个明显的隆起，在 50Hz 处增益约为 6dB，即 2。这是造成中途受限现象的根本原因。

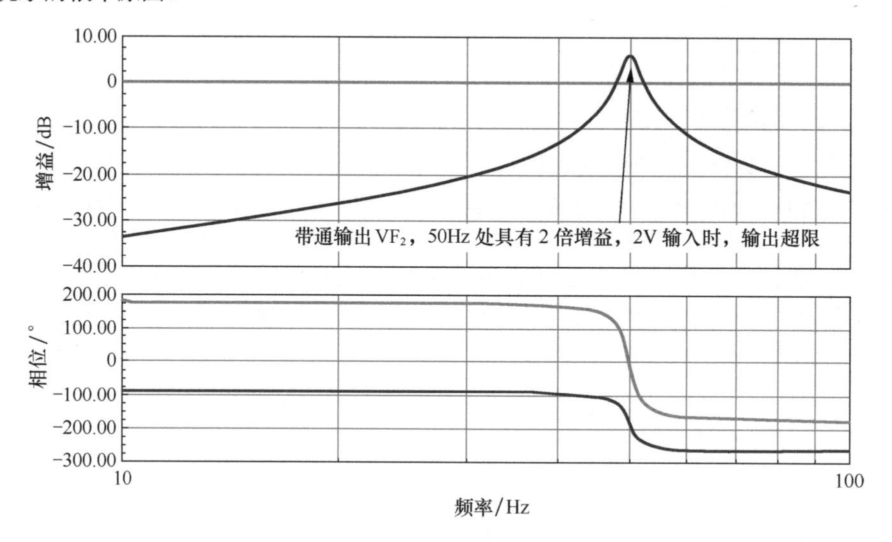

图 8.25　举例 3 电路的 VF_2 的频率特性

杜绝原因，就能避免中途受限现象。方法一，将输入信号减小，由 2V 变为 1V，此时放大 2 倍后幅度应为 2V，不超过电源轨，中途受限消失。图 8.26 所示是此时的示波器记录波形，可以看出，输出没有中途受限现象。

读者可能会注意到，图 8.26 的全通输出，虽然没有中途受限现象，却也与期望结果不吻合。理论上，输出应与输入幅度一致，也就是完全重合，但结果是幅度稍小一些，且存在 30° 左右的滞后相移。在频率特性中峰值点明显是 50Hz，但在示波器中输入 50Hz 却达不到峰值。我试着将输入信号频率调到 49.6Hz，峰值出现了。

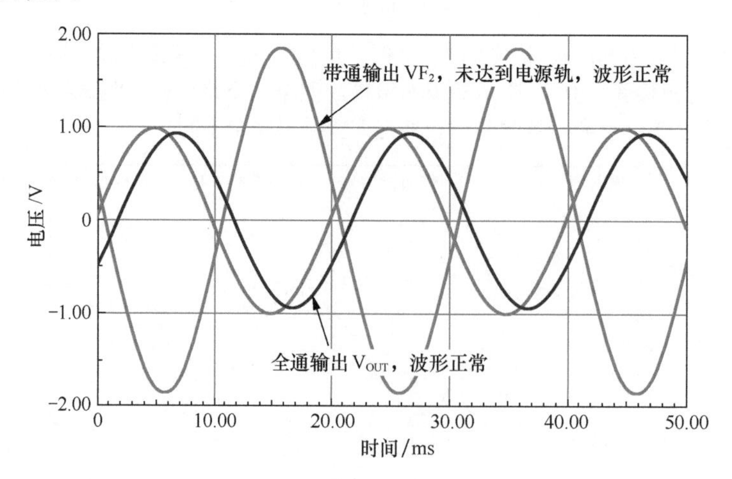

图 8.26　举例 3 电路的示波器记录波形（50Hz/1V 输入）

现在，我们的主要目标是如何消除中途受限现象。根据上述实验，难道我们要接受这个事实：Biquad 型全通滤波器具有明显的中途受限现象，只能接受 1/2 满幅度的输入信号？

是的，这个电路形成的全通滤波器，就是这个结论。但有没有解决方法呢？除去第一种方法，让我们迫不得已地减少输入信号，还有另外的方法，就是改变电路。

原始电路如图 8.21 所示，可以看出，带通滤波器的增益是由 R_3 和 R_1 决定的，如果在此我们让带通滤波器的增益为 1，那么在反相加法器中，就应该赋予带通信号 2 倍的增益，这样仍能保证加法器的结果不变。因此我们修改电路如图 8.27 所示，其关键是保持 R_1=R_3，将 R_{BP} 由 10kΩ 改为 5kΩ，就成功消除了中途受限现象。

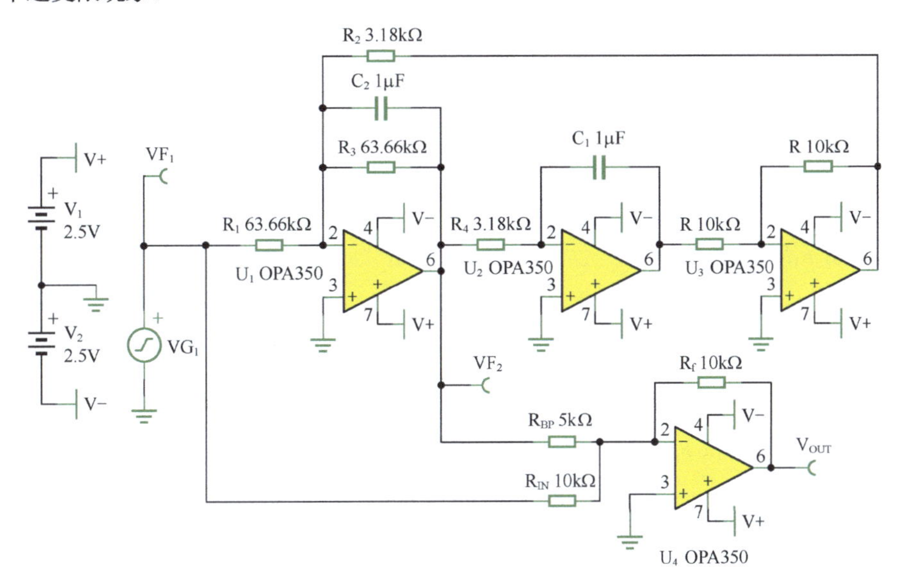

图 8.27 举例 3 电路的优化电路——克服中途受限

读者可以自行仿真此优化电路，确实没有中途受限现象。

8.3 Fleischer-Tow 型滤波器

这是一个真正的双二次型电路，它可以实现分子分母均为二次表达式——在电路结构不发生变化情况下，单纯改变电阻值，就可以实现不同类型的滤波效果：低通、高通、带通、带阻以及全通。

电路结构如图 8.28 所示，与 Biquad 型滤波器结构近似。分析如下。

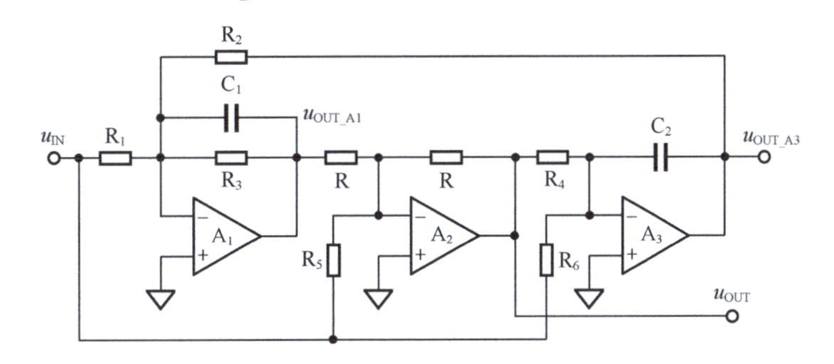

图 8.28 Fleischer-Tow 型滤波器

运放 A_3 的输入输出关系如下：

$$U_{OUT\_A3}=-\left(\frac{U_{IN}}{SC_2R_6}+\frac{U_{OUT}}{SC_2R_4}\right) \tag{8-55}$$

运放 A_2 的输入输出关系如下：

$$-U_{IN}\frac{R}{R_5}-U_{OUT\_A1}=U_{OUT}\rightarrow U_{OUT\_A1}=-U_{IN}\frac{R}{R_5}-U_{OUT} \tag{8-56}$$

运放 A_1 的输入输出关系如下：

$$\frac{U_{IN}}{R_1}+\frac{U_{OUT\_A3}}{R_2}=\frac{0-U_{OUT\_A1}}{\frac{1}{SC_1}}+\frac{0-U_{OUT\_A1}}{R_3} \tag{8-57}$$

将式（8-55）、式（8-56）代入式（8-57），得到只有 U_{IN} 和 U_{OUT} 的等式：

$$\frac{U_{IN}}{R_1}+\frac{-\left(\frac{U_{IN}}{SC_2R_6}+\frac{U_{OUT}}{SC_2R_4}\right)}{R_2}=-\left(-U_{IN}\frac{R}{R_5}-U_{OUT}\right)SC_1-\frac{-U_{IN}\frac{R}{R_5}-U_{OUT}}{R_3}$$

$$\frac{U_{IN}}{R_1}-\frac{U_{IN}}{SC_2R_2R_6}-\frac{U_{OUT}}{SC_2R_2R_4}=U_{IN}SC_1\frac{R}{R_5}+U_{OUT}SC_1+U_{IN}\frac{R}{R_3R_5}+\frac{U_{OUT}}{R_3}$$

两边同乘 $SC_2R_1R_2R_3R_4R_5R_6$ 得：

$$SC_2R_2R_3R_4R_5R_6U_{IN}-R_1R_3R_4R_5U_{IN}-R_1R_3R_5R_6U_{OUT}=S^2C_1C_2R_1R_2R_3R_4R_6RU_{IN}+$$
$$S^2C_1C_2R_1R_2R_3R_4R_5R_6U_{OUT}+SC_2R_1R_2R_4R_6RU_{IN}+SC_2R_1R_2R_4R_5R_6U_{OUT}$$

$$U_{IN}\left(SC_2R_2R_3R_4R_5R_6-R_1R_3R_4R_5-S^2C_1C_2R_1R_2R_3R_4R_6R-SC_2R_1R_2R_4R_6R\right)=$$
$$U_{OUT}\left(R_1R_3R_5R_6+SC_2R_1R_2R_4R_5R_6+S^2C_1C_2R_1R_2R_3R_4R_5R_6\right)$$

$$A=\frac{U_{OUT}}{U_{IN}}=\frac{-R_1R_3R_4R_5+SC_2R_2R_4R_6\left(R_3R_5-R_1R\right)-S^2C_1C_2R_1R_2R_3R_4R_6R}{R_1R_3R_5R_6+SC_2R_1R_2R_4R_5R_6+S^2C_1C_2R_1R_2R_3R_4R_5R_6}=$$

$$-\frac{R_1R_3R_4R_5}{R_1R_3R_5R_6}=\frac{1-SC_2\frac{R_2R_6\left(R_3R_5-R_1R\right)}{R_1R_3R_5}+S^2C_1C_2\frac{R_1R_2R_3R_4R_6R}{R_1R_3R_4R_5}}{1+SC_2\frac{R_1R_2R_4R_5R_6}{R_1R_3R_5R_6}+S^2C_1C_2\frac{R_1R_2R_3R_4R_5R_6}{R_1R_3R_5R_6}}$$

$$-\frac{R_4}{R_6}\frac{1-SC_2R_2R_6\left(\frac{1}{R_1}-\frac{R}{R_3R_5}\right)+S^2C_1C_2\frac{R_2R_6R}{R_5}}{1+SC_2\frac{R_2R_4}{R_3}+S^2C_1C_2R_2R_4}$$

这是一个分子、分母均为 2 次的表达式，因此给我们提供了多种可能：二阶低通、二阶高通、带通、带阻、全通。为简化分析，本电路允许将两个电容设置相同：$C_1=C_2=C$。

$$A=\frac{U_{OUT}}{U_{IN}}=-\frac{R_4}{R_6}\frac{1-SCR_2R_6\left(\frac{1}{R_1}-\frac{R}{R_3R_5}\right)+S^2C^2\frac{R_2R_6R}{R_5}}{1+SC\frac{R_2R_4}{R_3}+S^2C^2R_2R_4} \tag{8-58}$$

◎低通滤波器

将分子变为 1，就是一个标准低通滤波器。要实现这点，就需要把分子中 S 项和 S^2 项的系数都变为 0，且要保证分母保持原结构不变：S 项、S^2 项仍然存在。结果是 $R_1=R_5=\infty$，表达式变为：

$$A_{LP}=-\frac{R_4}{R_6}\frac{1}{1+SC\frac{R_2R_4}{R_3}+S^2C^2R_2R_4}$$

设：

$$\frac{1}{\omega_0^2}=C^2R_2R_4,\quad \omega_0=\frac{1}{C\sqrt{R_2R_4}},\quad f_0=\frac{1}{2\pi C\sqrt{R_2R_4}} \tag{8-59}$$

则上式的频率表达式为：

$$\dot{A}(\mathrm{j}\omega)=-\frac{R_4}{R_6}\frac{1}{1+\mathrm{j}\frac{\omega}{\omega_0}\frac{\sqrt{R_2R_4}}{R_3}+\left(\mathrm{j}\frac{\omega}{\omega_0}\right)^2} \tag{8-60}$$

品质因数为：

$$Q=\frac{R_3}{\sqrt{R_2R_4}} \tag{8-61}$$

平坦区增益为：

$$A_{\mathrm{m}}=-\frac{R_4}{R_6} \tag{8-62}$$

使用 Fleischer-Tow 型滤波器设计一个低通滤波器。要求运放为 OPA350，供电电压为 ±2.5V，滤波器的截止频率为 f_C=200Hz、Q=1.2，低频增益为 -3。电阻按照 E96 系列选取，用 TINA-TI 仿真软件实证。

解：首先确定电路结构为低通滤波器，则有 $R_1=R_5=\infty$，其次，根据式（2-84）和式（2-85）得滤波器的特征频率为 f_0=147.2Hz。

根据表 3.1，选择电容 C=0.1μF。且选择电阻 $R_2=R_4=R$，根据式（8-59），得：

$$R=R_2=R_4=\frac{1}{2\pi f_0C}=10812\Omega$$

根据式（8-61），得：

$$R_3=Q\sqrt{R_2R_4}=12975\Omega$$

根据式（8-62），得：

$$R_6=-\frac{R_4}{A_{\mathrm{m}}}=3604\Omega$$

按照 E96 系列，选择电阻如下：

$$R=R_2=R_4=10.7\mathrm{k}\Omega$$

$$R_3=13.0\mathrm{k}\Omega$$

$$R_6=3.57\mathrm{k}\Omega$$

至此，形成如图 8.29 所示电路。对其进行交流分析，得到图 8.30 所示的幅频特性和相频特性曲线。仿真测试结果表明，其与设计要求基本吻合。

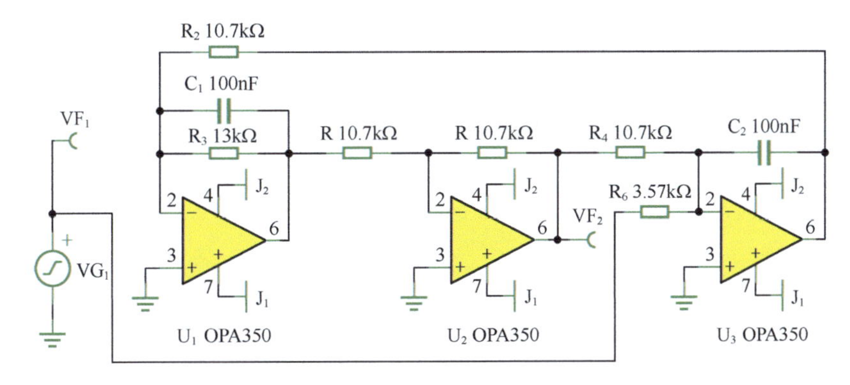

图 8.29 举例 1 电路——Fleischer-Tow 型低通滤波器

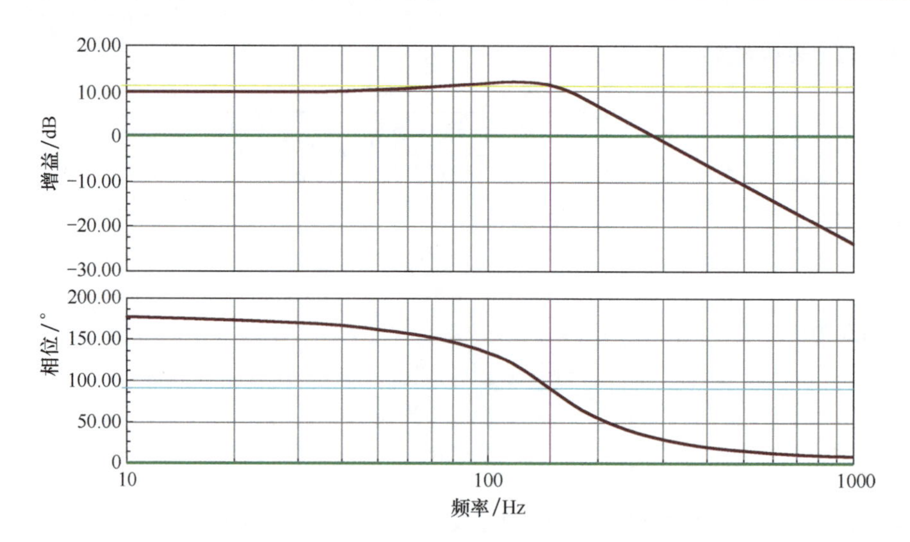

图 8.30　举例 1 电路——Fleischer-Tow 型低通滤波器频率特性

◎高通滤波器

以特征频率为基准的高通表达式为：

$$\dot{A}(\mathrm{j}\omega)=A_{\mathrm{m}}\frac{\left(\mathrm{j}\frac{\omega}{\omega_0}\right)^2}{1+\frac{1}{Q}\mathrm{j}\frac{\omega}{\omega_0}+\left(\mathrm{j}\frac{\omega}{\omega_0}\right)^2} \tag{8-63}$$

而 Fleischer-Tow 表达式为：

$$A=\frac{U_{\mathrm{OUT}}}{U_{\mathrm{IN}}}=-\frac{R_4}{R_6}\frac{1-SCR_2R_6\left(\frac{1}{R_1}-\frac{R}{R_3R_5}\right)+S^2C^2\frac{R_2R_6R}{R_5}}{1+SC\frac{R_2R_4}{R_3}+S^2C^2R_2R_4} \tag{8-64}$$

即高通复频域表达式中，分子只含有 S^2 项，初看 Fleischer-Tow 表达式，似乎分子中的 1 是无法消除的，也就难以实现高通。但是，当我们再仔细观察就会发现，其中的 R_6 藏有玄妙：当 R_6 无穷大时，Fleischer-Tow 表达式变为：

$$A=\frac{U_{\mathrm{OUT}}}{U_{\mathrm{IN}}}=-R_4\frac{\frac{1}{R_6}-SCR_2\left(\frac{1}{R_1}-\frac{R}{R_3R_5}\right)+S^2C^2\frac{R_2R}{R_5}}{1+SC\frac{R_2R_4}{R_3}+S^2C^2R_2R_4}=-R_4\frac{-SCR_2\left(\frac{1}{R_1}-\frac{R}{R_3R_5}\right)+S^2C^2\frac{R_2R}{R_5}}{1+SC\frac{R_2R_4}{R_3}+S^2C^2R_2R_4}$$

此时，只要设置电阻，使得 S 项变为 0 即可，即高通的约束条件为：

$$\begin{cases}\frac{1}{R_1}-\frac{R}{R_3R_5}=0\rightarrow R_3R_5=R_1R\\ R_6=\infty\end{cases}$$

此时，有：

$$A=-R_4\frac{S^2C^2\frac{R_2R_3}{R_1}}{1+SC\frac{R_2R_4}{R_3}+S^2C^2R_2R_4}=-\frac{R_3}{R_1}\frac{S^2C^2R_2R_4}{1+SC\frac{R_2R_4}{R_3}+S^2C^2R_2R_4}$$

设：

$$\frac{1}{\omega_0^2}=C^2R_2R_4,\quad \omega_0=\frac{1}{C\sqrt{R_2R_4}},\quad f_0=\frac{1}{2\pi C\sqrt{R_2R_4}} \tag{8-65}$$

其频域表达式为：

$$\dot{A}(\mathrm{j}\omega)=-\frac{R_3}{R_1}\frac{\left(\mathrm{j}\frac{\omega}{\omega_0}\right)^2}{1+\mathrm{j}\frac{\omega}{\omega_0}\frac{\sqrt{R_2R_4}}{R_3}+\left(\mathrm{j}\frac{\omega}{\omega_0}\right)^2}=A_\mathrm{m}\frac{\left(\mathrm{j}\frac{\omega}{\omega_0}\right)^2}{1+\frac{1}{Q}\mathrm{j}\frac{\omega}{\omega_0}+\left(\mathrm{j}\frac{\omega}{\omega_0}\right)^2} \tag{8-66}$$

可知此时高通滤波器的关键参数为：

$$A_\mathrm{m}=-\frac{R_3}{R_1} \tag{8-67}$$

$$Q=\frac{R_3}{\sqrt{R_2R_4}} \tag{8-68}$$

使用 Fleischer-Tow 型滤波器设计一个高通滤波器。要求运放为 OPA350，供电电压为 ±2.5V，滤波器的截止频率为 f_C=200Hz、Q=1.2，低频增益为 −3。电阻按照 E96 系列选取，用 TINA-TI 仿真软件实证。

解：首先确定电路结构为高通滤波器，则有 $R_6=\infty$。其次，根据二阶高通滤波器中特征频率与截止频率的关系：

$$K=\frac{f_0}{f_\mathrm{c}}=\frac{\sqrt{4Q^2-2+\sqrt{4-16Q^2+32Q^4}}}{2Q}=1.359 \tag{8-69}$$

得：$f_0=Kf_\mathrm{c}$=271.7Hz。根据表 3.1，选择电容 C=0.1μF。且选择电阻 $R_2=R_4=R$，根据式（8.65），得：

$$R=R_2=R_4=\frac{1}{2\pi f_0C}=5857\Omega$$

根据式（8-68），解得 R_3：

$$Q=\frac{R_3}{\sqrt{R_2R_4}}\rightarrow R_3=QR=7028\Omega$$

根据式（8-67），解得 R_1：

$$A_\mathrm{m}=-\frac{R_3}{R_1}\rightarrow R_1=-\frac{R_3}{A_\mathrm{m}}=2343\Omega$$

根据约束条件，解得 R_5：

$$R_3R_5=R_1R\rightarrow R_5=\frac{R_1R}{R_3}=1952\Omega$$

据此，依据 E96 系列选取电阻，得到的高通电路如图 8.31 所示，仿真结果如图 8.32 所示。

结果表明，其与设计要求基本吻合。

◎带通滤波器

基于特征频率（中心频率）的带通滤波器频域表达式为：

$$\dot{A}(\mathrm{j}\Omega)=A_\mathrm{m}\frac{\frac{1}{Q}\mathrm{j}\Omega}{1+\frac{1}{Q}\mathrm{j}\Omega+(\mathrm{j}\Omega)^2}$$

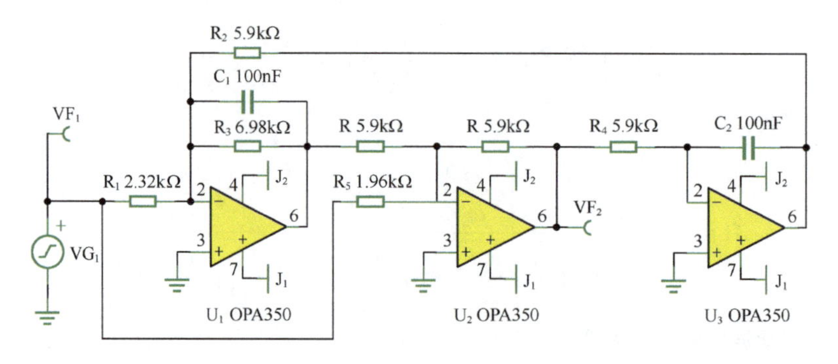

图 8.31　举例 2 电路——Fleischer-Tow 高通滤波器

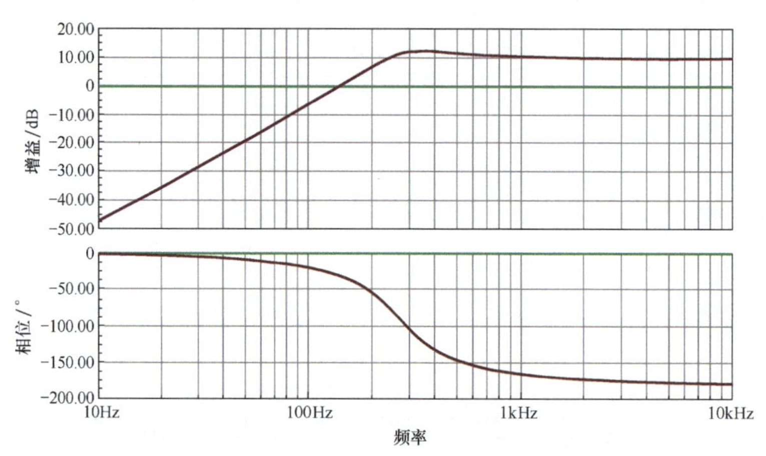

图 8.32　举例 2 电路——Fleischer-Tow 高通滤波器频率特性

而 Fleischer-Tow 的复频域表达式为：

$$A=\frac{U_{\text{OUT}}}{U_{\text{IN}}}=-\frac{R_4}{R_6}\frac{1-SCR_2R_6\left(\frac{1}{R_1}-\frac{R}{R_3R_5}\right)+S^2C^2\frac{R_2R_6R}{R_5}}{1+SC\frac{R_2R_4}{R_3}+S^2C^2R_2R_4}$$

只要令 $R_5=R_6=\infty$，上式则变为：

$$A=\frac{U_{\text{OUT}}}{U_{\text{IN}}}=-R_4\frac{\frac{1}{R_6}-SCR_2\left(\frac{1}{R_1}-\frac{R}{R_3R_5}\right)+S^2C^2\frac{R_2R}{R_5}}{1+SC\frac{R_2R_4}{R_3}+S^2C^2R_2R_4}=R_4\frac{SCR_2\frac{1}{R_1}}{1+SC\frac{R_2R_4}{R_3}+S^2C^2R_2R_4}$$

$$=\frac{R_3}{R_1}\frac{SC\frac{R_2R_4}{R_3}}{1+SC\frac{R_2R_4}{R_3}+S^2C^2R_2R_4}$$

设：

$$\frac{1}{\omega_0^2}=C^2R_2R_4,\ \omega_0=\frac{1}{C\sqrt{R_2R_4}},\ f_0=\frac{1}{2\pi C\sqrt{R_2R_4}} \tag{8-70}$$

其频域表达式为：

$$\dot{A}(\mathrm{j}\omega)=\frac{R_3}{R_1}\frac{\mathrm{j}\frac{\omega}{\omega_0}\frac{\sqrt{R_2R_4}}{R_3}}{1+\mathrm{j}\frac{\omega}{\omega_0}\frac{\sqrt{R_2R_4}}{R_3}+\left(\mathrm{j}\frac{\omega}{\omega_0}\right)^2}=A_{\text{m}}\frac{\frac{1}{Q}\mathrm{j}\frac{\omega}{\omega_0}}{1+\frac{1}{Q}\mathrm{j}\frac{\omega}{\omega_0}+\left(\mathrm{j}\frac{\omega}{\omega_0}\right)^2} \tag{8-71}$$

可知此时高通滤波器的关键参数为：

$$A_m = \frac{R_3}{R_1} \tag{8-72}$$

$$Q = \frac{R_3}{\sqrt{R_2 R_4}} \tag{8-73}$$

使用 Fleischer-Tow 型滤波器设计一个带通滤波器。要求运放为 OPA350，供电电压为 ±2.5V，滤波器的中心频率 f_0=200Hz、Q=5，峰值增益为 10。电阻按照 E96 系列选取，用 TINA-TI 仿真软件实证。

解：首先确定电路结构为带通滤波器，则有 $R_5=R_6=\infty$。其次，选择电容为 C=0.1μF，根据式(8-70)，且令 $R=R_2=R_4$，解得：

$$R = R_2 = R_4 = \frac{1}{2\pi f_0 C} = 7958\Omega$$

根据式（8-73），解得电阻 R_3：

$$Q = \frac{R_3}{\sqrt{R_2 R_4}} \rightarrow R_3 = QR = 39789\Omega$$

根据式（8-72），解得电阻 R_1：

$$A_m = \frac{R_3}{R_1} \rightarrow R_1 = \frac{R_3}{A_m} = 3978.9\Omega$$

按照 E96 系列选取电阻，得到高通电路及其频率响应如图 8.33 所示。结果表明，与设计要求基本吻合。

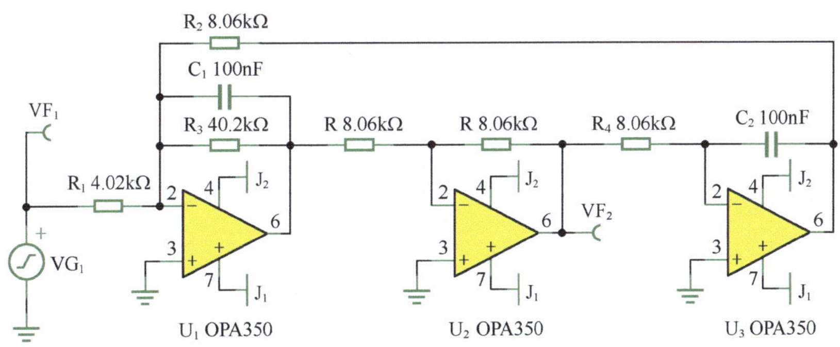

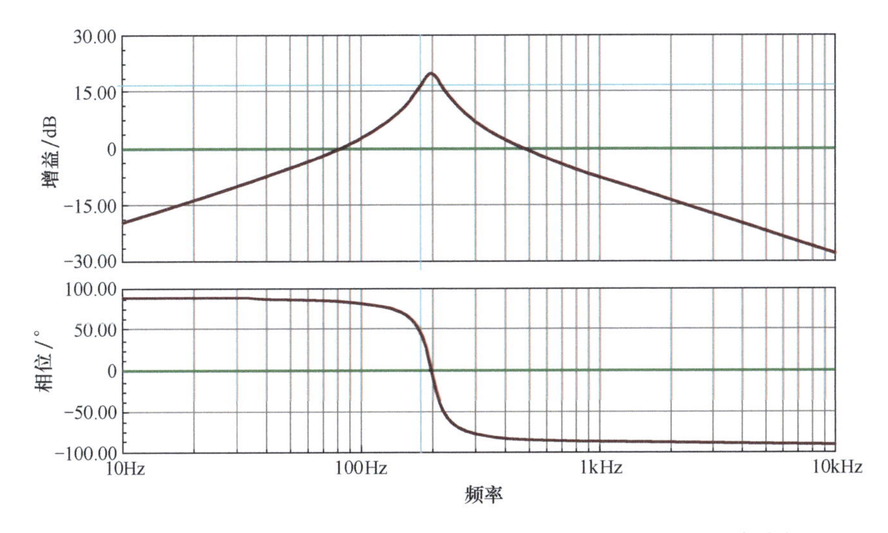

图 8.33　举例 3 电路——Fleischer-Tow 型带通滤波器电路及其频率响应

◎带阻滤波器

基于特征频率（中心频率）的带通滤波器频域表达式为：

$$\dot{A}(\mathrm{j}\Omega)=A_{\mathrm{m}}\frac{1+(\mathrm{j}\Omega)^2}{1+\frac{1}{Q}\mathrm{j}\Omega+\left(\mathrm{j}\sqrt{k}\Omega\right)^2} \tag{8-74}$$

而 Fleischer-Tow 的复频域表达式为：

$$A=\frac{U_{\mathrm{OUT}}}{U_{\mathrm{IN}}}=-\frac{R_4}{R_6}\frac{1-SCR_2R_6\left(\frac{1}{R_1}-\frac{R}{R_3R_5}\right)+S^2C^2\frac{R_2R_6R}{R_5}}{1+SC\frac{R_2R_4}{R_3}+S^2C^2R_2R_4} \tag{8-75}$$

只要令：

$$\frac{1}{R_1}-\frac{R}{R_3R_5}=0 \tag{8-76}$$

变形后的约束条件为：

$$R_1R=R_3R_5 \tag{8-77}$$

则式（8-75）变为：

$$A=\frac{U_{\mathrm{OUT}}}{U_{\mathrm{IN}}}=-\frac{R_4}{R_6}\frac{1+S^2C^2\frac{R_2R_6R}{R_5}}{1+SC\frac{R_2R_4}{R_3}+S^2C^2R_2R_4}$$

设：

$$\frac{1}{\omega_0^2}=C^2\frac{R_2R_6R}{R_5},\ \omega_0=\frac{\sqrt{R_5}}{C\sqrt{R_2R_6R}},\ f_0=\frac{\sqrt{R_5}}{2\pi C\sqrt{R_2R_6R}} \tag{8-78}$$

其频域表达式为：

$$\dot{A}(\mathrm{j}\omega)=-\frac{R_4}{R_6}\frac{1+\left(\mathrm{j}\frac{\omega}{\omega_0}\right)^2}{1+\mathrm{j}\frac{\omega}{\omega_0}\frac{R_4}{R_3}\frac{\sqrt{R_2R_5}}{\sqrt{R_6R}}+\left(\mathrm{j}\sqrt{\frac{R_4R_5}{R_6R}}\frac{\omega}{\omega_0}\right)^2}$$

可知此时带阻滤波器的关键参数为：

$$A_{\mathrm{m}}=-\frac{R_4}{R_6} \tag{8-79}$$

$$Q=\frac{R_3\sqrt{R_6R}}{R_4\sqrt{R_2R_5}} \tag{8-80}$$

$$k=\frac{R_4R_5}{R_6R} \tag{8-81}$$

k 为通用带阻滤波器的参数。

目前约束条件有一个，为式（8-77），已知条件有 4 个，为式（8-78）～式（8-81），即总的约束方程有 5 个。而未知数有 C 和 7 个电阻值。合理选择 C 后，剩下 7 个未知数，显然可以先设定其中任意一个电阻值，再令其中两个电阻值相等，使未知数与方程数（5 个）相同，就可以解出最终的答案。假设两个条件：

$$R=1\mathrm{k}\Omega \tag{8-82}$$

$$R_2 = R_6 \tag{8-83}$$

将式（8-81）和式（8-79）相除，得：

$$\frac{k}{-A_m} = \frac{\frac{R_4 R_5}{R_6 R}}{\frac{R_4}{R_6}} = \frac{R_5}{R} \rightarrow R_5 = -\frac{k}{A_m} R \tag{8-84}$$

根据式（8-78）

$$f_0 = \frac{\sqrt{R_5}}{2\pi C\sqrt{R_2 R_6 R}}$$

再利用 $R_2=R_6$，解得：

$$R_2 = R_6 = \frac{\sqrt{\frac{R_5}{R}}}{2\pi C f_0} = \frac{\sqrt{-\frac{k}{A_m}}}{2\pi C f_0} \tag{8-85}$$

利用式（8-79），得：

$$A_m = -\frac{R_4}{R_6}$$

$$R_4 = -A_m R_6 \tag{8-86}$$

利用式（8-80），得：

$$Q = \frac{R_3\sqrt{R_6 R}}{R_4\sqrt{R_2 R_5}}$$

$$R_3 = \frac{QR_4\sqrt{R_2 R_5}}{\sqrt{R_6 R}} = Q\sqrt{\frac{R_5}{R}} R_4 = Q\sqrt{-\frac{k}{A_m}}\left(-A_m \frac{\sqrt{-\frac{k}{A_m}}}{2\pi C f_0}\right) = \frac{kQ}{2\pi C f_0} \tag{8-87}$$

根据式（8-77），得：

$$R_1 R = R_3 R_5$$

$$R_1 = \frac{R_3 R_5}{R} = -\frac{k}{A_m}\frac{kQ}{2\pi C f_0} \tag{8-88}$$

至此，设计完毕，只要知道 k、A_m、f_0、Q，就可以利用式（8-82）～式（8-88），根据选定的 C，求解出电阻 R、R_1 ～ R_6。

举例 4

使用 Fleischer-Tow 型滤波器设计一个带阻滤波器。要求运放为 OPA350，供电电压为 ±2.5V，滤波器的 k=1，即标准陷波器，中心频率为 f_0=50Hz、Q=20，峰值增益为 1。

解：首先确定电路结构为标准 Fleischer-Tow，如图 8.28 所示。

1）选择电容 C=1μF。选择电阻 R=1kΩ。

2）根据式（8-84），求解 R_5：

$$R_5 = -\frac{k}{A_m} R = 1\text{k}\Omega$$

3）根据式（8-85），求解 R_2 和 R_6：

$$R_2 = R_6 = \frac{\sqrt{\frac{R_5}{R}}}{2\pi C f_0} = \frac{\sqrt{-\frac{k}{A_m}}}{2\pi C f_0} = 3183\Omega$$

4）根据式（8-86），求解 $R_4=R_6=3183\Omega$。

5）根据式（8-87），求解 R_3：

$$R_3=\frac{QR_4\sqrt{R_2R_5}}{\sqrt{R_6R}}=\frac{kQ}{2\pi Cf_0}=63.66\text{k}\Omega$$

6）根据式（8-88），求解 R_1：

$$R_1=\frac{R_3R_5}{R}=-\frac{k}{A_\text{m}}\frac{kQ}{2\pi Cf_0}=63.66\text{k}\Omega$$

设计电路如图 8.34 所示，仿真结果如图 8.35 所示。

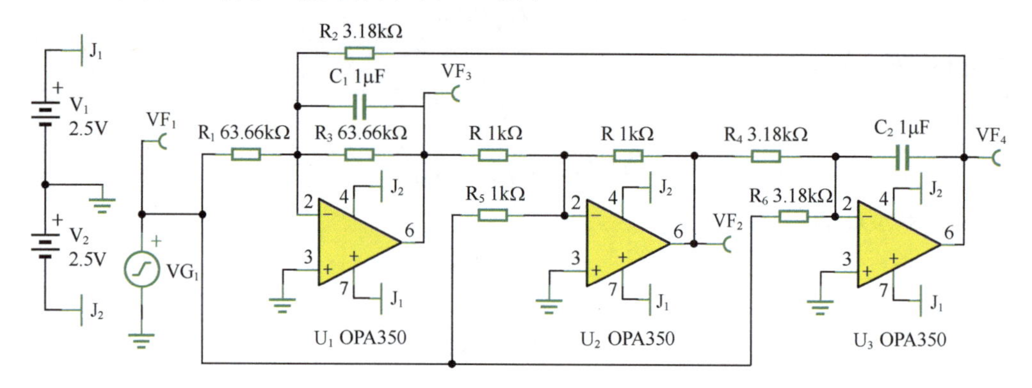

图 8.34　举例 4 电路——Fleischer-Tow 带阻滤波器

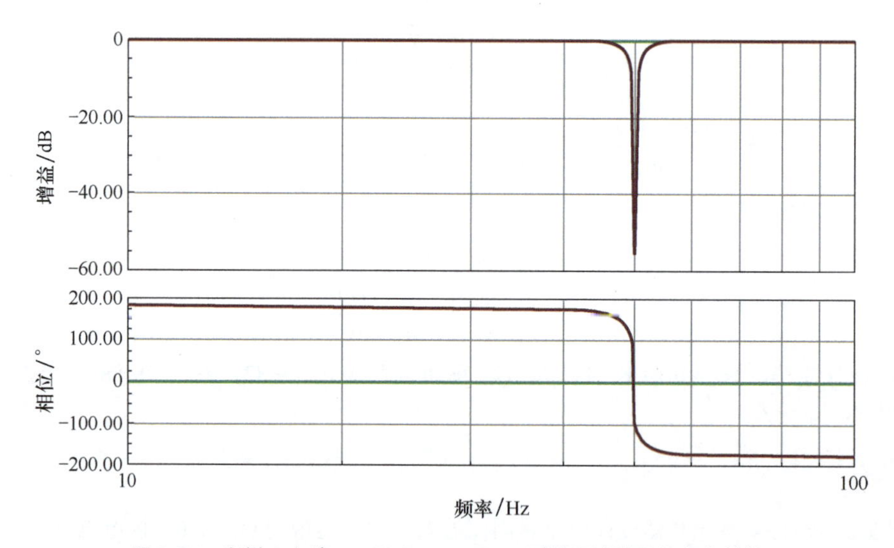

图 8.35　举例 4 电路——Fleischer-Tow 型带阻滤波器的频率特性

平坦区增益和中心频率一眼就能看出，无须细致验证。本例只验证 Q 值。在幅频特性图中，使用 a 标尺点中陷波器输出线，在对话框中输入增益 -3.01dB，分别得到两个频率点：

$$f_\text{L}=f_{\text{A}=-3.01\text{dB}左}=48.77\text{Hz}$$

$$f_\text{H}=f_{\text{A}=-3.01\text{dB}右}=51.27\text{Hz}$$

由此可知：

$$Q=\frac{f_0}{f_\text{H}-f_\text{L}}=20$$

与设计要求吻合。

◎全通滤波器

基于特征频率（中心频率）的带通滤波器频域表达式为：

$$\dot{A}(\mathrm{j}\Omega)=A_{\mathrm{m}}\frac{1-\frac{1}{Q}\mathrm{j}\Omega+(\mathrm{j}\Omega)^2}{1+\frac{1}{Q}\mathrm{j}\Omega+(\mathrm{j}\Omega)^2} \tag{8-89}$$

而 Fleischer-Tow 型滤波器的复频域表达式为：

$$A=\frac{U_{\mathrm{OUT}}}{U_{\mathrm{IN}}}=-\frac{R_4}{R_6}\frac{1-SCR_2R_6\left(\frac{1}{R_1}-\frac{R}{R_3R_5}\right)+S^2C^2\frac{R_2R_6R}{R_5}}{1+SC\frac{R_2R_4}{R_3}+S^2C^2R_2R_4} \tag{8-90}$$

只要令分子和分母的 S 项、S^2 项具有相同的系数即可。

对于 S^2 项，有：

$$\frac{R_2R_6R}{R_5}=R_2R_4\rightarrow R_6R=R_4R_5 \tag{8-91}$$

对于 S 项，有：

$$R_2R_6\left(\frac{1}{R_1}-\frac{R}{R_3R_5}\right)=\frac{R_2R_4}{R_3}$$

化简：

$$\frac{R_3R_5R_6-R_1R_6R}{R_1R_3R_5}=\frac{R_1R_4R_5}{R_1R_3R_5}\rightarrow R_3R_5R_6-R_1R_6R=R_1R_4R_5 \tag{8-92}$$

$$R_3R_6=2R_1R_4$$

$$R_3R_5=2R_1R$$

则式（8-90）变为：

$$A=\frac{U_{\mathrm{OUT}}}{U_{\mathrm{IN}}}=-\frac{R_4}{R_6}\frac{1-SC\frac{R_2R_4}{R_3}+S^2C^2R_2R_4}{1+SC\frac{R_2R_4}{R_3}+S^2C^2R_2R_4}$$

设：

$$\frac{1}{\omega_0^2}=C^2R_2R_4,\quad \omega_0=\frac{1}{C\sqrt{R_2R_4}},\quad f_0=\frac{1}{2\pi C\sqrt{R_2R_4}} \tag{8-93}$$

其频域表达式为：

$$\dot{A}(\mathrm{j}\omega)=-\frac{R_4}{R_6}\frac{1-\mathrm{j}\frac{\omega}{\omega_0}\frac{\sqrt{R_2R_4}}{R_3}+\left(\mathrm{j}\frac{\omega}{\omega_0}\right)^2}{1+\mathrm{j}\frac{\omega}{\omega_0}\frac{\sqrt{R_2R_4}}{R_3}+\left(\mathrm{j}\frac{\omega}{\omega_0}\right)^2}=A_{\mathrm{m}}\frac{1-\frac{1}{Q}\mathrm{j}\frac{\omega}{\omega_0}+\left(\mathrm{j}\frac{\omega}{\omega_0}\right)^2}{1+\frac{1}{Q}\mathrm{j}\frac{\omega}{\omega_0}+\left(\mathrm{j}\frac{\omega}{\omega_0}\right)^2}$$

可知此时高通滤波器的关键参数为：

$$A_{\mathrm{m}}=-\frac{R_4}{R_6} \tag{8-94}$$

$$Q=\frac{R_3}{\sqrt{R_2R_4}} \tag{8-95}$$

至此，分析完毕。要完成全通滤波器的设计，还需要做必要的约束。

设计电路已知的条件有 A_m、f_0、Q，以及为实现全通而必须保证的两个约束方程，式（8-91）～式（8.92），即能够写出的方程式总共有 5 个。而需要求解的参数有：电容 C、电阻 R、电阻 R_1 ～ R_6，共 8 个未知量。显然，有 3 个未知量不能被约束。因此给出如下 3 个人为约束。

1）根据特征频率任选合适的 C；2）R_2=R_4；3）选择合适的电阻 R。

据此，得设计方法如下。

1）根据特征频率，参照表 3.1，任选合适的电容 C，选择合适的电阻 R。

2）根据特征频率表达式（8-93），以及人为约束 2），解出电阻 R_2 和 R_4：

$$R_2 = R_4 = \frac{1}{2\pi Cf_0} \tag{8-96}$$

3）根据增益表达式（8-94），得：

$$R_6 = -\frac{R_4}{A_m} \tag{8-97}$$

4）根据品质因数表达式（8-95），得：

$$R_3 = QR_4 \tag{8-98}$$

5）根据式（8-91），得：

$$R_5 = \frac{R_6 R}{R_4} = -\frac{R}{A_m} \tag{8-99}$$

6）根据式（8-92），得：

$$R_3R_5R_6 - R_1R_6R = R_1R_4R_5$$

$$R_1 = \frac{R_3R_5R_6}{R_4R_5 + R_6R}$$

根据式（8-91）、式（8-99），得：

$$R_1 = -\frac{R_3}{2A_m} \tag{8-100}$$

使用 Fleischer-Tow 型滤波器设计一个全通滤波器。要求运放为 OPA350，供电电压为 ±2.5V，中心频率为 f_0=1000Hz、Q=5，峰值增益为 10 倍。

解：1）参照表 3.1，选择电容 C=22nF，选择电阻 R=10kΩ。

2）根据式（8-96），计算出：

$$R_2 = R_4 = \frac{1}{2\pi Cf_0} = 7234.3\Omega$$

3）根据式（8-97），计算出：

$$R_6 = -\frac{R_4}{A_m} = 723.43\Omega$$

4）根据式（8-98），计算出：

$$R_3 = QR_4 = 36171\Omega$$

5）根据式（8-99），计算出：

$$R_5 = \frac{R_6R}{R_4} = -\frac{R}{A_m} = 1000\Omega$$

此式一出，就应该知道我为什么选择电阻 R=10kΩ，而不是常用的 1kΩ。

6）根据式（8-100），计算出：

$$R_1 = -\frac{R_3}{2A_m} = 1808.6\Omega$$

电路如图 8.36 所示。

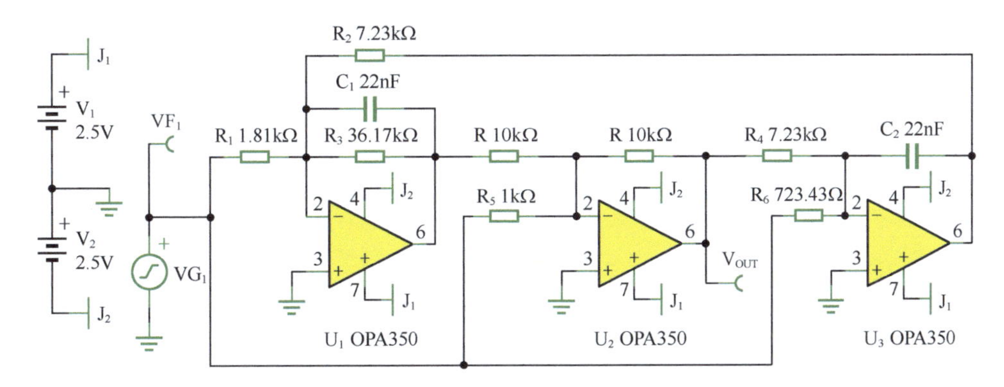

图 8.36　举例 5 电路——Fleischer-Tow 型全通滤波器

8.4 有源椭圆滤波器

椭圆滤波器，又称为考尔滤波器，是一种具有零点的滤波器，它实现的低通滤波器有如下特点。

1）具有最窄的过渡带，与砖墙型滤波器最为相似。

2）通带、阻带内均有波动。

3）偶数阶滤波器的阻带，增益很小但不会随频率增大而趋于 0；奇数阶滤波器的阻带，增益会随着频率的增加，以一阶衰竭模式趋于 0。因此，多数情况下，椭圆滤波器都以奇数阶形式存在。

◎最简单的椭圆滤波器——二阶椭圆

其实，椭圆滤波器一点儿都不神秘，我们早已见过它——在本书第 6.2 节中，我们介绍了陷波器的另外两种情况，即：

$$\dot{A}(\mathrm{j}\Omega)=A_{\mathrm{m}}\frac{1+(\mathrm{j}\Omega)^2}{1+\frac{1}{Q}\mathrm{j}\Omega+\left(\mathrm{j}\sqrt{k}\Omega\right)^2} \tag{8-101}$$

这个表达式的特点是它的分子存在零点。将这个表达式写成更为通用的表达式，如下：

$$\dot{A}(\mathrm{j}\omega)=A_{\mathrm{m}}\frac{1+\left(\mathrm{j}\frac{\omega}{\omega_{\mathrm{s}}}\right)^2}{1+\frac{1}{Q}\mathrm{j}\frac{\omega}{\omega_0}+\left(\mathrm{j}\frac{\omega}{\omega_0}\right)^2}$$

即分母为标准二阶低通滤波器的分母，而分子为 1 与平方项的和。将其再次变形：

$$\dot{A}(\mathrm{j}\omega)=\left(A_{\mathrm{m}}\frac{1}{1+\frac{1}{Q}\mathrm{j}\frac{\omega}{\omega_0}+\left(\mathrm{j}\frac{\omega}{\omega_0}\right)^2}\right)\left(1+\left(\mathrm{j}\frac{\omega}{\omega_s}\right)^2\right)=\dot{A}_1(\mathrm{j}\omega)\dot{A}_2(\mathrm{j}\omega)$$

$\dot{A}_1(\mathrm{j}\omega)$为标准二阶低通，$\dot{A}_2(\mathrm{j}\omega)$为分子项。不要小看这个分子项，它的存在导致滤波器产生了非常奇妙的变化，也引发了椭圆滤波器的诞生。

图 8.37 所示是一个特征角频率 ω_0 为 1rad/s 的巴特沃斯型低通滤波器，与一个零点频率 ω_{s} 为 2rad/s 的分子项相乘的幅频特性图。

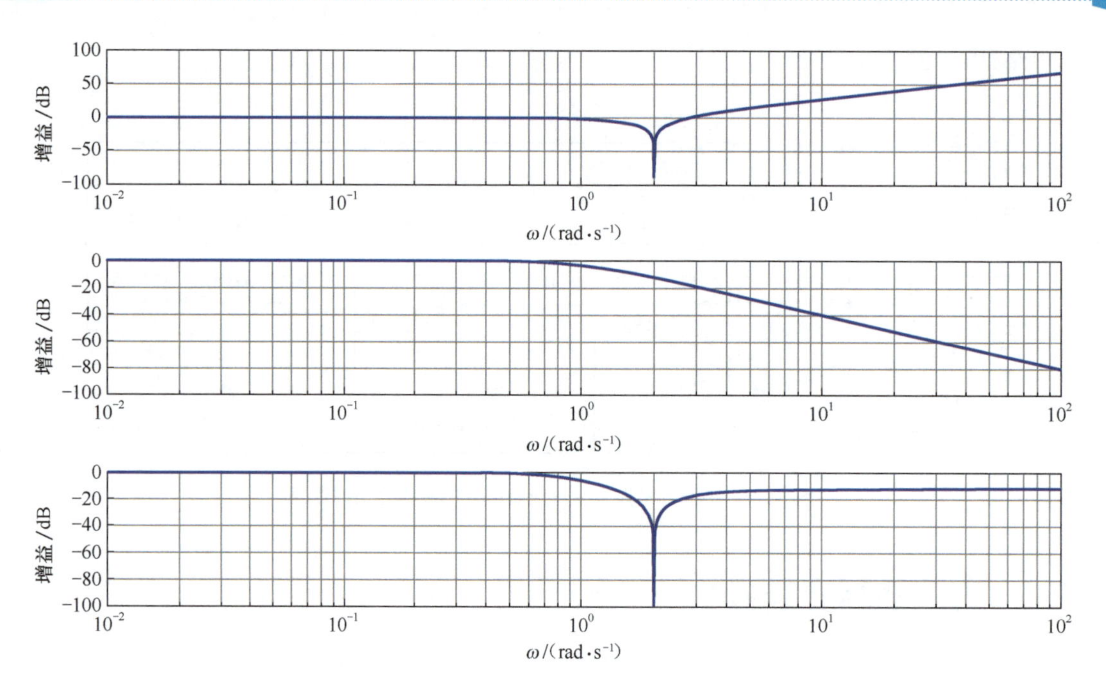

图 8.37　二阶椭圆滤波器构成原型

其传递函数的频域表达式为：

$$\dot{A}(j\omega)=\left(\frac{1}{1+\frac{1}{0.7071}j\frac{\omega}{1}+\left(j\frac{\omega}{1}\right)^2}\right)\left(1+\left(j\frac{\omega}{2}\right)^2\right)=\dot{A}_1(j\omega)\dot{A}_2(j\omega)$$

对此表达式，需要知道几个关键频率点的模。

1）当 ω=0rad/s，有：

$$\left|\dot{A}(j\omega)\right|=1=0\text{dB}$$

2）当 ω=1rad/s，有：

$$\left|\dot{A}(j\omega)\right|=\left|\left(\frac{1}{1+\frac{1}{0.7071}j1+(j1)^2}\right)\left(1+\left(j\frac{1}{2}\right)^2\right)\right|=0.5303=-5.5\text{dB}$$

3）当 ω=2rad/s，有：

$$\left|\dot{A}(j\omega)\right|=\left|\left(\frac{1}{1+\frac{1}{0.7071}j2+(j2)^2}\right)\left(1+\left(j\frac{2}{2}\right)^2\right)\right|=0=-\infty$$

从 ω=1rad/s 到 ω=2rad/s，增益会快速地下降。这是过渡带变窄的核心因素。在图 8.37 中我们看不到增益的 $-\infty$，是因为我在做这张图时，横轴角频率的增加是离散的，没有准确击中 ω=2rad/s。

4）当 $\omega=\infty$，有：

$$\left|\dot{A}(j\omega)\right|=\left|\left(A_m\times\frac{1}{1+\frac{1}{Q}j\frac{\infty}{\omega_0}+\left(j\frac{\infty}{\omega_0}\right)^2}\right)\left(1+\left(j\frac{\infty}{\omega_s}\right)^2\right)\right|=\frac{\omega_0^2}{\omega_s^2}=0.25=-12.04\text{dB}$$

也就是说，当角频率无限增加时，上述表达式形成的模并不像标准低通一样趋于 0，而是稳定在 ω_0^2/ω_s^2。

至此，我们得到的结果有两个，有好有坏。好的结果是，它出现了一个极为陡峭的过渡带，在ω=1rad/s 到 ω=2rad/s 之间，这有利于形成砖墙型滤波器效果。坏的结果是，随着频率的上升，增益没有趋于 0，而是趋于 0.25，这不像低通滤波器。

如果我们将多个这样的二阶传递函数串联，形成四阶、六阶、八阶等，就可以得到改善。第一，过渡带将变得更为陡峭。第二，高频段的增益会是 2 个、3 个、4 个 0.25 相乘，也将变得很小。虽然它仍不是标准低通，但是对高频的抑制也算是非常明显了。

图 8.38 所示是直接将 4 个$\dot{A}(\mathrm{j}\omega)$相乘得到的幅频特性。从图 8.38 中看出，它具有非常陡峭的过渡带，且在角频率趋于很大时，增益趋于 −48.16dB，也就是 0.00391。

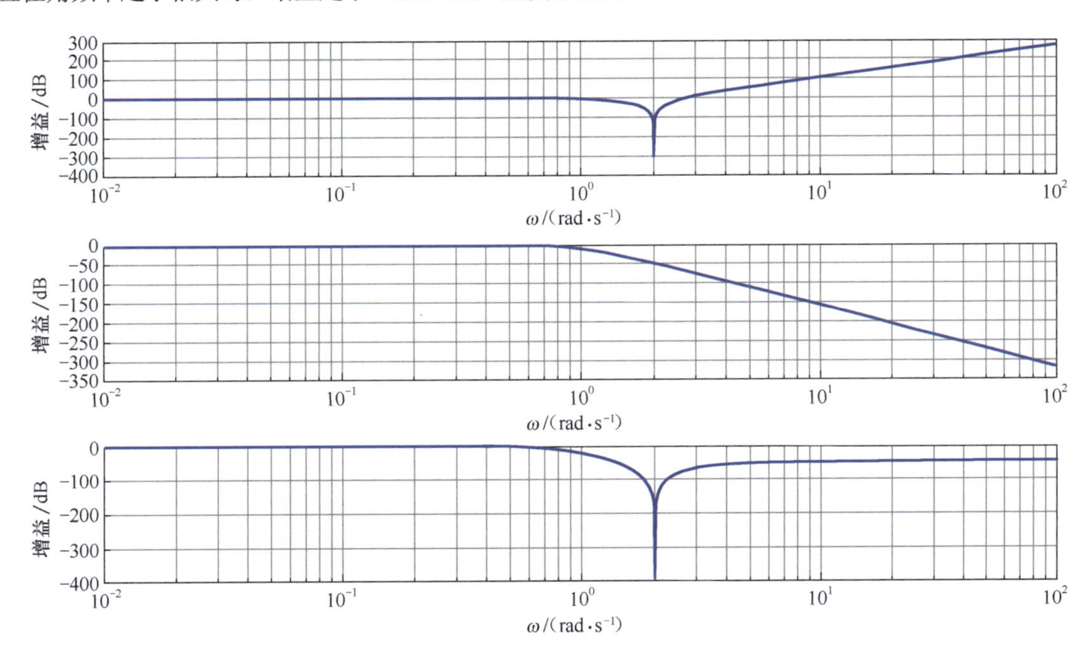

图 8.38　八阶椭圆滤波器构成原型

但是，将 4 个相同的二阶传递函数相乘不能得到理想的结果。它存在几个问题：第一，它的效率太低了，4 个传递函数才得到 -48dB 增益的高频衰竭；第二，它的截止频率此时已经降得很低，不再是 1。

◎椭圆滤波器——以七阶为例

数学家想出了两个办法，以得到优美的椭圆滤波效果。第一，将级联的二阶传递函数中，每一级的特征角频率 ω_{0i}、品质因数 Q_i 以及零点角频率 ω_{si}，都视为可调节的系数，以探索不同系数带来的效果。第二，给传递函数中增加一级一阶低通滤波，即分子上仍为 n 次（n 为偶数），而分母上变为 n+1 次，以迫使增益随着频率的增加逐渐下降，这更像一个低通滤波器。

这样，就形成了椭圆滤波器，以七阶为例，其增益随频率的通用表达式为：

$$\dot{A}(\mathrm{j}\omega)=\frac{\left(1+\left(\mathrm{j}\frac{\omega}{\omega_{s1}}\right)^2\right)\left(1+\left(\mathrm{j}\frac{\omega}{\omega_{s2}}\right)^2\right)\left(1+\left(\mathrm{j}\frac{\omega}{\omega_{s3}}\right)^2\right)}{\left(1+\mathrm{j}\frac{\omega}{\omega_{00}}\right)\left(1+\frac{1}{Q_1}\mathrm{j}\frac{\omega}{\omega_{01}}+\left(\mathrm{j}\frac{\omega}{\omega_{01}}\right)^2\right)\left(1+\frac{1}{Q_2}\mathrm{j}\frac{\omega}{\omega_{02}}+\left(\mathrm{j}\frac{\omega}{\omega_{02}}\right)^2\right)\left(1+\frac{1}{Q_3}\mathrm{j}\frac{\omega}{\omega_{03}}+\left(\mathrm{j}\frac{\omega}{\omega_{03}}\right)^2\right)} \tag{8-102}$$

椭圆滤波器系数的选择是一个极为复杂的过程，不同的系数会引起通带内波动大小的不同、阻带频率的不同以及阻带内最大增益的不同。怎么选择，我不会，但有人会。Kendall Su 所著 *Analog Filter*（2003 Kluwer Academic Publishers）给出了很多实际椭圆滤波器的系数，本书以特征频率体系对其进行了变换，得到与式（8-102）匹配的系数。以其中某一个七阶椭圆滤波器为例，系数如表 8.1 所示。

表 8.1　七阶椭圆滤波器系数

对比项	特征角频率 ω_{0i}/(rad·s^{-1})	品质因数 Q_i	零点角频率 ω_{si}/(rad·s^{-1})
七阶（i=0）	0.29811730		
第 1 级（i=1）	1.00662843	12.0415573	1.528568700
第 2 级（i=2）	0.86473145	3.14527862	1.820436807
第 3 级（i=3）	0.56742047	1.16163869	3.087082453

将上述系数代入式（8-102），用 MATLAB 作图可得其幅频特性曲线，如图 8.39 所示。读者可以看到，其幅频特性曲线在 ω=1rad/s 之前，几乎是平坦的；在 ω=1 ～ 1.5rad/s 时，增益迅速下降，在无穷小和 −79dB 之间振荡波动。粗看，这已经是一个相当完美的低通滤波器。

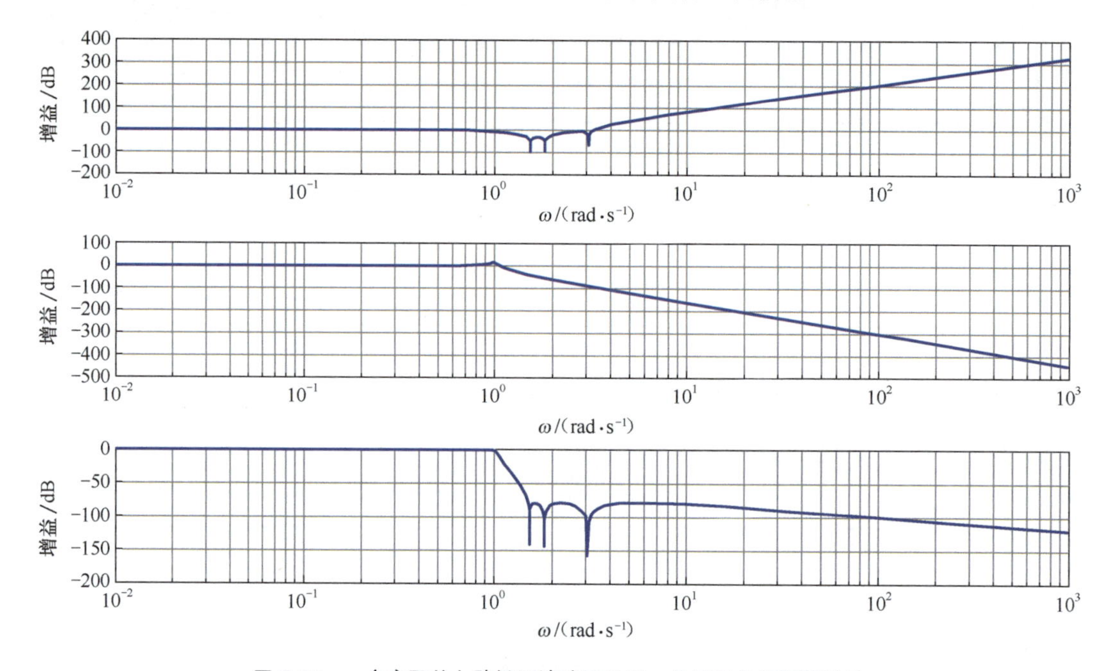

图 8.39　一个实际的七阶椭圆滤波器分子、分母和总的幅频特性

◎任意阶数椭圆滤波器

奇数阶椭圆滤波器的通用频域表达式为：

$$\dot{A}(\mathrm{j}\omega)=\frac{\prod_{i=1}^{n}\left(1+\left(\mathrm{j}\frac{\omega}{\omega_{si}}\right)^2\right)}{\left(1+\mathrm{j}\frac{\omega}{\omega_{00}}\right)\prod_{i=1}^{n}\left(1+\frac{1}{Q_i}\mathrm{j}\frac{\omega}{\omega_{0i}}+\left(\mathrm{j}\frac{\omega}{\omega_{0i}}\right)^2\right)} \tag{8-103}$$

其中，ω_{00} 是一阶低通的特征角频率（也是其截止角频率）。确定 n 后，可以实现 $2n$+1 阶椭圆滤波器。例如前述的七阶滤波器，分子分母均由 3 个二次项相乘得到，n=3。

偶数阶椭圆滤波器的通用频域表达式为：

$$\dot{A}(\mathrm{j}\omega)=\frac{\prod_{i=1}^{n}\left(1+\left(\mathrm{j}\frac{\omega}{\omega_{si}}\right)^2\right)}{\prod_{i=1}^{n}\left(1+\frac{1}{Q_i}\mathrm{j}\frac{\omega}{\omega_{0i}}+\left(\mathrm{j}\frac{\omega}{\omega_{0i}}\right)^2\right)} \tag{8-104}$$

◎椭圆滤波器的关键参数

将图 8.39 中总增益幅频特性的纵轴，由 dB 显示改为倍数显示。

放大其中的通带部分，如图 8.40 左图所示。可以看出在通带内，增益有起伏，图中只显示了两个波谷，其实有 3 个。标准的椭圆滤波器多个波谷的幅度是一致的，称之为“通带等纹波”。

1）通带增益 A_{p0} 是指平坦区增益。对于低通滤波器来说，指频率为 0 时的增益；对于高通滤波器来说，指频率为∞时的增益。在此图中 A_{p0}=1=0dB。

2）通带增益极值 A_{pm} 指通带内增益最大值或者最小值，即平坦区中隆起的最大值，或者下凹的最小值。对于标准椭圆滤波器来说，这个极值可能出现多次。在此图中，A_{pm} 约为 0.945。

3）通带纹波 R_{dB} 指通带内的波动，以 dB 为单位：

$$R_{dB}=\left|20\times\lg\frac{A_{pm}}{A_{p0}}\right|=\left|A_{pm}(\text{dB})-A_{p0}(\text{dB})\right|$$

在此图中，R_{dB} 约为 0.5dB。

4）通带角频率 ω_p。如果 $A_{pm}<A_{p0}$，则说明幅频特性呈现下凹式波动，如图 8.40 左图所示，从低频向高频寻找，幅频特性曲线第一次交越 A_{pm} 的角频率即通带角频率，名为 ω_p。ω_p 左侧，其增益总是大于或等于 A_{pm}，定义为通带。如果 $A_{pm}>A_{p0}$，则说明幅频特性呈现上凸式波动，如举例 2 图 8.43 所示，从低频向高频寻找，幅频特性曲线第一次交越 A_{p0} 的角频率即通带角频率。总之，是以较小的增益为横线，与幅频特性曲线相交。

5）阻带增益 A_s 和阻带角频率 ω_s。放大其中的阻带部分，如图 8.40 右图所示。可以看出在阻带内，增益也有起伏。标准椭圆滤波器的多个波峰幅度是一致的，称为“阻带等纹波”。找到阻带内最大的波峰，其增益即阻带增益 A_s，然后让角频率从最大波峰（如果为等纹波，则从最左侧的波峰）开始下降，遇到的第一个大于 A_s 的角频率点即为阻带角频率，名为 ω_s。ω_s 右侧均为阻带。

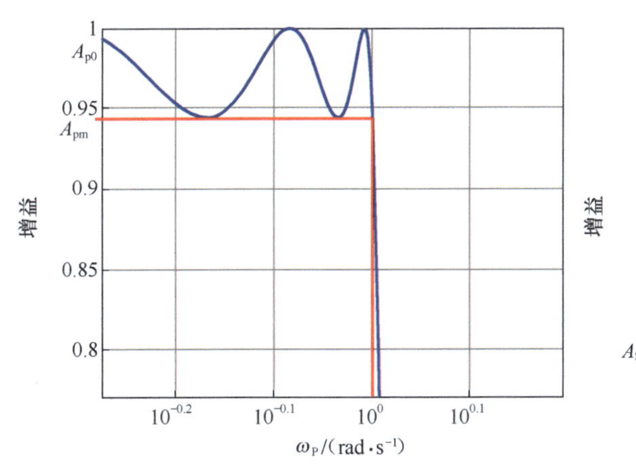

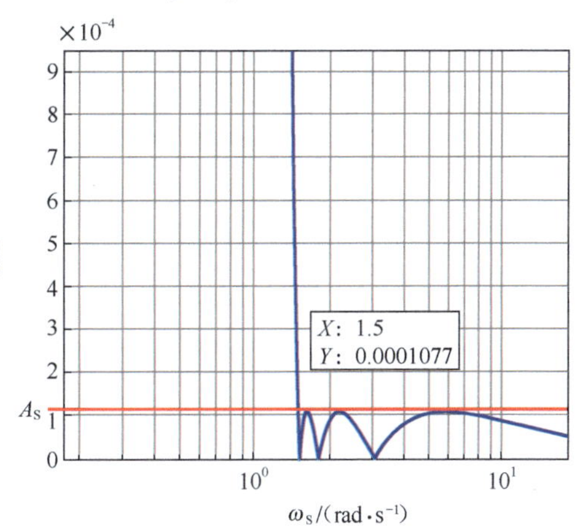

图 8.40　椭圆滤波器的关键参数 ω_p

6）阻带衰竭 ΔA_s，以 dB 为单位，定义如下：

$$\Delta A_s=20\times\lg\frac{A_{p0}}{A_s}=A_{p0}(\text{dB})-A_s(\text{dB})$$

7）过渡带比。$\omega_p\sim\omega_s$ 即过渡带。ω_s/ω_p 称为过渡带比。

很显然，对于低通滤波器来说，ω_s/ω_p 一定大于 1，它越接近 1，则越接近砖墙型滤波器，过渡带越窄。

◎椭圆滤波器系数表

本书提供的椭圆滤波器表，所有数据都由原始数据计算获得，而原始数据来自 Kendall Su 所著 *Analog Filter*。

系数表以式（8-103）和式（8-104）为基础，分别如表 8.2 ～表 8.5 所示。

表 8.2　带内纹波 0.5dB，ω_s/ω_p=1.5

n	ω_{0i}/（rad · s^{-1}）	Q_i	ω_{si}/（rad · s^{-1}）
2	1.26617253	1.22746558	1.981678829
3	1.07199269	2.36718021	1.675116142
	0.76695213		
4	1.02977555	4.03894465	1.592341989
	0.68689631	0.74662189	3.478406167
5	1.01582182	6.21441916	1.557406392
	0.75895452	1.33094841	2.331875771
	0.42597073		
6	1.00976226	8.88311901	1.539249414
	0.82138477	2.14203144	1.981678829
	0.45710956	0.69947751	5.08206827
7	1.00662843	12.0415573	1.5285687
	0.86473145	3.14527862	1.820436807
	0.56742047	1.16163869	3.087082453
	0.2981173		
8	1.00480428	15.6882909	1.521741535
	0.89468501	4.32729846	1.730797622
	0.66040884	1.77981493	2.453940551
	0.34225314	0.68501594	6.712672877
9	1.00364925	19.8226292	1.5171079
	0.91592624	5.68161156	1.675116142
	0.72945853	2.52475572	2.153215284
	0.4494743	1.10095276	3.874834371
	0.22996083		
10	1.00287083	24.4442025	1.513816723
	0.9314339	7.20465862	1.637877114
	0.78036435	3.38591629	1.981678829
	0.54616608	1.63846907	2.95816906
	0.27353859	0.67864872	8.354130562

表 8.3　带内纹波 1dB，ω_s/ω_p=1.5

n	ω_{0i}/（rad · s^{-1}）	Q_i	ω_{si}/（rad · s^{-1}）
2	1.102012305	1.253115105	1.981678829
3	1.011787502	2.695253459	1.675116142
	0.59101528		
4	0.999405403	4.785991359	1.592341989
	0.603557131	0.826816878	3.478406167
5	0.997475549	7.495235608	1.557406392
	0.719074787	1.570892093	2.331875771
	0.33784626		
6	0.997440369	10.81435813	1.539249414
	0.798908487	2.585795072	1.981678829
	0.405709182	0.777805334	5.082050943
7	0.997762792	14.74055903	1.5285687
	0.850465273	3.835127053	1.820436807

续表

n	ω_{0i}/(rad · s^{-1})	Q_i	ω_{si}/(rad · s^{-1})
7	0.539532529	1.3778339	3.087082453
	0.23818831		
8	0.998110094	19.27268682	1.521741535
	0.884854903	5.304897279	1.730797622
	0.64330227	2.157504915	2.453940551
	0.304971376	0.762227326	6.712672877
9	0.998410902	24.41018298	1.5171079
	0.908742417	6.988029909	1.675116142
	0.717968558	3.088554091	2.153215284
	0.428251363	1.307386652	3.874821467
	0.18427506		
10	0.998657334	30.1527701	1.513816723
	0.925949545	8.880490332	1.637877114
	0.772144255	4.161298299	1.981678829
	0.532590208	1.988720054	2.95816906
	0.244205282	0.755275946	8.354130562

表 8.4　带内纹波 1dB，阻带最大 –60dB

n	ω_{0i}/(rad · s^{-1})	Q_i	ω_{si}/(rad · s^{-1})
2	0	0	0
3	0.998373748	2.056312536	5.783509687
	0.50042888		
4	0.995432901	3.888012007	2.64652041
	0.551333719	0.796647309	6.190864511
5	0.996777859	6.948005756	1.740548348
	0.703698437	1.524888033	2.654092152
	0.32551786		
6	0.998034188	12.16902647	1.374821959
	0.816796456	2.757594866	1.735109207
	0.426057426	0.784763917	4.346644533
7	0.998845619	21.16811861	1.201252829
	0.889966072	4.85165617	1.371226819
	0.605393385	1.484979466	2.181356599
	0.2776573		
8	0.999330131	36.73786326	1.111515839
	0.935000781	8.452650738	1.199259913
	0.748636587	2.673267501	1.55178957
	0.387950667	0.783493195	3.916577378
9	0.9996128	63.71087514	1.062875628
	0.961979943	14.67749787	1.110420177
	0.846283351	4.695823614	1.286054081
	0.573326373	1.480714148	2.055431045
	0.26270204		
10	0.999776435	110.4632578	1.035799512
	0.977889774	25.45824206	1.062265353
	0.908234419	8.176759123	1.155770604
	0.725446683	2.664263976	1.499648475
	0.375660844	0.783353042	3.788107991

表 8.5 带内纹波 1dB，阻带最大 -30dB

n	ω_{0i}/(rad · s^{-1})	Q_i/(rad · s^{-1})	ω_{si}/(rad · s^{-1})
2	1.058160659	0.981967275	5.617610342
3	1.008070375	2.455312773	1.953590228
	0.55955791		
4	1.00231103	6.043414	1.311813592
	0.659689457	0.864091221	2.675900273
5	1.00087785	14.80243875	1.117140551
	0.83307313	2.073148828	1.468826433
	0.45056343		
6	1.000354192	36.22439995	1.046302667
	0.927320781	5.06510439	1.168868059
	0.60284498	0.861370196	2.427541229
7	1.00014444	88.63479934	1.018670521
	0.969578429	12.3906963	1.065771519
	0.802865437	2.06426928	1.411854546
	0.43391247		

举例 1

使用椭圆滤波器系数表，设计一个五阶椭圆滤波器频域表达式，要求通带角频率为 1rad/s，阻带最大增益为 -60dB，通带内波动不超过 1dB。用 MATLAB 编写程序，验证是否满足要求，且求出阻带角频率。

解：根据题目要求，可知采用表 8.4 合适，选择其中 n=5，获得系数如表 8.6 所示。

表 8.6 n=5，带内纹波 1dB，阻带最大 -60dB

n	ω_{0i}/(rad · s^{-1})	Q_i	ω_{si}/(rad · s^{-1})
5	0.996777859	6.948005756	1.740548348
	0.703698437	1.524888033	2.654092152
	0.32551786		

根据式（8-103），将数据代入得：

$$\dot{A}(\mathrm{j}\omega)=\frac{\prod_{i=1}^{n}\left(1+\left(\mathrm{j}\frac{\omega}{\omega_{si}}\right)^2\right)}{\left(1+\mathrm{j}\frac{\omega}{\omega_{00}}\right)\prod_{i=1}^{n}\left(1+\frac{1}{Q_i}\mathrm{j}\frac{\omega}{\omega_{0i}}+\left(\mathrm{j}\frac{\omega}{\omega_{0i}}\right)^2\right)}=$$

$$\frac{\left(1+\left(\mathrm{j}\frac{\omega}{1.740548348}\right)^2\right)}{\left(1+\mathrm{j}\frac{\omega}{0.32551786}\right)\left(1+\frac{1}{6.948005756}\mathrm{j}\frac{\omega}{0.996777859}+\left(\mathrm{j}\frac{\omega}{0.996777859}\right)^2\right)}\times$$

$$\frac{\left(1+\left(\mathrm{j}\frac{\omega}{2.654092152}\right)^2\right)}{1+\frac{1}{1.524888033}\mathrm{j}\frac{\omega}{0.703698437}+\left(\mathrm{j}\frac{\omega}{0.703698437}\right)^2}$$

这是一个仅与变量 ω 有关的复数表达式，即题目要求的频域表达式。求其模，即可利用 MATLAB 绘制其幅频特性，如图 8.41 所示。从此图可以看出阻带的效果，显然其最大增益为 -60dB，满足题目要求。在 MATLAB 程序中，可以求解出图中 ω_s=1.6717rad/s，即阻带角频率。

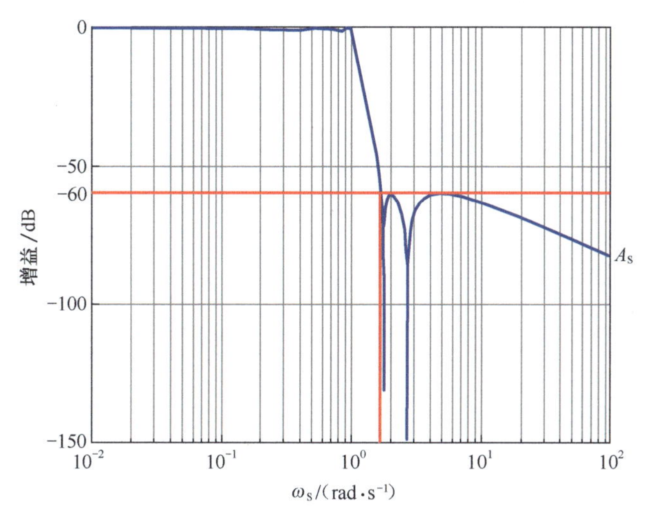

图 8.41　举例 1 的幅频特性

将此图通带部分放大显示，可以看出，其通带内波动确实为 1dB，通带角频率确实为 1/(rad·s^{-1})。

使用椭圆滤波器系数表，设计一个八阶椭圆滤波器频域表达式，要求通带频率为 150Hz，通带内波动不超过 0.5dB，f_s/f_p=1.5。用 MATLAB 编写程序，验证是否满足要求，且求出阻带最大增益。

解：根据题目要求，选择表 8.2 合适。选择其中 n=8 的系数，如表 8.7 所示。

表 8.7　n=8，带内纹波 0.5dB，ω_s/ω_p=1.5

n	ω_{0i}/(rad·s^{-1})	Q_i	ω_{si}/(rad·s^{-1})
8	1.00480428	15.6882909	1.521741535
	0.89468501	4.32729846	1.730797622
	0.66040884	1.77981493	2.453940551
	0.34225314	0.68501594	6.712672877

若将通带角频率为 1/(rad·s^{-1})，变为通带频率为 1Hz。所有系数表无须任何变换，仅需将式(8-104)由角频率表达式变换为频率表达式：

$$\dot{A}(\mathrm{j}f)=\frac{\prod_{i=1}^{n}\left(1+\left(\mathrm{j}\frac{f}{f_{si}}\right)^2\right)}{\prod_{i=1}^{n}\left(1+\frac{1}{Q_i}\mathrm{j}\frac{f}{f_{0i}}+\left(\mathrm{j}\frac{f}{f_{0i}}\right)^2\right)} \tag{8-105}$$

当通带频率不再是 1Hz，而是 150Hz 时，新的系数表以下式进行变换：

$$f_{0i}=150\times\omega_{0i};\ f_{si}=150\times\omega_{si}$$

据此得到新的系数，如表 8.8 所示。

表 8.8　新的系数

n	f_{0i}/Hz	Q_i	f_{si}/Hz
8	150.7206427	15.6882909	228.2612303
	134.2027517	4.32729846	259.6196434
	99.06132532	1.77981493	368.0910827
	51.3379706	0.68501594	1006.900932

根据新的系数表，列出频域表达式：

$$\dot{A}(\mathrm{j}f)=\frac{\prod_{i=1}^{n}\left(1+\left(\mathrm{j}\frac{f}{f_{si}}\right)^2\right)}{\prod_{i=1}^{n}\left(1+\frac{1}{Q_i}\mathrm{j}\frac{f}{f_{0i}}+\left(\mathrm{j}\frac{f}{f_{0i}}\right)^2\right)}=\frac{1+\left(\mathrm{j}\frac{f}{228.2612303}\right)^2}{1+\frac{1}{15.6882909}\mathrm{j}\frac{f}{150.7206427}+\left(\mathrm{j}\frac{f}{150.7206427}\right)^2}$$

$$\frac{1+\left(\mathrm{j}\frac{f}{259.6196434}\right)^2}{1+\frac{1}{4.32729846}\mathrm{j}\frac{f}{134.2027517}+\left(\mathrm{j}\frac{f}{134.2027517}\right)^2}\times\frac{1+\left(\mathrm{j}\frac{f}{368.0910827}\right)^2}{1+\frac{1}{1.77981493}\mathrm{j}\frac{f}{99.06132532}+\left(\mathrm{j}\frac{f}{99.06132532}\right)^2}$$

$$\frac{1+\left(\mathrm{j}\frac{f}{1006.900932}\right)^2}{1+\frac{1}{0.68501594}\mathrm{j}\frac{f}{51.3379706}+\left(\mathrm{j}\frac{f}{51.3379706}\right)^2}$$

MATLAB 程序得到的幅频特性曲线如图 8.42 所示。可以大致看出，结果基本符合要求，在 150Hz 处增益开始急剧下降。在通带内也有隐约可见的纹波。程序计算表明，阻带增益大约为 −93.17dB，根据阻带增益获得的阻带频率为 225.004Hz，如图中红色线标注的 f_s。

为了观察通带，可以对幅频特性曲线进行放大，如图 8.43 所示。可以看出，通带内有 4 个波峰，最大波动为 0.5dB，符合设计要求。根据通带频率定义，可知在最后下降的曲线上，经过 0dB 的频率为 150Hz，此即通带频率 f_P。

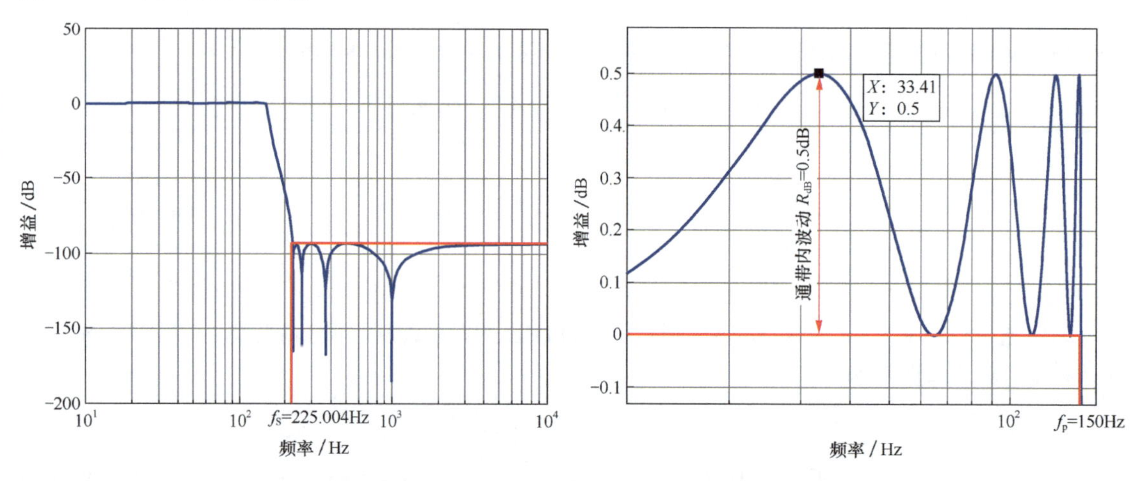

图 8.42　举例 2 的幅频特性

图 8.43　举例 2 的幅频特性通带局部

据此，可知 f_s/f_p=1.5，符合设计要求。

◎用 Fleischer-Tow 滤波器实现椭圆滤波器

前述内容主要分析了椭圆滤波器的数学基础。现在开始，我们探讨如何用电路实现一个椭圆滤波器。实现椭圆滤波器的主要方法有两种，基于运放的有源椭圆滤波器，以及基于电感和电容、电阻的无源椭圆滤波器。

第 8.3 节讲述的 Fleischer-Tow 滤波器就可以实现椭圆滤波，它属于有源滤波。

图 8.44 所示为标准的 Fleischer-Tow 滤波器，其传递函数为：

$$A=\frac{u_{\mathrm{OUT}}}{u_{\mathrm{IN}}}=-\frac{R_4}{R_6}\frac{1-SC_2R_2R_6\left(\frac{1}{R_1}-\frac{R}{R_3R_5}\right)+S^2C_1C_2\frac{R_2R_6R}{R_5}}{1+SC_2\frac{R_2R_4}{R_3}+S^2C_1C_2R_2R_4}\tag{8-106}$$

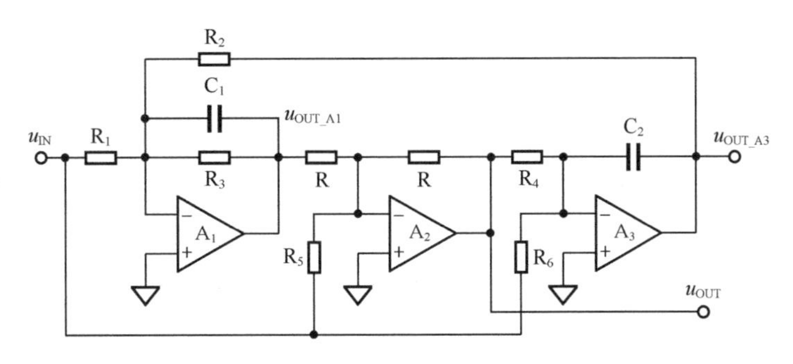

图 8.44　Fleischer-Tow 滤波器

为实现椭圆滤波，进行如下约定：

$$R_3 = R_1;\ R_5 = R_6 = R;\ C_1 = C_2 = C$$

形成新的电路如图 8.45 所示，其传递函数演变为：

$$A_{\mathrm{ellip}} = \frac{U_{\mathrm{OUT}}}{U_{\mathrm{IN}}} = -\frac{R_4}{R}\frac{1+S^2C^2R_2R}{1+SC\dfrac{R_2R_4}{R_1}+S^2C^2R_2R_4} \tag{8-107}$$

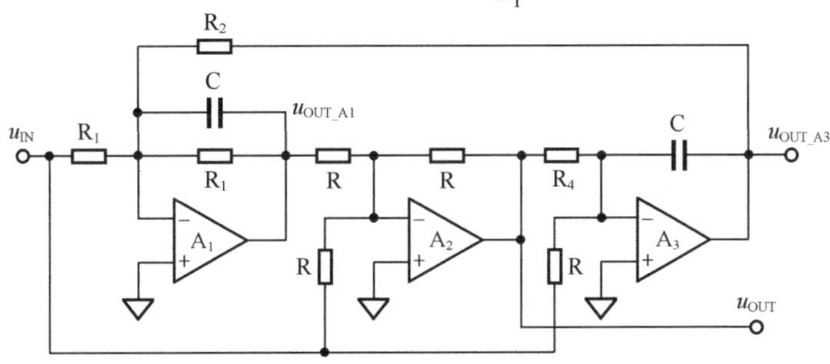

图 8.45　基于 Fleischer-Tow 滤波器的椭圆滤波器

这是一个二阶椭圆滤波器。可知：

$$\omega_s = \frac{1}{C\sqrt{R_2R}};\ f_s = \frac{1}{2\pi C\sqrt{R_2R}} \tag{8-108}$$

$$\omega_0 = \frac{1}{C\sqrt{R_2R_4}};\ f_0 = \frac{1}{2\pi C\sqrt{R_2R_4}} \tag{8-109}$$

为将前述表达式写成标准式，则必须有：

$$C\frac{R_2R_4}{R_1} = \frac{1}{Q\omega_0} = \frac{C\sqrt{R_2R_4}}{Q}$$

即：

$$Q = \frac{R_1\sqrt{R_2R_4}}{R_2R_4} = \frac{R_1}{\sqrt{R_2R_4}} \tag{8-110}$$

$$A_{\mathrm{m}} = -\frac{R_4}{R} = -\left(\frac{f_s}{f_0}\right)^2 \tag{8-111}$$

据此，可将传递函数写为如下频域表达式：

$$A_{\mathrm{ellip}}(\mathrm{j}\omega) = \frac{U_{\mathrm{OUT}}}{U_{\mathrm{IN}}} = -\frac{R_4}{R}\frac{1+\left(\mathrm{j}\dfrac{\omega}{\omega_s}\right)^2}{1+\dfrac{1}{Q}\mathrm{j}\dfrac{\omega}{\omega_0}+\left(\mathrm{j}\dfrac{\omega}{\omega_0}\right)^2} = -\frac{R_4}{R}\frac{1+\left(\mathrm{j}\dfrac{f}{f_s}\right)^2}{1+\dfrac{1}{Q}\mathrm{j}\dfrac{f}{f_0}+\left(\mathrm{j}\dfrac{f}{f_0}\right)^2} \tag{8-112}$$

◎基于 Flsisher-Tow 滤波器设计二阶椭圆滤波器

f_s、f_0、Q 已知，求解电阻 R、R_1、R_2、R_4，以及电容 C。已知 3 个条件，求解 5 个未知量，因此有 2 个可以任意设定。按照一般规则，设定电容 C 和电阻 R 已知，这可以参照此前一直采用的表 3.1，根据通带频率，选取合适的电容 C，并根据下式确定 R：

$$R=\frac{1}{2\pi Cf_0} \tag{8-113}$$

根据式（8-108）和式（8-109），得：

$$R_2=\frac{1}{(2\pi Cf_s)^2 R} \tag{8-114}$$

$$R_4=\frac{1}{(2\pi Cf_0)^2\frac{1}{(2\pi Cf_s)^2 R}}=\left(\frac{f_s}{f_0}\right)^2 R \tag{8-115}$$

根据式（8-110），解得：

$$R_1=Q\sqrt{R_2R_4}=Q\sqrt{\frac{1}{(2\pi Cf_s)^2 R}\left(\frac{f_s}{f_0}\right)^2 R}=\frac{Q}{2\pi Cf_0} \tag{8-116}$$

举例 3

电路如图 8.46 所示，求滤波器的关键参数。

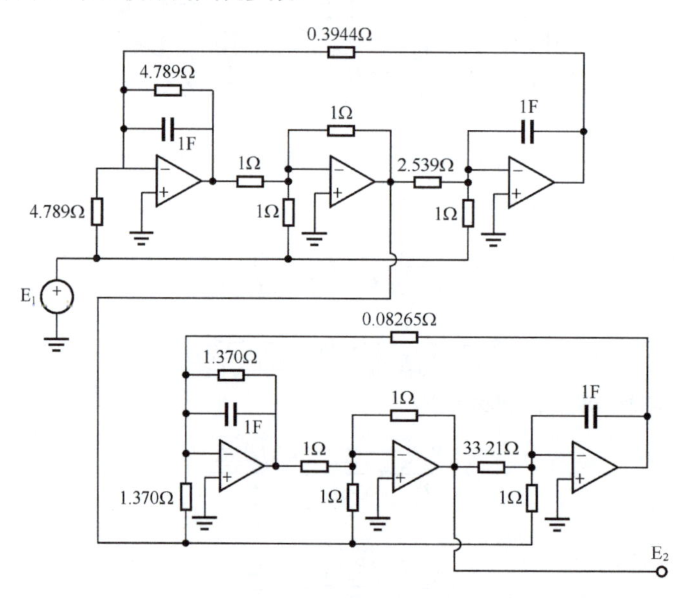

图 8.46　举例 3 电路，基于 Fleischer-Tow 滤波器的四阶椭圆滤波器

解：这是一个基于 Fleischer-Tow 的四阶椭圆滤波器，按照图 8.45 所示对应阻容关系，可知：

$$\omega_{s1}=\frac{1}{C\sqrt{R_2R}}=1.5923\text{rad/s}$$

$$\omega_{01}=\frac{1}{C\sqrt{R_2R_4}}=0.9993\text{rad/s}$$

$$Q_1=\frac{R_1}{\sqrt{R_2R_4}}=4.786$$

$$\omega_{s2}=\frac{1}{C\sqrt{R_2R}}=3.4784\text{rad/s}$$

$$\omega_{02}=\frac{1}{C\sqrt{R_2R_4}}=0.6036\text{rad/s}$$

$$Q_2=\frac{R_1}{\sqrt{R_2R_4}}=0.8269$$

与表 8.9（即表 8.3 中 n=4 的部分）基本吻合。可知这是一个通带角频率为 1rad/s 的标准四阶椭圆滤波器。

表 8.9　n=4，带内纹波 1dB，ω_s/ω_p=1.5

n	ω_{0i}/(rad·s^{-1})	Q_i	ω_{si}/(rad·s^{-1})
4	0.999405403	4.785991359	1.592341989
	0.603557131	0.826816878	3.478406167

使用 Fleischer-Tow 滤波器结构，设计一个五阶椭圆低通滤波器，要求通带频率为 200Hz，带内波动小于 0.5dB，ω_s/ω_p=1.5。用 TINA-TI 实施仿真并验证。

解：首先查到合适的系数表，为表 8.2，然后按照通带频率 200Hz，将表格中的 n=5 系数中的频率项均乘以 200，得表 8.10。

表 8.10　举例 4 系数

n	f_{0i}/Hz	Q_i	f_{si}/Hz
5	1.01582182×200	6.21441916	1.557406392×200
	0.75895452×200	1.33094841	2.331875771×200
	0.42597073×200		

采用二级 Fleischer-Tow 滤波器，加一级有源低通滤波器，合并实现五阶。

对于一阶低通来说，可知其特征频率为 f_{00}=0.42597073×200=85.194146Hz，选择电容 C_0 为 1μF，则可计算出：

$$R_0=\frac{1}{2\pi C_0 f_{00}}=1868.14\Omega$$

对于第一级二阶 Fleischer-Tow 滤波器，将其下标设为 A，可知：

f_{0A}=203.164364Hz，Q_A=6.21441916，f_{sA}=311.4812784Hz。

1）选择电容 C_A=330nF，选择电阻 R_A=1000Ω。

2）根据式（8-114）、式（8-115）、式（8-116）分别计算得：

R_{2A}=2397Ω；R_{4A}=2351Ω；R_{1A}=14752Ω。

对于第二级二阶 Fleischer-Tow 滤波器，将其下标设为 B，可知：

f_{0B}=151.7909049Hz、Q_B=1.33094841、f_{sB}=466.3751541Hz。

3）选择电容 C_B=330nF，选择电阻 R_B=1000Ω。

4）根据式（8-114）、式（8-115）、式（8-116）分别计算得：

R_{2B}=1069Ω，R_{4B}=9440Ω，R_{1B}=4229Ω。据此，绘制完整电路图，如图 8.47 所示。运放选择 OPA350，±2.5V 供电。

完整的幅频特性如图 8.48 所示。粗略看，它的低频增益约为 27dB，在 200Hz 处确实出现了非常明显的急剧下降。大约在 300Hz 处为阻带频率，阻带增益约为 -25dB。这与我们的设计要求基本吻合。

为清晰显示通带情况，可对幅频特性的通带部分进行放大显示，如图 8.49 所示。

1）通带内低频增益为 26.92dB，最小值为 26.42dB，两者相差 0.5dB，符合要求。

2）按照谷值 26.42dB，寻找通带频率，为 200.01Hz。符合设计要求。

为清晰显示阻带情况，可对幅频特性的阻带部分进行放大显示，得到图 8.50。可以测得，阻带内最大增益为 -23.68dB。按照此值，寻找阻带频率，为 299.97Hz。它与通带频率之比为 1.499775，与设计要求 1.5 吻合。

至此，验证完毕，说明按此电路实现的椭圆滤波器符合设计要求，如图 8.47 所示。

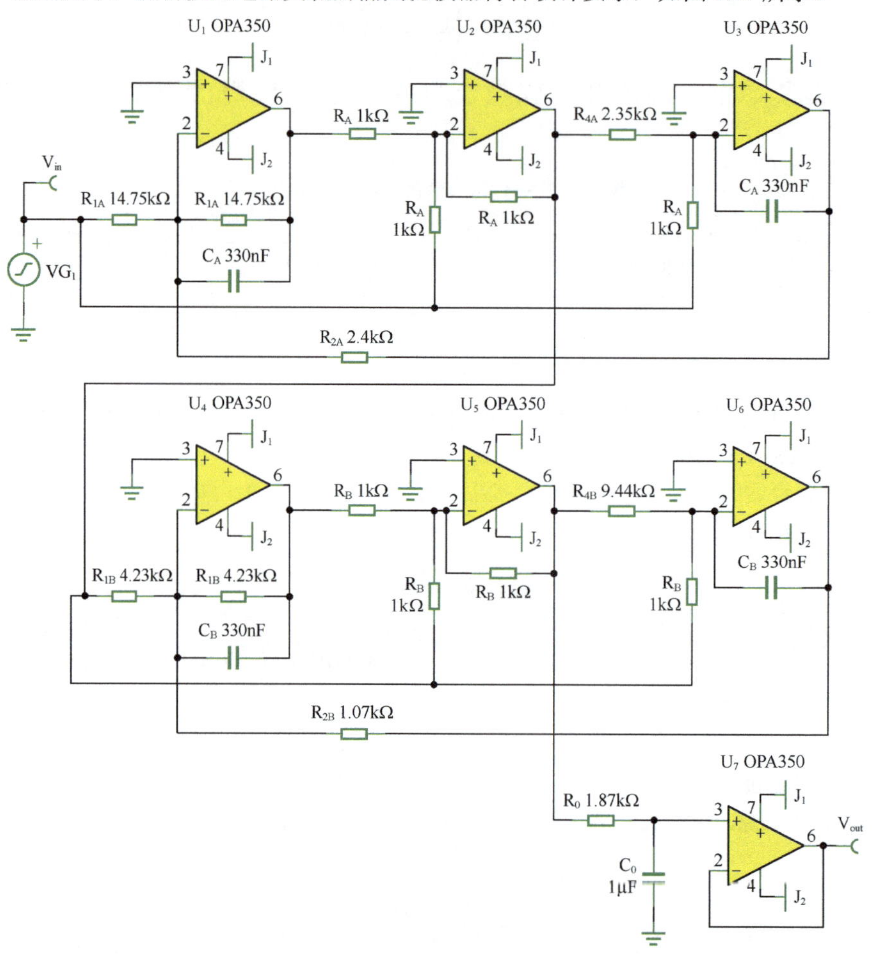

图 8.47　举例 4 电路，基于 Fleischer-Tow 滤波器的五阶椭圆滤波器

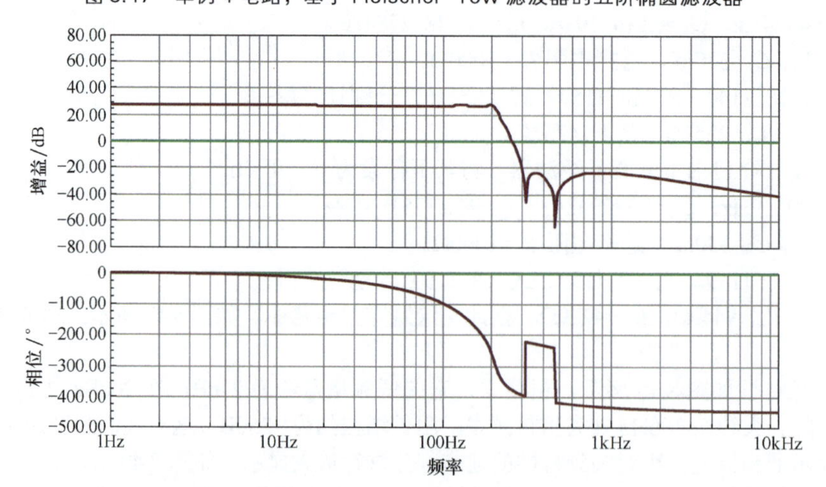

图 8.48　举例 4 幅频特性全图

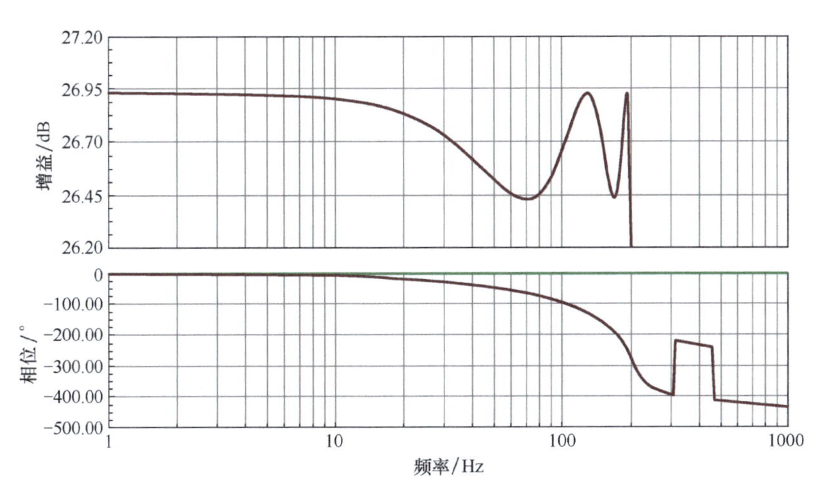

图 8.49　举例 4 幅频特性之通带部分

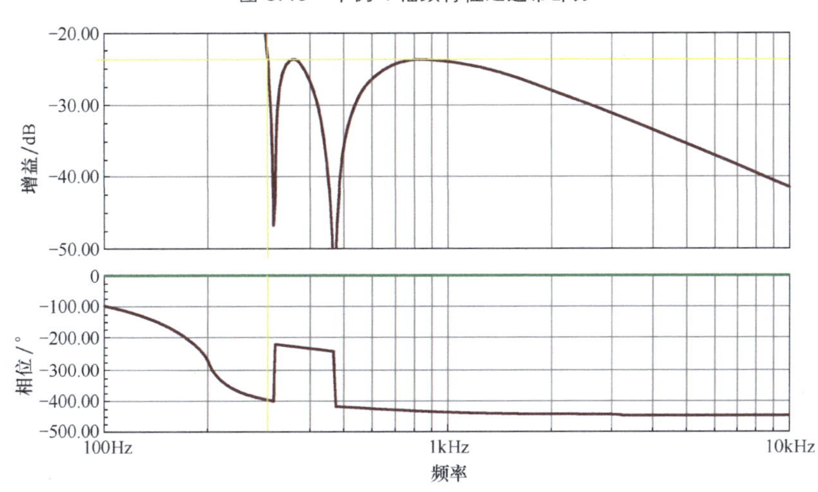

图 8.50　举例 4 幅频特性之阻带部分

◎椭圆高通滤波器

本节此前内容均为低通滤波器。其实，椭圆滤波器也可以实现高通。实现方法非常简单，只要将系数表中的 Q 保持不变，将两个频率系数均取倒数即可。

使用 Fleischer-Tow 滤波器结构，设计一个五阶椭圆高通滤波器，要求通带频率为 200Hz，带内波动小于 0.5dB，ω_p/ω_s=1.5。用 TINA-TI 实施仿真并验证。

解：此题与举例 4 的唯一区别在于将低通改为高通。

首先查到合适的系数表，为表 8.2。要求是高通，因此表内系数应做倒数处理，如表 8.11 所示的"倒数变换"列，然后分别乘以 200 得到"200Hz 反归一化"列。

表 8.11　倒数变换

对比项	原始系数			倒数变换		200Hz 反归一化	
n	ω_{0i}/rad/s	Q_i	ω_{si}/rad/s	$\omega_{0i\text{-new}}$/rad/s	$\omega_{si\text{-new}}$/rad/s	f_{0i}/Hz	f_{si}/Hz
5	1.01582182	6.21441916	1.557406392	1/1.01582182	1/1.557406392	196.8849	128.4186
	0.75895452	1.33094841	2.331875771	1/0.75895452	1/2.331875771	263.5204	85.7679
	0.42597073			1/0.42597073		469.5158	

采用二级 Fleischer-Tow 滤波器，加一级有源高通滤波器，合并实现五阶。

对于一阶高通来说，特征频率为 f_{00}=469.5158Hz，选择电容 C_0 为 1μF，则可计算出：

$$R_0=\frac{1}{2\pi C_0 f_{00}}=338.98\Omega$$

对于二阶 Fleischer-Tow 滤波器，无须更改电路结构，仅需重新计算。

对于第一级二阶 Fleischer-Tow 滤波器：f_{0A}=196.8849Hz、Q_A=6.21441916、f_{sA}=128.4186Hz。选择电容 C_A=330nF，选择电阻 R_A=1000Ω。根据式（8-114）、式（8-115）、式（8-116）分别计算得：R_{2A}=14104Ω、R_{4A}=425.4Ω、R_{1A}=15223Ω。

对于第二级二阶 Fleischer-Tow 滤波器：f_{0B}=263.5204Hz、Q_B=1.33094841、f_{sB}=85.7679Hz。选择电容 C_B=330nF，选择电阻 R_B=1000Ω。根据式（8-114）、式（8-115）、式（8-116）分别计算得：R_{2B}=31620Ω、R_{4B}=105.9Ω、R_{1B}=2436Ω。据此，绘制完整电路图，如图 8.51 所示。运放选择 OPA350，±2.5V 供电。

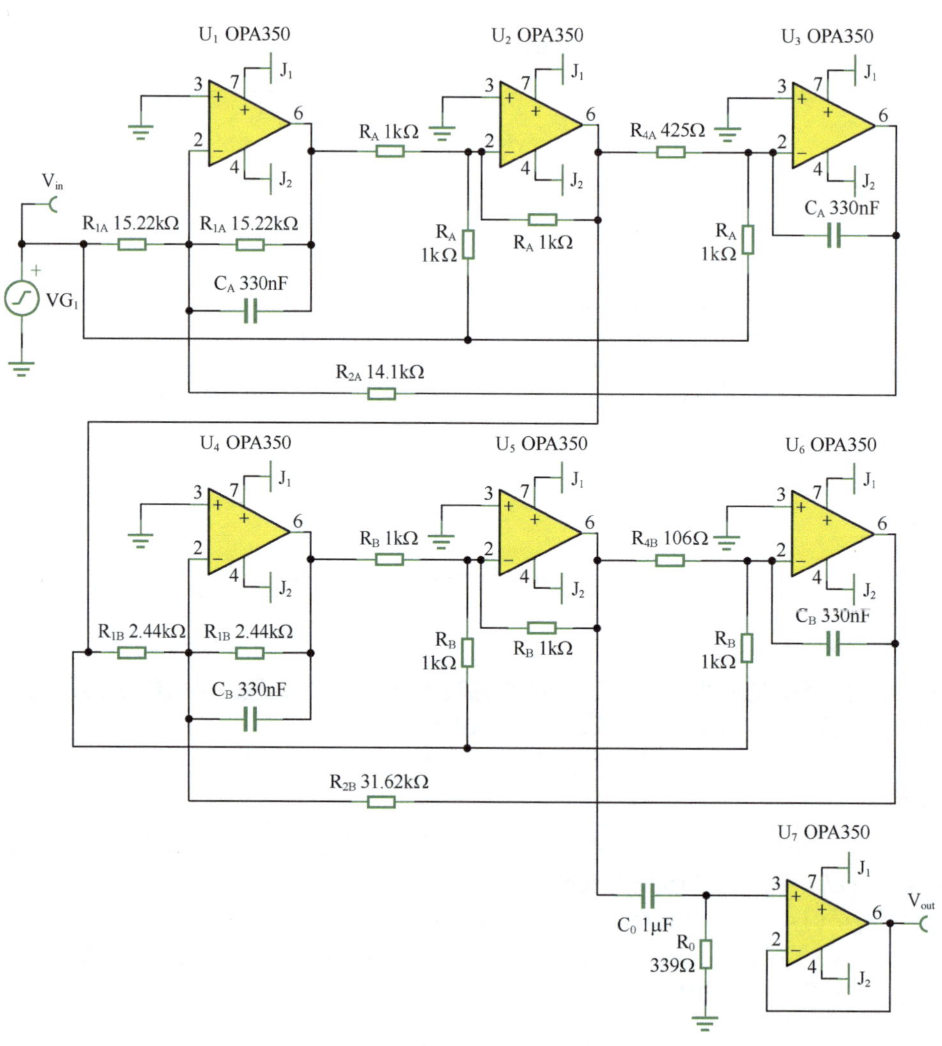

图 8.51　举例 5 电路，基于 Fleischer-Tow 滤波器的 5 阶高通椭圆滤波器

完整的幅频特性如图 8.52 所示。可以看出，它是一个高通滤波器效果，与低通电路效果刚好“镜像”对称。为了验证通带频率和通带波动，得到通带放大图，如图 8.53 所示。从图 8.53 中测得，通带最小增益为 -500.24mdB，最大增益为 31.61mdB，波动为 531.85mdB，与设计要求 0.5dB 基本吻合。按照最小增益找到通带频率，为 199.95Hz，与设计要求 200Hz 基本吻合。

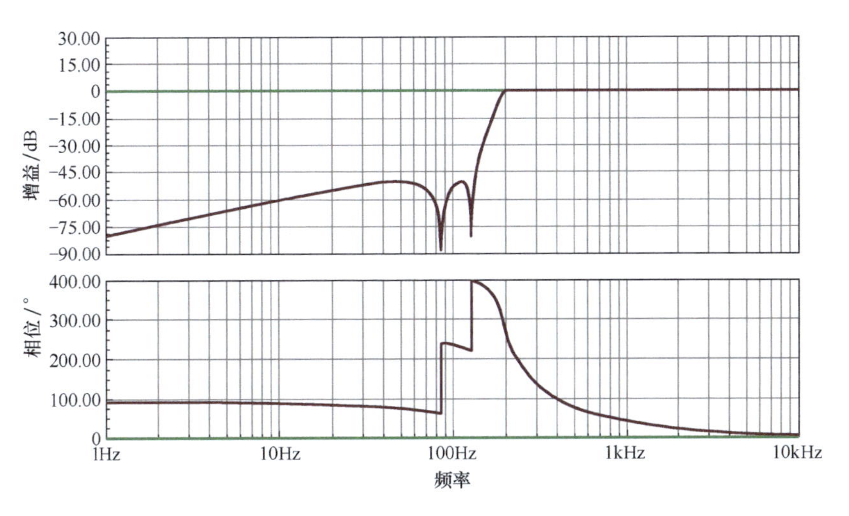

图 8.52　举例 5 电路幅频特性全图

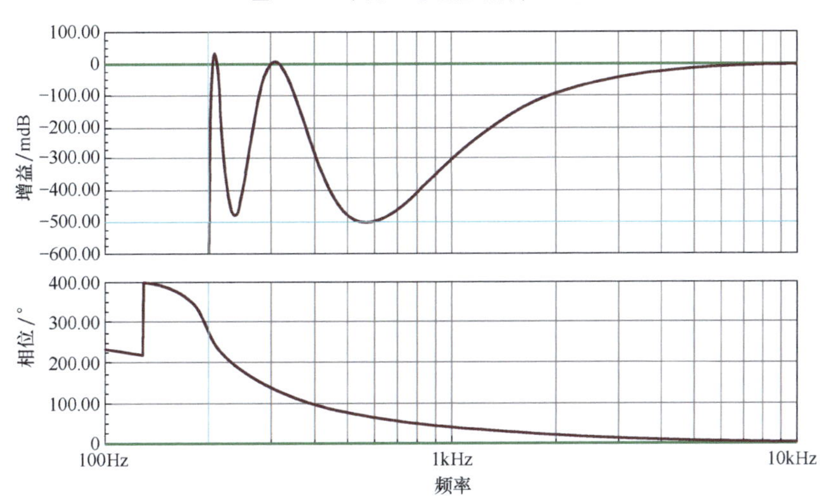

图 8.53　举例 5 电路幅频特性之通带部分

为了验证阻带频率，获得阻带放大如图 8.54 所示。测得阻带最大增益为 -50.61dB，按照阻带最大增益找到阻带频率，为 133.37Hz。

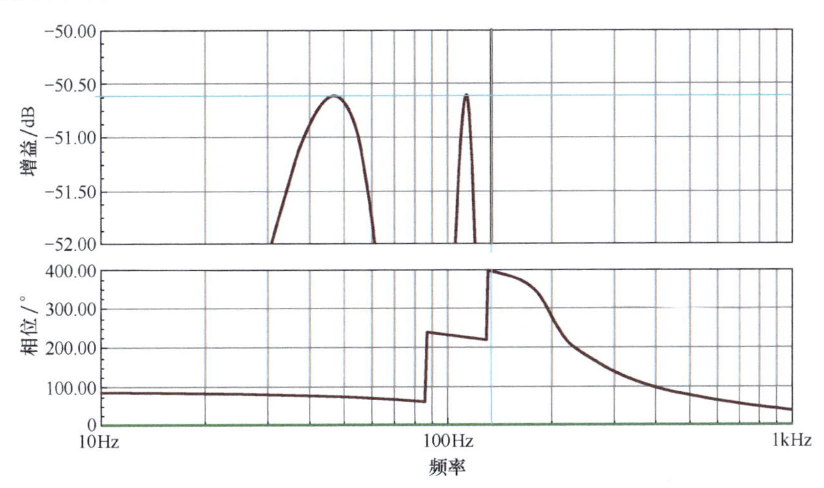

图 8.54　举例 5 电路幅频特性之阻带部分

通带频率除以阻带频率，为 199.95/133.37=1.499213，与设计要求 ω_p/ω_s=1.5 基本吻合。

需要特别注意，用 Fleischer-Tow 实现的椭圆高通滤波器，具有中途受阻现象。

◎用 Bainter 滤波器实现的椭圆滤波器

图 8.55 所示是 Bainter 滤波器，其传递函数为：

$$A(S)=\frac{U_O}{U_I}=\frac{G_1R_4}{R_1}\frac{1+S^2\dfrac{R_1R_2C_1C_2}{G_1}}{1+S\dfrac{(R_2+R_3)R_4C_1}{G_2R_3}+S^2\dfrac{R_2R_4C_1C_2}{G_2}}$$

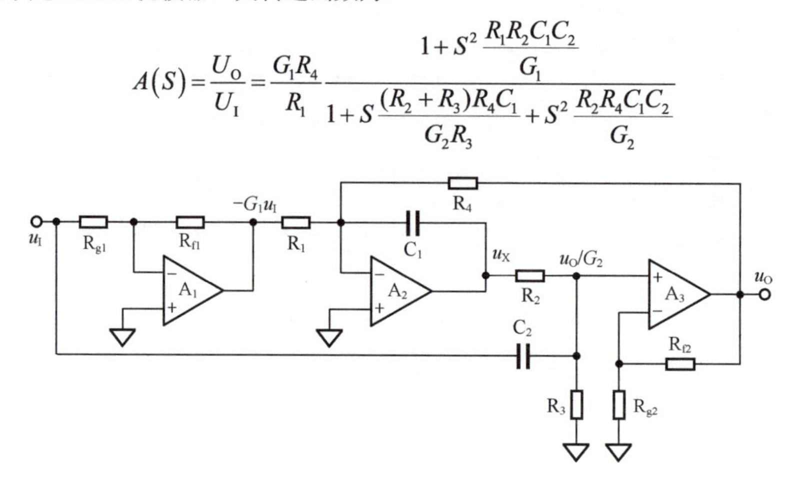

图 8.55　Bainter 陷波器

写成频域表达式为：

$$\dot{A}(j\omega)=\frac{G_1R_4}{R_1}\frac{1+(j\omega)^2\dfrac{R_1R_2C_1C_2}{G_1}}{1+j\omega\dfrac{(R_2+R_3)R_4C_1}{G_2R_3}+(j\omega)^2\dfrac{R_2R_4C_1C_2}{G_2}}=A_m\frac{1+\left(j\dfrac{\omega}{\omega_s}\right)^2}{1+\dfrac{1}{Q}j\dfrac{\omega}{\omega_0}+\left(j\dfrac{\omega}{\omega_0}\right)^2} \tag{8-117}$$

其中：

$$\omega_s=\sqrt{\frac{G_1}{R_1R_2C_1C_2}};\ f_s=\frac{1}{2\pi}\sqrt{\frac{G_1}{R_1R_2C_1C_2}} \tag{8-118}$$

$$\omega_0=\sqrt{\frac{G_2}{R_4R_2C_1C_2}};\quad f_0=\frac{1}{2\pi}\sqrt{\frac{G_2}{R_4R_2C_1C_2}} \tag{8-119}$$

$$Q=\frac{G_2R_3\sqrt{\dfrac{R_2R_4C_1C_2}{G_2}}}{(R_2+R_3)R_4C_1}=\frac{R_3}{R_2+R_3}\sqrt{G_2\frac{R_2}{R_4}\frac{C_2}{C_1}} \tag{8-120}$$

$$A_m=\frac{G_1R_4}{R_1} \tag{8-121}$$

据此可知，通过设定电阻、电容，可以实现任意系数的椭圆滤波器。当频率趋于无穷大时，增益为：

$$\left|\dot{A}(j\infty)\right|=A_m\left(\frac{f_0}{f_s}\right)^2 \tag{8-122}$$

◎基于 Bainter 滤波器设计二阶椭圆滤波器

设计 Bainter 椭圆滤波器，其实就是设计二阶低通或者高通陷波器。

为了减少设计分叉，一般使 $R_2=R_3$。

已知低频增益 A_m、f_s、f_0 和 Q，设计合适的椭圆滤波器。

首先根据 f_0，参考表 3.1，选择合适的电容 C_1（取较小值）。然后根据 Q 值，选择电容比 k_C，k_C 一般为 1、10、100。

$$C_2 = k_C C_1 \tag{8-123}$$

根据式（8-118）、式（8-119），得：

$$\frac{R_1 R_2}{G_1} = \frac{1}{4\pi^2 f_s^2 C_1 C_2} \tag{8-124}$$

$$\frac{R_4 R_2}{G_2} = \frac{1}{4\pi^2 f_0^2 C_1 C_2} \tag{8-125}$$

将式（8-125）和式（8-124）相除，得：

$$\frac{R_4}{R_1}\frac{G_1}{G_2} = \frac{f_s^2}{f_0^2}$$

将式（8-121）代入，解得：

$$G_2 = A_m \frac{f_0^2}{f_s^2} \tag{8-126}$$

根据式（8-126）结果，自行选择合适的电阻 R_{f2} 和 R_{g2}，实现此 G_2。

特别注意，为保证 $G_2 \geqslant 1$，有下式约束：

$$A_m \geqslant \frac{f_s^2}{f_0^2} \tag{8-127}$$

考虑式（8-122），有：

$$\left|\dot{A}(j\infty)\right| = A_m \left(\frac{f_0}{f_s}\right)^2 \geqslant 1 \tag{8-128}$$

即，基于 Bainter 滤波器的椭圆滤波器，在高频时增益总是大于或等于 1，无论低通还是高通。

据式（8-125），解得：

$$R_4 R_2 = \frac{G_2}{4\pi^2 f_0^2 C_1 C_2} = \frac{A_m}{4\pi^2 f_s^2 C_1 C_2} \tag{8-129}$$

又据 $R_3=R_2$，代入式（8-120），得：

$$Q = \frac{R_3}{R_2 + R_3}\sqrt{G_2 \frac{R_2}{R_4}\frac{C_2}{C_1}} = 0.5\sqrt{G_2 \frac{R_2}{R_4}\frac{C_2}{C_1}}$$

$$\frac{R_2}{R_4} = \frac{4Q^2 C_1}{C_2 G_2} \tag{8-130}$$

式（8-129）与式（8-130）相乘，得：

$$R_2^2 = \frac{Q^2 A_m}{G_2}\frac{1}{\pi^2 f_s^2 C_2^2} = \frac{Q^2}{\pi^2 f_0^2 C_2^2}$$

即：

$$R_2 = \frac{Q}{\pi f_0 C_2} \tag{8-131}$$

据式（8-125），并将式（8-131）代入，得：

$$R_4 = \frac{A_m}{4\pi^2 f_s^2 C_1 C_2 R_2} = \frac{A_m f_0}{4\pi f_s^2 C_1 Q} \tag{8-132}$$

据式（8-124），得：

$$\frac{R_1}{G_1}=\frac{1}{4\pi^2 f_s^2 C_1 C_2 R_2}$$

可以任选 G_1，则有：

$$R_1=\frac{G_1}{4\pi^2 f_s^2 C_1 C_2 R_2}=\frac{G_1 f_0}{4\pi f_s^2 C_1 Q} \tag{8-133}$$

根据任选的 G_1，自行选择电阻 R_{f1} 和 R_{g1}，实现此 G_1。

使用 Bainter 滤波器结构，设计一个二阶椭圆低通滤波器，要求通带频率为 1000Hz，通带增益为 10，带内波动小于 0.5dB，ω_s/ω_p=1.5。用 TINA-TI 实施仿真并验证。

解：首先根据椭圆滤波器系数表，选择表 8.2。从中找到 n=2 的系数，并将其换算成特征频率、品质因数、零点频率，如表 8.12 所示。

表 8.12　举例 6 变换后的系数

对比项	原始系数表			1000Hz 反归一化	
n	ω_{0i}/(rad · s^{-1})	Q_i	ω_{si}/(rad · s^{-1})	f_{0i}/Hz	f_{si}/Hz
2	1.266172532	1.227465583	1.981678829	1266.172532	1981.678829

至此可知，A_m=10，f_s=1981.7Hz、f_0=1266.2Hz、Q=1.2275。

其次进入滤波器设计。

1）Q 值较小，无须选择较大的电容比，也无须选择较小电容。因此，确定电容比为 1，两个电容为：C_1=C_2=100nF。

2）根据式（8-126），计算得：

$$G_2=A_m\frac{f_0^2}{f_s^2}=4.082$$

此值用于确定增益电阻。选择 R_{g2}=1kΩ，则：

$$R_{f2}=\left(G_2-1\right)R_{g2}=3.082\text{k}\Omega$$

3）根据式（8-131），计算得：

$$R_2=\frac{Q}{\pi f_0 C_2}=3085.8\Omega$$

4）根据式（8-132），计算得：

$$R_4=\frac{A_m f_0}{4\pi f_s^2 C_1 Q}=2090.3\Omega$$

5）选择 G_1=1，根据式（8-133），计算得：

$$R_1=\frac{G_1 f_0}{4\pi f_s^2 C_1 Q}=209.03\Omega$$

在我看来，R_1 有点小，会导致运放 A_1 输出电流较大。可以重来，选择 G_1=10，则：

$$R_1=\frac{G_1 f_0}{4\pi f_s^2 C_1 Q}=2090.3\Omega$$

这样，在 G_1=10 情况下，可选增益电阻 R_{g1}=1kΩ，则：

$$R_{f1}=G_1 R_{g1}=10\text{k}\Omega$$

至此，设计完毕。

最后，开始仿真验证。根据上述计算，在 TINA-TI 中搭建电路如图 8.56 所示。获得的幅频特性如图 8.57 所示。

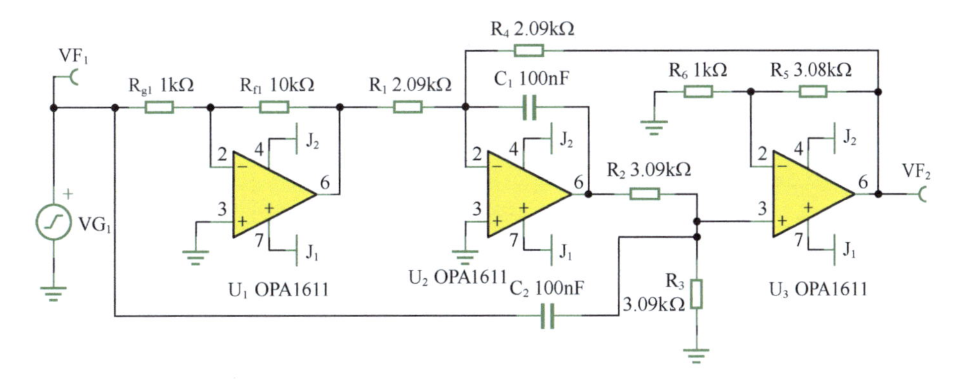

图 8.56 举例 6 电路，基于 Bainter 滤波器的二阶低通椭圆滤波器

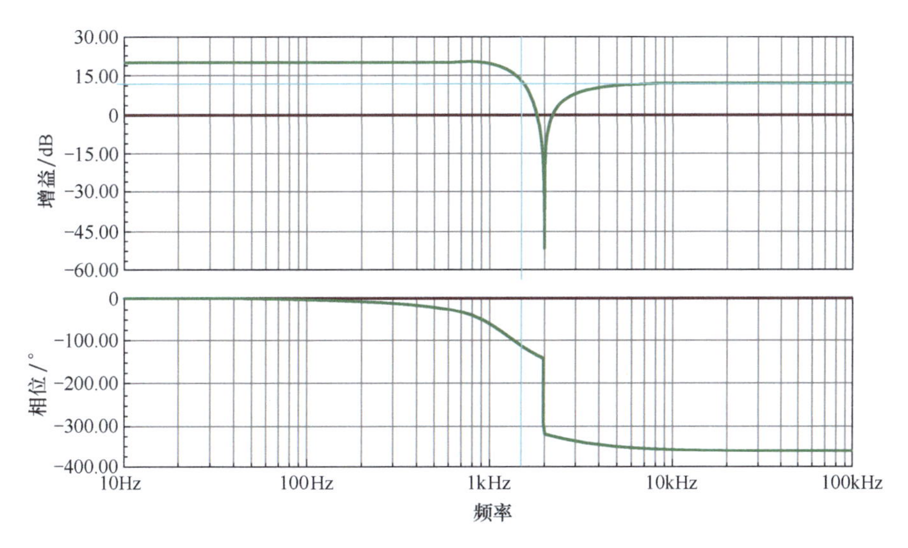

图 8.57 举例 6 电路的幅频特性

测量结果如下。

1）A_{10Hz}=20dB、A_{100kHz}=12.21dB。理论估算：

$A_{0Hz}=A_m$=10=20dB，

$$\left|\dot{A}(\mathrm{j}\infty)\right| = A_m\left(\frac{f_0}{f_s}\right)^2 = 4.082435 = 12.22\mathrm{dB}$$

此测量结果与估算基本吻合。

2）从幅频特性图可以测得阻带频率 f_s 为 1.5kHz。为清晰显示通带波动和通带频率，放大幅频特性通带部分，如图 8.58 所示。可以看出，其最大增益为 20.5dB，最小增益为 20.0dB，波动确实为 0.5dB。按照最小增益寻找通带频率，测得通带频率 f_p 为 999.86Hz。

据此可知，$\omega_s/\omega_p=f_s/f_p$=1.50021，与设计要求基本吻合。

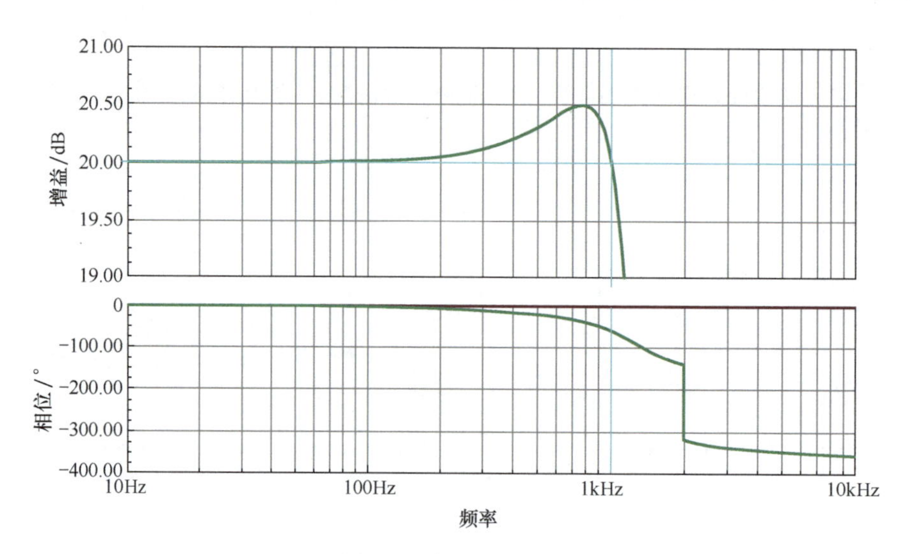

图 8.58　举例 6 电路的幅频特性之通带部分

使用 Bainter 滤波器结构，设计一个二阶椭圆高通滤波器，要求通带频率为 1000Hz，低频端增益为 1，带内波动小于 0.5dB，ω_p/ω_s=1.5。用 TINA-TI 实施仿真并验证。

解：此例与举例 6 的区别在于，将低通换成了高通，且 A_m=1。

首先根据椭圆滤波器系数表，选择表 8.2。从中找到 n=2 相关系数，提取系数并将其换算成特征频率、品质因数、零点频率，如表 8.13 所示。

表 8.13　举例 7 变换后的系数

对比项	原始系数			倒数变换		1000Hz 反归一化	
n	ω_{0i}/(rad·s^{-1})	Q_i	ω_{si}/(rad·s^{-1})	$\omega_{0i\text{-new}}$/(rad·s^{-1})	$\omega_{si\text{-new}}$/(rad·s^{-1})	f_{0i}/Hz	f_{si}/Hz
2	1.266172532	1.227465583	1.981678829	1/1.266172532	1/1.981678829	789.7818	504.6226

至此可知，A_m=1、f_s=504.62Hz、f_0=789.78Hz、Q=1.2275。据此要求，采用与举例 6 完全相同的方法，可以获得如下设计结果。

C_1=C_2=100nF、G_2=2.449、R_{g2}=1kΩ、R_{f2}=1.449kΩ、R_2=R_3=4947Ω、R_4=2011Ω。选择 G_1=1、R_1=2011Ω、R_{g1}=1kΩ、R_{f1}=1kΩ。电路如图 8.59 所示。仿真结果如图 8.60 所示。

测量结果为：1）$A_{10\text{Hz}}$=−2.51mdB、$A_{100\text{kHz}}$=7.78dB。

2）阻带频率 f_s 为 666.74Hz。通带内最大增益为 8.28dB，最小增益为 7.78dB，波动为 0.5dB。通带频率 f_p 为 1kHz。据此可知，ω_p/ω_s=f_p/f_s=1.499835，与设计要求基本吻合。

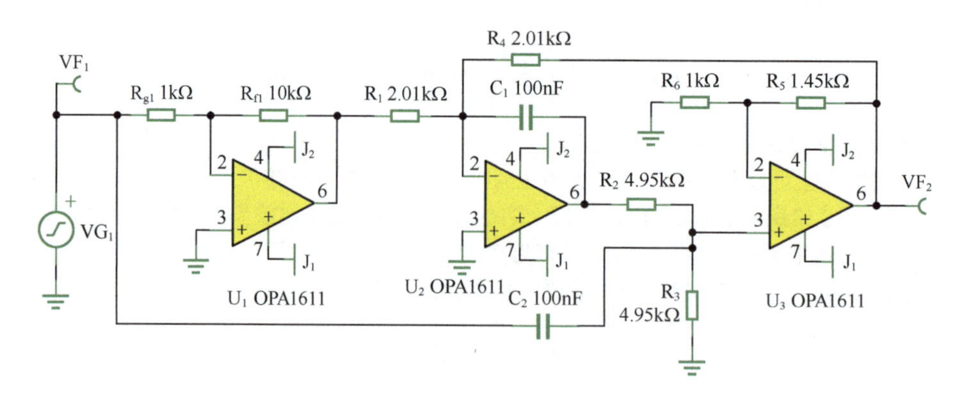

图 8.59　举例 7 电路

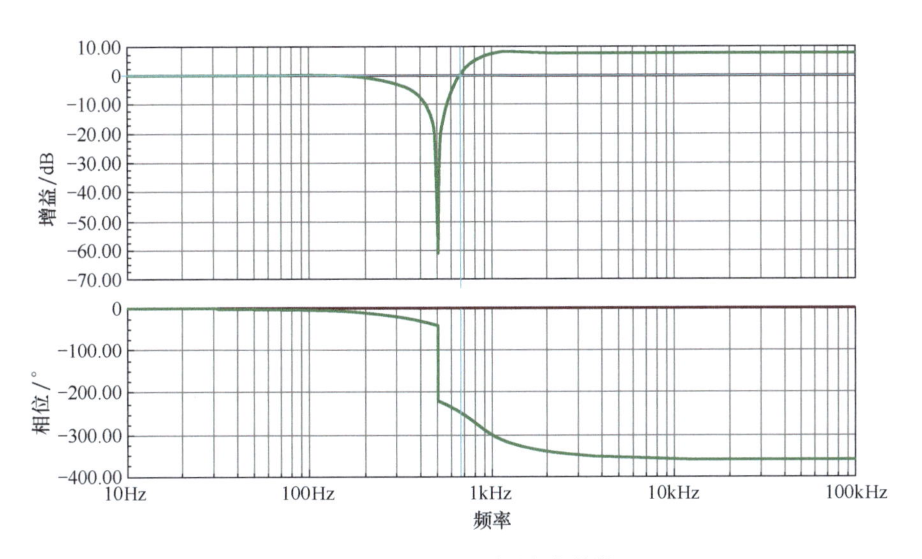

图 8.60　举例 7 电路的幅频特性

◎优化基于 Bainter 滤波器的椭圆滤波器

无论低通，还是高通，最好使$\left|\dot{A}(\mathrm{j}\infty)\right|=1$。为什么呢？

先说高通，我们当然希望高频处的通带增益为 1，低频处的阻带具有很强的衰竭。这是标准滤波器的最佳表达。

再说低通，在低频通带具有增益，高频阻带也有增益，都是大于或等于 1 的。我们当然不希望那些即将被滤除的信号也有大于 1 的增益，目的是让阻带增益变成最小。

在这种情况下，我们看式(8-126)和式(8-122)，发现无穷大频率处的增益$\left|\dot{A}(\mathrm{j}\infty)\right|$就是 G_2。因此，优化设计的核心是将 G_2 设为 1。于是，优化后的电路如图 8.61 所示。

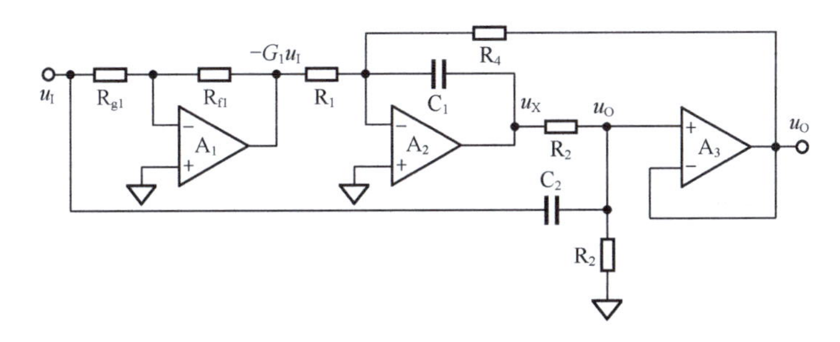

图 8.61　基于 Bainter 陷波器的椭圆滤波器

据式（8-126），得：

$$G_2=A_\mathrm{m}\frac{f_0^2}{f_\mathrm{s}^2}=1$$

则有：

$$A_\mathrm{m}=\frac{f_\mathrm{s}^2}{f_0^2} \tag{8-134}$$

此后的设计方法与前述方法完全相同。

◎基于 Bainter 变形滤波器的椭圆滤波器

图 8.62 所示电路与 Bainter 滤波器非常像，被称为 Bainter 变形滤波器的椭圆滤波器。

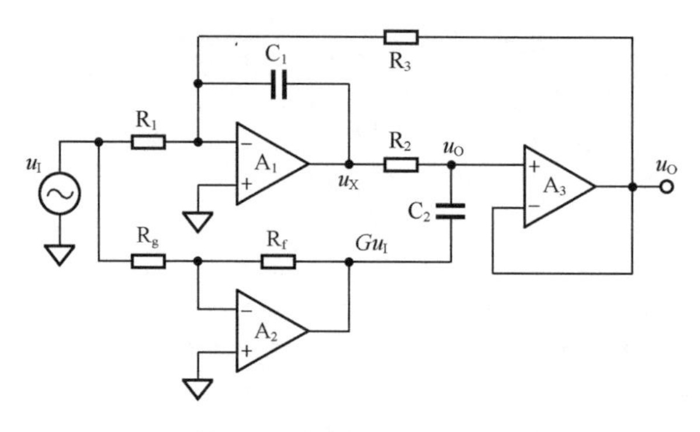

图 8.62　基于 Bainter 变形滤波器的椭圆滤波器

对运放 A_1 的负输入端列出电流方程，可以解出 u_X：

$$U_X=-\left(\frac{U_I}{R_1}+\frac{U_O}{R_3}\right)\frac{1}{SC_1} \tag{8-135}$$

对 R_2、C_2 的串联分压，也可以解出 u_X：

$$\begin{aligned}U_X&=GU_I+(U_O-GU_I)SC_2\left(R_2+\frac{1}{SC_2}\right)=GU_I+(U_O-GU_I)(1+SC_2R_2)=\\&GU_I+U_O-GU_I+SC_2R_2U_O-SC_2R_2GU_I=U_O(1+SC_2R_2)-SC_2R_2GU_I\end{aligned} \tag{8-136}$$

其中：

$$G=-\frac{R_f}{R_g} \tag{8-137}$$

式（8-135）、式（8-136）相等，得：

$$(1+SR_2C_2)U_O-SR_2C_2GU_I=-\left(\frac{U_I}{R_1}+\frac{U_O}{R_3}\right)\frac{1}{SC_1}$$

上式仅是 u_I 和 u_O 的关系，可以化简并求解出：

$$SC_1R_1R_3(1+SR_2C_2)U_O-S^2C_1C_2R_1R_3R_2GU_I=-R_3U_I-R_1U_O$$

$$\left(R_1+SC_1R_1R_3(1+SR_2C_2)\right)U_O=\left(S^2C_1C_2R_1R_3R_2G-R_3\right)U_I$$

$$A(S)=\frac{U_O}{U_I}=\frac{S^2C_1C_2R_1R_3R_2G-R_3}{R_1+SC_1R_1R_3(1+SR_2C_2)}=-\frac{R_3}{R_1}\frac{1-S^2C_1C_2R_1R_2G}{1+SC_1R_3+S^2C_1C_2R_2R_3}$$

将其写成频域表达式为：

$$\dot{A}(j\omega)=-\frac{R_3}{R_1}\frac{1+(j\omega)^2C_1C_2R_1R_2(-G)}{1+j\omega C_1R_3+(j\omega)^2C_1C_2R_2R_3}=A_m\frac{1+\left(j\frac{\omega}{\omega_s}\right)^2}{1+\frac{1}{Q}j\frac{\omega}{\omega_0}+\left(j\frac{\omega}{\omega_0}\right)^2} \tag{8-138}$$

其中：

$$A_m=-\frac{R_3}{R_1} \tag{8-139}$$

$$\omega_0=\frac{1}{\sqrt{C_1C_2R_2R_3}};\quad f_0=\frac{1}{2\pi\sqrt{C_1C_2R_2R_3}} \tag{8-140}$$

$$Q=\frac{1}{\omega_0C_1R_3}=\frac{\sqrt{C_1C_2R_2R_3}}{C_1R_3}=\sqrt{\frac{C_2R_2}{C_1R_3}} \tag{8-141}$$

$$\omega_s=\frac{1}{\sqrt{-GC_1C_2R_1R_2}};\quad f_s=\frac{1}{2\pi\sqrt{-GC_1C_2R_1R_2}} \tag{8-142}$$

◎设计 Bainter 变形滤波器的椭圆滤波器的方法

已知 A_m、f_s、f_0 和 Q，设计合适的椭圆滤波器。共 4 个已知量，现存 5 个电阻、2 个电容未知，因此可以确定 3 个阻容元件参数。

先确定电容 $C_1=C_2=C$，再确定 R_f，依序求解 R_3、R_2、R_g、R_1，分析方法如下。

根据式（8-141），得：

$$R_2=Q^2R_3 \tag{8-143}$$

根据式（8-140），得：

$$R_2R_3=\frac{1}{4\pi^2C^2f_0^2} \tag{8-144}$$

将式（8-143）代入式（8-144），得：

$$Q^2R_3R_3=\frac{1}{4\pi^2C^2f_0^2}$$

即：

$$R_3=\frac{1}{2\pi Cf_0Q} \tag{8-145}$$

根据式（8-139），得：

$$R_1=-\frac{R_3}{A_m} \tag{8-146}$$

根据式（8-142），解得：

$$-G=\frac{1}{4\pi^2f_s^2C^2R_1R_2}=\frac{R_f}{R_g}$$

即：

$$R_g=4\pi^2f_s^2C^2R_1R_2R_f \tag{8-147}$$

使用 Bainter 变形滤波器结构，设计一个二阶椭圆低通滤波器，要求通带频率为 1000Hz，通带增益为 -10，带内波动小于 0.5dB，ω_s/ω_p=1.5。用 TINA-TI 实施仿真并验证。

解：首先根据椭圆滤波器系数表，选择表 8.2。从中找到 n=2 相关系数，提取系数并将其换算成特征频率、品质因数、零点频率，如表 8.14 所示。

表 8.14　举例 8 变换后的系数

对比项	原始系数			1000Hz 反归一化	
n	ω_{0i}/（rad · s^{-1}）	Q_i	ω_{si}/（rad · s^{-1}）	f_{0i}/Hz	f_{si}/Hz
2	1.266172532	1.227465583	1.981678829	1266.172532	1981.678829

至此可知，A_m=-10、f_s=1981.7Hz、f_0=1266.2Hz、Q=1.2275。

1）确定电容分别为：$C_1=C_2=C$=100nF。确定电阻 R_f=1000Ω。

2）根据式（8-145），得：

$$R_3=\frac{1}{2\pi Cf_0Q}=1023.99\Omega$$

3）根据式（8-143），得：

$$R_2=Q^2R_3=1542.9\Omega$$

4）根据式（8-146），得：

$$R_1 = -\frac{R_3}{A_m} = 102.399\Omega$$

5）根据式（8-147），得：

$$R_g = 4\pi^2 f_s^2 C^2 R_1 R_2 R_f = 244.945\Omega$$

据此，设计的仿真电路如图 8.63 所示，其仿真频率特性如图 8.64 所示。测量结果表明，仿真结果与设计要求基本吻合。

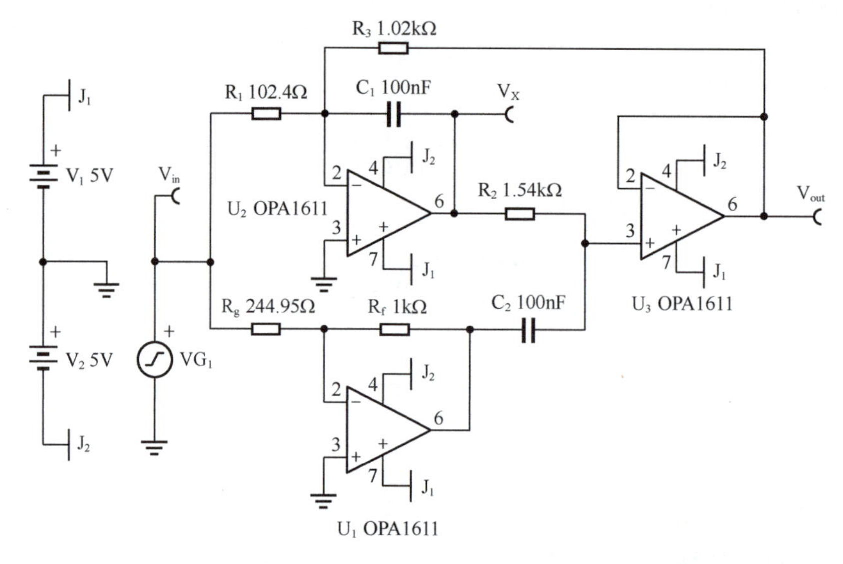

图 8.63　举例 8 电路，基于 Bainter 变形滤波器的椭圆滤波器

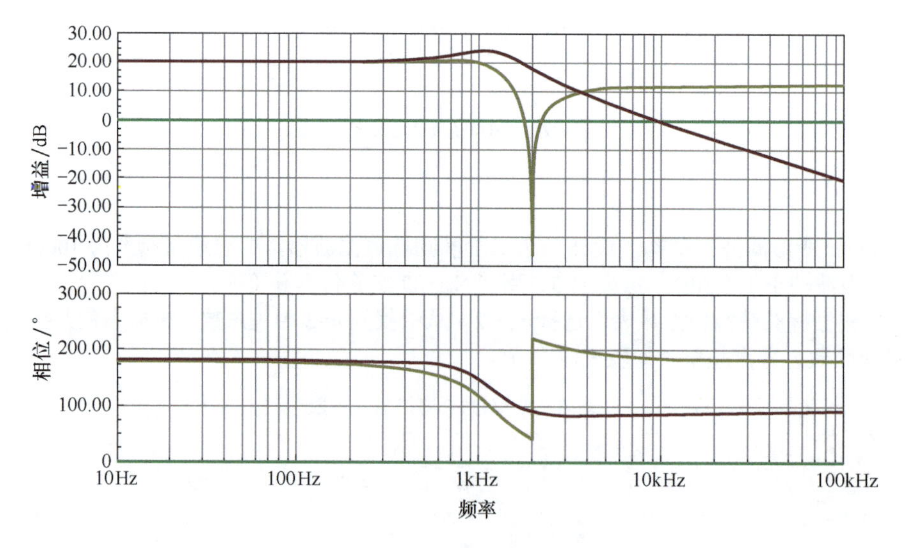

图 8.64　举例 8 电路的仿真频率特性

使用 Bainter 滤波器的变形滤波器结构，设计一个五阶椭圆低通滤波器。要求以 50Hz 为第一个零点，尽量不干扰小于 50Hz 的信号。通带增益为 -1，带内波动小于 1dB。用 TINA-TI 实施仿真并验证。

解：本例要求滤波效果尽量接近砖墙型滤波器，只有这样才能保证对 50Hz 以下信号的干扰最小。表 8.5 所示的阻带衰竭不强，更易满足前述要求（所有效果都是权衡）。

在表 8.5 中查到 n=5 的相关系数，如表 8.15 所示。

表 8.15　n=5，带内纹波 1dB，阻带最大 −30dB

n	ω_{0i}/（rad · s^{-1}）	Q_i	ω_{si}/（rad · s^{-1}）
5	1.00087785	14.80243875	1.117140551
	0.83307313	2.073148828	1.468826433
	0.45056343		

强制让第一级的 f_s=50Hz，则 50Hz 处一定存在零点。以此对表 8.5 中频率量进行归一化，$f_{new}=\omega_{old}\times 50/1.117140551$，得到表 8.16。

表 8.16　归一化后相关系数

n	f_{0i}/Hz	Q_i	f_{si}/Hz
5	44.79641568	14.80243875	50
	37.28595876	2.073148828	65.74044922
	20.16592405		

按照举例 8 中给出的方法，根据表 8.16 中第一行、第二行数据，对第一级、第二级椭圆滤波器实施单独计算，不赘述过程。对于最后一级一阶低通，选择电容为 1μF，可得：

$$R=\frac{1}{2\pi f_0 C}=7896.2\Omega$$

据此得到设计电路如图 8.65 所示。

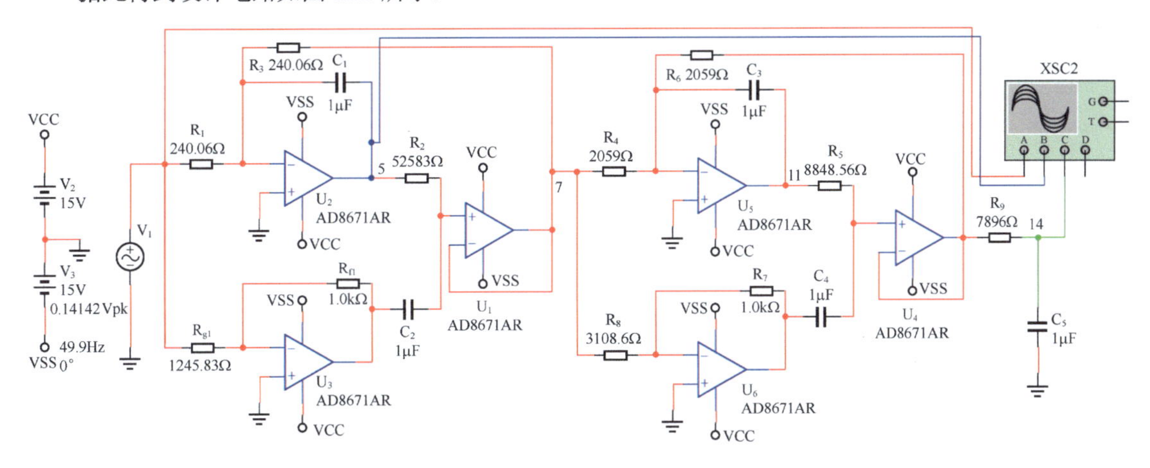

图 8.65　举例 9 电路

仿真的频率特性如图 8.66 所示。可见在 50Hz 处电路具有极高的抑制能力。

从幅频特性可看出，蓝色的 V_5 即电路中 U_2 运放的输出端，在 45Hz 处具有 33.08dB 的增益，这就会产生中途受限现象，它直接限制了输入信号幅度不能过大。图 8.67 为频率为 50Hz、电压为 0.75V 的输入正弦波的输出波形，可见其输出信号幅度大约为 60μV。此时的增益约为 −81.9dB，说明此滤波器能够对 50Hz 实施有效的衰减，工作正常。细心读者可能会发现，幅频特性显示此处增益约为 −77dB，不是 −81.9dB，这是因为仿真软件在绘制幅频特性图时，其频点变化是离散的，并不能保证扫频准确为 50Hz，属正常现象。

我们要重点强调的是下面的实验：理论上，此时将输入信号频率保持 50Hz 不变，幅度由 0.75V 变为 1.5V，按说其输出幅度应为 120μV，但结果不是这样的。图 8.68 给出了仿真波形，我们发现输出幅度大约为 74mV，陷波效果很差。这是为什么呢？原因就在于中途受限现象。此时，我们用示波器观察 V_5 波形，发现如图 8.69 所示。V_5 已经不再是正弦波，而是削顶的波形。这导致理论上的所有运算关系都失效了，因为 V_5 被电源电压限制了。

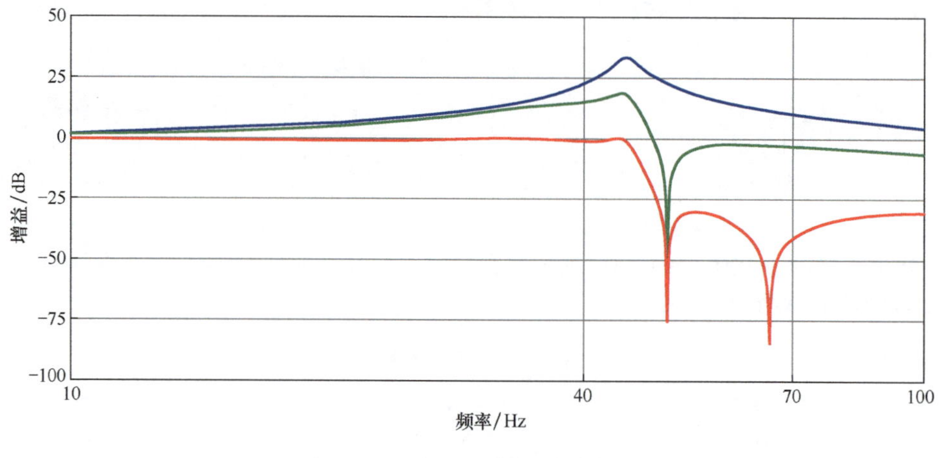

图 8.66　举例 9 电路仿真频率特性

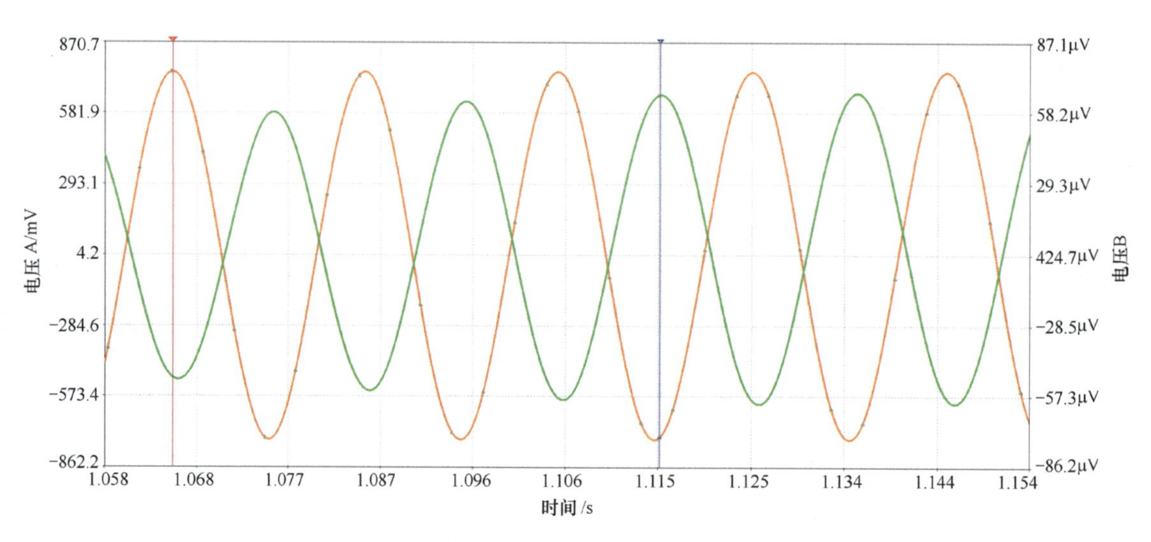

图 8.67　举例 9 电路输入输出波形，50Hz，$0.75V_P$

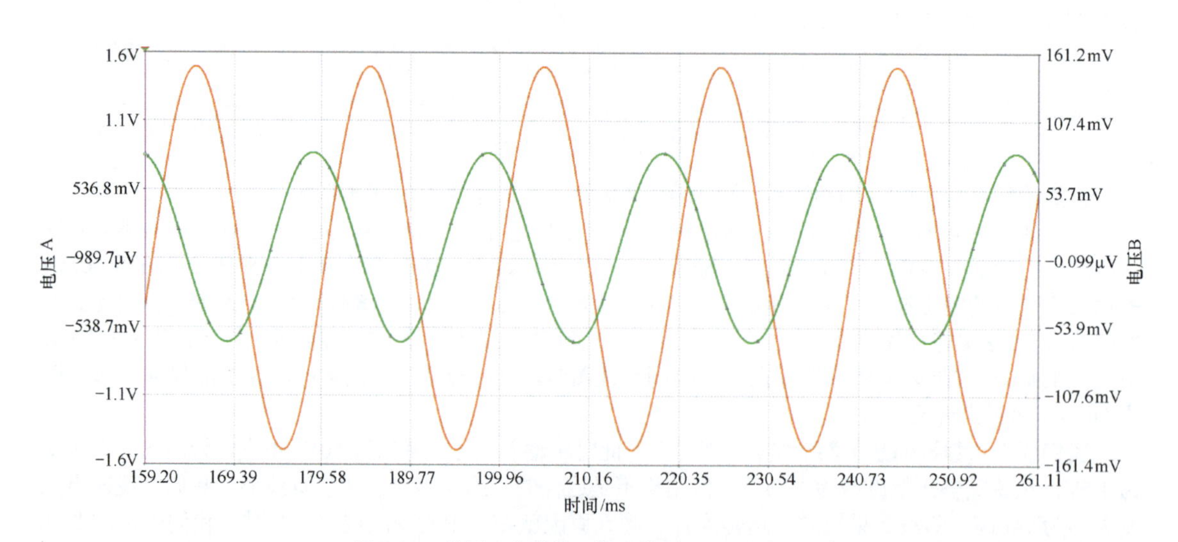

图 8.68　举例 9 电路输入输出波形，50Hz，$1.5V_P$

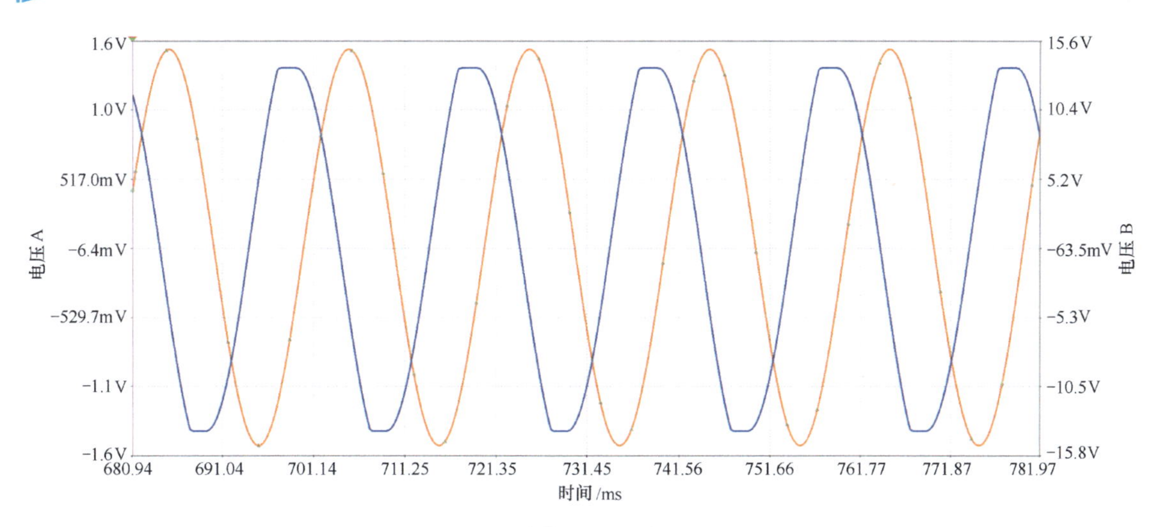

图 8.69 举例 9 电路输入和 V5 波形，50Hz，1.5V_P

重新观察幅频特性，在 50Hz 处，V_5 具有大约 20dB 的增益，即 1.5V 输入会产生 15V 输出，而供电电压只有 15V，输出必然被削顶。

因此，针对这个电路，输入信号幅度绝不能过大。要保证所有信号都能满足椭圆滤波器的效果，输入信号必须足够小，以保证 V_5 处的输出幅度不会超过运放所能达到的最大幅度。对于 15V 供电的 AD8671 来说，数据手册显示其最大输出幅度约为 13.2V，因此对于 45Hz 信号，其输入信号幅度必须小于 13.2V/45.08（33.08dB）=0.2928V。

以上的五阶椭圆滤波器可以分为 3 级，第一级传递函数为 A、第二级传递函数为 B，均为二阶函数，第 3 级为 C，为一阶函数。举例 9 电路的串联次序为 A、B、C。我们知道，五阶椭圆滤波器的传递函数为 A、B、C 的乘积，各级之间的输出阻抗都很小，因此它们满足乘法交换律：即调换其次序，不会影响总体传递函数。将串联次序调整为 B、A、C，得图 8.70 所示的电路，其仿真频率特性如图 8.71 所示。它会在中途受限现象中表现更好一些吗？

结果表明，第一，总输出的频率特性没有改变，这印证了乘法交换律的正确性。第二，中途受限现象最为严重的 V_5，其峰值增益发生在频率 44.47Hz 处，增益为 30.62dB，比举例 9 电路的增益 33.08dB 小；在 50Hz 处 V_5 增益为 14.57dB，也比举例 9 电路的增益 20dB 小。这似乎对改善中途受限现象有所帮助。

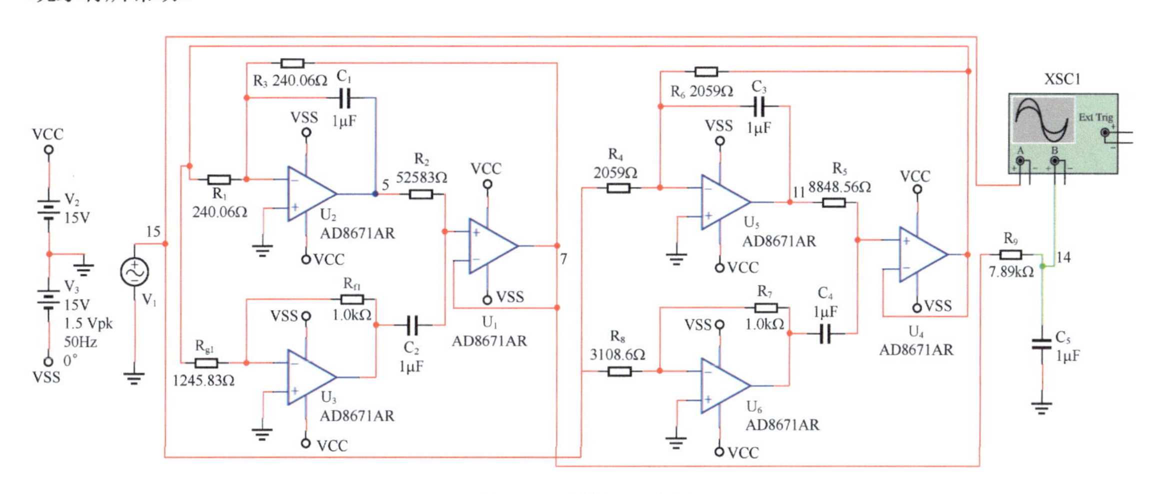

图 8.70 举例 9A 电路

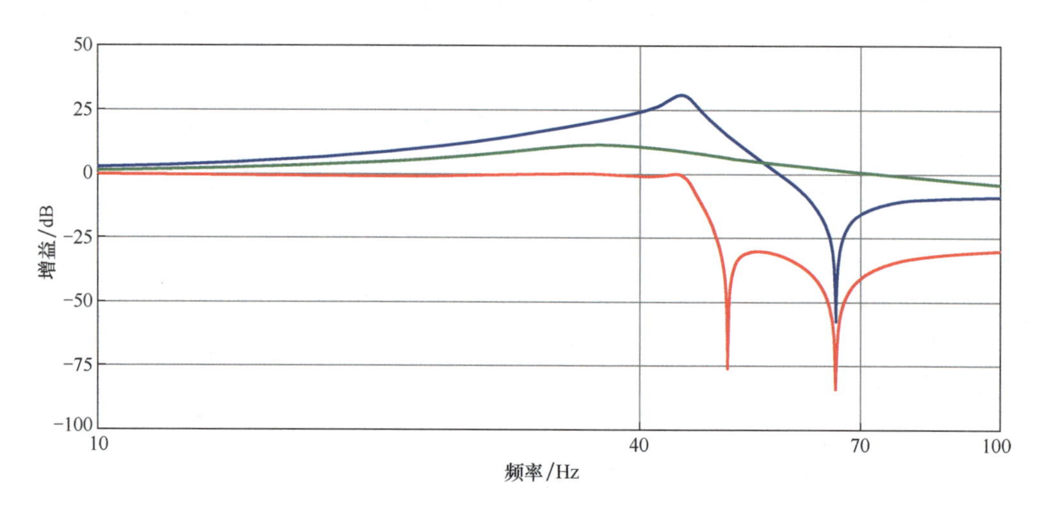

图 8.71　举例 9A 电路的仿真频率特性

为了验证此事，我们将 50Hz、1.5V_P 正弦波作为输入，看举例 9 电路的输出表现，如图 8.72 所示。我们发现，绿色的输出波形幅度大约为 120μV，增益大约为 -81.9dB，与举例 9 电路输入小信号时完全相同。这说明，适当调整串联次序，会对减小中途受限现象有所帮助，但帮助程度有限。

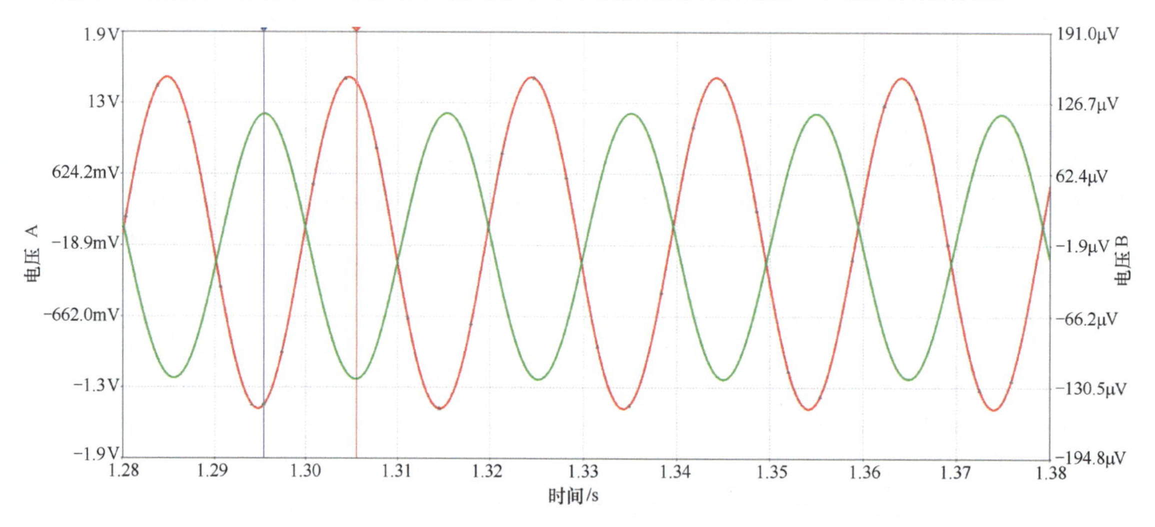

图 8.72　举例 9A 电路的输入和输出波形，50Hz，1.5V_P

8.5 无源椭圆滤波器

无源椭圆滤波器用电感、电容、电阻实现，特别适用于高频滤波。

◎无源椭圆滤波器 T 形单元

无源椭圆滤波器结构种类很少，只有“T 形单元组成”，和“π 形单元组成”两大类。其中，T 形单元如图 8.73 ～图 8.80 所示。以图 8.73 为例，图中电阻 R_{out} 为前级的输出电阻，而 R_{load} 为滤波器的负载。

T 形单元奇数阶从三阶开始，每增加两阶，实际是在电路中多串联一级（由两个电感和一个电容组成）。以三阶变五阶为例，将 L_3 右侧断开，串入 L_5、L_4、C_4 组成的倒“7”形结构。

所有电感电容的下标，均以其横向位置为准，如图 8.74 所示横线以上的阿拉伯数字。所幸的是，两个电感（或者电容）绝不可能在相同位置出现。

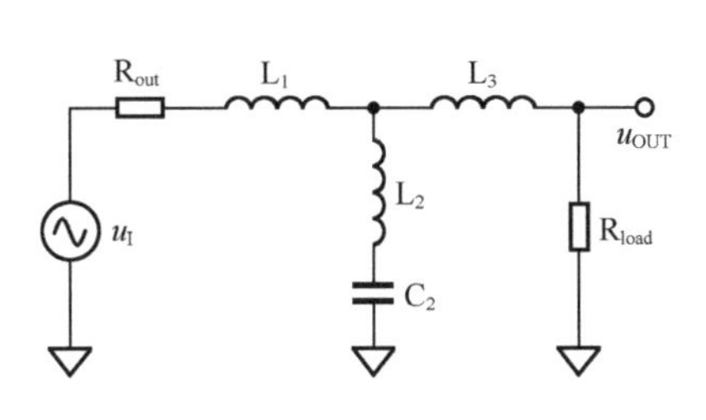

图 8.73　无源 T 形三阶

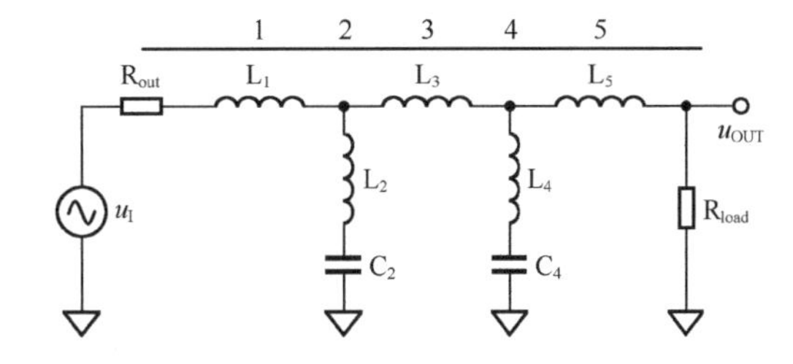

图 8.74　无源 T 形五阶

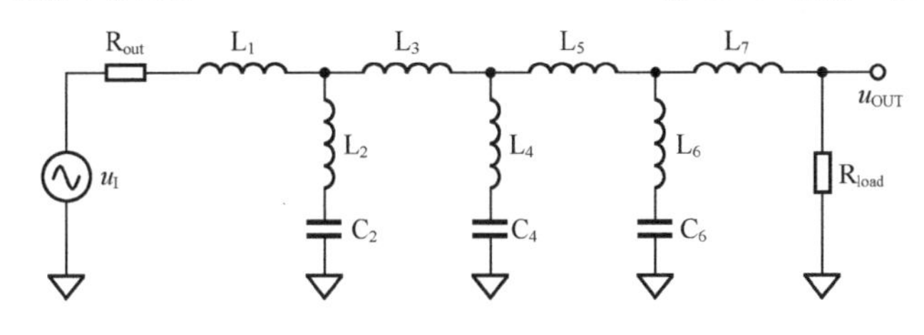

图 8.75　无源 T 形七阶

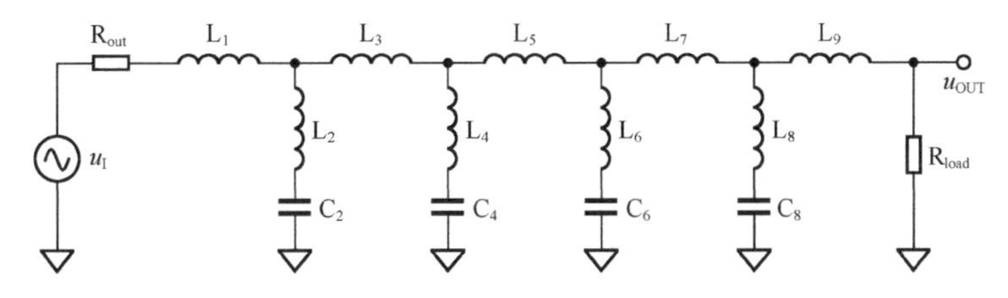

图 8.76　无源 T 形九阶

四阶 T 形结构是在三阶基础上，多并联一个 C_4 形成的，如图 8.77 所示。

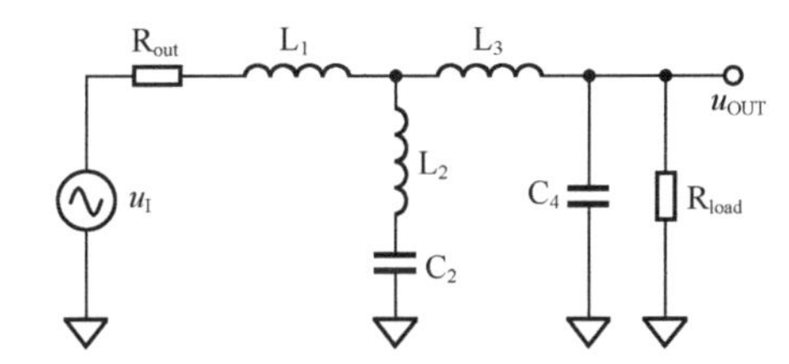

图 8.77　无源 T 形四阶

六阶、八阶和十阶，则在四阶基础上，利用三阶变五阶的方法形成。

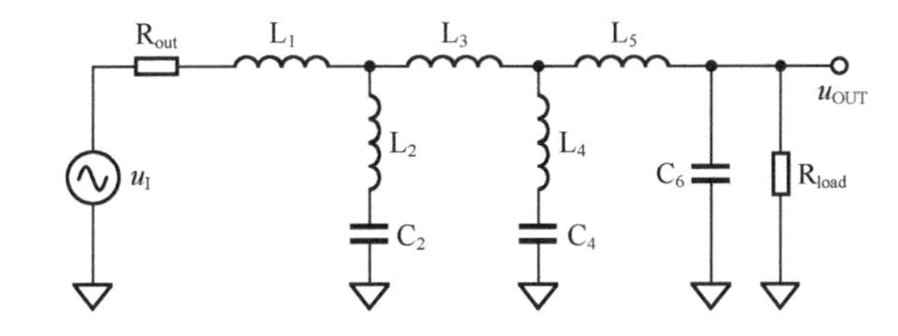

图 8.78　无源 T 形六阶

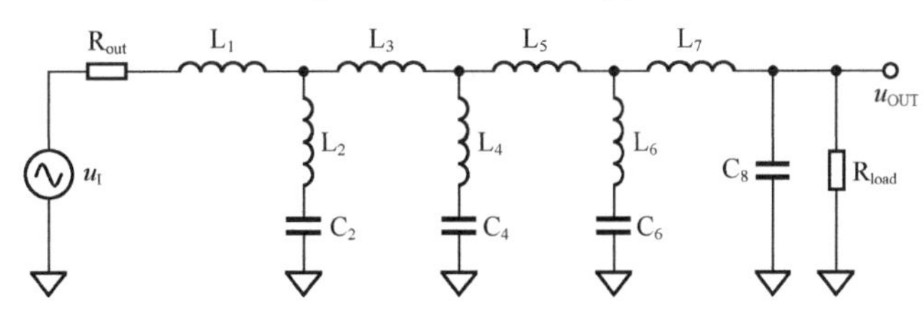

图 8.79　无源 T 形八阶

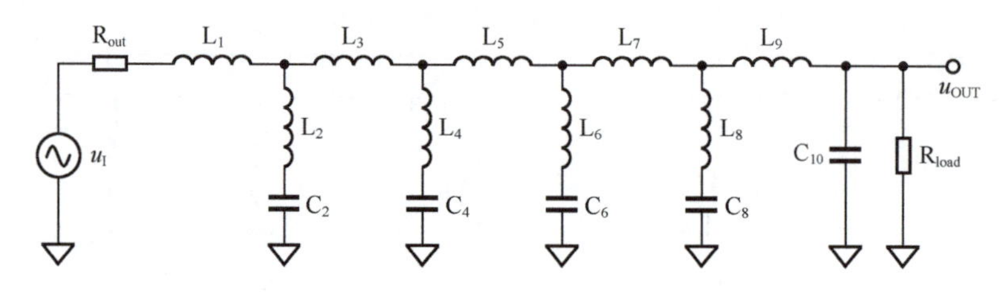

图 8.80　无源 T 形十阶

◎无源椭圆滤波器 π 形单元

T 形单元电路中，电感多，电容少。π 形单元与此刚好相反，其三阶到十阶电路分别如图 8.81 ～图 8.88 所示。

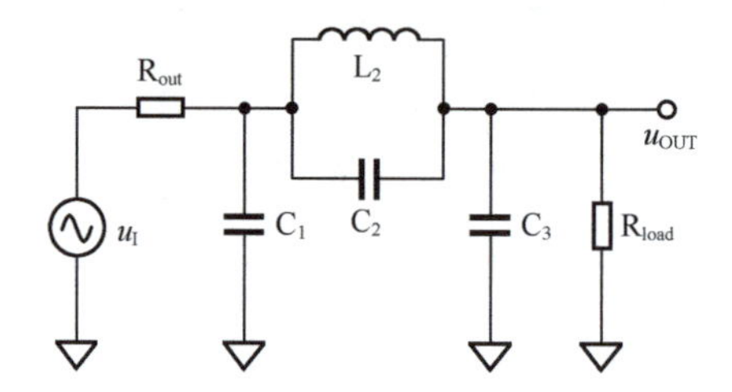

图 8.81　无源 π 形三阶

从三阶到五阶，是在后级增加一级半边 π 形，如图 8.82 中的 C_5、C_4、L_4，依此类推到九阶甚至更高。

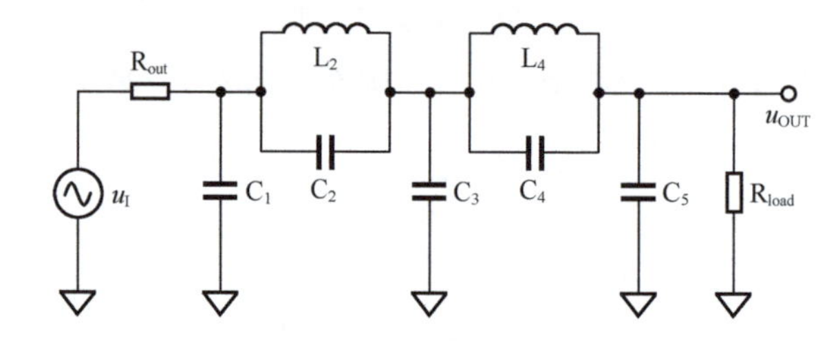

图 8.82　无源 π 形五阶

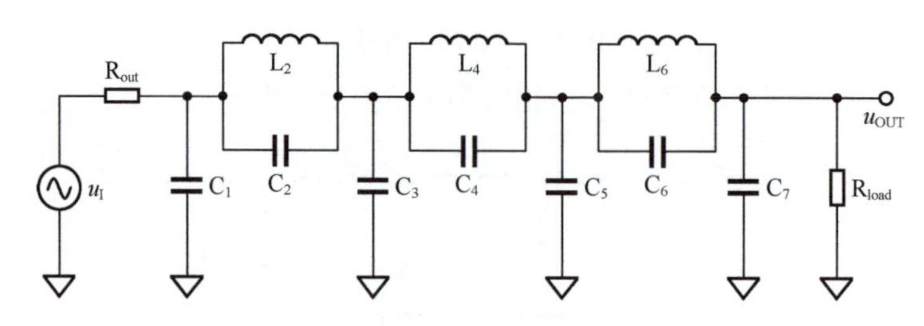

图 8.83　无源 π 形七阶

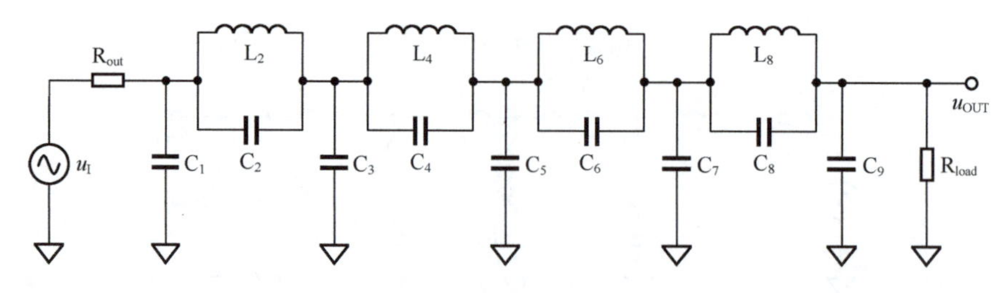

图 8.84　无源 π 形九阶

四阶是在三阶基础上，多串联一个电感 L_4。

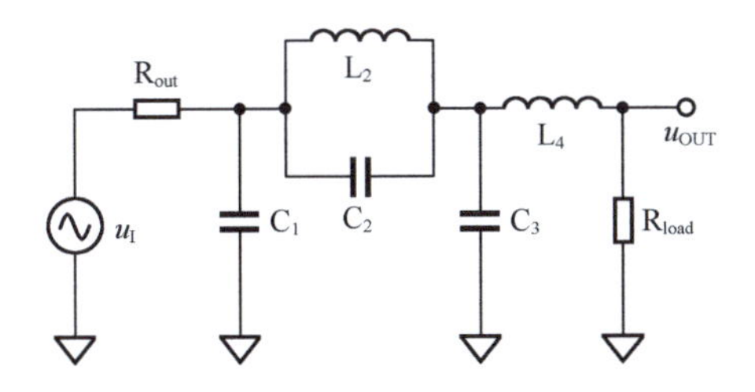

图 8.85　无源 π 形四阶

而六阶，则由四阶增加一级半边 π 形单元形成，依此类推到八阶和十阶甚至更高阶。

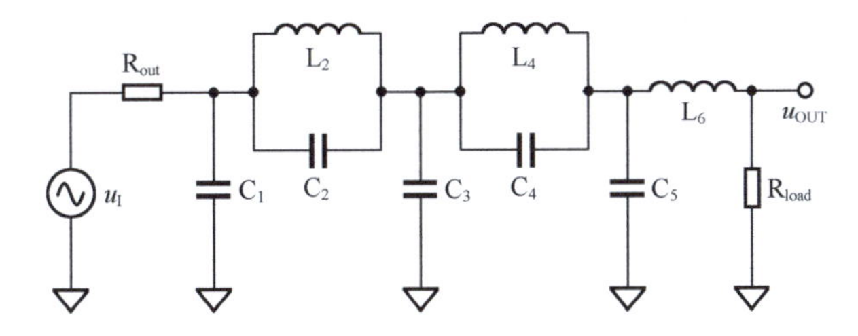

图 8.86　无源 π 形六阶

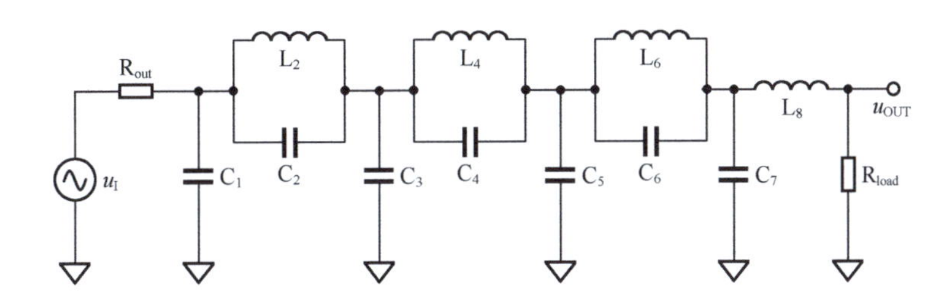

图 8.87　无源 π 形八阶

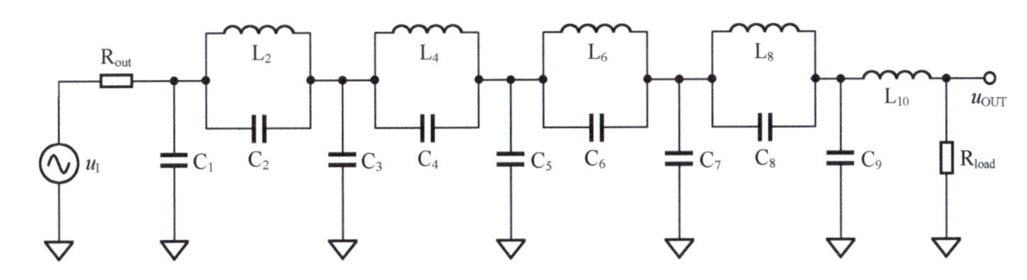

图 8.88　无源 π 形十阶

◎无源椭圆滤波器的归一化系数介绍

本节数据摘自由美国 Arthur. B. Williams 著、喻春轩等译的《电子滤波器设计手册》。

所谓的归一化，是指设计目标以通带角频率 ω_p=1rad/s，通带增益 A_{p0}=1 为准。

1）θ 角。定义为：

$$\theta = \sin^{-1}\frac{\omega_p}{\omega_s} = \sin^{-1}\frac{1}{\omega_s}$$

仅当 ω_s=1rad/s 时，θ=90°，此时滤波器具有极强的陡峭下降，但阻带增益会很大。而当 θ 接近 0，也就是 ω_s 特别大时，增益下降会很缓慢，但阻带增益有极大的衰竭。因此，θ 越接近 90°，滤波器的下降越陡峭，也就是过渡带越窄。

2）阻带角频率 ω_s，基于通带角频率为 1rad/s。

3）反射系数 ρ 和通带纹波 R_{dB}。

反射系数 ρ 反映了通带内纹波的大小，反射系数越大，则纹波越大。

$$R_{dB} = -10\lg\left(1-\rho^2\right)$$

本节内容遵循《电子滤波器设计手册》规定，以表格形式呈现。表格名以 C*xx* AB 给出，其中 C 代表 Cauer，为纪念德国科学家 Cauer，他对椭圆滤波器的贡献是有目共睹的；*xx* 代表阶数，03 代表三阶，11 代表十一阶；AB 代表 ρ，本书给出了常见的 05 和 20 两种，分别代表 ρ=5%、R_{dB}= 0.01087dB 和 ρ=20%、R_{dB}=0.1773dB。

4）负载电阻取值

表 8.17 ～表 8.31 中，源电阻均为 1Ω，而负载电阻有 4 种：指定负载电阻值、指定负载电阻值的倒数、短路电阻值以及开路电阻值，在不同的表格中有不同的标注，其含义如下。

在“负载电阻 =1Ω”表格中（所有奇数阶和部分偶数阶中），无论 T 形单元还是 π 形单元，其电路负载均为 1Ω。

在“π 形负载电阻 =0.9048Ω”“π 形负载电阻 =0.6667Ω”表格中，对于 π 形单元，其负载电阻分别为 0.9048Ω、0.6667Ω；而对于 T 形单元，其负载电阻相应为 1/0.9048=1.1052Ω，以及 1/0.6667= 1.5Ω。

上面两段话如果读者理解不透，可以这么理解，本书表格均以 π 形单元为准，T 形单元的负载值是 π 形负载值的倒数。

5）表格中的负值

部分表格中存在数据为负值，可以不用理睬。

6）表格数值

每个系数表中，都给出了电容、电感的归一化值，这是我们查表的目的。

注意，我们具有两种类型的无源滤波器，这两者是对偶的，因此我们将其放在一个表格内，统一用 Z_i 表示 C_i 或者 L_i，比如表中为 0.1356，则它可以是 0.1356H 的电感，也可以是 0.1356F 的电容，至于到底是电感还是电容，则取决于电路结构到底是 T 形还是 π 形。

我们注意到，在全部无源滤波器中，第一位置、第三位置等奇数位置，仅有一个元件，而在第二位置、第四位置等偶数位置，一定有 2 个元件。要做到用 Z 表示电容或者电感，必须能够区分偶数位置的两个元件。

在 T 形单元中，电感多，电容少。在 π 形单元中，电容多，电感少。我们用 Z_{is} 表示少用的元件，例如在 T 形单元中，Z_4 则表示 L_4，而 Z_{4s} 则表示 C_4。

表 8.17　C03 05

C03 05			负载电阻 =1Ω				负载开路（π 形）或者短路（T 形）			
θ/°	ω_s/(rad · s^{-1})	ΔA_s	Z_1	Z_2	Z_{2s}	Z_3	Z_1	Z_2	Z_{2s}	Z_3
1	57.2987	103.56	0.6395	0.0002	0.9786	0.6395	0.3196	0.0003	0.7733	0.8092
2	28.6537	85.50	0.6390	0.0009	0.9776	0.6390	0.3188	0.0012	0.7721	0.8090
3	19.1073	74.93	0.6381	0.0021	0.9761	0.6381	0.3175	0.0027	0.7702	0.8087
4	14.3356	67.43	0.6370	0.0037	0.9739	0.6370	0.3156	0.0048	0.7675	0.8083
5	11.4737	61.61	0.6354	0.0059	0.9711	0.6354	0.3132	0.0075	0.7639	0.8077
6	9.5668	56.85	0.6336	0.0085	0.9676	0.6336	0.3103	0.0180	0.7596	0.8075
7	8.2055	52.82	0.6314	0.0116	0.9636	0.6314	0.3069	0.1448	0.7546	0.8063
8	7.1853	49.33	0.6289	0.0152	0.9589	0.6289	0.3029	0.0195	0.7487	0.8055
9	6.3925	46.25	0.6261	0.0193	0.9536	0.6261	0.2983	0.0248	0.7421	0.8045
10	5.7588	43.49	0.6229	0.0240	0.9477	0.6229	0.2932	0.0309	0.7346	0.8035
11	5.2408	41.00	0.6194	0.0291	0.9411	0.6194	0.2875	0.0378	0.7204	0.8024
12	4.8097	38.71	0.6155	0.0349	0.9339	0.6155	0.2813	0.0454	0.7175	0.8012
13	4.4454	36.61	0.6113	0.0412	0.9261	0.6113	0.2744	0.0540	0.7077	0.8000
14	4.1336	34.66	0.6068	0.0482	0.9177	0.6068	0.2670	0.0634	0.6972	0.7987

续表

C03 05			负载电阻 =1Ω				负载开路（π形）或者短路（T形）			
$\theta/°$	$\omega_s/(\mathrm{rad}\cdot\mathrm{s}^{-1})$	ΔA_s	Z_1	Z_2	Z_{2s}	Z_3	Z_1	Z_2	Z_{2s}	Z_3
15	3.8637	32.85	0.6020	0.0558	0.9087	0.6020	0.2589	0.0739	0.6860	0.7974
16	3.6280	31.14	0.5968	0.0640	0.8991	0.5968	0.2502	0.0854	0.6739	0.7961
17	3.4203	29.54	0.5913	0.0729	0.8888	0.5913	0.2408	0.0980	0.6612	0.7949
18	3.2361	28.03	0.5855	0.0826	0.8780	0.5855	0.2308	0.1120	0.6477	0.7936
19	3.0716	26.60	0.5793	0.0930	0.8665	0.5793	0.2201	0.1272	0.6334	0.7925
20	2.9238	25.24	0.5728	0.1043	0.8545	0.5728	0.2087	0.1440	0.6185	0.7914
21	2.7904	23.95	0.5661	0.1164	0.8418	0.5661	0.1965	0.1625	0.6028	0.7905
22	2.6695	22.71	0.5590	0.1294	0.8286	0.5590	0.1836	0.1828	0.5865	0.7897
23	2.5593	21.53	0.5515	0.1434	0.8148	0.5515	0.1699	0.2052	0.5695	0.7891
24	2.4586	20.40	0.5438	0.1585	0.8004	0.5438	0.1553	0.2298	0.5519	0.7887
25	2.3662	19.31	0.5358	0.1747	0.7855	0.5358	0.1399	0.2571	0.5337	0.7887
26	2.2812	18.27	0.5275	0.1921	0.7700	0.5275	0.1236	0.2873	0.5149	0.7889
27	2.2027	17.26	0.5180	0.2108	0.7540	0.5180	0.1063	0.3208	0.4955	0.7896
28	2.1301	16.30	0.5100	0.2309	0.7375	0.5100	0.0800	0.3580	0.4757	0.7908
29	2.0627	15.37	0.5009	0.2526	0.7205	0.5009	0.0687	0.3997	0.4555	0.7924
30	2.0000	14.47	0.4915	0.2760	0.7031	0.4915	0.0483	0.4463	0.4348	0.7947
31	1.9416	13.61	0.4819	0.3012	0.6852	0.4819	0.0268	0.4936	0.4139	0.7977
32	1.8871	12.77	0.4720	0.3284	0.6669	0.4720	0.0040	0.5577	0.3927	0.8014
33	1.8361	11.97	0.4619	0.3578	0.6482	0.4619	−0.0201	0.6244	0.3714	0.8061
34	1.7883	11.20	0.4516	0.3896	0.6291	0.4516	−0.0456	0.7003	0.3500	0.8117
35	1.7434	10.46	0.4411	0.4241	0.6097	0.4411	−0.0725	0.7868	0.3286	0.8185

表 8.18　C03 20

C03 20			负载电阻 =1Ω				负载开路（π形）或者短路（T形）			
$\theta/°$	$\omega_s/(\mathrm{rad}\cdot\mathrm{s}^{-1})$	ΔA_s	Z_1	Z_2	Z_{2s}	Z_3	Z_1	Z_2	Z_{2s}	Z_3
1	57.2987	115.77	1.1893	0.0002	1.1540	1.1893	0.5946	0.0002	1.1713	1.1717
2	28.6537	97.70	1.1889	0.0008	1.1533	1.1889	0.5940	0.0008	1.1704	1.1715
3	19.1073	87.13	1.1881	0.0018	1.1522	1.1881	0.5932	0.0018	1.1690	1.1710
4	14.3356	79.63	1.1870	0.0032	1.1507	1.1870	0.5920	0.0031	1.1670	1.1704
5	11.4737	73.81	1.1856	0.0050	1.1488	1.1856	0.5904	0.0049	1.1645	1.1696
6	9.5668	69.05	1.1839	0.0072	1.1464	1.1839	0.5885	0.0071	1.1614	1.1686
7	8.2055	65.03	1.1819	0.0098	1.1436	1.1819	0.5862	0.0096	1.1577	1.1675
8	7.1853	61.54	1.1796	0.0128	1.1404	1.1796	0.5836	0.0126	1.1535	1.1662
9	6.3925	58.46	1.1770	0.0162	1.1367	1.1770	0.5807	0.0160	1.1487	1.1647
10	5.7588	55.70	1.1740	0.0200	1.1326	1.1740	0.5773	0.0199	1.1434	1.1630
11	5.2408	53.20	1.1703	0.0243	1.1231	1.1703	0.5737	0.0241	1.1374	1.1611
12	4.8097	50.92	1.1672	0.0290	1.1231	1.1672	0.5696	0.0288	1.1310	1.1591
13	4.4454	48.82	1.1634	0.0342	1.1177	1.1634	0.5653	0.0340	1.1239	1.1570
14	4.1336	46.87	1.1592	0.0398	1.1119	1.1592	0.5605	0.0396	1.1163	1.1546
15	3.8637	45.05	1.1547	0.0458	1.1057	1.1547	0.5554	0.0457	1.1082	1.1521
16	3.6280	43.35	1.1500	0.0524	1.0990	1.1500	0.5500	0.0523	1.0994	1.1495
17	3.4203	41.75	1.1449	0.0594	1.0919	1.1449	0.5441	0.0595	1.0902	1.1467
18	3.2361	40.23	1.1395	0.0669	1.0844	1.1395	0.5379	0.0671	1.0803	1.1437
19	3.0716	38.80	1.1338	0.0749	1.0764	1.1338	0.5314	0.0753	1.0700	1.1407
20	2.9238	37.44	1.1278	0.0834	1.0681	1.1278	0.5244	0.0841	1.0590	1.1374
21	2.7904	36.14	1.1215	0.0925	1.0593	1.1215	0.5171	0.0935	1.0475	1.1340

续表

C03 20			负载电阻 =1Ω				负载开路（π 形）或者短路（T 形）			
θ/°	ω_s/(rad · s^{-1})	ΔA_s	Z_1	Z_2	Z_{2s}	Z_3	Z_1	Z_2	Z_{2s}	Z_3
22	2.6695	34.90	1.1149	0.1021	1.0500	1.1149	0.5094	0.1035	1.0355	1.1305
23	2.5593	33.71	1.1080	0.1123	1.0404	1.1080	0.5013	0.1142	1.0229	1.1269
24	2.4586	32.57	1.1008	0.1231	1.0303	1.1008	0.4928	0.1256	1.0098	1.1232
25	2.3662	31.47	1.0933	0.1345	1.0199	1.0933	0.4839	0.1377	0.9961	1.1193
26	2.2812	30.41	1.0855	0.1466	1.0090	1.0855	0.4746	0.1506	0.9819	1.1153
27	2.2027	29.39	1.0773	0.1593	0.9976	1.0773	0.4649	0.1643	0.9672	1.1113
28	2.1301	28.41	1.0689	0.1728	0.9859	1.0689	0.4548	0.1789	0.9519	1.1071
29	2.0627	27.45	1.0602	0.1869	0.9738	1.0602	0.4443	0.1944	0.9362	1.1029
30	2.0000	26.53	1.0512	0.2019	0.9612	1.0512	0.4333	0.2110	0.9199	1.0985
31	1.9416	25.63	1.0420	0.2176	0.9483	1.0420	0.4219	0.2285	0.9030	1.0942
32	1.8871	24.76	1.0324	0.2343	0.9349	1.0324	0.4101	0.2473	0.8857	1.0897
33	1.8361	23.92	1.0225	0.2518	0.9212	1.0225	0.3978	0.2672	0.8629	1.0853
34	1.7883	23.09	1.0123	0.2702	0.9070	1.0123	0.3851	0.2885	0.8496	1.0808
35	1.7434	22.29	1.0019	0.2897	0.8925	1.0019	0.3719	0.3112	0.8308	1.0762
36	1.7013	21.51	0.9912	0.3103	0.8776	0.9912	0.3582	0.3355	0.8116	1.0717
37	1.6616	20.74	0.9802	0.3320	0.8623	0.9802	0.3441	0.3614	0.7919	1.0672
38	1.6243	20.00	0.9689	0.3549	0.8466	0.9689	0.3294	0.3892	0.7718	1.0627
39	1.5890	19.27	0.9573	0.3791	0.8305	0.9573	0.3142	0.4191	0.7512	1.0583
40	1.5557	18.56	0.9455	0.4047	0.8141	0.9455	0.2985	0.4511	0.7303	1.0540
41	1.5243	17.86	0.9334	0.4318	0.7973	0.9334	0.2823	0.4856	0.7089	1.0497
42	1.4945	17.18	0.9210	0.4605	0.7801	0.9210	0.2655	0.5228	0.6872	1.0456
43	1.4663	16.52	0.9084	0.4909	0.7627	0.9084	0.2481	0.5629	0.6651	1.0416
44	1.4396	15.86	0.8955	0.5232	0.7448	0.8955	0.2301	0.6064	0.6427	1.0378
45	1.4142	15.22	0.8823	0.5576	0.7267	0.8823	0.2115	0.6535	0.6200	1.0341
46	1.3902	14.60	0.8689	0.5942	0.7082	0.8689	0.1923	0.7048	0.5971	1.0307
47	1.3673	13.98	0.8553	0.6331	0.6895	0.8553	0.1725	0.7607	0.5739	1.0276
48	1.3456	13.38	0.8415	0.6747	0.6705	0.8415	0.1519	0.8217	0.5505	1.0248
49	1.3250	12.79	0.8274	0.7192	0.6511	0.8274	0.1307	0.8886	0.5270	1.0223
50	1.3054	12.22	0.8131	0.7668	0.6316	0.8131	0.1087	0.9621	0.5034	1.0202
51	1.2868	11.65	0.7986	0.8179	0.6118	0.7986	0.0860	1.0431	0.4797	1.0185
52	1.2690	11.10	0.7839	0.8728	0.5918	0.7839	0.0625	1.1327	0.4560	1.0173
53	1.2521	10.56	0.7690	0.9319	0.5716	0.7690	0.0882	1.2320	0.4323	1.0166
54	1.2361	10.03	0.7539	0.9958	0.5512	0.7539	0.0130	1.3426	0.4088	1.0165
55	1.2208	9.51	0.7387	1.0648	0.5306	0.7387	−0.0131	1.4662	0.3854	1.0171
56	1.2062	9.01	0.7233	1.1397	0.5100	0.7233	−0.0401	1.6046	0.3622	1.0184
57	1.1924	8.51	0.7078	1.2210	0.4892	0.7078	−0.0681	1.7605	0.3393	1.0205
58	1.1792	8.03	0.6921	1.3097	0.4684	0.6921	−0.0971	1.9366	0.3168	1.0235
59	1.1666	7.57	0.6764	1.4065	0.4476	0.6764	−0.1272	2.1364	0.2947	1.0274
60	1.1547	7.11	0.6606	1.5127	0.4268	0.6606	−0.1584	2.3640	0.2731	1.0323

表 8.19 C04 05

C04 05			π 形负载电阻 =0.9048Ω					负载开路（T 形）或者短路（π 形）				
θ/°	ω_s/(rad · s^{-1})	ΔA_s	Z_1	Z_2	Z_{2s}	Z_3	Z_{4s}	Z_1	Z_2	Z_{2s}	Z_3	Z_{4s}
C	∞	∞	0.7231	0.00000	1.207	1.334	0.6543	0.36157	0.00000	0.90444	1.16498	1.04995
6	10.350843	88.5	0.7174	0.00646	1.198	1.330	0.6549	0.35333	0.00867	0.89233	1.16304	1.05291
7	8.876727	83.1	0.7154	0.00881	1.194	1.329	0.6552	0.35034	0.01185	0.88795	1.16236	1.05398

续表

C04 05			π 形负载电阻 =0.9048Ω					负载开路（T 形）或者短路（π 形）				
θ/°	ω_s/(rad · s^{-1})	ΔA_s	Z_1	Z_2	Z_{2s}	Z_3	Z_{4s}	Z_1	Z_2	Z_{2s}	Z_3	Z_{4s}
8	7.771760	78.5	0.7130	0.01154	1.190	1.327	0.6555	0.34687	0.01556	0.88290	1.16158	1.05522
9	6.912894	74.4	0.7103	0.01464	1.186	1.325	0.6558	0.34293	0.01980	0.87717	1.16072	1.05662
10	6.226301	70.7	0.7073	0.01814	1.181	1.323	0.6561	0.33851	0.02460	0.87076	1.15976	1.05820
11	5.664999	67.3	0.7040	0.02202	1.176	1.321	0.6565	0.33360	0.02997	0.86368	1.15873	1.05993
12	5.197666	64.3	0.7003	0.02630	1.170	1.318	0.6569	0.32819	0.03594	0.85592	1.15763	1.06184
13	4.802620	61.5	0.6963	0.03100	1.163	1.316	0.6574	0.32227	0.04254	0.84748	1.15646	1.06391
14	4.464371	58.9	0.6920	0.03612	1.156	1.313	0.6579	0.31584	0.04980	0.83836	1.15523	1.06616
15	4.171563	56.5	0.6874	0.04166	1.148	1.310	0.6584	0.30888	0.05774	0.82856	1.15396	1.06857
16	3.915678	54.2	0.6824	0.04766	1.140	1.306	0.6590	0.30139	0.06642	0.81808	1.15265	1.07115
17	3.690200	52.1	0.6771	0.05411	1.132	1.303	0.6596	0.29334	0.07588	0.80692	1.15132	1.07390
18	3.490065	50.1	0.6715	0.06103	1.122	1.299	0.6603	0.28473	0.08616	0.79508	1.14998	1.07682
19	3.311272	48.1	0.6655	0.06845	1.113	1.295	0.6610	0.27554	0.09733	0.78256	1.14865	1.07991
20	3.150622	46.3	0.6592	0.07637	1.103	1.291	0.6617	0.26575	0.10945	0.76935	1.14734	1.08316
21	3.005526	44.6	0.6526	0.08482	1.092	1.286	0.6624	0.25534	0.12260	0.75547	1.14607	1.08658
22	2.873864	42.9	0.6456	0.09383	1.081	1.282	0.6632	0.24428	0.13685	0.74091	1.14486	1.09016
23	2.753885	41.3	0.6383	0.1034	1.069	1.277	0.6641	0.23257	0.15232	0.72568	1.14374	1.09391
24	2.644133	39.8	0.6306	0.1136	1.057	1.272	0.6649	0.22015	0.16911	0.70977	1.14274	1.09780
25	2.543380	38.4	0.6226	0.1244	1.044	1.267	0.6658	0.20702	0.18735	0.69320	1.14187	1.10185
26	2.450592	37.0	0.6143	0.1359	1.030	1.262	0.6668	0.19313	0.20719	0.67596	1.14118	1.10605
27	2.364885	35.6	0.6055	0.1481	1.017	1.256	0.6677	0.17844	0.22880	0.65807	1.14071	1.11038
28	2.285502	34.3	0.5964	0.1611	1.002	1.250	0.6687	0.16291	0.25238	0.63954	1.14049	1.11485
29	2.211792	33.0	0.5870	0.1748	0.9872	1.244	0.6698	0.14651	0.27816	0.62037	1.14057	1.11943
30	2.143189	31.8	0.5772	0.1894	0.9717	1.238	0.6708	0.12916	0.30642	0.60057	1.14101	1.12412
31	2.079202	30.6	0.5670	0.2049	0.9558	1.232	0.6719	0.11082	0.33749	0.58017	1.14186	1.12890
32	2.019399	29.4	0.5564	0.2213	0.9393	1.226	0.6730	0.09142	0.37172	0.55919	1.14320	1.13375
33	1.963403	28.3	0.5455	0.2388	0.9223	1.219	0.6742	0.07088	0.40959	0.53763	1.14511	1.13865
34	1.910879	27.2	0.5341	0.2573	0.9048	1.212	0.6753	0.04911	0.45163	0.51554	1.14767	1.14358
35	1.861534	26.1	0.5224	0.2771	0.8868	1.205	0.6765	0.02602	0.49848	0.49294	1.15100	1.14850
36	1.815103	25.1	0.5103	0.2982	0.8683	1.198	0.6777	0.00149	0.55094	0.46988	1.15520	1.15338
37	1.771354	24.0	0.4978	0.3206	0.8492	1.191	0.6789	−0.02462	0.60995	0.44638	1.16042	1.15818
38	1.730076	23.0	0.4848	0.3446	0.8297	1.184	0.6801	−0.05244	0.67668	0.42250	1.16681	1.16286
39	1.691083	22.1	0.4715	0.3702	0.8098	1.177	0.6813	−0.08216	0.75258	0.39830	1.17457	1.16735
40	1.654204	21.1	0.4577	0.3976	0.7893	1.169	0.6825	−0.11399	0.83946	0.37385	1.18392	1.17160

表 8.20　C04 20

C04 20			π 形负载电阻 =0.6667Ω					负载开路（T 形）或者短路（π 形）				
θ/°	ω_s/(rad · s^{-1})	ΔA_s	Z_1	Z_2	Z_{2s}	Z_3	Z_{4s}	Z_1	Z_2	Z_{2s}	Z_3	Z_{4s}
T	∞	∞	1.265	0.000000	1.291	1.936	0.8434	0.63253	0.00000	1.27782	1.54262	1.28323
6	10.350843	100.71	1.260	0.006628	1.284	1.932	0.8437					
7	8.876727	95.3	1.258	0.008216	1.281	1.930	0.8439					
8	7.771760	90.7	1.255	0.01074	1.278	1.928	0.8440					
9	6.912894	86.6	1.253	0.01362	1.275	1.926	0.8442					
10	6.226301	82.9	1.250	0.01685	1.271	1.924	0.8443					
11	5.664999	79.6	1.247	0.02043	1.267	1.921	0.8445	0.61292	0.02076	1.24651	1.53268	1.28756
12	5.197666	76.5	1.243	0.02436	1.263	1.918	0.8448	0.60918	0.02480	1.24056	1.53081	1.28838
13	4.802620	73.7	1.239	0.02866	1.258	1.915	0.8450	0.60500	0.02921	1.23409	1.52878	1.28928

续表

C04 20			π形负载电阻 =0.6667Ω					负载开路（T形）或者短路（π形）				
$\theta/°$	$\omega_s/(\mathrm{rad\cdot s^{-1}})$	ΔA_s	Z_1	Z_2	Z_{2s}	Z_3	Z_{4s}	Z_1	Z_2	Z_{2s}	Z_3	Z_{4s}
14	4.464371	71.1	1.235	0.03333	1.253	1.912	0.8453	0.60068	0.03402	1.22710	1.52660	1.29025
15	4.171563	68.7	1.231	0.03837	1.247	1.908	0.8456	0.59592	0.03923	1.21959	1.52427	1.29129
16	3.915678	66.4	1.226	0.04380	1.241	1.904	0.8459	0.59082	0.04485	1.21158	1.52179	1.29240
17	3.690200	64.3	1.221	0.04961	1.234	1.900	0.8462	0.58539	0.05090	1.20302	1.51916	1.29359
18	3.490065	62.3	1.216	0.05581	1.227	1.895	0.8465	0.57960	0.05738	1.19395	1.51639	1.29485
19	3.311272	60.3	1.210	0.06242	1.220	1.891	0.8469	0.57347	0.06431	1.18437	1.51348	1.29619
20	3.150622	58.5	1.204	0.06944	1.213	1.886	0.8473	0.56698	0.07171	1.17427	1.51043	1.29760
21	3.005526	56.8	1.198	0.07689	1.205	1.881	0.8477	0.56014	0.07959	1.16365	1.50725	1.29908
22	2.873864	55.1	1.191	0.08476	1.196	1.875	0.8481	0.55294	0.08798	1.15251	1.50394	1.30064
23	2.753885	53.6	1.184	0.09309	1.187	1.870	0.8485	0.54537	0.09689	1.14085	1.50050	1.30227
24	2.644133	52.0	1.177	0.1019	1.178	1.864	0.8490	0.53744	0.10634	1.12867	1.49694	1.30397
25	2.543380	50.6	1.169	0.1111	1.169	1.858	0.8494	0.52913	0.11637	1.11597	1.49326	1.30575
26	2.450592	49.2	1.161	0.1209	1.159	1.851	0.8499	0.52044	0.12700	1.10276	1.48947	1.30760
27	2.364885	47.8	1.153	0.1311	1.148	1.845	0.8505	0.51136	0.13826	1.08902	1.48558	1.30952
28	2.285502	46.5	1.145	0.1419	1.138	1.838	0.8510	0.50190	0.15018	1.07477	1.48159	1.31151
29	2.211792	45.2	1.136	0.1532	1.126	1.831	0.8516	0.49203	0.16279	1.06001	1.47750	1.31358
30	2.143189	44.0	1.127	0.1651	1.115	1.824	0.8521	0.48176	0.17615	1.04472	1.47333	1.31571
31	2.079202	42.8	1.117	0.1775	1.103	1.816	0.8527	0.47107	0.19030	1.02893	1.46908	1.31792
32	2.019399	41.6	1.108	0.1906	1.091	1.808	0.8533	0.45996	0.20527	1.01262	1.46476	1.32019
33	1.963403	40.5	1.097	0.2043	1.078	1.800	0.8540	0.44842	0.22114	0.99580	1.46039	1.32253
34	1.910879	39.4	1.087	0.2186	1.065	1.792	0.8546	0.43644	0.23796	0.97847	1.45596	1.32494
35	1.861534	38.3	1.076	0.2337	1.051	1.784	0.8553	0.42400	0.25580	0.96063	1.45150	1.32740
36	1.815103	37.2	1.065	0.2495	1.038	1.775	0.8560	0.41109	0.27473	0.94228	1.44701	1.32993
37	1.771354	36.2	1.054	0.2661	1.023	1.766	0.8567	0.39771	0.29484	0.92344	1.44251	1.33251
38	1.730076	35.2	1.042	0.2835	1.009	1.757	0.8574	0.38383	0.31623	0.90409	1.43901	1.33515
39	1.691083	34.2	1.030	0.3017	0.9936	1.748	0.8581	0.36944	0.33899	0.88426	1.43352	1.33783
40	1.654204	33.3	1.017	0.3208	0.9782	1.738	0.8589	0.35453	0.36326	0.86393	1.42908	1.34056
								0.33907	0.38916	0.84312	1.42468	1.34332
								0.32305	0.41686	0.82183	1.42036	1.34612
								0.30644	0.44652	0.80008	1.41614	1.34894
								0.28921	0.47834	0.77786	1.41205	1.35177
								0.27135	0.51256	0.75519	1.40810	1.35461

表 8.21　C05 05

C05 05			负载电阻 =1Ω							负载开路（π形）或者短路（T形）						
$\theta/°$	$\omega_s/(\mathrm{rad\cdot s^{-1}})$	ΔA_s	Z_1	Z_2	Z_{2s}	Z_3	Z_4	Z_{4s}	Z_5	Z_1	Z_2	Z_{2s}	Z_3	Z_4	Z_{4s}	Z_5
C	∞	∞	0.7664	0.0000	1.3100	1.5880	0.0000	1.3100	0.7664	0.3832	0.0000	0.9671	1.2835	0.0000	1.3983	1.2042
2	28.6537	167.86	0.7661	0.0003	1.3099	1.5877	0.0008	1.3091	0.7656	0.3828	0.0004	0.9666	1.2827	0.0008	1.3971	1.2038
3	19.1073	150.25	0.7658	0.0007	1.3095	1.5868	0.0018	1.3075	0.7646	0.3823	0.0010	0.9659	1.2818	0.0018	1.3955	1.2031
4	14.3356	137.74	0.7654	0.0012	1.3088	1.5855	0.0033	1.3054	0.7633	0.3816	0.0017	0.9649	1.2804	0.0032	1.3934	1.2023
5	11.4737	128.04	0.7048	0.0020	1.3080	1.5839	0.0052	1.3026	0.7615	0.3807	0.0027	0.9637	1.2787	0.0049	1.3907	1.2011
6	9.5668	120.11	0.7641	0.0029	1.3070	1.5820	0.0076	1.2993	0.7594	0.3796	0.0039	0.9621	1.2766	0.0071	1.3874	1.1997
7	8.2055	113.40	0.7632	0.0039	1.3058	1.5796	0.0103	1.2953	0.458	0.3783	0.0054	0.9603	1.2741	0.0097	1.3835	1.1981
8	7.1853	107.59	0.7623	0.0051	1.3044	1.5770	0.0135	1.2907	0.7540	0.3768	0.0070	0.9582	1.2713	0.0127	1.3789	1.1962
9	6.3925	102.45	0.7612	0.0065	1.3028	1.5739	0.0172	1.2855	0.7507	0.3750	0.0089	0.9558	1.2680	0.0161	1.3738	1.1941
10	5.7588	97.80	0.7606	0.0080	1.3011	1.5706	0.0213	1.2797	0.7470	0.3731	0.0110	0.9531	1.2644	0.0200	1.3681	1.1917

续表

C05 05			负载电阻 =1Ω							负载开路（π 形）或者短路（T 形）						
θ/°	ω_s/(rad · s^{-1})	ΔA_s	Z_1	Z_2	Z_{2s}	Z_3	Z_4	Z_{4s}	Z_5	Z_1	Z_2	Z_{2s}	Z_3	Z_4	Z_{4s}	Z_5
11	5.2408	93.69	0.7586	0.0098	1.2991	1.5669	0.0259	1.2733	0.7429	0.3710	0.0134	0.9502	1.2604	0.0242	1.3618	1.1891
12	4.8097	89.89	0.7572	0.0116	1.2970	1.5628	0.0309	1.2663	0.7384	0.3686	0.0160	0.9470	1.2561	0.0289	1.3548	1.1863
13	4.4454	86.39	0.7556	0.0137	1.2947	1.5584	0.0364	1.2586	0.7335	0.3660	0.0188	0.9435	1.2513	0.0341	1.3473	1.1831
14	4.1336	83.14	0.7538	0.0159	1.2922	1.5536	0.0424	1.2504	0.7283	0.3633	0.0219	0.9397	1.2462	0.0396	1.3392	1.1798
15	3.8637	80.11	0.7519	0.0183	1.2895	1.5485	0.0489	1.2416	0.7226	0.3603	0.0253	0.9356	1.2408	0.0457	1.3305	1.1762
16	3.6280	77.27	0.7499	0.0200	1.2865	1.5431	0.0559	1.2321	0.7165	0.3570	0.0289	0.9312	1.2349	0.0522	1.3212	1.1723
17	3.4203	74.60	0.7478	0.0236	1.2836	1.5374	0.0635	1.2221	0.7101	0.3536	0.0328	0.9265	1.2287	0.0592	1.3118	1.1682
18	3.2361	72.08	0.7455	0.0266	1.2803	1.5313	0.0716	1.2115	0.7082	0.3499	0.0370	0.9216	1.2222	0.0667	1.3909	1.1639
19	3.0716	69.69	0.7431	0.0297	1.2768	1.5249	0.0802	1.2002	0.6959	0.3460	0.0414	0.9163	1.2153	0.0747	1.3898	1.1593
20	2.9238	67.41	0.7406	0.0330	1.2732	1.5182	0.0895	1.1884	0.6883	0.3419	0.0462	0.9108	1.2080	0.0833	1.2782	1.1545
21	2.7904	65.25	0.7379	0.0365	1.2694	1.5112	0.0994	1.1760	0.6802	0.3375	0.0513	0.9050	1.2004	0.0923	1.2660	1.1495
22	2.6695	63.18	0.7350	0.0402	1.2653	1.5038	0.1099	1.1630	0.6717	0.3329	0.0566	0.8988	1.1924	0.1020	1.2532	1.1442
23	2.5593	61.20	0.7321	0.0441	1.2611	1.4962	0.1210	1.1494	0.6628	0.3281	0.0623	0.8924	1.1841	0.1122	1.2399	1.1387
24	2.4586	59.29	0.7290	0.0482	1.2567	1.4882	0.1329	1.1353	0.6534	0.3230	0.0684	0.8857	1.1755	0.1231	1.2260	1.1329
25	2.3662	57.46	0.7257	0.0524	1.2520	1.4800	0.1454	1.1205	0.6437	0.3176	0.0748	0.8786	1.1666	0.1346	1.2115	1.1269
26	2.2812	55.70	0.7223	0.0569	1.2472	1.4715	0.1588	1.1052	0.6335	0.3120	0.0816	0.8713	1.1573	0.1467	1.1964	1.1207
27	2.2027	54.00	0.7187	0.0617	1.2421	1.4627	0.1729	1.0893	0.6229	0.3061	0.0888	0.8637	1.1477	0.1595	1.1809	1.1143
28	2.1301	52.35	0.7150	0.0666	1.2369	1.4537	0.1879	1.0729	0.6118	0.2999	0.0963	0.8557	1.1377	0.1731	1.1647	1.1076
29	2.0627	50.76	0.7112	0.0718	1.2314	1.4444	0.2038	1.0559	0.6003	0.2935	0.1043	0.8475	1.1275	0.1875	1.1480	1.1007
30	2.0000	49.22	0.7072	0.0772	1.2257	1.4348	0.2206	1.0383	0.5884	0.2867	0.1128	0.8389	1.1170	0.2026	1.1308	1.0936
31	1.9416	47.72	0.7030	0.0828	1.2198	1.4250	0.2384	1.0201	0.5760	0.2797	0.1217	0.8300	1.1061	0.2186	1.1130	1.0863
32	1.8871	46.27	0.6987	0.0887	1.2136	1.4150	0.2574	1.0015	0.5631	0.2723	0.1312	0.8208	1.0950	0.2355	1.0947	1.0788
33	1.8361	44.85	0.6942	0.0948	1.2073	1.4048	0.2774	0.9822	0.5498	0.2647	0.1411	0.8112	1.0836	0.2534	1.0758	1.0710
34	1.7883	43.47	0.6896	0.1012	1.2007	1.3943	0.2988	0.9625	0.5360	0.2567	0.1517	0.8013	1.0719	0.2722	1.0565	1.0630
35	1.7434	42.13	0.6847	0.1078	1.1938	1.3837	0.3214	0.9422	0.5217	0.2484	0.1628	0.7911	1.0600	0.2922	1.0366	1.0549
36	1.7013	40.81	0.6798	0.1148	1.1867	1.3720	0.3455	0.9214	0.5070	0.2397	0.1746	0.7806	1.0478	0.3134	1.0162	1.0465
37	1.6616	39.53	0.6746	0.1220	1.1794	1.3619	0.3712	0.9001	0.4917	0.2306	0.1870	0.7697	1.0354	0.3357	0.9953	1.0379
38	1.6243	38.28	0.6693	0.1295	1.1717	1.3508	0.3985	0.8782	0.4759	0.2212	0.2002	0.7585	1.0227	0.3595	0.9738	1.0291
39	1.5890	37.05	0.6637	0.1374	1.1638	1.3396	0.4278	0.8559	0.4595	0.2114	0.2142	0.7469	1.0098	0.3847	0.9519	1.0202
40	1.5557	35.85	0.6580	0.1456	1.1556	1.3282	0.4590	0.8331	0.4426	0.2012	0.2290	0.7350	0.9967	0.4115	0.9295	1.0111
41	1.5243	34.67	0.6521	0.1541	1.1472	1.3168	0.4924	0.8099	0.4252	0.1905	0.2447	0.7227	0.9834	0.4399	0.9067	1.0017
42	1.4945	33.52	0.6460	0.1630	1.1384	1.3053	0.5283	0.7362	0.4072	0.1794	0.2614	0.7100	0.9699	0.4703	0.8833	0.9923
43	1.4663	32.38	0.6397	0.1722	1.1292	1.2937	0.5669	0.7620	0.3885	0.1678	0.2791	0.6970	0.9563	0.5027	0.8595	0.9826
44	1.4396	31.27	0.6332	0.1819	1.1198	1.2822	0.6085	0.7375	0.3693	0.1558	0.2981	0.6836	0.9425	0.5374	0.8353	0.9728
45	1.4142	30.17	0.6265	0.1920	1.1099	1.2706	0.6535	0.7125	0.3494	0.1432	0.3183	0.6697	0.9285	0.5745	0.8106	0.9629
46	1.3902	29.09	0.6195	0.2025	1.0997	1.2591	0.7022	0.6871	0.3288	0.1300	0.3398	0.6555	0.9145	0.6143	0.7855	0.9528
47	1.3673	28.03	0.6124	0.2135	1.0891	1.2478	0.7550	0.6614	0.3075	0.1163	0.3630	0.6409	0.9003	0.6572	0.7599	0.9426
48	1.3456	26.99	0.6050	0.2251	1.0780	1.2365	0.8126	0.6354	0.2855	0.1019	0.3878	0.6259	0.8861	0.7035	0.7430	0.9323
49	1.3250	25.95	0.5973	0.2372	1.0665	1.2254	0.8756	0.6090	0.2628	0.0869	0.4144	0.6104	0.8718	0.7536	0.7077	0.9219
50	1.3054	24.94	0.5894	0.2498	1.0545	1.2145	0.9446	0.5824	0.2392	0.0712	0.4432	0.5946	0.8575	0.8079	0.6810	0.9114
51	1.2868	23.93	0.5813	0.2632	1.0420	1.2089	1.0206	0.5556	0.2147	0.0548	0.4743	0.5783	0.8432	0.8671	0.6540	0.9008
52	1.2690	22.94	0.5729	0.2772	1.0289	1.1937	1.1047	0.5285	0.1894	0.0375	0.5080	0.5615	0.8290	0.9317	0.6267	0.8903
53	1.2521	21.96	0.5642	0.2920	1.0152	1.1838	1.1980	0.5013	0.1631	0.0194	0.5447	0.5443	0.8148	1.0027	0.5990	0.8797
54	1.2361	20.99	0.5552	0.3076	1.0008	1.1744	1.3020	0.4740	0.1357	0.0004	0.5847	0.5266	0.8007	1.0849	0.5711	0.8691
55	1.2208	20.04	0.5460	0.3242	0.9858	1.1656	1.4187	0.4467	0.1073	−0.0197	0.6285	0.5085	0.7868	1.1672	0.5430	0.8586
56	1.2062	19.09	0.5364	0.3417	0.9700	1.1575	1.5502	0.4194	0.0777	−0.0408	0.6768	0.4899	0.7731	1.2633	0.5147	0.8482

续表

C05 05			负载电阻 =1Ω							负载开路（π 形）或者短路（T 形）						
θ/°	ω_s/(rad · s^{-1})	ΔA_s	Z_1	Z_2	Z_{2s}	Z_3	Z_4	Z_{4s}	Z_5	Z_1	Z_2	Z_{2s}	Z_3	Z_4	Z_{4s}	Z_5
57	1.1924	18.15	0.5265	0.3605	0.9533	1.1501	1.6993	0.3921	0.0468	−0.0631	0.7301	0.4708	0.7597	1.3707	0.4862	0.8380
58	1.1792	17.23	0.5163	0.3805	0.9358	1.1437	1.8693	0.3651	0.0145	−0.0867	0.7893	0.4512	0.7465	1.4914	0.4576	0.8280
59	1.1666	16.31	0.5057	0.4020	0.9174	1.1382	1.0645	0.3382	−0.0191	−0.1117	0.8554	0.4312	0.7338	1.6279	0.4290	0.8182
60	1.1547	16.40	0.4948	0.4251	0.8979	1.1340	1.2902	0.3117	−0.0545	−0.1382	0.9295	0.4107	0.7215	1.7833	0.4004	0.8087

表 8.22　C05 20

C05 20			负载电阻 =1Ω							负载开路（π 形）或者短路（T 形）						
θ/°	ω_s/(rad · s^{-1})	ΔA_s	Z_1	Z_2	Z_{2s}	Z_3	Z_4	Z_{4s}	Z_5	Z_1	Z_2	Z_{2s}	Z_3	Z_4	Z_{4s}	Z_5
C	∞	∞	1.302	0.000	1.346	2.129	0.000	1.346	1.302	0.6510	0.0000	1.3234	1.6362	0.0000	1.6265	1.4246
1	57.2987	210.17	1.30183	0.00008	1.34548	2.12835	0.00020	1.34523	1.30170	0.6509	0.0001	1.3233	1.6360	0.0002	1.6263	1.4244
2	28.6537	180.07	1.30163	0.00031	1.34523	2.12770	0.00082	1.34459	1.30112	0.6507	0.0003	1.3229	1.6355	0.0007	1.6254	1.4240
3	19.1073	162.45	1.30130	0.00071	1.34483	2.12660	0.00184	1.34339	1.30016	0.6503	0.0007	1.3223	1.6345	0.0015	1.6240	1.4233
4	14.3356	149.95	1.30084	0.00125	1.34426	2.12507	0.00328	1.34170	1.29881	0.6498	0.0013	1.3215	1.6332	0.0027	1.6220	1.4224
5	11.4737	40.25	1.30024	0.00196	1.34353	2.12311	0.00513	1.33955	1.29708	0.6491	0.0020	1.3205	1.6315	0.0042	1.6195	1.4211
6	9.5668	132.32	1.29951	0.00282	1.34264	2.12070	0.00740	1.33689	1.29496	0.6483	0.0029	1.3193	1.6294	0.0061	1.6164	1.4196
7	8.2055	125.61	1.29865	0.00384	1.34159	2.11786	0.01008	1.33376	1.29246	0.6473	0.0039	1.3178	1.6270	0.0083	1.6128	1.4178
8	7.1853	119.80	1.29676	0.00502	1.34037	2.11459	0.01318	1.33015	1.28957	0.6462	0.0051	1.3161	1.6241	0.0109	1.6085	1.4158
9	6.3925	114.66	1.29653	0.00637	1.33899	2.11088	0.01671	1.32607	1.28630	0.6450	0.0065	1.3141	1.6209	0.0138	1.6038	1.4135
10	5.7588	110.06	1.29527	0.00787	1.33744	2.10675	0.02067	1.32150	1.28264	0.6436	0.0080	1.3120	1.6174	0.0171	1.5984	1.4109
11	5.2408	105.90	1.29387	0.00953	1.33573	2.10217	0.02506	1.31646	1.27859	0.6420	0.0097	1.3096	1.6134	0.0207	1.5926	1.4080
12	4.8097	102.10	1.29234	0.01136	1.33386	2.09717	0.02989	1.61094	1.27417	0.6403	0.0116	1.3069	1.6091	0.0247	1.5861	1.4048
13	4.4454	98.59	1.29067	0.01335	1.33182	2.09172	0.03516	1.30495	1.26936	0.6384	0.0136	1.3041	1.6044	0.0291	1.5791	1.4014
14	4.1336	95.34	1.28887	0.01551	1.32961	2.08588	0.04089	1.29848	1.26416	0.6364	0.0159	1.3010	1.5998	0.0338	1.5716	1.3977
15	3.8637	92.32	1.28693	0.01783	1.32724	2.07959	0.04707	1.29154	1.25868	0.6343	0.0182	1.2976	1.5939	0.0389	1.5635	1.3938
16	3.6280	80.48	1.28485	0.02033	1.32470	2.07288	0.05371	1.28413	1.25261	0.6319	0.0208	1.2941	1.5881	0.0444	1.5548	1.3895
17	3.4203	86.81	1.28263	0.02300	1.32199	2.06574	0.06048	1.27625	1.24627	0.6295	0.0236	1.2903	1.5819	0.0502	1.5456	1.3850
18	3.2361	84.29	1.28027	0.02584	1.31911	2.05819	0.06844	1.26790	1.23953	0.6268	0.0265	1.2862	1.5754	0.0565	1.5359	1.3803
19	3.0716	81.89	1.27778	0.02885	1.31607	2.05021	0.07655	1.25909	1.23241	0.6240	0.0296	1.2820	1.5685	0.0632	1.5256	1.3753
20	2.9238	79.62	1.27514	0.03205	1.31285	2.04182	0.08515	1.24981	1.22491	0.6211	0.0329	1.2774	1.5612	0.0703	1.5148	1.3700
21	2.7904	77.46	1.27236	0.03542	1.30945	2.03301	0.09428	1.24007	1.21703	0.6180	0.0364	1.2727	1.5536	0.0778	1.5035	1.3644
22	2.6695	75.39	1.26043	0.03898	1.30589	2.02379	0.10393	1.22987	1.20876	0.6147	0.0402	1.2677	1.5456	0.0857	1.4916	1.3586
23	2.5593	73.40	1.26636	0.04272	1.30215	2.01416	0.11414	1.21921	1.20010	0.6112	0.0441	1.2624	1.5373	0.0941	1.4791	1.3525
24	2.4586	71.50	1.26314	0.04666	1.29825	2.00412	0.12490	1.20809	1.19107	0.6076	0.0482	1.2569	1.5286	0.1029	1.4662	1.3461
25	2.3662	69.67	1.25978	0.05079	1.29413	1.99368	0.13625	1.19652	1.18164	0.6038	0.0525	1.2512	1.5195	0.1122	1.4527	1.3395
26	2.2812	67.91	1.25262	0.05511	1.28985	1.98283	0.14819	1.18450	1.17183	0.5998	0.0571	1.2452	1.5101	0.1220	1.4387	1.3327
27	2.2027	66.21	1.25259	0.05963	1.28540	1.97159	0.16075	1.17203	1.16164	0.5957	0.0619	1.2389	1.5004	0.1323	1.4242	1.3256
28	2.1301	64.56	1.24877	0.06436	1.28075	1.95995	0.17396	1.15911	1.15106	0.5914	0.0669	1.2324	1.4903	0.1431	1.4092	1.3182
29	2.0627	62.97	1.22480	0.06930	1.27592	1.94792	0.18783	1.14576	1.14010	0.5869	0.0721	1.2256	1.4798	0.1544	1.3936	1.3015
30	2.0000	61.43	1.24067	0.07446	1.27091	1.93550	0.20239	1.13196	1.12874	0.5822	0.0777	1.2186	1.4690	0.1663	1.3776	1.3027
31	1.9416	59.93	1.23638	0.07988	1.26570	1.92270	0.21768	1.11772	1.11700	0.5773	0.0834	1.2413	1.4579	0.1788	1.3610	1.2945
32	1.8871	58.47	1.23192	0.08543	1.26030	1.90952	0.23371	1.10305	1.10487	0.5723	0.0894	1.2037	1.4464	0.1918	1.3439	1.2861
33	1.8361	57.06	1.22731	0.09126	1.25470	1.89595	0.25054	1.08795	1.09235	0.5670	0.0957	1.1959	1.4346	0.2055	1.3264	1.2775
34	1.7883	55.68	1.22252	0.09732	1.24890	1.88203	0.26819	1.07242	1.07944	0.5616	0.1023	1.1878	1.4225	0.2198	1.3083	1.2686
35	1.7434	54.33	1.21757	0.10363	1.24290	1.86773	0.28671	1.05648	1.06614	0.5559	0.1092	1.1794	1.4100	0.2348	1.2898	1.2595
36	1.7013	53.02	1.21244	0.11019	1.23669	1.85307	0.30614	1.01011	1.05244	0.5500	0.1164	1.1707	1.3972	0.2506	1.2707	1.2501
37	1.6616	51.74	1.20714	0.11701	1.23028	1.83806	0.32654	1.02332	1.03835	0.5439	0.1239	1.1618	1.3841	0.2671	1.2512	1.2405
38	1.6243	50.49	1.20166	0.12410	1.22364	1.82269	0.34795	1.00613	1.02386	0.5376	0.1318	1.1525	1.3707	0.2843	1.2313	1.2306

续表

C05 20			负载电阻 =1Ω							负载开路（π 形）或者短路（T 形）						
θ/°	ω_s/(rad · s^{-1})	ΔA_s	Z_1	Z_2	Z_{2s}	Z_3	Z_4	Z_{4s}	Z_5	Z_1	Z_2	Z_{2s}	Z_3	Z_4	Z_{4s}	Z_5
39	1.5890	49.26	1.19600	0.13146	1.21679	1.80698	0.37044	0.98853	1.00897	0.5341	0.1400	1.1429	1.3570	0.3024	1.2408	1.2205
40	1.5557	48.06	1.19015	0.13911	1.20971	1.79093	0.39408	0.97053	0.99368	0.5244	0.1485	1.1331	1.3429	0.3214	1.1899	1.2102
41	1.5243	46.88	1.18411	0.14706	1.20241	1.77455	0.41894	0.95213	0.97798	0.5174	0.1575	1.1229	1.3286	0.3413	1.1686	1.1994
42	1.4945	45.72	1.17787	0.15532	1.19486	1.75784	0.44510	0.93335	0.96187	0.5102	0.1668	1.1124	1.3139	0.3623	1.1467	1.1888
43	1.4663	44.59	1.17144	0.16389	1.18708	1.74081	0.47265	0.91417	0.94535	0.5027	0.1766	1.1016	1.2989	0.3843	1.1245	1.1778
44	1.4396	43.47	1.16480	0.17280	1.17904	1.72347	0.50170	0.89462	0.92841	0.4949	0.1868	1.0905	1.2837	0.4074	1.1018	1.1665
45	1.4142	42.38	1.15794	0.18206	1.17075	1.70583	0.53236	0.87470	0.91165	0.4869	0.1975	1.0790	1.2681	0.4317	1.0787	1.1551
46	1.3902	41.30	1.15088	0.19169	1.16219	1.68789	0.56476	0.85441	0.89326	0.4787	0.2078	1.0672	1.2523	0.4573	1.0551	1.1433
47	1.3673	40.23	1.14359	0.20169	1.15336	1.66967	0.59903	0.83376	0.87504	0.4701	0.2205	1.0550	1.2362	0.4844	1.0311	1.1314
48	1.3456	39.19	1.13607	0.21210	1.14425	1.65117	0.63534	0.81276	0.85638	0.4612	0.2328	1.0425	1.2498	0.5129	1.0068	1.1193
49	1.3250	38.15	1.12831	0.22293	1.13484	1.63241	0.67386	0.79141	0.83727	0.4520	0.2457	1.0296	1.2032	0.5481	0.9820	1.1069
50	1.3054	37.13	1.12031	0.23421	1.12513	1.61339	0.71418	0.76973	0.81771	0.4425	0.2598	1.0163	1.1863	0.5750	0.9568	1.0943
51	1.2868	36.12	1.11206	0.24596	1.11509	1.59413	0.75841	0.74773	0.79768	0.4327	0.2736	1.0026	1.1691	0.6089	0.9313	1.0815
52	1.2690	35.13	1.10354	0.25824	1.10473	1.57465	0.80492	0.72541	0.77717	0.4225	0.2885	0.9884	1.1517	0.6449	0.9053	1.0685
53	1.2521	34.14	1.09476	0.27099	1.09401	1.55464	0.85465	0.70278	0.75619	0.4120	0.3044	0.9739	1.1341	0.6833	0.8790	1.0553
54	1.2361	33.17	1.08569	0.28433	1.08293	1.53504	0.90794	0.67986	0.73470	0.4010	0.3211	0.9589	1.1162	0.7242	0.8524	1.0419
55	1.2208	32.20	1.07633	0.29828	1.07147	1.51496	0.96581	0.65667	0.71270	0.3897	0.3388	0.9435	1.0951	0.7679	0.8254	1.0283
56	1.2062	31.25	1.06666	0.31288	1.05960	1.49471	1.02684	0.63320	0.69016	0.3779	0.3574	0.9275	1.0798	0.8147	0.7981	1.0144
57	1.1924	30.30	1.05668	0.32817	1.04731	1.47431	1.09344	0.60949	0.66709	0.3657	0.3772	0.9111	1.0613	0.8550	0.7705	1.0004
58	1.1792	29.36	1.04636	0.34422	1.03456	1.45379	1.16561	0.58554	0.64344	0.3330	0.3983	0.8942	1.0426	0.9192	0.7425	0.9863
59	1.1666	28.42	1.03570	0.36109	1.02134	1.43317	1.24407	0.56138	0.61920	0.3398	0.4207	0.8767	1.0237	0.9777	0.7143	0.9719
60	1.1547	27.49	1.02467	0.37885	1.00760	1.41247	1.32969	0.53702	0.59435	0.3261	0.4446	0.8587	1.0046	1.0412	0.6858	0.9574

表 8.23　C06 20b

C06 20b			π 形负载电阻 =0.6667Ω							
θ/°	ω_s/(rad · s^{-1})	ΔA_s	Z_1	Z_2	Z_{2s}	Z_3	Z_4	Z_{4s}	Z_5	Z_{6s}
T	∞	∞	1.322	0.0000	1.373	2.203	0.0000	1.469	2.059	0.8816
16	3.751039	112.5	1.299	0.0250	1.344	2.142	0.0468	1.412	2.017	0.8828
17	3.535748	109.3	1.296	0.0283	1.341	2.135	0.0530	1.405	2.012	0.8830
18	3.344698	106.3	1.293	0.0318	1.337	2.126	0.0596	1.397	2.006	0.8831
19	3.174064	103.4	1.290	0.0355	1.333	2.118	0.0666	1.389	2.000	0.8833
20	3.020785	100.7	1.286	0.0395	1.328	2.108	0.0740	1.380	1.993	0.8835
21	2.882384	98.1	1.283	0.0436	1.324	2.009	0.0818	1.371	1.987	0.8837
22	2.756834	95.6	1.279	0.0480	1.319	2.089	0.0901	1.362	1.979	0.8839
23	2.642462	93.3	1.275	0.0527	1.314	2.078	0.0989	1.352	1.972	0.8841
24	2.537873	91.0	1.270	0.0576	1.309	2.067	0.1081	1.341	1.964	0.8843
25	2.441895	88.8	1.266	0.0627	1.303	2.055	0.1177	1.331	1.956	0.8845
26	2.353536	86.7	1.261	0.0680	1.297	2.043	0.1279	1.320	1.948	0.8848
27	2.271953	84.6	1.256	0.0736	1.291	2.031	0.1385	1.308	1.939	0.8850
28	2.196422	82.6	1.251	0.0795	1.285	2.018	0.1497	1.296	1.93	0.8853
29	2.126320	80.7	1.246	0.0857	1.279	2.005	0.1613	1.284	1.921	0.8855
30	2.061105	78.9	1.240	0.0921	1.272	1.991	0.1735	1.271	1.911	0.8858
31	2.000308	77.1	1.235	0.0988	1.265	1.977	0.1863	1.257	1.901	0.8861
32	1.943517	75.3	1.229	0.1057	1.258	1.962	0.1996	1.244	1.891	0.8864
33	1.890370	73.6	1.223	0.1130	1.250	1.947	0.2136	1.230	1.881	0.8867
34	1.840548	72.0	1.216	0.1206	1.243	1.931	0.2281	1.215	1.870	0.8870
35	1.793769	70.4	1.210	0.1285	1.235	1.915	0.2433	1.200	1.859	0.8873

续表

C06 20b			π形负载电阻 =0.6667Ω								
θ/°	ω_s/(rad · s^{-1})	ΔA_s	Z_1	Z_2	Z_{2s}	Z_3	Z_4	Z_{4s}	Z_5	Z_{6s}
36	1.749781	68.8	1.203	0.1367	1.226	1.899	0.2592	1.185	1.847	0.8877
37	1.708362	67.3	1.196	0.1452	1.218	1.882	0.2758	1.169	1.835	0.8880
38	1.669312	65.8	1.189	0.1541	1.209	1.864	0.2931	1.153	1.823	0.8884
39	1.632449	64.3	1.181	0.1634	1.200	1.847	0.3112	1.137	1.811	0.8887
40	1.597615	62.8	1.174	0.1730	1.191	1.828	0.3301	1.120	1.798	0.8891
41	1.564662	61.4	1.166	0.1830	1.181	1.810	0.3498	1.103	1.785	0.8895
42	1.533460	60.0	1.158	0.1934	1.172	1.791	0.3704	1.085	1.771	0.8898
43	1.503888	58.7	1.149	0.2043	1.161	1.771	0.3920	1.067	1.753	0.8902
44	1.475840	57.3	1.141	0.2155	1.151	1.751	0.4145	1.049	1.744	0.8906
45	1.449216	56.0	1.132	0.2272	1.140	1.731	0.4381	1.030	1.729	0.8910
46	1.423927	54.7	1.123	0.2394	1.130	1.710	0.4628	1.011	1.715	0.8915
47	1.399891	53.4	1.113	0.2521	1.118	1.689	0.4888	0.9910	1.700	0.8919
48	1.377032	52.2	1.103	0.2653	1.107	1.668	0.5160	0.9711	1.684	0.8923
49	1.355282	50.9	1.093	0.2791	1.095	1.646	0.5446	0.9508	1.669	0.8928
50	1.334577	49.7	1.083	0.2935	1.083	1.623	0.5747	0.9802	1.653	0.8932
51	1.314859	48.5	1.073	0.3084	1.070	1.600	0.6063	0.9092	1.637	0.8937
52	1.296076	47.3	1.062	0.3241	1.057	1.577	0.6397	0.8878	1.620	0.8942
53	1.278176	46.1	1.050	0.3404	1.044	1.554	0.6749	0.8661	1.603	0.8946
54	1.261116	45.0	1.039	0.3574	1.031	1.530	0.7122	0.8440	1.586	0.8951
55	1.244853	43.8	1.027	0.3752	1.017	1.506	0.7157	0.8216	1.568	0.8956
56	1.229348	42.7	1.015	0.3939	1.003	1.481	0.7936	0.7989	1.551	0.8961
57	1.214564	41.5	1.002	0.4135	0.9881	1.456	0.8382	0.7758	1.532	0.8966
58	1.200469	40.4	0.9894	0.4340	0.9732	1.431	0.8857	0.7523	1.514	0.8971
59	1.187032	39.3	0.9760	0.4556	0.9578	1.405	0.9335	0.7286	1.495	0.8976
60	1.174224	38.1	0.9623	0.4783	0.9420	1.379	0.9900	0.7045	1.476	0.8981
61	1.162017	37.0	0.9481	0.5022	0.9258	1.353	1.049	0.6801	1.456	0.8987
62	1.150388	35.9	0.9335	0.5274	0.9091	1.326	1.112	0.6554	1.436	0.8992
63	1.139313	34.8	0.9184	0.5541	0.8920	1.299	1.181	0.6304	1.416	0.8976
64	1.128771	33.7	0.9028	0.5824	0.8743	1.272	1.255	0.6051	1.395	0.9002
65	1.118742	32.6	0.8867	0.6125	0.8562	1.244	1.335	0.5795	1.374	0.9008
66	1.109208	31.5	0.8700	0.6445	0.8374	1.216	1.424	0.5536	1.352	0.9013
67	1.100151	30.4	0.8528	0.6787	0.8182	1.188	1.521	0.5274	1.330	0.9018
68	1.091555	29.3	0.8349	0.7153	0.7982	1.160	1.629	0.5010	1.308	0.9023
69	1.083407	28.2	0.8163	0.7547	0.7777	1.131	1.748	0.4744	1.285	0.9028
70	1.075391	27.1	0.7970	0.7972	0.7564	1.102	1.883	0.4475	1.261	0.9032
71	1.068397	26.0	0.7769	0.8433	0.7344	1.073	2.034	0.4304	1.237	0.9037
72	1.061511	24.9	0.7560	0.8936	0.7110	1.044	2.206	0.3931	1.213	0.9040
73	1.055024	23.7	0.7341	0.9487	0.6878	1.015	2.405	0.3657	1.188	0.9044
74	1.048925	22.6	0.7112	1.010	0.6631	1.9860	2.634	0.3381	1.162	0.9047
75	1.043207	21.5	0.6872	1.077	0.6374	1.9568	2.935	0.3105	1.135	0.9049
76	1.037860	20.3	0.6620	1.153	0.6104	0.9278	3.226	0.2828	1.107	0.9050
77	1.032878	19.1	0.6353	1.239	0.5822	0.8991	3.615	0.2552	1.079	0.9049
78	1.028255	17.9	0.6071	1.338	0.5525	0.8706	4.093	0.2277	1.050	0.9047
79	1.023985	16.6	0.5770	1.453	0.5211	0.8427	4.695	0.2008	1.019	0.9042
80	1.020064	15.4	0.5450	1.590	0.4879	0.8156	5.471	0.1736	0.9868	0.9033
81	1.016487	14.1	0.5105	1.755	0.4526	0.7895	6.502	0.1473	0.9529	0.9020

续表

C06 20b			π 形负载电阻 =0.6667Ω							
$\theta/^\circ$	$\omega_s/(\mathrm{rad\cdot s^{-1}})$	ΔA_s	Z_1	Z_2	Z_{2s}	Z_3	Z_4	Z_{4s}	Z_5	Z_{6s}
82	1.013253	12.7	0.4732	1.960	0.4149	0.7650	7.925	0.1218	0.9170	0.9001
83	1.010360	11.4	0.4325	2.223	0.3745	0.7426	9.982	0.0974	0.8784	0.8972
84	1.007808	9.9	0.3876	2.576	0.3309	0.7234	13.14	0.0744	0.8365	0.8930
85	1.005599	8.5	0.3377	3.075	0.2838	0.7089	18.40	0.0535	0.7898	0.8870

表 8.24　C06 20c

C06 20c			负载电阻 =1Ω							
$\theta/^\circ$	$\omega_s/(\mathrm{rad\cdot s^{-1}})$	ΔA_s	Z_1	Z_2	Z_{2s}	Z_3	Z_4	Z_{4s}	Z_5	Z_{6s}
T	∞	∞	1.159	0.0000	1.529	1.838	0.0000	1.838	1.529	1.159
16	3.878298	112.5	1.138	0.0209	1.500	1.790	0.0350	1.796	1.500	1.158
17	3.655090	109.3	1.135	0.0237	1.496	1.784	0.0396	1.761	1.496	1.158
18	3.456975	106.3	1.132	0.0266	1.492	1.777	0.0445	1.751	1.492	1.158
19	3.279996	103.4	1.129	0.0297	1.488	1.770	0.0497	1.742	1.488	1.158
20	3.120982	100.7	1.125	0.0330	1.483	1.763	0.0552	1.731	1.483	1.158
21	2.977369	98.1	1.122	0.0365	1.478	1.756	0.0611	1.720	1.479	1.158
22	2.847060	95.6	1.118	0.0401	1.473	1.748	0.0673	1.709	1.474	1.157
23	2.728322	93.3	1.114	0.0440	1.468	1.739	0.0738	1.797	1.469	1.157
24	2.619709	91.0	1.110	0.0480	1.463	1.731	0.0807	1.685	1.464	1.157
25	2.520009	88.8	1.106	0.0523	1.457	1.722	0.0879	1.672	1.458	1.157
26	2.428196	86.7	1.102	0.0568	1.451	1.712	0.0955	1.658	1.452	1.157
27	2.343395	84.6	1.097	0.0614	1.445	1.702	0.1035	1.644	1.446	1.156
28	2.264858	82.6	1.092	0.0663	1.439	1.692	0.1118	1.630	1.440	1.156
29	2.191939	80.7	1.087	0.0714	1.432	1.682	0.1205	1.615	1.433	1.156
30	2.124078	78.9	1.082	0.0767	1.425	1.671	0.1297	1.599	1.427	1.156
31	2.060787	77.1	1.077	0.0822	1.418	1.660	0.1392	1.583	1.420	1.155
32	2.001642	75.3	1.071	0.0880	1.410	1.648	0.1492	1.567	1.413	1.155
33	1.946266	73.6	1.065	0.0940	1.403	1.636	0.1597	1.550	1.405	1.155
34	1.894331	72.0	1.059	0.1003	1.395	1.624	0.1706	1.532	1.398	1.154
35	1.845543	70.4	1.053	0.1068	1.386	1.611	0.1820	1.514	1.390	1.154
36	1.799643	68.8	1.047	0.1135	1.378	1.598	0.1939	1.496	1.382	1.154
37	1.756398	67.3	1.040	0.1206	1.369	1.585	0.2063	1.477	1.374	1.153
38	1.715603	65.8	1.033	0.1279	1.360	1.571	0.2192	1.459	1.365	1.153
39	1.677070	64.3	1.026	0.1355	1.351	1.557	0.2328	1.437	1.356	1.152
40	1.640634	62.8	1.019	0.1434	1.341	1.543	0.2469	1.417	1.348	1.152
41	1.608142	61.4	1.012	0.1516	1.332	1.528	0.2617	1.396	1.338	1.151
42	1.573460	60.0	1.004	0.1601	1.321	1.513	0.2772	1.374	1.329	1.151
43	1.542462	58.7	0.9963	0.1689	1.311	1.498	0.2933	1.352	1.319	1.150
44	1.513038	57.3	0.9882	0.1781	1.300	1.482	0.3103	1.330	1.309	1.150
45	1.485086	56.0	0.9798	0.1877	1.289	1.466	0.3280	1.307	1.299	1.149
46	1.458511	54.7	0.9712	0.1976	1.278	1.450	0.3465	1.284	1.289	1.148
47	1.433230	53.4	0.9624	0.2079	1.266	1.433	0.3659	1.260	1.278	1.148
48	1.409164	52.2	0.9533	0.2187	1.255	1.416	0.3863	1.235	1.267	1.147
49	1.386241	50.9	0.9439	0.2298	1.242	1.399	0.4078	1.211	1.256	1.146
50	1.364398	49.7	0.9343	0.2414	1.230	1.381	0.4303	1.185	1.245	1.146
51	1.343572	48.5	0.9244	0.2535	1.217	1.363	0.4540	1.160	1.234	1.145
52	1.323710	47.3	0.9142	0.2661	1.204	1.345	0.4790	1.133	1.222	1.144
53	1.704759	46.1	0.9037	0.2792	1.190	1.327	0.5054	1.107	1.210	1.143

续表

C06 20c			负载电阻 =1Ω							
θ/°	ω_s/(rad · s^{-1})	ΔA_s	Z_1	Z_2	Z_{2s}	Z_3	Z_4	Z_{4s}	Z_5	Z_{6s}
54	1.286672	45.0	0.8929	0.2929	1.176	1.308	0.5333	1.080	1.197	1.142
55	1.269406	43.8	0.8819	0.3072	1.162	1.289	0.5628	1.052	1.185	1.141
56	1.252921	42.7	0.8705	0.3221	1.147	1.269	0.5941	1.024	1.172	1.140
57	1.237179	41.5	0.8587	0.3377	1.132	1.249	0.6274	0.9957	1.159	1.139
58	1.222145	40.4	0.8466	0.3541	1.116	1.229	0.6629	0.9668	1.145	1.138
59	1.207787	39.3	0.8342	0.3712	1.100	1.209	0.7008	0.9375	1.131	1.137
60	1.194077	38.1	0.8214	0.3892	1.084	1.188	0.7413	0.9077	1.117	1.136
61	1.180985	37.0	0.8081	0.4081	1.067	1.167	0.7848	0.8775	1.103	1.134
62	1.168486	35.9	0.7945	0.4280	1.049	1.146	0.8317	0.8468	1.088	1.133
63	1.156557	34.8	0.7804	0.4490	1.032	1.125	0.8823	0.8157	1.074	1.131
64	1.145175	33.7	0.7659	0.4712	1.013	1.103	0.9372	0.7843	1.058	1.130
65	1.134320	32.6	0.7509	0.4947	0.994	1.081	0.9970	0.7524	1.043	1.128
66	1.123973	31.5	0.7354	0.5196	0.9744	1.059	1.062	0.7201	1.026	1.126
67	1.114116	30.4	0.7193	0.5462	0.9542	1.037	1.134	0.6874	1.010	1.125
68	1.104733	29.3	0.7027	0.5746	0.9332	1.014	1.213	0.6543	0.9932	1.123
69	1.095809	28.2	0.6854	0.6050	0.9115	0.9995	1.301	0.6208	0.9759	1.120
70	1.087329	27.1	0.6674	0.6377	0.8891	0.9686	1.400	0.5870	0.9582	1.118
71	1.079282	26.0	0.6488	0.6730	0.8657	0.9456	1.511	0.5528	0.9399	1.116
72	1.071656	24.9	0.6293	0.7114	0.8415	0.9225	1.636	0.5184	0.9211	1.113
73	1.064439	23.7	0.6089	0.7533	0.8162	0.8994	1.780	0.4836	0.9017	1.110
74	1.057623	22.6	0.5876	0.7994	0.7898	0.8762	1.947	0.4486	0.8816	1.107
75	1.051198	21.5	0.5652	0.8503	0.7621	0.8580	2.141	0.4134	0.8608	1.104
76	1.045158	20.3	0.5417	0.9073	0.7331	0.8299	2.372	0.3781	0.8393	1.110
77	1.039495	19.1	0.5168	0.9716	0.7025	0.8071	2.650	0.3426	0.8168	1.096
78	1.034204	17.9	0.4905	1.045	0.6701	0.7845	2.990	0.3072	0.7932	1.091
79	1.029281	16.6	0.4624	1.130	0.6358	0.7625	3.415	0.2722	0.7685	1.086
80	1.024722	15.4	0.4323	1.230	0.5991	0.7411	3.961	0.2370	0.7423	1.080
81	1.020525	14.1	0.3999	1.350	0.5598	0.7206	4.677	0.2026	0.7144	1.073
82	1.016691	12.7	0.3648	1.499	0.5174	0.5016	5.659	0.1690	0.6845	1.064
83	1.013219	11.4	0.3263	1.687	0.4715	0.6845	7.062	0.1366	0.6518	1.055
84	1.010114	9.9	0.2837	1.938	0.4214	0.6702	9.190	0.1058	0.6158	1.043
85	1.007381	8.5	0.2358	2.288	0.3664	0.6603	12.67	0.0772	0.5750	1.027

表 8.25　C07 20

C07 20			负载电阻 =1Ω									
θ/°	ω_s/(rad · s^{-1})	ΔA_s	Z_1	Z_2	Z_{2s}	Z_3	Z_4	Z_{4s}	Z_5	Z_6	Z_{6s}	Z_7
T	∞	∞	1.335	0.0000	1.389	2.240	0.0000	1.515	2.240	0.0000	1.389	1.335
26	2.281172	105.4	1.310	0.0290	1.358	2.100	0.1353	1.357	2.049	0.0955	1.281	1.247
27	2.202689	103.0	1.308	0.0314	1.355	2.089	0.1465	1.345	2.034	0.1034	1.272	1.240
28	2.130054	100.7	1.306	0.0339	1.353	2.078	0.1582	1.332	2.019	0.1117	1.263	1.233
29	2.062665	98.5	1.304	0.0364	1.350	2.066	0.1704	1.319	2.003	0.1204	1.254	1.226
30	2.000000	96.3	1.302	0.0391	1.347	2.054	0.1833	1.305	1.987	0.1295	1.245	1.218
31	1.941604	94.2	1.299	0.0420	1.344	2.042	0.1966	1.292	1.970	0.1390	1.235	1.210
32	1.887080	92.2	1.297	0.0449	1.341	2.029	0.2106	1.277	1.952	0.1490	1.225	1.202
33	1.836078	90.2	1.294	0.0479	1.338	2.016	0.2252	1.262	1.934	0.1593	1.214	1.193
34	1.788292	88.3	1.292	0.0511	1.335	2.002	0.2404	1.247	1.916	0.1702	1.204	1.184
35	1.743447	86.4	1.289	0.0544	1.332	1.988	0.2562	1.232	1.897	0.1815	1.193	1.175

续表

C07 20			负载电阻 =1Ω									
$\theta/°$	$\omega_s/(\text{rad}\cdot\text{s}^{-1})$	ΔA_s	Z_1	Z_2	Z_{2s}	Z_3	Z_4	Z_{4s}	Z_5	Z_6	Z_{6s}	Z_7
36	1.701302	84.6	1.286	0.0578	1.328	1.973	0.2727	1.216	1.878	0.1932	1.181	1.165
37	1.661640	82.8	1.283	0.0614	1.324	1.959	0.2900	1.199	1.858	0.2055	1.169	1.155
38	1.624269	81.0	1.280	0.0650	1.321	1.943	0.3079	1.183	1.837	0.2183	1.157	1.145
39	1.589016	79.3	1.277	0.0689	1.317	1.928	0.3267	1.165	1.817	0.2317	1.145	1.135
40	1.555724	77.6	1.274	0.0728	1.313	1.912	0.3462	1.148	1.795	0.2456	1.132	1.124
41	1.524253	76.0	1.270	0.0770	1.308	1.895	0.3666	1.130	1.773	0.2601	1.117	1.112
42	1.494477	74.3	1.267	0.0812	1.304	1.879	0.3879	1.112	1.751	0.2753	1.105	1.102
43	1.466279	72.8	1.263	0.0857	1.300	1.862	0.4101	1.093	1.728	0.2911	1.092	1.090
44	1.439557	71.2	1.259	0.0903	1.295	1.844	0.4332	1.074	1.705	0.3076	1.077	1.078
45	1.414214	69.7	1.255	0.0950	1.290	1.826	0.4575	1.055	1.682	0.3248	1.063	1.066
46	1.390164	68.2	1.251	0.1000	1.285	1.808	0.4828	1.035	1.657	0.3428	1.048	1.053
47	1.367327	66.7	1.247	0.1051	1.280	1.789	0.5093	1.015	1.633	0.3617	1.033	1.040
48	1.345633	65.2	1.243	0.1105	1.275	1.770	0.5370	0.9944	1.608	0.3814	1.017	1.027
49	1.325013	63.7	1.238	0.1160	1.269	1.751	0.5661	0.9736	1.583	0.4020	1.001	1.013
50	1.305407	62.3	1.234	0.1217	1.264	1.731	0.5965	0.9525	1.557	0.4235	0.9850	0.9992
51	1.286760	60.9	1.229	0.1277	1.258	1.711	0.6286	0.9310	1.531	0.4462	0.9684	0.9848
52	1.236018	59.5	1.224	0.1339	1.252	1.690	0.6622	0.9093	1.504	0.4699	0.9514	0.9699
53	1.252138	58.1	1.219	0.1404	1.246	1.669	0.6977	0.8872	1.77	0.4948	0.9340	0.9547
54	1.236068	56.8	1.213	0.1471	1.239	1.648	0.7351	0.8648	1.450	0.5211	0.9163	0.9391
55	1.220775	55.4	1.208	0.1541	1.232	1.626	0.7745	0.8420	1.422	0.5487	0.8981	0.9230
56	1.206218	54.1	1.202	0.1614	1.225	1.604	0.8163	0.8190	1.394	0.5778	0.8796	0.9065
57	1.192363	52.7	1.196	0.1690	1.218	1.581	0.8605	0.7957	1.365	0.6085	0.8607	0.8896
58	1.179178	51.4	1.190	0.1770	1.211	1.558	0.9075	0.7721	1.336	0.6411	0.8414	0.8722
59	1.166633	50.1	1.183	0.1853	1.203	1.535	0.9576	0.7482	1.307	0.6755	0.8217	0.8543
60	1.154701	48.8	1.177	0.1939	1.195	1.511	1.011	0.7240	1.279	0.7121	0.8016	0.8360
61	1.143354	47.5	1.170	0.2030	1.186	1.487	1.068	0.6995	1.248	0.7510	0.7811	0.8171
62	1.132570	46.2	1.163	0.2125	1.177	1.463	1.129	0.6748	1.218	0.7925	0.7602	0.7976
63	1.122326	44.9	1.155	0.2225	1.168	1.438	1.195	0.6498	1.188	0.8369	0.7389	0.7776
64	1.112602	43.7	1.147	0.2331	1.159	1.412	1.267	0.6245	1.157	0.8845	0.7171	0.7570
65	1.103378	42.4	1.139	0.2441	1.149	1.386	1.344	0.5990	1.126	0.9357	0.6949	0.7357
66	1.094636	41.1	1.130	0.2559	1.138	1.360	1.428	0.5732	1.095	0.9909	0.6722	0.7138
67	1.086360	39.8	1.121	0.2682	1.127	1.333	1.620	0.5472	1.064	1.051	0.6490	0.6911
68	1.078535	38.5	1.112	0.2814	1.116	1.306	1.622	0.5209	1.032	1.116	0.6254	0.6676
69	1.071145	37.2	1.101	0.2956	1.104	1.278	1.734	0.4945	1.001	1.187	0.6013	0.6433
70	1.064178	35.9	1.091	0.3102	1.091	1.260	1.859	0.4678	0.9689	1.265	0.5767	0.6181
71	1.057621	34.6	1.080	0.3262	1.077	1.221	1.998	0.4409	0.9371	1.351	0.5516	0.5920
72	1.051462	33.3	1.068	0.3433	1.063	1.192	2.156	0.4138	0.9051	1.446	0.5259	0.5647
73	1.045692	32.0	1.055	0.3618	1.048	1.162	2.336	0.3865	0.8731	1.553	0.4997	0.5363
74	1.040299	30.7	1.042	0.3818	1.032	1.131	2.543	0.3591	0.8412	1.673	0.4729	0.5066
75	1.035276	29.3	1.028	0.4037	1.014	1.100	2.784	0.3315	0.8093	1.810	0.4455	0.4754
76	1.030614	27.9	1.013	0.4278	0.9953	1.069	3.068	0.3038	0.7776	1.968	0.4175	0.4426
77	1.026304	26.5	0.9960	0.4544	0.9749	1.036	3.408	0.2760	0.7460	2.151	0.3888	0.4079
78	1.022341	25.1	0.9782	0.4841	0.9527	1.004	3.822	0.2483	0.7148	2.368	0.3595	0.3710
79	1.018717	23.6	0.9588	0.5177	0.9282	0.9699	4.337	0.2205	0.6841	2.628	0.3295	0.3336
80	1.015427	22.1	0.9376	0.5562	0.9011	0.9356	4.994	0.1929	0.6540	2.946	0.2987	0.2892
81	1.012465	20.6	0.9142	0.6011	0.8707	0.9006	5.858	0.1656	0.6248	3.346	0.2672	0.2431

续表

C07 20			负载电阻 =1Ω									
θ/°	ω_s/(rad · s^{-1})	ΔA_s	Z_1	Z_2	Z_{2s}	Z_3	Z_4	Z_{4s}	Z_5	Z_6	Z_{6s}	Z_7
82	1.009828	18.9	0.8881	0.6545	0.8363	0.8648	7.036	0.1387	0.5968	3.863	0.2350	0.1926
83	1.007510	17.3	0.8587	0.7197	0.7967	0.8283	8.223	0.1125	0.5706	4.559	0.2021	0.1363
84	1.005508	15.5	0.8252	0.8023	0.7504	0.7911	11.29	0.0873	0.5470	5.545	0.1685	0.0725
85	1.003820	13.6	0.7863	0.9121	0.6953	0.7533	15.55	0.0636	0.5275	7.042	0.1345	0.0016

表 8.26　C08 20b

C08 20b			π 形负载电阻 =0.6667Ω										
θ/°	ω_s/(rad · s^{-1})	ΔA_s	Z_1	Z_2	Z_{2s}	Z_3	Z_4	Z_{4s}	Z_5	Z_6	Z_{6s}	Z_7	Z_{8s}
T	∞	∞	1.343	0.0000	1.398	2.261	0.0000	1.538	2.307	0.0000	1.507	2.097	0.8954
31	1.974165	111.4	1.289	0.0611	1.331	2.051	0.1878	1.319	2.028	0.1353	1.348	1.977	0.8980
32	1.918381	109.1	1.285	0.0644	1.326	2.037	0.2011	1.305	2.010	0.1448	1.337	1.969	0.8982
33	1.866186	106.8	1.281	0.0687	1.321	2.023	0.2150	1.291	1.992	0.1548	1.327	1.961	0.8984
34	1.817268	104.6	1.277	0.0733	1.317	2.008	0.2294	1.276	1.973	0.1651	1.315	1.952	0.8986
35	1.771347	102.4	1.273	0.0781	1.311	1.993	0.2445	1.261	1.953	0.1759	1.304	1.943	0.8987
36	1.728178	100.3	1.268	0.0830	1.306	1.978	0.2602	1.245	1.933	0.1871	1.292	1.934	0.8989
37	1.687539	98.3	1.264	0.0881	1.301	1.962	0.2765	1.229	1.912	0.1988	1.280	1.925	0.8991
38	1.649233	96.3	1.259	0.0934	1.295	1.946	0.2936	1.213	1.891	0.2110	1.267	1.916	0.8993
39	1.613085	94.3	1.255	0.0990	1.289	1.929	0.3113	1.196	1.869	0.2236	1.254	1.906	0.8995
40	1.578935	92.4	1.250	0.1047	1.283	1.912	0.3298	1.179	1.847	0.2368	1.241	1.896	0.8997
41	1.546640	90.5	1.245	0.1107	1.277	1.895	0.3491	1.161	1.824	0.2505	1.228	1.885	0.9000
42	1.516070	88.7	1.239	0.1169	1.271	1.877	0.3692	1.143	1.801	0.2647	1.214	1.875	0.9002
43	1.487108	86.8	1.234	0.1233	1.264	1.859	0.3902	1.125	1.777	0.2796	1.200	1.864	0.9004
44	1.459648	85.1	1.228	0.1300	1.257	1.840	0.4120	1.106	1.753	0.2950	1.185	1.852	0.9006
45	1.433592	83.3	1.222	0.1369	1.250	1.821	0.4348	1.087	1.728	0.3110	1.170	1.841	0.9009
46	1.408853	81.6	1.217	0.1441	1.243	1.801	0.4586	1.068	1.703	0.3278	1.155	1.829	0.9011
47	1.385348	79.9	1.210	0.1516	1.235	1.781	0.4835	1.048	1.677	0.3452	1.139	1.817	0.9014
48	1.363006	78.2	1.204	0.1594	1.228	1.761	0.5095	1.028	1.651	0.3634	1.123	1.805	0.9016
49	1.341757	76.5	1.197	0.1674	1.220	1.740	0.5368	1.008	1.624	0.3823	1.107	1.792	0.9019
50	1.321539	74.9	1.191	0.1758	1.221	1.719	0.5653	0.9869	1.597	0.4021	1.090	1.779	0.9021
51	1.302296	73.3	1.184	0.1845	1.203	1.698	0.5951	0.9658	1.569	0.4227	1.073	1.766	0.9024
52	1.283974	71.7	1.177	0.1936	1.194	1.676	0.6265	0.9444	1.541	0.4443	1.055	1.752	0.9028
53	1.266526	70.1	1.169	0.2030	1.185	1.653	0.6594	0.9226	1.512	0.4668	1.037	1.738	0.9029
54	1.249906	68.6	1.161	0.2129	1.176	1.630	0.6941	0.9006	1.483	0.4904	1.019	1.724	0.9032
55	1.234073	67.0	1.153	0.2231	1.167	1.607	0.7306	0.8782	1.453	0.5152	1.001	1.710	0.9035
56	1.218988	65.5	1.145	0.2338	1.157	1.583	0.7691	0.8555	1.423	0.5412	0.9816	1.695	0.9038
57	1.204616	64.0	1.136	0.2450	1.146	1.559	0.8098	0.8326	1.393	0.5684	0.9622	1.680	0.9041
58	1.190925	62.5	1.128	0.2566	1.136	1.535	0.8529	0.8093	1.362	0.5971	0.9425	1.664	0.9044
59	1.177883	61.0	1.119	0.2688	1.125	1.509	0.8986	0.7857	1.331	0.6273	0.9223	1.648	0.9046
60	1.165463	59.5	1.109	0.2816	1.114	1.484	0.9472	0.7619	1.299	0.6592	0.9017	1.632	0.9049
61	1.153638	58.0	1.099	0.2950	1.102	1.458	0.9990	0.7378	1.267	0.6929	0.8808	1.615	0.9053
62	1.142384	56.5	1.089	0.3090	1.090	1.432	1.054	0.7134	1.234	0.7286	0.8593	1.598	0.9056
63	1.131677	55.0	1.079	0.3238	1.078	1.405	1.114	0.6887	1.201	0.7665	0.8375	1.581	0.9059
64	1.121498	53.6	1.068	0.3393	1.065	1.377	1.177	0.6638	1.168	0.8069	0.8152	1.563	0.9062
65	1.111827	52.1	1.056	0.3557	1.052	1.350	1.246	0.6387	1.134	0.8499	0.7925	1.544	0.9065
66	1.102644	50.6	1.044	0.3730	1.038	1.321	1.320	0.6132	1.100	0.8959	0.7693	1.526	0.9068
67	1.093934	49.2	1.032	0.3913	1.023	1.292	1.401	0.5876	1.065	0.9452	0.7457	1.506	0.9071
68	1.085681	47.7	1.019	0.4108	1.008	1.263	1.489	0.5617	1.030	0.9984	0.7215	1.487	0.9075

续表

C08 20b			π形负载电阻 =0.6667Ω										
$\theta/°$	$\omega_s/(\mathrm{rad}\cdot\mathrm{s}^{-1})$	ΔA_s	Z_1	Z_2	Z_{2s}	Z_3	Z_4	Z_{4s}	Z_5	Z_6	Z_{6s}	Z_7	Z_{8s}
69	1.077870	46.2	1.006	0.4315	0.9929	1.233	1.585	0.5356	0.9947	1.056	0.6969	1.466	0.9078
70	1.070487	44.8	0.9917	0.4536	0.9766	1.202	1.692	0.5092	0.9590	1.118	0.6717	1.445	0.9081
71	1.063520	43.3	0.9769	0.4772	0.9597	1.171	1.809	0.4826	0.9230	1.186	0.6460	1.424	0.9084
72	1.056959	41.8	0.9614	0.5026	0.9419	1.140	1.941	0.4559	0.8867	1.261	0.6197	1.402	0.9087
73	1.050791	40.3	0.9450	0.5300	0.9232	1.107	2.069	0.4289	0.6501	1.343	0.5928	1.379	0.9091
74	1.045007	38.7	0.9277	0.5598	0.9036	1.074	2.357	0.4017	0.8131	1.434	0.5653	1.355	0.9094
75	1.039599	37.2	0.9094	0.5922	0.8829	1.040	2.449	0.3743	0.7759	1.537	0.5371	1.331	0.9097
76	1.034558	35.6	0.8899	0.6278	0.8611	1.006	2.671	0.3468	0.7384	1.652	0.5082	1.305	0.9100
77	1.029877	34.0	0.8691	0.6670	0.8379	0.9701	2.931	0.3191	0.7007	1.784	0.4785	1.279	0.9103
78	1.025550	32.4	0.8469	0.7108	0.8131	0.9337	3.241	0.2913	0.6628	1.936	0.4480	1.251	0.9105
79	1.021570	30.7	0.8228	0.7601	0.7866	0.8964	3.616	0.2633	0.6247	2.114	0.4166	1.222	0.9108
80	1.017932	29.0	0.7968	0.8162	0.7581	0.8579	4.079	0.2352	0.5864	2.326	0.3843	1.192	0.9110
81	1.014633	27.2	0.7683	0.8812	0.7271	0.8183	4.667	0.2071	0.5482	2.584	0.3509	1.159	0.9111
82	1.011669	25.3	0.7368	0.9577	0.6931	0.7774	5.436	0.1790	0.5100	2.907	0.3162	1.125	0.9111
83	1.009036	23.3	0.7017	1.050	0.6555	0.7351	6.484	0.1509	0.4719	3.323	0.2803	1.088	0.9110
84	1.006735	21.3	0.6619	1.165	0.6133	0.6911	7.989	0.1231	0.4342	3.884	0.2428	1.047	0.9106
85	1.004764	19.0	0.6159	1.315	0.5649	0.6453	10.12	0.0958	0.3973	4.688	0.2036	1.003	0.9098

表 8.27　C08 20c

C08 20c			负载电阻 =1Ω										
$\theta/°$	$\omega_s/(\mathrm{rad}\cdot\mathrm{s}^{-1})$	ΔA_s	Z_1	Z_2	Z_{2s}	Z_3	Z_4	Z_{4s}	Z_5	Z_6	Z_{6s}	Z_7	Z_{8s}
T	∞	∞	1.215	0.0000	1.523	1.963	0.0000	1.840	1.840	0.0000	1.963	1.523	1.215
31	2.007273	111.4	1.159	0.0527	1.457	1.782	0.1508	1.589	1.628	0.1002	1.755	1.442	1.210
32	1.950201	109.1	1.155	0.0564	1.452	1.770	0.1614	1.573	1.614	0.1073	1.741	1.437	1.210
33	1.896788	106.8	1.151	0.0602	1.448	1.758	0.1725	1.556	1.600	0.1147	1.727	1.431	1.210
34	1.846713	104.6	1.148	0.0642	1.443	1.746	0.1841	1.539	1.585	0.1223	1.713	1.425	1.210
35	1.799694	102.4	1.143	0.0683	1.438	1.733	0.1962	1.521	1.570	0.1304	1.697	1.420	1.209
36	1.755478	100.3	1.138	0.0726	1.432	1.720	0.2088	1.508	1.555	0.1387	1.682	1.413	1.208
37	1.713841	98.3	1.134	0.0770	1.427	1.706	0.2219	1.485	1.539	0.1474	1.666	1.407	1.208
38	1.674581	96.3	1.129	0.0816	1.421	1.692	0.2355	1.466	1.522	0.1565	1.650	1.401	1.207
39	1.637519	94.3	1.124	0.0864	1.416	1.678	0.2497	1.446	1.506	0.1659	1.633	1.394	1.207
40	1.602492	92.4	1.119	0.0914	1.410	1.663	0.2645	1.426	1.489	0.1757	1.616	1.387	1.206
41	1.569355	90.5	1.114	0.0965	1.404	1.648	0.2799	1.406	1.471	0.1859	1.598	1.380	1.206
42	1.537975	88.7	1.109	0.1018	1.397	1.633	0.2959	1.385	1.453	0.1965	1.580	1.373	1.205
43	1.508233	86.8	1.103	0.1073	1.391	1.617	0.3127	1.364	1.435	0.2075	1.562	1.365	1.205
44	1.480020	85.1	1.097	0.1131	1.384	1.601	0.3301	1.342	1.416	0.2190	1.543	1.358	1.204
45	1.453236	83.3	1.092	0.1190	1.377	1.585	0.3483	1.320	1.397	0.2310	1.523	1.350	1.203
46	1.427793	81.6	1.085	0.1251	1.370	1.568	0.3673	1.297	1.378	0.2435	1.503	1.342	1.203
47	1.403607	79.9	1.079	0.1315	1.362	1.551	0.3871	1.274	1.358	0.2565	1.492	1.334	1.202
48	1.380603	78.2	1.073	0.1381	1.355	1.534	0.4078	1.251	1.338	0.2701	1.462	1.325	1.201
49	1.358712	76.5	1.066	0.1450	1.352	1.516	0.4295	1.227	1.317	0.2842	1.441	1.317	1.200
50	1.337870	74.9	1.059	0.1521	1.349	1.498	0.4521	1.203	1.296	0.2990	1.419	1.308	1.200
51	1.318020	73.3	1.052	0.1595	1.330	1.479	0.4759	1.178	1.275	0.3144	1.397	1.299	1.199
52	1.299107	71.7	1.045	0.1672	1.322	1.460	0.5008	1.153	1.253	0.3305	1.374	1.290	1.198
53	1.289210	70.1	1.037	0.1751	1.313	1.441	0.5269	1.128	1.231	0.3474	1.351	1.280	1.197
54	1.263899	68.6	1.029	0.1834	1.304	1.421	0.5543	1.102	1.208	0.3651	1.328	1.270	1.196
55	1.247516	67.0	1.021	0.1920	1.294	1.401	0.5832	1.076	1.186	0.3830	1.304	1.260	1.195

续表

C08 20c			负载电阻 =1Ω										
θ/°	ω_s/(rad · s^{-1})	ΔA_s	Z_1	Z_2	Z_{2s}	Z_3	Z_4	Z_{4s}	Z_5	Z_6	Z_{6s}	Z_7	Z_{8s}
56	1.231893	65.5	1.013	0.2010	1.285	1.381	0.6137	1.049	1.162	0.4030	1.279	1.250	1.194
57	1.216995	64.0	1.004	0.2103	1.274	1.360	0.6458	1.022	1.139	0.4234	1.254	1.240	1.193
58	1.202788	62.5	0.9956	0.2201	1.264	1.339	0.6798	0.9944	1.115	0.4449	1.228	1.229	1.192
59	1.189241	61.0	0.9864	0.2302	1.253	1.318	0.7159	0.9666	1.090	0.4776	1.202	1.218	1.190
60	1.176326	59.5	0.9770	0.2408	1.242	1.296	0.7541	0.9384	1.066	0.4914	1.176	1.207	1.189
61	1.164014	58.0	0.9672	0.2519	1.231	1.274	0.7948	0.9099	1.041	0.5167	1.149	1.195	1.188
62	1.152282	56.5	0.9570	0.2635	1.219	1.251	0.8383	0.8810	1.015	0.5434	1.121	1.183	1.186
63	1.141107	55.0	0.9465	0.2756	1.206	1.228	0.8848	0.8517	0.9897	0.5718	1.093	1.171	1.185
64	1.130466	53.6	0.9356	0.2884	1.193	1.205	0.9346	0.8220	0.9636	0.6020	1.064	1.159	1.183
65	1.120340	52.1	0.9243	0.3018	1.180	1.181	0.9883	0.7921	0.9373	0.6342	1.035	1.146	1.182
66	1.110711	50.6	0.9125	0.3159	1.166	1.157	1.046	0.7617	0.9106	0.6687	1.005	1.133	1.180
67	1.101561	49.2	0.9003	0.3308	1.152	1.132	1.109	0.7311	0.8835	0.7056	0.9744	1.120	1.178
68	1.092874	47.7	0.8876	0.3465	1.137	1.107	1.178	0.7000	0.8561	0.7454	0.9433	1.106	1.176
69	1.084636	46.2	0.8743	0.3632	1.121	1.082	1.253	0.6687	0.8285	0.7884	0.9115	1.091	1.176
70	1.076833	44.8	0.8605	0.3810	1.105	1.056	1.335	0.6370	0.8005	0.8350	0.8791	1.077	1.172
71	1.069453	43.3	0.8460	0.4000	1.088	1.029	1.426	0.6049	0.7722	0.8858	0.8460	1.061	1.170
72	1.062484	41.8	0.9308	0.4202	1.070	1.002	1.528	0.5726	0.7435	0.9414	0.8121	1.046	1.167
73	1.055915	40.3	0.8148	0.4420	1.051	0.9745	1.642	0.5390	0.7146	1.003	0.7775	1.029	1.165
74	1.049736	38.7	0.7979	0.4655	1.032	0.9464	1.771	0.5069	0.6855	1.071	0.7421	1.013	1.162
75	1.043940	37.2	0.7801	0.4911	1.011	0.9177	1.918	0.4735	0.6560	1.147	0.7059	0.9950	1.159
76	1.038518	35.6	0.7613	0.5189	0.9886	0.8884	2.088	0.4399	0.6262	1.233	0.6684	0.9767	1.155
77	1.033463	34.0	0.7412	0.5496	0.9650	0.8584	2.286	0.4059	0.5963	1.330	0.6306	0.9579	1.152
78	1.028769	32.4	0.7197	0.5836	0.9398	0.8276	2.522	0.3717	0.5661	1.442	0.5914	0.0374	1.148
79	1.024431	30.7	0.6967	0.6216	0.9427	0.7961	2.806	0.3371	0.5357	1.573	0.5510	0.9162	1.144
80	1.020444	29.0	0.6717	0.6647	0.8833	0.7638	3.156	0.3023	0.5051	1.729	0.5094	0.8937	1.139
81	1.016805	27.2	0.6445	0.7142	0.8513	0.7305	3.598	0.2673	0.4741	1.918	0.4664	0.8697	1.134
82	1.013513	25.3	0.6146	0.7722	0.8160	0.6961	4.174	0.2321	0.4436	2.152	0.4217	0.8438	1.128
83	1.010565	23.3	0.5813	0.8417	0.7767	0.6606	4.954	0.1968	0.4129	2.453	0.3753	0.8156	1.122
84	1.007963	21.3	0.5436	0.9276	0.7321	0.6238	6.070	0.1616	0.3824	2.856	0.3268	0.7845	1.114
85	1.005708	19.0	0.5001	1.039	0.6805	0.5856	7.781	0.1267	0.3525	3.428	0.2758	0.7494	1.105

表 8.28　C09 20

C09 20			负载电阻 =1Ω												
θ/°	ω_s/(rad · s^{-1})	ΔA_s	Z_1	Z_2	Z_{2s}	Z_3	Z_4	Z_{4s}	Z_5	Z_6	Z_{6s}	Z_7	Z_8	Z_{8s}	Z_9
T	∞	∞	∞	0.0000	1.405	2.274	0.0000	1.551	2.339	0.0000	1.551	2.274	0.0000	1.405	1.349
36	1.701302	116.1	1.318	0.0354	1.367	2.067	0.2078	1.310	1.934	0.2703	1.247	1.949	0.1273	1.263	1.233
37	1.661640	113.8	1.316	0.0376	1.365	2.055	0.2207	1.297	1.912	0.2873	1.230	1.931	0.1352	1.254	1.226
38	1.624269	111.5	1.315	0.0399	1.362	2.043	0.2341	1.283	1.889	0.3050	1.213	1.912	0.1435	1.246	1.219
39	1.589016	109.3	1.313	0.0422	1.360	2.030	0.2481	1.269	1.866	0.3234	1.196	1.893	0.1521	1.237	1.212
40	1.555724	107.2	1.310	0.0446	1.357	2.017	0.2626	1.254	1.842	0.3426	1.178	1.874	0.1610	1.228	1.204
41	1.524253	105.1	1.308	0.0471	1.355	2.004	0.2777	1.240	1.817	0.3626	1.160	1.854	0.1703	1.219	1.197
42	1.494477	103.0	1.306	0.0498	1.352	1.991	0.2934	1.224	1.792	0.3834	1.142	1.834	0.1800	1.209	1.189
43	1.466279	100.9	1.304	0.0525	1.349	1.977	0.3097	1.209	1.767	0.4052	1.123	1.813	0.1901	1.199	1.180
44	1.439557	98.0	1.301	0.0553	1.346	1.963	0.3267	1.193	1.741	0.4278	1.104	1.792	0.2005	1.189	1.172
45	1.414214	97.0	1.299	0.0582	1.343	1.984	0.3444	1.177	1.714	0.4515	1.084	1.770	0.2114	1.178	1.163
46	1.390164	95.1	1.296	0.0612	1.340	1.934	0.3628	1.160	1.687	0.4762	1.064	1.748	0.2228	1.168	1.154
47	1.367327	93.2	1.294	0.0643	1.336	1.918	0.3820	1.143	1.659	0.5020	1.044	1.725	0.2346	1.157	1.145

续表

C09 20			负载电阻 =1Ω												
$\theta/°$	$\omega_s/(\text{rad}\cdot\text{s}^{-1})$	ΔA_s	Z_1	Z_2	Z_{2s}	Z_3	Z_4	Z_{4s}	Z_5	Z_6	Z_{6s}	Z_7	Z_8	Z_{8s}	Z_9
48	1.345633	91.3	1.291	0.0676	1.333	1.903	0.4019	1.126	1.631	0.5289	1.023	1.702	0.2468	1.145	1.135
49	1.325013	89.5	1.288	0.0710	1.329	1.887	0.4227	1.108	1.603	0.5571	1.002	1.679	0.2596	1.134	1.126
50	1.305407	87.7	1.285	0.0745	1.326	1.871	0.4444	1.00	1.574	0.5867	0.9811	1.655	0.2730	1.121	1.116
51	1.286760	85.9	1.282	0.0781	1.322	1.854	0.4671	1.071	1.544	0.6176	0.9595	1.631	0.2869	1.109	1.105
52	1.269018	83.1	1.279	0.0819	1.318	1.837	0.4908	1.052	1.514	0.6501	0.9377	1.606	0.3014	1.096	1.094
53	1.252136	82.4	1.275	0.0858	1.314	1.820	0.5155	1.033	1.484	0.6843	0.9155	1.581	0.3166	1.083	1.083
54	1.236068	80.6	1.272	0.0899	1.310	1.802	0.5414	1.014	1.453	0.7202	0.8930	1.555	0.3324	1.070	1.072
55	1.220775	78.6	1.268	0.0942	1.305	1.784	0.5685	0.9939	1.421	0.7580	0.8703	1.529	0.3490	1.056	1.060
56	1.206218	76.9	1.265	0.0984	1.301	1.765	0.5969	0.9737	1.389	0.7979	0.8472	1.502	0.3664	1.042	1.048
57	1.192363	75.2	1.261	0.1032	1.296	1.746	0.6268	0.9521	1.357	0.8401	0.8239	1.476	0.3846	1.028	1.036
58	1.179178	73.5	1.257	0.1080	1.291	1.726	0.6582	0.9321	1.324	0.8847	0.8003	1.448	0.4037	1.013	1.023
59	1.166633	71.8	1.253	0.1131	1.286	1.707	0.6912	0.9108	1.291	0.9321	0.7764	1.420	0.4238	0.9974	1.010
60	1.154701	70.1	1.248	0.1183	1.281	1.686	0.7261	0.8891	1.257	0.9825	0.7523	1.392	0.4449	0.9816	0.9959
61	1.143354	68.5	1.244	0.1238	1.275	1.666	0.7629	0.8670	1.223	1.036	0.7279	1.363	0.4671	0.9654	0.9817
62	1.132570	66.8	1.239	0.1296	1.269	1.644	0.8019	0.8446	1.189	1.093	0.7033	1.334	0.4906	0.9487	0.9671
63	1.122326	65.2	1.234	0.1356	1.263	1.623	0.8433	0.8217	1.154	1.155	0.6785	1.305	0.5155	0.9315	0.9520
64	1.112602	63.5	1.229	0.1420	1.257	1.600	0.8873	0.7985	1.119	1.221	0.6534	1.275	0.5418	0.9138	0.9364
65	1.10338	61.9	1.223	0.1487	1.250	1.578	0.9342	0.7749	1.083	1.292	0.6281	1.244	0.5698	0.8956	0.9202
66	1.094636	60.2	1.217	0.1557	1.243	1.554	0.9844	0.7509	1.047	1.369	0.6026	1.213	0.5995	0.8768	0.9034
67	1.086360	58.6	1.211	0.1631	1.236	1.531	1.038	0.7265	1.011	1.453	0.5769	1.182	0.6313	0.8574	0.8860
68	1.078535	56.9	1.205	0.1710	1.228	1.506	1.096	0.7017	0.9738	1.544	0.5510	1.150	0.6653	0.8374	0.8679
69	1.071145	55.2	1.198	0.1793	1.220	1.481	1.159	0.6764	0.9367	1.644	0.5250	1.118	0.7019	0.8167	0.8491
70	1.064178	53.6	1.191	0.1882	1.211	1.455	1.227	0.6507	0.8992	1.754	0.4987	1.085	0.7413	0.7953	0.8294
71	1.057621	51.9	1.184	0.1977	1.202	1.429	1.301	0.6245	0.8614	1.876	0.4723	1.052	0.7840	0.7732	0.8089
72	1.051462	50.2	1.176	0.2078	1.192	1.401	1.382	0.5979	0.8233	2.013	0.4457	1.018	0.8304	0.7503	0.7875
73	1.045692	48.5	1.167	0.2187	1.182	1.373	1.471	0.5708	0.7849	2.166	0.4190	0.9841	0.8812	0.7265	0.7650
74	1.040299	46.8	1.158	0.2305	1.171	1.344	1.571	0.5432	0.7463	2.339	0.3922	0.9494	0.9370	0.7017	0.7414
75	1.035276	45.1	1.148	0.2433	1.159	1.314	1.682	0.5150	0.7073	2.538	0.3652	0.9141	0.9988	0.6760	0.7165
76	1.030614	43.3	1.137	0.2572	1.146	1.283	1.807	0.4862	0.6681	2.768	0.3381	0.8782	1.068	0.6491	0.6902
77	1.026304	41.5	1.126	0.2724	1.132	1.251	1.950	0.4569	0.6287	3.036	0.3110	0.8418	1.146	0.6211	0.6622
78	1.022341	39.6	1.113	0.2893	1.117	1.218	2.115	0.4268	0.5891	3.355	0.2838	0.8048	1.234	0.5917	0.6323
79	1.018717	37.7	1.099	0.3081	1.100	1.183	2.308	0.3961	0.5493	3.741	0.2564	0.7669	1.336	0.5607	0.6004
80	1.015427	35.8	1.084	0.3292	1.082	1.146	2.538	0.3645	0.5094	4.216	0.2291	0.7286	1.455	0.5281	0.5658
81	1.012465	33.8	1.067	0.3534	1.061	1.108	2.817	0.3321	0.4693	4.817	0.2019	0.6895	1.597	0.4935	0.5281
82	1.009828	31.7	1.047	0.3814	1.038	1.067	3.166	0.2986	0.4293	5.599	0.1746	0.6497	1.770	0.4567	0.4868
83	1.007510	29.5	1.025	0.4145	1.011	1.024	3.616	0.2642	0.3894	6.660	0.1476	0.6090	1.986	0.4172	0.4407
84	1.005508	27.1	0.9995	0.4548	0.9794	0.9782	4.223	0.2282	0.3496	8.175	0.1208	0.5676	2.268	1.3747	0.3886
85	1.003820	24.6	0.9688	0.5054	0.9411	0.9284	5.093	0.1909	0.3103	10.50	0.0944	0.5253	2.655	1.3283	0.3281

表 8.29　C10 20b

C10 20b			π 形负载电阻 =0.6667Ω													
$\theta/°$	$\omega_s/(\text{rad}\cdot\text{s}^{-1})$	ΔA_s	Z_1	Z_2	Z_{2s}	Z_3	Z_4	Z_{4s}	Z_5	Z_6	Z_{6s}	Z_7	Z_8	Z_{8s}	Z_9	Z_{10s}
T	∞	∞	1.353	0.0000	1.410	2.283	0.0000	1.559	2.357	0.0000	1.571	2.338	0.0000	1.522	2.114	0.9019
46	1.402036	108.4	1.267	0.0953	1.304	1.908	0.3703	1.158	1.702	0.4577	1.092	1.787	0.2327	1.258	1.913	0.9056
47	1.378775	106.3	1.263	0.1002	1.298	1.891	0.3898	1.141	1.674	0.4823	1.072	1.763	0.2448	1.246	1.904	0.9058
48	1.356667	104.2	1.258	0.1053	1.293	1.874	0.4102	1.123	1.646	0.5079	1.052	1.738	0.2574	1.233	1.894	0.9059

续表

C10 20b			π 形负载电阻 =0.6667Ω													
θ/°	ω_s/(rad·s^{-1})	ΔA_s	Z_1	Z_2	Z_{2s}	Z_3	Z_4	Z_{4s}	Z_5	Z_6	Z_{6s}	Z_7	Z_8	Z_{8s}	Z_9	Z_{10s}
49	1.385647	102.1	1.254	0.1106	1.287	1.857	0.4315	1.105	1.617	0.5347	1.031	1.714	0.2705	1.221	1.885	0.9061
50	1.315651	100.1	1.249	0.1161	1.282	1.839	0.4536	1.087	1.588	0.5628	1.010	1.688	0.2841	1.208	1.874	0.9063
51	1.296624	98.1	1.244	0.1218	1.276	1.821	0.4767	1.068	1.558	0.5921	0.9887	1.663	0.2983	1.194	1.864	0.9064
52	1.278514	96.1	1.239	0.1277	1.270	1.802	0.5009	1.049	1.528	0.6229	0.9670	1.636	0.3130	1.180	1.853	0.9066
53	1.261271	94.1	1.234	0.1339	1.263	1.783	0.5262	1.029	1.497	0.6552	0.9450	1.610	0.3284	1.166	1.842	0.9068
54	1.244851	92.2	1.229	0.1403	1.257	1.763	0.5526	1.010	1.466	0.6891	0.9227	1.582	0.3444	1.151	1.831	0.9069
55	1.229414	90.2	1.223	0.1470	1.250	1.743	0.5803	0.9895	1.484	0.7247	0.9002	1.555	0.3611	1.136	1.820	0.9071
56	1.214321	88.3	1.217	0.1539	1.243	1.723	0.6093	0.9689	1.402	0.7623	0.8773	1.527	0.3786	1.121	1.808	0.9073
57	1.200137	86.4	1.211	0.1612	1.236	1.702	0.9398	0.9481	1.369	0.8019	0.8541	1.498	0.3969	1.105	1.795	0.9075
58	1.186629	84.5	1.205	0.1687	1.228	1.681	0.6719	0.9268	1.386	0.8437	0.8307	1.469	0.4160	1.089	1.783	0.9077
59	1.173768	82.7	1.198	0.1767	1.220	1.659	0.7056	0.9052	1.308	0.8880	0.8070	1.439	0.4360	1.073	1.770	0.9079
60	1.161525	80.8	1.192	0.1849	1.212	1.637	0.7212	0.8833	1.269	0.9350	0.7830	1.409	0.4570	1.056	1.757	0.9081
61	1.149873	79.0	1.185	0.1936	1.204	1.614	0.7789	0.8610	1.284	0.9850	0.7587	1.378	0.4790	1.038	1.743	0.9083
62	1.138790	77.1	1.177	0.2026	1.195	1.591	0.8187	0.8383	1.199	1.038	0.7342	1.347	0.5022	1.020	1.729	0.9085
63	1.128252	75.3	1.170	0.2121	1.186	1.567	0.8610	0.8153	1.164	1.095	0.7095	1.316	0.5267	1.002	1.715	0.9087
64	1.118238	73.4	1.162	0.2221	1.176	1.543	0.9059	0.7919	1.129	1.156	0.6845	1.284	0.5525	0.9831	1.700	0.9089
65	1.108729	71.6	1.154	0.2327	1.166	1.518	0.9538	0.7682	1.098	1.221	0.6593	1.251	0.5797	0.9636	1.684	0.9091
66	1.099707	69.8	1.145	0.2438	1.156	1.493	1.005	0.7440	1.056	1.292	0.6338	1.218	0.6087	0.9437	1.669	0.9093
67	1.091154	67.9	1.136	0.2555	1.145	1.467	1.060	0.7195	1.019	1.368	0.6082	1.184	0.6394	0.9231	1.652	0.9095
68	1.083056	66.1	1.127	0.2679	1.134	1.440	1.119	0.6946	0.982	1.451	0.5823	1.150	0.6721	0.9020	1.635	0.9097
69	1.075399	64.3	1.117	0.2810	1.122	1.413	1.183	0.6694	0.944	1.542	0.5562	1.115	0.7071	0.8802	1.618	0.9099
70	1.068167	62.4	1.106	0.2951	1.110	1.385	1.252	0.6437	0.906	1.641	0.5299	1.079	0.7446	0.8578	1.600	0.9101
71	1.061350	60.5	1.095	0.3100	1.097	1.356	1.327	0.6176	0.8680	1.750	0.5034	1.043	0.7850	0.8346	1.581	0.9103
72	1.054935	58.7	1.084	0.3260	1.083	1.327	1.410	0.5911	0.8292	1.871	0.4768	1.007	0.8287	0.8106	1.562	0.9105
73	1.048912	56.8	1.071	0.3432	1.069	1.297	1.501	0.5642	0.7901	2.007	0.4500	0.9696	0.8760	0.7859	1.542	0.9107
74	1.043271	54.9	1.058	0.3618	1.054	1.265	1.601	0.5368	0.7506	2.159	0.4229	0.9317	0.9277	0.7602	1.521	0.9109
75	1.038003	52.9	1.078	0.3870	1.031	1.245	1.716	0.5086	0.7126	2.324	0.3972	0.8909	0.9766	0.7408	1.494	0.9111

表 8.30　C10 20c

C10 20c			负载电阻 =1Ω													
θ/°	ω_s/(rad·s^{-1})	ΔA_s	Z_1	Z_2	Z_{2s}	Z_3	Z_4	Z_{4s}	Z_5	Z_6	Z_{6s}	Z_7	Z_8	Z_{8s}	Z_9	Z_{10s}
T	∞	∞	1.248	0.0000	1.513	2.033	0.0000	1.809	1.957	0.0000	1.957	1.809	0.0000	2.033	1.513	1.248
46	1.414011	108.4	1.154	0.1035	1.413	1.692	0.3083	1.364	1.421	0.3593	1.367	1.401	0.1712	1.669	1.382	1.236
47	1.390318	106.3	1.149	0.1137	1.408	1.677	0.3244	1.344	1.398	0.3787	1.342	1.383	0.1802	1.652	1.375	1.235
48	1.367792	104.2	1.144	0.1191	1.403	1.661	0.3412	1.325	1.375	0.3988	1.317	1.365	0.1895	1.635	1.369	1.234
49	1.346366	102.1	1.139	0.1247	1.398	1.645	0.3587	1.304	1.352	0.4199	1.292	1.346	0.1992	1.618	1.363	1.233
50	1.325976	100.1	1.134	0.1305	1.392	1.629	0.3769	1.284	1.328	0.4419	1.266	1.327	0.2093	1.600	1.356	1.233
51	1.306565	98.1	1.129	0.1035	1.387	1.613	0.3959	1.263	1.303	0.4650	1.240	1.308	0.2198	1.582	1.349	1.232
52	1.288080	96.1	1.125	0.1137	1.381	1.596	0.4157	1.241	1.279	0.4891	1.213	1.289	0.2307	1.563	1.342	1.232
53	1.270472	94.1	1.118	0.1191	1.375	1.579	0.4364	1.219	1.253	0.5145	1.186	1.269	0.2422	1.544	1.335	1.230
54	1.253696	92.2	1.112	0.1247	1.369	1.531	0.4580	1.197	1.228	0.5411	1.158	1.248	0.2541	1.524	1.328	1.229
55	1.237711	90.2	1.106	0.1305	1.362	1.543	0.4806	1.174	1.202	0.5691	1.130	1.228	0.2665	1.503	1.320	1.228
56	1.222478	88.3	1.100	0.1365	1.356	1.525	0.5043	1.151	1.175	0.5996	1.102	1.206	0.2795	1.483	1.312	1.227
57	1.207961	86.4	1.093	0.1428	1.349	1.506	0.5292	1.127	1.149	0.6297	1.073	1.185	0.2931	1.461	1.304	1.226
58	1.194127	84.5	1.087	0.1493	1.342	1.487	0.5553	1.103	1.121	0.6626	1.044	1.163	0.3074	1.440	1.296	1.225
59	1.180946	82.7	1.080	0.1561	1.334	1.467	0.5827	1.079	1.094	0.6973	1.015	1.141	0.3223	1.417	1.287	1.224

续表

C10 20c			负载电阻 =1Ω													
$\theta/°$	$\omega_s/(\mathrm{rad}\cdot\mathrm{s}^{-1})$	ΔA_s	Z_1	Z_2	Z_{2s}	Z_3	Z_4	Z_{4s}	Z_5	Z_6	Z_{6s}	Z_7	Z_8	Z_{8s}	Z_9	Z_{10s}
60	1.168389	80.8	1.073	0.1632	1.326	1.447	0.6116	1.054	1.066	0.7342	0.9851	1.118	0.3380	1.394	1.278	1.223
61	1.156430	79.0	1.065	0.1706	1.318	1.427	0.6420	1.029	1.038	0.7733	0.9551	1.095	0.3544	1.371	1.269	1.221
62	1.145044	77.1	1.057	0.1783	1.310	1.406	0.6743	1.003	1.009	0.8150	0.9247	1.072	0.3717	1.347	1.260	1.220
63	1.134209	75.3	1.049	0.1864	1.301	1.385	0.7084	0.9766	0.9801	0.8595	0.8940	1.048	0.3900	1.322	1.251	1.219
64	1.123902	73.4	1.041	0.1949	1.292	1.363	0.7446	0.9499	0.9508	0.9073	0.8630	1.024	0.4093	1.297	1.241	1.217
65	1.114106	71.6	1.032	0.2038	1.283	1.341	0.7831	0.9227	0.9211	0.9585	0.8317	0.9991	0.4297	1.271	1.230	1.216
66	1.104800	69.8	1.023	0.2131	1.273	1.318	0.8242	0.8951	0.8911	1.014	0.8001	0.9740	0.4514	1.244	1.220	1.214
67	1.095969	67.9	1.014	0.2230	1.263	1.295	0.8682	0.8670	0.8607	1.073	0.7682	0.9485	0.4744	1.217	1.209	1.212
68	1.087597	66.1	1.004	0.2334	1.252	1.272	0.9155	0.8384	0.8300	1.138	0.7361	0.9226	0.4989	1.189	1.198	1.211
69	1.079669	64.3	0.9932	0.2444	1.241	1.247	0.9664	0.8094	0.7989	1.207	0.7036	0.8965	0.5252	1.159	1.186	1.209
70	1.072171	62.4	0.9823	0.2560	1.229	1.223	1.021	0.7798	0.7676	1.286	0.6709	0.8693	0.5533	1.130	1.174	1.207
71	1.065092	60.5	0.9709	0.2684	1.216	1.197	1.081	0.7496	0.7358	1.371	0.6378	0.8419	0.5836	1.099	1.162	1.205
72	1.058418	58.7	0.9588	0.2817	1.203	1.171	1.147	0.7189	0.7038	1.465	0.6046	0.8141	0.6163	1.067	1.149	1.202
73	1.052141	56.8	0.9461	0.2958	1.189	1.144	1.219	0.6877	0.6715	1.570	0.5714	0.7857	0.6518	1.034	1.135	1.200
74	1.046250	54.9	0.9328	0.3110	1.174	1.117	1.298	0.6558	0.6387	1.692	0.5365	0.7567	0.6906	1.000	1.121	1.197
75	1.040737	52.9	0.9215	0.3329	1.154	1.087	1.396	0.6196	0.6033	1.848	0.4968	0.7232	0.7369	0.9633	1.101	1.194

表 8.31　C11 20

C11 20			负载电阻 =1Ω															
$\theta/°$	$\omega_s/(\mathrm{rad}\cdot\mathrm{s}^{-1})$	ΔA_s	Z_1	Z_2	Z_{2s}	Z_3	Z_4	Z_{4s}	Z_5	Z_6	Z_{6s}	Z_7	Z_8	Z_{8s}	Z_9	Z_{10}	Z_{10s}	Z_{11}
T	∞	∞	1.356	0.0000	1.413	2.290	0.0000	1.564	2.368	0.0000	1.583	2.368	0.0000	1.564	2.290	0.0000	1.413	1.356
51	1.286760	110.5	1.310	0.0526	1.356	1.962	0.3468	1.84	1.640	0.6038	0.9877	1.536	0.5121	1.045	1.752	0.1984	1.198	1.180
52	1.269018	108.3	1.308	0.0552	1.353	1.949	0.3639	1.166	1.612	0.6351	0.9657	1.505	0.5382	1.025	1.730	0.2083	1.188	1.172
53	1.252136	106.1	1.306	0.0578	1.350	1.935	0.3817	1.153	1.583	0.6680	0.9434	1.474	0.5656	1.004	1.708	0.2185	1.179	1.164
54	1.236063	104.0	1.303	0.0606	1.347	1.920	0.4003	1.136	1.554	0.7025	0.9209	1.441	0.5942	0.9837	1.686	0.2292	1.168	1.155
55	1.220775	101.9	1.301	0.0634	1.344	1.905	0.4197	1.119	1.525	0.7388	0.8980	1.409	0.6242	0.9628	1.663	0.2403	1.158	1.147
56	1.206218	99.7	1.298	0.0664	1.341	1.890	0.4399	1.102	1.495	0.7770	0.8748	1.376	0.6556	0.9415	1.640	0.2520	1.147	1.137
57	1.192363	97.7	1.296	0.0695	1.338	1.874	0.4611	1.085	1.464	0.8173	0.8514	1.342	0.6887	0.9198	1.616	0.2641	1.136	1.128
58	1.179178	95.6	1.293	0.0727	1.384	1.858	0.4832	1.067	1.433	0.8598	0.8277	1.308	0.7236	0.8979	1.592	0.2769	1.125	1.118
59	1.166633	93.5	1.290	0.0761	1.331	1.842	0.5064	1.049	1.402	0.9050	0.8037	1.274	0.7603	0.8756	1.567	0.2902	1.113	1.108
60	1.154701	91.5	1.287	0.0796	1.327	1.825	0.5308	1.030	1.370	0.9528	0.7795	1.239	0.7991	0.8530	1.542	0.3042	1.100	1.098
61	1.143354	89.4	1.284	0.0833	1.323	1.807	0.5563	1.011	1.337	1.004	0.7551	1.204	0.8402	0.8300	1.516	0.3188	1.088	1.087
62	1.132570	87.4	1.280	0.0872	1.319	1.790	0.5832	0.9909	1.304	1.058	0.7304	1.169	0.8837	0.8067	1.490	0.3342	1.075	1.076
63	1.122326	85.4	1.277	0.0913	1.315	1.771	0.6116	0.9708	1.271	1.116	0.7055	1.133	0.9300	0.7831	1.463	0.3505	1.061	1.065
64	1.112602	83.4	1.273	0.0955	1.310	1.752	0.6415	0.9503	1.237	1.178	0.6803	1.096	0.9793	0.7592	1.436	0.3676	1.047	1.053
65	1.103378	81.3	1.269	0.1000	1.305	1.733	0.6732	0.9291	1.202	1.244	0.6549	1.059	1.032	0.7349	1.408	0.3857	1.032	1.040
66	1.094636	79.3	1.265	0.1047	1.301	1.713	0.7068	0.9075	1.167	1.316	0.6294	1.022	1.088	0.7103	1.380	0.4049	1.017	1.027
67	1.086360	77.3	1.261	0.1097	1.295	1.692	0.7425	0.8854	1.132	1.394	0.6036	0.9349	1.149	0.6854	1.351	0.4252	1.002	1.014
68	1.078535	75.3	1.256	0.1150	1.290	1.671	0.7806	0.8627	1.096	1.478	0.5777	0.9470	1.214	0.6602	1.321	0.4468	0.9854	0.9994
69	1.071145	73.3	1.252	0.1306	1.284	1.649	0.8213	0.8394	1.059	1.570	0.5515	0.9089	1.285	0.6346	1.291	0.4699	0.9685	0.9846
70	1.064178	71.2	1.247	0.1265	1.278	1.627	0.8650	0.8155	1.022	1.671	0.5252	0.8704	1.362	0.6087	1.260	0.4946	0.9508	0.9692
71	1.057621	69.2	1.241	0.1339	1.271	1.603	0.9120	0.7910	0.9842	1.782	0.4988	0.8316	1.446	0.5824	1.228	0.5212	0.9323	0.9530
72	1.051462	67.1	1.235	0.1396	1.264	1.579	0.9629	0.7658	0.9458	1.905	0.4721	0.7924	1.538	0.5558	1.196	0.5498	0.9131	0.9359
73	1.045692	65.0	1.229	0.1469	1.257	1.554	1.018	0.7399	0.9069	2.043	0.4454	0.7530	1.640	0.5289	1.162	0.5508	0.8929	0.9179
74	1.040299	62.9	1.223	0.1548	1.249	1.528	1.079	0.7132	0.8674	2.198	0.4185	0.7133	1.754	0.5016	1.128	0.6145	0.8717	0.8986
75	1.035276	60.8	1.216	0.1633	1.240	1.500	1.145	0.6856	0.8272	2.333	0.3914	0.6733	1.881	0.4739	1.093	0.6915	0.8493	0.8788

◎无源椭圆滤波器的归一化设计方法

以表 8.17 为例。假设我们根据已知条件，选择了表格中“θ=4”行，则可以得到以下数据，如表 8.32 所示。

表 8.32　θ=4

C03 20			负载电阻 =1Ω				负载开路（π 形）或者短路（T 形）			
θ/°	ω_s/（rad · s^{-1}）	ΔA_S	Z_1	Z_2	Z_{2s}	Z_3	Z_1	Z_2	Z_{2s}	Z_3
4	14.3	79.63	1.1870	0.0032	1.1507	1.1870	0.5920	0.0031	1.1670	1.1704

从表 8.32 中可以看出，有两种带负载情况，也就有两组电容、电感数值。

我们先看负载电阻 =1Ω，Z_1、Z_2、Z_{2s}、Z_3 分别为 1.1870、0.0032、1.1507、1.1870，这就是实现“无源三阶、ρ=20%、R_{dB}=0.1773dB，负载电阻为 1Ω” 滤波器对应的电感、电容值。据此参数设计出的无源滤波器，无论是 T 形还是 π 形单元，一定满足设计要求。

T 形单元，见图 8.89 左侧电路。第一位置的 Z_1 对应于电感，即 L_1=1.1870H，第三位置也对应于电感，则 L_3=1.1870H，第二位置有两个元件，少用的是电容，所以 C_2=1.1507F，而 L_2=0.0032H。至此设计完毕，画出电路如图 8.89 左侧电路。

π 形单元，见图 8.89 右侧电路。第一位置是电容，即 C_1=1.1870F，第三位置也对应于电容，则 C_3= 1.1870F，第二位置有两个元件，少用的是电感，所以 L_2=1.1507F，而 C_2=0.0032F。至此设计完毕，画出电路如图 8.89 右侧电路。

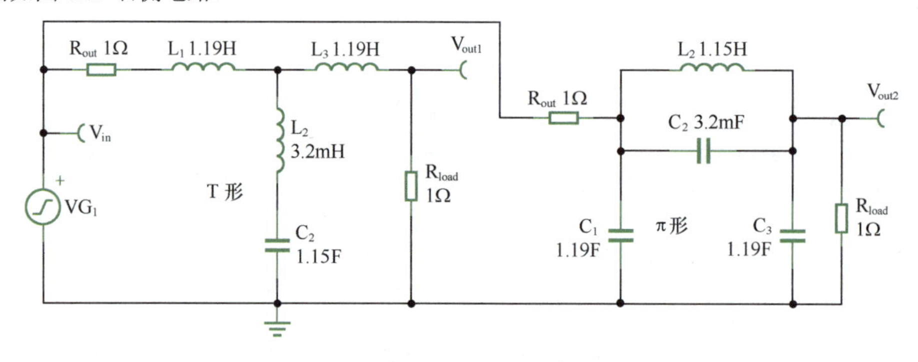

图 8.89　无源三阶含 1Ω 负载电阻

仿真结果表明，T 形和 π 形两个电路的输出幅频、相频特性完全重合，且都符合设计要求。

再看负载不是 1Ω 的情况，即负载开路或者短路，如表 8.32 右侧部分所示。

对于不同结构的电路，只能短路或者只能开路，不可能两者兼备。

某种类型的电路，能短路负载，还是能开路负载，其实很容易看出来：只要实施开路或者短路行为后，电路中最后一个元件没有失去作用即可。

对于 π 形单元来说，最后一个元件是 C_3，负载开路后，它仍在充放电，参与滤波行为。但是，如果将负载短路，电容 C_3 将失去充放电行为，因此不能将 π 形单元电路负载短路。

对于 T 形单元来说，负载开路则导致 L_3 不再参与滤波——对于储能元件来说，没有充放电过程，就不可能发挥作用。因此，不能将 T 形单元电路的负载开路。但是，将其负载短路可行吗？显然是可行的，因为短路负载后，电感 L_3 仍然可以充放电，参与滤波行为。

对于无源电路来说，负载短路后，电压输出近似为 0V，没有什么用途。如果将负载电阻设为极小的阻值，比如 1mΩ 以下，它确实可以表现出与标准椭圆滤波器完全一致的形态，但是，其增益会变得非常小。这在实用电路中是不可取的。

后级增加运放组成的跨阻放大器，就可以以虚短形式实现短路，实现负载短路设计。

使用表格 C03 20 中的 θ=4，设计负载电阻不为 1Ω（开路或者短路）的电路。

解：T 形单元电路负载短路，如图 8.90 左侧电路所示。第一位置的 Z_1 对应于电感，即 L_1=0.5920H，第三位置也对应于电感，则 L_3=1.1704H，第二位置有两个元件，少用的是电容，所以 C_2=1.1670F，而 L_2=0.0031H。此时，将负载电阻设为极小的 1μΩ。

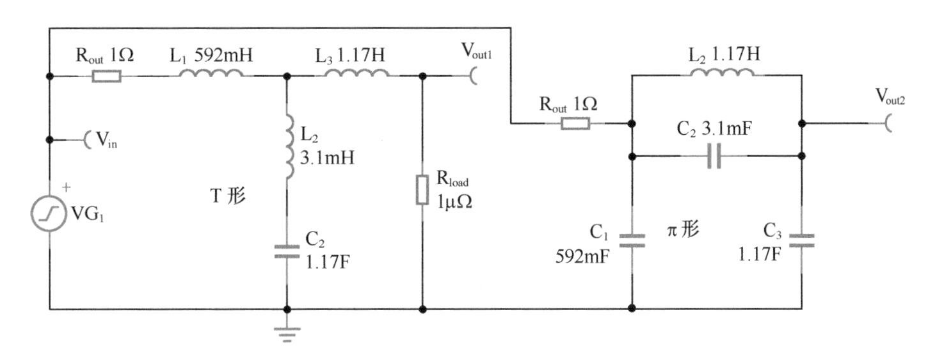

图 8.90　举例 1 电路，无源三阶负载电阻开路或者短路

按照同样的方法设计 π 形单元电路，将负载电阻去掉(即开路)，画出电路如图 8.90 右侧电路所示。仿真结果如图 8.91 所示。

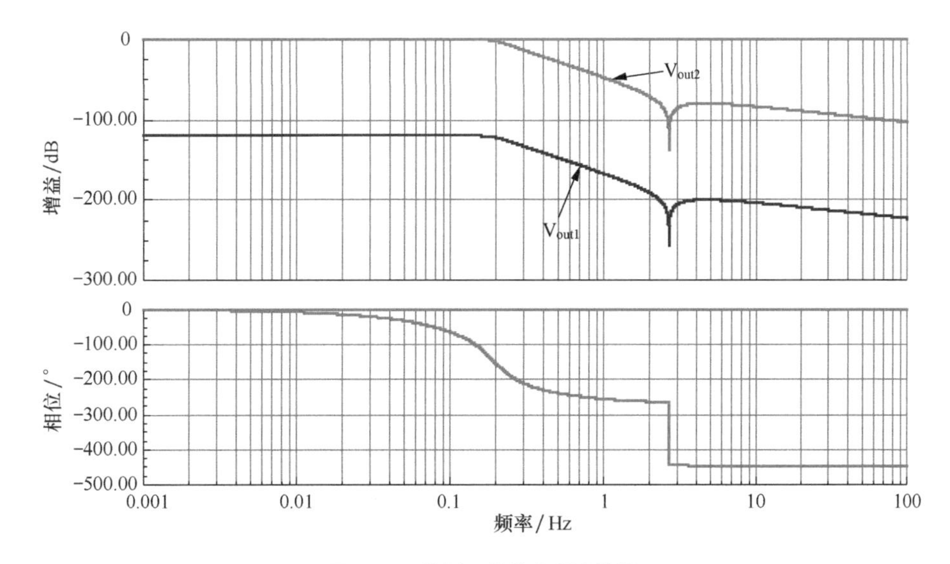

图 8.91　举例 1 的仿真频率特性

测试表明，这两个滤波器除整体增益差异 120dB 外，其余特性几乎相同。其通带频率约为 159.2mHz，即通带角频率约为 1rad/s，R_{dB} 约为 0.177dB。之所以不敢说完全相同，是因为电路中 1μΩ 并不是真正的 0。

如果在电路中接入运放，对 T 形单元电路实施虚短，效果如何呢？电路如图 8.92 所示，仿真结果如图 8.93 所示。

电路中采用一个理想运放组成一个跨阻放大器（TIA）电路，在将 L_5 右侧电位虚短到地的同时，将其电流用电阻 R_2 演变成电压输出 V_{out3}。为了避免和 V_{out2} 重叠，我特意将 R_2 选择为 10Ω。可以看出，V_{out3} 之所以表现出完美的椭圆滤波器效果，是因为刻意选择 10Ω 带来的 20dB 增益提升。如果 R_2 选择为 1Ω，则利用虚短形成的 T 形单元短路输出 V_{out3}，将与 π 形单元开路的输出一模一样。

实际应用时，T 形单元电路的短路，是否需要额外的运放介入，读者自己考虑。多数情况下，无源椭圆滤波器服务于高频，运放的介入会带来很多新问题。好在设计电路时，没人强求你必须设计负载短路。

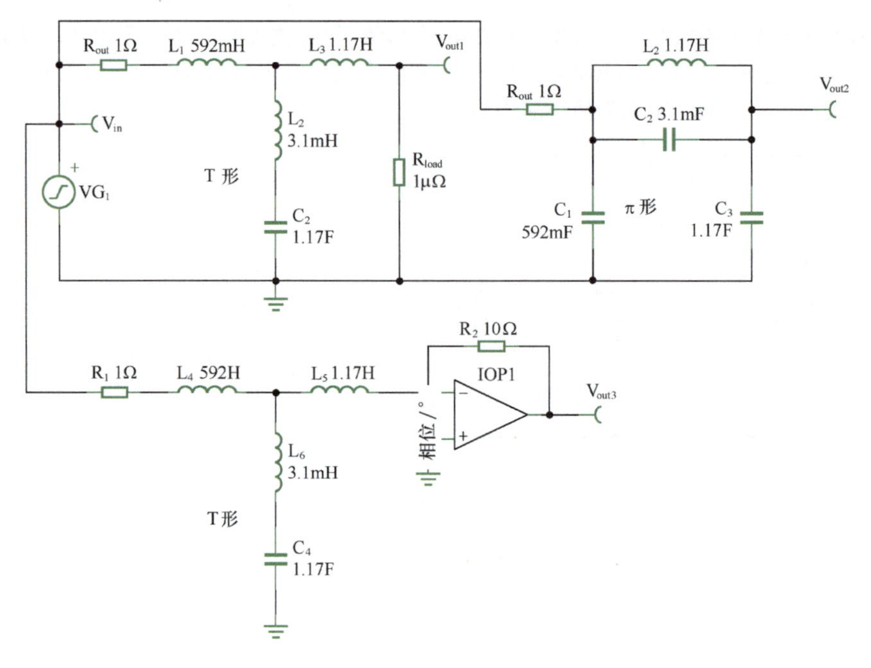

图 8.92　举例 1 的 T 形虚短电路

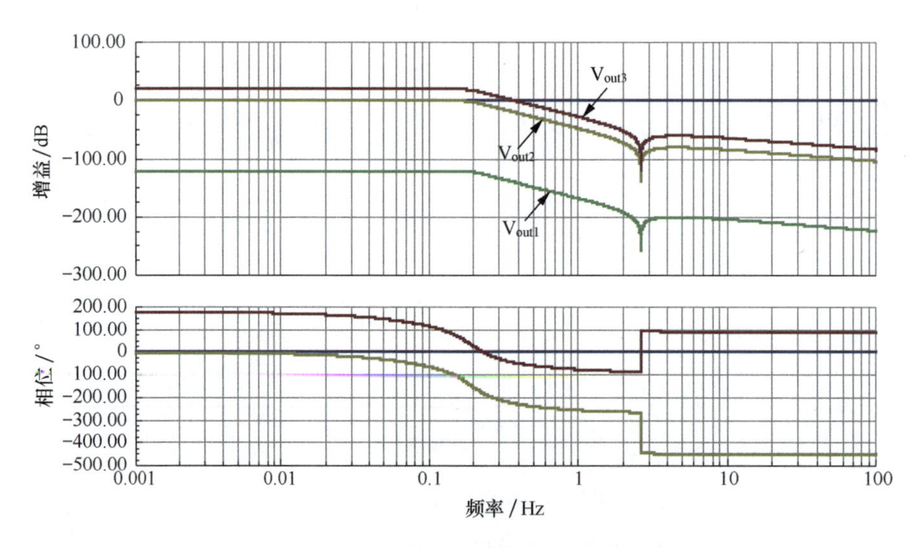

图 8.93　举例 1 含 T 形虚短电路的频率特性

◎无源椭圆滤波器的电阻去归一化设计方法

实际滤波器设计时，绝不可能都是归一化设计。有两点需要修正，也就是“去归一化”。将原本归一化条件改为任何需要的条件。其一，源电阻不再是 1Ω。其二，通带角频率不再是 1rad/s。我们先介绍源电阻不再是 1Ω 的情况。

当要求前级电阻（即源电阻）为 $N\Omega$，则可将原电路参数中的负载电阻乘以 N，电感乘以 N，将电容除以 N，获得新值，则滤波器效果不变。遇到负载开路或者短路情况，对负载照常开路或者短路即可，因为短路乘以 N 还是短路，开路乘以 N 还是开路。

举例 2

使用 C03 20 表格中的 θ=4，设计 3 种前级电阻为 50Ω 的滤波器，满足前述要求。

解：理论上，前级电阻为 50Ω，可以有 4 种电路：T 形单元电路负载电阻为 0Ω、π 形单元电路负载无穷大、T 形单元电路负载 50Ω、π 形单元电路负载 50Ω。因为 T 形单元电路负载为 0Ω 不能使用，我们设计另外的 3 种电路。

1）π 形单元电路负载无穷大。

将举例 1 电路右侧部分 R_{out} 设为 50Ω，并将电路中的电感 L_2 乘以 50，为 1.167×50=58.35H，将电路中的电容全部除以 50，得 C_1=592/50=11.84mF，C_2=3.1/50=62μF，C_3=1.1704/50=23.41mF。得到图 8.94 右侧电路。图 8.94 左侧所示电路是 T 形单元电路 0 负载的情况，我也画出来了，但这个电路的输出衰减太严重，不能使用。

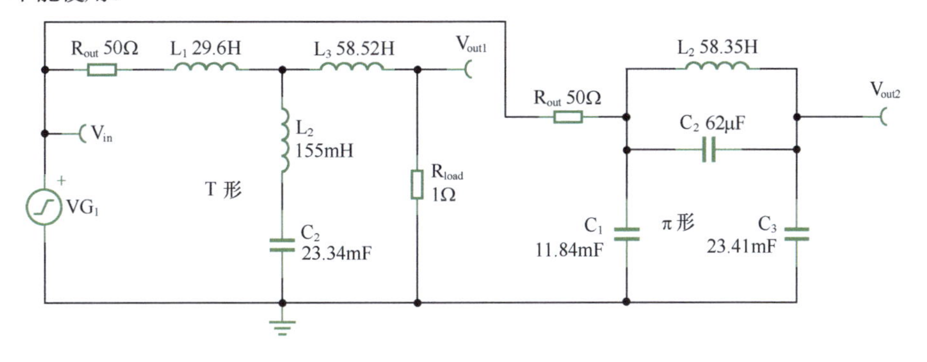

图 8.94　举例 2 电路一

2）T 形单元电路 50Ω 负载和 π 形单元电路 50Ω 负载。

以图 8.89 所示电路为基础，将 R_{out} 设为 50Ω，则 N=50。将电路中的负载电阻、所有电感都乘以 50，所有电容都除以 50，可得到如图 8.95 所示电路。

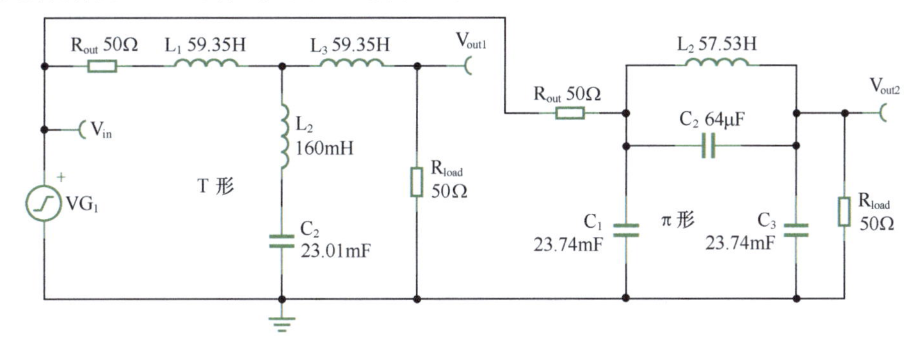

图 8.95　举例 2 电路二

举例 3

利用 C06 20b 负载电阻为 0.6667Ω 设计一个六阶无源椭圆低通滤波器，θ=54。要求源电阻变为 50Ω，重新设计。对比两者的频率特性。

首先，θ=54 相关系数见表格 C06 20b。

为了减少电感数量，本例以 π 形单元电路为例，得到表 8.33。

表 8.33　以 π 形单元电路为例的相关系数

θ=54	负载	C_1	C_2	L_{2s}	C_3	C_4	L_{4s}	C_5	L_{6s}
源电阻 =1Ω	0.6667Ω	1.039F	0.3574F	1.031H	1.530F	0.7122F	0.8440H	1.586F	0.8951H
源电阻 =50Ω	33.335Ω	20.78mF	7.148mF	51.55H	30.6mF	14.244mF	42.2H	31.72mF	44.755H

根据表格计算，得到源电阻为 1Ω 和 50Ω 的滤波器电路如图 8.96 所示。当源电阻为 50Ω 时，负载电阻也相应变为 33.335Ω，读者可以发现我画的电路中此值为 33.35Ω，这仅仅是为了表明两个频率特性有那么一点点差别。没有放大的仿真频率特性如图 8.97 所示，看起来只有一根曲线，由 33.335Ω 变

为 33.35Ω，可以帮助我通过放大，发现这其实是两根线。

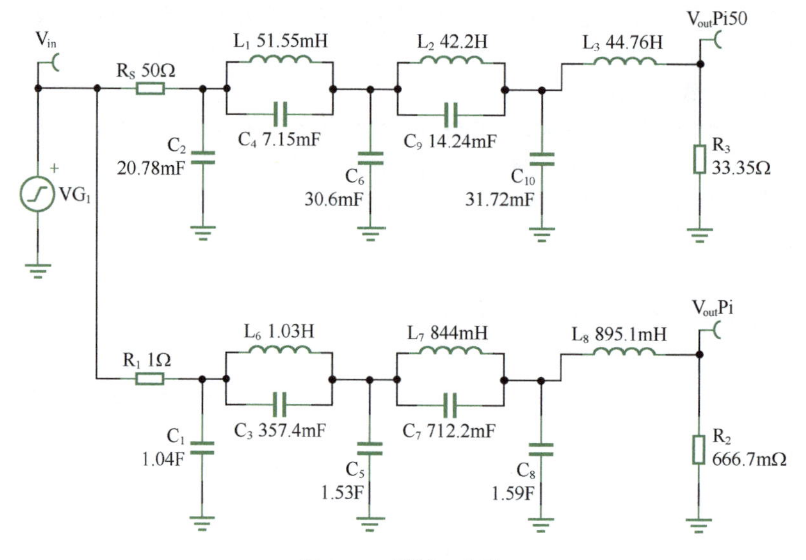

图 8.96　举例 3 电路

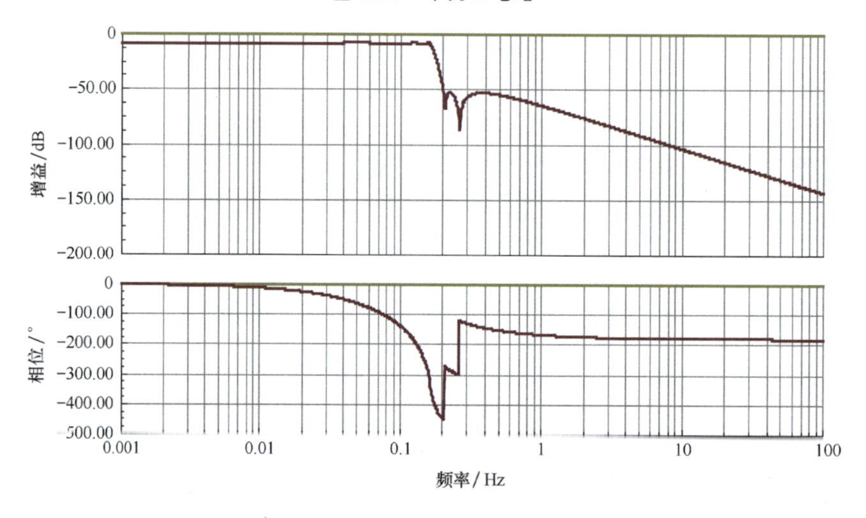

图 8.97　举例 3 电路的频率特性

◎无源椭圆滤波器的频率去归一化设计方法

在完成了电阻的去归一化后，通带角频率仍为 1rad/s。此时，如果要求实现通带频率为 f_p 的滤波器，只要将所有电感、电容都除以 $2\pi f_p$，就行了。

使用 C03 20 表格中的 θ=4，设计一个滤波器，前级输出电阻为 50Ω，后级负载电阻为无穷大，要求通带频率为 f_p=10MHz。用 TINA-TI 仿真实现，并验证关键参数。

解：能够实现负载电阻无穷大的滤波器，实用型仅有 π 形单元电路。故选取 π 形单元电路负载开路电路，其结构如图 8.94 右侧电路所示，此电路已经完成 50Ω 去归一化，仅需将电容、电感除以 $2\pi f_p$，得到如图 8.98 所示电路。

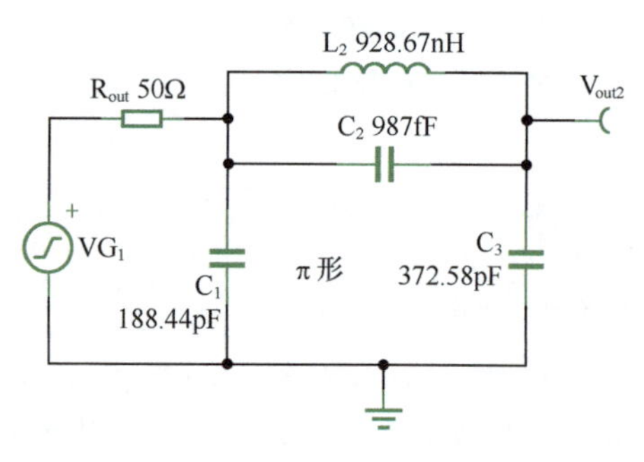

图 8.98　举例 4 电路

仿真结果如图 8.99 所示。可以大致看出，在 10MHz

附近，增益开始急剧下降，在140MHz左右为阻带开始，阻带增益大约为-70dB。但要得到准确的验证，必须将幅频特性图实施局部放大，进行细致计算。

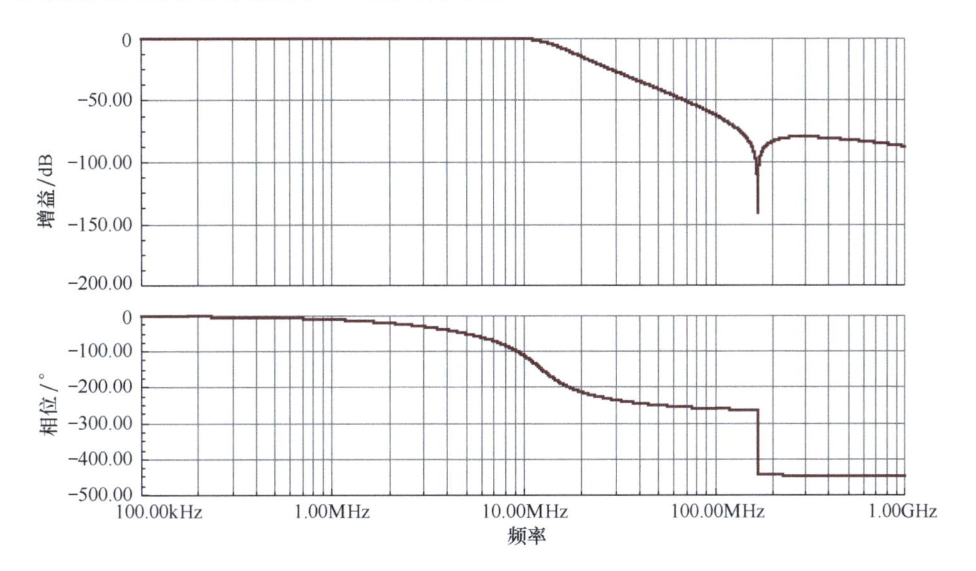

图 8.99　举例 4 电路幅频特性

从C03 20表格可以得到，有待验证的结果有如下4项。

1）通带频率为10MHz；2）通带纹波为R_{dB}=0.1773dB；3）通带增益为0dB，根据ΔA_S可算出，阻带增益为-79.63dB；4）ω_s=14.3rad/s，代表阻带角频率是通带角频率的14.3倍，根据通带频率为10MHz，可算出阻带频率为143MHz。到底是不是，我们细细看。

先看通带局部放大图，如图8.100所示，可以测得谷值点发生在（5MHz，-177.6mdB）处，通带纹波为0.1776dB，与设计要求基本吻合。从谷值点向右找，增益同样为-0.1776dB的点，其频率为10MHz，这就是通带频率，与设计要求吻合。

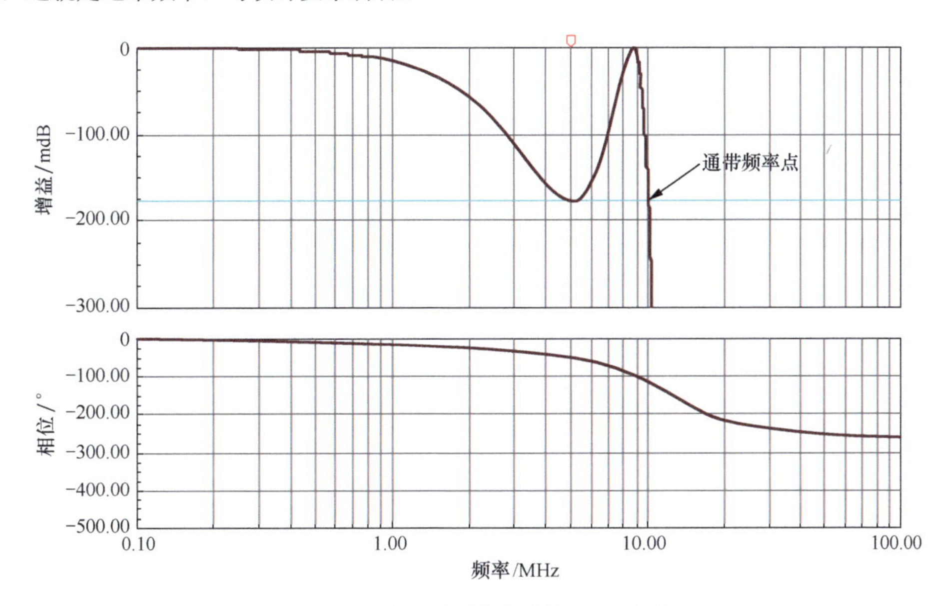

图 8.100　举例 4 电路幅频特性之通带放大图

阻带放大图如图8.101所示。可得阻带最大增益为-79.75dB，即图8.101中的峰值位置，与设计要求基本吻合。以此为准，向左找，可以找到图8.101中阻带频率为144.01MHz，与设计要求基本吻合。

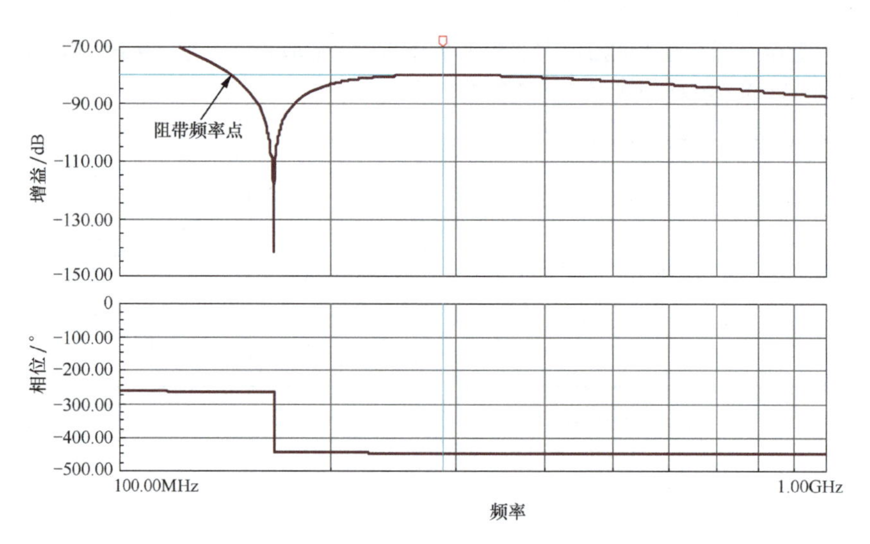

图 8.101　举例 4 电路幅频特性之阻带放大图

设计一个无源低通椭圆滤波器，前级输出电阻为 50Ω，后级负载电阻可自行选择，要求通带频率 f_p=100MHz，通带纹波小于 2.5%，阻带频率 f_s 小于 160MHz，阻带增益衰竭大于 75dB。用 TINA-TI 仿真实现，并验证关键参数。

解：首先要确定阶数。一种方法是使用 MATLAB 的 ellipord 函数，输入已知条件，会自动给出最小阶数 n。另一种方法就是直接查表。本书采用查表方法。

首先看通带纹波，要求其小于 2.5%，以 1 为基准，则增益为 0.975 ～ 1.025，换算成 dB，则为 -0.2199 ～ 0.2145dB，则可知通带纹波 R_{dB} 不得超过 0.2199dB（取其绝对值最大者）。我们手中的表格有两类，ρ=5%、R_{dB}=0.01087dB 和 ρ=20%、R_{dB}=0.1773dB。即便后者，也能满足要求。因此我们选择 ρ=20% 的表格。

然后进行归一化。通带频率为 100MHz，阻带频率为 160MHz，则有：

$$\omega_s = \frac{f_s}{f_p} = 1.6\text{rad/s}$$

对于 ρ=20% 的每一张表格，先找到 ω_s 小于 1.6rad/s 的第一行，然后看其 ΔA_s 项是否大于 75dB，一旦不符合，立即换下一张表格。我们找到了表格 C07 20，其中 θ=39 的那一行，能够满足要求，获得数据如表 8.34 所示。

表 8.34　θ=39 的相关系数

C07 20			负载电阻 =1Ω									
θ/°	ω_s/(rad · s^{-1})	ΔA_s	Z_1	Z_2	Z_{2s}	Z_3	Z_4	Z_{4s}	Z_5	Z_6	Z_{6s}	Z_7
39	1.56	77.6	1.277	0.0689	1.317	1.928	0.3267	1.165	1.817	0.2317	1.145	1.135

它的负载电阻为 1Ω，选择 T 形或者 π 形单元电路都可以。但是考虑到电感稍贵一些，我们选择电容较多的 π 形单元电路。最后，进行去归一化，分为两步。

第一步，实施 50Ω 电阻的去归一化。将电感乘以 50，电容除以 50，得到表 8.35 第二行数据。

表 8.35　50Ω 电阻去归一化

阻值 /Ω	通带频率 /Hz	C_1	C_2	L_2	C_3	C_4	L_4	C_5	C_6	L_6	C_7
1	1	1.277	0.0689	1.317	1.928	0.3267	1.165	1.817	0.2317	1.145	1.135
50	1	0.02554	0.001378	65.85	0.03856	0.006534	58.25	0.03634	0.004634	57.25	0.0227
50	100000000	4.06×10^{-11}	2.19×10^{-12}	1.05×10^{-7}	6.14×10^{-11}	1.04×10^{-11}	9.27×10^{-8}	5.78×10^{-11}	7.38×10^{-12}	9.11×10^{-8}	3.61×10^{-11}

第二步，实施 100MHz 去归一化。将所有电感、电容，均除以 $2\pi\times10^8$，得上表第三行数据。用此数据，得到如图 8.102 所示的最终电路。仿真分析，得到如图 8.103 所示的幅频、相频特性全图。

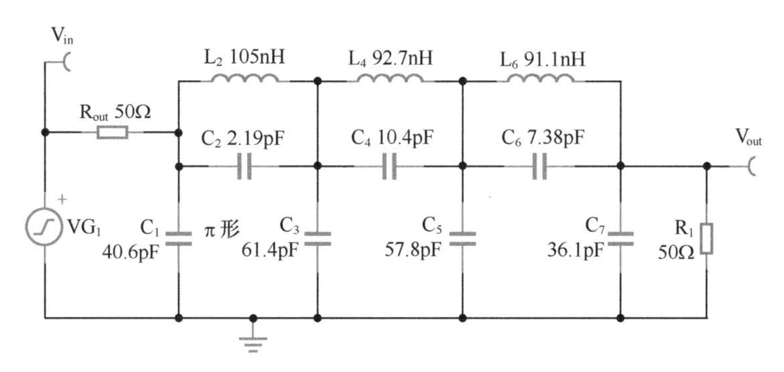

图 8.102　举例 5 最终电路

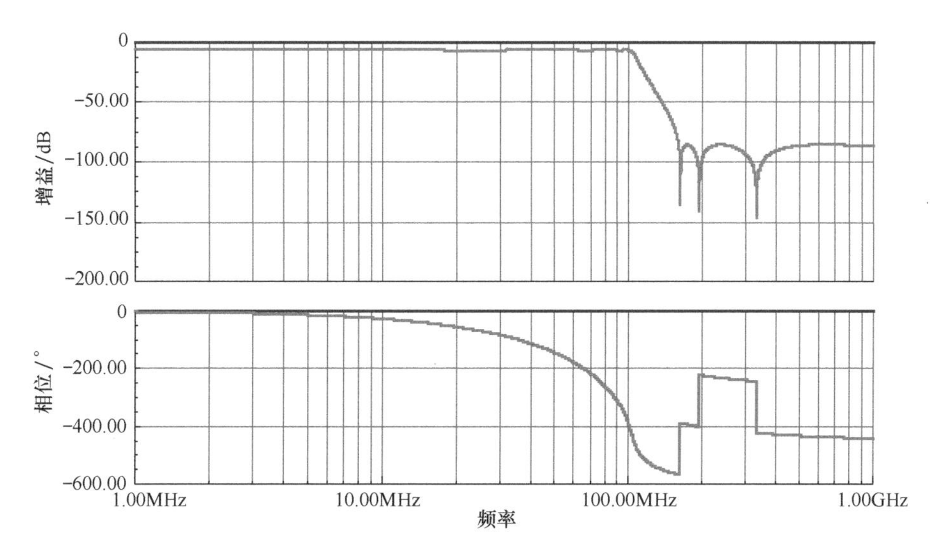

图 8.103　举例 5 幅频、相频特性

要准确验证此电路的正确性，还需要仔细观察通带和阻带，确保指标与设计要求吻合。

从通带放大图（图 8.104），可以得到如下信息。

1）找到最小谷值 A_{pm} 发生处（频率为 91.39MHz，增益为 -6.2dB），向右寻找 -6.2dB 点频率为 100MHz，此即通带频率 f_p。与设计要求完全吻合。

2）通带增益 A_{P0} 为 -6.02dB，这是平坦区的增益，也是理论计算的频率（极低频率下，电感短路，电容开路，前级输出电阻为 50Ω，后级负载电阻也是 50Ω，其增益必然是 0.5，也就是 -6.02dB）。在此情况下，可以得到：

$$R_{dB}=\left|A_{pm}\left(\text{dB}\right)-A_{p0}\left(\text{dB}\right)\right|=0.18\text{dB}$$

即通带纹波小于设计要求的 0.2199dB，满足设计要求。

从阻带放大图（图 8.105）可以得到以下信息。

1）阻带增益 A_s 为 -85.39dB，据此得到：

$$\Delta A_s=\left|A_{p0}\left(\text{dB}\right)-A_s\left(\text{dB}\right)\right|=79.37\text{dB}$$

即阻带衰竭为 79.37dB，大于设计要求 75dB。

2）根据阻带最大增益，向左可以找到阻带频率 f_s 为 158.94MHz，小于 160MHz，满足设计要求。从前述查表可以看出，表格中的 ω_s 为 1.56rad/s，即阻带频率应为 156MHz。实际仿真效果与此有点差异，是因为最终设计时，我仅取了 3 位有效数字。

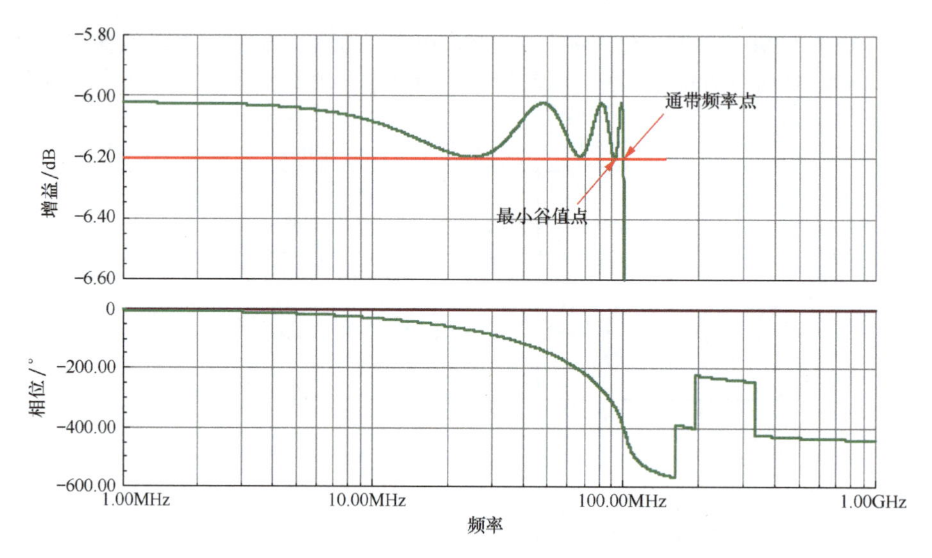

图 8.104 举例 5 幅频特性之通带区域放大

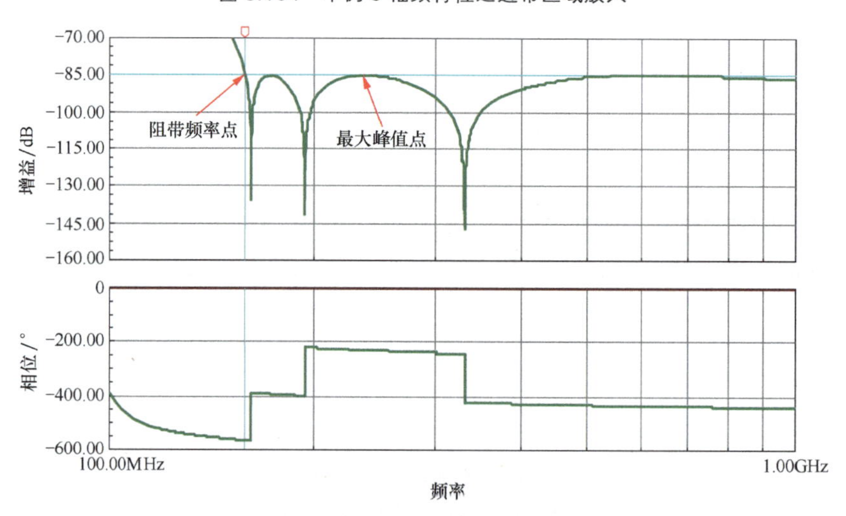

图 8.105 举例 5 幅频特性之阻带区域放大

◎无源椭圆滤波器——高通电路

用低通向高通的标准转换方法，可以在低通数据表基础上，完成椭圆高通滤波器设计。

在归一化低通滤波器基础上，实现以下内容。

1）电容更换为电感，电感更换为电容，且在数值上满足：

$$L_{高通}=\frac{1}{C_{低通}};\quad C_{高通}=\frac{1}{L_{低通}} \tag{8-148}$$

2）信号源电阻、负载电阻不变。

则原来的低通归一化电路，就会变成高通归一化电路：纵轴特征不变，横轴全部变为原来的倒数。在此基础上，与低通一样，实施两步去归一化，就可以实现满足要求的高通电路。

举例6

设计一个无源高通椭圆滤波器，前级输出电阻为 50Ω，后级负载电阻可自行选择，要求通带频率 f_p=40MHz，通带纹波小于 0.3dB，阻带频率 f_s 大于 20MHz，阻带增益衰竭大于 32dB。用 TINA-TI 仿真实现，并验证关键参数。

解：第一步，选择合适的低通滤波器原型。从设计要求看，通带纹波小于0.3dB，本书给出的椭圆滤波器参数表有两类，ρ=5%、R_{dB}=0.01087dB和ρ=20%、R_{dB}=0.1773dB，两类均能满足要求。通带频率为40MHz，阻带频率大于20MHz，这意味着高通过渡带比优于0.5，则对应低通的过渡带比优于1/0.5=2。而阻带衰减应大于32dB。

按此要求，从表格C03 05开始查找，C03 20、C04 05、C04 20…，每张表格，从上到下，找到ω_s第一个小于2.0rad/s的行，看其ΔA_s是否超过32dB，不满足就换表，直到满足条件为止。最终确定C04 20中θ=33°行数据满足要求。

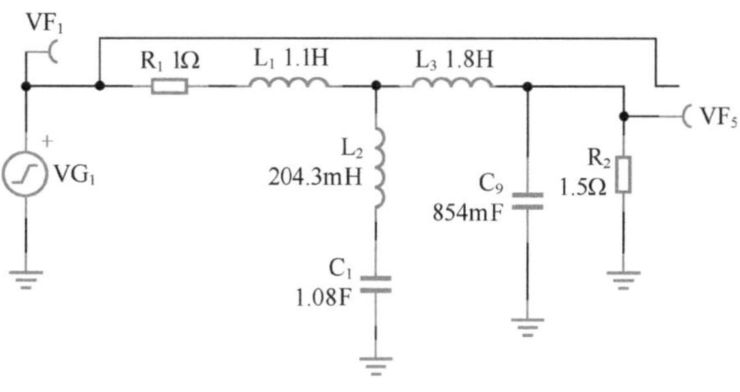

图8.106　举例6之低通原型归一化电路——T形

第二步，按此表格构建低通滤波器原型电路。原始表格中有固定负载电阻、负载开路或者短路，本例仅考虑固定电阻式。在固定π形单元电路负载电阻=0.6667Ω表格中，有两个选择，π形单元电路还是T形单元电路。本书前面举例多数以π形单元电路为主，本例选择T形单元电路，如图8.106所示。注意，由于是T形单元电路，其负载电阻应为1/0.6667=1.5Ω。

第三步，将此归一化低通电路演变成对应的归一化高通电路。方法很简单，按照本小节规定方法，以及式（8-148），得到如图8.107所示的电路。

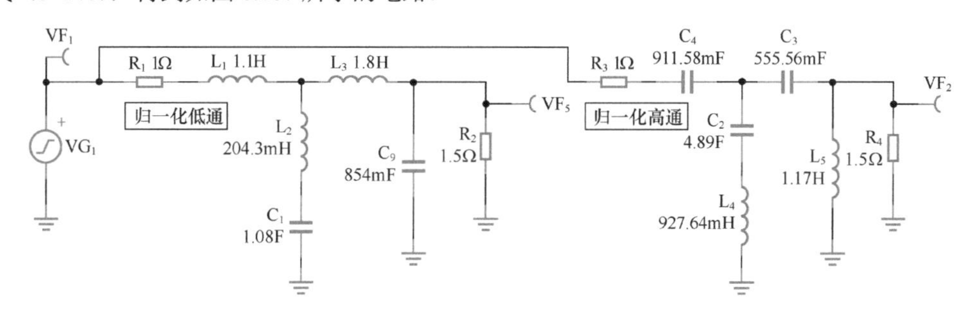

图8.107　举例6之低通归一化电路演变成高通归一化电路

为了让读者清晰地看到低通向高通的演变，对此电路实施仿真，得到图8.108所示频率特性。

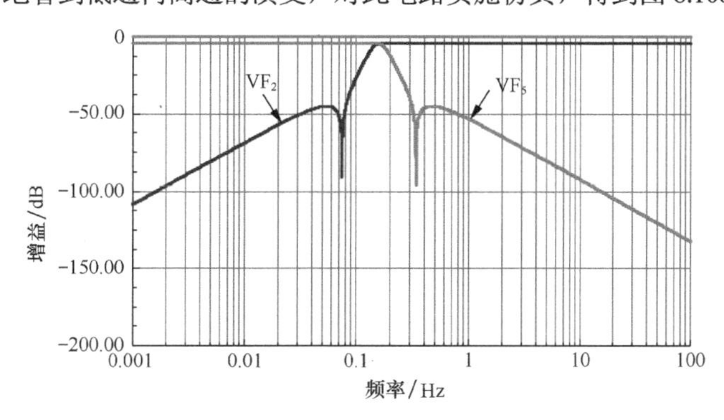

图8.108　低通归一化电路和高通归一化电路的频率特性

从频率特性对比看，原型低通与演变的高通，其实就是沿着ω=1rad/s（f=0.15916Hz）的横轴“镜像”，而纵轴特征完全一致。

第四步，对高通归一化电路实施去归一化。这个步骤的方法前面见过，分为电阻去归一化和频率去归一化两步。去归一化后的电路如图8.109中$\mathrm{VF_3}$电路所示。

对最终电路$\mathrm{VF_3}$输出进行仿真，得到频率特性如图8.110所示。粗看是一个高通，通带频率在40MHz左右，在20MHz处增益衰减大约40dB，但需要放大后细测。

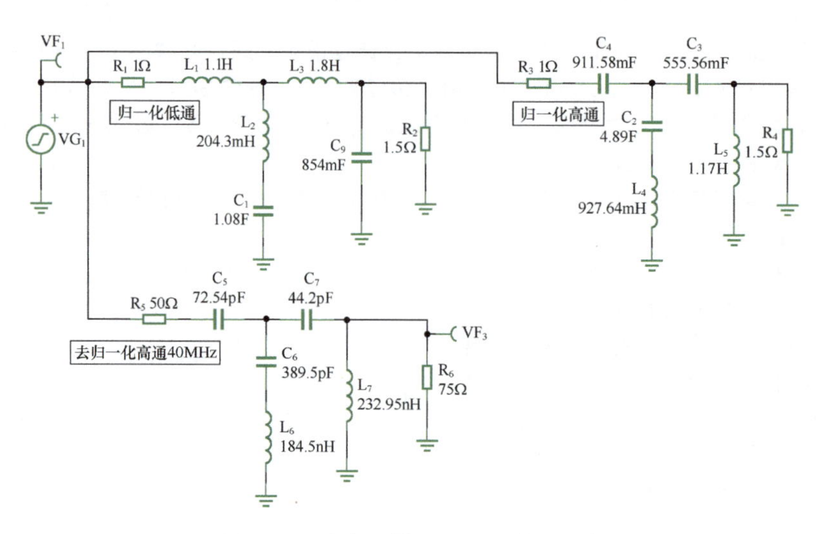

图 8.109 去归一化后 40MHz 高通电路

利用 TINA-TI 的局部放大功能，得到如图 8.111 所示的通带放大图。从中可以测得如下结果：通带增益为 -4.44dB，这与 50Ω、75Ω 形成的分压比相同；通带频率为 39.99MHz，通带纹波为 0.18dB，均满足设计要求。

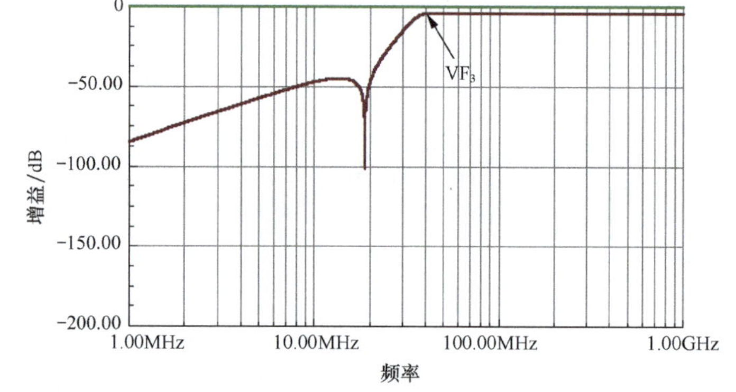

图 8.110 去归一化后 40MHz 高通电路的幅频特性

同样的方法，可以得到阻带放大图，测得阻带最大增益为 -44.73dB，阻带衰减则为 -4.44-(-44.73)=40.29dB，与表格中的 40.5dB 基本吻合；阻带频率为 20.38MHz，高通过渡带比的倒数为 1.96，也与表格中的 1.9634 基本吻合。

注意测量频率为 20MHz 处的增益为-47.57dB，得到的增益衰减为-4.44-(-47.57)=43.13dB，显然优于题目要求的 32dB。

至此，设计完成。本例为了清晰地描述步骤，有些啰嗦。读者可以自行合并其中的步骤，或者编制一个 Excel 公式，一次就可以求解完成。

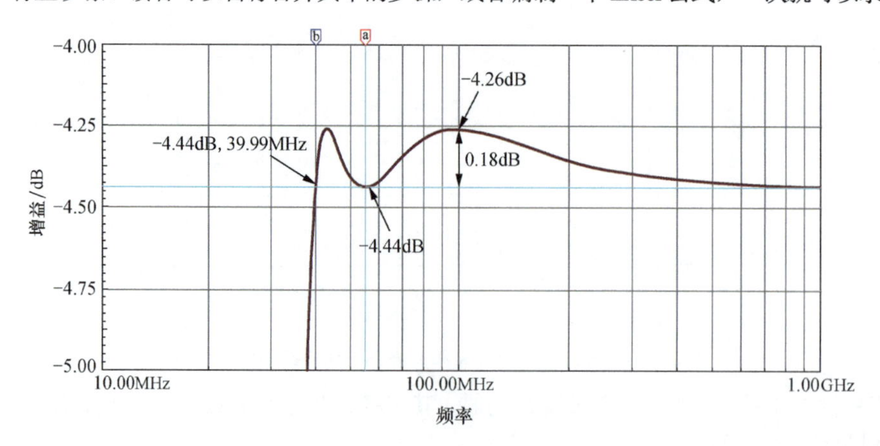

图 8.111 通带放大图

另外，在 TINA-TI 进行本例高通电路仿真时，一般会出现仿真错位。原因在于电路中 3 个电容，此种接法在理想情况下是无法静态计算的，因此出错。解决方法是，打开电容，将其并联电阻由无穷大改为 1GΩ。当然，图 8.109 中接法至少更改两个电容才能实现静态分压。

第九章 开关电容滤波器

前面八章讲述的滤波器，绝大多数有两个特点。第一，它们的工作过程是时间连续（Time Continue）的，即滤波器在工作中任何时刻，都具有完全相同的部件连接状态，我们称之为“时间连续型”。第二，它们都是靠事先设计好的电阻、电容、电感决定它们的频率特性，是无法用“程控”方法修改的。我们称之为“元件设定型”。

本节讲述的开关电容型滤波器（Switching Capacitor Filter），不属于时间连续型，也不是元件设定型。它通过外部提供的可变频率的时钟信号，将滤波器工作状态分为高电平阶段 Phase1、低电平阶段 Phase2。在两个阶段，滤波器内部连接是不相同的。它呈现出一种奇妙的效果：滤波器截止频率与外部时钟频率相关。

◎开关电容形成可变电阻的基本原理

开关电容滤波器的核心，是一个用开关、电容实现的可变电阻。

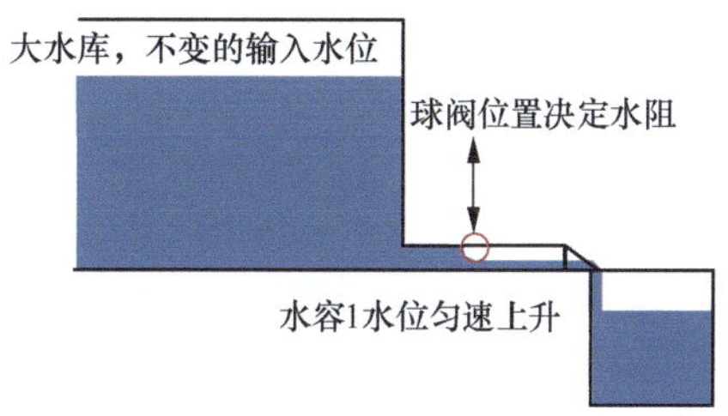

图 9.1　积分器的水模型，水阻大小决定水容 1 水位上升速度

图 9.1 所示是一个以“水”类比的“水积分器”模型。其中的球阀位置，像一个水阻，它和水库水位（类比于输入电位）一并决定着单位时间内的水流量（类比于电流），此水流注入到水容 1（类比于电容）中，使得水容 1 的水位（类比于电位）上升。这就是一个积分器，水容 1 的水位，就是水积分器的输出，而水库水位则是水积分器的输入。

在输入水位不变、水容 1 大小不变的情况下，要改变积分器输出（水容 1 的水位）速率，可以通过调节球阀位置实现。这类似于一个电位器调节电阻的积分器。客观上，它可以改变积分器的时间常数。

水积分器中，改变积分器时间常数还有一个方法——“开关水容法”，如图 9.2 所示。它不再使用连续调节的球阀，改用两个开关 SW_1 和 SW_2（靠球阀拔开和球阀堵塞实现），并且在输入和输出之间，增加了一个水容 2，在 Φ_1 阶段，SW_1 导通，SW_2 闭塞，水容 2 立即被注水到与水库水位相同。注意，由于 SW_1 导通时，水道是完全打开的，我们假设其水阻为 0，因此这个注水过程将是非常短暂的，无须考虑注水过程。在 Φ_2 阶段，SW_2 导通，SW_1 闭塞，水容 2 的水立即流入水容 1。如此往复，水容 1 的水位也是在上升的。

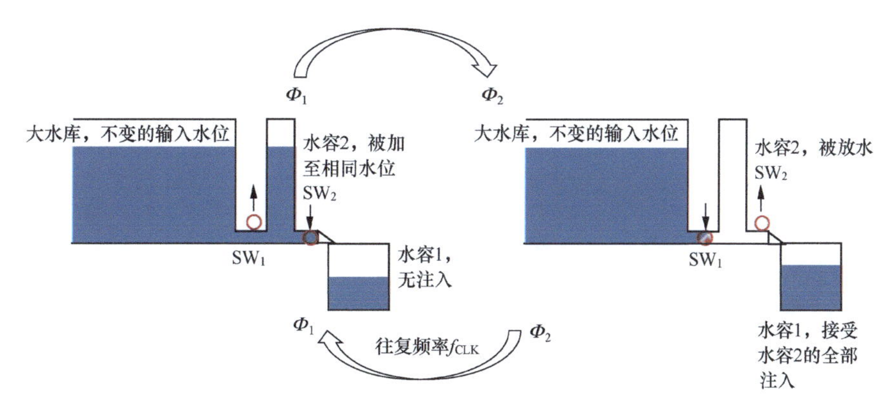

图 9.2　积分器的开关水容模型，往复频率越高，水容 1 水位上升越快，相当于水阻越小

此时，改变水积分器的时间常数，就可以通过改变 Φ_1 和 Φ_2 的往复频率 f_{CLK} 实现。这看起来，像是用 f_{CLK} 和水容 2 联合模拟了一个水阻。f_{CLK} 越大，水阻越小，就像搬运工来回搬水的频率提高了；水容 2 越大，水阻也越小，就像搬运工每次搬水的水桶更大一些。

电路中的积分器如图 9.3 右侧所示，它的电阻 R_{SC} 也可以通过上述方法实现程控的改变，即用左侧电路代替右侧标准积分器。

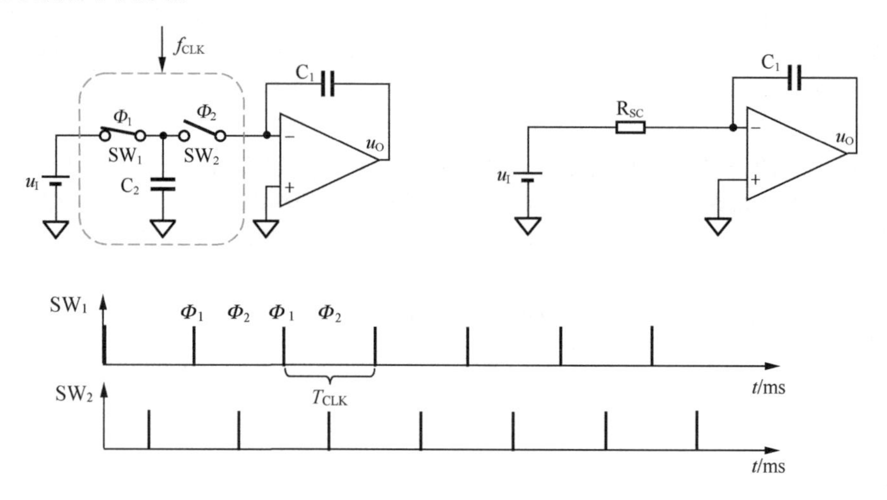

图 9.3 开关电容模块取代电阻用于积分器

图 9.3 左侧所示是开关电容模块取代可变电阻的积分器电路。开关电容模块为绿色虚框内电路，由两个开关 SW_1 和 SW_2，一个电容 C_1 组成。在外部时钟 f_{CLK} 作用下，形成两个开关控制信号：高电平对应开关闭合、低电平对应开关断开。往复之下，开关电容模块则可以视为一个电阻 R_{SC}，其阻值与外部时钟频率 f_{CLK}、电容 C_2 相关：

$$R_{SC}=\frac{1}{f_{CLK}\times C_2} \tag{9-1}$$

很容易证明式（9-1）：

在 Φ_1 阶段，存在一个 u_I 给电容 C_2 充电的过程，C_2 得到电荷为：

$$Q=u_I C_2 \tag{9-2}$$

在 Φ_2 阶段，电容 C_2 通过 SW_2 的闭合，接入积分器运放的负输入端，电容 C_2 中的电荷将迅速、全部转移给电容 C_1，使得 C_2 电压为 0V（运放负输入电位变为 0V），这样才会虚短，当然 C_2 的电荷也变为 0。

在一个完整的周期内，电容 C_2 从 u_I 转移走的电荷总量为 $u_I C_2$。如果频率为 f_{CLK}，则 1s 内，电容 C_2 从 u_I 转移走的电荷总量为：

$$Q_{1s}=u_I C_2 f_{CLK} \tag{9-3}$$

而一个标准积分器如图 9.3 右侧所示，流过电阻 R_{SC} 的电流为：

$$i_R=\frac{u_I}{R_{SC}} \tag{9-4}$$

在 1s 内，转移给后续电路的电荷总量为：

$$Q_{1s}=\int_0^1 i_R \mathrm{d}t=\frac{u_I}{R_{SC}}\times 1 \tag{9-5}$$

开关电容模块要模拟标准积分器，则两个电荷应相同：

$$\frac{u_I}{R_{SC}}\times 1=u_I C_2 f_{CLK} \tag{9-6}$$

即：

$$R_{SC}=\frac{1}{C_2 f_{CLK}} \quad (9\text{-}7)$$

◎将开关电容积分器用于滤波器，形成开关电容滤波器

至此，我们能够用一个开关电容模块，形成一个可变时间常数的积分器，可以称之为开关电容积分器，其时间常数可以用外部提供的f_{CLK}控制。我们用其取代传统滤波器中的积分器，就可以用f_{CLK}控制滤波器的关键参数了。

这就是开关电容滤波器的原理。只要传统滤波器中存在积分器，且积分时间常数会影响滤波器的关键参数，那么用开关电容积分器代替它，就能够做出一个"用外部f_{CLK}控制截止频率"的程控滤波器，即开关电容滤波器。

比如图 9.4 所示的状态可变型滤波器，其中含有 A_2 和 A_3 两个积分器，而且从传递函数可以看出，积分器的时间常数对特征频率是直接影响的，其中的低通输出为：

$$A_{LP}=\frac{U_{OUT\_LP}}{U_{IN}}=\frac{\dfrac{-U_X}{SC_2R_5}}{U_{IN}}=-\frac{\dfrac{R_2}{R_1}}{1+\dfrac{kR_1R_2+kR_2R_3+kR_1R_3}{R_1R_3}SC_2R_5+S^2C_1C_2\dfrac{R_5R_4R_2}{R_3}} \quad (9\text{-}8)$$

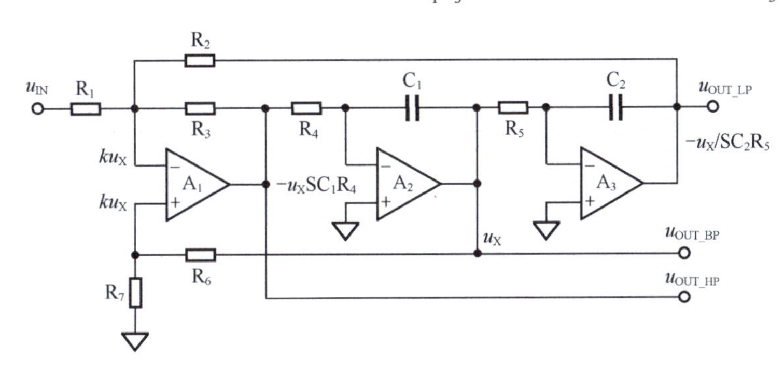

图 9.4　状态可变型滤波器

如果仅将 C_1 和 R_4 组成的积分器用开关电容积分器代替，那么当外部输入时钟f_{CLK}改变时，其特征频率将随着改变。

第 8.2 节所述的 Biquad 滤波器，内部也具有积分器，如图 9.5 所示。它本身具有低通和带通输出，经过合适的加法运算，可以实现更为丰富多彩的滤波效果。

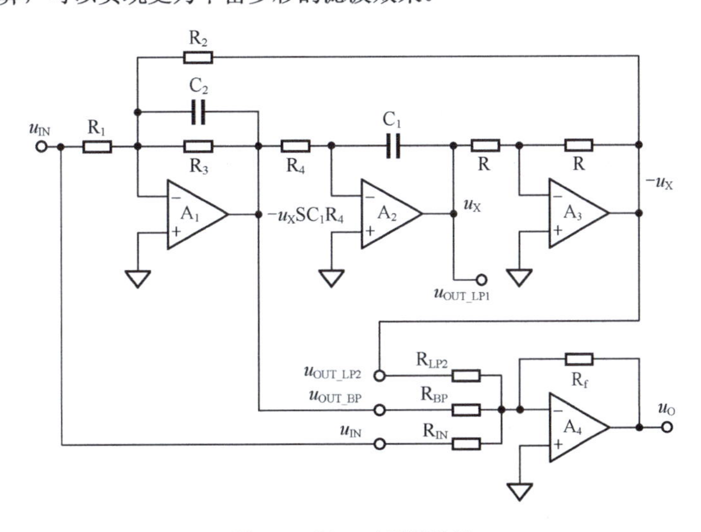

图 9.5　Biquad 型滤波器

绝大多数开关电容滤波器内部，采用 Biquad 滤波器——用开关电容积分器取代图 9.5 中的积分器，其实就是用开关电容形成的电阻取代图中的 R_4。低通增益为：

$$A_{LP1}=\frac{U_X}{U_{IN}}=\frac{R_2R_3}{S^2C_1C_2R_1R_2R_3R_4+SC_1R_1R_2R_4+R_1R_3} \tag{9-9}$$

从其低通表达式可看出，改变电阻 R_4，确实可以改变滤波器特征频率。

◎低通型开关电容滤波器

常见的开关电容滤波器，分为低通型和通用型。

低通型是最为常见的，在不同的场合，可以选择巴特沃斯型、贝塞尔型，以及椭圆型。用户仅需通过输入 f_{CLK} 确定通带频率（椭圆型）、截止频率（巴特沃斯型和贝塞尔型），即可完成设计。因此，多数低通开关电容滤波器，无需任何外部器件，用户也无须知道其内部结构，按照数据手册正确使用即可。图 9.6 所示是两个实例。

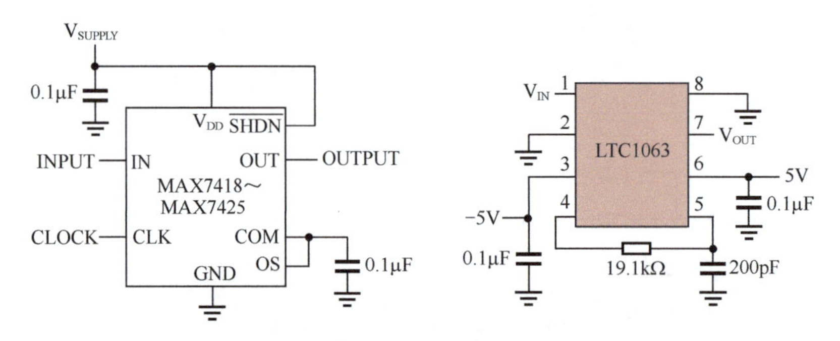

图 9.6　两种常见的低通型开关电容滤波器

图 9.6 左侧的是 MAXIM 公司的 MAX7418 ～ MAX7425 共 8 种型号的通用电路，它们都是五阶低通开关电容滤波器，不同的型号具有不同的供电电压、不同的滤波器数学形态。比如 MAX7418 是椭圆型的，具有 1.6 倍的过渡带比，5V 供电；而 MAX7423 则为贝塞尔型，3V 供电。用户需要做的是，根据自己的需要选择合适的芯片型号，然后给 CLK 端施加设计好的方波。

图 9.6 右侧是 LT 公司的 LTC1063，一款五阶巴特沃斯型低通滤波器，该电路采用外接电阻、电容实现固定频率 250kHz 的 CLK 输入，最终实现截止频率为 2.5kHz 的五阶巴特沃斯型低通滤波。

开关电容滤波器常用截止频率 f_{cutoff} 代表其关键的滤波效果。

开关电容滤波器的截止频率与输入频率 f_{CLK} 一般成固定比例，比如：

$$\eta=\frac{f_{CLK}}{f_{cutoff}}=100 \tag{9-10}$$

此值一般为 100，也可以是 50，甚至其他数值，完全取决于芯片的规定。

这类滤波器的时钟输入，一般都可以选择外部时钟，或者采用阻容配合，实现固定频率。

◎通用型开关电容滤波器

通用型开关电容滤波器，一般可以实现低通、高通、带通、带阻（限波）、全通等多种滤波器形态，因此较为复杂，多数需要用户设计外部的电阻。

以 LTC1060 为例，这是一款二阶开关电容滤波器模块，内含两个完全相同的模块，可以级联形成四阶滤波器电路。它有多种工作模式，取决于芯片第 6 引脚 $S_{A/B}$ 的电平和外部电路的连接，当 $S_{A/B}$ 接 V^+ 时，内部开关置于右侧，如图 9.7 所示。此时，芯片的 15、4、3、5、2、1 引脚连接相应的电阻，就形成了 MODE1 电路。图 9.7 中虚框内为 LTC1060。

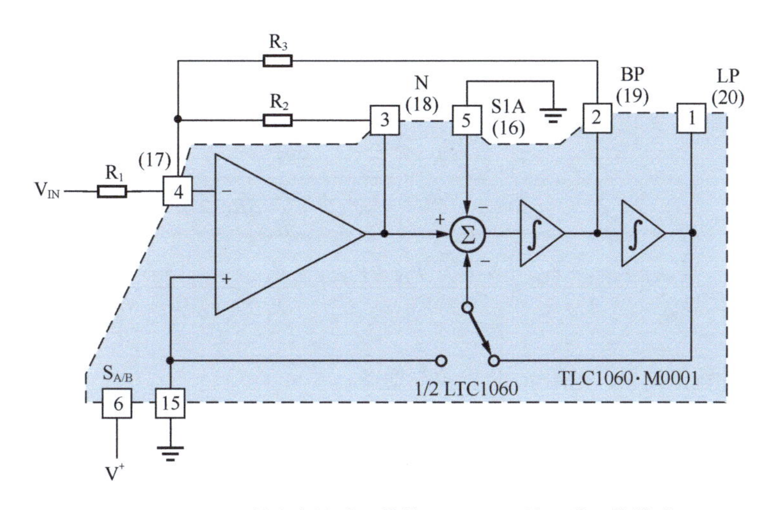

图 9.7　通用开关电容滤波器模块 LTC1060 的一种工作模式

根据此时的电路连接，可以列出传递函数。

对于图 9.7 中的积分器（为同相积分器）来说，有下面几个式子成立：

$$V_{\mathrm{LP}}=\frac{1}{SRC}V_{\mathrm{BP}} \tag{9-11}$$

$$V_{\mathrm{BP}}=SRCV_{\mathrm{LP}} \tag{9-12}$$

$$V_{\mathrm{BP}}=\frac{1}{SRC}V_{\mathrm{SUM}} \tag{9-13}$$

$$V_{\mathrm{SUM}}=SRCV_{\mathrm{BP}}=S^2R^2C^2V_{\mathrm{LP}} \tag{9-14}$$

对于图 9.7 中的加法器来说，有下式成立：

$$V_{\mathrm{SUM}}=V_{\mathrm{N}}-V_{\mathrm{LP}} \tag{9-15}$$

$$V_{\mathrm{N}}=V_{\mathrm{SUM}}+V_{\mathrm{LP}} \tag{9-16}$$

对于图 9.7 中的运放，有下式成立：

$$V_{\mathrm{N}}=-\frac{R_2}{R_1}V_{\mathrm{IN}}-\frac{R_2}{R_3}V_{\mathrm{BP}} \tag{9-17}$$

将式（9-12）、式（9-14）、式（9-16）代入式（9-17），得：

$$S^2R^2C^2V_{\mathrm{LP}}+V_{\mathrm{LP}}=-\frac{R_2}{R_1}V_{\mathrm{IN}}-\frac{R_2}{R_3}SRCV_{\mathrm{LP}} \tag{9-18}$$

可以解得：

$$V_{\mathrm{LP}}\left(S^2R^2C^2+\frac{R_2}{R_3}SRC+1\right)=-\frac{R_2}{R_1}V_{\mathrm{IN}} \tag{9-19}$$

$$A_{\mathrm{LP}}=\frac{V_{\mathrm{LP}}}{V_{\mathrm{IN}}}=-\frac{R_2}{R_1}\times\frac{1}{S^2R^2C^2+\dfrac{R_2}{R_3}SRC+1}=-\frac{R_2}{R_1}\times\frac{1}{1+\dfrac{1}{Q}\times\dfrac{S}{\omega_0}+\left(\dfrac{S}{\omega_0}\right)^2} \tag{9-20}$$

其中：

$$\omega_0=\frac{1}{RC} \tag{9-21}$$

$$Q=\frac{R_3}{R_2} \tag{9-22}$$

这是一个标准的低通滤波器。注意，其特征角频率为 1/*RC*，即积分器时间常数的倒数，它可以由开关电容积分器实现，即用外部 CLK 控制 RC。而低通滤波器的品质因数 Q，则由外部电阻 R_3 和 R_2 控制。

带通传递函数和陷波器传递函数如下：

$$A_{BP}=\frac{V_{BP}}{V_{IN}}=-\frac{R_2}{R_1}\times\frac{SRC}{S^2R^2C^2+\frac{R_2}{R_3}SRC+1} \tag{9-23}$$

$$A_N=\frac{V_N}{V_{IN}}=\frac{V_{SUM}+V_{LP}}{V_{IN}}=\frac{S^2R^2C^2V_{LP}+V_{LP}}{V_{IN}}=-\frac{R_2}{R_1}\times\frac{1+S^2R^2C^2}{S^2R^2C^2+\frac{R_2}{R_3}SRC+1} \tag{9-24}$$

显然，无论哪种输出结果，电阻 R_1 负责控制增益。

◎集成开关电容滤波器列表

我从 MAXIM 和 LT 两家公司官网上整理了相关内容，分别如表 9.1、表 9.2 所示，供读者参考。

表 9.1　MAXIM 公司开关电容滤波器总汇 46 种

型号	滤波器类型	数学形态	阶数	频率下限	频率上限	频率控制方法	备注
MAX7400/03/04/07	低通	椭圆	8	1	10k	CLK	100:1
MAX7401/05	低通	贝塞尔	8	1	5k	CLK	100:1
MAX7408/11/12/15	低通	椭圆	5	1	15k	CLK	100:1
MAX7409/13	低通	贝塞尔	5	1	15k	CLK	100:1
MAX7410/14	低通	巴特沃斯	5	1	15k	CLK	100:1
MAX7418/21/22/25	低通	椭圆	5	1	45k	CLK	100:1
MAX7419/23	低通	贝塞尔	5	1	45k	CLK	100:1
MAX7420/24	低通	巴特沃斯	5	1	45k	CLK	100:1
MAX7426/27	低通	椭圆	5	1	12k	CLK	100:1
MAX7480	低通	巴特沃斯	8	1	2k	CLK	100:1
MAX280/MXL1062	低通	巴特沃斯	5	DC	20k	CLK/ 内	100:1 直流优
MAX281	低通	贝塞尔	5	DC	20k	CLK/ 内	100:1 直流优
MAX291/295	低通	巴特沃斯	8	0.1	25k/50k	CLK/ 内	100/50:1
MAX292/296	低通	贝塞尔	8	0.1	25k/50k	CLK/ 内	100/50:1
MAX293/294/297	低通	椭圆	8	0.1	25k/50k	CLK/ 内	100/50:1
MAX7490/91	通用	Q 可变	2	1	40k	CLK/ 内	100:1
MAX260/261/262	通用	Q 可变	2	取决于模式 75k		CLK 和编程确定	
MAX263/4/7/8	通用	Q 可变	2	取决于模式 75k		CLK 和编程确定	
MAX265/266	通用	Q 可变	2	取决于模式 140k		CLK 和编程、电阻确定	

表 9.2　LT 公司开关电容滤波器总汇 29 种

型号	滤波器类型	数学形态	阶数	频率下限	频率上限	频率控制方法	备注
LTC1062	低通	巴特沃斯	5	DC	20k	CLK/ 内	100:1 直流优
LTC1063	低通	巴特沃斯	5	DC	50k	CLK/ 内	100:1 直流优
LTC1064-1	低通	椭圆	8	DC	50k	CLK	100:1
LTC1064-2	低通	巴特沃斯	8	DC	140k	CLK	100/50:1
LTC1064-3	低通	贝塞尔	8	DC	95k	CLK	150/120/75:1
LTC1064-4	低通	椭圆	8	DC	100k	CLK	100/50:1
LTC1064-7	低通	线性相位	8	DC	100k	CLK	100/50:1
LTC1065	低通	贝塞尔	5	0.3	50k	CLK/ 内	100:1
LTC1066-1	低通	椭 / 线	8	0.3	50k	CLK/ 内	100:1
LTC1069-1	低通	椭圆	8	DC	12k	CLK	100:1
LTC1069-6	低通	椭圆	8	DC	20k	CLK	50:1

续表

型号	滤波器类型	数学形态	阶数	频率下限	频率上限	频率控制方法	备注
LTC1069-7	低通	线性相位	8	DC	200k	CLK	25:1
LTC1164-5	低通	巴 / 贝	8	DC	20k	CLK	100/50:1
LTC1164-6	低通	椭 / 线	8	DC	30k	CLK	100/50/160:1
LTC1164-7	低通	线性相位	8	DC	20k	CLK	100/50:1
LTC1264-7	低通	线性相位	8	DC	200k	CLK	25/50:1
LTC1059	通用	Q 可变	2	0.1	40k	CLK	100/50:1
LTC1060	通用	Q 可变	2	0.1	30k	CLK	100/50:1
LTC1061	通用	Q 可变	2	0.1	35k	CLK	100/50:1
LTC1064	通用	Q 可变	2	0.1	140k	CLK	100/50:1
LTC1067/-50	通用	Q 可变	2	0.1	40k	CLK	100/50:1
LTC1068/-25/-50/-200	通用	Q 可变	2	0.5	140k	CLK	200/100/50/25:1
LTC1164	通用	Q 可变	2	0.1	20k	CLK	100/50:1
LTC1264	通用	Q 可变	2	0.1	250k	CLK	20:1

使用集成开关电容滤波器，设计一个椭圆低通滤波器，要求通带为 1kHz，通带纹波小于 0.2dB，阻带小于 2kHz，阻带增益小于 -65dB。

解：1）选择集成开关电容滤波器的型号范围。首先，所有通用型模块都无法实现椭圆型低通滤波，只能选择低通型中的集成椭圆滤波器。其次，椭圆滤波器分为五阶和八阶两种，其中的五阶椭圆，要实现 -65dB 的阻带增益非常困难，因此选择八阶椭圆滤波器。查阅表 9.1 和表 9.2，筛选出八阶椭圆型种类如表 9.3 所示。

表 9.3 八阶椭圆滤波器

型号	滤波器类型	数学形态	阶数	频率下限	频率上限	频率控制方法	备注
MAX7400/03/04/07	低通	椭圆	8	1	10k	CLK	100:1
MAX293/294/297	低通	椭圆	8	0.1	25k/50k	CLK/ 内	100/50:1
LTC1064-1	低通	椭圆	8	DC	50k	CLK	100:1
LTC1064-4	低通	椭圆	8	DC	100k	CLK	100/50:1
LTC1066-1	低通	椭 / 线	8	0.3	50k	CLK/ 内	100:1
LTC1069-1	低通	椭圆	8	DC	12k	CLK	100:1
LTC1069-6	低通	椭圆	8	DC	20k	CLK	50:1
LTC1164-6	低通	椭 / 线	8	DC	30k	CLK	100/50/160:1

2）认真阅读数据手册，挑选合适的集成开关电容滤波器型号。

以典型值为准，我对上述椭圆滤波器的数据手册进行对比，得到表 9.4。

表 9.4 八阶椭圆滤波器的数据手册

型号	纹波典型值 /dB	过渡带比	阻带增益 /dB	供电电压 /V
MAX7400	0.19	1.5	-82	+5
MAX7403	0.23	1.2	-58	+5
MAX7404	0.19	1.5	-82	+3
MAX7407	0.23	1.2	-58	+3
MAX293	0.15	1.5	-78	±5
MAX294	0.27	1.2	-54	±5
MAX297	0.23	1.5	-79	±5
LTC1064-1	0.15	1.5	-68	±8

续表

型号	纹波典型值 /dB	过渡带比	阻带增益 /dB	供电电压 /V
LTC1064-4	−0.15 ~ 0.6	2	−80	±8
LTC1066-1	0.3	2	−58	±8
LTC1069-1	0.3	1.375	−55	±5
LTC1069-6	0.2	1.375	−45	+10
LTC1164-6	0.4	1.44	−64	±8

其中绿色为合格，选择其中的MAX293。它有几个优点，第一，双电源供电；第二，具有内部独立运放；第三，使用极为简单。但它也有缺点，失真度较差，大致为 −70dB，且有大约为 5mV 的 CLK FeedThrough，因题目对此未做要求，故选择之。

3）针对选择好的芯片，完成设计。

完整设计电路如图 9.8 所示。理论上，此电路可以实现如下性能。

1）当开关频率为 100kHz 时，通带频率为 1kHz，阻带频率为 1.5kHz，这满足阻带小于 2kHz 的设计要求。

2）通带纹波为 0.15dB，符合设计要求。

3）阻带增益为 −78dB，符合设计要求。

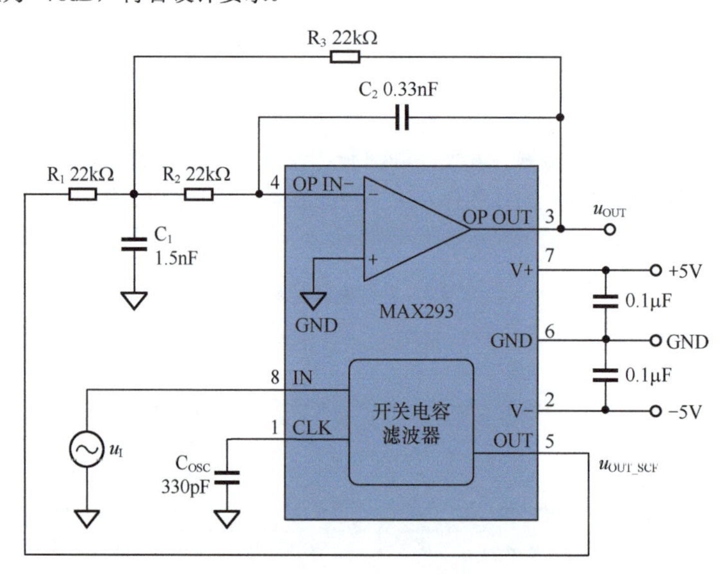

图 9.8　举例 1 完成电路

具体设计步骤如下。

1）电源设计

MAX293 供电电压为 ±5V，因此外部提供 3 根电源线，+5V、−5V、GND，分别连接到对应的芯片引脚，并在正电源、负电源对地分别接 0.1μF 的旁路电容，以保证供电可靠（MAX293 数据手册建议的旁路电容为 0.1μF）。此时，输入信号、输出信号均以图 9.8 中 GND 为基准。

2）时钟输入

为实现 1kHz 的通带频率，MAX293 需要 100 倍通带频率的时钟输入，也就是 100kHz 的 f_{CLK}。MAX293 可以采用外部时钟，由时钟电路或者 FPGA 产生 f_{CLK} 后，接入 CLK 引脚，也可以采用外接电容实现内部时钟，即在 CLK 对地之间接入一个电容 C_{OSC}，MAX293 将利用此电容与内部的振荡电路完成 f_{CLK} 的产生，并自己使用。MAX293 数据手册中规定了振荡频率与外部电容的关系：

$$f_{OSC}(\text{kHz}) = \frac{10^5}{3C_{OSC}(\text{pF})} \tag{9-25}$$

换算成统一量纲，则有：

$$f_{CLK}(Hz)=\frac{10^8}{3\times C_{OSC}(pF)}=\frac{10^8}{3\times C_{OSC}(pF)}=\frac{10^{-4}}{3\times C_{OSC}(F)} \tag{9-26}$$

解得：

$$C_{OSC}=\frac{10^{-4}}{3\times f_{CLK}(Hz)}\approx 0.33\times 10^{-9}F=330pF \tag{9-27}$$

3）后级滤波器设计

开关电容滤波器的输出会受到f_{CLK}的影响，这就是参数中的Clock Feed Through，即时钟会串扰到输出中。对于MAX293来说，这个100kHz的串扰会有5mV左右。这是集成电路结构决定的，厂商做出了努力试图减少它，并且也将其减少了很多，但它仍然存在。因此，一般来说，开关电容滤波器的后级，再增加一级模拟低通滤波器是合适的。

利用这个运放设计一个二阶低通滤波器，可以有效抑制开关频率的串扰。低通滤波器的截止频率既不能太小，也不能太大。二阶低通的截止频率太小，会靠近椭圆滤波器的通带频率，对椭圆滤波器性能的影响很大，特别是带内波动。二阶低通的截止频率太大，则会靠近100kHz的时钟，对100kHz的抑制能力将下降，起不到应有的作用。

一般来说，选择二阶低通的截止频率为椭圆滤波器通带频率的2.5～20倍是合适的。本例中选择为10倍，即截止频率为10kHz。

这个二阶低通，一般设计成巴特沃斯型，即Q约为0.707。

这个二阶低通，一般选择为MFB型，是为了避免SK型容易出现的高频馈通。

由于开关电容滤波器的输出带载能力非常有限，要求后级滤波器必须具有足够大的输入阻抗，对于MAX293来说，它要求后级输入电阻大于20kΩ。这直接决定了滤波器中电阻R_1的选择。MAX293数据手册中给出了设计电路，本例照搬了此设计，如图9.8所示，其中选择R_1为22kΩ。

按照本书第3.4节中给出的表达式，可以算出此滤波器的截止频率为10.28kHz，Q=0.71。

◎集成开关电容滤波器的优点和局限性

优点如下。

1）易于使用。

2）中心频率（特征频率）易于修改，改变外部时钟频率即可。

3）外部不需要电阻、电容，或者使用很少的电阻，稳定性、一致性、故障率等易于保证。

局限性如下。

1）低通只能实现指定若干常见参数，无法实现任意参数。

2）失真度比用运放构建的滤波器差。

3）噪声虽然已经很小，但还是一个需要注意的问题。

4）CLK FeedThrough（时钟馈通），即时钟频率馈通到了输出信号中。虽然现代开关电容滤波器已经将此降至很低，但最好在其后面串联一级普通低通滤波器。

5）失调电压，失调是开关电容滤波器的弱项。

后 记

接近1000页的书稿，我花费了3年的时间完成。因为急着给电子竞赛的学生用，才匆忙交付印刷，书中难免有遗漏和错误。

本书绝大部分内容是我亲手实验或者仿真过的，只有功率放大、LC型正弦波发生器是我较为生疏的，因此也没有给出什么像样的实例。有些遗憾，但万事没有十全的。

请拿到书的读者，对书中存在的错误进行标注，并及时汇总给我：

yjg@xjtu.edu.cn

感谢我的夫人，在此喧嚣社会中，能一如既往地支持我。其实她压根就不懂模拟电路，但她清楚什么是正经事，这就够了。对于我来讲，人生一世有此知音足矣。感谢我的儿子，年轻人充满正能量，阳光一样的笑容吸引着我，也督促着我。

感谢西安交通大学、西安交通大学电气工程学院以及电工电子教学实验中心，给了我良好的工作平台，也给了我足够的施展空间。还有很多支持我工作的领导、同事，还有那些可爱的学生。

感谢ADI公司对本书写作的支持。